空间结构系列图书

大跨度空间钢结构抗震减震理论与工程实践

薛素铎　叶继红　李雄彦　赵鹏飞　朱忠义　著

中国建筑工业出版社

图书在版编目（CIP）数据

大跨度空间钢结构抗震减震理论与工程实践 / 薛素铎等著. — 北京：中国建筑工业出版社，2023.9
（空间结构系列图书）
ISBN 978-7-112-29088-8

Ⅰ. ①大… Ⅱ. ①薛… Ⅲ. ①大跨度结构—空间结构—防震设计—研究 Ⅳ. ①TU311②TU352.1

中国国家版本馆CIP数据核字（2023）第161667号

大跨度空间钢结构具有跨度大、体系多样、造型优美等优点，广泛应用于体育场馆、会展中心、航站楼、高铁车站、工业厂房等大型民用与工业建筑。同时大跨度钢结构具有杆件节点数量庞大、频谱密集、振型复杂等特点，因此对其进行科学合理的抗震性能分析已成为结构设计的关键技术问题和重要难点之一。

本书围绕大跨度空间钢结构抗震减震设计中面临的多维多点地震响应计算、强震倒塌分析方法、上下部结构共同工作、减隔震分析理论与技术等难点，基于理论研究与大型振动台模型试验，依托工程实践，详细阐述了大跨空间钢结构的抗震减震理论与分析方法，为工程抗震减震设计提供了参考方法，提出了相应的设计建议。

本书可作为结构工程专业研究生的参考教材，也可供土木工程相关专业的本科生、工程设计和研究人员参考使用。

责任编辑：刘瑞霞　梁瀛元
责任校对：李欣慰

空间结构系列图书
大跨度空间钢结构抗震减震理论与工程实践
薛素铎　叶继红　李雄彦　赵鹏飞　朱忠义　著
*
中国建筑工业出版社出版、发行（北京海淀三里河路9号）
各地新华书店、建筑书店经销
国排高科（北京）信息技术有限公司制版
建工社（河北）印刷有限公司印刷
*
开本：787毫米×1092毫米　1/16　印张：24¾　字数：599千字
2023年9月第一版　2023年9月第一次印刷
定价：**88.00**元
ISBN 978-7-112-29088-8
（41810）

编审委员会

序　言

中国钢结构协会空间结构分会自1993年成立至今已有二十多年，发展规模不断壮大，从最初成立时的33家会员单位，发展到遍布全国各个省市的500余家会员单位。不仅拥有从事空间网格结构、索结构、膜结构和幕墙的大中型制作与安装企业，而且拥有与空间结构配套的板材、膜材、索具、配件和支座等相关生产企业，同时还拥有从事空间结构设计与研究的设计院、科研单位和高等院校等，集聚了众多空间结构领域的专家、学者以及企业高级管理人员和技术人员，使分会成为本行业的权威性社会团体，是国内外具有重要影响力的空间结构行业组织。

多年来，空间结构分会本着积极引领行业发展、推动空间结构技术进步和努力服务会员单位的宗旨，卓有成效地开展了多项工作，主要有：（1）通过每年开展的技术交流会、专题研讨会、工程现场观摩交流会等，对空间结构的分析理论、设计方法、制作与施工建造技术等进行研讨，分享新成果，推广新技术，加强安全生产，提高工程质量，推动技术进步。（2）通过标准、指南的编制，形成指导性文件，保障行业健康发展。结合我国膜结构行业发展状况，组织编制的《膜结构技术规程》为推动我国膜结构行业的发展发挥了重要作用。在此基础上，分会陆续开展了《膜结构工程施工质量验收规程》《建筑索结构节点设计技术指南》《充气膜结构设计与施工技术指南》《充气膜结构技术规程》等编制工作。（3）通过专题技术培训，提升空间结构行业管理人员和技术人员的整体技术水平。相继开展了膜结构项目经理培训、膜结构工程管理高级研修班等活动。（4）搭建产学研合作平台，开展空间结构新产品、新技术的开发、研究、推广和应用工作，积极开展技术咨询，为会员单位提供服务并帮助解决实际问题。（5）发挥分会平台作用，加强会员单位的组织管理和规范化建设。通过会员等级评审、资质评定等工作，加强行业管理。（6）通过举办或组织参与各类国际空间结构学术交流，助力会员单位“走出去”，扩大空间结构分会的国际影响。

空间结构体系多样、形式复杂、技术创新性高，设计、制作与施工等技术难度大。近年来，随着我国经济的快速发展以及奥运会、世博会、大运会、全运会等各类大型活动的举办，对体育场馆、交通枢纽、会展中心、文化场所的建设需求极大地推动了我国空间结构的研究与工程实践，并取得了丰硕的成果。鉴于此，中国钢结构协会空间结构分会常务理事会研究决定出版“空间结构系列图书”，展现我国在空间结构领域的研究、设计、制作与施工建造等方面的最新成果。本系列图书拟包括空间结构相关的专著、技术指南、技术手册、规程解读、优秀工程设计与施工实例以及软件应用等方面的成果。希望通过该系列图书的出版，为从事空间结构行业的人员提供借鉴和参考，并为推广空间结构技术、推动空间结构行业发展做出贡献。

中国钢结构协会空间结构分会　理事长

空间结构系列图书编审委员会　主　任

薛素铎

2018 年 12 月 30 日

前　言

过去二十多年，我国社会经济水平快速发展，大跨度空间钢结构广泛应用于体育场、体育馆、影剧院、会展中心、航站楼、高铁车站、工业厂房等大型民用与工业建筑，建成了国家体育场、大兴国际机场、国家速滑馆等一大批地标性建筑。大跨度空间钢结构具有跨度大、结构体系多样、动力特性复杂等特点，抗震成为结构设计的关键问题和重要难点技术之一。

本书作者项目团队服务于我国大跨度空间钢结构建设需要，围绕该类建筑抗震面临的多维多点地震响应、强震倒塌机理、上下部结构协同工作、减隔震理论与工程技术创新等进行了深入系统的研究，相关成果已纳入《空间网格结构技术规程》《建筑抗震设计规范》等标准中，对完善和丰富我国大跨度空间结构抗震理论和工程技术创新发挥了积极作用。为了更全面地阐述上述成果的详细研究工作，作者集文成册，以飨读者。

本书共分六章：第 1 章重点介绍大跨度空间钢结构多维多点地震响应分析理论，建立了多维多点抗震分析方法；第 2 章阐述了强震倒塌破坏机理与分析方法，为大跨度钢结构抗倒塌分析提供了参考依据；第 3 章针对大跨度屋盖、支承结构、土体相互作用的抗震分析理论进行了研究，揭示了土-结构相互作用对大跨度空间钢结构地震特性的影响规律；第 4 章基于大跨度空间钢结构的动力特性和地震响应特征，对减隔震机理和装置进行了研究，为该类结构的减震提供了解决方案；为了验证上述分析理论与计算模型的合理性，第 5 章依托振动台模型试验，对大跨度空间网格结构强震倒塌机理、土-结构相互作用、隔震结构多维多点地震响应等方面进行了试验研究，确保理论研究和分析方法的可靠性；第 6 章基于工程案例，阐述了多维多点地震响应、隔震结构设计等实用分析与设计方法，为工程设计提供了范例。

书稿中“工程应用与技术创新”的工程案例得到了中国建筑西南设计研究院、中国建筑科学研究院和北京市建筑设计研究院的大力支持，特此感谢冯远大师、刘枫研究员和束伟农总工团队相关专家提供的指导与帮助！

书稿付梓在即，作者衷心感谢王雪生、刘迎春、刘毅、单明岳、王国鑫、梁栓柱、朱南海、刘文政、齐念、许玲玲、许强、陆明飞、花晶晶、李柯燃、潘锐、陆华臣、覃亚男、张梅、范志鹏、叶昌杰等同学在攻读硕、博士学位期间对本书之贡献，同时也感谢北京工业大学赵泽涛、卢珍二位博士为文稿编辑的辛勤付出！

书稿撰写和图书出版过程中，中国建筑工业出版社刘瑞霞博士统筹协调，保证了图书于“中国钢结构协会空间结构分会成立三十周年庆典”之际出版，作者谨致谢忱！

大跨度空间钢结构体系复杂、造型多样，在我国应用量大面广，本书内容涵盖了作者团队二十余年的抗震研究成果。书稿写作虽竭团队之“力”，求空间结构地震响应之“真”，然受学识和技术手段之缚，难免存在一叶障目。书稿“抛砖引玉”，欠妥处敬请同行批评指正，共促我国大跨度空间结构抗震分析理论与设计技术更上一层楼！

薛素铎

2023 年 8 月于北京工业大学

目　录

第 1 章　大跨度空间钢结构抗震分析理论与计算方法 ······ 1
1.1　空间网格结构多维地震反应分析方法研究 ······ 1
1.1.1　多维虚拟激励随机振动分析方法 ······ 1
1.1.2　网壳结构多维平稳随机地震响应分析方法 ······ 2
1.1.3　空间网格结构多维多点非平稳随机地震响应分析方法 ······ 7
1.1.4　基于抗震规范的地震动随机模型参数研究 ······ 12
1.1.5　网格结构多维地震响应分析专用程序 ······ 20
1.2　基于杆系离散元（DEM）的数值仿真分析方法 ······ 21
1.2.1　颗粒 DEM 法基本原理 ······ 21
1.2.2　结构离散模型的建立 ······ 24
1.2.3　弹性接触本构模型的建立 ······ 25
1.2.4　弹塑性接触本构模型的建立 ······ 28
1.2.5　钢结构构件断裂行为模拟 ······ 34
1.2.6　DEM/FEM 自适应耦合算法模型的建立 ······ 36
1.2.7　多点激励下基于离散元法的网格结构强震倒塌全过程仿真实现 ······ 43
1.3　大跨度空间网格结构多维多点实用设计方法 ······ 51
1.3.1　大跨度空间钢结构多维多点输入地震反应时程分析方法 ······ 51
1.3.2　考虑多种耦合因素的多维多点反应谱法 ······ 63
1.3.3　多维反应谱法 ······ 78
第 2 章　大跨度空间钢结构强震倒塌破坏机理分析方法与倒塌模式优化方法 ······ 81
2.1　考虑荷载作用效应的易损性分析模型 ······ 81
2.1.1　经典构形易损性理论若干基本概念 ······ 81
2.1.2　考虑荷载作用效应的节点连接系数与单元破坏需求 ······ 83
2.1.3　结构失效模式的评价指标 ······ 85
2.2　基于响应敏感性的结构冗余特性分析方法 ······ 86
2.2.1　多点激励运动方程的建立 ······ 86
2.2.2　多点激励下的结构响应敏感性 ······ 87
2.2.3　多点激励下结构构件冗余度定义 ······ 89
2.3　空间网壳结构地震下的倒塌模式优化方法 ······ 90
2.3.1　遗传-模拟退火混合算法（GASA）的提出 ······ 90
2.3.2　基于 GASA 算法以构形度为优化目标的单层网壳结构倒塌模式优化 ······ 100

2.3.3 基于 GASA 算法以结构质量为优化目标的单层网壳结构倒塌模式优化……………106
第 3 章 大跨度钢屋盖考虑支承结构、桩-土体相互作用的抗震分析理论……………113
3.1 网壳与下部支承结构抗震整体分析方法……………113
3.1.1 非比例阻尼计算分析方法……………114
3.1.2 网壳与下部支承体系静、动力相互作用结果分析……………120
3.1.3 考虑网壳与支承共同工作实用分析方法……………122
3.1.4 小结……………123
3.2 桩-土-网壳结构相互作用分析理论……………123
3.2.1 土-结构相互作用问题研究方法和计算模型……………124
3.2.2 桩-土-网壳结构动力性能及简化方法……………126
3.2.3 地震波斜入射下桩-土-网壳结构抗震性能研究……………135
第 4 章 大跨度空间钢结构减隔震关键理论……………146
4.1 适用于大跨度空间钢结构的隔震装置研发……………146
4.1.1 摩擦-弹簧三维复合隔震支座……………146
4.1.2 高阻尼橡胶-碟簧三维隔震支座……………155
4.2 多点激励作用下隔震网壳结构分析理论……………159
4.2.1 多点激励隔震网壳结构理论模型……………159
4.2.2 基于子结构的非比例阻尼矩阵构造（Clough 非比例阻尼）……………160
4.2.3 隔震单元力学模型……………161
4.2.4 ABAQUS 软件隔震支座单元（UEL）的开发……………165
第 5 章 振动台试验研究……………167
5.1 单层球面网壳大型地震模拟振动台试验研究与相关理论验证……………167
5.1.1 两类大型地震模拟振动台试验……………167
5.1.2 DEM 算法及 DEM/FEM 耦合算法的验证……………182
5.1.3 大跨度空间钢结构倒塌破坏机理——改进构形易损性理论验证……………193
5.1.4 大跨度空间钢结构倒塌破坏机理——基于响应敏感性的结构冗余特性分析理论验证……………198
5.1.5 大跨度空间钢结构强震倒塌模式优化算法验证……………207
5.2 土-结构相互作用下单层柱面网壳结构试验研究……………212
5.2.1 试验模型设计……………212
5.2.2 自由场振动台试验……………217
5.2.3 独立基础-土-单层柱面网壳振动台试验……………218
5.2.4 桩-土-单层柱面网壳振动台试验……………239
5.2.5 地震波斜入射下独立基础-土-单层柱面网壳振动台试验……………252
5.2.6 橡胶支座隔震下独立基础-土-单层柱面网壳振动台试验……………259
5.2.7 试验结论……………266
5.3 大跨度网壳结构隔震振动台试验研究与相关理论验证……………268
5.3.1 试验装置与模型……………269
5.3.2 缩尺模型隔震支座性能试验……………271

5.3.3 大跨度网壳结构振动台试验方案 …… 275
5.3.4 隔震结构一致激励下 HDR 高位隔震柱面网壳结构振动台试验 …… 280
5.3.5 多维多点激励基础隔震网壳结构响应理论分析方法振动台试验验证 …… 290
5.3.6 多维多点激励的 HDR 高位隔震网壳结构响应研究 …… 299
第 6 章 工程应用与技术创新 …… 309
6.1 常州市体育会展中心体育馆屋盖结构工程 …… 309
6.1.1 项目简介 …… 309
6.1.2 结构计算模型 …… 310
6.1.3 结构动力特性分析 …… 311
6.1.4 结构地震位移响应分析 …… 313
6.1.5 结构地震内力响应分析 …… 317
6.1.6 创新技术在工程中应用情况 …… 324
6.2 丰台火车站屋盖结构项目 …… 326
6.2.1 项目简介 …… 326
6.2.2 主要参数 …… 329
6.2.3 反应谱分析 …… 332
6.2.4 多遇地震弹性时程分析 …… 335
6.2.5 罕遇地震下的动力弹塑性分析 …… 338
6.2.6 多点多维输入的抗震性能时程分析 …… 350
6.2.7 多点多维输入的抗震性能反应谱分析 …… 355
6.3 大跨度基础组合隔震技术在昆明机场航站楼的应用 …… 359
6.3.1 项目简介 …… 359
6.3.2 结构体系及超限情况 …… 361
6.3.3 超限应对措施及分析结论 …… 364
参考文献 …… 377

第 1 章 大跨度空间钢结构抗震分析理论与计算方法

改革开放以来，伴随经济快速发展和社会生活水平的提高，我国大跨度空间钢结构的应用范围不断推广，建设速度和建设规模居世界之首。大跨度空间钢结构具有大跨、超长、结构体系多样、动力特性复杂、频谱密集等特点，采用该类结构体系的公共建筑多应用于人口密集的大中型城市。我国的大多数城市位于抗震设防烈度较高的地区，因此结构抗震设计水平与结构安全性具有密切联系。

本书针对大跨度空间钢结构工程建设需要，重点研究了多维多点地震响应分析理论和计算方法以及性能化抗震分析方法，建立了较为系统的分析理论与设计方法，相关成果已纳入《空间网格结构技术规程》JGJ 7—2010、《建筑抗震设计规范》GB 50011—2010（2016年版）等标准中，对完善和丰富我国大跨度空间结构抗震设计发挥了积极作用。

1.1 空间网格结构多维地震反应分析方法研究

1.1.1 多维虚拟激励随机振动分析方法

空间网格结构体系受力和变形呈现明显的空间特点。研究表明，水平和竖向地震对空间网格结构的反应都有较大影响。因此，对空间网格结构的地震反应分析，考虑水平和竖向地震的同时作用更为合理。

震害经验与理论研究表明，地震时的地面运动系复杂多维运动，包括三个平动分量和三个转动分量。本节将“虚拟激励法”进一步推广应用到空间结构多维地震作用领域，给出了空间网格结构虚拟激励多维随机振动分析方法，对多维地震动的随机模型及相关性进行了研究，多维地震反应分析拟解决的主要问题如下：

（1）多分量地震作用模型及相关性的进一步研究

在考虑多分量联合作用时，每个地震分量的随机模型及各个分量间的互相关性是求解结构多维地震作用的关键。当各个分量联合作用时，每个分量的模型形式、模型参数及互相关性都需进行深入研究。

（2）多维地震作用下随机振动分析的高效算法研究

线性随机振动的基本理论构架已经建立，但计算方法过于复杂。大连理工大学林家浩教授提出的计算大型结构随机响应的虚拟激励法，为大型复杂结构体系的随机振动分析提供了快捷的计算思路。基于推导出的多维随机地震反应快速计算方法，可处理各种复杂多维随机问题。

（3）发展多维非线性随机分析理论

随机振动理论目前还只限于线性时不变结构的随机响应分析，当存在非线性因素时，要准确求出其随机响应还存在巨大困难，这严重限制了随机振动理论的应用范围。因此，需要对非线性随机分析理论开展深入细致的研究工作，与此同时注意发展多维非线性分析理论，使之能处理较为广泛的多维非线性随机问题。

（4）开发大型结构多维地震作用通用分析程序

自20世纪70年代以来，结构电算有了重大发展，各种大型有限元计算程序应运而生，例如目前国内外应用广泛的SAP系列、ADINA系列、ANSYS系列及ABAQUS系列等。这些程序的出现为大型复杂结构的动力分析提供了强有力的工具，让工程师在结构设计的安全性和可靠性方面更有把握。然而，目前的各种程序系列尚不能进行全面的多维地震作用分析。为便于工程界使用，急需根据结构多维地震作用分析理论，开发实用性强的大型通用程序系列。

（5）推导出结构多维地震反应实用计算方法，建立结构多维抗震设计原则

结构多维抗震设计原则应在规范中明确体现，这有赖于成熟的多维抗震分析理论的建立及对各种震害的处理手段的经验积累。从目前看，将多维分析的反应谱法引入规范是一条比较可行的路子，因为这种方法简单实用，易于被设计人员接受。结构的多维抗震设计应针对不同的结构体系提出不同的设计方法及构造措施，这需要深入研究各种结构体系在多维地震作用下的变形特点和受力性能，进行大量的计算分析及相应的试验研究工作。

1.1.2　网壳结构多维平稳随机地震响应分析方法

结构在多维地震作用下的反应分析可主要分为三种方法：反应谱法、时程法和随机振动分析方法。在随机地震反应分析的领域内，随机振动的功率谱法，即由给定的激励功率谱求出各种响应功率谱，在工程应用中占有很重要的地位。但由于对于大自由度、复杂结构，传统的随机振动功率谱方法推导的完全二次型组合法（CQC法）表达式计算量巨大，以及采用平方总和开方法（SRSS法）时可能会造成较大的误差等原因，使得上述两种方法在工程中的应用受到了较大限制。

大连理工大学的林家浩教授从计算力学的角度提出了一种计算大型结构随机响应的高效算法——虚拟激励法。然而，目前的相关研究还只局限在单维随机振动分析领域。本书将此方法进一步推广应用于网壳结构在多维地震作用下的随机响应分析，给出了虚拟激励多维随机振动分析方法，并对多维地震动的随机模型及相关性进行了研究，从本质上解决了多维地震动的输入问题。

1）多维地震作用的虚拟激励法

（1）虚拟激励法的概念

对于受平稳随机激励的线性结构系统，由已知激励功率谱矩阵$[S_{xx}]$求解任意响应功率谱矩阵的功率谱法是随机振动理论取得的经典成果，其基本表达式为

$$[S_{yy}]=[H]^*[S_{xx}][H]^{\mathrm{T}},\ [S_{yx}]=[H]^*[S_{xx}],\ [S_{xy}]=[S_{xx}][H]^{\mathrm{T}} \tag{1.1-1}$$

式中：$[S_{yy}]$——输出的自谱密度矩阵；

$[S_{xy}]$和$[S_{yx}]$——输入和输出之间的互谱密度矩阵；

$[H]$——频响函数矩阵；

上标*和T——求复共轭和矩阵转置。

上述公式形式简单，长期以来一直被用作计算各种结构响应自谱和互谱的基本公式，是随机振动理论的重要成果。然而，当结构自由度很高，特别是受多维或多点随机激励时，其计算量十分庞大，难为一般工程分析接受。

为解决上述问题，大连理工大学的林家浩教授提出了一种计算上述功率谱矩阵的快速算法——虚拟激励法。在单源平稳激励下，虚拟激励法可以描述为：若线性时不变系统受到平稳随机激励，其谱密度为$S_{xx}(\omega)$。则如将此随机激励代之以虚拟简谐激励$x(t)=\sqrt{S_{xx}(\omega)}e^{i\omega t}$，并设$\{y\}$与$\{z\}$是由它激发的任意两种稳态简谐响应，则其功率谱矩阵可简单地按下式计算：

$$\left[S_{yy}(\omega)\right]=\{y\}^*\{y\}^{\mathrm{T}}，\left[S_{yz}(\omega)\right]=\{y\}^*\{z\}^{\mathrm{T}} \tag{1.1-2}$$

可以证明，由式(1.1-2)给出的结果与式(1.1-1)在数学上完全等价。目前，利用虚拟激励法可解决结构在单维地震作用下的多种随机问题，如大型结构平稳和非平稳随机地震响应、行波效应、多点激励、完全相干和部分相干等问题。

（2）多维地震作用下虚拟激励法公式的推导

对空间网格结构体系，假定质量集中在各节点上，且只考虑三维平动地震分量的作用，忽略地震动转动分量的影响，则结构的运动方程为

$$[M]\{\ddot{U}\}+[C]\{\dot{U}\}+[K]\{U\}=-[M][E]\{\ddot{U}_{\mathrm{g}}\} \tag{1.1-3}$$

式中：$[M]$、$[C]$、$[K]$——结构的质量、阻尼及刚度矩阵；

$\{U\}$——位移向量；

$[E]$——指示矩阵；

$\{\ddot{U}_{\mathrm{g}}\}=\{\ddot{X}_{\mathrm{g}},\ddot{Y}_{\mathrm{g}},\ddot{Z}_{\mathrm{g}}\}^{\mathrm{T}}$——地面运动加速度向量，设它们是平稳随机过程，$\{\ddot{U}_{\mathrm{g}}\}$的功率谱矩阵$\left[S_{\ddot{U}_{\mathrm{g}}\ddot{U}_{\mathrm{g}}}(\omega)\right]$为已知。

对线性结构体系，位移向量$\{U\}$可表示为前q个振型的组合：

$$\{U\}=\sum_{j=1}^{q}\{\phi_j\}u_j=[\phi]\{u\} \tag{1.1-4}$$

式中：$\{\phi_j\}$——第j阶振型向量；

$[\phi]$——振型矩阵；

$\{u\}$——正则坐标。

设$[C]$为正交阻尼阵，则式(1.1-3)可缩减为q个单自由度方程：

$$\ddot{u}_j+2\xi_j\omega_j\dot{u}_j+\omega_j^2u_j=-\{\phi_j\}^{\mathrm{T}}[M][E]\{\ddot{U}_{\mathrm{g}}\} \tag{1.1-5}$$

式中：ξ_j、ω_j——第j阶振型阻尼比和圆频率，振型矩阵满足关系：$[\phi]^{\mathrm{T}}[M][\phi]=[I]$。

根据地面运动的相关性质，输入功率谱矩阵为Hermitian矩阵，因此可将其分解为

$$\left[S_{\ddot{U}_{\mathrm{g}}\ddot{U}_{\mathrm{g}}}(\omega)\right]=\sum_{k=1}^{r}\lambda_k\{\psi_k\}^*\{\psi_k\}^{\mathrm{T}} \tag{1.1-6}$$

式中：r——激励功率谱矩阵的秩，对三维地震输入$r=3$；

λ_k和$\{\psi_k\}$——矩阵的第k个特征值和特征向量。

根据虚拟激励法的概念，构造虚拟激励向量$\{\ddot{U}_{\mathrm{g}}\}_k=\sqrt{\lambda_k}\{\psi_k\}e^{i\omega t}$，代入式(1.1-5)得

$$u_{jk} = -H_j(i\omega)\{\phi_j\}^{\mathrm{T}}[M][E]\sqrt{\lambda_k}\{\psi_k\}\mathrm{e}^{i\omega t} \tag{1.1-7}$$

式中：$H_j(i\omega)$——单自由度频响函数，$H_j(i\omega) = \left(\omega_j^2 - \omega^2 + i^2\xi_j\omega_j\omega\right)^{-1}$。

由式(1.1-4)得

$$\{U_k(t)\} = -\sum_{j=1}^{q}\{\phi_j\}H_j(i\omega)\{\phi_j\}^{\mathrm{T}}[M][E]\sqrt{\lambda_k}\{\psi_k\}\mathrm{e}^{i\omega t} = \{U_k(\omega)\}\mathrm{e}^{i\omega t} \tag{1.1-8}$$

根据虚拟激励法的原理，可得$\{U\}$的功率谱矩阵为

$$[S_{UU}(\omega)] = \sum_{k=1}^{r}\{U_k(\omega)\}^*\{U_k(\omega)\}^{\mathrm{T}} \tag{1.1-9}$$

式(1.1-9)也可写为如下形式：

$$\begin{aligned}[S_{UU}(\omega)] &= \left(\sum_{j=1}^{q}\{\phi_j\}H_j(i\omega)\{\phi_j\}^{\mathrm{T}}[M][E]\right)^* \sum_{k=1}^{r}\lambda_k\{\psi_k\}^*\{\psi_k\}^{\mathrm{T}}\left(\sum_{j=1}^{q}\{\phi_j\}H_j(i\omega)\{\phi_j\}^{\mathrm{T}}[M][E]\right)^{\mathrm{T}} \\ &= [\phi][H]^*[\phi]^{\mathrm{T}}[M][E]\left[S_{\ddot{U}_g\ddot{U}_g}\right][E]^{\mathrm{T}}[M][\phi][H][\phi]^{\mathrm{T}}\end{aligned} \tag{1.1-10}$$

式中：$[H]$——对角阵，$[H] = \mathrm{diag}\left[H_1 \quad H_2 \quad \cdots \quad H_q\right]$。

式(1.1-9)或式(1.1-10)即为由虚拟激励法得出的结构在三维地震分量作用下的位移响应功率谱矩阵的计算公式。而由传统 CQC 算法给出的表达式为

$$[S_{UU}(\omega)] = \sum_{m=1}^{3}\sum_{n=1}^{3}\sum_{j=1}^{q}\sum_{l=1}^{q}\gamma_{jm}\gamma_{ln}H_j(i\omega)^*H_l(i\omega)\{\phi_j\}\{\phi_l\}^{\mathrm{T}}S_{\ddot{U}_m\ddot{U}_n}(\omega) \tag{1.1-11}$$

式中：γ_{jm}——振型参与系数。

式(1.1-11)中含有四重求和号，当计算自由度较多时，其计算量是惊人的。可以证明由虚拟激励法给出的式(1.1-9)或式(1.1-10)与传统的 CQC 表达式完全等价，而其计算工作量却大大减少。

由位移响应功率谱可进一步推导出内力响应功率谱。根据有限元理论，首先要从全局坐标系中提取出单元节点位移向量$\{U_{\mathrm{e}}\}$，相应的有一个提取变换：

$$\{U_{\mathrm{e}}\} = [G_1]\{U\} \tag{1.1-12}$$

然后将单元节点位移向量从全局坐标系向单元局部坐标系转换，相应的有一个旋转变换：

$$\{U_{\mathrm{e}}'\} = [G_2]\{U_{\mathrm{e}}\} = [G_2][G_1]\{U\} \tag{1.1-13}$$

最后，节点内力响应向量$\{N_{\mathrm{e}}\}$可以通过单元刚度矩阵$\{K_{\mathrm{e}}\}$求出：

$$\{N_{\mathrm{e}}\} = [K_{\mathrm{e}}]\{U_{\mathrm{e}}'\} = [K_{\mathrm{e}}][G_2][G_1]\{U\} \tag{1.1-14}$$

则内力响应功率谱矩阵为：

$$\left[S_{N_{\mathrm{e}}N_{\mathrm{e}}}(\omega)\right] = \sum_{k=1}^{r}\{N_{\mathrm{e}}\}_k^* \cdot \{N_{\mathrm{e}}\}_k^{\mathrm{T}} = [K_{\mathrm{e}}]^*[G_2]^*[G_1]^*[S_{UU}(\omega)][G_1]^{\mathrm{T}}[G_2]^{\mathrm{T}}[K_{\mathrm{e}}]^{\mathrm{T}} \tag{1.1-15}$$

结构任一响应量的方差可由其相应的自谱密度元素求得：

$$M_{\mathrm{s}}\ddot{y}_{\mathrm{s}}^{\mathrm{d}} + C_{\mathrm{s}}\dot{y}_{\mathrm{s}}^{\mathrm{d}} + K_{\mathrm{s}}y_{\mathrm{s}}^{\mathrm{d}} = -M_{\mathrm{s}}\ddot{y}_{\mathrm{s}}^{\mathrm{s}} = -M_{\mathrm{s}}R\ddot{y}_{\mathrm{b}} \tag{1.1-16}$$

式中：响应量y_{s}——位移或内力。

根据本节理论推导，编制相应的计算机程序，可方便地分析空间网壳结构在多维地震作用下的随机反应。

（3）虚拟激励法的计算效率分析

考虑结构受单点平稳随机地震激励情况，由传统公式(1.1-1)得到的结构位移响应功率谱矩阵可写为

$$[S_{yy}(\omega)] = \sum_{i=1}^{q}\sum_{j=1}^{q}\gamma_i\gamma_j H_i^* H_j\{\phi_i\}\{\phi_j\}^{\mathrm{T}} S_{\ddot{x}_{\mathrm{g}}}(\omega) \tag{1.1-17}$$

式中：$S_{\ddot{x}_{\mathrm{g}}}(\omega)$——地面运动加速度$\ddot{X}_{\mathrm{g}}(t)$的自谱；

$\{\phi_j\}$——第j振型向量；

γ_j、H_j——第j振型的振型参与系数和频响函数；

q——计算所取的振型数。

式(1.1-17)就是精确计算响应功率谱的 CQC 表达式。由于式中含有二重求和号，当结构自由度数较高及所取振型数较多时，按式(1.1-17)的计算量是非常大的。为此，工程中通常在小阻尼和参振振型为稀疏分布的假定下将$i \neq j$的交叉项忽略掉，而得到以下近似的 SRSS 公式

$$[S_{yy}(\omega)] = \sum_{j=1}^{q}\gamma_j^2|H_j|^2\{\phi_i\}\{\phi_j\}^{\mathrm{T}} S_{\ddot{x}_{\mathrm{g}}}(\omega) \tag{1.1-18}$$

然而，对于大跨度空间网格结构，其参振频率十分密集，且存在很多耦合振型，因此用式(1.1-18)给出的 SRSS 公式计算将带来很大误差。

按虚拟激励法分析时，位移响应功率谱矩阵可方便地按下式求出

$$[S_{yy}(\omega)] = \{Y(\omega)\}^*\{Y(\omega)\}^{\mathrm{T}} \tag{1.1-19}$$

式中：

$$\{Y(\omega)\} = -\sum_{j=1}^{q}\gamma_j H_j\{\phi_j\}\sqrt{S_{\ddot{X}_{\mathrm{g}}}(\omega)} \tag{1.1-20}$$

很显然，若将式(1.1-20)代入式(1.1-19)并展开，即得到式(1.1-17)，可见由虚拟激励法给出的公式与 CQC 算法公式在数学上是等价的，但其计算量相差很大。如果令$\{Z_j\} = \gamma_j H_j\{\phi_j\}\sqrt{S_{\ddot{X}_{\mathrm{g}}}(\omega)}$，则上述三种算法可分别表达为：

常规 CQC 法：
$$[S_{yy}(\omega)] = \sum_{i=1}^{q}\sum_{j=1}^{q}\{Z_i\}^*\{Z_j\}^{\mathrm{T}} \tag{1.1-21}$$

SRSS 法：
$$[S_{yy}(\omega)] = \sum_{j=1}^{q}\{Z_j\}^*\{Z_j\}^{\mathrm{T}} \tag{1.1-22}$$

虚拟激励法：
$$[S_{yy}(\omega)] = \left(\sum_{j=1}^{q}\{Z_j\}\right)^*\left(\sum_{j=1}^{q}\{Z_j\}\right)^{\mathrm{T}} \tag{1.1-23}$$

上述三种算法所需的计算量分别为：式(1.1-21)需q^2次n维向量乘法，式(1.1-22)需q次n维向量乘法，而式(1.1-23)只需 1 次n维向量乘法，其计算量只有 CQC 法的 $1/q^2$。

由此可见，虚拟激励法不仅计算精确，而且计算效率高，其计算效率甚至比近似的 SRSS 法也快 $1/q$。由于虚拟激励法自动包含了所有参振振型的贡献，不可能忽略掉参振振型之间的互相关项，因此特别适合于大跨度空间结构这种具有频率密集分布的复杂结构体系的分析。

2）多维地震动的随机模型及相关性

地震动具有很强的随机性，研究地震动随机模型是应用随机振动理论研究结构随机地震反应的基础。单维地震动模型已有较成熟的结果，并已得到工程应用，如平稳模型中的白噪声模型、过滤白噪声模型，非平稳模型中的均匀调制过程、演变过程等。多维地震动随机模型则由在单维模型的基础上再考虑各分量间的相关性而得到。

在研究中，地震动模型采用由 Kanai-Tajimi 提出的过滤白噪声模型，其功率谱密度函数表达式为

$$S(\omega)=\frac{\omega_{\mathrm{g}}^{4}+4\xi_{\mathrm{g}}^{2}\omega_{\mathrm{g}}^{2}\omega^{2}}{\left(\omega_{\mathrm{g}}^{2}-\omega^{2}\right)^{2}+4\xi_{\mathrm{g}}^{2}\omega_{\mathrm{g}}^{2}\omega^{2}}S_{0} \tag{1.1-24}$$

式中：S_0——谱强度因子；

ξ_{g}、ω_{g}——地基土的阻尼比和卓越频率。

地震动随机模型参数S_0、ξ_{g}、ω_{g}与场地类别和地震烈度等因素有关。

研究表明，水平两向地震动加速度的相关程度较大，x、y方向加速度统计平均自谱在形状上大致相同，互谱模的形状与自谱相近，互谱相位角较小。基于上述分析，建议双向地震动的自谱取相同形式，互谱相位角取为零，这样自谱和互谱密度函数表达式相同，既有$S_{\ddot{x}\ddot{x}}(\omega)=S_{\ddot{y}\ddot{y}}(\omega)=S_{\ddot{x}\ddot{y}}(\omega)$。设计时也可取两个自谱函数相差一个常数倍，即$S_{\ddot{x}\ddot{x}}(\omega)=\alpha S_{\ddot{y}\ddot{y}}(\omega)$，这样互谱与自谱也差一常数倍，$S_{\ddot{x}\ddot{y}}(\omega)=\sqrt{\alpha}S_{\ddot{y}\ddot{y}}(\omega)$。

对于水平和竖向两方向的互谱本书建议按如下取值

$$S_{\ddot{x}_{\mathrm{g}}\ddot{z}_{\mathrm{g}}}(\omega)=0.6\sqrt{S_{\ddot{x}_{\mathrm{g}}\ddot{x}_{\mathrm{g}}}(\omega)S_{\ddot{z}_{\mathrm{g}}\ddot{z}_{\mathrm{g}}}(\omega)} \tag{1.1-25}$$

式中：$S_{\ddot{x}_{\mathrm{g}}\ddot{x}_{\mathrm{g}}}(\omega)$和$S_{\ddot{z}_{\mathrm{g}}\ddot{z}_{\mathrm{g}}}(\omega)$——水平和竖向自谱，假定它们具有相同形式（均为过滤白噪声模型），但模型参数取值不同，现从理论上对两向参数之间的关系进行推导。

由 Kanai-Tajimi 给出的过滤白噪声模型是将地表覆盖土层视为单自由度线性滤波器，由基岩输入白噪声过程，经过滤波后得到的。对水平和竖向地面运动可分别用图 1.1-1（a）、（b）所示的场地的单自由度体系模型表示。根据地震动波动理论知，竖向地震波为压缩波，对应的卓越频率ω_{gV}与场地土的杨氏模量E有关，水平地震为剪切波，对应的卓越频率ω_{gH}与场地土的剪切模量G有关，杨氏模量与剪切模量的关系为$E=2(1+\mu)G$，μ是场地土的泊松比，可取为 1/4。根据过滤白噪声所用的单自由度模型可得到ω_{gV}与ω_{gH}的关系为

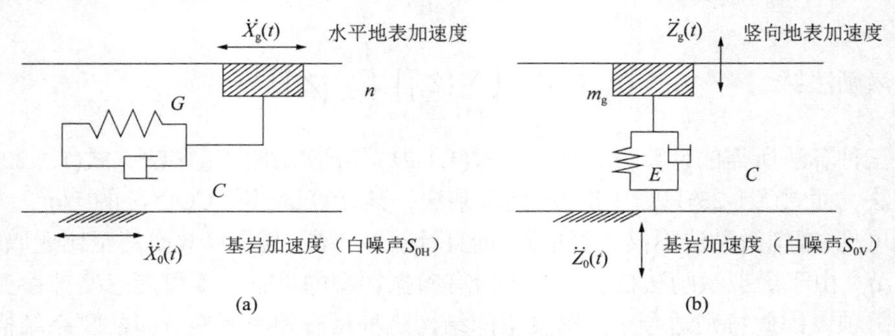

图 1.1-1　场地的单自由度体系模型

$$\omega_{\mathrm{gV}} = \sqrt{E/G}\omega_{\mathrm{gH}} = \sqrt{2.5}\omega_{\mathrm{gH}} = 1.58\omega_{\mathrm{gH}} \tag{1.1-26}$$

谱强度因子S_0与地震动加速度峰值之间的关系为

$$S_0 = \frac{0.141a_{\max}^2\xi_{\mathrm{g}}}{\omega_{\mathrm{g}}\left(1+4\xi_{\mathrm{g}}^2\right)^{1/2}} \tag{1.1-27}$$

式中：$a_{\max}$——时程记录峰值加速度。

一般假定竖向地震加速度峰值为水平峰值的三分之二，如果取土的阻尼比值相同，则竖向与水平方向谱强度因子的关系可近似取为

$$S_{0\mathrm{V}} = 0.281S_{0\mathrm{H}} \tag{1.1-28}$$

虚拟激励法计算效率高，易于编程，可以处理各种复杂随机问题，并且总能得到精确解，从计算本质上解决了传统 CQC 算法在计算效率上的局限性，是一种很有发展前景的多维随机振动分析方法。

通过对虚拟激励法的研究和在多维地震作用分析中的推广可以得出以下结论：该方法作为一种随机振动分析方法，自动计及了所有参振振型的相关项影响，与传统的 CQC 法完全等价，是一种快速、精确的 CQC 法，特别适用于自由度多、频率密集的网壳结构在多分量地震作用下的随机反应分析。

本书通过对多维地震动的随机模型及相关性研究，提出了确定多维随机模型的方法，从本质上解决了多维地震动的输入问题，为采用多维随机理论创造了条件。

1.1.3 空间网格结构多维多点非平稳随机地震响应分析方法

上节中我们只研究了地震动为平稳随机过程及一致输入的情况，未考虑地震动的非平稳性及行波效应（多点输入）。本节将在上一节的基础上，进一步将虚拟激励法推广应用于大跨空间网格结构在多维多点非平稳地震作用下的随机响应分析，给出非平稳虚拟激励多维随机振动分析方法，并对多维地震动的随机模型及参数进行研究。在此基础上，编制了专用计算机分析程序。

1）多维多点非平稳虚拟激励法的理论公式

对空间网格结构体系，假定质量集中在各节点上，且只考虑三维平动地震分量的作用，忽略地震动转动分量的影响，选择相对于地心静止的绝对坐标系，将节点位移分为拟静力项和拟动力项，并假定阻尼力与相对速度成正比，则体系在多点地震激励下的运动方程可写为

$$\begin{bmatrix} M_{\mathrm{ss}} & 0 \\ 0 & M_{\mathrm{mm}} \end{bmatrix}\begin{Bmatrix} \ddot{U}_{\mathrm{s}}+\ddot{U}_{\mathrm{r}} \\ \ddot{U}_{\mathrm{m}} \end{Bmatrix} + \begin{bmatrix} C_{\mathrm{ss}} & C_{\mathrm{sm}} \\ C_{\mathrm{ms}} & C_{\mathrm{mm}} \end{bmatrix}\begin{Bmatrix} \dot{U}_{\mathrm{r}} \\ 0 \end{Bmatrix} + \begin{bmatrix} K_{\mathrm{ss}} & K_{\mathrm{sm}} \\ K_{\mathrm{ms}} & K_{\mathrm{mm}} \end{bmatrix}\begin{Bmatrix} U_{\mathrm{s}}+U_{\mathrm{r}} \\ U_{\mathrm{m}} \end{Bmatrix} = \begin{Bmatrix} 0 \\ P_{\mathrm{m}} \end{Bmatrix} \tag{1.1-29}$$

式中：$[M_{\mathrm{ss}}]$、$[C_{\mathrm{ss}}]$、$[K_{\mathrm{ss}}]$——自由节点的质量、阻尼、刚度矩阵；

$[M_{\mathrm{mm}}]$、$[C_{\mathrm{mm}}]$、$[K_{\mathrm{mm}}]$——支座约束节点的质量、阻尼、刚度矩阵；

$[C_{\mathrm{sm}}]$、$[C_{\mathrm{ms}}]$——自由节点和支座节点的耦合阻尼矩阵；

$[K_{\mathrm{sm}}]$、$[K_{\mathrm{ms}}]$——自由节点和支座节点的耦合刚度矩阵；

$\{U_{\mathrm{s}}\}$、$\{U_{\mathrm{r}}\}$——自由节点的拟静力和拟动力位移向量；

$\{U_{\mathrm{m}}\}$——支座节点的拟静力位移向量，即为地面节点强迫位移向量；

$\{P_{\mathrm{m}}\}$——作用于支座节点上的外荷载向量。

将式(1.1-29)进一步化简得

$$[M_{\mathrm{ss}}]\{\ddot{U}_{\mathrm{r}}\}+[C_{\mathrm{ss}}]\{\dot{U}_{\mathrm{r}}\}+[K_{\mathrm{ss}}]\{U_{\mathrm{r}}\}=[M_{\mathrm{ss}}][K_{\mathrm{ss}}]^{-1}[K_{\mathrm{sm}}]\{\ddot{U}_{\mathrm{m}}\} \tag{1.1-30}$$

假设当$t=T_j$时地震波到达第j个支座节点（x_j,y_j），则：

$$T_j=\left(X_j\cos\theta+Y_j\sin\theta\right)/v \tag{1.1-31}$$

式中：v——地震波等效视波速；

θ——地震波传播方向与结构X轴方向之间的夹角。

地面支座节点的加速度向量可表示为

$$\{\ddot{U}_{\mathrm{m}}(t)\}=[G(t)]\{\ddot{U}_{\mathrm{g}}(t)\} \tag{1.1-32}$$

式中：$[G(t)]$——确定性时间包络函数矩阵；

$\{\ddot{U}_{\mathrm{g}}(t)\}$——时滞平稳随机过程向量。

$$[G(t)]=\begin{bmatrix}G_1(t) & & & \\ & \ddots & & 0 \\ & & G_j(t) & \\ & 0 & & \ddots \\ & & & & G_{\mathrm{p}}(t)\end{bmatrix} \tag{1.1-33}$$

$$\left[G_j(t)\right]=\begin{bmatrix}g_x\left(t-T_j\right) & & 0 \\ & g_y\left(t-T_j\right) & \\ 0 & & g_z\left(t-T_j\right)\end{bmatrix} \tag{1.1-34}$$

$$\{\ddot{U}_{\mathrm{g}}(t)\}=\left[\ddot{U}_{\mathrm{g1}}(t)\quad\cdots\quad\ddot{U}_{\mathrm{g}j}(t)\quad\cdots\quad\ddot{U}_{\mathrm{gp}}(t)\right]^{\mathrm{T}} \tag{1.1-35}$$

$$\{\ddot{U}_{\mathrm{g}j}(t)\}=\left[X\left(t-T_j\right)\quad Y\left(t-T_j\right)\quad Z\left(t-T_j\right)\right]^{\mathrm{T}} \tag{1.1-36}$$

在实际计算中可假定$g_x(t)=g_y(t)=g_z(t)=g(t)$，当$t<0$，$g(t)=0$。

设阻尼矩阵满足正交条件，则可用振型分解法将式(1.1-30)降阶为q个自由度。将拟动力位移向量表示为前q个振型的组合

$$\{U_{\mathrm{r}}\}=\sum_{j=1}^{q}\{\phi_j\}\mu_j=[\phi]\{\mu\} \tag{1.1-37}$$

代入式(1.1-30)并利用振型正交性得

$$\{\ddot{\mu}\}+\mathrm{diag}[2\xi_j\omega_j]\{\dot{\mu}\}+\mathrm{diag}[\omega_j^2]\{\mu\}=[\beta]\{\ddot{U}_{\mathrm{m}}\} \tag{1.1-38}$$

$$[\beta]=[\phi]^{\mathrm{T}}[M_{\mathrm{ss}}][K_{\mathrm{ss}}]^{-1}[K_{\mathrm{sm}}] \tag{1.1-39}$$

式中：ξ_j、ω_j——第j阶振型阻尼比和圆频率，振型矩阵满足关系$[\phi]^{\mathrm{T}}[M_{\mathrm{ss}}][\phi]=[I]$。

输入功率谱密度矩阵可写为

$$\left[S_{\ddot{U}_{\mathrm{m}}\ddot{U}_{\mathrm{m}}}\right]=[G(t)]^*\left[S_{\ddot{U}_{\mathrm{g}}\ddot{U}_{\mathrm{g}}}\right][G(t)]^{\mathrm{T}} \tag{1.1-40}$$

式中：

$$\left[S_{\ddot{U}_{\mathrm{g}}\ddot{U}_{\mathrm{g}}}(\omega)\right]=[V]^*[S(\omega)][V]^{\mathrm{T}} \tag{1.1-41}$$

$$[V]=\begin{bmatrix}[I]_3\mathrm{e}^{i\omega T_1}\\ [I]_3\mathrm{e}^{i\omega T_2}\\ \vdots\\ [I]_3\mathrm{e}^{i\omega T_\mathrm{p}}\end{bmatrix},\ [S(\omega)]=\begin{bmatrix}S_{xx}(\omega) & S_{xy}(\omega) & S_{xz}(\omega)\\ S_{yx}(\omega) & S_{yy}(\omega) & S_{yz}(\omega)\\ S_{zx}(\omega) & S_{zy}(\omega) & S_{zz}(\omega)\end{bmatrix},\ [I]_3=\begin{bmatrix}1 & & 0\\ & 1 & \\ 0 & & 1\end{bmatrix} \tag{1.1-42}$$

根据地面运动的相关性质，输入功率谱矩阵为 Hermitian 矩阵，因此可将其分解为

$$[S(\omega)]=\sum_{j=1}^{r}\alpha_j\{\psi_j\}^*\{\psi_j\}^\mathrm{T} \tag{1.1-43}$$

式中：r——激励功率谱矩阵的秩，对三维地震输入$r=3$；

α_j和$\{\psi_j\}$——矩阵的第j个特征值和特征向量。

现构造如下虚拟激励向量

$$\left\{\ddot{U}_{\mathrm{m}_j}(t,\omega)\right\}=\sqrt{\alpha_j}[G(t)][V]\{\psi_j\}\mathrm{e}^{i\omega t} \tag{1.1-44}$$

代入式(1.1-38)可解出由其引起的位移反应为

$$\left\{U_{\mathrm{r}_j}(t,\omega)\right\}=\int_0^t[\phi]\,[h(t-\tau)][\beta]\sqrt{\alpha_j}[G(\tau)][V]\{\psi_j\}\mathrm{e}^{i\omega\tau}\,\mathrm{d}\tau \tag{1.1-45}$$

式中：$[h(t-\tau)]$——脉冲响应函数矩阵。

$$\left.\begin{aligned}&[h(t-\tau)]=\mathrm{diag}\left[h_j(t-\tau)\right]\\ &h_j(t-\tau)=\frac{1}{\omega_{\mathrm{d}j}}\mathrm{e}^{-\xi_j\omega_j(t-\tau)}\sin\omega_{\mathrm{d}j}(t-\tau)\\ &\omega_{\mathrm{d}j}=\omega_j\sqrt{1-\xi_j^2}\end{aligned}\right\} \tag{1.1-46}$$

根据虚拟激励法原理，结构拟动力位移功率谱矩阵可由下式获得

$$\left[S_{U_\mathrm{r}U_\mathrm{r}}(t,\omega)\right]=\sum_{j=1}^{r}\left\{U_{\mathrm{r}_j}(t,\omega)\right\}^*\left\{U_{\mathrm{r}_j}(t,\omega)\right\}^\mathrm{T} \tag{1.1-47}$$

按式(1.1-44)构造虚拟激励向量，则由其引起的自由节点拟静力位移为

$$\begin{aligned}\left\{U_{\mathrm{s}_j}(t,\omega)\right\}&=-[K_\mathrm{ss}]^{-1}[K_\mathrm{sm}]\left\{U_{\mathrm{m}_j}(t,\omega)\right\}\\ &=-[K_\mathrm{ss}]^{-1}[K_\mathrm{sm}]\int_0^t\left(\int_0^{t'}\sqrt{\alpha_j}[G(t)][V]\{\psi_j\}\mathrm{e}^{i\omega t}\,\mathrm{d}\tau\right)\mathrm{d}t'\end{aligned} \tag{1.1-48}$$

根据虚拟激励法原理，可得结构拟静力位移功率谱矩阵

$$\left[S_{U_\mathrm{s}U_\mathrm{s}}(t,\omega)\right]=\sum_{j=1}^{r}\left\{U_{\mathrm{s}_j}(t,\omega)\right\}^*\left\{U_{\mathrm{s}_j}(t,\omega)\right\}^\mathrm{T} \tag{1.1-49}$$

同理可得$\{U_\mathrm{r}(t)\}$与$\{U_\mathrm{s}(t)\}$之间的互功率谱矩阵

$$\left[S_{U_\mathrm{r}U_\mathrm{s}}(t,\omega)\right]=\sum_{j=1}^{r}\left\{U_{\mathrm{r}_j}(t,\omega)\right\}^*\left\{U_{\mathrm{s}_j}(t,\omega)\right\}^\mathrm{T} \tag{1.1-50}$$

$$\left[S_{U_\mathrm{s}U_\mathrm{r}}(t,\omega)\right]=\sum_{j=1}^{r}\left\{U_{\mathrm{s}_j}(t,\omega)\right\}^*\left\{U_{\mathrm{r}_j}(t,\omega)\right\}^\mathrm{T} \tag{1.1-51}$$

节点总位移功率谱矩阵为

$$\left[S_{U_\mathrm{ss}U_\mathrm{ss}}(t,\omega)\right]=\sum_{j=1}^{r}\left\{U_{\mathrm{ss}_j}(t,\omega)\right\}^*\left\{U_{\mathrm{ss}_j}(t,\omega)\right\}^\mathrm{T} \tag{1.1-52}$$

$$\left\{U_{\mathrm{ss}_j}(t,\omega)\right\}=\left\{U_{\mathrm{s}_j}(t,\omega)\right\}+\left\{U_{\mathrm{r}_j}(t,\omega)\right\} \tag{1.1-53}$$

对于内力功率谱同样可由上面方法求得

$$[S_{NN}(t,\omega)]=\sum_{j=1}^{r}\left\{N_j(t,\omega)\right\}^{*}\left\{N_j(t,\omega)\right\}^{\mathrm{T}} \tag{1.1-54}$$

$$\left\{N_j(t,\omega)\right\}=[Z_{\mathrm{N}}]\left\{U_{\mathrm{ss}_j}(t,\omega)\right\} \tag{1.1-55}$$

式中：$\{N_j(t,\omega)\}$——由虚拟激励向量引起的内力；

$[Z_{\mathrm{N}}]$——转换矩阵。

任一杆件内力的非平稳响应时变方差可由相应的内力功率谱矩阵的元素求得

$$\sigma_{N_i}^2(t)=\int_{-\infty}^{+\infty}S_{N_iN_i}(t,\omega)\,\mathrm{d}\omega \tag{1.1-56}$$

2）峰值反应的估计

根据随机振动理论，线性结构体系在平稳地震激励作用下，某一反应最大值的均值及标准差可表示为

$$\overline{y}_{\mathrm{m}}=f\sigma_y;\ \sigma_{\overline{y}_{\mathrm{m}}}=p\sigma_y \tag{1.1-57}$$

$$f=\sqrt{2\ln(v_yt_{\mathrm{d}})}+\frac{0.5772}{\sqrt{2\ln(v_yt_{\mathrm{d}})}};\ p=\frac{\pi}{6}\frac{1}{\sqrt{2\ln(v_yt_{\mathrm{d}})}} \tag{1.1-58}$$

式中：f、p——峰值因子；

σ_y——反应的均方差；

v_y——变零率；

t_{d}——地震动持时。

$$\sigma_y^2=\int_{-\infty}^{+\infty}S_y(\omega)\,\mathrm{d}\omega;\ v_y=\frac{1}{\pi}\sqrt{\frac{\lambda_2}{\lambda_0}};\ \lambda_0=\int_{-\infty}^{+\infty}S_y(\omega)\,\mathrm{d}\omega;\ \lambda_2=\int_{-\infty}^{+\infty}\omega^2S_y(\omega)\,\mathrm{d}\omega \tag{1.1-59}$$

式中：λ_0、λ_2——反应的零阶和二阶谱矩。

为能够利用上面平稳理论的结果，可按江近仁、洪峰建议的方法将非平稳反应结果进行平稳化处理。

由非平稳时变功率谱可得到时变方差

$$\sigma_y^2(t)=\int_{-\infty}^{+\infty}S_y(t,\omega)\,\mathrm{d}\omega \tag{1.1-60}$$

将时变方差在地震动持时上取平均可得到等效平稳化均方反应$\overline{\sigma}_y^2$，对于功率谱的零阶和二阶谱矩也这样处理，得到等效平稳化零阶和二阶谱矩$\overline{\lambda}_0$（$\overline{\lambda}_0=\overline{\sigma}_y^2$）、$\overline{\lambda}_2$。用平稳化的$\overline{\sigma}_y$、$\overline{\lambda}_0$、$\overline{\lambda}_2$代替$\sigma_y$、$\lambda_0$、$\lambda_2$，再利用式(1.1-57)、式(1.1-58)就可近似得到结构在非平稳地震动输入下的峰值反应。

3）多维随机模型及参数选取

地震动的随机模型是应用随机振动理论研究结构随机地震响应的基础，多维地震动模

型可通过在单分量模型的基础上考虑各分量间的互相关性得到。对于模型中的单维分量，本节选取常用的强度非平稳模型，即用一确定性的时间包络函数与一平稳随机过程的乘积来模拟非平稳随机过程。为减小问题复杂性，对水平和竖向分量取如下相同的时间包络函数

$$g(t)=\begin{cases}(t/t_1)^2, & 0\leqslant t<t_1\\ 1, & t_1\leqslant t\leqslant t_2\\ \mathrm{e}^{-c(t-t_2)}, & t\geqslant t_2\end{cases} \tag{1.1-61}$$

式中：c——衰减系数；

t_1和t_2——主震平稳段的首末时间。

对于平稳随机过程模型，本节选取修正过滤白噪声模型

$$S(\omega)=\frac{\omega_{\mathrm{g}}^4+4\xi_{\mathrm{g}}^2\omega_{\mathrm{g}}^2\omega^2}{\left(\omega_{\mathrm{g}}^2-\omega^2\right)^2+4\xi_{\mathrm{g}}^2\omega_{\mathrm{g}}^2\omega^2}\cdot\frac{\omega^4}{\left(\omega_{\mathrm{f}}^2-\omega^2\right)^2+4\xi_{\mathrm{f}}^2\omega_{\mathrm{f}}^2\omega^2}S_0 \tag{1.1-62}$$

式中：S_0——谱强度因子；

ξ_{g}、ω_{g}——地基土的阻尼比和卓越频率。

ξ_{f}、ω_{f}两参数的配合可模拟地震动低频能量的变化，通常取$\xi_{\mathrm{f}}=\xi_{\mathrm{g}}$，$\omega_{\mathrm{f}}=0.1-0.2\omega_{\mathrm{g}}$。

在单维模型的基础上，考虑各分量间的互相关性，可得到如下多维平稳地震动模型的谱矩阵

$$[S(\omega)]=\begin{bmatrix}S_{xx}(\omega) & S_{xy}(\omega) & S_{xz}(\omega)\\ S_{yx}(\omega) & S_{yy}(\omega) & S_{yz}(\omega)\\ S_{zx}(\omega) & S_{zy}(\omega) & S_{zz}(\omega)\end{bmatrix} \tag{1.1-63}$$

式中：x、y——水平分量；

z——竖向分量，下面讨论一下矩阵中各分量的取法。

对两水平分量基于现有研究成果自谱取为相同值，并认为它们完全相关，这样互谱与自谱密度函数表达式相同。

$$S_{xx}(\omega)=S_{yy}(\omega)=\frac{\omega_{\mathrm{gH}}^4+4\xi_{\mathrm{gH}}^2\omega_{\mathrm{gH}}^2\omega^2}{\left(\omega_{\mathrm{gH}}^2-\omega^2\right)^2+4\xi_{\mathrm{gH}}^2\omega_{\mathrm{gH}}^2\omega^2}\cdot\frac{\omega^4}{\left(\omega_{\mathrm{fH}}^2-\omega^2\right)^2+4\xi_{\mathrm{fH}}^2\omega_{\mathrm{fH}}^2\omega^2}S_{0\mathrm{H}} \tag{1.1-64}$$

$$S_{xy}(\omega)=S_{yx}(\omega)=\sqrt{S_{xx}(\omega)S_{yy}(\omega)}=S_{xx}(\omega)=S_{yy}(\omega) \tag{1.1-65}$$

对竖向分量，认为其与水平分量有相同的形式，但模型参数取值不同。

$$S_{zz}(\omega)=\frac{\omega_{\mathrm{gV}}^4+4\xi_{\mathrm{gV}}^2\omega_{\mathrm{gV}}^2\omega^2}{\left(\omega_{\mathrm{gV}}^2-\omega^2\right)^2+4\xi_{\mathrm{gV}}^2\omega_{\mathrm{gV}}^2\omega^2}\cdot\frac{\omega^4}{\left(\omega_{\mathrm{fV}}^2-\omega^2\right)^2+4\xi_{\mathrm{fV}}^2\omega_{\mathrm{fV}}^2\omega^2}S_{0\mathrm{V}} \tag{1.1-66}$$

水平与竖向分量间的互谱按如下取值

$$S_{xz}(\omega)=S_{yz}(\omega)=S_{zx}(\omega)=S_{zy}(\omega)=0.6\sqrt{S_{xx}(\omega)S_{zz}(\omega)}=0.6\sqrt{S_{yy}(\omega)S_{zz}(\omega)} \tag{1.1-67}$$

上述各式中的参数具有如下关系

$$\omega_{\mathrm{gV}}=1.58\omega_{\mathrm{gH}};\ \xi_{\mathrm{gV}}=\xi_{\mathrm{gH}};\ S_{0\mathrm{V}}=0.281S_{0\mathrm{H}} \tag{1.1-68}$$

本节详细研究了与《建筑抗震设计规范》GB 50011—2010（2016 年版）相对应的地震

动随机模型参数取值，提出了与新规范建筑场地类别及设计地震分组相对应的场地土阻尼比和卓越频率，以及非平稳模型中时间包络函数的参数及地震动持时的取值，给出了与规范反应谱相协调的谱强度因子S_0的取值。

4）程序编制

根据前文建立的大跨空间网格结构多维多点非平稳随机地震响应分析的虚拟激励算法，编制了专用计算机分析程序。程序中包括杆单元和梁单元两种基本单元，可处理各种支座情况，方便地分析网架、单层及双层网壳等各种网格结构体系的随机地震响应，计算快速且精确，为分析大跨网格结构在各种条件下的多维随机地震响应规律提供了便捷的工具。此外，为提高程序的计算效率，在程序编制中采用了如下处理手法。

（1）关于拟静力位移向量的处理

在上面的推导中可以看到，求拟静力位移时要对虚拟激励向量进行两次积分，如果这样编程，不但计算量大，而且在包络函数取为分段形式时还会遇到许多难以解决的问题。对其进行如下处理：包络函数一般为随时间慢变函数，认为由式(1.1-48)所得到的拟静力位移主要由虚拟激励向量的平稳部分产生，则式(1.1-48)可简化为

$$\left\{U_{\mathrm{s}_j}(t,\omega)\right\} = -[K_{\mathrm{ss}}]^{-1}[K_{\mathrm{sm}}][G(t)]\int_0^t\left(\int_0^{t'}\sqrt{\alpha_j}[V]\{\psi_j\}\mathrm{e}^{i\omega t}\,\mathrm{d}\tau\right)\mathrm{d}t' \tag{1.1-69}$$

上式积分部分所求的实际为地面运动的虚拟位移，两次积分后得

$$\left\{U_{\mathrm{s}_j}(t,\omega)\right\} = [K_{\mathrm{ss}}]^{-1}[K_{\mathrm{sm}}][G(t)]\sqrt{\alpha_j}[V]\{\psi_j\}\mathrm{e}^{i\omega t}/\omega^2 \tag{1.1-70}$$

按上式编程既简单又实用。

（2）关于积分问题的处理

用本节方法求自由节点位移时涉及积分运算，在实际编程过程中发现，这种积分运算的计算量是很大的，直接控制着计算时间的长短。经查阅文献发现，林家浩、钟万勰等提出的精细时程积分算法及张森文、曹开彬由此发展的状态方程直接积分法可有效解决这一问题，这种算法不但精度高，而且计算量小，本书在程序编制中使用了这种算法。

1.1.4　基于抗震规范的地震动随机模型参数研究

地震动具有很强的随机性，地震动随机模型是应用随机振动理论研究结构随机地震反应的基础。在应用地震动随机模型时，合理选择模型参数对于随机反应分析起着至关重要的作用。在地震动随机模型参数研究中，如何将模型参数与实际设计相结合，给出与规范相协调的参数取值是一个需要进一步研究的问题。本节依据《建筑抗震设计规范》GB 50011—2010（2016年版），对随机地震动功率谱模型参数的取值进行了具体研究，提出了与规范相对应的地震动随机模型参数。分别给出了与新规范建筑场地类别及设计地震分组相对应的场地土阻尼比和卓越频率，以及非平稳模型中时间包络函数及地震动持时的取值，在国内首次应用反应谱等效的概念确定了与抗震规范相协调的谱强度因子S_0的取值。应用该研究成果可方便地得到与规范相对应的随机地震动功率谱模型参数，并使随机分析结果与规范的反应谱法结果相一致。

1）地震动的随机模型及设计参数

地震动的随机模型分为平稳模型和非平稳模型。人们通过对地震动随机过程的研究，提出了多种能够较好代表地震地面运动的随机模型。在平稳模型中，工程界应用较多的是由日本学者 Kanai-Tajimi 提出的过滤白噪声模型。该模型假设基岩输入为白噪声过程，将基岩上的覆盖土层视为单自由度线性滤波器，经过滤后得到地震动的功率谱密度函数表达式。然而，该模型有一定的缺陷，如不能反映基岩地震动的频谱特征，夸大了低频地震动的能量，由其导出的速度功率谱在频率等于零处出现明显的奇异点等。因此，许多学者提出了对过滤白噪声模型的修正。综合考虑各种随机模型的特点，本节选用 Clough 和 Penzien 建议的修正过滤白噪声模型，其给出的地面加速度功率谱密度函数为

$$S_{\ddot{x}}(\omega)=\frac{\omega_g^4+4\xi_g^2\omega_g^2\omega^2}{\left(\omega_g^2-\omega^2\right)^2+4\xi_g^2\omega_g^2\omega^2}\cdot\frac{\omega^4}{\left(\omega_f^2-\omega^2\right)^2+4\xi_f^2\omega_f^2\omega^2}S_0 \tag{1.1-71}$$

式中：S_0——谱强度因子；

ξ_g、ω_g——地基土的阻尼比和卓越频率。

ξ_f、ω_f两参数的配合可模拟地震动低频能量的变化，通常取$\xi_f=\xi_g$，$\omega_f=0.1-0.2\omega_g$。

对于非平稳随机地震动模型，选取如下常用的强度非平稳模型：

$$\ddot{U}_g(t)=g(t)\ddot{X}(t) \tag{1.1-72}$$

式中：$\ddot{X}(t)$——地面加速度运动的平稳随机过程，其功率谱密度函数由式(1.1-71)给出；

$g(t)$——确定性的时间包络函数，用来考虑加速度过程的非平稳性，本书选用如下工程中常用的三段式时间包络函数。

$$g(t)=\begin{cases}(t/t_1)^2, & 0\leqslant t<t_1\\ 1\ , & t_1\leqslant t\leqslant t_2\\ e^{-c(t-t_2)}, & t\geqslant t_2\end{cases} \tag{1.1-73}$$

式中：c——衰减系数；

t_1和t_2——主震平稳段的首末时间。

上述参数与震级、震中距和场地条件等因素有关。

表 1.1-1 依据《建筑抗震设计规范》GB 50011—2010（2016 年版）给出了式(1.1-71)中所需的场地参数值，其中地基土的卓越频率由式$\omega_g=2\pi/T_g$计算（T_g为规范给出的特征周期值）。对于地基土的阻尼比ξ_g，表 1.1-1 中的取值是依据相关文献给出的。

场地土参数的设计值 **表 1.1-1**

场地类别		Ⅰ	Ⅱ	Ⅲ	Ⅳ
ω_g/(rad/s)	设计地震第一组	25.13	17.95	13.96	9.67
	设计地震第二组	20.94	15.71	11.42	8.38
	设计地震第三组	17.95	13.96	9.67	6.98
ξ_g		0.64	0.72	0.80	0.90

对于式(1.1-73)中的时间包络函数的参数值，本书参阅相关文献取值进行部分修正。表 1.1-2 给出式(1.1-73)中时间包络函数的参数设计值。

时间包络函数的参数值　　表 1.1-2

场地类别	t_1/s	t_2/s	c
Ⅰ	0.5	5.5	0.45
Ⅱ	0.8	7.0	0.35
Ⅲ	1.2	9.0	0.25
Ⅳ	1.6	12.0	0.15

2）谱强度因子的确定

（1）基于最大地面加速度等效的方法

由随机振动理论很容易得到地面加速度的方差为：

$$\begin{aligned}\sigma_{\mathrm{n}}^2(t) &= \mathrm{g}^2(t)\sigma_{\ddot{x}}^2 \\ &= \mathrm{g}^2(t)\int_{-\infty}^{+\infty} S_{\ddot{x}}(\omega)\,\mathrm{d}\omega \\ &= \mathrm{g}^2(t)NS_0\end{aligned} \tag{1.1-74}$$

式中：$S_{\ddot{x}}(\omega)$的表达式即为式(1.1-71)，S_0为谱强度因子，N是对式(1.1-71)积分后得到的系数。上式所得为地面加速度时变方差。根据随机振动理论，线性结构体系在平稳地震激励作用下某一反应最大值的均值可由下式给出：

$$\overline{y}_{\mathrm{m}} = f\sigma_{\ddot{x}} \tag{1.1-75}$$

$$f = \sqrt{2\ln(\upsilon t_{\mathrm{d}})} + \frac{0.5772}{\sqrt{2\ln(\upsilon t_{\mathrm{d}})}} \tag{1.1-76}$$

式中：f——峰值因子；

$\sigma_{\ddot{x}}$——反应的均方差；

υ——变零率；

t_{d}——地震动持时。

$$\sigma_{\ddot{x}}^2 = \int_{-\infty}^{+\infty} S_{\ddot{x}}(\omega)\,\mathrm{d}\omega \tag{1.1-77}$$

$$\upsilon = \frac{1}{\pi}\sqrt{\frac{\lambda_2}{\lambda_0}} \tag{1.1-78}$$

$$\lambda_0 = \int_{-\infty}^{+\infty} S_{\ddot{x}}(\omega)\,\mathrm{d}\omega \tag{1.1-79}$$

$$\lambda_2 = \int_{-\infty}^{+\infty} \omega^2 S_{\ddot{x}}(\omega)\,\mathrm{d}\omega \tag{1.1-80}$$

式中：λ_0、λ_2——反应的零阶和二阶谱矩。

为能利用上述平稳理论的研究成果，取加速度在持时上的平均值作为等效平稳地面加速度方差，对于功率谱的零阶和二阶谱矩也这样处理，得到等效平稳化零阶和二阶谱矩$\overline{\lambda}_0\left(\overline{\lambda}_0 = \overline{\sigma}_{\ddot{x}}^2\right)$、$\overline{\lambda}_2$。用平稳化的$\overline{\sigma}_{\ddot{x}}$、$\overline{\lambda}_0$、$\overline{\lambda}_2$代替式(1.1-77)～式(1.1-80)中的$\sigma_{\ddot{x}}$、$\lambda_0$、$\lambda_2$，就可近似得到结构在非平稳地震动输入下的峰值反应。

地震动持时t_{d}可定义为强度超过50%峰值的震动时间，由式(1.1-73)得

$$t_{\mathrm{d}} = (\ln 2)/c + t_2 - t_1/\sqrt{2} \tag{1.1-81}$$

应用式(1.1-81)可计算出与新规范对应的四类场地的地震动持时，如表 1.1-3 所示。

地震动持时取值　　表 1.1-3

场地类别	Ⅰ	Ⅱ	Ⅲ	Ⅳ
持时/s	6.69	8.41	10.92	15.49

将式(1.1-74)在时间上取平均后可得

$$\sigma_{\mathrm{s}}^2 = \left(\int_{t_1/\sqrt{2}}^{t_{\mathrm{d}}+t_1/\sqrt{2}} g^2(t)\sigma_{\ddot{x}}^2 \,\mathrm{d}t\right)/t_{\mathrm{d}} = M\sigma_{\ddot{x}}^2 \tag{1.1-82}$$

$$M = \left[-\left(32+\sqrt{2}\right)t_1/40 + t_2 + 3/(8c)\right]/t_{\mathrm{d}} \tag{1.1-83}$$

由式(1.1-82)求出等效平稳均方差σ_{s}后，乘以峰值因子得到地面加速度的最大值均值

$$\overline{a}_{\mathrm{m}} = f\sigma_{\mathrm{s}} \tag{1.1-84}$$

由以上各式得谱强度因子S_0与地面加速度最大值均值$\overline{a}_{\mathrm{m}}$的关系为

$$S_0 = \frac{\overline{a}_{\mathrm{m}}^2}{MNf^2} \tag{1.1-85}$$

表 1.1-4 给出了与《建筑抗震设计规范》GB 50011—2010（2016 年版）对应的各类场地土的M、N、f值。式(1.1-85)中地面加速度最大值均值$\overline{a}_{\mathrm{m}}$可采用规范中给出的时程分析所用地震加速度时程曲线的最大值，如表 1.1-5 所示。

M、N及峰值因子f的取值　　表 1.1-4

场地类别		Ⅰ	Ⅱ	Ⅲ	Ⅳ
M		0.8847	0.8798	0.8694	0.8498
N（s-1）	第一组	127.72	94.59	76.12	56.31
	第二组	110.40	84.71	64.22	49.73
	第三组	97.03	76.61	55.53	42.29
f	第一组	3.122	3.160	3.224	3.301
	第二组	3.092	3.140	3.195	3.281
	第三组	3.066	3.122	3.170	3.255

地面加速度最大值均值$\overline{a}_{\mathrm{m}}$的取值/（cm/s²）　　表 1.1-5

地震影响	6 度	7 度	8 度	9 度
多遇地震	18	35（55）	70（110）	140
罕遇地震	—	220（310）	400（510）	620

注：括号内数值分别用于设计基本加速度为 0.15g和 0.30g的地区。

（2）单自由度线性体系的随机地震响应

单自由度线性体系在地震激励下的运动方程可写为

$$\ddot{U} + 2\xi\omega_0\dot{U} + \omega_0^2 U = -\ddot{U}_{\mathrm{g}}(t) = -g(t)\ddot{X}(t) \tag{1.1-86}$$

式中：ω_0——单自由度体系的固有频率；

ξ——体系的阻尼比；地面运动加速度$\ddot{X}(t)$为一平稳随机过程。

求解上式可得：

$$U(t) = -\int_0^t h(t-\tau)g(\tau)\ddot{X}(\tau)\,\mathrm{d}\tau \tag{1.1-87}$$

式中：$h(t)$——脉冲响应函数。

通过维纳-辛钦关系可得到U的自功率谱

$$S_U(t,\omega) = H_{\mathrm{g}}^*(t,\omega)H_{\mathrm{g}}(t,\omega)S_{\ddot{x}}(\omega) \tag{1.1-88}$$

式中：

$$H_{\mathrm{g}}(t,\omega) = \int_0^t h(t-\tau)g(\tau)\mathrm{e}^{i\omega\tau}\,\mathrm{d}\tau \tag{1.1-89}$$

由此可求得位移反应U的非平稳时变方差及等效平稳化方差分别为

$$\sigma_U^2(t) = \int_{-\infty}^{+\infty} S_U(t,\omega)\,\mathrm{d}\omega \tag{1.1-90}$$

$$\overline{\sigma}_U^2 = \left(\int_{t_1/\sqrt{2}}^{t_{\mathrm{d}}+t_1/\sqrt{2}} \sigma_U^2(t)\,\mathrm{d}t\right)/t_{\mathrm{d}} \tag{1.1-91}$$

由随机极值理论可得单自由度质点的最大位移反应的均值为

$$\overline{U}_{\mathrm{m}} = f\overline{\sigma}_U \tag{1.1-92}$$

式中峰值因子f的求法同式(1.1-76)。当体系阻尼比很小时，单自由度质点的绝对加速度与位移之间存在如下近似关系：

$$\ddot{U}(t) = \omega_0^2 U(t) \tag{1.1-93}$$

根据定义可得地震影响系数为

$$\alpha = \overline{\ddot{U}}_{\mathrm{m}}/g = \omega_0^2 f\overline{\sigma}_U/g \tag{1.1-94}$$

式中：g——重力加速度，$g = 9.81\mathrm{m/s^2}$。

对 0～6s 内的每一离散点都可求出一个α，将其描成一条曲线，即为与规范意义相同的反应谱曲线。

现考虑地震烈度为 8 度（设计基本地震加速度值为 0.2g），Ⅲ类场地，设计地震分组为第一组，体系阻尼比为 0.02 的情况。由前面分析可得地震动随机模型参数为$\omega_{\mathrm{g}} = 13.96\mathrm{rad/s}$，$\xi_{\mathrm{g}} = 0.8$，$\xi_0 = 7.123\mathrm{cm^2/s^3}$；附加参数$\xi_{\mathrm{f}} = \xi_{\mathrm{g}}$，$\omega_{\mathrm{f}} = 0.1 - 0.2\omega_{\mathrm{g}}$。图 1.1-2 给出了用上述随机方法求出的反应谱曲线与规范给出的反应谱曲线的比较。从比较结果看出，两条曲线在整体形状上是相似的，但在不同周期点上的数值差别较大。分析造成这种差异的原因可能有：（1）规范中给出的反应谱在其图形形状上经过了处理；（2）规范中的加速度与地面最大加速度之间并不保持固定的比例关系；（3）随机理论的一些假设与实际地震动特性存在差异。由于在实际设计中以反应谱为主要设计依据，因此前面用地震最大加速度等效确定的谱强度因子需根据反应谱等效进行进一步修正。

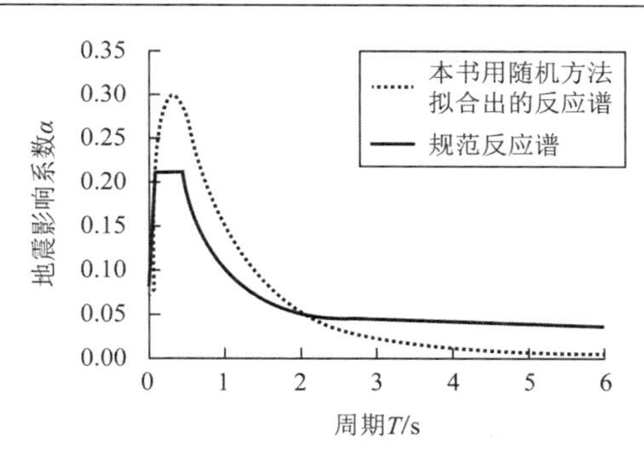

图 1.1-2 随机方法求出的反应谱与规范反应谱对比

（3）基于反应谱等效的方法

计算发现，无法在 0～6s 整个周期段通过反应谱等效来确定出一个谱强度因子值，采用这种等效原则对应每个周期点所确定的谱强度因子几乎都不相同。经查阅文献发现，在研究时程分析法输入地震记录的选择时提出的分频率段选波法思想可用于解决上述问题。在不同的周期段上通过反应谱等效来确定出不同的谱强度因子，使上面两方法确定的反应谱尽量接近。基于式(1.1-85)，本节提出对谱强度因子S_0的如下修正公式

$$S_0 = k(T)\frac{\left(\overline{a}_{\mathrm{m}}^2\right)}{MNf^2} \tag{1.1-95}$$

式中：$k(T)$——与结构周期T有关的修正系数，可表为如下多项式形式

$$k(T) = a_0 + a_1 T + a_2 T^2 + a_3 T^3 + a_4 T^4 \tag{1.1-96}$$

取不同的周期段，通过对各离散点的修正系数进行回归，得到与式(1.1-96)相应的拟合公式。表 1.1-6～表 1.1-9 分别给出与新规范相应的四类场地类别、三种设计地震分组、体系阻尼比分别为 0.02 和 0.05 时，在不同周期段上拟合出的与式(1.1-96)相应的系数值。为说明修正公式的有效性，本节对图 1.1-2 的情况进行了重新计算，对比结果示于图 1.1-3（a）。同时，图 1.1-3（b）还给出了设计地震为第二组，设防烈度为 7 度，场地类别为Ⅱ类场地，体系阻尼比为 0.05 时，按随机分析得出的反应谱与规范反应谱的对比情况。可以看出，经公式修正后，由随机方法得出的反应谱与规范反应谱取得了较高的一致性。对其他各种条件下的分析对比结果也表明了这一点。在实际应用时，取结构周期对应周期段上的系数值按式(1.1-96)计算修正系数$k(T)$，然后按式(1.1-95)即可计算出与规范反应谱相应的谱强度因子S_0，继而可准确求得结构随机地震响应。

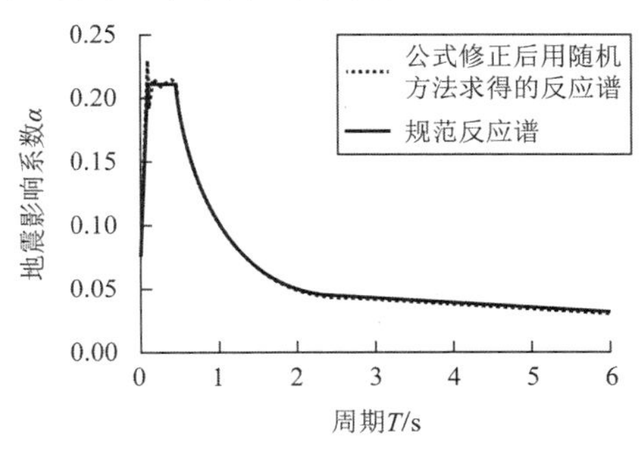

(a) 设计地震第一组，8 度，Ⅲ场地，体系阻尼比 0.02

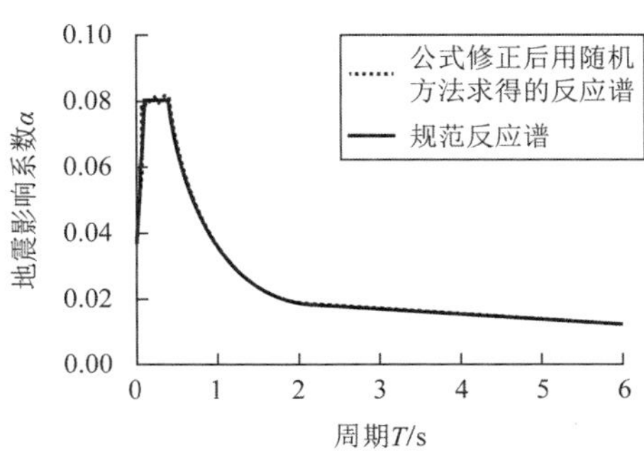

(b) 设计地震第二组，7 度，Ⅱ类场地，体系阻尼比 0.05

图 1.1-3 公式修正后随机方法求出的反应谱与规范反应谱对比

Ⅰ类场地修正公式中系数取值　　表 1.1-6

阻尼比		$\xi=0.02$					$\xi=0.05$				
系数项		a_0	a_1	a_2	a_3	a_4	a_0	a_1	a_2	a_3	a_4
$0\leqslant T<0.1s$	第一组	1.18	−54.67	6279.06	−114631	566349	1.08	−15.10	2676.11	−51469	258964
	第二组	1.19	−59.00	6489.28	−116327	567774	1.09	−16.28	2725.57	−51139	253400
	第三组	1.20	−61.38	6591.48	−116594	563781	1.13	−45.82	4524.73	−79469	387309
$0.1s\leqslant T<T_g$	第一组	1.56	−13.76	51.49	−59.05	0	1.87	−15.59	57.54	−64.05	0
	第二组	1.72	−13.17	43.03	−43.88	0	2.00	−14.29	45.41	−44.29	0
	第三组	1.86	−12.67	37.01	−34.14	0	2.11	−13.20	36.98	−32.20	0
$T_g\leqslant T<5T_g$	第一组	0.517	−0.732	0.785	−0.088	0	0.746	−1.176	1.236	−0.248	0
	第二组	0.532	−0.541	0.502	−0.015	0	0.773	−0.960	0.852	−0.124	0
	第三组	0.546	−0.407	0.344	0.010	0	0.794	−0.806	0.627	−0.069	0
$5T_g\leqslant T<2.5s$	第一组	−2.26	6.82	−6.79	2.57	0	−0.716	3.42	−4.13	1.86	0
	第二组	−2.30	5.58	−4.59	1.50	0	−0.908	2.92	−2.76	1.07	0
	第三组	−2.81	5.47	−3.69	1.02	0	−1.190	2.79	−2.11	0.69	0
$2.5s\leqslant T<6.0s$	第一组	17.28	−37.36	16.79	−1.122	0	22.54	−37.61	16.08	−1.192	0
	第二组	22.58	−29.98	11.05	−0.685	0	23.00	−28.40	10.35	−0.718	0
	第三组	19.58	−22.01	7.29	−0.418	0	18.70	−20.35	6.78	−0.441	0

Ⅱ类场地修正公式中系数取值　　表 1.1-7

阻尼比		$\xi=0.02$					$\xi=0.05$				
系数项		a_0	a_1	a_2	a_3	a_4	a_0	a_1	a_2	a_3	a_4
$0\leqslant T<0.1s$	第一组	1.19	−60.38	6575.40	−117838	575546	1.09	−17.14	2779.97	−52103	258433
	第二组	1.20	−62.38	6662.56	−118119	572543	1.09	−17.19	2768.89	−51197	251615
	第三组	1.20	−63.54	6703.22	−117799	567336	1.09	−16.95	2742.09	−50149	244595
$0.1s\leqslant T<T_g$	第一组	1.52	−10.21	31.29	−29.57	0	1.79	−11.17	33.57	−30.62	0
	第二组	1.63	−10.01	27.82	−24.05	0	1.89	−10.61	28.64	−23.74	0
	第三组	1.73	−9.78	24.92	−19.84	0	1.98	−10.09	24.78	−18.81	0
$T_g\leqslant T<5T_g$	第一组	0.641	−0.705	0.600	−0.053	0	0.912	−1.10	0.900	−0.134	0
	第二组	0.660	−0.589	0.456	−0.025	0	0.938	−0.965	0.700	−0.085	0
	第三组	0.678	−0.501	0.362	−0.012	0	0.962	−0.858	0.565	−0.058	0
$5T_g\leqslant T<3.0s$	第一组	−1.71	4.08	−3.15	0.967	0	−0.669	2.24	−1.96	0.706	0
	第二组	−1.27	2.88	−2.07	0.612	0	−0.488	1.59	−1.28	0.445	0
	第三组	−1.31	2.49	−1.56	0.427	0	−0.538	1.37	−0.94	0.305	0
$3.0s\leqslant T<6.0s$	第一组	119.14	−95.80	24.54	−1.620	0	82.81	−68.15	18.00	−1.206	0
	第二组	75.51	−59.90	15.09	−0.962	0	53.04	−42.97	11.15	−0.722	0
	第三组	49.82	−39.03	9.70	−0.595	0	35.30	−28.19	7.21	−0.450	0

Ⅲ类场地修正公式中系数取值　　　　表 1.1-8

阻尼比		$\xi = 0.02$					$\xi = 0.05$				
系数项		a_0	a_1	a_2	a_3	a_4	a_0	a_1	a_2	a_3	a_4
$0 \leqslant T < 0.1\text{s}$	第一组	1.20	−63.49	6732.29	−119503	580221	1.09	−17.43	2789.34	−51738	254943
	第二组	1.20	−65.21	6787.77	−118783	570665	1.09	−17.25	2757.61	−50192	244150
	第三组	1.21	−65.48	6765.40	−117125	558025	1.09	−16.34	2686.38	−48251	232459
$0.1\text{s} \leqslant T < T_g$	第一组	1.47	−8.26	21.97	−17.81	0	1.73	−8.86	23.19	−18.17	0
	第二组	1.64	−8.02	18.29	−12.78	0	1.88	−8.25	18.34	−12.34	0
	第三组	1.78	−7.72	15.45	−9.47	0	2.00	−7.68	14.86	−8.73	0
$T_g \leqslant T < 5T_g$	第一组	0.764	−0.708	0.493	−0.0382	0	1.077	−1.060	0.706	−0.084	0
	第二组	0.804	−0.562	0.340	−0.0156	0	1.127	−0.879	0.492	−0.044	0
	第三组	0.846	−0.467	0.258	−0.0076	0	1.172	−0.756	0.370	−0.026	0
$5T_g \leqslant T < 6.0\text{s}$	第一组	13.44	−11.55	2.75	0	0	8.43	−7.76	2.04	0	0
	第二组	8.63	−6.75	1.52	0	0	5.37	−4.48	1.12	0	0
	第三组	5.94	−4.34	0.94	0	0	3.64	−2.83	0.69	0	0

Ⅳ类场地修正公式中系数取值　　　　表 1.1-9

阻尼比		$\xi = 0.02$					$\xi = 0.05$				
系数项		a_0	a_1	a_2	a_3	a_4	a_0	a_1	a_2	a_3	a_4
$0 \leqslant T < 0.1\text{s}$	第一组	1.21	−65.38	6806.96	−119195	572893	1.09	−17.58	2778.81	−50553	245912
	第二组	1.21	−65.71	6792.39	−117834	562270	1.09	−16.80	2717.18	−48868	235720
	第三组	1.21	−65.11	6716.19	−115218	544882	1.09	−15.41	2617.22	−46441	221778
$0.1\text{s} \leqslant T < T_g$	第一组	1.52	−6.56	13.71	−8.53	0	1.76	−6.83	14.11	−8.49	0
	第二组	1.63	−6.39	11.88	−6.58	0	1.87	−6.47	11.83	−6.33	0
	第三组	1.78	−6.11	9.75	−4.63	0	1.99	−6.00	9.36	−4.30	0
$T_g \leqslant T < 5T_g$	第一组	0.948	−0.641	0.328	−0.0188	0	1.419	−1.121	0.572	−0.0604	0
	第二组	0.986	−0.556	0.257	−0.0112	0	1.233	−0.566	0.215	−0.0021	0
	第三组	1.044	−0.467	0.193	−0.0061	0	1.635	−1.015	0.402	−0.0341	0
$5T_g \leqslant T < 6.0\text{s}$	第一组	8.03	−5.32	1.043	0	0	9.09	−5.56	1.030	0	0
	第二组	5.78	−3.62	0.693	0	0	5.75	−3.48	0.657	0	0
	第三组	3.83	−2.23	0.422	0	0	−11.09	3.59	−0.148	0	0

研究表明，经反应谱等效修正后的谱强度因子S_0不仅与地面加速度特性、场地类别有关，而且与结构的动力特征（自振周期、阻尼比）有关，进一步扩展了地震动随机模型的含义，建立了地震动输入模型与结构特性之间的关系，充分反映了结构地震作用的特点。

应用上述成果可方便地确定出对应于各种设计条件的随机模型参数，准确求得与《建筑抗震设计规范》GB 50011—2010（2016年版）相吻合的结构随机地震响应，为应用随机理论进行实际工程抗震设计提供了依据。

1.1.5　网格结构多维地震响应分析专用程序

1）程序简介

根据前面各节理论，本节进一步开发了网壳结构多维地震响应分析的专用计算机程序。程序中包括杆单元和梁单元两种基本单元，可处理各种支座情况，可方便地分析网架、单层及双层网壳等各种网格结构体系的随机地震响应，计算快速且精确，为分析大跨网格结构在各种条件下的多维随机地震响应规律提供了便捷的工具。目前，本程序功能主要包含三个分析模块：①网格结构多维平稳随机地震响应分析程序；②网格结构多维多点非平稳随机地震响应分析程序；③网格结构多维地震作用分析的实用反应谱法程序。

在程序编制中，主程序采用VB开发，数据转换程序采用VC编制。由于此程序采用虚拟激励原理编制，并对计算分析中所需的大量数值积分运算采用了状态方程直接积分法来提高积分效率，故计算效率很高。在普通计算机上即可迅速地计算大型单、双层网壳的多维随机地震响应，并能精确地考虑多点激励的影响及地震动的非平稳性，这使随机方法变得更为实用。

使用此程序计算网壳结构在多点多维地震激励下的平稳与非平稳反应时，多点指可考虑地震波的行波效应，多维指可考虑x、y、z三个方向的地震激励同时作用。此外，此程序还可分析具有弹性支座的网壳结构，这样能简单考虑上部结构与下部支承的相互作用。目前，此程序所能计算的结构有：普通平板网架，多数常用单、双层网壳，如单双层柱面网壳，单双层球面网壳，双曲网壳等。

此程序使用方便，计算快速，而且所得结果为随机振动方程的精确解，“快而准”是其最大特点。

在实际程序执行中，此程序可以与MSGS程序、SAP2000有限元分析程序、CAD绘图程序配合使用。首先用MSGS软件建模，并对杆件进行优化设计，再通过转换程序将MSGS的结果文件（模型、荷载数据）转换成SAP2000所需的数据格式文件，由SAP2000进行静力、模态分析，然后通过转换程序将MSGS及SAP2000的计算结果转换成主计算程序所需的数据格式文件，主程序经过计算可得到网壳节点的位移及杆件的内力结果，最后通过转换程序可将结果数据转换成CAD脚本项目件，运行CAD程序读入脚本项目件即可生成结构位移、内力的图形结果。程序执行框图见图1.1-4。

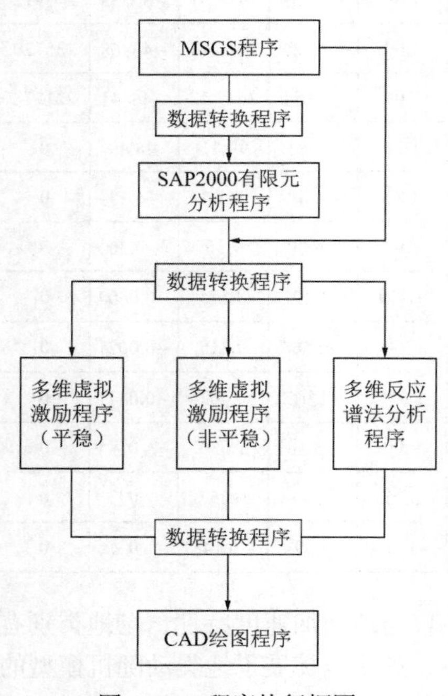

图1.1-4　程序执行框图

2）程序执行框图

1.2 基于杆系离散元（DEM）的数值仿真分析方法

离散元法（discrete element method，DEM）在20世纪70年代由美国学者Cundall首先提出，最初应用于岩土力学问题分析。离散元法的基本思想是把研究对象离散为刚性单元的集合，单元与单元之间通过弹簧连接，接触力与接触位移之间的关系构成了DEM法的接触本构模型。各个刚性单元满足牛顿运动方程，DEM法分析时允许单元发生相对运动，不一定满足位移连续和变形协调条件，尤其适合于非线性、大变形以及断裂等问题的研究。

根据离散单元形状的不同，离散元方法可分为块体离散元和颗粒离散元两大类。两者的主要区别是形状上的差异，计算原理是相同的。颗粒离散元由于接触形式单一，接触检索方便快捷，因此在许多领域得到广泛应用。目前，在岩土工程领域已有著名的颗粒流软件 PFC^{2D} 和 PFC^{3D}。

当工程结构在受极端荷载（如强震、飓风、爆炸等）作用时，结构会从连续体进入强非线性阶段或非连续体，故离散元法能够比较有效地模拟结构非线性、大变形等结构的复杂运动和力学特性。本节推导了三维杆系结构DEM弹性（含几何非线性）、弹塑性（塑性铰、纤维、塑性区）接触本构模型的基本计算公式；将离散元法与有限元法（finite element method，FEM）相结合，提出了DEM/FEM自适应耦合计算模型，推导了计算公式；以纤维模型为基础，定义了纤维（分布弹簧）断裂破坏准则，提出了构件断裂模拟算法；探讨了基于杆系离散元求解多点激励网格结构响应的关键问题，给出了解决方案，最终实现了考虑杆件断裂行为的空间网格结构多点激励强震倒塌破坏数值仿真。

1.2.1 颗粒DEM法基本原理

颗粒离散元法以颗粒作为基本研究对象，将物体离散为具有代表性的数个单元，利用颗粒流模型构建物体的力学性质，从细观力学的角度建模并研究物体的力学特征和运动响应。该方法最初是作为研究颗粒介质特性的一种有效工具，现已在散体介质力学、陶瓷材料加工裂纹模拟、边坡开挖、岩体崩塌、泥石流灾害等诸多领域发挥着重要作用。

1）基本概念与假设

颗粒DEM在计算过程中有以下几点假定：

（1）离散成的颗粒单元视为刚性体；

（2）颗粒间的接触发生在很小的范围内，假定为点接触；

（3）颗粒之间的接触特性为柔性接触，允许颗粒之间存在一定的重叠，重叠量的大小与接触力相关，但与颗粒本身大小相比，重叠量很小；

（4）颗粒接触处可以存在各种形式的粘结，每一种粘结形式都有其相应的粘结力计算方法以及粘结发生失效准则；

（5）颗粒的形状为圆盘（2D）和球形（3D）。

颗粒离散元法的基本元素有：颗粒、接触和粘结。离散元法的核心思想是把分析对象离散成一定数量的圆盘形或球形颗粒单元，“接触”是描述单元间相互作用的接触力与相对位移的关系，包括法向接触力与法向位移之间的关系，以及切向位移与切向力之间的关系。

所谓“粘结”，指允许相互接触的颗粒以一定的强度粘结在一起。颗粒DEM中主要有两种粘结模型：接触粘结模型和平行粘结模型。接触粘结认为颗粒单元之间的连接只发生在接触点很小范围内，而平行粘结认为颗粒单元之间的连接发生在接触颗粒之间圆形或矩形的一定范围内。两种粘结模型的核心区别是：接触粘结只能传递接触点处的压力和切向力，不能承受拉力和弯矩，而平行粘结不仅可承受拉压，还能传递力矩。

2）平行粘结接触本构模型

利用颗粒离散元建立物理模型时，首先将介质划分单元，单元为刚体，采用柔性接触方法描述单元之间的接触作用，即允许单元接触处产生重叠，接触重叠的大小与接触力相关。图1.2-1为任意两个相邻颗粒A和颗粒B相互接触模型，C点为接触中心。

当单元A与单元B之间发生接触时，接触面单位法向量n_i由下式定义：

$$n_i = \frac{x_i^{[B]} - x_i^{[A]}}{d} \tag{1.2-1}$$

式中：$x_i^{[A]}$、$x_i^{[B]}$——单元A和B形心的位置向量，$i = 1,2$；

d——两单元的中心距离。

接触重叠量U^n按下式计算：

$$U^n = R^{[A]} + R^{[B]} - d \tag{1.2-2}$$

式中：$R^{[A]}$、$R^{[B]}$——单元A、B的半径；$U^n > 0$表示受压。

在DEM中，接触模型一般是通过增加单元间的变形元件模拟单元间的相互作用。变形元件有弹簧、阻尼等。对于平行粘结接触模型（图1.2-2），可以想象有一组弹簧，且均匀分布在以接触点C为中心的圆形（3D问题）或者矩形（2D问题）截面上。这些“弹簧”用来描述单元之间的变形，单元在接触点发生相对位移，从而导致接触力和接触力矩的产生和改变。

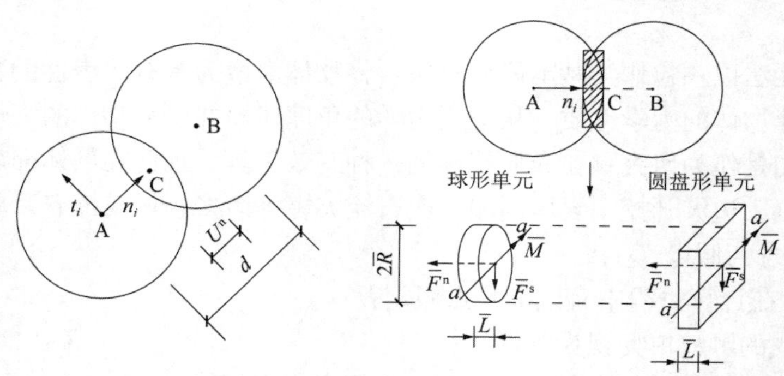

图1.2-1 颗粒及接触模型　　图1.2-2 平行粘结接触模型

在图1.2-2中，$\overline{F}^n$、$\overline{F}^s$、$\overline{M}$分别代表单元的法向、切向接触力和接触力矩，$2\overline{R}$为粘结区域的高度，$\overline{L}$为粘结区域的长度。当平行粘结模型确定后，接触处的相对位移和转角与接触力、接触力矩的关系为：

$$\begin{cases} \overline{F}^n = \overline{k}^n \overline{A} U^n \\ \overline{F}^s = \overline{k}^s \overline{A} U^s \\ \overline{M} = \overline{k}^n \overline{I} \theta \end{cases} \tag{1.2-3}$$

式中：$\overline{A}$、$\overline{I}$——粘结区域的截面积和惯性矩；

$\overline{k}^{\mathrm{n}}$、$\overline{k}^{\mathrm{s}}$——弹簧法向和切向接触刚度。

$\overline{A}$、$\overline{I}$的具体计算公式如下：

$$\overline{A}=\begin{cases}2t\overline{R}, & \text{2D}\\ \pi\overline{R}^2, & \text{3D}\end{cases} \tag{1.2-4}$$

$$\overline{I}=\begin{cases}\dfrac{2}{3}t\overline{R}^3, & \text{2D}\\ \dfrac{1}{4}\pi\overline{R}^4, & \text{3D}\end{cases} \tag{1.2-5}$$

式中：t——2D 问题时圆盘的厚度；

$\overline{R}$——粘结区域的半径，且$\overline{R}=\lambda\cdot\min\{R^{[\mathrm{A}]},R^{[\mathrm{B}]}\}$，这里$\lambda$表示粘结半径因子，$0<\lambda\leqslant 1$。

粘结处的最大拉应力$\sigma_{\max}$和最大切应力$\tau_{\max}$出现在粘结区域的边界处。例如，对于 2D 问题，其计算公式可表示为：

$$\begin{cases}\sigma_{\max}=\dfrac{-\overline{F}^{\mathrm{n}}}{\overline{A}}+\dfrac{|M|}{\overline{I}}\overline{R}\\ \tau_{\max}=\dfrac{\overline{F}^{\mathrm{s}}}{\overline{A}}\end{cases} \tag{1.2-6}$$

如果最大拉应力计算值超过了事先给定的法向强度限值或者最大切应力计算值超过了切向强度限值，则认为粘结发生断裂，接触消失，从而单元 A 与单元 B 发生脱离。

3）计算求解流程

在颗粒离散元法中，颗粒间的相互作用被视为一个动态过程，颗粒间的接触力和位移是通过跟踪单个颗粒的运动得到的。这种动态过程在数值上是通过一种时步算法（通常为中心差分算法）实现的，在每一个时步内假定速度和加速度保持不变。离散元法实际上基于这样一个假设：选取的时间步长足够小，使得在一个单独的时间步长内，颗粒的运动只对直接接触的颗粒产生影响，来自其他任何单元的扰动都不能传播过来。因此，作用在每个颗粒上的力仅由与其直接接触的颗粒决定。以上的假设非常重要，它是离散元法的前提条件，而且由此得到以下结论：在任意时刻，颗粒单元所受到的作用力只取决于该颗粒本身及与之直接接触的其他颗粒。

离散元的计算求解过程，实际上是不断反复使用两个计算循环：采用时步算法在每个颗粒上反复使用运动方程（牛顿第二定律），在每一个接触上反复使用力-位移方程，其中力-位移方程用来描述颗粒间接触处的相对位移和接触力之间的关系。运动方程用于计算每个颗粒的运动，而力-位移方程用于计算颗粒间接触处的接触力。在每个计算时步开始时，更新颗粒之间的接触，根据颗粒间的相对运动，使用力-位移方程更新颗粒间的接触力；然后，根据作用在颗粒上的合力和合力矩，使用运动方程更新颗粒的速度和位置。颗粒 DEM 计算流程如图 1.2-3 所示。

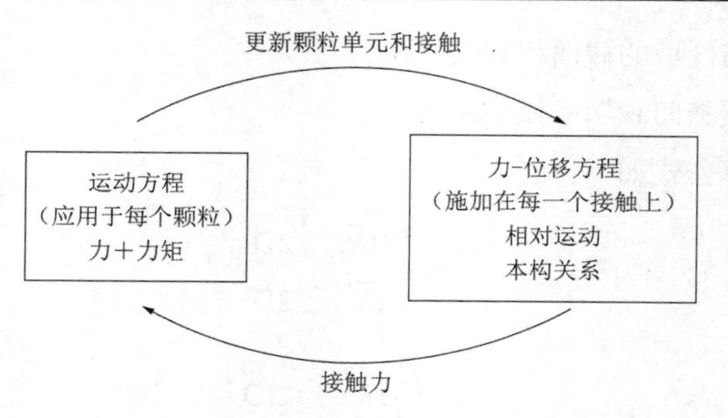

图 1.2-3　颗粒 DEM 计算求解流程

1.2.2　结构离散模型的建立

结构分析的目的是求得结构在外荷载作用下的变形、内力及位移响应等，从根本上讲，这是一个力学分析的过程。力学的基础是牛顿定律，而颗粒离散元方法中，每个颗粒的运动均遵守牛顿第二定律，因此采用颗粒来定义离散结构并分析其受力行为是完全可行的研究思路。将颗粒 DEM 推广应用于杆系结构时，颗粒是结构的基本元素，它是定义结构质量、受力、变形、边界条件和空间位置的载体。而在杆系结构有限元分析中，节点和单元类型构成了有限元方法的基本要素。显然，两种离散模型是有本质区别的。

以图 1.2-4 所示的一平面框架结构为例，离散元法中，将梁柱构件分别离散成一串串圆形颗粒，对于平面问题可以将颗粒视作圆盘，对于三维问题则将颗粒视作球体。颗粒与颗粒之间用一组弹簧系统进行连接，通过弹簧来表征单元的受力及相互接触行为，如图 1.2-5 所示。由于框架结构构件的内力分量中不仅包含轴力、剪力，还会有弯矩和扭矩，根据平行粘结接触模型的力学特征可知，在杆系结构 DEM 分析时，用平行粘结接触本构模型描述颗粒之间的力学行为是较为合理的。

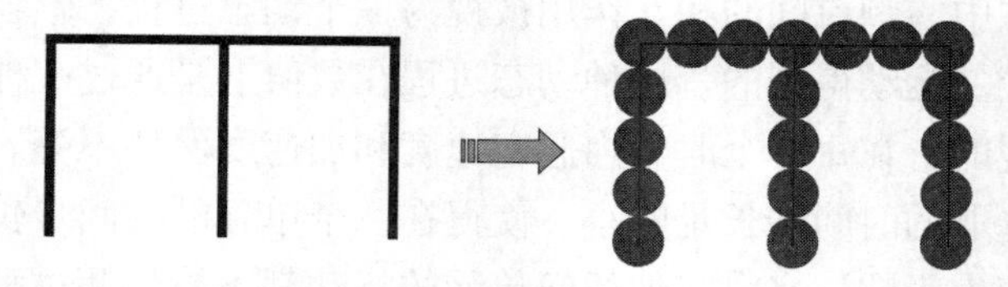

图 1.2-4　平面框架结构　　图 1.2-5　平面框架结构的 DEM 模型

创建三维杆系结构的 DEM 离散模型时，与平面问题类似，也是将梁柱构件分别离散成一串串球形颗粒，如图 1.2-6 所示。

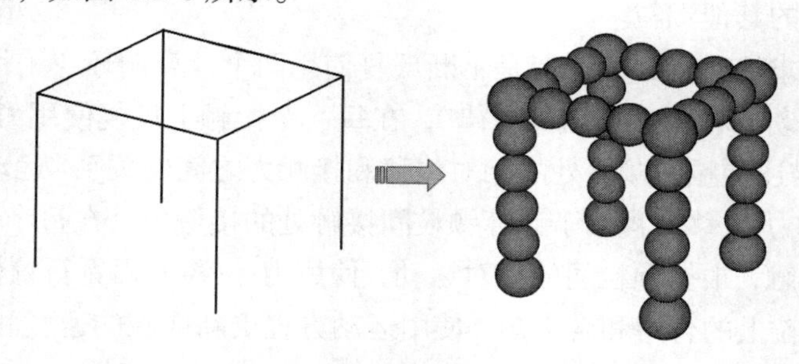

图 1.2-6　空间杆系结构 DEM 离散模型

为了更好地理解杆系结构离散元法，并与有限元法进行区别，简述几条性质：

（1）结构的空间位置和几何形状可采用若干个颗粒的空间坐标描述。使用的颗粒数量越多，结构的形态描述就会与实际情况越接近，但相应地，计算量会增加。

（2）结构的全部质量由颗粒承担，一般按长度进行比例分配。

（3）连接颗粒的弹簧系统本身没有任何质量。

（4）结构的内力和外力均是通过颗粒描述的。具体而言，将内力和外力通过一定的方式转化后作用于颗粒上，并且所有力均是作用于颗粒的形心上。

（5）结构发生运动和变形是颗粒发生广义运动（如平移、转动等）的结果，即因为颗粒位置的变化引起了结构的变形。

（6）结构的边界条件通过约束颗粒的运动实现。

上述 6 条性质构建了本书杆系结构 DEM 的理论基础，并适用于二维和三维问题。另外，因为传统的杆系结构分析是基于连续介质力学理论，因此，为了突出与散粒体材料的区别，本书在 DEM 中将二维问题的圆盘颗粒、三维问题的球形颗粒统称为单元，将发生了接触的两相邻单元称为接触粘结。

1.2.3　弹性接触本构模型的建立

（1）接触本构方程

从 DEM 的计算求解流程可知，其中一个重要的计算循环是需要根据接触处的力-位移关系方程反复计算每个接触点处的接触力和力矩。与 FEM 中的应力应变本构方程类似，这里将接触处的力-位移关系称为接触本构方程。相应地，接触力和力矩可看作是内力，因为它是由接触处的材料内部变形引起，反映了颗粒与颗粒之间的互制关系。

从构件离散的颗粒中任取两个直接接触的单元A和单元B，其半径分别记为$R^{[A]}$和$R^{[B]}$，并已知接触单位法向向量n_i和切向向量τ_i，如图 1.2-7 所示。另外，在图 1.2-7 直角坐标系中作以下规定：与位置和力有关的物理量（如单元的坐标、接触力、外力等）以沿坐标轴正向为正，与转动有关的物理量（如力矩、角速度、转角）以逆时针转动为正。

图 1.2-8 为直角坐标系中两个相邻元 A 和 B 间的平行粘结接触模型，C 点为接触中心，n为通过两个球心的法向单位矢量。

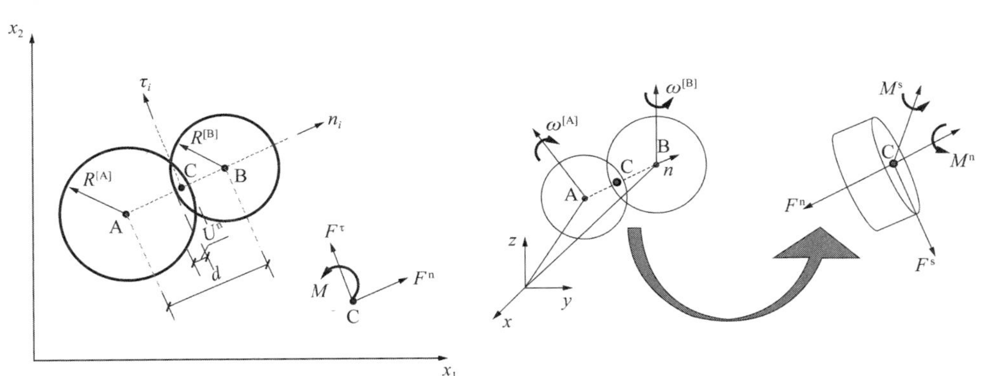

图 1.2-7　平面问题 DEM 接触本构模型　　　图 1.2-8　相邻元之间的接触模型

当相邻球元 A 与 B 发生相互接触后，会在接触点 C 处产生接触力F和接触力矩M。力F可分解为垂直于接触面的法向分量F^{n}和平行于接触面的切向分量F^{s}，力矩M分解为垂直于接触面的法向分量M^{n}和平行于接触面的切向分量M^{s}：

$$\left.\begin{aligned} F &= F^{\mathrm{n}} + F^{\mathrm{s}} \\ M &= M^{\mathrm{n}} + M^{\mathrm{s}} \end{aligned}\right\} \tag{1.2-7}$$

式(1.2-7)写成坐标分量形式为：

$$\left.\begin{aligned} F_i &= F_i^{\mathrm{n}} + F_i^{\mathrm{s}} \\ M_i &= M_i^{\mathrm{n}} + M_i^{\mathrm{s}} \end{aligned}\right\}(i = x, y, z) \tag{1.2-8}$$

离散元法采用增量形式计算接触力和接触力矩。在一个时步Δt内，由位移增量所引起的接触力增量为：

$$\left.\begin{aligned} \Delta F_i^{\mathrm{n}} &= -K^{\mathrm{n}} \Delta U^{\mathrm{n}} \cdot n_i \\ \Delta F_i^{\mathrm{s}} &= -K^{\mathrm{s}} \Delta U_i^{\mathrm{s}} \end{aligned}\right\} \tag{1.2-9}$$

式中：K^{n}、K^{s}——弹簧法向刚度和切向刚度系数；

n_i——通过两球心的法向单位矢量；

ΔU^{n}、ΔU_i^{s}——法向位移增量和相对切向位移增量。

接触力矩的计算过程与接触力类似。在时步Δt内，由球元 A 与球元 B 之间的相对转角增量$\Delta\theta$所引起的接触力矩增量为：

$$\left.\begin{aligned} \Delta M_i^{\mathrm{n}} &= -k^{\mathrm{n}} \Delta \theta^{\mathrm{n}} \cdot n_i \\ \Delta M_i^{\mathrm{s}} &= -k^{\mathrm{s}} \Delta \theta_i^{\mathrm{s}} \end{aligned}\right\} \tag{1.2-10}$$

$$\Delta\theta_i = \left(\omega_i^{[\mathrm{B}]} - \omega_i^{[\mathrm{A}]}\right)\Delta t$$

式中：k^{n}、k^{s}——弹簧法向扭转刚度和切向转动刚度系数；

$\omega_i^{[\mathrm{A}]}$、$\omega_i^{[\mathrm{B}]}$——球元 A 和球元 B 的转动角速度。

（2）弹簧接触刚度系数的推导

基于简单梁理论，通过应变能等效推导弹簧接触刚度系数的具体表达式。将单元 A 与单元 B 等效成一根弹性梁，梁的长度L即为单元 A 与单元 B 形心之间的距离，如图 1.2-9 所示。为了描述两单元之间的变形及受力行为，现通过设置独立的弹簧进行等效，如法向弹簧仅描述两单元单向受拉（或受压），而转动弹簧则用来描述两单元发生相对转动所引起的纯弯曲行为等。

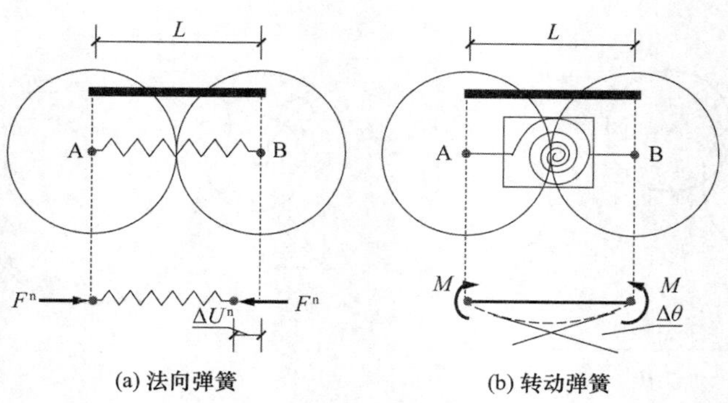

图 1.2-9　确定弹簧接触刚度系数的等效模型

设在时步Δt内单元A与单元B因受到压力发生了接触位移，即弹簧产生了压缩量ΔU^{n}（图1.2-9a），则弹簧的变形能为：

$$J_{\mathrm{spring}}^{\mathrm{n}}=\frac{1}{2}K^{\mathrm{n}}(\Delta U^{\mathrm{n}})^2 \tag{1.2-11}$$

两节点弹性梁单元发生单向受压所产生的应变能可表示为：

$$J_{\mathrm{beam}}^{\mathrm{n}}=\int_0^L\frac{1}{2}E\varepsilon^2A\,\mathrm{d}x=\int_0^L\frac{1}{2}E\left(\frac{\Delta U^{\mathrm{n}}}{L}\right)^2A\,\mathrm{d}x=\frac{1}{2}\frac{EA}{L}(\Delta U^{\mathrm{n}})^2 \tag{1.2-12}$$

式中：E——构件的弹性模量；

A——截面面积；

ε——梁元的轴向应变。

因为$J_{\mathrm{spring}}^{\mathrm{n}}=J_{\mathrm{beam}}^{\mathrm{n}}$，从而可以直接得到弹簧法向接触刚度系数：

$$K^{\mathrm{n}}=\frac{EA}{L} \tag{1.2-13}$$

转动弹簧刚度系数的推导过程与上述类似。两单元发生相对转动时，转角$\Delta\theta$所引起的弹簧变形能为：

$$J_{\mathrm{spring}}^{\theta}=\frac{1}{2}K^{\theta}(\Delta\theta)^2 \tag{1.2-14}$$

由于发生了相对转角，弹性梁的轴线会发生弯曲（图1.2-9b），梁长应大于L。但是，对于一个Δt时步而言，$\Delta\theta$的值很小，因此仍可将梁的长度近似等于L。$\Delta\theta$所引起的梁弯曲曲率为：

$$k=\frac{\Delta\theta}{L} \tag{1.2-15}$$

弹性梁发生纯弯曲所产生的应变能可表示为：

$$J_{\mathrm{beam}}^{\theta}=\int_0^L\frac{1}{2}EIk^2\,\mathrm{d}x=\int_0^L\frac{1}{2}EI\left(\frac{\Delta\theta}{L}\right)^2\mathrm{d}x=\frac{1}{2}\frac{EI}{L}(\Delta\theta)^2 \tag{1.2-16}$$

因为$J_{\mathrm{spring}}^{\mathrm{q}}=J_{\mathrm{beam}}^{\theta}$，从而可以得到弹簧转动接触刚度系数：

$$k^{\mathrm{n}}=\frac{EI}{L} \tag{1.2-17}$$

弹簧切向以及扭转接触刚度系数也可按上述能量等效原理得到，其表达式分别为：

$$K^{\mathrm{s}}=\frac{GA}{\alpha L} \tag{1.2-18}$$

$$k^{\mathrm{s}}=\frac{GJ_x}{L} \tag{1.2-19}$$

式中：E、G——结构构件的弹性模量和剪切模量；

A、I、J_x——结构构件的截面面积、截面惯性矩和扭转惯性矩；

α——截面剪切校正因子。

1.2.4　弹塑性接触本构模型的建立

当结构受到极端荷载作用时，构件截面通常会发生屈服进入塑性，并且结构产生大位移，只考虑几何非线性往往无法合理揭示杆系结构真实的受力特征。本节借鉴有限元法处理弹塑性问题的思路，在杆系结构 DEM 中建立了三种弹塑性分析模型：塑性铰模型、纤维模型和塑性区法模型。通过将接触位移增量分解成弹性和塑性两部分，并基于截面内力屈服方程，按照塑性力学增量理论推导得到了杆系结构 DEM 的塑性铰模型；将 DEM 中连接颗粒与颗粒之间的一根弹簧用分布式弹簧进行等效，并将分布式弹簧看作是截面的若干根纤维，采用材料的单轴应力-应变关系描述纤维的受力特性，建立了可考虑截面塑性开展的纤维模型；将接触截面分割成若干小面积，根据屈服条件判断小面积的应力状态，并按照在不同应力状态下的弹塑性模型描述小面积的受力特性，建立了可考虑截面塑性开展的塑性区法模型。

有限元法在处理弹塑性问题时，当结构进入塑性后，需要对单元刚度矩阵进行修正，并迭代求解非线性方程组。而在离散元法中，结构的弹塑性行为仅与单元接触内力的求解相关。与离散元法弹性分析相比，弹塑性分析仅会改变单元内力的求解模式，并不影响运动控制方程式的建立和求解，因此问题的本质并没改变。

用 DEM 对结构进行弹塑性分析，其求解思路可以简单描述为：根据单元的屈服条件判别单元的应力状态，然后按照弹塑性接触本构模型在不同应力状态下的内力增量计算方法，求解该单元的内力增量，最后将单元内力叠加并进行更新。由此可见该方法在处理弹塑性问题时，除需采用屈服方程判别单元应力状态，以及采用弹塑性接触本构模型计算单元内力外，其他的求解流程与离散元法弹性分析的计算流程完全相同。

另外，用有限元法对结构进行动力弹塑性分析时，是将结构作为弹塑性振动体系加以分析，按时间步输入动荷载，或通过积分运算，求得结构在外荷载随时间变化期间内结构内力和变形随时间变化的全过程。这种分析是一项非常复杂的工作，从计算模型的简化、恢复力模型的确定、动荷载的选取，直到计算中刚度矩阵的修正，方程迭代求解，分析流程长而复杂。该分析可以真实的反应结构动力作用下的弹塑性行为，但计算数据量庞大，且周期较长。

与有限元法相比，离散元法具有动力分析和几何非线性分析的本质。在弹塑性问题分析中只需采用弹塑性接触本构模型计算单元内力，并不影响运动控制方程式的建立和求解。该方法进行动力弹塑性分析时，仍然只会影响单元内力的求解，并不在本质上加大问题的难度。因此，在 DEM 计算程序中，只需要完善单元弹塑性内力求解的加卸载流程，可以将 DEM 动力或静力弹塑性分析开发为独立的计算模块，需要时调用即可。

1）塑性铰弹塑性接触本构模型的建立

塑性铰模型无需在截面上进行积分，并且可以用较少的单元划分杆件，计算量较小，分析效率高，因此在工程上得到了广泛的应用，甚至部分结构设计软件也采纳了该方法。

设材料为理想弹塑性，对于一般空间杆系结构，在力空间内截面的屈服准则可表示为：

$$\phi(\boldsymbol{S})=0 \tag{1.2-20}$$

按照一致性条件，即弹塑性加载时，新的内力点（$\boldsymbol{S}+\Delta\boldsymbol{S}$）仍应保持在屈服面上，从而有$\Delta\phi=0$，即：

$$\left(\frac{\partial\phi}{\partial\boldsymbol{S}}\right)^{\mathrm{T}}\cdot\Delta\boldsymbol{S}=0 \tag{1.2-21}$$

式(1.2-21)写成分量形式为：

$$\frac{\partial\phi}{\partial F^{\mathrm{n}}}\Delta F^{\mathrm{n}}+\frac{\partial\phi}{\partial F_y^{\tau}}\Delta F_y^{\tau}+\frac{\partial\phi}{\partial F_z^{\tau}}\Delta F_z^{\tau}+\frac{\partial\phi}{\partial M^{\mathrm{n}}}\Delta M^{\mathrm{n}}+\frac{\partial\phi}{\partial M_y^{\tau}}\Delta M_y^{\tau}+\frac{\partial\phi}{\partial M_z^{\tau}}\Delta M_z^{\tau}=0 \tag{1.2-22}$$

记$\boldsymbol{f}=\left[\frac{\partial\phi}{\partial F^{\mathrm{n}}}\quad\frac{\partial\phi}{\partial F_y^{\tau}}\quad\frac{\partial\phi}{\partial F_z^{\tau}}\quad\frac{\partial\phi}{\partial M^{\mathrm{n}}}\quad\frac{\partial\phi}{\partial M_y^{\tau}}\quad\frac{\partial\phi}{\partial M_z^{\tau}}\right]^{\mathrm{T}}$，并代入到式(1.2-21)，经化简整理，可得：

$$\boldsymbol{f}^{\mathrm{T}}\Delta\boldsymbol{S}=0 \tag{1.2-23}$$

根据 Prandtl-Reuss 理论，在弹塑性变形阶段，接触位移增量$\Delta\boldsymbol{U}$可分解为弹性变形$\Delta\boldsymbol{U}_{\mathrm{e}}$和塑性变形$\Delta\boldsymbol{U}_{\mathrm{p}}$两部分之和，即：

$$\Delta\boldsymbol{U}=\Delta\boldsymbol{U}_{\mathrm{e}}+\Delta\boldsymbol{U}_{\mathrm{p}} \tag{1.2-24}$$

因材料为理想弹塑性，接触力增量仅与弹性变形相关，因此可根据弹性接触本构得到：

$$\Delta\boldsymbol{S}=\boldsymbol{K}_{\mathrm{e}}\Delta\boldsymbol{U}_{\mathrm{e}} \tag{1.2-25}$$

根据德鲁克尔（Drucker）公设，当材料处于塑性流动状态时，塑性变形沿着屈服面的法线方向，并与内力增量矢量正交，即：

$$\Delta\boldsymbol{U}_{\mathrm{p}}^{\mathrm{T}}\Delta\boldsymbol{S}=0 \tag{1.2-26}$$

比较式(1.2-23)与式(1.2-26)，塑性变形$\Delta\boldsymbol{U}_{\mathrm{p}}$可表示为：

$$\Delta\boldsymbol{U}_{\mathrm{p}}=\mathrm{d}\lambda\cdot\boldsymbol{f} \tag{1.2-27}$$

式中：$\mathrm{d}\lambda$——塑性乘子，是一个非负的标量。

将式(1.2-27)代入到式(1.2-24)，再由式(1.2-25)可得：

$$\Delta\boldsymbol{S}=\boldsymbol{K}_{\mathrm{e}}(\Delta\boldsymbol{U}-\mathrm{d}\lambda\cdot\boldsymbol{f}) \tag{1.2-28}$$

对式(1.2-28)两边同时左乘$\boldsymbol{f}^{\mathrm{T}}$，引用式(1.2-23)得：

$$\boldsymbol{f}^{\mathrm{T}}\boldsymbol{K}_{\mathrm{e}}(\Delta\boldsymbol{U}-\mathrm{d}\lambda\cdot\boldsymbol{f})=\boldsymbol{f}^{\mathrm{T}}\Delta\boldsymbol{S}=0 \tag{1.2-29}$$

由式(1.2-29)可求得塑性乘子：

$$\mathrm{d}\lambda=\frac{\boldsymbol{f}^{\mathrm{T}}\boldsymbol{K}_{\mathrm{e}}\Delta\boldsymbol{U}}{\boldsymbol{f}^{\mathrm{T}}\boldsymbol{K}_{\mathrm{e}}\boldsymbol{f}} \tag{1.2-30}$$

将$\mathrm{d}\lambda$值回代到式(1.2-28)并经化简整理，得到弹塑性接触本构方程：

$$\Delta\boldsymbol{S}=\boldsymbol{K}_{\mathrm{ep}}\Delta\boldsymbol{U} \tag{1.2-31}$$

式中：$\boldsymbol{K}_{\mathrm{ep}}$——弹塑性接触刚度矩阵，$\boldsymbol{K}_{\mathrm{ep}}=\boldsymbol{K}_{\mathrm{e}}-\boldsymbol{K}_{\mathrm{p}}$，$\boldsymbol{K}_{\mathrm{p}}=\frac{\boldsymbol{K}_{\mathrm{e}}\boldsymbol{f}\boldsymbol{f}^{\mathrm{T}}\boldsymbol{K}_{\mathrm{e}}}{\boldsymbol{f}^{\mathrm{T}}\boldsymbol{K}_{\mathrm{e}}\boldsymbol{f}}$。

2）纤维弹塑性接触本构模型的建立

塑性铰模型存在的不足之处主要表现在：①没有考虑构件截面塑性的开展过程，不适于精细化分析；②一般不能直接考虑弹性卸载、应变强化和残余应力的影响；③对于具有复杂截面的杆件，要准确定义内力屈服面方程比较困难。有限元法中，与塑性铰模型相比，梁柱纤维单元模型则可以模拟构件较为精细的塑性发展过程，并且允许截面有不同的材料本构方程，因此在结构工程中得到了广泛的应用。其原理是将单元截面离散化为若干根纤维，根据平截面假定，采用纤维材料的单轴应力-应变关系描述纤维的受力特性，最终综合截面上所有纤维的应力-应变关系得到单元截面的非线性滞回性能，因而可以准确地考虑构件的刚度退化、强度退化、轴力（单向和双向）和弯矩的多维耦合效应等复杂非线性行为。

现将纤维模型理念拓展于离散元法：将颗粒与颗粒之间的粘结用分布式弹簧等效，这些分布式弹簧组成了“空间梁单元”，而每一根弹簧对应着“梁单元”上的一根纤维，“梁单元”即为颗粒与颗粒之间的粘结。“梁单元”的长度为两球心的距离，其截面与结构构件的截面形状及尺寸相一致。

以图 1.2-10 所示的空间框架结构为例，其梁柱均设为空心圆管。构建其 DEM 计算模型时，将梁柱构件分别离散为一串串球形颗粒。由于梁柱构件为空心圆管，则“梁单元”即球颗粒之间的粘结亦为空心圆管，其长度为两球元的球心距离，其截面的直径与厚度取为梁（柱）的截面直径与厚度。同时，为计算方便，将纤维的位置取为圆管截面的 8 个高斯积分点处。通过确定“梁单元”每根弹簧的本构来确定球元之间的粘结本构。

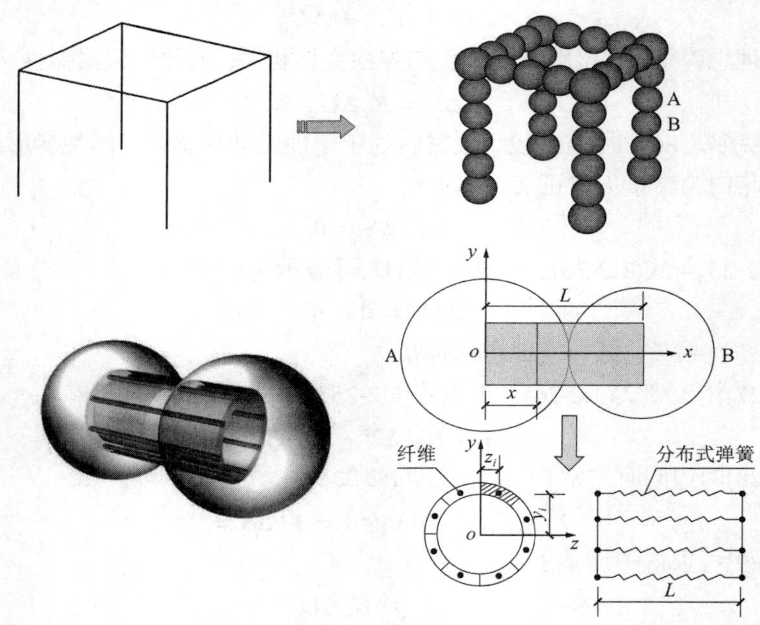

图 1.2-10　DEM 纤维本构模型示意

（1）纤维应变的计算

如图 1.2-10 所示，将“空间梁”轴线方向x处的截面离散为n（8）根纤维，每根纤维处于单轴受力状态，则第i根纤维的应变：

$$\varepsilon = \varepsilon_N + \varepsilon_{M_y} + \varepsilon_{M_z} \tag{1.2-32}$$

式中：ε_N——轴力所产生的应变；

ε_{M_y}——绕截面y轴弯矩所产生的应变；

ε_{M_z}——绕截面z轴弯矩所产生的应变。

$$\begin{cases} \varepsilon_{M_y} = k_y z_i \\ \varepsilon_{M_z} = k_z y_i \end{cases} \tag{1.2-33}$$

式中：k_y——绕截面y轴弯曲所引起的曲率；

k_z——绕截面z轴弯曲所引起的曲率；

y_i、z_i——第i个纤维到截面中和轴的距离。

离散元法通过牛顿第二定律计算得到每个球元的位移、速度及角速度等物理量。如图1.2-8所示，在时刻t，两球心的距离为L，球心连线的单位法向量记为n，在$\Delta t = t_{i+1} - t_i$内求解运动控制方程可以获得球元A、球元B的法向相对位移增量ΔU^{n}及两个切向转角位移增量$\Delta\overline{\theta}_{\tau^1}$、$\Delta\overline{\theta}_{\tau^2}$。根据平截面假定，$\Delta t$时步内纤维的应变增量以及曲率增量为：

$$\begin{cases} \Delta\varepsilon_N = \dfrac{\Delta U^{\mathrm{n}}}{L} \\ \Delta k_y = \dfrac{\Delta\theta_{\tau^1}}{L} \\ \Delta k_z = -\dfrac{\Delta\theta_{\tau^2}}{L} \end{cases} \tag{1.2-34}$$

式中：$\Delta\varepsilon_N$——杆件轴向应变增量；

Δk_y、Δk_z——绕y轴、z轴弯曲所引起的曲率增量。

将式(1.2-34)代入式(1.2-32)并结合式(1.2-33)，可得：

$$\Delta\varepsilon = \Delta\varepsilon_N + \Delta k_y z_i + \Delta k_z y_i \tag{1.2-35}$$

已知了“空间梁”截面各纤维的应变，就可以根据各纤维的本构方程计算各纤维的应力，从而最终实现利用DEM对结构进行弹塑性分析。

（2）截面接触内力的计算

截面的接触内力增量可通过对截面所有纤维的应力σ进行积分得到，即：

$$\begin{cases} \Delta F^{\mathrm{n}} = \displaystyle\int \Delta\sigma \,\mathrm{d}A = \sum_{i=1}^{n} \Delta\sigma_i \cdot A_i \\ \Delta M_y = \displaystyle\int \Delta\sigma \cdot z \,\mathrm{d}A = \sum_{i=1}^{n} \Delta\sigma_i \cdot z_i \cdot A_i \\ \Delta M_z = \displaystyle\int \Delta\sigma \cdot y \,\mathrm{d}A = \sum_{i=1}^{n} \Delta\sigma_i \cdot y_i \cdot A_i \end{cases} \tag{1.2-36}$$

式中：A_i——第i个纤维的面积；

ΔF^{n}——截面法向接触力增量；

ΔM_y、ΔM_z——局部坐标下绕截面y轴弯矩增量、绕截面z轴弯矩增量。

此外，需要说明的是，两个球元相接触时，在接触面上除了产生法向接触力F^{n}、接触弯矩M_y和M_z外，还会产生切向接触力F^{τ}及接触扭矩M^{n}，但此处我们假定切向接触力与切向变形以及接触扭矩与扭转角之间的关系始终保持弹性，即按式(1.2-37)进行计算：

$$\Delta \boldsymbol{S} = \boldsymbol{K}_{\mathrm{e}} \Delta \boldsymbol{U} \tag{1.2-37}$$

式中：$\Delta \boldsymbol{S} = \left[\Delta F_y^{\tau} \quad \Delta F_z^{\tau} \quad \Delta M^{\mathrm{n}}\right]^{\mathrm{T}}$；$\Delta \boldsymbol{U} = \left[\Delta U_y^{\tau} \quad \Delta U_z^{\tau} \quad \Delta\theta^{\mathrm{n}}\right]^{\mathrm{T}}$；

$\boldsymbol{K}_{\mathrm{e}} = \mathrm{diag}\left[-\frac{12EI_z}{L^3} \quad -\frac{12EI_y}{L^3} \quad -\frac{GJ}{L}\right]$，diag表示对角阵。

3）塑性区弹塑性接触本构模型的建立

另一种更为精确的考虑构件塑性发展的做法是，借鉴有限元法处理弹塑性问题的思路，即离散元塑性区法。具体思路如下：首先将接触截面分割成若干小面积，根据屈服条件判断小面积的应力状态，并按照在不同应力状态下的弹塑性模型计算应力增量；然后对小面积应力进行积分求得该截面的内力增量；最后将单元内力增量叠加并进行更新。

（1）截面应变计算方法

在通常的空间梁理论中，可以只考虑截面上任意点的三个互相独立的应变分量：

$$\boldsymbol{\varepsilon} = \left\{\varepsilon_{xx} \quad \varepsilon_{xy} \quad \varepsilon_{xz}\right\}^{\mathrm{T}} \tag{1.2-38}$$

式中：ε_{xx}——轴力和弯矩产生的正应变；

ε_{xy}、ε_{xz}——扭矩产生的切应变。

这里假设剪力-剪切应变关系始终为弹性。

以图 1.2-11 所示的矩形截面为例，沿梁轴线方向任意一接触截面离散为n个小面积，则第i个小面积的应变可按照如下方法进行计算：

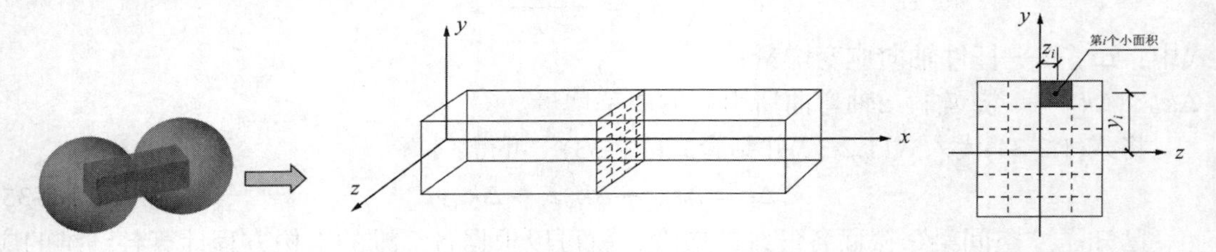

图 1.2-11　离散元塑性区法截面示意

依据塑性增量原理可知，计算时，应变需表示成增量形式。根据 Euler 梁理论，可得截面上第i个小面积中心点（以下均简称为小面积）应变增量：

$$\begin{cases}\Delta\varepsilon_{xx} = \Delta\varepsilon_N - y_i\Delta k_z - z_i\Delta k_y \\ \Delta\varepsilon_{xy} = -z_i\Delta k_x \\ \Delta\varepsilon_{xz} = y_i\Delta k_x\end{cases} \tag{1.2-39}$$

式中：$\Delta\varepsilon_N$——轴力产生的轴应变增量；

Δk_y——弯矩绕截面y轴引起的弯曲曲率增量；

Δk_z——弯矩绕截面z轴引起的弯曲曲率增量；

Δk_x——扭矩绕截面x轴引起的扭转曲率增量；

y_i、z_i——第i个小面积到截面坐标轴的距离。

根据平截面假定，Δt时步内接触截面的轴应变增量及曲率增量如下：

$$\begin{cases}\Delta\varepsilon_N = \dfrac{\Delta U^{\mathrm{n}}}{L} \\ \Delta k_y = \dfrac{\Delta\theta^{\tau^1}}{L} \\ \Delta k_z = \dfrac{\Delta\theta^{\tau^2}}{L} \\ \Delta k_x = \dfrac{\Delta\theta^{\mathrm{n}}}{L}\end{cases} \tag{1.2-40}$$

（2）弹塑性本构模型

当截面上小面积处于弹性阶段时，应力应变增量满足胡克定律，$\boldsymbol{D}$为弹性矩阵，表示为：

$$\boldsymbol{D} = \boldsymbol{D}_{\mathrm{e}} = \begin{bmatrix} E & & \\ & G & \\ & & G \end{bmatrix} \tag{1.2-41}$$

当小面积进入塑性阶段后，其应力满足von Mises屈服准则，且假设材料为理想弹塑性模型，即：

$$f = \sqrt{2J_2} - \sqrt{\frac{2}{3}}\sigma_y \tag{1.2-42}$$

式中：J_2——应力偏量张量第二不变量，$J_2 = \frac{1}{3}\sigma_{xx}^2 + \sigma_{xy}^2 + \sigma_{xz}^2$；

σ_y——材料屈服应力。

根据材料非线性增量理论，材料到达屈服后应变增量可分为弹性部分和塑性部分，即：

$$\mathrm{d}\varepsilon = \mathrm{d}\varepsilon^{\mathrm{e}} + \mathrm{d}\varepsilon^{\mathrm{p}} \tag{1.2-43}$$

其中塑性增量部分可由塑性流动准则确定。依据 Prandtl-Reuss 准则，塑性变形的流动方向与屈服面正交，即：

$$\mathrm{d}\varepsilon^{\mathrm{p}} = \mathrm{d}\lambda\frac{\partial f}{\partial \sigma} \tag{1.2-44}$$

式中：$\frac{\partial f}{\partial \sigma} = \frac{1}{\sqrt{2J_2}}\left\{\frac{2}{3}\sigma_{xx} 2\sigma_{xy} 2\sigma_{xz}\right\}^{\mathrm{T}}$；$\mathrm{d}\lambda$为非负的标量比例系数。

在塑性变形过程中，小面积应力始终保持在屈服面上（一致性条件），则：

$$\mathrm{d}f = \left(\frac{\partial f}{\partial \sigma}\right)^{\mathrm{T}} \mathrm{d}\sigma = 0 \tag{1.2-45}$$

将式(1.2-42)代入式(1.2-45)，经整理可得出离散元塑性区法的塑性本构：

$$\mathrm{d}\sigma = \boldsymbol{D}_{\mathrm{ep}}\mathrm{d}\varepsilon \tag{1.2-46}$$

式中：

$$\boldsymbol{D}_{\mathrm{ep}} = \boldsymbol{D}_{\mathrm{e}} - \boldsymbol{D}_{\mathrm{p}} \tag{1.2-47}$$

$$\boldsymbol{D}_{\mathrm{p}} = \frac{1}{E\sigma_{xx}^2 + 9G\left(\sigma_{xy}^2 + \sigma_{xz}^2\right)}\begin{bmatrix} E^2\sigma_{xx}^2 & 3EG\sigma_{xx}\sigma_{xy} & 3EG\sigma_{xx}\sigma_{xz} \\ 3EG\sigma_{xx}\sigma_{xy} & 9G^2\sigma_{xy}^2 & 9G^2\sigma_{yy}\sigma_{xz} \\ 3EG\sigma_{xx}\sigma_{xz} & 9G^2\sigma_{xy}\sigma_{xz} & 9G^2\sigma_{xz}^2 \end{bmatrix} \tag{1.2-48}$$

$\boldsymbol{D}_{\mathrm{ep}}$即为塑性状态下小面积的刚度矩阵。由上式可以看出，$\boldsymbol{D}_{\mathrm{ep}}$考虑了剪切刚度和轴向刚度的耦合影响。在计算分析中，应根据小面积所处的不同受力状态，采用不同的应力应变关系矩阵，当小面积在弹性范围时，采用$\boldsymbol{D}_{\mathrm{e}}$［即式(1.2-41)］；进入塑性后，采用$\boldsymbol{D}_{\mathrm{ep}}$［即式(1.2-47)］。

（3）加卸载准则

理想弹塑性材料加载面和初始屈服面相同，所以当应力达到屈服应力时，应力增量向量就不能够指向屈服面以外，塑性加载时，应力只能沿着屈服面移动。离散元塑性区法的加卸载判断过程如下：

首先按照弹性规律计算Δt时步内的试探应力增量及$t + \Delta t$时刻应力试探值：

$$\mathrm{d}\tilde{\sigma} = \boldsymbol{D}_{\mathrm{e}}\mathrm{d}\varepsilon \tag{1.2-49}$$

$$\tilde{\sigma}^{t+\Delta t} = \sigma^t + \mathrm{d}\tilde{\sigma} \tag{1.2-50}$$

然后计算屈服函数$f\left(\tilde{\sigma}^{t+\Delta t}\right)$，并按照下式判别加载或卸载：

①当$f\left(\tilde{\sigma}^{t+\Delta t}\right) < 0$时，为弹性阶段；

②当$f(\tilde{\sigma}^{t+\Delta t})=0$且$\mathrm{d}f=\frac{\partial f}{\partial \sigma_{ij}}\mathrm{d}\sigma_{ij}=0$时，为塑性加载；

③当$f(\tilde{\sigma}^{t+\Delta t})>0$且$\mathrm{d}f=\frac{\partial f}{\partial \sigma_{ij}}\mathrm{d}\sigma_{ij}<0$时，为塑性卸载。

计算过程中，根据每一小面积所处的受力状态，分别采用不同的材料本构模型求出Δt时步内的应力增量。

（4）截面接触内力推导

截面的接触内力增量可通过对截面所有小面积的应力增量进行积分得到，即：

$$\begin{cases}\Delta F^{\mathrm{n}}=\int \Delta\sigma_{xx}\,\mathrm{d}A=\sum\limits_{i=1}^{n}\Delta\sigma_{xx}^{i}\cdot A_i\\ \Delta M_y=\int \Delta\sigma_{xx}\cdot \mathrm{z}\,\mathrm{d}A=\sum\limits_{i=1}^{n}\Delta\sigma_{xx}^{i}\cdot z_i\cdot A_i\\ \Delta M_z=\int \Delta\sigma_{xx}\cdot y\,\mathrm{d}A=\sum\limits_{i=1}^{n}\Delta\sigma_{xx}^{i}\cdot y_i\cdot A_i\\ \Delta M_x=\int(\Delta\sigma_{xz}\cdot y-\Delta\sigma_{xy}\cdot z)\,\mathrm{d}A=\sum\limits_{i=1}^{n}(\Delta\sigma_{xz}^{i}\cdot y_i-\Delta\sigma_{xy}^{i}\cdot z_i)\cdot A_i\end{cases} \tag{1.2-51}$$

式中：　A_i——第i个小面积的面积；

ΔF^{n}——截面法向接触力增量；

ΔM_y、ΔM_z——局部坐标系下绕y轴弯矩及绕z轴弯矩；

ΔM_x——局部坐标系下绕x轴扭矩。

此外，需要说明的是，两个球颗粒相接触时，在接触面上除了产生法向接触力F^{n}、接触弯矩M_y及M_z、接触扭矩M_x外，还会产生切向接触力F^{τ}。本节仍假设接触剪力-剪切应变关系始终为弹性，因此无论接触面处于弹性还是塑性状态，切向接触力仍然采用式(1.2-37)进行求解。

（5）计算流程

离散单元法在处理弹塑性问题时，除需采用屈服准则判断截面受力状态以及采用弹塑性接触本构计算截面接触内力外，其他计算流程与弹性问题相同。因此，在编制计算程序时，可以将弹塑性分析发展为单独的模块，需要时调用即可，其计算分析流程如图 1.2-12所示。

1.2.5　钢结构构件断裂行为模拟

1）断裂准则

钢结构构件的断裂过程研究涉及结构材料试验和断裂力学，需要对结构的精确模型（如三维实体模型）进行分析，比较复杂。本节旨在保证一定精度的前提下，从宏观角度考虑构件断裂行为，模拟时作如下假定：

（1）结构构件均为理想构件，不存在初始裂纹和缺陷；

（2）构件断裂准则以构件材料试验为依据；

（3）除结构阻尼耗能外，不考虑断裂发生时振动、声音等形式的能量耗散；

（4）不考虑构件发生断裂后相互接触及碰撞的影响。

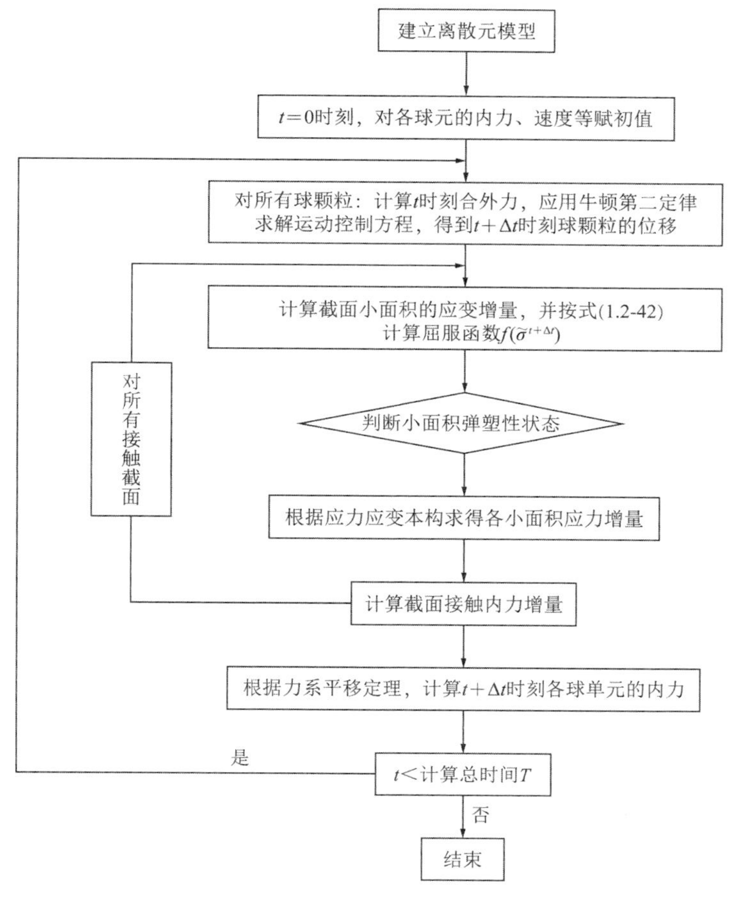

图 1.2-12　离散元塑性区法计算流程

以纤维模型为基础，以材料层次上的破坏判别准则作为断裂准则（如图 1.2-10 所示），即：

$$\varepsilon_k^t \geqslant \varepsilon_\mathrm{u} \text{ 或 } \sigma_k^t \geqslant \sigma_\mathrm{u} \tag{1.2-52}$$

则认为纤维k（即弹簧k）发生断裂并退出工作，同时令该纤维（弹簧）应力$\sigma_k^t = 0$。

定义截面破损指标D^t：

$$D^t = \frac{N_\mathrm{crack}^t}{N} \tag{1.2-53}$$

式中：N——截面纤维（弹簧）总数量；

N_crack^t——t时刻已发生断裂的纤维（弹簧）总数量（$N_\mathrm{crack}^t \leqslant N$）。

由式(1.2-53)可知$0 \leqslant D^t \leqslant 1$。初始状态时，球元之间的接触粘结完好，$D^t = 0$；若某一时刻截面上所有弹簧均已发生断裂，则$N_\mathrm{crack}^t = N$，此时$D^t = 1$。$D^t$反映了截面（即球元之间的接触粘结）的损伤破坏程度，可描述结构在荷载作用下构件截面发生累积损伤的渐进破坏过程。

2）断裂模式

当构件发生断裂后，会涉及杆件中相邻球元的接触粘结破坏、球元之间的分离以及结构内力重分配等问题。假定断裂模式的基本原则如下：

（1）构件的断裂仅发生于连接两球元的接触粘结处，不考虑球元自身的破裂；

（2）断裂前与断裂后球元总数量保持不变；

（3）断裂后接触粘结数量必减少，构件的拓扑连接关系会改变，但原球元编号和球元粘结编号不变。

以图 1.2-13 所示的一根悬臂梁为例，梁的 DEM 模型、11 个球元及 10 个单元粘结编号分别如图 1.2-13（a）所示。梁自由端在竖向力P作用下，靠近固定端部截面所承受的内力最大，因此球元粘结 1 应变（应力）最先满足断裂准则，从而该部位首先发生断裂；当球元 1 与球元 3 所形成的粘结 1 发生断裂后，取消断裂位置的弹簧连接，单元粘结总数由 10 减为 9，但球元个数仍为 11，见图 1.2-13（b）。

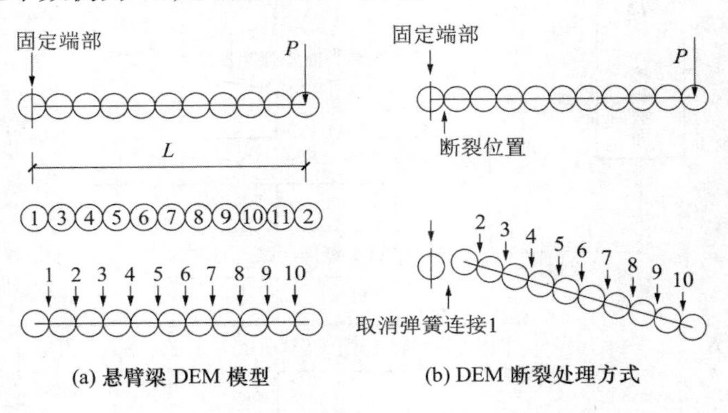

图 1.2-13　DEM 方法模拟悬臂梁断裂过程

此外，球元之间的粘结完全破坏即构件发生断裂后，需要更新断裂点处单元的内力。由 DEM 基本理论可知，构件中每个球元的内力集成来源于两相邻球元接触中心处的接触内力和接触力矩。当球元粘结发生断裂而消失后，需要将该截面的接触内力和接触力矩置为零，从而使球元在下一个时步的计算中获得内力和外力的更新。

1.2.6　DEM/FEM 自适应耦合算法模型的建立

结构的连续性倒塌是一个存在位移场不连续、冲击-碰撞以及大位移、大转动等多物理力学现象的过程，这些过程的描述一直是数值模拟的难点。我们知道，有限元法目前虽已在各种结构分析中广泛应用，但它本质属于连续介质力学方法，要求变形时刻处于连续状态。此外，有限元法在求解非线性问题时需要集成总体刚度矩阵，并伴随多次迭代求解，特别是遇到强非线性问题时计算效率很低。一般来说，有限元法更适宜处理结构弹性或小变形问题分析。离散元法作为一种非连续数值计算方法，能够很好地模拟结构非连续、大位移大转动以及构件断裂破坏等问题，但其缺点是单元数量庞大、计算非常耗时，难以用于大型复杂结构的力学仿真分析。

本节结合杆系结构离散元法和显式有限元法各自的优点建立了一种 DEM/FEM 耦合计算模型。该方法将待求计算区域划分为两个独立的子域，DEM 域和 FEM 域，在交界面处满足附加约束条件。通过虚功方程和变分原理推导出了耦合计算模型的系统控制方程，用罚函数法将附加条件引入到修正泛函，导出了界面耦合力计算公式，并对耦合模型所涉及的若干关键问题进行了讨论。

1）计算域的划分

以杆系结构作为分析对象，采用直接耦合法，即有限元模型中梁单元的节点与离散元模型中球元中心重合。根据此描述，对于直接耦合法，DEM 部分与 FEM 部分实际上可认为是两个分别独立的计算模块，它们仅在交界面处耦合。为不失一般性，将物体整个计算域Ω划分为两个独立的子域：DEM 域用Ω_D表示，FEM 域用Ω_F表示，如图 1.2-14 所示。交界面处的边界可视为给定位移、外力边界条件。

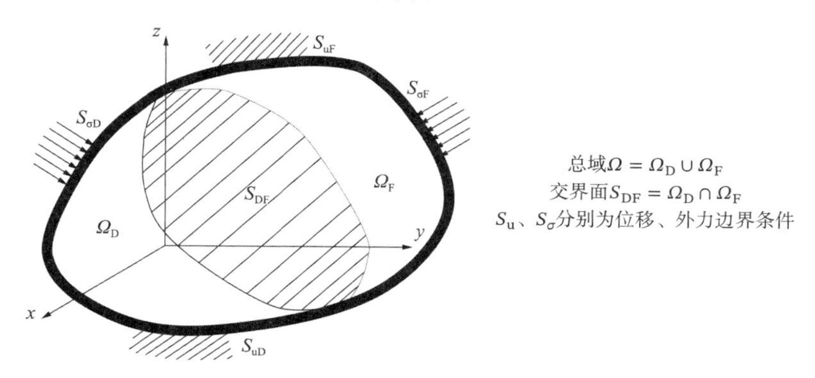

图 1.2-14　计算域的划分及符号说明

在交界面S_{DF}处，应满足位移连续性要求和内力平衡方程，即

$$\begin{cases} \boldsymbol{U}^D - \boldsymbol{U}^F = 0 \\ \boldsymbol{F}^D + \boldsymbol{F}^F = 0 \end{cases}(\text{在界}S_{DF}\text{上}) \tag{1.2-54}$$

式(1.2-54)的坐标分量形式为：

$$\begin{cases} u_i^D - u_i^F = 0 \\ F_i^D + F_i^F = 0 \end{cases} \tag{1.2-55}$$

2）系统控制方程的建立

对于 DEM/FEM 耦合模型，系统的虚功方程可以表示为：

$$\begin{aligned} \delta\Pi &= \delta\Pi_D + \delta\Pi_F \\ &= \sum_{r=1}^{\Omega_D,\Omega_F} \left(W_r^{int} - W_r^{ext} - W_r^{ina} - W_r^c\right) \\ &= 0 \end{aligned} \tag{1.2-56}$$

式中：Π——系统的总位能泛函；

Π_D——Ω_D域内的位能泛函；

Π_F——Ω_F域内的位能泛函；

W^{int}——内力虚功；

W^{ext}——外力虚功；

W^{ina}——惯性力虚功；

W^c——界面力虚功。

各符号的具体计算表达式如下：

$$\begin{cases} W^{\text{int}} = \int_{\Omega} \delta\boldsymbol{u}^{\text{T}}\boldsymbol{B}^{\text{T}}\boldsymbol{\sigma}\,\text{d}V \\ W^{\text{ext}} = \int_{\Omega} \delta\boldsymbol{u}^{\text{T}}\boldsymbol{F}^{\text{ext}}\,\text{d}V \\ W^{\text{ina}} = \int_{\Omega} \left(-\delta\boldsymbol{u}^{\text{T}}\rho\ddot{\boldsymbol{U}}\right)\text{d}V \end{cases} \tag{1.2-57}$$

式中：ρ——材料密度。

界面力虚功W^{c}指的是在交界面S_{DF}处内力$\boldsymbol{F}^{\text{D}}$、$\boldsymbol{F}^{\text{F}}$所做的虚功，其表达式如下：

$$\begin{aligned} W^{\text{c}} &= \sum_{r=1}^{\Omega_{\text{D}},\Omega_{\text{F}}} W_r^{\text{c}} \\ &= \int_{S_{\text{DF}}} F_i^{\text{D}}\delta u_i^{\text{D}}\,\text{d}S + \int_{S_{\text{DF}}} F_i^{\text{F}}\delta u_i^{\text{F}}\,\text{d}S \end{aligned} \tag{1.2-58}$$

将式(1.2-55)中的第二式代入式(1.2-58)可得：

$$W^{\text{c}} = \int_{S_{\text{DF}}} F_i^{\text{D}}\left(\delta u_i^{\text{D}} - \delta u_i^{\text{F}}\right)\text{d}S \tag{1.2-59}$$

式(1.2-56)也可以进一步表示为：

$$\left(W_{\Omega_{\text{D}}}^{\text{int}} - W_{\Omega_{\text{p}}}^{\text{ext}} - W_{\Omega_{\text{D}}}^{\text{ina}} - W_{\Omega_{\text{D}}}^{\text{c}}\right) + \left(W_{\Omega_{\text{F}}}^{\text{int}} - W_{\Omega_{\text{F}}}^{\text{ext}} - W_{\Omega_{\text{F}}}^{\text{ina}} - W_{\Omega_{\text{F}}}^{\text{c}}\right) = 0 \tag{1.2-60}$$

对式(1.2-60)通过积分并经单元集成，并结合式(1.2-57)，得到 DEM/FEM 耦合模型系统的控制方程如下：

$$\delta\boldsymbol{U}^{\text{D}}\left[\left(\boldsymbol{M}\ddot{\boldsymbol{U}} + \boldsymbol{F}^{\text{int}} - \boldsymbol{F}^{\text{ext}}\right)^{\text{D}} - \boldsymbol{Q}^{\text{c}}\right] + \delta\boldsymbol{U}^{\text{F}}\left[\left(\boldsymbol{M}\ddot{\boldsymbol{U}} + \boldsymbol{F}^{\text{int}} - \boldsymbol{F}^{\text{ext}}\right)^{\text{F}} + \boldsymbol{Q}^{\text{c}}\right] = 0 \tag{1.2-61}$$

式中：$\boldsymbol{Q}^{\text{c}}$——界面耦合力向量，将在下节中介绍。

3）界面耦合力的计算

对于 DEM/FEM 耦合计算模型，在交界面处提出了附加位移约束条件的要求，若仍采用自然变分原理，位移场函数要满足全部约束条件往往难以做到。本研究采用约束变分原理，重新构造一个“修正泛函”。此处耦合模型系统的修正泛函Π^*可表示为：

$$\Pi^* = \Pi_{\text{u}} + \Pi_{\text{CP}} \tag{1.2-62}$$

式中：Π_{CP}——引入位移边界条件（$u_i^{\text{D}} = u_i^{\text{F}}$）后所构成的附加泛函；

Π_{u}——原问题（即不考虑交界面）的泛函，其表达式为：

$$\begin{aligned} \delta\Pi_{\text{u}} &= W^{\text{int}} - W^{\text{ext}} - W^{\text{ina}} \\ &= \sum_{r=1}^{\Omega_{\text{D}},\Omega_{\text{F}}} \left(W_r^{\text{int}} - W_r^{\text{ext}} - W_r^{\text{ina}}\right) \end{aligned} \tag{1.2-63}$$

通过引入附加约束条件构造修正泛函通常有两种方法，拉格朗日乘子法和罚函数法。由于罚函数法在引入附加约束条件后具有不增加问题的自由度，同时保持修正泛函Π^*与原泛函Π相同的极值性质，以及可以和显式数值积分方法求解方程相协调等优点。因此，罚函数法在不同介质耦合问题以及接触问题有限元分析等方面获得广泛应用。本节采用罚函数法，Π_{CP}可表示为：

$$\Pi_{\mathrm{CP}}=\int_{S_{\mathrm{DF}}}\alpha\left\{\boldsymbol{U}^{\mathrm{D}}-\boldsymbol{U}^{\mathrm{F}}\right\}^{\mathrm{T}}\left\{\boldsymbol{U}^{\mathrm{D}}-\boldsymbol{U}^{\mathrm{F}}\right\}\mathrm{d}S \tag{1.2-64}$$

式中：α称为罚参数，若Π_{u}本身是解的极小值问题，α取正数。

对式(1.2-64)求一阶变分并用分量形式进行表达：

$$\delta\Pi_{\mathrm{CP}}=\int_{S_{\mathrm{DF}}}2\alpha_i\left(u_i^{\mathrm{D}}-u_i^{\mathrm{F}}\right)\left(\delta u_i^{\mathrm{D}}-\delta u_i^{\mathrm{F}}\right)\mathrm{d}S \tag{1.2-65}$$

于是，对式(1.2-62)取一阶变分并结合式(1.2-65)，可得

$$\delta\Pi^*=\delta\Pi_{\mathrm{u}}+\int_{S_{\mathrm{DF}}}2\alpha_i\left(u_i^{\mathrm{D}}-u_i^{\mathrm{F}}\right)\left(\delta u_i^{\mathrm{D}}-\delta u_i^{\mathrm{F}}\right)\mathrm{d}S \tag{1.2-66}$$

根据式(1.2-56)、式(1.2-58)和式(1.2-63)可知

$$\delta\Pi=\delta\Pi_{\mathrm{u}}-\sum_{r=1}^{\Omega_{\mathrm{D}},\Omega_{\mathrm{F}}}W_r^{\mathrm{c}}=\delta\Pi_{\mathrm{u}}-\int_{S_{\mathrm{DF}}}F_i^{\mathrm{D}}\left(\delta u_i^{\mathrm{D}}-\delta u_i^{\mathrm{F}}\right)\mathrm{d}S \tag{1.2-67}$$

因为系统的泛函Π与修正泛函Π^*相等，比较式(1.2-66)和式(1.2-67)可得：

$$\int_{S_{\mathrm{DF}}}F_i^{\mathrm{D}}\left(\delta u_i^{\mathrm{D}}-\delta u_i^{\mathrm{F}}\right)\mathrm{d}S=-\int_{S_{\mathrm{DF}}}2\alpha_i\left(u_i^{\mathrm{D}}-u_i^{\mathrm{F}}\right)\left(\delta u_i^{\mathrm{D}}-\delta u_i^{\mathrm{F}}\right)\mathrm{d}S \tag{1.2-68}$$

由式(1.2-68)从而可以得到界面耦合力的计算公式：

$$F_i^{\mathrm{D}}=-2\alpha_i\left(u_i^{\mathrm{D}}-u_i^{\mathrm{F}}\right) \tag{1.2-69}$$

求得了作用于球元的界面耦合力F_i^{D}之后，根据相互作用力的关系，就可得到作用于FEM节点上的内力F_i^{F}，即$F_i^{\mathrm{F}}=-F_i^{\mathrm{D}}$。

4）自适应耦合算法的实现

本节所提出的DEM/FEM自适应耦合算法优势在于，进行耦合分析时，可自动识别大变形/小变形区域，对其采用DEM/FEM分析，并根据结构响应大小实时改变DEM和FEM计算域范围，最大限度的利用DEM和FEM各自计算优势。为实现DEM/FEM自适应耦合算法，需要解决以下四个问题：

①DEM和FEM一致性要求；

②自适应标准的选择；

③DEM与FEM之间信息的传递与继承；

④动态耦合界面的处理方法。

（1）DEM和FEM一致性要求

①计算模式的一致性

为实现对结构不同区域采用两种不同的方法同时进行分析，该两种方法的求解模式应相同。DEM是基于牛顿第二定律的计算模式，故FEM需采用显示算法求解，与DEM的计算程序构成无缝对接。

②在任意时刻，分别采用两种方法得到的结构响应的一致性

结构在外力作用下存在一个真实的响应，它独立于采用的分析方法，在任意时刻，不同的分析方法得到的结果应与真实响应相同。由本书分析可知，当颗粒划分数量足够多且大小相近时，其分析结果与FEM相比误差很小，可满足精度要求。但在DEM/FEM自适应耦合算法中，因杆端单元造成的DEM与FEM之间的误差可能被放大，甚至导致该算法

失效，因此，为提高耦合算法的稳定性，本研究对杆端单元做如下处理：将杆端单元的接触点移至两颗粒球心连线中心处，使杆端单元两颗粒球径相同，如图1.2-15所示。对颗粒1、2半径的修正只对该杆端单元起作用，对其连接的其他单元无影响。

（2）自适应标准的选择

在DEM/FEM自适应耦合算法中，自适应标准仅是结构响应的监视指标，对分析结果不产生影响，只决定结构区域采用的计算方法。根据FEM、DEM算法的各自特点，对杆系结构几何大变形问题，取单元曲率作为自适应标准。由于单元曲率界限值对最终计算结果不产生影响，故本研究仅考虑计算效率，将单元曲率界限值取为10^{-4}～10^{-2}rad/mm。

（3）DEM与FEM之间的信息传递与继承

在t时刻由FEM得到各节点的广义内力F、广义速度V和广义位移S，若该时刻某单元响应大于设定的自适应标准值，则下时刻该单元采用DEM分析，即将有限单元离散为两个球径相同的颗粒元，颗粒元的球心与有限单元节点重合，其速度、位移和内力直接从FEM计算结果中继承；反之，若离散元域中的单元响应小于自适应标准值，则下时刻该单元采用FEM分析，即将两颗粒球替换为有限单元，有限单元节点与颗粒球心重合，其速度、位移和内力直接从DEM计算结果中继承。

（4）动态耦合界面的处理方法

有限元域与离散元域的交界面称为耦合界面。我们在本节前文采用直接耦合法建立了DEM/FEM耦合模型的控制方程，但当耦合界面位置发生变化时，原界面耦合力很难得到有效处理。因此，对于动态耦合界面，采用有限元节点与离散元颗粒共用耦合节点信息的方式处理。

如图1.2-16所示，一杆件被划分为2个有限单元，当单元2发生大变形时，被离散为颗粒1与颗粒2，其中颗粒1的球心与节点2重合，即为耦合节点。耦合节点内力由节点2内力与颗粒1内力两部分组成，节点2的内力由单元1利用FEM计算求得；颗粒1的内力由单元2利用DEM计算求得，两者相加即为耦合节点的内力，同理可得耦合节点的质量。

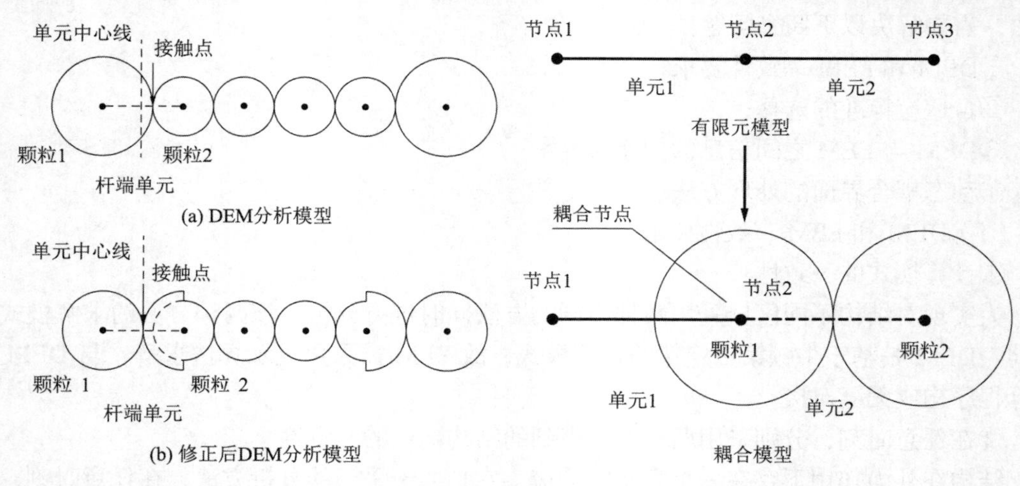

图1.2-15　DEM分析模型修正示意

图1.2-16　耦合界面示意

（5）自适应耦合模型算法实现流程

DEM/FEM耦合计算模型与单一采用FEM模型或DEM模型相比，仅多出界面耦合力

$\boldsymbol{Q}^{c}$，其他各项（内力、惯性力、外荷载等）均保持不变，即当$\boldsymbol{Q}^{c}=0$时，即可退化为单一的 DEM 或 FEM 计算模型。因此，对于结构弹性分析或材料非线性问题均无需修正，这为程序设计以及代码的编写带来了极大便利。另外，当采用显式算法求解运动控制方程时，界面耦合力可以根据前一个时步结束时的位移状态量进行计算，从而成为已知量，避免了隐式算法中的迭代求解。因此，编制耦合模型计算程序时可以将 DEM 子程序和 FEM 子程序分别开发为独立的计算模块，界面耦合计算可以单独作为一个子程序，它涉及 DEM 与 FEM 的数据交换。在初始时刻，界面力应赋值为零。

具体而言，采用 DEM/FEM 自适应耦合算法对杆系结构进行双非线性分析，基本流程如下：初始采用 FEM 对结构进行分析，并设定有限元域中的自适应标准值为F_c。当有限元域中的单元响应大于设定的自适应标准F_c时，该单元将被移至离散元域，并根据 DEM 与 FEM 之间信息传递与继承的处理原则，求得该单元在离散元域中的运动信息，然后对动态耦合界面进行处理。DEM/FEM 自适应耦合算法可分为两种分析模式：

①DEM/FEM 自适应单向耦合算法

对离散元域中的单元不做处理，直接进入下一步时间循环迭代。在该分析模式中有限元域中的单元只能单向被移至离散元域，其过程不可逆。

②DEM/FEM 自适应双向耦合算法

对离散元域中的单元响应进行判断，并设定离散元域中的自适应标准值为D_c，其中自适应标准值D_c不大于F_c。当离散元域中的单元响应小于设定的自适应标准D_c时，该单元将被移至有限元域。在该分析模式中不仅 FEM 计算域的单元会被移至 DEM 计算域，同时，DEM 计算域的单元也会被移至 FEM 计算域，单元在两计算域之间的运动是双向的。

本节基于 Fortran95 语言平台自主开发了 DEM/FEM 耦合计算模型的各部分程序模块。图 1.2-17 为 DEM/FEM 自适应耦合算法的分析程序流程。

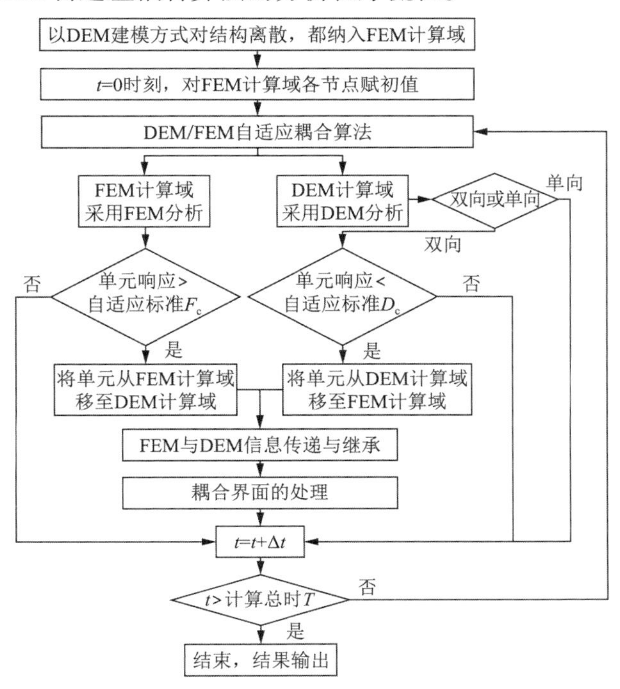

图 1.2-17　DEM/FEM 自适应耦合算法分析流程

5）数值算例验证

为测试 DEM/FEM 自适应耦合算法对处理大型复杂结构的适用性，选取 K6 单层球面网壳结构作为测试对象。网壳跨度 30m，矢跨比 1/2，支承条件为周边固定铰支座，结构几何模型如图 1.2-18 所示。杆件采用 Q235 圆形钢管，各杆几何物理参数相同：外径ϕ130mm，壁厚$t = 5$mm，弹性模量$E = 195$GPa，泊松比$\upsilon = 0.25$，材料密度为 7800kg/m^3。

网壳结构共有 169 个节点，杆件 462 根，建立 DEM 分析模型时，节点处球半径固定不变，取 330mm，对杆件剩余部分以接近节点球径为原则进行均等离散，结构最终被离散为 2569 个球元，球元接触（单元）数量为 2862，取单元曲率作为自适应标准。FEM 分析时采用 2 节点梁单元，节点坐标与离散颗粒球心相同。

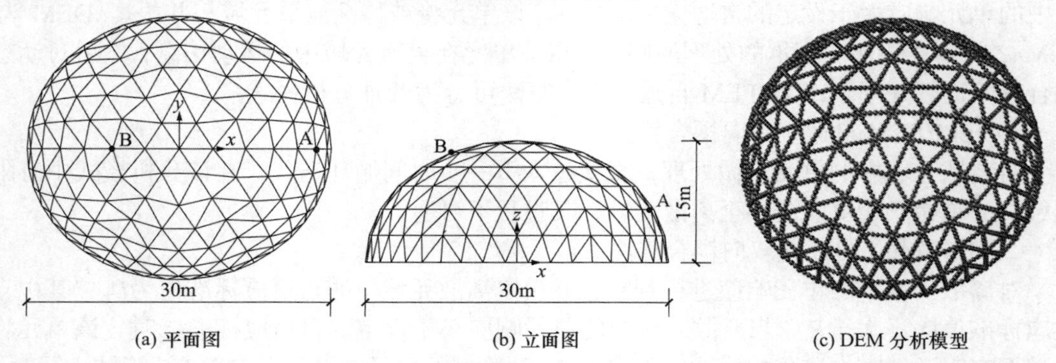

图 1.2-18　单层球面网壳结构及 DEM 分析模型

（1）地震作用下网壳动力非线性分析

在结构基底沿水平x向输入 El-Centro 地震波，持时 8s，加速度峰值为 1.2g，见图 1.2-19。依据《空间网格结构技术规程》JGJ 7—2010，阻尼比取 0.02。图 1.2-20 为节点 A 的水平x向位移时程曲线，可以看出，DEM/FEM 自适应单向耦合算法的计算结果与 FEM 得到的结果在波形和幅值方面都吻合得很好，且分析结果与自适应标准F_c的取值无关。

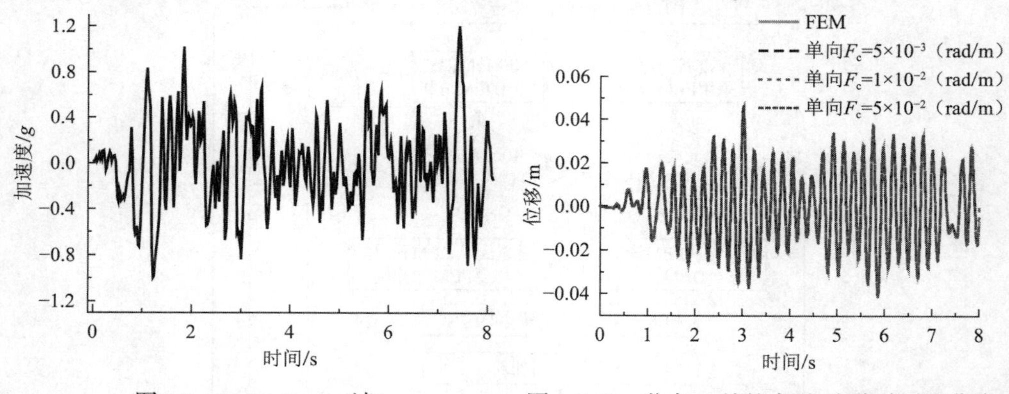

图 1.2-19　El-Centro 波　　图 1.2-20　节点 A 处的水平x向位移时程曲线

（2）网壳受瞬态冲击荷载

网壳 B 处（图 1.2-18）受冲击荷载$P(t)$作用

$$P(t) = \begin{cases} P_0 \times \dfrac{t}{0.02}, & t \leqslant 0.02 \\ P_0, & 0.02 \leqslant t \leqslant 0.1 \end{cases}$$

在该冲击荷载下，对网壳结构进行动力非线性时程分析，时间步长取 5.0×10^{-5}s，阻尼比取 0.02。图 1.2-21 为冲击力幅值$P_0=5000$kN 作用下节点 B 处z向位移时程曲线，从图中可以发现，自适应标准F_c取不同值时，DEM/FEM 自适应单向耦合算法计算结果相同，且与 FEM 计算结果相吻合。

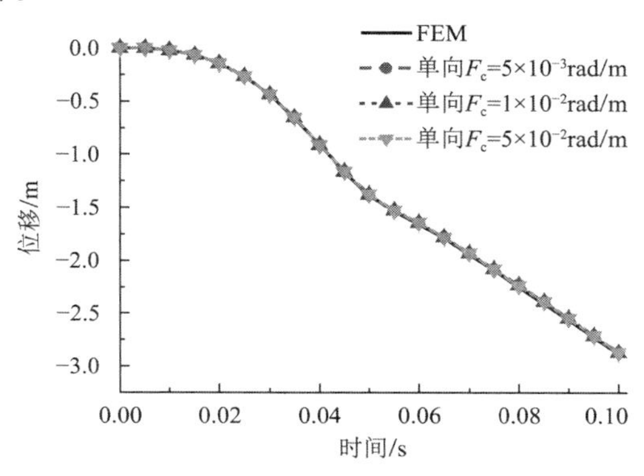

图 1.2-21　网壳节点 B 处z向位移时程曲线

图 1.2-22 为采用 DEM/FEM 自适应单向耦合算法得到的冲击力下网壳结构在$t=0.1$s 时的变形图。从图中可以看出，网壳局部塌陷区域（受力节点 B 处）附近都采用离散元单元进行模拟，说明 DEM/FEM 自适应耦合算法实现了对结构大变形区域采用 DEM 分析、小变形区域采用 FEM 分析的目的，且 DEM 计算域的大小与曲率的取值有关，曲率值越小，离散元区域范围越大。

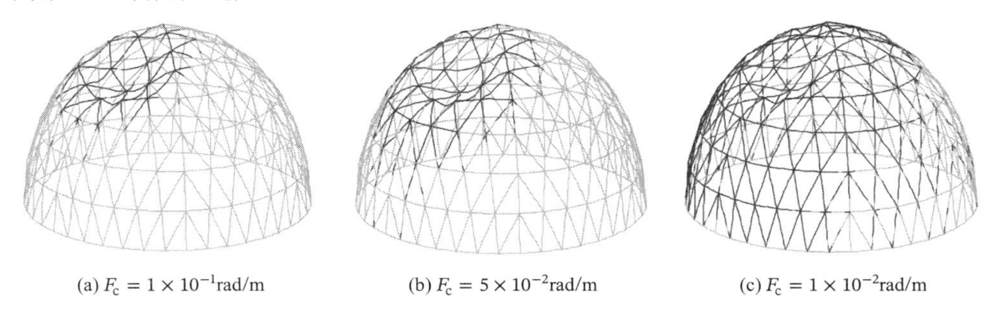

(a) $F_c=1\times10^{-1}$rad/m　(b) $F_c=5\times10^{-2}$rad/m　(c) $F_c=1\times10^{-2}$rad/m

图 1.2-22　网壳结构在 0.1s 时的变形

1.2.7　多点激励下基于离散元法的网格结构强震倒塌全过程仿真实现

大跨空间网格结构多为标志性公共建筑，一旦倒塌将会造成重大损失。作为结构抗倒塌设计的前提和基础，强震下结构倒塌过程和破坏机理一直是研究热点。随着现代大跨度空间结构的尺度不断增大，空间效应变得愈加明显，为了得到结构在地震作用下的真实响应，需在考虑地震动时间效应的同时考虑空间变化。《建筑抗震设计规范》GB 50010—2010（2016 年版）也指出，平面投影尺度很大的空间结构，应根据结构形式和支承条件，分别按单点、一致、多点、多向单点或多向多点输入进行抗震计算。因此，有必要对多点激励下结构地震时程分析的数值方法开展研究。

有限单元法是目前应用最广泛的数值分析方法，其实现地震动多点激励的手段分为两种，加速度输入模型（即大质量法）和位移输入模型（即位移法）。因两种方法对地震动输入的等效处理方式不同，导致计算误差及其产生的原因也有较大区别，已有学者对两者在有限单元法中的适用性和计算精度进行过诸多研究。

与有限单元法相比，前文已提到，杆系离散单元法具有如下优点：（1）几何非线性问题和动力响应的求解自动包含在颗粒的运动控制方程中，是一个自然过程；（2）弹塑性分析可直接作为独立的子程序，需要时调用即可，不会改变杆系离散单元的基本计算流程；（3）数值计算时无需组集单元刚度矩阵和迭代求解运动方程组，整个计算过程简单、清晰，且具有良好的精确度和稳定性。

网格结构通常空间尺度大，杆件数量众多。同时，结构倒塌是一个动态平衡过程，不仅涵盖了几何非线性、材料非线性等复杂问题，而且当荷载类型和结构规模不同时，需对数值计算方法进行修正。因此，为了有效获得强震下结构的真实响应，本节针对网格结构在倒塌仿真中遇到的关键问题（包括地震动多点激励、应变率效应、计算耗时以及阻尼取值等）进行探讨，并依次制定出上述问题在杆系离散单元中的解决方案。

1）多点激励在杆系离散元法中的实现

（1）杆系离散元法的颗粒运动方程

杆系离散元法中颗粒运动方程与传统离散元法完全一致，即遵循牛顿第二定律。当采用增加阻尼项来获得结构的静止状态时，颗粒运动方程表达式为：

$$\boldsymbol{M}\ddot{\boldsymbol{U}}(t)+\boldsymbol{C}_M\dot{\boldsymbol{U}}(t)=\boldsymbol{F}^{\mathrm{ext}}(t)+\boldsymbol{F}^{\mathrm{int}}(t) \tag{1.2-70}$$

$$\boldsymbol{I}\ddot{\boldsymbol{\theta}}(t)+\boldsymbol{C}_I\dot{\boldsymbol{\theta}}(t)=\boldsymbol{M}^{\mathrm{ext}}(t)+\boldsymbol{M}^{\mathrm{int}}(t) \tag{1.2-71}$$

式中：$\boldsymbol{M}$、$\boldsymbol{I}$——颗粒的等效质量和等效转动惯量矩阵；

$\ddot{\boldsymbol{U}}$、$\ddot{\boldsymbol{\theta}}$——整体坐标系下颗粒的平动和转动加速度；

$\dot{\boldsymbol{U}}$、$\dot{\boldsymbol{\theta}}$——颗粒平动和转动速度；

$\boldsymbol{F}^{\mathrm{int}}$、$\boldsymbol{M}^{\mathrm{int}}$——整体坐标系下颗粒所受内力和内力矩；

$\boldsymbol{F}^{\mathrm{ext}}$、$\boldsymbol{F}^{\mathrm{ext}}$——整体坐标系下颗粒所受外力和外力矩；

$\boldsymbol{C}_M$、$\boldsymbol{C}_I$——平动和转动阻尼矩阵，动力分析时采用质量比例阻尼，即$\boldsymbol{C}_M=\alpha\boldsymbol{M}$；

α——质量比例阻尼系数，为了便于计算，令$\boldsymbol{C}_I=\alpha\boldsymbol{I}$，静力分析时两者均为虚拟项。

采用中心差分法求解式(1.2-70)、式(1.2-71)，单个颗粒的平动速度和加速度为：

$$\dot{U}(n)=\frac{U(n+1)-U(n-1)}{2\Delta t} \tag{1.2-72}$$

$$\ddot{U}(n)=\frac{U(n+1)-2U(n)+U(n-1)}{\Delta t^2} \tag{1.2-73}$$

式中：$U(n-1)$、$U(n)$和$U(n+1)$——荷载步为$n-1$、n和$n+1$时单个颗粒的位移；

Δt——时间步长。

将式(1.2-72)和式(1.2-73)代入式(1.2-70)得单个颗粒的平动位移为：

$$U(n+1)=\left(\frac{2\Delta t^2}{2+\alpha\Delta t}\right)\frac{(F^{\mathrm{ext}}+F^{\mathrm{int}})}{M}+\left(\frac{4}{2+\alpha\Delta t}\right)U(n)+\left(\frac{-2+\alpha\Delta t}{2+\alpha\Delta t}\right)U(n-1) \tag{1.2-74}$$

同理可得单个颗粒的转动位移，这里不再赘述。

（2）杆系离散元法的内力求解公式

图 1.2-23 为杆系离散元法中单根杆件的离散过程，该过程与传统离散元法有所不同，需先给定杆件端部节点处颗粒半径（即R_B），而后对剩余杆件长度进行等分得到杆中颗粒半径（即R_A）。要获得图 1.2-23 中任意颗粒的内力，需先求出相邻颗粒间接触点的内力，再将其反向叠加到与之相邻颗粒上。接触点的内力增量可由接触本构模型得到，其表达式为：

$$\begin{cases}\Delta \boldsymbol{f}(n)=\boldsymbol{K}\Delta \boldsymbol{u}(n)\\ \Delta \boldsymbol{m}(n)=\boldsymbol{k}\Delta \theta'(n)\end{cases} \tag{1.2-75}$$

式中：$\Delta \boldsymbol{f}$、$\Delta \boldsymbol{m}$——接触点处内力和内力矩增量；

$\boldsymbol{K}$、$\boldsymbol{k}$——平动和转动接触刚度系数；

$\Delta \boldsymbol{u}$、$\Delta \theta'$——局部坐标系下接触点纯平动位移和转动位移，可通过刚体运动学求得。

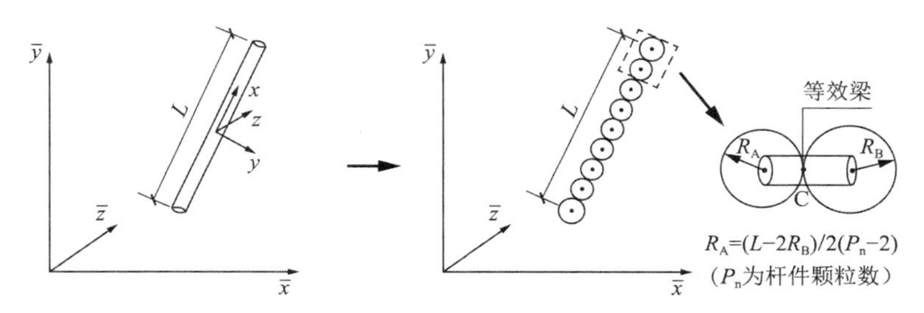

图 1.2-23　单根杆件离散过程

离散元法的核心问题是式(1.2-75)中接触刚度系数的求解。在传统离散元法中其多由经验或试验获得，导致计算精度深度依赖于颗粒数量，计算效率低，且不适用于空间钢结构，而杆系离散元法解决了上述难点。如前文所述，我们采用等效梁方式在接触本构模型中加入了转动弹簧，使得接触单元受力状态与有限元法中的空间梁单元一致，即 3 个平动自由度和 3 个转动自由度。基于简单梁理论，通过应变能等效推导出适用于三维杆系结构的接触刚度计算公式为：

$$\boldsymbol{K}=\begin{bmatrix}EA/l & & \\ & 12EI_y/l^3 & \\ & & 12EI_z/l^3\end{bmatrix},\ \boldsymbol{k}=\begin{bmatrix}GI_x/l & & \\ & EI_y/l & \\ & & EI_z/l\end{bmatrix} \tag{1.2-76}$$

式中：　l——两颗粒中心距；

A、E、G——杆件的面积、弹性模量和剪切模量；

I_x——杆件对主轴x的截面惯性矩；

I_y和I_z——杆件对主轴y和z的截面惯性矩。

（3）多点激励在杆系离散元法中的实现

前文已述，有限元法中实现多点激励的方式分为两种：一是大质量法，即通过设置附加大质量，以集中力的形式施加加速度边界条件；二是位移法，即对各支座点施加强制位移边界条件。前者中大质量的取值需通过大量工程试算获得，其值过小或过大直接影响计算精度，且结构响应可能出现“飘零”现象，而后者无上述问题。因此，这里将位移法引入杆系离散元法以实现多点激励。

在地震反应分析中，地面运动有 6 个分量，但因转动分量难以测得，故通常不考虑转动分量，仅考虑平动分量。首先，结合式(1.2-75)将式(1.2-70)改写成动力学方程的一般形式为：

$$\boldsymbol{M}\ddot{\boldsymbol{U}}(t)+\boldsymbol{C}_M\dot{\boldsymbol{U}}(t)+\boldsymbol{K}\boldsymbol{U}(t)=\boldsymbol{F}^{\mathrm{ext}}(t) \tag{1.2-77}$$

然后，将式(1.2-77)转换为多点激励下颗粒运动方程，其表达式为：

$$\begin{bmatrix}\boldsymbol{M}_{\mathrm{ss}} & \boldsymbol{M}_{\mathrm{sb}}\\ \boldsymbol{M}_{\mathrm{bs}} & \boldsymbol{M}_{\mathrm{bb}}\end{bmatrix}\begin{Bmatrix}\ddot{\boldsymbol{U}}_{\mathrm{s}}(t)\\ \ddot{\boldsymbol{U}}_{\mathrm{b}}(t)\end{Bmatrix}+\begin{bmatrix}\boldsymbol{C}_{M\mathrm{ss}} & \boldsymbol{C}_{M\mathrm{sb}}\\ \boldsymbol{C}_{M\mathrm{bs}} & \boldsymbol{C}_{M\mathrm{bb}}\end{bmatrix}\begin{Bmatrix}\dot{\boldsymbol{U}}_{\mathrm{s}}(t)\\ \dot{\boldsymbol{U}}_{\mathrm{b}}(t)\end{Bmatrix}+\begin{bmatrix}\boldsymbol{K}_{\mathrm{ss}} & \boldsymbol{K}_{\mathrm{sb}}\\ \boldsymbol{K}_{\mathrm{bs}} & \boldsymbol{K}_{\mathrm{bb}}\end{bmatrix}\begin{Bmatrix}\boldsymbol{U}_{\mathrm{s}}(t)\\ \boldsymbol{U}_{\mathrm{b}}(t)\end{Bmatrix}=\begin{Bmatrix}\boldsymbol{F}_{\mathrm{s}}^{\mathrm{ext}}(t)\\ \boldsymbol{F}_{\mathrm{b}}^{\mathrm{ext}}(t)\end{Bmatrix} \tag{1.2-78}$$

式中：s、b——结构的非支座处颗粒、支座处颗粒。

因颗粒离散元法中采用的是质量比例阻尼，质量和阻尼矩阵均为对角阵，即$\boldsymbol{M}_{\mathrm{sb}}=0$，$\boldsymbol{C}_{\mathrm{sb}}=0$，将式(1.2-78)展开得：

$$\boldsymbol{M}_{\mathrm{ss}}\cdot\ddot{\boldsymbol{U}}_{\mathrm{s}}(t)+\boldsymbol{C}_{M\mathrm{ss}}\cdot\dot{\boldsymbol{U}}_{\mathrm{s}}(t)+\boldsymbol{K}_{\mathrm{ss}}\cdot\boldsymbol{U}_{\mathrm{s}}(t)=\boldsymbol{F}_{\mathrm{s}}^{\mathrm{ext}}(t)-\boldsymbol{K}_{\mathrm{sb}}\cdot\boldsymbol{U}_{\mathrm{b}}(t) \tag{1.2-79}$$

$$\boldsymbol{F}_{\mathrm{b}}^{\mathrm{ext}}(t)=\boldsymbol{M}_{\mathrm{bb}}\cdot\ddot{\boldsymbol{U}}_{\mathrm{b}}(t)+\boldsymbol{C}_{M\mathrm{bb}}\cdot\dot{\boldsymbol{U}}_{\mathrm{b}}(t)+\boldsymbol{K}_{\mathrm{bs}}\cdot\boldsymbol{U}_{\mathrm{s}}(t)+\boldsymbol{K}_{\mathrm{bb}}\cdot\boldsymbol{U}_{\mathrm{b}}(t) \tag{1.2-80}$$

式(1.2-79)即是位移法求解结构多点地震响应的计算公式，通常采用中心差分法对其求解，即可得到结构各颗粒的绝对平动位移、速度和加速度时程，进而通过式(1.2-80)得到支座处约束反力，而转动位移、速度和加速度则通过式(1.2-71)直接求得。

2）倒塌数值仿真中关键问题研究

正如前文所述，结构倒塌是一个动态平衡过程，不仅涵盖了几何非线性、材料非线性等复杂问题，而且当荷载类型和结构规模不同时，需对计算方法进行修正，以拓展其适用范围。本节依据研究对象和目的分别从计算方法自身、荷载施加、计算效率等方面阐述了倒塌仿真中的关键问题，并依次制定了具体的解决方案。

（1）模型剖分原则

由前文单根杆件的离散过程可知，杆系离散元法中，模型剖分存在两个决定性因素，颗粒数量和颗粒均匀度δ（即杆端颗粒半径与杆中颗粒半径之比）。本节以简谐波作用下的简单框架为例，分别探讨上述因素对计算精度的影响，以确定杆系离散元法中模型剖分原则。

图 1.2-24 给出了颗粒均匀、数量不同时节点 2 的位移响应情况，其中，灰色块体表示动荷载输入位置，输入方向为 X 向，ANSYS 模型为一杆三单元，*N*-ball 为单根杆件颗粒数。由图可见，当颗粒均匀时，颗粒数量多少对计算精度的影响极小，最大误差在 5%以内；当单根杆件划分为 4 个颗粒（即 3 个接触对）时计算结果与 ANSYS 结果最为接近，且基本重合，这是因为杆系离散元法的接触本构模型是基于梁理论获得。因此，杆系离散元法中颗粒数量的取值原则应与有限元法中梁单元一致，这也说明，该法已摆脱计算精度依赖于颗粒数量的弊端，其正是杆系离散元法的优势所在。

与有限元法不同的是杆系离散元法还需考虑颗粒均匀度的影响，仍然采用图 1.2-24 中的计算模型，令单根杆件颗粒数为 7，分别调整杆端颗粒和杆中颗粒尺寸，给出了不同均匀度下节点 2 的位移响应情况，如图 1.2-25 所示。由图可见，在颗粒数量相同时，颗粒均匀度对计算结果影响较大，这是因为杆端颗粒半径变大（小），相应的杆中颗粒半径必将减小（大），这显然将导致放大（缩小）杆件的实际刚度。当$\delta>1.0$，即杆端颗粒半径大于杆中颗粒半径时，均匀度对计算精度的影响较$\delta < 1.0$时显著，故模型剖分时应尽量保证颗粒均匀，若无法保证时，可使杆端颗粒小于杆中颗粒。

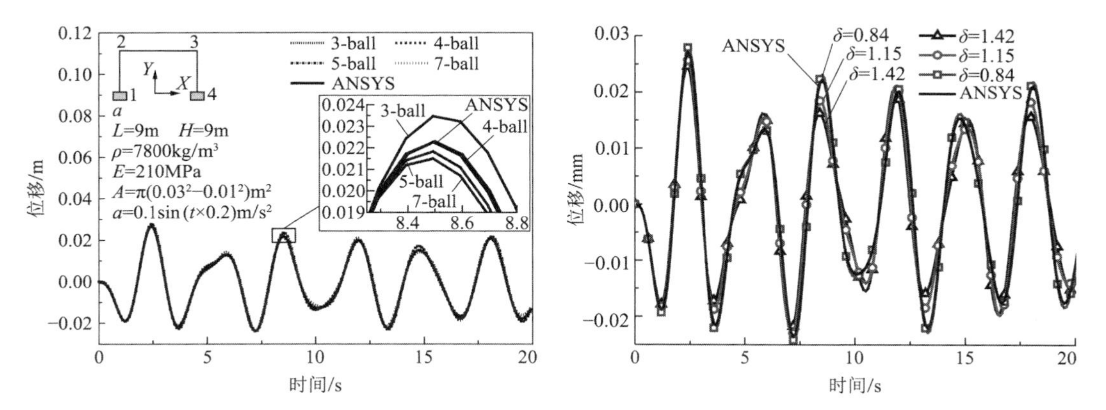

图 1.2-24　颗粒数量不同时节点 2 的X向绝对位移　　图 1.2-25　不同均匀度下节点 2 的X向绝对位移

（2）材料非线性及应变率效应

有限元法在处理弹塑性问题时，结构进入塑性后，需对刚度矩阵进行修正，并迭代求解非线性方程组。而在杆系离散元法中，每一个时步内都认为是小变形行为，此情况下结构的弹塑性行为仅与接触对的内力求解相关，即仅与运动方程式(1.2-70)、式(1.2-71)中$\boldsymbol{F}^{\text{int}}$和$\boldsymbol{M}^{\text{int}}$的求解有关，无需改变计算的基本框架，这也表明，在杆系离散元法中弹塑性分析可直接作为独立的子程序，在需要时调用即可。因此，弹塑性本构模型的建立是杆系离散元法处理弹塑性问题的关键。

弹塑性本构模型分为两类：独立于应变率的率无关本构模型和应力取决于应变率的率相关本构模型。目前，在进行地震作用下结构非线性时程分析时大多采用前者，但是对于率敏感性材料（如钢材等），通过该法得到的结构响应显然是不精确的。为了提高数值计算方法的准确性，在结构非线性时程分析时应考虑应变率效应。这里采用率相关本构模型，其包括静态本构模型和应变率效应两部分。

①钢材的静态本构模型

采用理想弹塑性模型，选用的屈服函数不考虑扭矩影响，则复杂受力下薄壁圆管的屈服方程为：

$$\phi = \frac{\left({M_y}^2 + {M_z}^2\right)}{{M_\text{p}}^2} - \cos\left(\frac{\pi}{2} \cdot \frac{N}{N_\text{p}}\right)^2 - 1 \tag{1.2-81}$$

式中：　ϕ——屈服函数；

N、M_y、M_z——截面的轴力、绕y轴弯矩、绕z轴弯矩；

N_p、M_p——单独作用时截面的极限承载力、弯矩。

②应变率效应

试验研究表明，随着应变率的提高，钢材的弹性模量基本不变，屈服强度和抗拉强度均有一定程度的提高。在计算中，应变率效应可采用动力放大系数（DIF）表示，即材料的动力强度与静力强度之比。地震作用下钢材的应变率通常小于0.1s^{-1}，DIF 可按式(1.2-82)给出的适用于 Q235 钢的动态本构模型选取：

$$\begin{cases} \mathrm{DIF_y} = \dfrac{f_y'}{f_y} = 1.306 + 0.061\lg\dot{\varepsilon} \\ \mathrm{DIF_u} = \dfrac{f_u'}{f_u} = 1.124 + 0.0414\lg\dot{\varepsilon} \end{cases} \tag{1.2-82}$$

式中：f_y'、f_y——当前应变率下屈服强度和静态屈服强度；

f_u'、f_u——当前应变率下极限强度和静态极限强度；

$\dot{\varepsilon}$——当前应变率。

由式(1.2-81)知，本节采用的是基于截面的屈服方程，在计算过程中不计算截面上任意一点的应力和应变，无法精确考虑材料的应变率效应，即无法将式(1.2-82)直接引入杆系DEM程序，故需要采用近似方法。

结合振动台试验结果（详见5.1节），以某工况下试验模型为例，给出近似考虑应变率效应的思路如下：首先，根据测点的应变时程曲线，判断构件是否屈服，若屈服，则定义该构件为关键构件；其次，对关键构件上测点的应变时程曲线进行差分得到应变率时程曲线，提取该测点应变率最大值；进而，提取所有关键构件上测点应变率最大值，将其平均得到该工况下试验模型的平均应变率；最后，重复上述流程依次得到各工况下试验模型的平均应变率，将其代入式(1.2-82)得各工况下动力放大系数，如图1.2-26所示。可见，试验模型的平均应变率随着输入峰值加速度的增加而变大，但基本处于10^{-2}量级，屈服强度提高量在17%～22%。

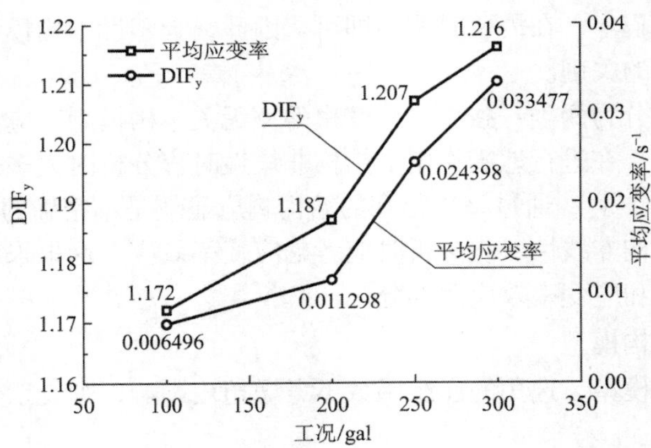

图1.2-26　各工况下试验模型的平均应变和$\mathrm{DIF_y}$

③阻尼模型

杆系离散元法中，运动方程即式(1.2-70)、式(1.2-71)的求解采用中心差分法，且在直接积分时使用显式算法。仅当阻尼矩阵为对角阵时，中心差分法给出的格式才为显式，故直接将阻尼矩阵取为与集中质量矩阵成线性关系，这一取值方式与有限元通用软件ABAQUS中显式算法一致，即只使用瑞利阻尼中的α项（质量比例阻尼系数），则杆系离散元法中阻尼模型为：

$$\begin{cases} \boldsymbol{C}_\mathrm{M} = \alpha\boldsymbol{M} \\ \alpha = 2\xi\omega \end{cases} \tag{1.2-83}$$

式中：ξ——结构的阻尼比；

ω——圆频率，其值为$2\pi f$；

f——基频。

结构动力时程分析时，对式(1.2-83)中各参数普遍的取值方法为：ξ依据相关规范给定，如空间网壳结构为 0.02；f则根据结构模态分析获得。该法满足线性、时不变等假定，但结构在中强震作用下已进入非线性，基频和阻尼比也发生相应变化，这种取值方式显然是不合理的，因此需要进行模态参数识别。本节以白噪声激励下的响应数据为输入信号，采用 ARMA 模型时间序列法对各工况下模型进行模态参数识别以获取参数ξ、f的试验值。

各工况下试验模型（详见 5.1 节）的基频和阻尼比试验值如图 1.2-27 所示。由图可见，小震作用下（200gal 以下）结构基频和阻尼比变化均很小，说明结构基本处于弹性状态；中强震作用下（200gal 以上）结构基频迅速降低，阻尼比相继增加，主要是模型自身薄弱区域发生较大几何变位以及部分杆件开始进入塑性所致；随着输入峰值加速度 PGA 不断增大，总体呈现基频降低、刚度退化、阻尼比增大的趋势。

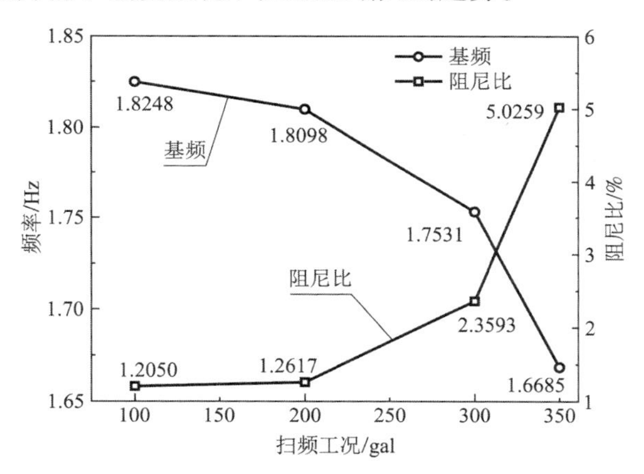

图 1.2-27　各工况下模型的基频和阻尼比试验值

④重力场施加

实际结构中，结构自重一直以恒载形式存在。为了突出恒载作用形式的不同，这里以$\boldsymbol{W}$表示恒载（包括重力），则杆系离散元法中多点激励下颗粒运动方程由式(1.2-79)变为：

$$\boldsymbol{M}_{\mathrm{ss}} \cdot \ddot{\boldsymbol{U}}_{\mathrm{s}}(t) + \boldsymbol{C}_{\mathrm{ss}} \cdot \dot{\boldsymbol{U}}_{\mathrm{s}}(t) + \boldsymbol{K}_{\mathrm{ss}} \cdot \boldsymbol{U}_{\mathrm{s}}(t) = \boldsymbol{W} + \boldsymbol{F}_{\mathrm{s}}^{\mathrm{ext}}(t) - \boldsymbol{K}_{\mathrm{sb}} \cdot \boldsymbol{U}_{\mathrm{b}}(t) \tag{1.2-84}$$

分析式(1.2-84)可知，当结构处于线弹性状态，且为小变形时，结构的总反应可通过叠加原理求得，考虑恒载作用与否对结构动力响应无影响，即可直接采用式(1.2-79)，忽略$\boldsymbol{W}$影响；当结构存在非线性行为时，因叠加原理不再适用，需要求解式(1.2-84)才能得到结构真实的动力响应。

杆系离散元法中，式(1.2-84)的求解分为两步：第一步，采用动态松弛法计算恒载$\boldsymbol{W}$作用下的初始场，如图 1.2-28 所示，即采用渐变荷载方式施加重力，设置分析时间和虚拟阻尼，求解此荷载的动力响应直至稳定，得到重力作用下结构位移场和速度场；第二步，以第一步得到的位移场为初始条件，施加地震波和恒载$\boldsymbol{W}$进行后续的动力时程分析，此时输入结构实际阻尼系数（见图 1.2-27）。此外，第二步计算前还应注意以下两点：一是将第一步得到的速度场置零，二是释放掉支座处地震波加载方向的位移和速度约束，以施加强制边界条件。

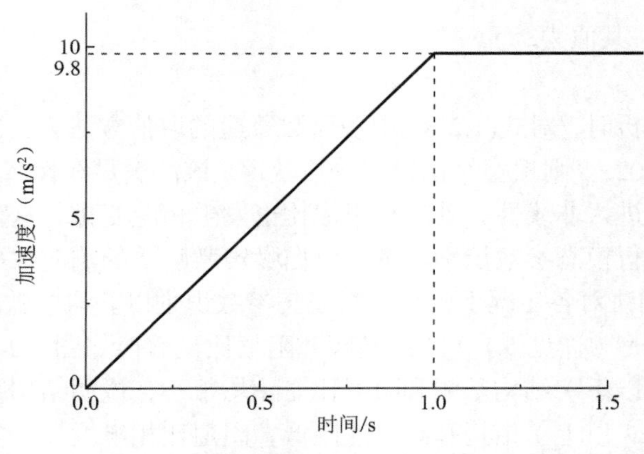

图 1.2-28　重力施加过程

3）基于 OpenMP 的杆系离散元法并行计算方法

传统离散元法在用于大规模工程问题时，计算效率低的原因有两个：一是计算精度高度依赖于颗粒数量，导致模型规模庞大；二是运动方程求解采用条件稳定的显式算法，计算时步达到 10^{-5}s。在杆系离散元法中前者已被很好地解决，而后者仍然制约着计算效率，为了解决这一问题，本节基于 OpenMP 多核并行技术建立了杆系离散元法的并行计算方法。

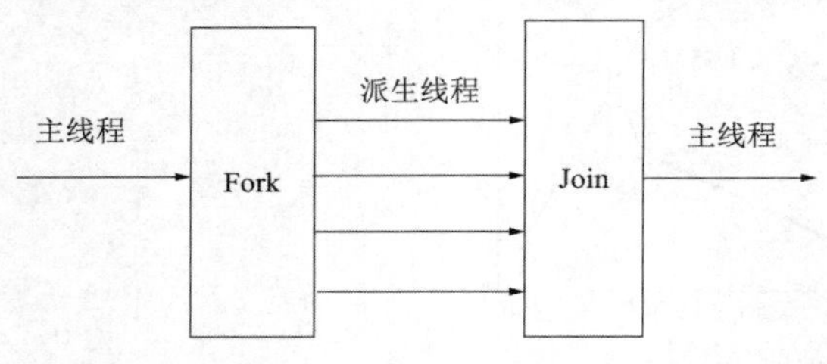

图 1.2-29　Fork-Join 并行模式示意

OpenMP 采用的是 Fork-Join 并行模式，如图 1.2-29 所示，即通过并行指导语句!$omp parallel do 将主线程分为多个派生线程，并行域内各派生线程同时执行，并行结束后各派生线程再汇合到主线程。该法属于内存共享，在嵌入并行指导语句!$omp parallel do 前，需编译各种指令避免读写内存时数据竞争，这也是编译 OpenMP 并行计算程序的难点。

杆系离散元法计算流程和单个时步内各模块耗时情况如图 1.2-30 所示，图中灰色条长短代表耗时多少。由图可见，运动方程、颗粒间接触内力及颗粒内力求解耗时较长，将这三部分定义为热点区域，这里仅考虑热点区域代码的并行化。热点区域代码的并行策略如下：①因杆系离散元法中无需组集整体刚度矩阵，运动方程求解在每个颗粒上相互独立，且无数据交换和同步操作，故在该模块串行程序前直接嵌入并行指导语句!$omp parallel do 即可；②颗粒间接触内力求解。因涉及对本构模型子程序的私有调用，而引起数据竞争和死锁，采取措施是利用 private、firstprivate 以及 lastprivate 子句，将与本构模型相关的材料变量私有化；③颗粒内力求解。因将颗粒间接触内力叠加到与之相连的颗粒时，使用全局数组存储颗粒内力而产生数据竞争，故首先对原代码进行调整以消除循环的数据依

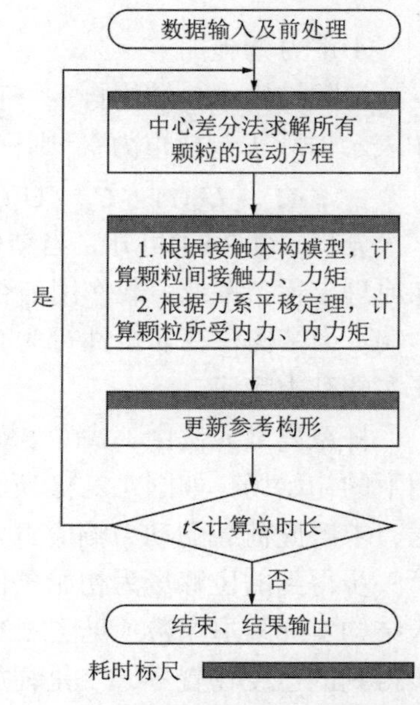

图 1.2-30　杆系离散元法求解步骤及其耗时

赖性，然后使用归约子句 reduction（operator: list）避免数据竞争。以上措施即实现了杆系离散元程序的并行化，同时还需保证每个线程负载均衡。

上述并行策略的编译环境为 Simply Fortran，计算硬件环境为 Intel（R） Core（TM） i7-4790K CPU @ 4.0GHz 8 核处理器、16G RAM 内存和 ST2000DM001-1ER164 硬盘。以 5.1 节将阐述的多点激励振动台试验 250gal 工况下试验模型为例，评估本节所提并行方法的加速效率。迭代步设为 2.3×10^6，将杆件划分为不同数量的颗粒以调整颗粒和单元规模，对不同规模下结构进行计算，分别统计串行和并行时程序耗时和加速比，如表 1.2-1 所示。由表可知，当颗粒和单元数量不大时，加速效果一般，这是因为并行计算时多线程之间的通信消耗较大；随着颗粒和单元数量的增加，加速比增长迅速，达到 3.77；当颗粒和单元数量增加到一定量时，加速比增长速度变缓，原因是计算机 CPU 同时支持的并行线程数量有限。此外，与 ANSYS 模型对比结果表明，在强非线性动力时程分析中，即使不采用并行计算，杆系离散元法在计算效率上也较有限元法有明显优势。

并行加速效率　　表 1.2-1

计算模型	颗粒数	单元数	串行时间/h	并行时间/h	加速比
DEM 粗模型	8881	10200	7.6	4.9	1.56
DEM 中模型	14581	16980	18.1	4.8	3.77
DEM 细模型	53149	55548	28.3	7.0	4.04
ANSYS	—	10980	28.9	—	—

注：1. 加速比 = 串行时间/并行时间；
2. 表中 ANSYS 模型为一杆三单元。

1.3 大跨度空间网格结构多维多点实用设计方法

1.3.1 大跨度空间钢结构多维多点输入地震反应时程分析方法

通常情况下，结构的地震反应分析是假定所有支座处的地面运动是一致的，而对于超长型的结构，由于震源机制、地震波的传播特征、地形地质构造的不同，比如地震波以波的方式从震源处向外传播，先后经过基岩、场地土等不同程度的反射、折射，最后到达结构物，入射地震波在空间和时间上均是变化的。考虑地震动在传播过程中方向、幅值、相位以及频谱特征等随空间的变异性就是地震的多点激励问题。此外，地表面振动的空间变化是客观存在的，这已被一系列地震观测结果所证实。

《建筑抗震设计规范》GB 50011—2010（2016 年版）第 5.1.2 条第 5 款指出："平面投影尺度很大的空间结构，应根据结构形式和支承条件，分别按单点一致、多点、多向单点或多向多点输入进行抗震计算。"条文说明部分指出："平面投影尺度很大的空间结构，指跨度大于 120m、或长度大于 300m、或悬臂大于 40m 的结构。"另外，2015 年 5 月印发的《超限高层建筑工程抗震设防专项审查技术要点》第二十条第二款指出："超长结构（如结构总长度大于 300m）应按《抗震规范》的要求进行考虑行波效应的多点地震输入的分析比较。”

目前，国内实际工程的尺度有不断发展的趋势，很多已经超过了300m，有必要对这些工程开展多点输入地震反应分析。本节主要是针对多点输入理论在实际工程中的应用方法开展研究，并根据多个实际工程的分析经验，给出多点输入的一般性结论。采用了时程分析法，该法在计算上能很好地解决多点输入问题，结果实用性强，易于为设计人员接受。由于可以考虑地震波的振幅特性，频谱特性，同时可以考虑结构的非线性特性，因此，时程分析法是实际工程中应用最多的一种方法，也是《建筑抗震设计规范》GB 50011—2010（2016年版）的推荐方法。

1）多点输入地震反应分析的基本方程

地震动就是地震波引起的地面振动。在地震动过程中，结构承受的荷载实际上是随时间变化的支座移动过程。为了建立结构在随时间变化的支座移动作用下的动力平衡方程，首先讨论作为动力问题特例的静力问题，此时结构的平衡方程由其本构关系和力学状态即可确定。

（1）静支座移动时的结构平衡方程

将结构的自由度分为两类，即非支承处自由度的静位移向量y_s^s，和支承处自由度的位移向量y_b，于是平衡方程如下所示：

$$\begin{bmatrix} K_s & K_{sb} \\ K_{bs} & K_b \end{bmatrix} \begin{Bmatrix} y_s^s \\ y_b \end{Bmatrix} = \begin{Bmatrix} F_s \\ F_b \end{Bmatrix} \tag{1.3-1}$$

式中：K_s——结构非支承处自由度的刚度矩阵；

K_b——结构支承处自由度的刚度矩阵；

K_{sb}、K_{bs}——刚度矩阵的耦合项；

F_s——结构非支承处的外荷载向量；

F_b——支承反力。

一般地，支座位移量y_b和外荷载向量F_s为已知，而结构非支承处自由度的静位移y_s^s和支承反力F_b为未知量，将式(1.3-1)展开可得式(1.3-2a)和式(1.3-2b)：

$$K_s y_s^s + K_{sb} y_b = F_s \tag{1.3-2a}$$

$$K_b y_b + K_{bs} y_s^s = F_b \tag{1.3-2b}$$

式(1.3-1a)又可写成$K_s y_s^s = F_s - K_{sb} y_b$，若$F_s = 0$，又可写成：

$$y_s^s = -K_s^{-1} K_{sb} y_b \tag{1.3-3}$$

式(1.3-3)就是支承节点发生位移时在非支承点产生的静位移。

（2）考虑多点激励的动力平衡方程

考虑多点激励的动力平衡方程如式(1.3-4)所示。

$$\begin{bmatrix} M_s & 0 \\ 0 & M_b \end{bmatrix} \begin{Bmatrix} \ddot{y}_s \\ \ddot{y}_b \end{Bmatrix} + \begin{bmatrix} C_s & C_{sb} \\ C_{bs} & C_b \end{bmatrix} \begin{Bmatrix} \dot{y}_s \\ \dot{y}_b \end{Bmatrix} + \begin{bmatrix} K_s & K_{sb} \\ K_{bs} & K_b \end{bmatrix} \begin{Bmatrix} y_s \\ y_b \end{Bmatrix} = \begin{Bmatrix} 0 \\ F_b \end{Bmatrix} \tag{1.3-4}$$

式中：$\ddot{y}_s$、$\dot{y}_s$、y_s——非支承处自由度的绝对加速度、速度和位移向量；

M_s、C_s、K_s——非支承处自由度的质量、阻尼和刚度矩阵；

$\ddot{y}_b$、$\dot{y}_b$、y_b——支承处自由度的绝对加速度、速度和位移向量；

M_b、C_b、K_b——支承处自由度的质量、阻尼和刚度矩阵；

F_b——支承反力；

C_{sb}、C_{bs}——阻尼矩阵的耦合项；

K_{sb}、K_{bs}——刚度矩阵的耦合项。

当支座移动随时间变化时，结构的反应由两部分组成：一是支座移动引起的结构反应，称为拟静力反应，即y_s^s；二是支座移动加速度导致的惯性力引起的结构反应，称为动力反应。因此将位移向量y表示为：

$$y=\begin{Bmatrix} y_s \\ y_b \end{Bmatrix}=\begin{Bmatrix} y_s^d \\ 0 \end{Bmatrix}+\begin{Bmatrix} y_s^s \\ y_b \end{Bmatrix} \tag{1.3-5}$$

式中：y_s^d——动位移分量。

由式(1.3-3)可知

$$y_s^s=-K_s^{-1}K_{sb}y_b=-Ry_b \tag{1.3-6}$$

将式(1.3-4)展开得：

$$M_s\ddot{y}_s+C_s\dot{y}_s+C_{sb}\dot{y}_b+K_sy_s+K_{sb}y_b=0 \tag{1.3-7}$$

将式(1.3-5)代入式(1.3-7)，得到

$$M_s\ddot{y}_s^d+C_s\dot{y}_s^d+K_sy_s^d=-M_s\ddot{y}_s^s-C_s\dot{y}_s^s-C_{sb}\dot{y}_b-K_{sb}y_b-K_sy_s^s \tag{1.3-8}$$

由于式(1.3-8)右端，阻尼力相对惯性力而言可以忽略不计，再考虑式(1.3-6)，于是式(1.3-8)变为：

$$M_s\ddot{y}_s^d+C_s\dot{y}_s^d+K_sy_s^d=-M_s\ddot{y}_s^s=-M_sR\ddot{y}_b \tag{1.3-9}$$

上面的推导就是多点激励的动力平衡方程。由推导可以看出，拟静力反应和动力反应均与结构刚度有关，对于线性结构，拟静力反应和动力反应可以分别单独求解；对于非线性结构，结构刚度与结构绝对反应有关，此时拟静力反应和动力反应不能分别单独求解，叠加原理不再适用，只能直接求解以支座位移为激励、结构绝对位移为基本参量的动力平衡方程。

2）多点输入地震反应分析的影响因素

（1）空间变异地震动的本质

地震动空间变异性的本质就是相关性的降低，而导致相关性降低的原因在于：

①地震波从震源传播到两个不同测点时传播介质的不均匀性。对于非点型震源，两个不同测点的地震波可能是从震源的不同部位释放的地震波及其不同比例的叠加，从而引起两测点地震动的差异，导致相干特性的降低，称为非均一性效应。

②由于传播路径的不同，地震波从震源传至两测点的时间差异导致相干性的降低，称为行波效应。

③由于两测点到震源的距离差异导致相干性的降低，称为衰减效应。

④传播至基岩的地震波向地表传播时，由于两测点处表层土局部场地条件的差异，使两测点的地震动相干性降低，称为局部场地条件效应。

在多点输入的四大影响因素中，由于结构物的规模所限，衰减效应影响较小，通常情况下不考虑。对于非均一性效应，根据以往的研究成果，相对于一致地面运动而言，考虑行波效应产生的计算修正占主导地位，而考虑激励点间相干性部分损失产生的计算修正则小得多，而且多半是略微缩小行波效应的修正量的。另外，由于地震反应相干效应的模型目前尚不成熟，在实际工程项目中采用应更加慎重。因此，在《建筑抗震设计规范》GB 50011—2010（2016年版）中也提出："按多点输入计算时，应考虑行波效应和局部场地条

件效应。”本节主要考虑行波效应。

（2）行波效应

①行波效应的考虑方法

行波效应通过行波法给予考虑。行波法假定地震波沿地表以一定的速度传播，各点的波形不变，只是存在时间滞后（即仅考虑相位差）。

式(1.3-10)即行波法的标准表达式。A、B两站间（A站作为参考点）地震振动$U_i(t)$波的传播可表达为：

$$U_{i,\mathrm{b}}(t)=\gamma_i U_{i,\mathrm{a}}(t+d/c) \tag{1.3-10}$$

式中：$U_{i,\mathrm{b}}(t)$、$U_{i,\mathrm{a}}(t)$——B、A两点振动的时间历程；

d——两点间的距离；

c——波速（视波速）；

γ_i——B、A两点的幅值比，表征振动衰减（$d\to\infty,\gamma_i\to 0$），对建筑结构可取为1.0。

采用行波法进行多点输入研究时，需明确两个概念，即地震波传播方向和地震动输入方向。为了确定考虑行波效应的地震动输入时程，需判断结构各点的起振时间，这就必须确定地震动的传播方向。在进行地震动输入时，还需确定地震动的输入方向。地震波的传播方向与地震动的输入方向是相互独立的。

②视波速的估算

地震波的视波速是研究地震波行波效应的一个重要参数。行波法通常采用常量视波速，但地震波具有频散性，不同的频率成分传播速度不同，不同的入射角度对视波速也有影响，因此实际情况较复杂。有关视波速的研究很多，但并没有定论，林家浩指出：“当视波速难以确定时，可以取若干个可能值分别进行计算，取最不利情况作为设计的参考。”目前在实际工程中的做法仍是在一定波速范围内取常量视波速进行试算，采用包络的方法确定多点输入的影响。

为了确定视波速范围，给出一种估算算法。

如图1.3-1所示，设根据某地区地质条件，土层离地表深度H_1，震源A深度为H_1+H_2。

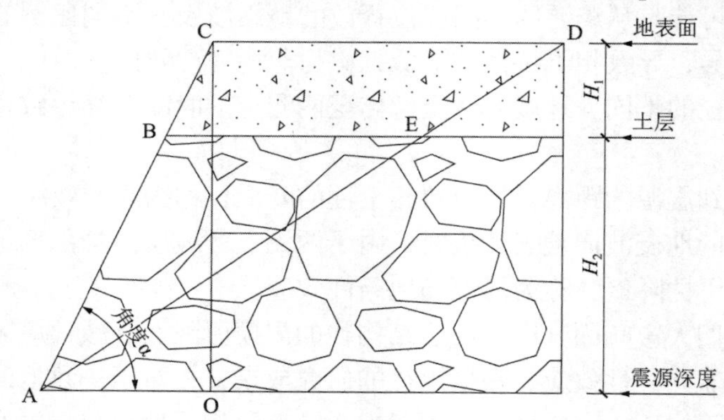

图1.3-1 地震波传播示意图

一般认为地震在地面引起的破坏主要是源于剪切波的水平运动，因此时间延迟由剪切波来计算。土的剪切波速为V_s，可根据地震安全性评价报告确定；基岩剪切波速V_{rock}设定为 1500～2000m/s；确定地震波入射角度为α，不考虑地震波的折射影响，则地震波到达C、D两点的时间延迟的计算表达式如式(1.3-11)所示。

$$t_{\mathrm{CD}} = \frac{\mathrm{AE}}{V_{\mathrm{rock}}} + \frac{\mathrm{ED}}{V_{\mathrm{s}}} - \left(\frac{\mathrm{AB}}{V_{\mathrm{rock}}} + \frac{\mathrm{BC}}{V_{\mathrm{s}}}\right) \tag{1.3-11}$$

对该方法算例说明如下：假设某地区覆盖层厚度H_1为 200～500m，震源深度$H_1 + H_2$为 5～20km。结构的尺寸即C、D两点间距为 600m。土的剪切波速为 325m/s，基岩剪切波速取为 1500m/s。

设$H_1 + H_2$为常量，则时间延迟与覆盖层厚度H_1的关系是增函数，图 1.3-2 给出了$H_1 + H_2 = 5\mathrm{km}$，地震波入射角$\alpha = 45°$时，时间延迟与覆盖层厚度的关系曲线；反之，取H_1为常量，则时间延迟与震源深度$H_1 + H_2$的关系曲线是减函数，图 1.3-3 给出了当H_1为 500m，地震波入射角$\alpha = 45°$时，时间延迟与震源深度的关系曲线。

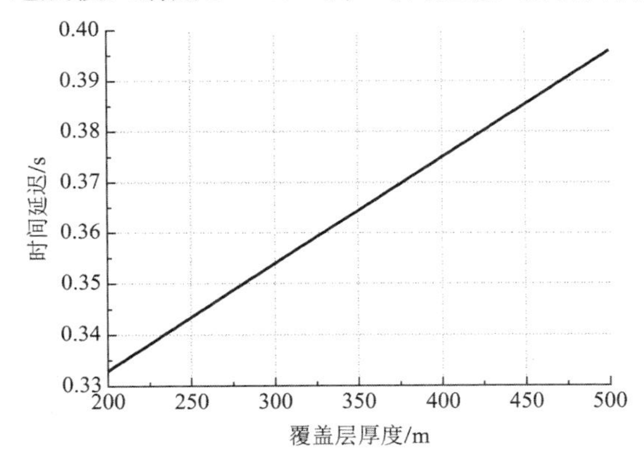

图 1.3-2 时间延迟与覆盖层厚度的关系曲线（$\alpha = 45°$，$H_1 + H_2 = 5\mathrm{km}$）

图 1.3-3 时间延迟与震源深度的关系曲线（$\alpha = 45°$，$H_1 = 500\mathrm{m}$）

根据上述原因，以时间延迟即相位差最大为目标函数，取覆盖层厚度 500m，震源深度 5km。计算时间延迟时，震源从 O 点向左移动，α角逐渐减小，$\alpha = 0°$为无限远处。图 1.3-4 为入射角α与时间延迟的关系曲线，可见时间延迟的最大值为 0.545s。因此视波速可取为：

$$V_{\mathrm{app}} = \frac{\mathrm{CD}}{0.545} = 1100\mathrm{m/s} \tag{1.3-12}$$

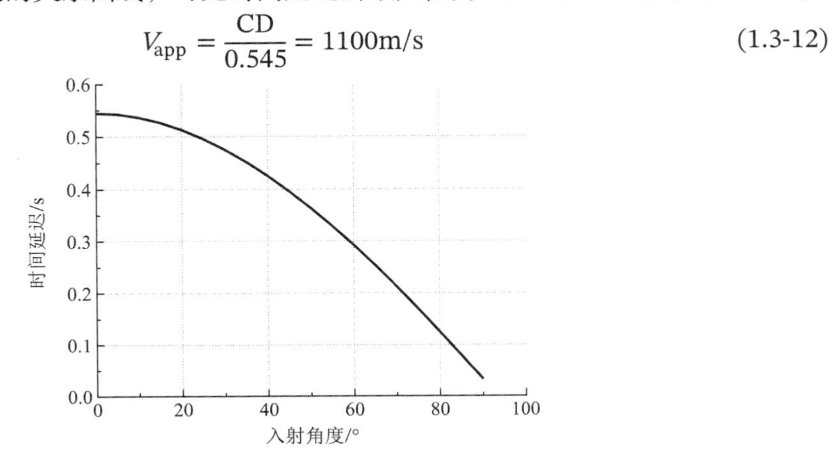

图 1.3-4 时间延迟与入射角度的关系曲线（$H_1 + H_2 = 5\mathrm{km}$，$H_1 = 500\mathrm{m}$）

由于在上述计算中存在大量假设，因此上述视波速值并非准确值，只是给出了参考值。

在具体计算时，可根据结构实际情况，并结合上述参考值确定视波速范围。

3）多点输入地震反应分析在有限元程序中的实现

多点输入时程地震反应分析的具体实现方法有两种。其一是对各支座点施加加速度边界条件，也可以对各支座节点施加相应的位移边界条件，这是一种比较直接的方法，本质上是对各支座点施加强制边界条件。另一种方法是采用大质量法。所谓“大质量法”就是通过大质量与集中荷载的结合来实现加速度边界条件的施加。这是一种施加加速度边界条件的间接方法，即在需要施加加速度边界条件的节点上附加大质量，然后，对该节点施加集中力（大小为大质量与加速度的乘积）。

（1）大质量法

在大质量法中，若大质量取值过小，计算结果的精度会受到影响；当大质量取值过大，计算求解会出现异常。因此，大质量的取值是有一定范围的，经过大量工程试算，大质量取为结构自重的 10^5～10^9 倍之间，一般可以得到正确的结果。大质量法的取值及计算过程如下：

①首先，按结构实际情况施加约束，采用常用的加速度方法进行一致激励时程地震反应分析。此分析得到的位移结果为结构的相对位移反应，将其作为确定大质量的目标结果，即标准参考值。

②根据分析情况释放地面约束，在原约束点设置大质量。首先，大质量可取结构自重的 10^5 倍进行试算，根据试算结果与第一步结果的比较确定大质量的取值。大质量法计算得到的是结构的绝对位移反应，其与大质量设置点位移的差值是计算所需的相对位移。如果取结构自重的 10^5 倍满足要求，则停止试算，若不满足要求，则增大质量，寻找合适的大质量数值。

③采用确定的大质量，通过大质量与集中荷载的结合来实现多点不同加速度边界条件的施加。

（2）强制边界条件法与大质量法的适用范围

强制边界条件法和大质量法在相同条件下的计算结果是一致的，但是两者各自有一定的适用范围。对于有大底盘的结构，大底盘对于支座位置不同步的输入具有整体协调作用，这种协调作用可以通过集中荷载的施加来进行考虑，如果对支座节点施加强制边界条件，则无法考虑大底盘的协调作用，因此只有大质量法是适用的。对于多点支承之间没有相互联系的结构体系，强制边界条件法和大质量法均可以采用。但是由于大质量法需要释放结构的支座约束，其模态不能正常求解，因此大质量法只能采用直接积分法进行时程分析，而强制边界条件法由于没有上述问题，可以采用振型叠加法进行时程计算，其计算速度将远远高于直接积分法的计算速度。因此，对于这种情况，推荐采用强制边界条件法。

4）多点输入地震反应分析的一般性结论

下面将简述多点输入地震反应分析的一般性结论，本节将主要以首都机场 T3 航站楼为例进行说明，部分情况下，为了结果的直观性，将采用典型例题进行说明。下文所述的算例和实际工程项目均采用通用有限元分析软件 ANSYS 进行多点输入地震反应分析，计算为线弹性，计算模型内的梁单元采用 BEAM44 单元，板壳单元则采用 SHELL63 单元。

（1）大底盘的协调作用

通过算例说明大底盘的协调作用。如图 1.3-5 所示，钢结构框架柱采用 ϕ1200mm × 50mm 钢管柱，梁为 H800mm × 300mm × 20mm × 24mm 型钢梁。输入地震波为沿结构 X、Y 双向输入 El-Centro 波，分析持时 2s，步长取为 0.02s。加速度时程峰值按照 0.07m/s^2 进行调整。

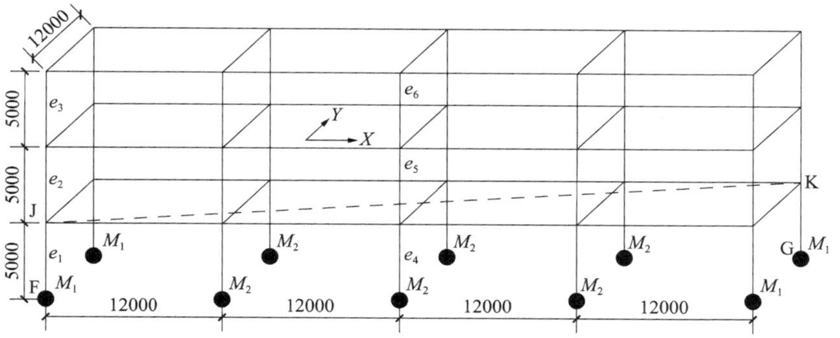

图 1.3-5 带大底盘框架结构模型

方法1：首先进行一致激励分析。最终，大质量确定为$M_1 = 320.8 \times 10^5$t（角柱），$M_2 = 641.6 \times 10^5$t（边柱）。

方法2：进行不考虑大底盘作用的多点输入分析，地震波传播方向为X向，地震波视波速取为 800m/s。

方法3：进行考虑大底盘作用的多点输入分析，分析条件同方法 2，考虑大底盘的作用即在大质量点之间设置XY平面内的刚性楼板假定。

将三种情况下的扭转效应进行比较。采用扭转角度来反映结构的扭转效应。在原结构上选取 4 个特征点 F、G、J 和 K。特征点位置如图 1.3-5 所示。F、G 连线与 J、K 连线在初始模型中是平行的，可以利用这两条连线在水平面投影线的夹角来计算扭转角度θ，以此来分析结构在多点输入条件下的扭转效应。

计算结果如图 1.3-6 所示。由于该模型的质心和扭转中心重合，在一致激励（方法 1）条件下，结构运动为平动，扭转角度始终为 0。若进行多点输入，无论是否考虑大底盘作用，结构均发生扭转运动，因此扭转角度较一致激励情况下必然增大。其中，不考虑大底盘作用情况下（方法 2），扭转角度较方法 3 有所增大。也就是说，经过大底盘的协调，扭转效应有减小趋势。

下面对部分典型竖向构件的内力结果进行比较。选择e_1（一层角柱）、e_2（二层角柱）、e_3（三层角柱）、e_4（一层边柱）、e_5（二层边柱）和e_6（三层边柱）6 根竖向构件，构件具体位置如图 1.3-5 所示。将这 6 根构件的内力计算结果如表 1.3-1 所示，其中，多点输入构件内力计算结果与一致输入构件内力计算结果的比值称作“超载比”。

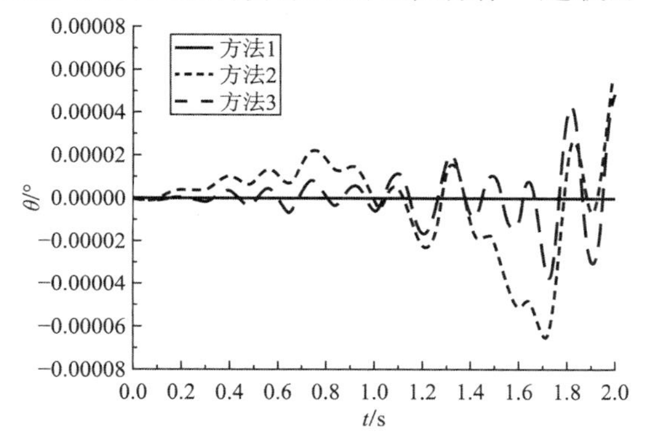

图 1.3-6 扭转角度对比

典型竖向构件剪力和弯矩超载比　　表 1.3-1

内力类型	方法 2						方法 3					
	e_1	e_2	e_3	e_4	e_5	e_6	e_1	e_2	e_3	e_4	e_5	e_6
轴力超载比	1.31	1.07	0.97	1.08	1.26	1.02	0.94	0.94	0.94	0.92	0.93	0.95
剪力超载比	7.57	1.84	2.99	1.00	0.86	0.90	1.00	0.98	0.93	0.98	0.99	0.95
弯矩超载比	4.85	9.07	1.06	0.85	1.20	0.88	0.98	1.00	0.97	1.00	0.98	0.97

由表 1.3-1 可知，不考虑大底盘的协调作用，在多点输入情况下，剪力和弯矩与一致输入相比有很大提高，多点输入对角柱的影响很大；考虑大底盘的协调作用，在多点输入情况下，剪力和弯矩与一致输入相比不起控制作用。尽管该结构的尺寸仅为48m × 12m，由于柱刚度较大，如不考虑大底盘的协调作用，拟静力位移的影响是非常突出的；而考虑大底盘的协调作用，多点输入影响要小很多。

可见，对于有大底盘的结构，考虑大底盘的协调作用是十分必要的。为了考虑大底盘的协调作用，各约束点的大质量分布应有一定规律，因为集中荷载的大小与大质量数值的大小是成比例的，所以应根据各约束点在重力荷载代表值作用下的反力比值，确定各约束点的大质量分布。

（2）多点输入对扭转效应的影响

①扭转效应增大对边角构件的内力影响

以首都机场 T3 航站楼为例，该项目南北方向最大尺寸 950m，东西方向最大尺寸 770m，结构在双方向尺寸均很大，且结构体型不规则。虽然混凝土结构为多塔结构，但在标高±0.000 处仍连成一体，如图 1.3-7 所示。对 T3A 航站楼采用时程分析法，进行了考虑行波效应的，水平双向多点输入地震反应分析。分析中考虑了 3 种地震波传播速度，并确定了 5 个地震波传播方向，选取了 2 种地震动输入方向，如图 1.3-8 所示。在分析时，考虑了标高±0.000 处大底盘的协调作用。

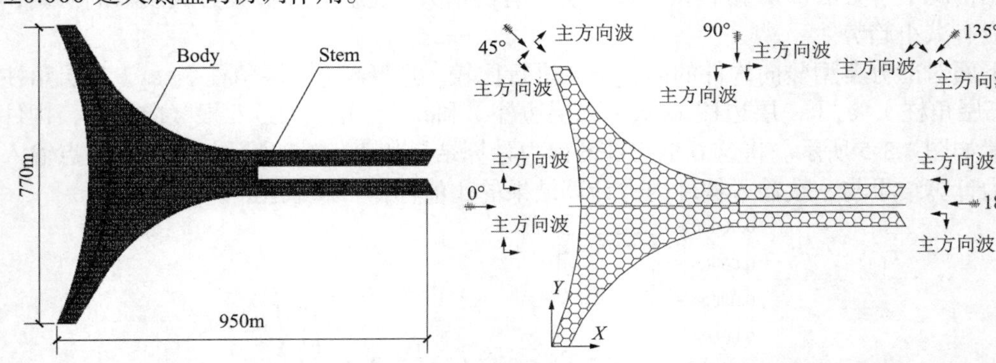

图 1.3-7　T3A 航站楼平面图　　　图 1.3-8　地震波传播方向和地震动输入方向

分别分析 Body 和 Stem 两部分的扭转效应，典型计算结果如图 1.3-9 所示，其中A_{Body}为 Body 部分的扭转效应计算结果，A_{Stem}为 Stem 部分的扭转效应计算结果。其中 AV-135MX-800 代表地震波视波速为 800m/s，地震波传播方向为 135°，地震动主输入方向为X向的情况下，多点输入 3 条地震波的平均结果；AV-135SX 代表地震波传播方向为 135°，地震动主输入方向为X向情况下，单点输入 3 条地震波的平均结果。

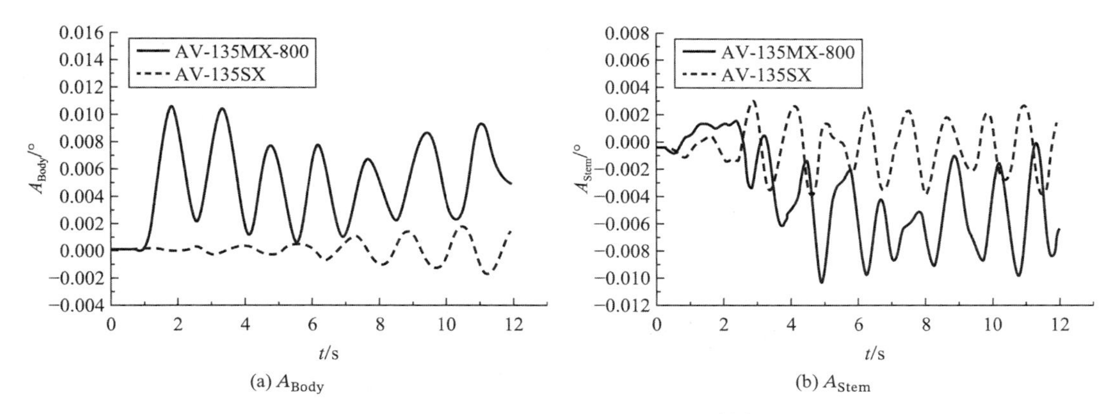

(a) A_{Body}　(b) A_{Stem}

图 1.3-9　AV-135MX-800 和 AV-135SX 扭转角度对比

结果表明，采用多点输入扭转效应一般较单点输入有明显增大趋势。

扭转效应的增大代表了结构扭转输入的增加，这会造成结构反应的加大，特别是边角构件结构反应的加大。对首都机场 T3 航站楼的各类构件分别按不同层及不同平面位置（角柱、边柱和普通柱）给出考虑多点输入影响后剪力和弯矩的调整系数，表 1.3-2 为部分构件的计算结果。可以看出，多点输入对角柱的影响最大，对短边边柱影响其次，对长边边柱也有一定影响，对普通柱相对影响较小。因此，《建筑抗震设计规范》GB 50011—2010（2016 年版）也指出，对于设防等级为 6 度和 7 度，场地类别为Ⅰ、Ⅱ类场地的平面投影尺度很大的空间结构，可采用简化方法考虑多点输入影响，即将其短边构件乘以附加地震作用效应系数 1.15～1.30。这种规律在有大底盘的大尺度结构体系上体现得最为明显。

考虑多点输入影响的部分地震作用效应调整系数　　表 1.3-2

构件类别	层号	内力类别	构件位置		调整系数			
					800m/s	500m/s	250m/s	平均
钢筋混凝土柱	一层±0.000～+5.250m	弯矩	B 区	普通柱	1.04	1.07	1.17	1.09
				长边边柱	1.09	1.09	1.30	1.16
				短边边柱	1.09	1.20	1.70	1.33
				角柱	1.28	1.30	1.76	1.45
钢柱	剪力		Body	普通柱	1.00	1.00	1.00	1.00
				边柱	1.10	1.19	1.49	1.26
				角柱	1.27	1.56	2.10	1.64

②扭转角度沿楼层的分布规律及对各层构件内力的影响

a. 例题

下面通过一道例题说明多点输入条件下，结构各层扭转角度沿楼层的变化规律。例题描述如下：多层框架结构总体平面尺寸为200m × 200m。柱距为 10m，柱截面为圆形（C40，$d = 600$mm），梁截面为方形（C40，600mm × 600mm）。立面共分六层，楼板标高分别为 −5.250m（采用刚性板假定），0.000m（厚 150mm），5.250m（厚 150mm），10.500m（厚 150mm），15.750m（厚 150mm），21.000m（厚 150mm），26.250m（厚 150mm），材料为 C25。

输入地震波为El-Centro波，为了简化计算过程，分析持续时间仅为2s，步长取为0.02s。加速度时程峰值按照0.07m/s^{2}进行调整。本例题仅考虑行波效应，认为地震波传播方向取为45度方向，地震动输入方向为45度和135度双向。地震波视波速取为800m/s。计算模型如图1.3-10所示。

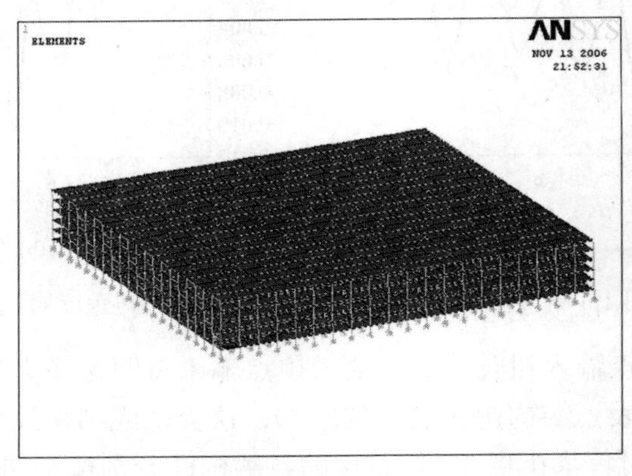

图1.3-10 结构计算模型

该计算模型总重为148080t。由一致激励分析计算结果，角柱、边柱和中间柱大质量分别取为148080 × 10^{5}t、296160 × 10^{5}t和592320 × 10^{5}t。

在原结构底板上选取其对角线上两个角点作为底层的特征点，同理，在一层至六层上各选取相同位置上的两个特征点。各层特征点的连线在初始模型中是平行的，可以利用这些连线之间的夹角来计算扭转角度，以此来分析在多点输入条件下，结构各层扭转角度沿楼层的变化规律。

计算结果如图1.3-11和图1.3-12所示。从图中可以看出，在该例题中，各层扭转角度沿楼层的变化有明显的规律性。绝对扭转角随楼层增高而加大，而层间相对扭转角随楼层增高而减小。

本节例题所得出的规律属于一般规律，并非对所有多层框架结构都是正确的。在多点输入条件下，扭转角度沿楼层的变化规律与楼层抗扭刚度的分配有密切关系，对于抗扭刚度有突变的结构，本节的结论并不适用。

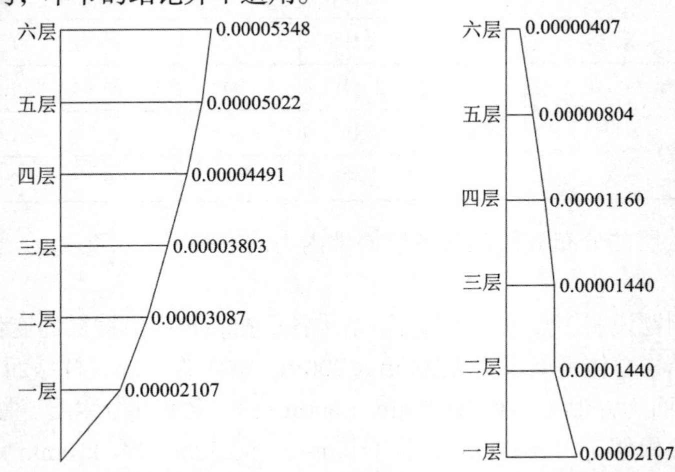

图1.3-11 各层绝对扭转角度包络图 图1.3-12 各层相对扭转角度包络图

b. 工程实例

对多点输入与单点输入情况下重要构件内力计算结果进行比较。这里用两个概念来评价多点输入的影响，分别是超载单元与超载比。超载单元是指多点输入构件内力计算结果与一致输入构件内力计算结果的比值超过 1.0 的单元，这一比值称作超载比。

由于前文所述的多点输入下，层间相对扭转角随楼层增高而减小。对首都机场 T3 航站楼下部框架结构的主要构件——钢筋混凝土柱的剪力和弯矩进行分析，发现多点输入对钢筋混凝土柱内力有一定影响，但对各层柱的影响程度有所不同。对一层的钢筋混凝土柱影响最大，对二层的钢筋混凝土柱的影响次之，对其他层（三层和四层）钢筋混凝土柱影响较小。具体统计数值如表 1.3-3 所示。

钢筋混凝土柱剪力和弯矩超载单元比例　　表 1.3-3

	一层	二层	三层	四层
超载单元比例	20%	11%	3.6%	0

（3）视波速变化对多点输入结果的影响

在首都机场 T3 航站楼项目中，地震波在基岩的传播速度为 2000～2500m/s，在上部软土层传播速度较慢，近似取为剪切波速，可为 50～250m/s。根据安评报告，本工程等效剪切波速约为 220m/s。

对于本工程而言，波速下限偏安全的取为等效剪切波速的近似值 250m/s，而波速上限则参考第 1.2 节的简化计算方法，考虑到地震波各种入射角度，并假定场地的土层深度及浅表地震的震源深度，根据本工程的规模尺度，并综合考虑传播过程中的各种可能性，确定地震波波速上限为 800m/s。在上、下限范围内，取用 250m/s、500m/s、800m/s 三种波速进行分析。

扭转效应比较是指将不同波速条件下的水平双向多点输入的扭转角度做比较。典型计算结果如图 1.3-13 所示。可以看出，随着波速的减小，一般在 2s 内，扭转角度有减小趋势，这是由于波速到达建筑物各点的速度减慢。随着时间的推移，低波速的扭转角度增大趋势就逐渐出现。波速越小，扭转效应越大，特别是波速从 500m/s 减小到 250m/s 时，扭转效应的提高非常明显。

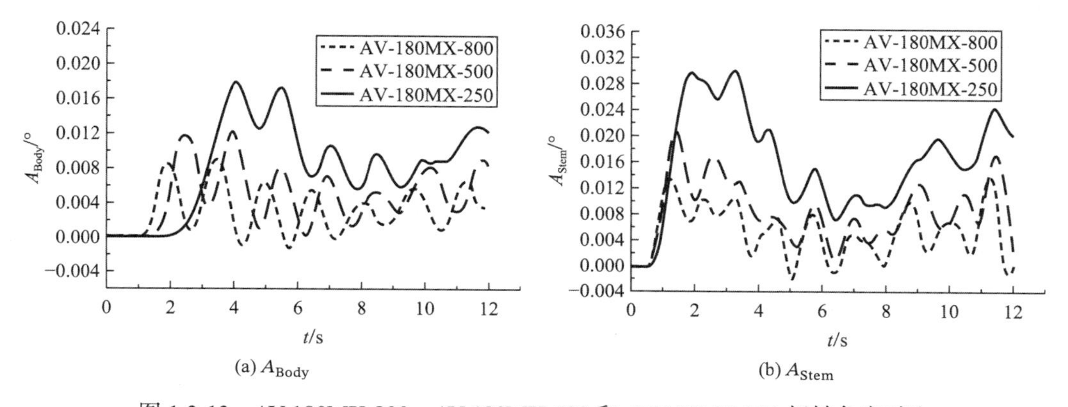

(a) A_{Body}　　(b) A_{Stem}

图 1.3-13　AV-180MX-800、AV-180MX-500 和 AV-180MX-250 扭转角度对比

（4）构件内力

将不同波速条件下水平双向多点输入的内力计算结果进行比较，部分结果见表1.3-4。可以看出其规律基本一致，其中波速800m/s和500m/s两种情况变化不大，但它们同波速250m/s的情况就有一定的差别，说明结构在这一阶段对波速较敏感。随着波速的降低，超载单元的个数逐渐增多。

不同波速下的超载单元个数比较（部分结果）　表1.3-4

地震波速		800m/s	500m/s	250m/s
一层钢筋混凝土柱（±0.000～+5.250m）	$Q_{y超载单元}$（个）	170	211	324
	$Q_{z超载单元}$（个）	248	334	512
	$M_{y超载单元}$（个）	222	289	470
	$M_{z超载单元}$（个）	145	190	320
钢柱	$Q_{y超载单元}$（个）	60	74	115
	$Q_{z超载单元}$（个）	74	85	114
	$M_{y超载单元}$（个）	75	82	106
	$M_{z超载单元}$（个）	63	77	115
网壳支承点局部杆件	$Q_{y超载单元}$（个）	22	23	36
	$Q_{z超载单元}$（个）	33	37	49

注：Q_y和Q_z分别表示构件截面两个方向的剪力，M_y和M_z分别表示构件截面两个方向的弯矩。

（5）小结

通过例题和大量工程实践，开展了基于考虑行波效应的多点输入时程地震反应分析，获得如下一般性结论。

①对于有大底盘的结构体系，在多点输入地震反应中，大底盘对多点地震动的协调作用不可忽视。

②多点输入增加结构的扭转输入，因此从平面分布上讲，多点输入对于边角构件的影响较大。

③当各楼层抗扭刚度分布均匀时，考虑多点输入的扭转角度沿楼层的变化通常有明显的规律，绝对扭转角随楼层增高而加大，而层间相对扭转角随楼层增高而减小。因此，从立面分布上讲，多点输入的影响随着楼层的增高而减小。这一规律对于有大底盘的结构最为明显。

④一般情况下，多点输入的非同步性将引起结构整体平动反应的减小；但同时，多点输入的非同步性也将引起结构拟静力反应以及扭转输入的增加，在这两方面条件的综合作用下，结构的反应既可能增加，也可能减小。

⑤在通常考虑的视波速范围内，随着视波速的减小，多点输入影响逐渐增加。

上述多点输入地震反应分析的一般性结论具有一定的代表性。在常规的房建项目中，上述规律基本成立，可以指导设计者对多点输入的分析结果正确性做出定性的判断。

当然，多点输入分析具有一定的特殊性，定量的分析结果还需要对具体项目进行具体分析。

5）多点输入地震反应分析的规范及工程应用

多点输入问题是地震工程学中一个比较艰深的研究领域。本节结合实际工程咨询工作对多点输入问题进行了一系列分析研究。

本节推导了多点输入结构地震反应分析基本方程，提出了完整的多点地震输入分析方法，为大型建筑结构在设计中考虑多点输入影响提出了一套完整的解决方案，包括理论分析、计算方法及结果判别等。该方法实用性强，对设计指导意义强，并被纳入《建筑抗震设计规范》GB 50011—2010（2016 年版）和《超限高层建筑工程抗震设防专项审查技术要点》，提高了我国抗震设计水平。

自首都机场 T3 航站楼开始，对国内数十项超长大尺度空间结构工程开展了多点输入地震反应分析研究工作，总结了多点地震输入下大尺度空间结构的响应规律，推动了大尺度空间结构多点输入分析在国内的工程实践。

1.3.2 考虑多种耦合因素的多维多点反应谱法

1）背景

研究多维多点激励地震响应的方法主要有三种：时程分析法、随机振动法和反应谱法。

时程分析法在计算上能很好地解决多点输入问题，实用性强，易于为设计人员接受，是目前实际工程中应用最多的一种方法。其不足之处在于计算量大，且结果与地震波的选择密切相关。

随机振动法可以较充分地考虑地震发生的统计概率特性，用其进行地震反应研究是一种最合理的方法。但是其数学处理比较复杂，计算量很大，还难以在实际工程中应用。

反应谱方法在分析地震激励作用下结构反应方面仍然具有较大的优势。目前，国际上大多数国家的抗震设计规范中均是以反应谱来描述地震动输入，它具有直观简便，结构概率意义强等优点。但由于它是基于单点输入地震激励而建立的，难以应用于大跨度结构的多维多点输入抗震分析。因此，改进现有的反应谱方法使之适用于多点激励下的大跨度结构地震反应分析，具有很重要的实际意义。

在多维多点反应谱方面，很多学者已经开展了许多工作，但存在以下问题：

（1）抗震验算一般习惯于计算单方向的地震作用，即使考虑水平向和竖向地震的组合，也是简单孤立的，缺少对水平向之间、水平向与竖向的交叉部分对结构影响的考虑。对于大跨度结构的反应谱方法，以往的研究绝大多数局限于单维多点，在桥梁领域有涉及多维多点相关的研究，但在房建领域，多维多点的反应谱文献比较匮乏。

（2）在多点输入下，结构反应被拆分为“动力反应”及“拟静力反应”。在组合考虑动力和拟静力时，动力反应和拟静力反应并不是简单的叠加关系，理论上还需要考虑两者相互作用的耦合项。但目前在房建领域，为计算方便，往往忽略二者间的耦合关系。本书将分析各参数变化时动力和拟静力的变化情况，并对动静耦合部分的影响进行相关验证分析和计算。

（3）在以往的多点输入反应谱方法中，一般仅计入行波效应。事实上，地震动的空间效应还包括相干效应及局部场地效应。

（4）在反应谱框架下，还未出现同时计入动力反应及拟静力反应的耦合效应及多维地震动耦合效应的公式，考虑的因素有欠缺。

本书将推导计入以下多种耦合因素的多维多点反应谱公式：

（1）多维地震动相关性；

（2）地震动空间相关性（行波效应及相干效应）；

（3）同时考虑动力反应和拟静力反应的耦合关系。

另外，为了便于实用，此公式中各参数与现行规范相挂钩。

2）从动力方程推导广义振型参与系数

上节推导得出多点激励的动力平衡方程：

$$M_s\ddot{y}_s^d + C_s\dot{y}_s^d + K_s y_s^d = -M_s\ddot{y}_s^s = -M_s R\ddot{y}_b \tag{1.3-13}$$

将质量阵归一化后，应用振型分解法，选取前N阶振型，可以得到N个独立的广义坐标方程。（所取N要求质量参与系数满足要求）以q_i表示第i阶振型的正规坐标，有：

$$\ddot{q}_i + 2\xi_i\omega_i\dot{q}_i + \omega_i^2 q_i = -\sum_{p=1}^{n_b}\beta_{ip}\ddot{x}_p \tag{1.3-14}$$

式中：ξ_i、ω_i——第i阶振型的阻尼比和频率；

$\ddot{x}_p$——第p个支承约束处输入的激励；

β_{ip}——第p个支承约束处、第i阶振型的广义振型参与系数，当质量阵采用集中质量模型时，按下式计算。

$$\beta_{ip} = \frac{\{\phi\}_i^T[M]\{R_p\}}{\{\phi\}_i^T[M]\{\phi\}_i} = \sum_{l=1}^{n_s}\phi_{il}M_{ll}R_{lp} \tag{1.3-15}$$

式中：$\{\phi\}_i$——第i阶振型的振型向量；

$\{R_p\}$——刚度转换矩阵第p列；

n_s——非支承处自由度数。

对应x、y、z向单向激励，广义振型参与系数β_{ip}可以相应地表示为β_{ipx}、β_{ipy}、β_{ipz}。

广义振型参与系数β_{ip}与一致输入时的振型参与系数γ_i是对应的。

事实上，

$$\sum_{p=1}^{n_b}\beta_{ip} = \{\phi_i\}^T[M]\sum_{p=1}^{n_b}[R_p] \tag{1.3-16}$$

因为列矩阵$[R_p]$为矩阵$[R]$的第p列，所以

$$\sum_{p=1}^{n_b}[R_p] = [R]\begin{bmatrix}1\\1\\\vdots\\1\\1\end{bmatrix}_{n_b\times 1} \tag{1.3-17}$$

这里，对矩阵R的物理意义进行说明：$R = -K_{ss}^{-1}K_{sb}$中的任一元素R_{ij}表示第j个支承自由度发生单位位移时，第i个非支承自由度（内部自由度）产生的位移。观察式(1.3-16)，

右端的$[1 \quad 1 \quad \cdots \quad 1 \quad 1]^{\mathrm{T}}_{n_{\mathrm{b}}\times 1}$表示所有的支承自由度均发生单位位移。此时，与此支承自由度对应的非支承自由度（内部自由度）应同时发生单位位移，而其他内部自由度的反应为零。

这样，$\sum\limits_{p=1}^{n_{\mathrm{b}}}[R_p]$成为“方向矩阵$[E]$”——仅与激励自由度对应的元素为1，其余均为零。所以，$\sum\limits_{p=1}^{n_{\mathrm{b}}}\beta_{ip}$、$\sum\limits_{p=1}^{n_{\mathrm{b}}}\beta_{jq}$变为振型参与系数$\gamma_i$、$\gamma_j$，即：

$$\gamma_i = \sum_{p=1}^{n_{\mathrm{b}}}\beta_{ip}$$

$$\gamma_j = \sum_{q=1}^{n_{\mathrm{b}}}\beta_{jq} \tag{1.3-18a}$$

如广义振型参与系数β_{ip}的角标有方向（x、y或z），则式(1.3-18)变为：

$$\gamma_{ix} = \sum_{p=1}^{n_x}\beta_{ipx} \quad \gamma_{iy} = \sum_{p=1}^{n_y}\beta_{ipy} \quad \gamma_{iz} = \sum_{p=1}^{n_z}\beta_{ipz}$$

$$\gamma_{jx} = \sum_{q=1}^{n_x}\beta_{jqx} \quad \gamma_{jy} = \sum_{q=1}^{n_y}\beta_{jqy} \quad \gamma_{jz} = \sum_{q=1}^{n_z}\beta_{jqz} \tag{1.3-18b}$$

其中，n_x、n_y和n_z分别为x、y和z三向的支承约束数量。显然

$$n_{\mathrm{b}} = n_x + n_y + n_z \tag{1.3-18c}$$

3）考虑各种相关性的地震动功率谱模型的选取

地震动功率谱模型包括单点地震动功率谱模型、多维地震动相关性、地震动空间相关性三部分。前两部分可参见本书1.1.3节中的“3）多维随机模型及参数选取”。

（1）单点地震动功率谱模型

本书采用修正过滤白噪声模型：

$$S(\omega) = \frac{\omega_{\mathrm{g}}^4 + 4\xi_{\mathrm{g}}^2\omega_{\mathrm{g}}^2\omega^2}{\left(\omega_{\mathrm{g}}^2 - \omega^2\right)^2 + 4\xi_{\mathrm{g}}^2\omega_{\mathrm{g}}^2\omega^2}\frac{\omega^4}{\left(\omega_{\mathrm{f}}^2 - \omega^2\right)^2 + 4\xi_{\mathrm{f}}^2\omega_{\mathrm{f}}^2\omega^2}S_0 \tag{1.3-19}$$

式中：S_0——谱强度因子；

ξ_{g}、ω_{g}——地基土的阻尼比和卓越频率；

ξ_{f}、ω_{f}——地震动低频能量变化的参数，两参数的配合可模拟地震动低频能量的变化，通常取$\xi_{\mathrm{f}} = \xi_{\mathrm{g}}$，$\omega_{\mathrm{f}} = 0.1 - 0.2\omega_{\mathrm{g}}$。

（2）多维地震动相关性

考虑各分量间的互相关性，可得到如下多维平稳地震动模型的谱矩阵

$$[S(\omega)] = \begin{bmatrix} S_{xx}(\omega) & S_{xy}(\omega) & S_{xz}(\omega) \\ S_{yx}(\omega) & S_{yy}(\omega) & S_{yz}(\omega) \\ S_{zx}(\omega) & S_{zy}(\omega) & S_{zz}(\omega) \end{bmatrix} \tag{1.3-20}$$

式中：下标x、y——水平分量；

下标z——竖向分量。

具体取值见本书 1.1.3 节中的“3）多维随机模型及参数选取”。

（3）地震动空间相关性

地震动空间效应包括行波效应，相干效应和局部场地效应，一般房建项目的土质较为均匀，所以本书仅考虑前两种情形。

先考虑单维地震动的情况。在地震动随机场中，结构支承点p与q输入激励的互相关功率谱密度$\tilde{S}_{pq}(\omega)$为：

$$\tilde{S}_{pq}(\omega)=\rho_{pq}(\omega)S_{pq}(\omega)=\rho_{pq}(\omega)\sqrt{S_p(\omega)S_q(\omega)} \tag{1.3-21}$$

式中：$S_p(\omega)$、$S_q(\omega)$——p点和q点的自功率谱，按式(1.3-19)取值。

$$\rho_{pq}(\omega)=|\rho_{pq}(\omega)|\exp(i\theta_{pq}) \tag{1.3-22}$$

式(1.3-22)为空间效应函数，是研究的重点。其中$|\rho_{pq}(\omega)|$为相干效应函数，$\exp(i\theta_{pq})$为行波效应函数。

①行波效应

本书选取 Oliveira、Hao H 和 Penzien J 等根据 SMART-1 地震台网的实测数据，得到了行波效应模型的表达式（图 1.3-14），如下式所示：

$$\exp(i\theta_{pq})=\exp\left(\frac{-i\omega d_{pq}^{\mathrm{L}}}{v_{\mathrm{app}}}\right)=\exp(-i\omega\Delta t) \tag{1.3-23}$$

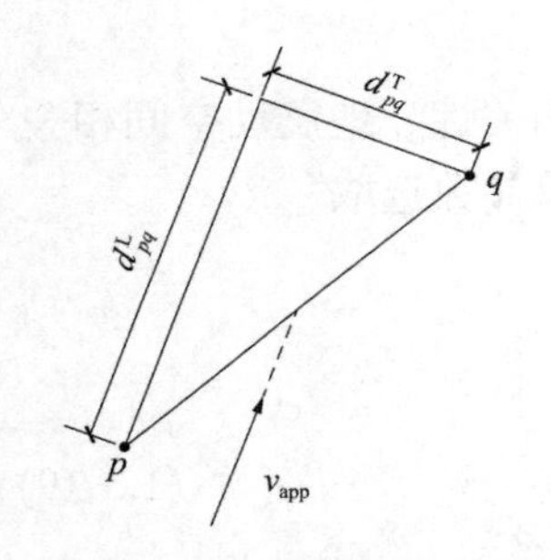

图 1.3-14 行波效应示意图

其中，d_{pq}^{L}为两点距离沿波传播方向的投影，v_{app}为地震波视波速，视波速是一个既重要又不易准确确定的量。视波速随频率变化的离散性很大，但是实际工程应用中一般将视波速取为某一常数，从而可以将Δt理解为地震波在该视波速下抵达p、q两点的时间差。

②相干效应

对于地震动的相干效应，许多学者提出了各种不同的模型，如冯启民-胡聿贤相干效应函数模型、Loh-Yeh 相干效应函数模型等。本书选取《城市轨道交通结构抗震设计规范》GB 50909—2014 中的相干效应函数模型：

$$|\rho_{pq}(\omega)|=\frac{\exp(-\rho_2 d_{pq})}{1+\rho_1 d_{pq}^{a}\omega^2} \tag{1.3-24}$$

其中，d_{pq}为两点水平距离。其他相关参数见表 1.3-5。

不同场地条件下相干效应函数地震动参数取值 表 1.3-5

场地类别	相干效应函数地震动参数		
	a	ρ_1	ρ_2
I	1.3	1.0×10^{-7}	1.3×10^{-6}

续表

场地类别	相干效应函数地震动参数		
	a	ρ_1	ρ_2
Ⅱ	0.8	1.4×10^{-5}	1.3×10^{-4}
Ⅲ			
Ⅳ			

相干效应函数可以组合为一个对角线均为 1 的半正定对称矩阵，即可将其分解为：

$$[|\rho_{pq}|]_{n_\mathrm{b}\times n_\mathrm{b}}=\sum_{k=1}^{r}\lambda_k\{\psi\}_k\{\psi\}_k^\mathrm{T} \tag{1.3-25}$$

r即为矩阵$[|\rho_{pq}|]_{n_\mathrm{b}\times n_\mathrm{b}}$的秩，代表有$r$个线性无关的激励。这里相当于相干效应矩阵可以分解为r个特征值、特征值相对应的特征向量（需要施密特正交化和单位化）与其转置的乘积之和。

4）多点多维反应谱公式的推导

（1）虚拟激励的构造

虚拟激励法可参见本书 1.1.2 节。

本书的地震动模型选用式(1.3-19)所表示的过滤白噪声模型，行波效应函数选用式(1.3-23)的形式，相干效应函数选用通式，即式(1.3-24)。

结构有n_b个支承约束，令：

$$\begin{aligned}[A_k(\omega)]_{n_\mathrm{b}\times1}&=\sqrt{\lambda_k}\left[\mathrm{e}^{-i\omega T_p}\right]_{n_\mathrm{b}\times n_\mathrm{b}}\left[\sqrt{S_p(\omega)}\right]_{n_\mathrm{b}\times1}\{\psi\}_k\\&=\left[\sqrt{\lambda_k}\mathrm{e}^{-i\omega T_p}\sqrt{S_p(\omega)}\psi_{k_p}\right]_{n_\mathrm{b}\times1}\end{aligned} \tag{1.3-26}$$

则可以根据式(1.3-26)的分解情况，构造虚拟激励：

有第k个动力（dynamic）反应虚拟激励：

$$[X_{\mathrm{D}k}(\omega)]_{n_\mathrm{b}\times1}=[A_k(\omega)]_{n_\mathrm{b}\times1}\mathrm{e}^{-i\omega t} \tag{1.3-27}$$

有第k个拟静力（pseudo static）虚拟激励：

$$[X_{\mathrm{P}k}(\omega)]_{n_\mathrm{b}\times1}=-\frac{1}{\omega^2}[A_k(\omega)]_{n_\mathrm{b}\times1}\mathrm{e}^{-i\omega t} \tag{1.3-28}$$

（2）响应功率谱的推导

由随机振动的相关原理，用线性的频域分析法，得到位移响应函数与激励函数的关系：

$$Y(\omega)=H(\omega)X(\omega) \tag{1.3-29}$$

已知结构体系的固有频率为ω_0，位移频响函数为：

$$H(\omega)=\frac{1}{\omega_0^2-\omega^2+2i\xi\omega_0\omega} \tag{1.3-30}$$

在之后的推导中，以下标 D 表示动力，P 表示拟静力，C 表示动静耦合部分；N代表非支承自由度数（n_s）或实际计算所取的振型数；n_b代表支承处自由度数；n_x、n_y和n_z分别为x、y和z三向的支承约束数量。

为简化符号，推导过程如无特殊说明，均省略广义振型参与系数β_{ip}及β_{jq}表示激励方向的角标x、y和z。

①动力分量

由式(1.3-26)和式(1.3-28)可以得到第k个动力虚拟激励产生的位移响应：

$$
\begin{aligned}
\{Y_{\mathrm{D}k}(\omega)\} &= \sum_{i=1}^{N} Y_{\mathrm{D}ki}(\omega) \\
&= \sum_{i=1}^{N} \{\phi\}_i H_i(i\omega)\{\phi\}_i^{\mathrm{T}}[M]_{n_\mathrm{s}\times n_\mathrm{s}}[R]_{n_\mathrm{s}\times n_\mathrm{b}}[X_{\mathrm{D}k}(\omega)]_{n_\mathrm{b}\times 1} \\
&= \sum_{i=1}^{N} \{\phi\}_i H_i(i\omega)\{\phi\}_i^{\mathrm{T}}[M]_{n_\mathrm{s}\times n_\mathrm{s}}[R]_{n_\mathrm{s}\times n_\mathrm{b}}[A_k(\omega)]_{n_\mathrm{b}\times 1}\mathrm{e}^{-i\omega t} \\
&= \sum_{i=1}^{N} \{\phi\}_i H_i(i\omega)\left(\{\phi\}_i^{\mathrm{T}}[M]_{n_\mathrm{s}\times n_\mathrm{s}}[R]_{n_\mathrm{s}\times n_\mathrm{b}}\right)\left[\sqrt{\lambda_k}\mathrm{e}^{-i\omega T_p}\sqrt{S_p(\omega)}\psi_{kp}\right]_{n_\mathrm{b}\times 1}\mathrm{e}^{-i\omega t} \\
&= \sum_{i=1}^{N} \{\phi\}_i H_i(i\omega)\left[\beta_{ip}\right]_{1\times n_\mathrm{b}}\left[\sqrt{\lambda_k}\mathrm{e}^{-i\omega T_p}\sqrt{S_p(\omega)}\psi_{kp}\right]_{n_\mathrm{b}\times 1}\mathrm{e}^{-i\omega t} \\
&= \sum_{i=1}^{N} \sqrt{\lambda_k}\{\phi\}_i H_i(i\omega)\sum_{p=1}^{n_\mathrm{b}}\beta_{ip}\mathrm{e}^{-i\omega T_p}\sqrt{S_p(\omega)}\psi_{kp}\mathrm{e}^{-i\omega t}
\end{aligned}
\tag{1.3-31}
$$

相应动位移功率谱矩阵为：

$$
\begin{aligned}
[S_\mathrm{D}(\omega)] &= \sum_{k=1}^{r}\{Y_{\mathrm{D}k}(\omega)\}^*\{Y_{\mathrm{D}k}(\omega)\}^{\mathrm{T}} \\
&= \sum_{k=1}^{r}\left(\sum_{i=1}^{N}\sqrt{\lambda_k}\{\phi\}_i H_i^*(i\omega)\sum_{p=1}^{n_\mathrm{b}}\beta_{ip}\mathrm{e}^{-i\omega T_p}\sqrt{S_p(\omega)}\psi_{kp}\mathrm{e}^{i\omega t}\right) \\
&\quad \left(\sum_{j=1}^{N}\sqrt{\lambda_k}\{\phi\}_j^{\mathrm{T}} H_j(i\omega)\sum_{q=1}^{n_\mathrm{b}}\beta_{jq}\mathrm{e}^{-i\omega T_q}\sqrt{S_q(\omega)}\psi_{kq}\mathrm{e}^{-i\omega t}\right) \\
&= \sum_{k=1}^{r}\sum_{i=1}^{N}\sum_{j=1}^{N}\lambda_k H_i^*(i\omega)H_j(i\omega)\{\phi\}_i\{\phi\}_j^{\mathrm{T}} \\
&\quad \left[\sum_{p=1}^{n_\mathrm{b}}\beta_{ip}\mathrm{e}^{i\omega T_p}\psi_{kp}\right]\left[\sum_{q=1}^{n_\mathrm{b}}\beta_{jq}\mathrm{e}^{-i\omega T_q}\psi_{kq}\right]\left(\sqrt{S_p(\omega)}\sqrt{S_q(\omega)}\right) \\
&= \sum_{k=1}^{r}\sum_{i=1}^{N}\sum_{j=1}^{N}\lambda_k H_i^*(i\omega)H_j(i\omega)\{\phi\}_i\{\phi\}_j^{\mathrm{T}}\left[\sum_{p=1}^{n_\mathrm{b}}\beta_{ip}\mathrm{e}^{i\omega T_p}\psi_{kp}\right]\left[\sum_{q=1}^{n_\mathrm{b}}\beta_{jq}\mathrm{e}^{-i\omega T_q}\psi_{kq}\right]S_{pq}(\omega) \\
&= \sum_{i=1}^{N}\sum_{j=1}^{N}H_i^*(i\omega)H_j(i\omega)\{\phi\}_i\{\phi\}_j^{\mathrm{T}}\sum_{p=1}^{n_\mathrm{b}}\sum_{q=1}^{n_\mathrm{b}}\left(\sum_{k=1}^{r}\lambda_k\psi_{kq}\psi_{kp}\right)\beta_{ip}\beta_{jq}S_{pq}(\omega)\mathrm{e}^{i\omega(T_p-T_q)} \\
&= \sum_{i=1}^{N}\sum_{j=1}^{N}H_i^*(i\omega)H_j(i\omega)\{\phi\}_i\{\phi\}_j^{\mathrm{T}}S_{pq}(\omega)\sum_{p=1}^{n_\mathrm{b}}\sum_{q=1}^{n_\mathrm{b}}|\rho_{pq}|\beta_{ip}\beta_{jq}\mathrm{e}^{i\omega(T_p-T_q)} \\
&= \sum_{i=1}^{N}\sum_{j=1}^{N}\sum_{p=1}^{n_\mathrm{b}}\sum_{q=1}^{n_\mathrm{b}}H_i^*(i\omega)H_j(i\omega)\left[\{\phi\}_i\{\phi\}_j^{\mathrm{T}}\right]_{n_\mathrm{s}\times n_\mathrm{s}}S_{pq}(\omega)|\rho_{pq}|\beta_{ip}\beta_{jq}\mathrm{e}^{i\omega(T_p-T_q)}
\end{aligned}
\tag{1.3-32}
$$

②拟静力分量

由式(1.3-3)和式(1.3-27)可以得到第k个拟静力虚拟激励产生的位移反应：

$$
\begin{aligned}
\{Y_{\mathrm{P}k}(\omega)\} &= [R]_{n_\mathrm{s}\times n_\mathrm{b}}[X_{\mathrm{P}k}(\omega)]_{n_\mathrm{b}\times 1} = -\frac{1}{\omega^2}[R]_{n_\mathrm{s}\times n_\mathrm{b}}[A_k(\omega)]_{n_\mathrm{b}\times 1}\mathrm{e}^{-i\omega t} \\
&= -\frac{1}{\omega^2}[R]_{n_\mathrm{s}\times n_\mathrm{b}}\left[\sqrt{\lambda_k}\mathrm{e}^{-i\omega T_p}\sqrt{S_p(\omega)}\psi_{kp}\right]_{n_\mathrm{b}\times 1}\mathrm{e}^{-i\omega t}
\end{aligned}
\tag{1.3-33}
$$

相应拟静力位移功率谱矩阵为:

$$
\begin{aligned}
[S_{\mathrm{P}}(\omega)] &= \sum_{k=1}^{r}\{Y_{\mathrm{P}k}(\omega)\}^{*}\{Y_{\mathrm{P}k}(\omega)\}^{\mathrm{T}} \\
&= \sum_{k=1}^{r}\left(-\frac{1}{\omega^{2}}[R]_{n_{\mathrm{s}}\times n_{\mathrm{b}}}\left[\sqrt{\lambda_k}\mathrm{e}^{i\omega T_p}\sqrt{S_p(\omega)}\psi_{kp}\right]_{n_{\mathrm{b}}\times 1}\mathrm{e}^{i\omega t}\right) \\
&\quad\left(-\frac{1}{\omega^{2}}\left[\sqrt{\lambda_k}\mathrm{e}^{-i\omega T_q}\sqrt{S_q(\omega)}\psi_{kq}\right]_{1\times n_{\mathrm{b}}}[R]^{\mathrm{T}}_{n_{\mathrm{b}}\times n_{\mathrm{s}}}\mathrm{e}^{-i\omega t}\right) \\
&= \sum_{k=1}^{r}\frac{1}{\omega^{4}}\left([R]_{n_{\mathrm{s}}\times n_{\mathrm{b}}}\left[\sqrt{\lambda_k}\mathrm{e}^{i\omega T_p}\sqrt{S_p(\omega)}\psi_{kp}\right]_{n_{\mathrm{b}}\times 1}\right) \\
&\quad\left(\left[\sqrt{\lambda_k}\mathrm{e}^{-i\omega T_q}\sqrt{S_q(\omega)}\psi_{kq}\right]_{1\times n_{\mathrm{b}}}[R]^{\mathrm{T}}_{n_{\mathrm{b}}\times n_{\mathrm{s}}}\right) \\
&= \frac{1}{\omega^{4}}\left([R]_{n_{\mathrm{s}}\times n_{\mathrm{b}}}\left[\sum_{k=1}^{r}\lambda_k(\psi_{kp}\psi_{kq})\mathrm{e}^{i\omega(T_p-T_q)}\left(\sqrt{S_p(\omega)}\sqrt{S_q(\omega)}\right)\right]_{n_{\mathrm{b}}\times n_{\mathrm{b}}}[R]^{\mathrm{T}}_{n_{\mathrm{b}}\times n_{\mathrm{s}}}\right) \\
&= \frac{1}{\omega^{4}}[R]_{n_{\mathrm{s}}\times n_{\mathrm{b}}}\left[|\rho_{pq}|\mathrm{e}^{i\omega(T_p-T_q)}S_{pq}(\omega)\right]_{n_{\mathrm{b}}\times n_{\mathrm{b}}}[R]^{\mathrm{T}}_{n_{\mathrm{b}}\times n_{\mathrm{s}}} \\
&= \frac{1}{\omega^{4}}\sum_{p=1}^{n_{\mathrm{b}}}\sum_{q=1}^{n_{\mathrm{b}}}|\rho_{pq}|\mathrm{e}^{i\omega(T_p-T_q)}S_{pq}(\omega)\left[R_{lp}R_{mq}\right]_{n_{\mathrm{s}}\times n_{\mathrm{s}}}
\end{aligned}
\tag{1.3-34}
$$

③动力与拟静力耦合分量

由式(1.3-32)与式(1.3-34)提取$\{Y_{\mathrm{D}k}(\omega)\}^{*}$与$\{Y_{\mathrm{P}k}(\omega)\}^{\mathrm{T}}$，可以得耦合分量位移功率谱:

$$
\begin{aligned}
[S_{\mathrm{C}}(\omega)] &= \sum_{k=1}^{r}\{Y_{\mathrm{D}k}(\omega)\}^{*}\{Y_{\mathrm{P}k}(\omega)\}^{\mathrm{T}} \\
&= \sum_{k=1}^{r}\sum_{i=1}^{N}\left(\sqrt{\lambda_k}\{\phi\}_i H_i^{*}(i\omega)\sum_{p=1}^{n_{\mathrm{b}}}\beta_{ip}\mathrm{e}^{i\omega T_p}\sqrt{S_p(\omega)}\psi_{kp}\mathrm{e}^{i\omega t}\right) \\
&\quad\left(-\frac{1}{\omega^{2}}\left[\sqrt{\lambda_k}\mathrm{e}^{-i\omega T_q}\sqrt{S_q(\omega)}\psi_{kq}\right]_{1\times n_{\mathrm{b}}}[R]^{\mathrm{T}}_{n_{\mathrm{b}}\times n_{\mathrm{s}}}\mathrm{e}^{-i\omega t}\right) \\
&= \sum_{k=1}^{r}-\frac{1}{\omega^{2}}\left(\sum_{i=1}^{N}\sqrt{\lambda_k}\{\phi\}_i H_i^{*}(i\omega)\sum_{p=1}^{n_{\mathrm{b}}}\beta_{ip}\mathrm{e}^{i\omega T_p}\sqrt{S_p(\omega)}\psi_{kp}\right) \\
&\quad\left(\left[\sqrt{\lambda_k}\mathrm{e}^{-i\omega T_q}\sqrt{S_q(\omega)}\psi_{kq}\right]_{1\times n_{\mathrm{b}}}[R]^{\mathrm{T}}_{n_{\mathrm{b}}\times n_{\mathrm{s}}}\right) \\
&= -\frac{1}{\omega^{2}}\sum_{i=1}^{N}\{\phi\}_i H_i^{*}(i\omega)\sum_{p=1}^{n_{\mathrm{b}}}\beta_{ip}\mathrm{e}^{i\omega T_p}\left(\sqrt{S_p(\omega)}\sqrt{S_q(\omega)}\right) \\
&\quad\sum_{k=1}^{r}\lambda_k(\psi_{kp}\psi_{kq})\left[\mathrm{e}^{-i\omega T_q}\right]^{\mathrm{T}}_{1\times n_{\mathrm{b}}}[R]^{\mathrm{T}}_{n_{\mathrm{b}}\times n_{\mathrm{s}}} \\
&= -\frac{1}{\omega^{2}}\sum_{i=1}^{N}\{\phi\}_i H_i^{*}(i\omega)\sum_{p=1}^{n_{\mathrm{b}}}\beta_{ip}\mathrm{e}^{i\omega T_p}S_{pq}(\omega)|\rho_{pq}|\left[\mathrm{e}^{-i\omega T_q}\right]^{\mathrm{T}}_{1\times n_{\mathrm{b}}}[R]^{\mathrm{T}}_{n_{\mathrm{b}}\times n_{\mathrm{s}}} \\
&= -\frac{1}{\omega^{2}}\sum_{i=1}^{N}\{\phi\}_i H_i^{*}(i\omega)\sum_{p=1}^{n_{\mathrm{b}}}\beta_{ip}\mathrm{e}^{i\omega T_p}\left[\sum_{q=1}^{n_{\mathrm{b}}}\mathrm{e}^{-i\omega T_q}R_{mq}\right]_{1\times n_{\mathrm{s}}}S_{pq}(\omega)|\rho_{pq}| \\
&= -\frac{1}{\omega^{2}}\sum_{i=1}^{N}\sum_{p=1}^{n_{\mathrm{b}}}\sum_{q=1}^{n_{\mathrm{b}}}\{\phi\}_i\left[R_{mq}\right]_{1\times n_{\mathrm{s}}}H_i^{*}(i\omega)S_{pq}(\omega)\beta_{ip}\mathrm{e}^{i\omega(T_p-T_q)}|\rho_{pq}|
\end{aligned}
\tag{1.3-35}
$$

其共轭转置项$\{Y_{\mathrm{P}k}(\omega)\}^*$与$\{Y_{\mathrm{D}k}(\omega)\}^{\mathrm{T}}$由式(1.3-32)与式(1.3-34)提取，有：

$$
\begin{aligned}
[S_{\mathrm{C}}(\omega)]' &= \sum_{k=1}^{r}\{Y_{\mathrm{P}k}(\omega)\}^*\{Y_{\mathrm{D}k}(\omega)\}^{\mathrm{T}} \\
&= \sum_{k=1}^{r} -\frac{1}{\omega^2}[R]_{n_s\times n_b}\left[\sqrt{\lambda_k}\mathrm{e}^{i\omega T_q}\sqrt{S_q(\omega)}\psi_{kq}\right]_{n_b\times 1}\mathrm{e}^{i\omega t} \\
&\sum_{i=1}^{N}\sqrt{\lambda_k}\{\phi\}_i^{\mathrm{T}}H_i(i\omega)\sum_{p=1}^{n_b}\beta_{ip}\mathrm{e}^{-i\omega T_p}\sqrt{S_p(\omega)}\psi_{kp}\mathrm{e}^{-i\omega t} \\
&= \sum_{k=1}^{r}\sum_{i=1}^{N} -\frac{1}{\omega^2}\sqrt{\lambda_k}\sqrt{S_q(\omega)}\psi_{kq}[R]_{n_s\times n_b}\left[\mathrm{e}^{i\omega T_q}\right]_{n_b\times 1} \\
&\sqrt{\lambda_k}\{\phi\}_i^{\mathrm{T}}H_i(i\omega)\sum_{p=1}^{n_b}\beta_{ip}\mathrm{e}^{-i\omega T_p}\sqrt{S_p(\omega)}\psi_{kp} \\
&= \sum_{i=1}^{N} -\frac{1}{\omega^2}[R]_{n_s\times n_b}\left[\mathrm{e}^{i\omega T_q}\right]_{n_b\times 1}\{\phi\}_i^{\mathrm{T}}H_i(i\omega)\sum_{p=1}^{n_b}\beta_{ip}\mathrm{e}^{-i\omega T_p} \\
&\left(\sqrt{S_q(\omega)}\sqrt{S_p(\omega)}\right)\sum_{k=1}^{r}\lambda_k(\psi_{kp}\psi_{kq}) \\
&= -\frac{1}{\omega^2}\sum_{i=1}^{N}[R]_{n_s\times n_b}\left[\mathrm{e}^{i\omega T_q}\right]_{n_b\times 1}\{\phi\}_i^{\mathrm{T}}H_i(i\omega)\sum_{p=1}^{n_b}\beta_{ip}\mathrm{e}^{-i\omega T_p}S_{pq}(\omega)|\rho_{pq}| \\
&= -\frac{1}{\omega^2}\sum_{i=1}^{N}\left[\sum_{q=1}^{n_b}\mathrm{e}^{i\omega T_q}R_{mq}\right]_{n_s\times 1}\{\phi\}_i^{\mathrm{T}}H_i(i\omega)\sum_{p=1}^{n_b}\beta_{ip}\mathrm{e}^{-i\omega T_p}S_{pq}(\omega)|\rho_{pq}| \\
&= -\frac{1}{\omega^2}\sum_{i=1}^{N}\sum_{p=1}^{n_b}\sum_{q=1}^{n_b}\left[R_{mq}\right]_{n_s\times 1}\{\phi\}_i^{\mathrm{T}}H_i(i\omega)S_{pq}(\omega)\beta_{ip}\mathrm{e}^{-i\omega(T_p-T_q)}|\rho_{pq}| \\
&= \left\{[S_{\mathrm{C}}(\omega)]^*\right\}^{\mathrm{T}}
\end{aligned}
\tag{1.3-36}
$$

（3）功率谱密度矩阵的三维展开

①动力功率谱密度矩阵

将式(1.3-32)沿x、y和z三向展开，有：

$$
\begin{aligned}
[S_{\mathrm{D}}(\omega)] &= \sum_{i=1}^{N}\sum_{j=1}^{N}\sum_{p=1}^{n_b}\sum_{q=1}^{n_b}H_i^*(i\omega)H_j(i\omega)\left[\{\phi\}_i\{\phi\}_j^{\mathrm{T}}\right]_{n_s\times n_s}S_{pq}(\omega)|\rho_{pq}|\beta_{ip}\beta_{jq}\mathrm{e}^{i\omega(T_p-T_q)} \\
&= \sum_{i=1}^{N}\sum_{j=1}^{N}\sum_{p=1}^{n_b}\sum_{q=1}^{n_b}H_i^*(i\omega)H_j(i\omega)\left[\{\phi\}_i\{\phi\}_j^{\mathrm{T}}\right]_{n_s\times n_s}\tilde{S}_{pq}(\omega)\beta_{ip}\beta_{jq} \\
&= \sum_{i=1}^{N}\sum_{j=1}^{N}H_i^*(i\omega)H_j(i\omega)\left[\{\phi\}_i\{\phi\}_j^{\mathrm{T}}\right]_{n_s\times n_s}\left[\sum_{p=1}^{n_x}\sum_{q=1}^{n_x}\beta_{ip}\beta_{jq}\tilde{S}_{pq}(\omega)+\right. \\
&\sum_{p=1}^{n_x}\sum_{q=1}^{n_y}\beta_{ip}\beta_{jq}\tilde{S}_{pq}(\omega)+\sum_{p=1}^{n_y}\sum_{q=1}^{n_x}\beta_{ip}\beta_{jq}\tilde{S}_{pq}(\omega)+\sum_{p=1}^{n_y}\sum_{q=1}^{n_y}\beta_{ip}\beta_{jq}\tilde{S}_{pq}(\omega)+ \\
&\sum_{p=1}^{n_x}\sum_{q=1}^{n_z}\beta_{ip}\beta_{jq}\tilde{S}_{pq}(\omega)+\sum_{p=1}^{n_y}\sum_{q=1}^{n_z}\beta_{ip}\beta_{jq}\tilde{S}_{pq}(\omega)+ \\
&\left.\sum_{p=1}^{n_z}\sum_{q=1}^{n_x}\beta_{ip}\beta_{jq}\tilde{S}_{pq}(\omega)+\sum_{p=1}^{n_z}\sum_{q=1}^{n_y}\beta_{ip}\beta_{jq}\tilde{S}_{pq}(\omega)+\sum_{p=1}^{n_z}\sum_{q=1}^{n_z}\beta_{ip}\beta_{jq}\tilde{S}_{pq}(\omega)\right]
\end{aligned}
$$

$$=\sum_{i=1}^{N}\sum_{j=1}^{N}H_i^*(i\omega)H_j(i\omega)\left[\{\phi\}_i\{\phi\}_j^{\mathrm{T}}\right]_{n_s\times n_s}\left[\sum_{p=1}^{n_x+n_y}\sum_{q=1}^{n_x+n_y}\beta_{ip}\beta_{jq}\rho_{pq}S_{\mathrm{gH}}(\omega)+\right.$$
$$0.6\left(\sum_{p=1}^{n_x+n_y}\sum_{q=1}^{n_z}\beta_{ip}\beta_{jq}\rho_{pq}+\sum_{p=1}^{n_z}\sum_{q=1}^{n_x+n_y}\beta_{ip}\beta_{jq}\rho_{pq}\right)\sqrt{S_{\mathrm{gH}}(\omega)S_{\mathrm{gV}}(\omega)}+$$
$$\left.\sum_{p=1}^{n_z}\sum_{q=1}^{n_z}\beta_{ip}\beta_{jq}\rho_{pq}S_{\mathrm{gV}}(\omega)\right] \tag{1.3-37}$$

我们只对其对角项感兴趣，第i个自由度的功率谱密度矩阵为：

$$[S_{\mathrm{D}l}(\omega)]=\sum_{i=1}^{N}\sum_{j=1}^{N}H_i^*(i\omega)H_j(i\omega)\phi_{il}\phi_{jl}\left[\sum_{p=1}^{n_x+n_y}\sum_{q=1}^{n_x+n_y}\beta_{ip}\beta_{jq}\rho_{pq}S_{\mathrm{gH}}(\omega)+\right.$$
$$0.6\left(\sum_{p=1}^{n_x+n_y}\sum_{q=1}^{n_z}\beta_{ip}\beta_{jq}\rho_{pq}+\sum_{p=1}^{n_z}\sum_{q=1}^{n_x+n_y}\beta_{ip}\beta_{jq}\rho_{pq}\right)\sqrt{S_{\mathrm{gH}}(\omega)S_{\mathrm{gV}}(\omega)}+$$
$$\left.\sum_{p=1}^{n_z}\sum_{q=1}^{n_z}\beta_{ip}\beta_{jq}\rho_{pq}S_{\mathrm{gV}}(\omega)\right] \tag{1.3-38}$$

②拟静力功率谱密度矩阵

对于拟静力，依据式(1.3-34)，只考虑对角项，同理可得：

$$[S_{\mathrm{P}l}(\omega)]=\frac{1}{\omega^4}\sum_{p=1}^{n_\mathrm{b}}\sum_{q=1}^{n_\mathrm{b}}|\rho_{pq}|\mathrm{e}^{i\omega(T_p-T_q)}S_{pq}(\omega)R_{lp}R_{lq}$$
$$=\frac{1}{\omega^4}\left[\left(\sum_{p=1}^{n_x}\sum_{q=1}^{n_x}R_{lp}R_{lq}\rho_{pq}+\sum_{p=1}^{n_x}\sum_{q=1}^{n_y}R_{lp}R_{lq}\rho_{pq}+\right.\right.$$
$$\left.\sum_{p=1}^{n_y}\sum_{q=1}^{n_x}R_{lp}R_{lq}\rho_{pq}+\sum_{p=1}^{n_y}\sum_{q=1}^{n_y}R_{lp}R_{lq}\rho_{pq}\right)S_{\mathrm{gH}}(\omega)+$$
$$0.6\left(\sum_{p=1}^{n_x}\sum_{q=1}^{n_z}R_{lp}R_{lq}\rho_{pq}+\sum_{p=1}^{n_y}\sum_{q=1}^{n_z}R_{lp}R_{lq}\rho_{pq}+\right.$$
$$\left.\sum_{p=1}^{n_z}\sum_{q=1}^{n_x}R_{lp}R_{lq}\rho_{pq}+\sum_{p=1}^{n_z}\sum_{q=1}^{n_y}R_{lp}R_{lq}\rho_{pq}\right)\sqrt{S_{\mathrm{gH}}(\omega)S_{\mathrm{gV}}(\omega)}+$$
$$\left.\sum_{p=1}^{n_z}\sum_{q=1}^{n_z}R_{lp}R_{lq}\rho_{pq}S_{\mathrm{gV}}(\omega)\right]$$
$$=\frac{1}{\omega^4}\left[\sum_{p=1}^{n_x+n_y}\sum_{q=1}^{n_x+n_y}R_{lp}R_{lq}\rho_{pq}S_{\mathrm{gH}}(\omega)+\right.$$
$$0.6\left(\sum_{p=1}^{n_{x+y}}\sum_{q=1}^{n_z}R_{lp}R_{lq}\rho_{pq}+\sum_{p=1}^{n_z}\sum_{q=1}^{n_x+n_y}R_{lp}R_{lq}\rho_{pq}\right)\sqrt{S_{\mathrm{gH}}(\omega)S_{\mathrm{gV}}(\omega)}+$$
$$\left.\sum_{p=1}^{n_z}\sum_{q=1}^{n_z}R_{lp}R_{lq}\rho_{pq}S_{\mathrm{gV}}(\omega)\right] \tag{1.3-39}$$

③动静耦合分量功率谱密度矩阵

对于式(1.3-35)，有：

$$
\begin{aligned}
[S_{Cl}(\omega)] &= -\frac{1}{\omega^2}\sum_{i=1}^{N}\sum_{p=1}^{n_b}\sum_{q=1}^{n_b}\phi_{il}R_{lq}H_i^*(i\omega)S_{pq}(\omega)\beta_{ip}e^{i\omega(T_p-T_q)}|\rho_{pq}| \\
&= -\frac{1}{\omega^2}\sum_{i=1}^{N}\phi_{il}H_i^*(i\omega)\Bigg[\Bigg(\sum_{p=1}^{n_x}\sum_{q=1}^{n_x}\beta_{ip}R_{lq}\rho_{pq}+\sum_{p=1}^{n_x}\sum_{q=1}^{n_y}\beta_{ip}R_{lq}\rho_{pq}+ \\
&\quad \sum_{p=1}^{n_y}\sum_{q=1}^{n_x}\beta_{ip}R_{lq}\rho_{pq}+\sum_{p=1}^{n_y}\sum_{q=1}^{n_y}\beta_{ip}R_{lq}\rho_{pq}\Bigg)S_{gH}(\omega)+ \\
&\quad 0.6\Bigg(\sum_{p=1}^{n_x}\sum_{q=1}^{n_z}\beta_{ip}R_{lq}\rho_{pq}+\sum_{p=1}^{n_y}\sum_{q=1}^{n_z}\beta_{ip}R_{lq}\rho_{pq}+\sum_{p=1}^{n_z}\sum_{q=1}^{n_x}\beta_{ip}R_{lq}\rho_{pq}+ \\
&\quad \sum_{p=1}^{n_z}\sum_{q=1}^{n_y}\beta_{ip}R_{lq}\rho_{pq}\Bigg)\sqrt{S_{gH}(\omega)S_{gV}(\omega)}+\sum_{p=1}^{n_z}\sum_{q=1}^{n_z}\beta_{ip}R_{lq}\rho_{pq}S_{gV}(\omega)\Bigg] \\
&= -\frac{1}{\omega^2}\sum_{i=1}^{N}\phi_{il}H_i^*(i\omega)\Bigg[\sum_{p=1}^{n_x+n_y}\sum_{q=1}^{n_x+n_y}\beta_{ip}R_{lq}\rho_{pq}S_{gH}(\omega)+ \\
&\quad 0.6\Bigg(\sum_{p=1}^{n_x+n_y}\sum_{q=1}^{n_z}\beta_{ip}R_{lq}\rho_{pq}+\sum_{p=1}^{n_z}\sum_{q=1}^{n_x+n_y}\beta_{ip}R_{lq}\rho_{pq}\Bigg)\sqrt{S_{gH}(\omega)S_{gV}(\omega)}+ \\
&\quad \sum_{p=1}^{n_z}\sum_{q=1}^{n_z}\beta_{ip}R_{lq}\rho_{pq}S_{gV}(\omega)\Bigg]
\end{aligned}
\tag{1.3-40}
$$

(4)耦合系数

①动力耦合系数

考虑$S_{Dl}(\omega)$动位移反应功率谱在频域的积分结果，有：

$$
\begin{aligned}
\delta_{Dl} = \sigma_{Dl}^2 &= \int_{-\infty}^{+\infty}\sum_{i=1}^{N}\sum_{j=1}^{N}H_i^*(i\omega)H_j(i\omega)\phi_{il}\phi_{jl}\Bigg[\sum_{p=1}^{n_x+n_y}\sum_{q=1}^{n_x+n_y}\beta_{ip}\beta_{jq}\rho_{pq}S_{gH}(\omega)+ \\
&\quad 0.6\Bigg(\sum_{p=1}^{n_x+n_y}\sum_{q=1}^{n_z}\beta_{ip}\beta_{jq}\rho_{pq}+\sum_{p=1}^{n_z}\sum_{q=1}^{n_x+n_y}\beta_{ip}\beta_{jq}\rho_{pq}\Bigg)\sqrt{S_{gH}(\omega)S_{gV}(\omega)}+ \\
&\quad \sum_{p=1}^{n_z}\sum_{q=1}^{n_z}\beta_{ip}\beta_{jq}\rho_{pq}S_{gV}(\omega)\Bigg]d\omega \\
&= \sum_{i=1}^{N}\sum_{j=1}^{N}\phi_{il}\phi_{jl}\Bigg[\sum_{p=1}^{n_x+n_y}\sum_{q=1}^{n_x+n_y}\beta_{ip}\beta_{jq}\int_{-\infty}^{+\infty}H_i^*(i\omega)H_j(i\omega)\rho_{pq}S_{gH}(\omega)d\omega+ \\
&\quad 0.6\sum_{p=1}^{n_x+n_y}\sum_{q=1}^{n_z}\beta_{ip}\beta_{jq}\int_{-\infty}^{+\infty}H_i^*(i\omega)H_j(i\omega)\rho_{pq}\sqrt{S_{gH}(\omega)S_{gV}(\omega)}d\omega+ \\
&\quad 0.6\sum_{p=1}^{n_z}\sum_{q=1}^{n_x+n_y}\beta_{ip}\beta_{jq}\int_{-\infty}^{+\infty}H_i^*(i\omega)H_j(i\omega)\rho_{pq}\sqrt{S_{gH}(\omega)S_{gV}(\omega)}d\omega+ \\
&\quad \sum_{p=1}^{n_z}\sum_{q=1}^{n_z}\beta_{ip}\beta_{jq}\int_{-\infty}^{+\infty}H_i^*(i\omega)H_j(i\omega)\rho_{pq}S_{gV}(\omega)d\omega\Bigg] \\
&= \sum_{i=1}^{N}\sum_{j=1}^{N}\phi_{il}\phi_{jl}\Bigg[\sum_{p=1}^{n_x+n_y}\sum_{q=1}^{n_x+n_y}\beta_{ip}\beta_{jq}\rho_{ijpq}^{H}\sigma_{Hi}\sigma_{Hj}+\sum_{p=1}^{n_x+n_y}\sum_{q=1}^{n_z}\beta_{ip}\beta_{jq}\rho_{ijpq}^{HV}\sigma_{Hi}\sigma_{Vj}+ \\
&\quad \sum_{p=1}^{n_z}\sum_{q=1}^{n_x+n_y}\beta_{ip}\beta_{jq}\rho_{ijpq}^{HV}\sigma_{Hi}\sigma_{Vj}+\sum_{p=1}^{n_z}\sum_{q=1}^{n_z}\beta_{ip}\beta_{jq}\rho_{ijpq}^{V}\sigma_{Vi}\sigma_{Vj}\Bigg]
\end{aligned}
\tag{1.3-41}
$$

水平向动力耦合系数：

$$\rho_{ijpq}^{\mathrm{H}}=\frac{\mathrm{Re}\left[\int_{-\infty}^{+\infty}H_i^*(\omega)H_j(\omega)\rho_{pq}S_{\mathrm{gH}}(\omega)\,\mathrm{d}\omega\right]}{\sigma_{\mathrm{H}i}\sigma_{\mathrm{H}j}} \tag{1.3-42}$$

竖直向动力耦合系数：

$$\rho_{ijpq}^{\mathrm{V}}=\frac{\mathrm{Re}\left[\int_{-\infty}^{+\infty}H_i^*(i\omega)H_j(i\omega)\rho_{pq}S_{\mathrm{gV}}(\omega)\,\mathrm{d}\omega\right]}{\sigma_{\mathrm{V}i}\sigma_{\mathrm{V}j}} \tag{1.3-43}$$

水平竖直交叉向动力耦合系数：

$$\rho_{ijpq}^{\mathrm{HV}}=\rho_{ijpq}^{\mathrm{VH}}=\frac{1}{\sigma_{\mathrm{H}i}\sigma_{\mathrm{V}j}}\mathrm{Re}\left[0.6\int_{-\infty}^{+\infty}H_i^*(i\omega)H_j(i\omega)\rho_{pq}\sqrt{S_{\mathrm{gH}}(\omega)S_{\mathrm{gV}}(\omega)}\,\mathrm{d}\omega\right] \tag{1.3-44}$$

其中，各振型各方向的动位移反应标准差为：

$$\sigma_{\mathrm{H}i}=\sqrt{\int_{-\infty}^{+\infty}H_i^*(\omega)H_i(\omega)S_{\mathrm{gH}}(\omega)\,\mathrm{d}\omega} \tag{1.3-45}$$

$$\sigma_{\mathrm{H}j}=\sqrt{\int_{-\infty}^{+\infty}H_j^*(\omega)H_j(\omega)S_{\mathrm{gH}}(\omega)\,\mathrm{d}\omega} \tag{1.3-46}$$

$$\sigma_{\mathrm{V}i}=\sqrt{\int_{-\infty}^{+\infty}H_i^*(\omega)H_i(\omega)S_{\mathrm{gV}}(\omega)\,\mathrm{d}\omega} \tag{1.3-47}$$

$$\sigma_{\mathrm{V}j}=\sqrt{\int_{-\infty}^{+\infty}H_j^*(\omega)H_j(\omega)S_{\mathrm{gV}}(\omega)\,\mathrm{d}\omega} \tag{1.3-48}$$

②拟静力耦合系数

考虑$S_{\mathrm{P}l}(\omega)$拟静力位移反应功率谱在频域的积分结果，有：

$$\begin{aligned}
\delta_{\mathrm{P}l}=\sigma_{\mathrm{P}l}^2=&\int_{-\infty}^{+\infty}\frac{1}{\omega^4}\left[\sum_{p=1}^{n_x+n_y}\sum_{q=1}^{n_x+n_y}R_{lp}R_{lq}\rho_{pq}S_{\mathrm{gH}}(\omega)+0.6\left(\sum_{p=1}^{n_{x+y}}\sum_{q=1}^{n_z}R_{lp}R_{lq}\rho_{pq}+\right.\right.\\
&\left.\left.\sum_{p=1}^{n_z}\sum_{q=1}^{n_x+n_y}R_{lp}R_{lq}\rho_{pq}\right)\sqrt{S_{\mathrm{gH}}(\omega)S_{\mathrm{gV}}(\omega)}+\sum_{p=1}^{n_z}\sum_{q=1}^{n_z}R_{lp}R_{lq}\rho_{pq}S_{\mathrm{gV}}(\omega)\right]\mathrm{d}\omega\\
=&\sum_{p=1}^{n_x+n_y}\sum_{q=1}^{n_x+n_y}R_{lp}R_{lq}\int_{-\infty}^{+\infty}\frac{1}{\omega^4}\rho_{pq}S_{\mathrm{gH}}(\omega)\,\mathrm{d}\omega+\\
&0.6\sum_{p=1}^{n_{x+y}}\sum_{q=1}^{n_z}R_{lp}R_{lq}\int_{-\infty}^{+\infty}\frac{1}{\omega^4}\rho_{pq}\sqrt{S_{\mathrm{gH}}(\omega)S_{\mathrm{gV}}(\omega)}\,\mathrm{d}\omega+\\
&0.6\sum_{p=1}^{n_z}\sum_{q=1}^{n_x+n_y}R_{lp}R_{lq}\int_{-\infty}^{+\infty}\frac{1}{\omega^4}\rho_{pq}\sqrt{S_{\mathrm{gH}}(\omega)S_{\mathrm{gV}}(\omega)}\,\mathrm{d}\omega+\\
&\sum_{p=1}^{n_z}\sum_{q=1}^{n_z}R_{lp}R_{lq}\int_{-\infty}^{+\infty}\frac{1}{\omega^4}\rho_{pq}S_{\mathrm{gV}}(\omega)\,\mathrm{d}\omega\\
=&\sum_{p=1}^{n_x+n_y}\sum_{q=1}^{n_x+n_y}R_{lp}R_{lq}\rho_{pq}^{\mathrm{sH}}\sigma_{\mathrm{sH}}^2+\sum_{p=1}^{n_{x+y}}\sum_{q=1}^{n_z}R_{lp}R_{lq}\rho_{pq}^{\mathrm{sHV}}\sigma_{\mathrm{sH}}\sigma_{\mathrm{sV}}+\\
&\sum_{p=1}^{n_z}\sum_{q=1}^{n_x+n_y}R_{lp}R_{lq}\rho_{pq}^{\mathrm{sHV}}\sigma_{\mathrm{sH}}\sigma_{\mathrm{sV}}+\sum_{p=1}^{n_z}\sum_{q=1}^{n_z}R_{lp}R_{lq}\rho_{pq}^{\mathrm{sV}}\sigma_{\mathrm{sV}}^2
\end{aligned} \tag{1.3-49}$$

水平向拟静力耦合系数：

$$\rho_{pq}^{\mathrm{sH}}=\frac{\mathrm{Re}\left[\int_{-\infty}^{+\infty}\frac{1}{\omega^4}\rho_{pq}S_{\mathrm{gH}}(\omega)\,\mathrm{d}\omega\right]}{\sigma_{\mathrm{sH}}^2} \tag{1.3-50}$$

竖直向拟静力耦合系数：

$$\rho_{pq}^{\mathrm{sV}}=\frac{\mathrm{Re}\left[\int_{-\infty}^{+\infty}\frac{1}{\omega^4}\rho_{pq}S_{\mathrm{gV}}(\omega)\,\mathrm{d}\omega\right]}{\sigma_{\mathrm{sV}}^2} \tag{1.3-51}$$

水平竖直交叉向拟静力耦合系数：

$$\rho_{pq}^{\mathrm{sHV}}=\rho_{pq}^{\mathrm{sVH}}=\frac{1}{\sigma_{\mathrm{sH}}\sigma_{\mathrm{sV}}}\mathrm{Re}\left[\int_{-\infty}^{+\infty}\frac{0.6}{\omega^4}\rho_{pq}\sqrt{S_{\mathrm{gH}}(\omega)S_{\mathrm{gV}}(\omega)}\,\mathrm{d}\omega\right] \tag{1.3-52}$$

其中，各方向的拟静位移反应方差（标准差平方）为：

$$\sigma_{\mathrm{sH}}^2=\int_{-\infty}^{+\infty}\frac{S_{\mathrm{gH}}(\omega)}{\omega^4}\mathrm{d}\omega \tag{1.3-53}$$

$$\sigma_{\mathrm{sV}}^2=\int_{-\infty}^{+\infty}\frac{S_{\mathrm{gV}}(\omega)}{\omega^4}\mathrm{d}\omega \tag{1.3-54}$$

③动力拟静力耦合的耦合系数

考虑$S_{\mathrm{Cl}}(\omega)$动力拟静力耦合位移反应功率谱在频域的积分结果，有：

$$\begin{aligned}
\delta_{\mathrm{Cl}}=&\int_{-\infty}^{+\infty}S_{\mathrm{Cl}}(\omega)\,\mathrm{d}\omega=\int_{-\infty}^{+\infty}-\frac{1}{\omega^2}\sum_{i=1}^{N}\phi_{il}H_i^*(i\omega)\left[\sum_{p=1}^{n_x+n_y}\sum_{q=1}^{n_x+n_y}\beta_{ip}R_{lq}\rho_{pq}S_{\mathrm{gH}}(\omega)+\right.\\
&0.6\left(\sum_{p=1}^{n_x+n_y}\sum_{q=1}^{n_z}\beta_{ip}R_{lq}\rho_{pq}+\sum_{p=1}^{n_z}\sum_{q=1}^{n_x+n_y}\beta_{ip}R_{lq}\rho_{pq}\right)\sqrt{S_{\mathrm{gH}}(\omega)S_{\mathrm{gV}}(\omega)}+\\
&\left.\sum_{p=1}^{n_z}\sum_{q=1}^{n_z}\beta_{ip}R_{lq}\rho_{pq}S_{\mathrm{gV}}(\omega)\right]\mathrm{d}\omega\\
=&\sum_{i=1}^{N}\phi_{il}\left[\sum_{p=1}^{n_x+n_y}\sum_{q=1}^{n_x+n_y}\beta_{ip}R_{lq}\int_{-\infty}^{+\infty}-\frac{1}{\omega^2}H_i^*(i\omega)\rho_{pq}S_{\mathrm{gH}}(\omega)\,\mathrm{d}\omega+\right.\\
&0.6\sum_{p=1}^{n_x+n_y}\sum_{q=1}^{n_z}\beta_{ip}R_{lq}\int_{-\infty}^{+\infty}-\frac{1}{\omega^2}H_i^*(i\omega)\rho_{pq}\sqrt{S_{\mathrm{gH}}(\omega)S_{\mathrm{gV}}(\omega)}\,\mathrm{d}\omega+\\
&0.6\sum_{p=1}^{n_z}\sum_{q=1}^{n_x+n_y}\beta_{ip}R_{lq}\int_{-\infty}^{+\infty}-\frac{1}{\omega^2}H_i^*(i\omega)\rho_{pq}\sqrt{S_{\mathrm{gH}}(\omega)S_{\mathrm{gV}}(\omega)}\,\mathrm{d}\omega+\\
&\left.\sum_{p=1}^{n_z}\sum_{q=1}^{n_z}\beta_{ip}R_{lq}\int_{-\infty}^{+\infty}-\frac{1}{\omega^2}H_i^*(i\omega)\rho_{pq}S_{\mathrm{gV}}(\omega)\,\mathrm{d}\omega\right]\\
=&\sum_{i=1}^{N}\phi_{il}\left[\sum_{p=1}^{n_x+n_y}\sum_{q=1}^{n_x+n_y}\beta_{ip}R_{lq}\rho_{ipq}^{\mathrm{H}}\sigma_{\mathrm{H}i}\sigma_{\mathrm{sH}}+\sum_{p=1}^{n_x+n_y}\sum_{q=1}^{n_z}\beta_{ip}R_{lq}\rho_{ipq}^{\mathrm{HV}}\sigma_{\mathrm{H}i}\sigma_{\mathrm{sV}}+\right.\\
&\left.\sum_{p=1}^{n_z}\sum_{q=1}^{n_x+n_y}\beta_{ip}R_{lq}\rho_{ipq}^{\mathrm{VH}}\sigma_{\mathrm{V}i}\sigma_{\mathrm{sH}}+\sum_{p=1}^{n_z}\sum_{q=1}^{n_z}\beta_{ip}R_{lq}\rho_{ipq}^{\mathrm{V}}\sigma_{\mathrm{V}i}\sigma_{\mathrm{sV}}\right]
\end{aligned} \tag{1.3-55}$$

水平向动静耦合的耦合系数：

$$\rho_{ipq}^{\mathrm{H}}=\frac{\mathrm{Re}\left[\int_{-\infty}^{+\infty}-\frac{1}{\omega^{2}}H_{i}^{*}(i\omega)\rho_{pq}S_{\mathrm{gH}}(\omega)\,\mathrm{d}\omega\right]}{\sigma_{\mathrm{sH}}\sigma_{\mathrm{H}i}} \tag{1.3-56}$$

竖直向动静耦合的耦合系数：

$$\rho_{ipq}^{\mathrm{V}}=\frac{\mathrm{Re}\left[\int_{-\infty}^{+\infty}-\frac{1}{\omega^{2}}H_{i}^{*}(i\omega)\rho_{pq}S_{\mathrm{gV}}(\omega)\,\mathrm{d}\omega\right]}{\sigma_{\mathrm{sV}}\sigma_{\mathrm{V}i}} \tag{1.3-57}$$

水平竖直交叉向动静耦合的耦合系数：

$$\rho_{ipq}^{\mathrm{HV}}=\frac{1}{\sigma_{\mathrm{H}i}\sigma_{\mathrm{sV}}}\mathrm{Re}\left[\int_{-\infty}^{+\infty}-\frac{0.6}{\omega^{2}}H_{i}^{*}(i\omega)\rho_{pq}\sqrt{S_{\mathrm{gH}}(\omega)S_{\mathrm{gV}}(\omega)}\,\mathrm{d}\omega\right] \tag{1.3-58}$$

$$\rho_{ipq}^{\mathrm{VH}}=\frac{1}{\sigma_{\mathrm{V}i}\sigma_{\mathrm{sH}}}\mathrm{Re}\left[\int_{-\infty}^{+\infty}-\frac{0.6}{\omega^{2}}H_{i}^{*}(i\omega)\rho_{pq}\sqrt{S_{\mathrm{gH}}(\omega)S_{\mathrm{gV}}(\omega)}\,\mathrm{d}\omega\right] \tag{1.3-59}$$

需要说明的是，不同于动力的或者拟静力的水平竖直交叉向耦合系数，动静耦合水平竖直交叉向耦合系数，需要式(1.3-58)和式(1.3-59)两个式子分别确定。

（5）响应求解

依据以上成果可以得到位移反应方差为：

$$\begin{aligned}
\sigma_{l}^{2}&=\delta_{\mathrm{D}l}+2\delta_{\mathrm{C}l}+\delta_{\mathrm{P}l}\\
&=\sum_{i=1}^{N}\sum_{j=1}^{N}\phi_{il}\phi_{jl}\left(\sum_{p=1}^{n_x+n_y}\sum_{q=1}^{n_x+n_y}\beta_{ip}\beta_{jq}\rho_{ijpq}^{\mathrm{H}}\sigma_{\mathrm{H}i}\sigma_{\mathrm{H}j}+\sum_{p=1}^{n_x+n_y}\sum_{q=1}^{n_z}\beta_{ip}\beta_{jq}\rho_{ijpq}^{\mathrm{HV}}\sigma_{\mathrm{H}i}\sigma_{\mathrm{V}j}+\right.\\
&\left.\sum_{p=1}^{n_z}\sum_{q=1}^{n_x+n_y}\beta_{ip}\beta_{jq}\rho_{ijpq}^{\mathrm{HV}}\sigma_{\mathrm{H}i}\sigma_{\mathrm{V}j}+\sum_{p=1}^{n_z}\sum_{q=1}^{n_z}\beta_{ip}\beta_{jq}\rho_{ijpq}^{\mathrm{V}}\sigma_{\mathrm{V}i}\sigma_{\mathrm{V}j}\right)+\\
&\sum_{i=1}^{N}\phi_{il}\left(\sum_{p=1}^{n_x+n_y}\sum_{q=1}^{n_x+n_y}\beta_{ip}R_{lq}\rho_{ipq}^{\mathrm{H}}\sigma_{\mathrm{H}i}\sigma_{\mathrm{sH}}+\sum_{p=1}^{n_x+n_y}\sum_{q=1}^{n_z}\beta_{ip}R_{lq}\rho_{ipq}^{\mathrm{HV}}\sigma_{\mathrm{H}i}\sigma_{\mathrm{sV}}+\right.\\
&\left.\sum_{p=1}^{n_z}\sum_{q=1}^{n_x+n_y}\beta_{ip}R_{lq}\rho_{ipq}^{\mathrm{VH}}\sigma_{\mathrm{V}i}\sigma_{\mathrm{sH}}+\sum_{p=1}^{n_z}\sum_{q=1}^{n_z}\beta_{ip}R_{lq}\rho_{ipq}^{\mathrm{V}}\sigma_{\mathrm{V}i}\sigma_{\mathrm{sV}}\right)+\\
&\left(\sum_{p=1}^{n_x+n_y}\sum_{q=1}^{n_x+n_y}R_{lp}R_{lq}\rho_{pq}^{\mathrm{sH}}\sigma_{\mathrm{sH}}^{2}+\sum_{p=1}^{n_{x+y}}\sum_{q=1}^{n_z}R_{lp}R_{lq}\rho_{pq}^{\mathrm{sHV}}\sigma_{\mathrm{sH}}\sigma_{\mathrm{sV}}+\right.\\
&\left.\sum_{p=1}^{n_z}\sum_{q=1}^{n_x+n_y}R_{lp}R_{lq}\rho_{pq}^{\mathrm{sHV}}\sigma_{\mathrm{sH}}\sigma_{\mathrm{sV}}+\sum_{p=1}^{n_z}\sum_{q=1}^{n_z}R_{lp}R_{lq}\rho_{pq}^{\mathrm{sV}}\sigma_{\mathrm{sV}}^{2}\right)
\end{aligned} \tag{1.3-60}$$

研究平稳响应的最大反应均值，峰值因子f基本相同，即两边同时乘以f^2可得结构最大反应均值与三个分量的关系，并由此得到基于位移谱的考虑各种耦合因素的多维多点反应谱公式：

$$
\begin{aligned}
U_l = \Bigg[& \sum_{i=1}^{N}\sum_{j=1}^{N}\phi_{il}\phi_{jl}\Bigg(\sum_{p=1}^{n_x+n_y}\sum_{q=1}^{n_x+n_y}\beta_{ip}\beta_{jq}\rho_{ijpq}^{\mathrm{H}}U_{\mathrm{H}i}U_{\mathrm{H}j}+\sum_{p=1}^{n_x+n_y}\sum_{q=1}^{n_z}\beta_{ip}\beta_{jq}\rho_{ijpq}^{\mathrm{HV}}U_{\mathrm{H}i}U_{\mathrm{V}j}+ \\
& \sum_{p=1}^{n_z}\sum_{q=1}^{n_x+n_y}\beta_{ip}\beta_{jq}\rho_{ijpq}^{\mathrm{HV}}U_{\mathrm{H}i}U_{\mathrm{V}j}+\sum_{p=1}^{n_z}\sum_{q=1}^{n_z}\beta_{ip}\beta_{jq}\rho_{ijpq}^{\mathrm{V}}U_{\mathrm{V}i}U_{\mathrm{V}j}\Bigg)+ \\
& 2\sum_{i=1}^{N}\phi_{il}\Bigg(\sum_{p=1}^{n_x+n_y}\sum_{q=1}^{n_x+n_y}\beta_{ip}R_{lq}\rho_{ipq}^{\mathrm{H}}U_{\mathrm{H}i}U_{\mathrm{sH}}+\sum_{p=1}^{n_x+n_y}\sum_{q=1}^{n_z}\beta_{ip}R_{lq}\rho_{ipq}^{\mathrm{HV}}U_{\mathrm{H}i}U_{\mathrm{sV}}+ \\
& \sum_{p=1}^{n_z}\sum_{q=1}^{n_x+n_y}\beta_{ip}R_{lq}\rho_{ipq}^{\mathrm{VH}}U_{\mathrm{V}i}U_{\mathrm{sH}}+\sum_{p=1}^{n_z}\sum_{q=1}^{n_z}\beta_{ip}R_{lq}\rho_{ipq}^{\mathrm{V}}U_{\mathrm{V}i}U_{\mathrm{sV}}\Bigg)+ \\
& \Bigg(\sum_{p=1}^{n_x+n_y}\sum_{q=1}^{n_x+n_y}R_{lp}R_{lq}\rho_{pq}^{\mathrm{sH}}U_{\mathrm{sH}}^2+\sum_{p=1}^{n_{x+y}}\sum_{q=1}^{n_z}R_{lp}R_{lq}\rho_{pq}^{\mathrm{sHV}}U_{\mathrm{sH}}U_{\mathrm{sV}}+ \\
& \sum_{p=1}^{n_z}\sum_{q=1}^{n_x+n_y}R_{lp}R_{lq}\rho_{pq}^{\mathrm{sHV}}U_{\mathrm{sH}}U_{\mathrm{sV}}+\sum_{p=1}^{n_z}\sum_{q=1}^{n_z}R_{lp}R_{lq}\rho_{pq}^{\mathrm{sV}}U_{\mathrm{sV}}^2\Bigg)\Bigg]^{0.5}
\end{aligned}
\tag{1.3-61}
$$

其中，U_l为自由度位移反应。$U_{\mathrm{H}i}$、$U_{\mathrm{H}j}$分别为i、j振型对应的水平地震的位移反应谱值，$U_{\mathrm{V}i}$、$U_{\mathrm{V}j}$分别为i、j振型对应的竖向地震下的位移反应谱值，U_{sH}、U_{sV}为对应不同设防烈度的地震动位移峰值。

式(1.3-61)体现了地震动响应与激励之间的关系。等号右边第 1～4 项为地震动响应的动力分量，第 5～8 项是动静耦合分量，第 9～12 项为拟静力分量。此反应谱公式同时计入了多维地震动相关性、地震动行波效应及相干效应，以及动力反应和拟静力反应之间的耦合关系。

此公式的特点是：

①简洁性，可以直接利用位移谱，避免了复杂的回代计算；②实用性，参数与现行规范挂钩；③全面性，可以同时考虑多维（含方向交叉向）、多点地震动（含行波效应和相干性效应）及动力与拟静力的耦合等多种因素。

单元内力的求解原理和过程与位移的完全一致，只需用第m个单元各振型内力ϕ_{im}^{e}、ϕ_{jm}^{e}代替式(1.3-61)中Δ的各振型位移ϕ_{il}、ϕ_{jl}，用各方向单位激励下的单元力f_{mp}和f_{mq}代替Δ中各方向单位激励下的节点位移R_{lp}和R_{lq}。

考虑到在软件里是分x、y和z三个方向求解参数的，所以进一步展开，已有研究表明：

$$\rho_{ijpq}=\rho_{jiqp} \tag{1.3-62}$$

（6）参数的确定

①对应不同周期位移反应谱值

根据小阻尼（2%～3.5%）时位移谱与加速度反应谱的关系，可得：

$$U_{\mathrm{H}i}=\frac{\alpha_i g}{\omega_i^2} \tag{1.3-63}$$

$$U_{\mathrm{H}j}=\frac{\alpha_j g}{\omega_j^2}$$

其中，α_i、α_j为第i振型的地震影响系数，ω_i、ω_j为i、j振型的圆频率。按照《建筑抗震设计规范》GB 50011—2010（2016 年版），取水平主向、水平次向及竖向的地震动参数比

例为 1∶0.85∶0.65，故

$$U_{Vi} = 0.65U_{Hi} \tag{1.3-64}$$

②地震动位移峰值

《城市轨道交通结构抗震设计规范》GB 50909—2014 中提到了对应不同地震动加速度的峰值位移取值，将其换算为抗震规范对应的地震动加速度，可以得到不同烈度下的水平地震动位移峰值U_{sH}。

《城市轨道交通结构抗震设计规范》GB 50909—2014 中，Ⅱ类场地设计地震动峰值加速度取值见表 1.3-6。

Ⅱ类场地设计地震动峰值加速度/g　　表 1.3-6

地震动峰值加速度分区	6 度（0.05g）	7 度（0.10g）	7 度（0.15g）	8 度（0.20g）	8 度（0.30g）	9 度（0.40g）
E1 地震作用	0.03	0.05	0.08	0.10	0.15	0.20
E2 地震作用	0.05	0.10	0.15	0.20	0.30	0.40
E3 地震作用	0.12	0.22	0.31	0.40	0.51	0.62

对应的Ⅱ类场地地震动峰值位移取值见表 1.3-7。

Ⅱ类场地设计地震动峰值位移/m　　表 1.3-7

地震动峰值加速度分区	6 度（0.05g）	7 度（0.10g）	7 度（0.15g）	8 度（0.20g）	8 度（0.30g）	9 度（0.40g）
E1 地震作用	0.02	0.04	0.05	0.07	0.10	0.14
E2 地震作用	0.03	0.07	0.10	0.13	0.20	0.27
E3 地震作用	0.08	0.15	0.21	0.27	0.35	0.41

根据《建筑抗震设计规范》GB 50011—2010（2016 年版），各设防烈度下时程分析采用的地震加速度时程最大值，见表 1.3-8。

时程分析所用地震动峰值加速度——GB 50011—2010（2016 年版）/（m/s^2）　表 1.3-8

地震影响	6 度（0.05g）	7 度（0.10g）	7 度（0.15g）	8 度（0.20g）	8 度（0.30g）	9 度（0.40g）
多遇地震	0.018	0.035	0.055	0.07	0.11	0.14
设防地震	0.05	0.10	0.15	0.20	0.30	0.40
罕遇地震	0.125	0.22	0.31	0.40	0.51	0.62

结合表 1.3-7 与表 1.3-8 的数据，并做适当调整，可以得到适用于《建筑抗震设计规范》GB 50011—2010（2016 年版）的Ⅱ类场地下地震动峰值位移取值，见表 1.3-9。

适用于 GB 50011—2010（2016 版）的Ⅱ类场地地震动峰值位移/m　　表 1.3-9

地震影响	6 度（0.05g）	7 度（0.10g）	7 度（0.15g）	8 度（0.20g）	8 度（0.30g）	9 度（0.40g）
多遇地震	0.012	0.028	0.035	0.05	0.075	0.10
设防地震	0.03	0.07	0.10	0.13	0.20	0.27
罕遇地震	0.085	0.15	0.21	0.27	0.35	0.41

场地地震动峰值位移调整系数可沿用《城市轨道交通结构抗震设计规范》GB 50909—2014 中的相关参数，见表 1.3-10。

场地地震动峰值位移调整系数　　**表 1.3-10**

场地类别	Ⅱ类场地地震动峰值位移					
	≤0.03m	0.07m	0.10m	0.13m	0.20m	≥0.27m
I_0	0.75	0.75	0.80	0.85	0.90	1.00
I_1	0.75	0.75	0.80	0.85	0.90	1.00
Ⅱ	1.00	1.00	1.00	1.00	1.00	1.00
Ⅲ	1.20	1.20	1.25	1.40	1.40	1.40
Ⅳ	1.45	1.50	1.55	1.70	1.70	1.70

多维多点反应谱具体求解流程见图 1.3-15。

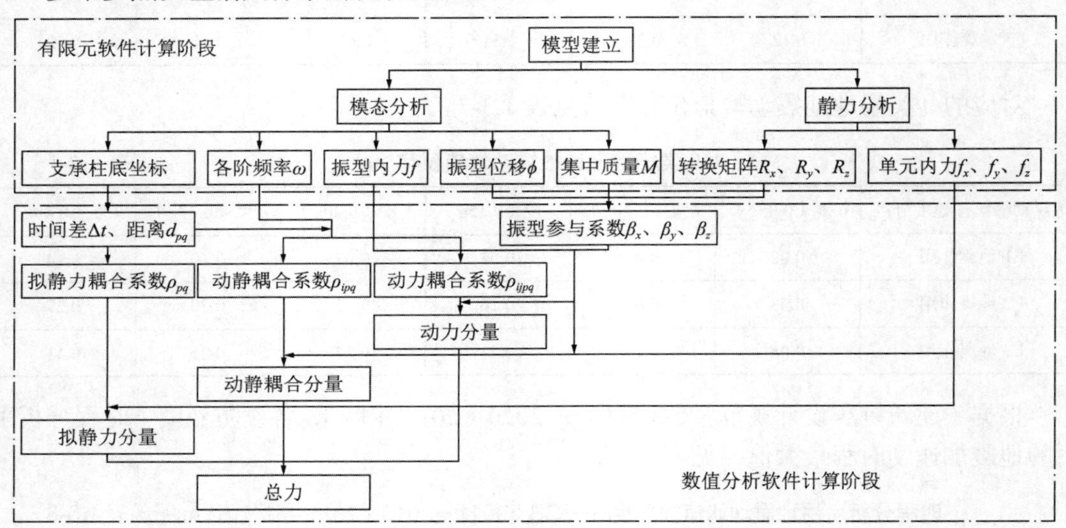

图 1.3-15　多维多点反应谱求解流程示意图

1.3.3　多维反应谱法

（1）多维反应谱法公式的推导

当结构平面尺度较小，无需考虑地震动的空间相关性，只需考虑多维地震动及其相关性时，不存在拟静力及其与动力响应的耦合项，ρ_{ijpq}^{H}、ρ_{ijpq}^{V}均退化为振型耦合系数ρ_{ij}。

如果进一步忽略水平与竖向地震分量间的相关性，则上节中的考虑多点多维的反应谱公式式(1.3-61)可以再次进行简化（仅保留第 1 项及第 4 项）。

$$U_l=\left[\sum_{i=1}^{N}\sum_{j=1}^{N}\phi_{il}\phi_{jl}\left(\sum_{p=1}^{n_x+n_y}\sum_{q=1}^{n_x+n_y}\beta_{ip}\beta_{jq}\rho_{ij}U_{\mathrm{H}i}U_{\mathrm{H}j}+\sum_{p=1}^{n_z}\sum_{q=1}^{n_z}\beta_{ip}\beta_{jq}\rho_{ij}U_{\mathrm{V}i}U_{\mathrm{V}j}\right)\right]^{0.5} \tag{1.3-65}$$

其中，ρ_{ij}——第i、j振型的耦合系数，可按照《建筑抗震设计规范》GB 50011—2010（2016 年版）的式(5.2.3-6)计算。

式(1.3-65)可以展开为：

$$
\begin{aligned}
U_l &= \left[\sum_{i=1}^{N}\sum_{j=1}^{N}\phi_{il}\phi_{jl}\left(\sum_{p=1}^{n_x+n_y}\sum_{q=1}^{n_x+n_y}\beta_{ip}\beta_{jq}\rho_{ij}U_{\mathrm{H}i}U_{\mathrm{H}j}+\sum_{p=1}^{n_z}\sum_{q=1}^{n_z}\beta_{ip}\beta_{jq}\rho_{ij}U_{\mathrm{V}i}U_{\mathrm{V}j}\right)\right]^{0.5} \\
&= \left[\sum_{i=1}^{N}\sum_{j=1}^{N}\phi_{il}\phi_{jl}\rho_{ij}\left(\sum_{p=1}^{n_x+n_y}\beta_{ip}U_{\mathrm{H}i}\sum_{q=1}^{n_x+n_y}\beta_{jq}U_{\mathrm{H}j}+\sum_{p=1}^{n_z}\beta_{ip}U_{\mathrm{V}i}\sum_{q=1}^{n_z}\beta_{jq}U_{\mathrm{V}j}\right)\right]^{0.5} \\
&= \left\{\sum_{i=1}^{N}\sum_{j=1}^{N}\phi_{il}\phi_{jl}\rho_{ij}\left[\left(\sum_{p=1}^{n_x}\beta_{ipx}+\sum_{p=1}^{n_y}\beta_{ipy}\right)U_{\mathrm{H}i}\left(\sum_{q=1}^{n_x}\beta_{jqx}+\sum_{q=1}^{n_y}\beta_{jqy}\right)U_{\mathrm{H}j}\right]+\right. \\
&\quad \left.\sum_{p=1}^{n_z}\beta_{ipz}U_{\mathrm{V}i}\sum_{q=1}^{n_z}\beta_{jqz}U_{\mathrm{V}j}\right)\Bigg\}^{0.5}
\end{aligned}
\tag{1.3-66}
$$

其中，β_{ipx}、β_{ipy}、β_{ipz}——i振型在x、y、z单向激励下的广义振型参与系数；

β_{jqx}、β_{jqy}、β_{jqz}——j振型在x、y、z单向激励下的广义振型参与系数。

根据式(1.3-18a)，有

$$
\begin{aligned}
\gamma_{ix} &= \sum_{p=1}^{n_x}\beta_{ip} \\
\gamma_{iy} &= \sum_{p=1}^{n_y}\beta_{ip} \\
\gamma_{iz} &= \sum_{p=1}^{n_z}\beta_{ip}
\end{aligned}
\tag{1.3-67}
$$

式中：γ_{ix}、γ_{iy}与γ_{iz}——第i振型在x、y、z方向的振型参与系数。

结合式(1.3-66)及式(1.3-67)可得，仅考虑多维地震动及其相关性时，自由度l方向上位移U_l的反应谱公式为：

$$
U_l = \left\{\sum_{i=1}^{N}\sum_{j=1}^{N}\phi_{il}\phi_{jl}\rho_{ij}\left[(\gamma_{ix}+\gamma_{iy})U_{\mathrm{H}i}\cdot(\gamma_{jx}+\gamma_{jy})U_{\mathrm{H}j}+\gamma_{iz}\gamma_{jz}U_{\mathrm{V}i}U_{\mathrm{V}j}\right]\right\}^{0.5} \tag{1.3-68}
$$

（2）算例对比分析

选用如图 1.3-16 所示的正交正放四角锥双层柱面网壳为计算模型，两纵边为三向固定铰支承，两横边为z向固定铰支承。图 1.3-17 为网壳杆件编号示意，Bs、Bx 分别代表横向上、下弦杆；Ls、Lx 分别代表纵向上、下弦杆。为方便起见，计算中只取网壳的 1/4 进行分析。网壳模型参数为：跨度$B = 36\mathrm{m}$；矢跨比$f/B = 0.3$；壳长$L = 45\mathrm{m}$；壳厚$h = 1.5\mathrm{m}$；施加于网壳上弦的均布荷载$Q = 1.0\mathrm{kN/m^2}$；网格尺寸$a \times a = 2.5\mathrm{m} \times 2.5\mathrm{m}$。考虑地震烈度为 8 度（设计基本地震加速度值为 0.2g），场地土类型为Ⅲ类，设计地震分组为第一组。分析中取结构前 20 阶振型，各振型阻尼比均取为 0.02。为进行计算比较，分别按两种方法进行分析：①多维随机振动分析方法，采用提出的多维随机分析的虚拟激励法，此方法为精确方法，分析中考虑非平稳，按单点输入计算，相应的输入功率谱模型参数取值按《设计用随机地震动功率谱模型参数的取值》（薛素铎，王雪生，曹资，2001）；②本书建议的多维反应谱法。图 1.3-18～图 1.3-21 分别为沿横向上弦杆 Bs10、横向下弦杆 Bx9、纵向上弦杆 Ls6 及纵向下弦杆 Lx5 的动内力分析结果对比情况。由对比结果可以看出，采用本书的多维反应谱法分析结果与多维随机振动分析结果非常接近，因此在工程中可采用多维反应谱法分析网壳结构的多维地震响应。

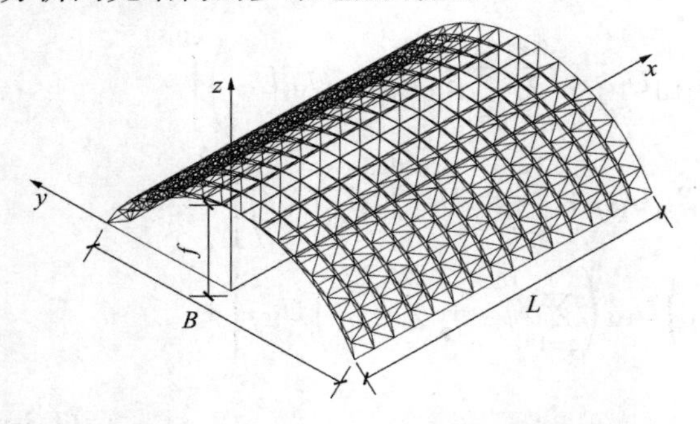

图 1.3-16 正交正放四角锥双层柱面网壳模型图

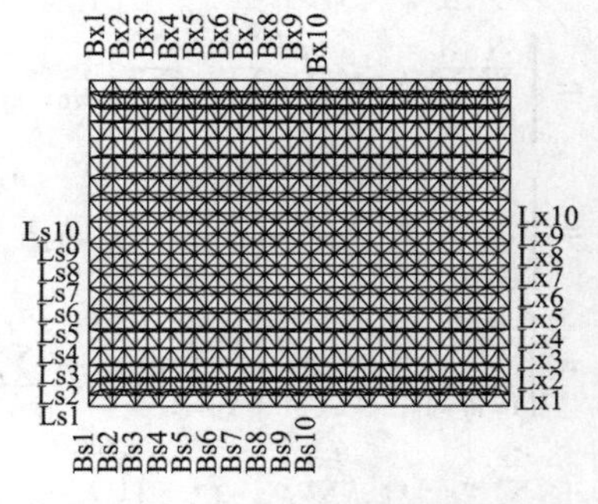

图 1.3-17 网壳杆件编号示意

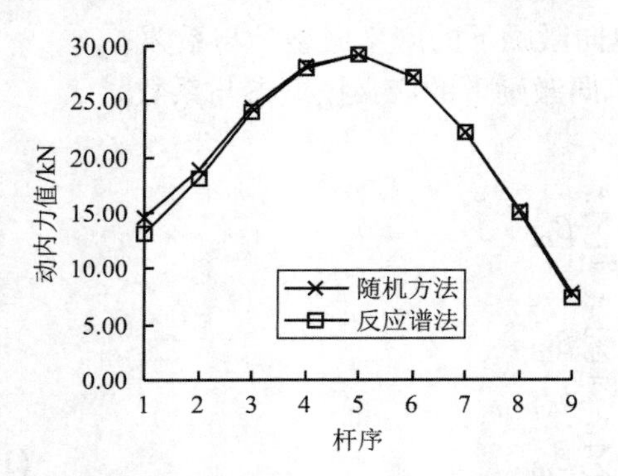

图 1.3-18 横向上弦杆 Bs10 动内力结果对比

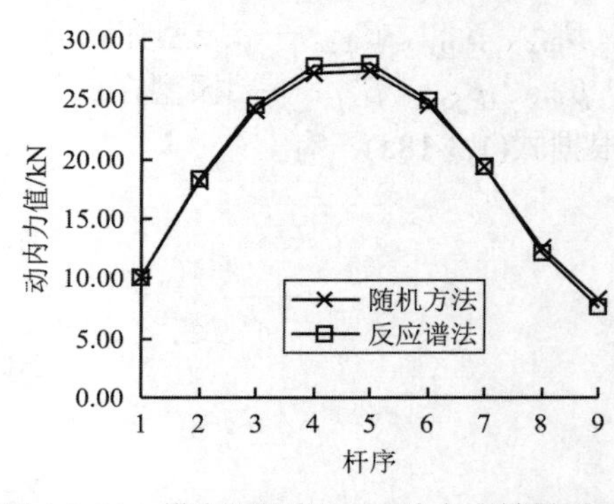

图 1.3-19 横向下弦杆 Bx9 动内力结果对比

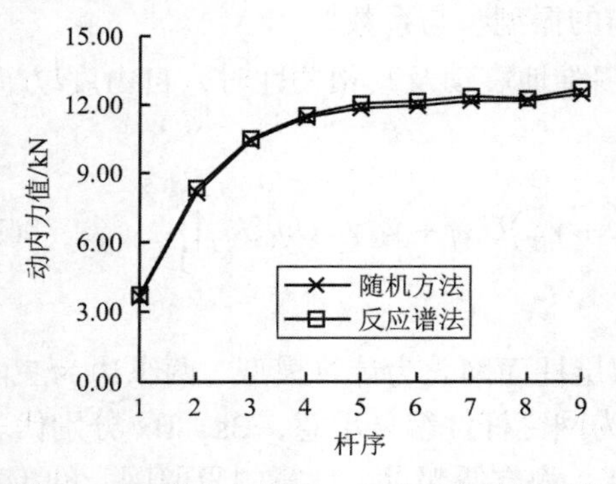

图 1.3-20 纵向上弦杆 Ls6 动内力结果对比

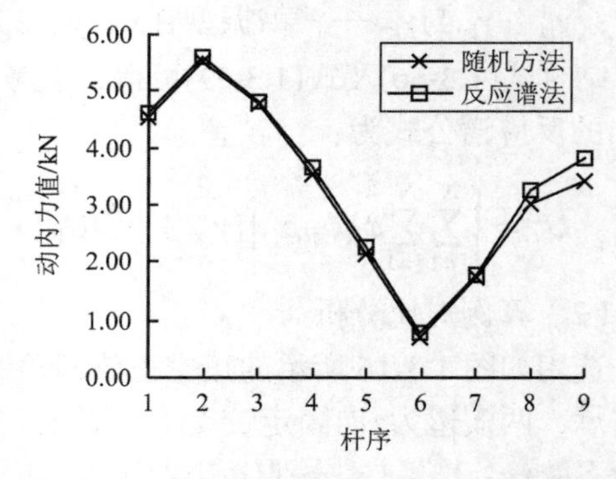

图 1.3-21 纵向下弦杆 Lx5 动内力结果对比

第 2 章 大跨度空间钢结构强震倒塌破坏机理分析方法与倒塌模式优化方法

在正常使用荷载或突发事故作用下，如果结构内部产生损伤，局部构件首先发生初始破坏，并极有可能引起结构构件相继失效，导致结构倒塌，而这些破坏过程仅通过结构的几何拓扑分析可能无法揭示。本章从结构易损性基本概念入手，建立了同时考虑结构几何拓扑关系和荷载作用效应的易损性分析模型，重新定义了结构内部连接能力的评价指标，并利用单元的应变能对其损伤破坏需求进行修正。理论分析与试验对比表明，所提出的结构易损性分析方法能比较准确地定位结构在实际荷载作用下的薄弱部位和其破坏位置。

在基于结构冗余特性的空间网格结构倒塌机理分析方面，本章针对响应敏感性与结构冗余特性的相关性进行研究，提出了一致激励、多点激励下的结构冗余度评价方法，并以单元材料弹性模量的响应敏感性作为冗余特性的评价指标，从而考虑了局部损伤对结构整体性能的影响。

2.1 考虑荷载作用效应的易损性分析模型

2.1.1 经典构形易损性理论若干基本概念

结构易损性（structural vulnerability）或结构的脆弱性，与结构鲁棒性（structural robustness）是一对相对的概念。易损性最早出现在军事领域，用于描述飞机或船体对于物理碰撞的脆弱程度，美国 911 事件后，结构的易损性问题在土木工程领域引起广泛关注。美国土木工程师协会将结构易损性定义为结构在突发事件或正常使用中容易受到伤害或损伤的程度，它反映了特定条件下结构的脆弱性和结构对意外损伤的承受能力。易损结构系统的重要特征是结构少数杆件失效导致结构系统失效，也就是说结构缺乏必要的冗余度和延性。脆弱的结构系统由于没有足够的鲁棒性，以至任意损伤都可能导致不成比例的后果。所以，研究结构的易损性，有助于深入了解结构缺乏鲁棒性的原因，为结构的安全性分析提供一条有效的途径。

结构构形易损性理论是一种分析结构构形的理论方法，由英国学者 Blockley 提出，他将结构易损性定义为结构的局部损伤与其造成的后果之比，根据结构的组合方式，寻找结构内部存在的薄弱部位。首先根据节点的连接性能，将结构划分成不同层次的结构簇（结构子集），形成表示结构组合方式的层级模型，这个过程称为结构的集簇过程。然后以层级模型为基础搜索结构的失效模式，从结构层级的顶部位置开始依次向下检查每个结构簇，寻找可以直接施加破坏事件的结构构件，该过程为结构的解簇过程。施加破坏事件后结构形式发生改变，构件之间的组合方式也随之发生变化。对施加破坏事件后的受损结构进行同样的集簇和解簇分析，寻找下一施加破坏事件的构件，直至破坏的构件使结构整体或局部成为机构，被破坏的构件单元序列构成结构的失效模式。

总之，结构构形易损性理论是通过研究不同的初始破坏对结构系统的影响识别其薄弱部位。结构易损性分析主要包括以下两个过程：

（1）形成结构层级模型（集簇过程）；

（2）基于结构层级寻找结构失效模式（解簇过程）。

1）节点连接系数与结构环的构形度

节点连接系数是表示节点的连接性能的参数。节点i的连接系数为：

$$q_i = \det(\boldsymbol{K}_{ii}) = \lambda_1 \times \cdots \times \lambda_m \quad (m\text{为矩阵}\boldsymbol{K}_{ii}\text{的特征值个数}) \tag{2.1-1}$$

式中：矩阵$\boldsymbol{K}_{ii}$——结构总体刚度矩阵中与节点i对应的刚度子矩阵；

$\det(\boldsymbol{K}_{ii})$和$\lambda_1$、$\lambda_2$、…、$\lambda_i$——矩阵$\boldsymbol{K}_{ii}$的行列式和其特征值。

结构环的构形度定义为环内所包含节点连接系数的平均值，即：

$$Q = \sum_{i=1}^{n} q_i / n \tag{2.1-2}$$

式中：Q——结构环的构形度；

n——结构环内的节点个数；

q_i——节点i的连接系数。

2）集簇过程

集簇过程是将结构划分成不同层次的结构簇，形成结构层级模型的过程。利用以下准则判断哪些结构构件或结构簇优先参与集簇，添加到现有的结构簇中。这些准则中最重要的是构形度Q，然后依次是最小破坏需求$D_{\min}$、节点连接度N（结构中与节点对象相连的构件总数）、与参考簇（一般指基础）的距离D_{is}。如果这四条准则都未能做出判断，那么采用随机法F_C选择适当的组合。

集簇过程主要有初始集簇、二次集簇和合并参考簇三个不同的阶段。

阶段Ⅰ（初始集簇）的第一步是从由结构构件所能形成的结构环中，选择构形度最大者，定义为种子簇，并作为集簇的起始位置；第二步是确定该种子簇与其他结构构件可形成的结构环，并根据集簇准则选择构形度增加最大者作为下一种子簇；第三步，如果存在单元两端节点都包含于结构簇，却不属于此结构簇的单元，则合并该单元，因为合并后构形度一定是增大的。重复第二、三步，依次将可以添加的结构单元添加到结构簇中。当构形度不再增大时，记录该结构簇所含的单元对象，并将其定义为自由簇，同理形成其他自由簇。总之，阶段Ⅰ是将那些使构形度增大的结构构件添加到结构簇中形成新的结构簇。

阶段Ⅱ（二次集簇）是所有自由簇之间的进一步组合过程（阶段Ⅰ中未参与集簇的单元此时也定义为自由簇），与阶段Ⅰ相似，不同的是形成的结构簇要满足构形度增加到最大或减小到最小的原则。所有结构单元都已参与集簇时阶段Ⅱ结束。

阶段Ⅲ（合并参考簇）是将参考簇并入阶段Ⅱ形成的结构簇，集簇完成。

3）解簇过程

解簇是利用集簇形成的结构层级模型搜索结构失效模式的过程。从结构层级的顶部位置开始，依次往下检查层级的每个结构簇，寻找可以直接施加破坏事件的结构构件。将施加的第一个破坏事件定义为E_1，此时结构形式发生改变，对破坏后的结构重新进行集簇分析并进行拆解确定下一破坏事件E_2。施加足够的破坏事件后，结构整体或局部成为机构时搜索结束，机构的判断以结构刚度矩阵是否奇异作为判断准则。施加破坏事件的方式可以是构件的移除或在构件上形成铰接点等。本书直接将结构构件从结构中移除来模拟构件的失效。

对某一结构簇进行拆解时，依次使用以下准则，从该结构簇所对应的结构环中选择相应子簇作为下一拆解对象：

（1）这个结构簇不是参考簇（N_R）；

（2）能与参考簇形成结构环（F_R）；

（3）直接与参考簇相连接但不能与之形成结构环（C_D）；

（4）是一个叶簇（结构单元）（L）；

（5）具有最小的构形度（S_Q）；

（6）具有最小的破坏需求（S_D）；

（7）最后参与集簇（C_L）；

如果依次使用以上准则都不能确定拆解对象时，在可选对象中随机选取确定（F_C）。

2.1.2　考虑荷载作用效应的节点连接系数与单元破坏需求

（1）荷载作用下的节点连接系数

荷载作用下的结构变形反映了其对外界作用的抵抗能力。刚度是结构抵抗能力的综合体现，通常刚度大的结构系统在外界作用下产生的变形较小，不易发生损伤破坏。由于非线性的影响，结构刚度与变形有关，基于节点刚度计算的节点连接系数［式(2.1-1)］不再是恒定的常数，而是一个与结构变形相关的量；此外在结构产生变形的情况下，结构原有的拓扑构形发生改变，节点位移的大小使节点之间的连接性能差异体现得更加明显，所以应考虑荷载效应的影响，采用合理的指标衡量节点的连接系数，以能够真实地反映结构内部的连接性能。

以如图 2.1-1 所示的二力杆体系为例，杆件截面面积$A_0 = 10\text{mm}^2$，弹性模量$E = 200\text{GPa}$，假定杆件材料的屈服强度$\sigma_s = 215\text{MPa}$，杆件长度$L_0 = 100\text{mm}$，$\theta_0 = 6°$，竖向荷载P作用于顶点节点。

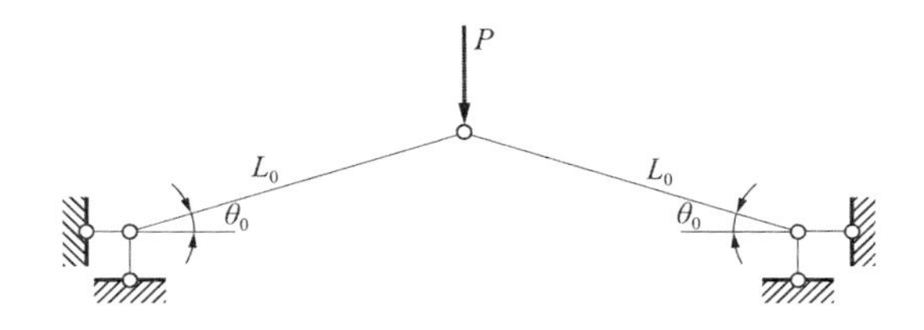

图 2.1-1　二力杆体系

在荷载P作用下，考虑材料非线性及几何非线性的影响，对该二力杆体系进行荷载-位移全过程分析，其临界荷载为 374.5N，全过程曲线如图 2.1-2 所示。利用刚度矩阵计算节点的连接系数［式(2.1-1)］，得到如图 2.1-3 所示的节点连接系数随节点位移变化的关系曲线。可知随节点位移的增大，节点连接系数逐渐减小，呈线性趋势变化，且在临界位移点附近发生突变，表明位移对节点连接系数具有很大的影响。随节点位移的逐渐增大，由于非线性的影响，结构刚度发生退化，由原来的正定矩阵变成负定矩阵，故易推断荷载作用下的结构构形度也与结构变形相关，其大小随节点位移的变化而变化。

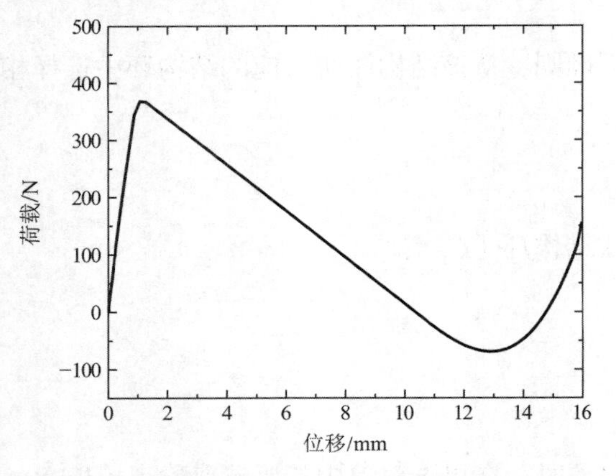

图 2.1-2　荷载作用节点的荷载-位移曲线

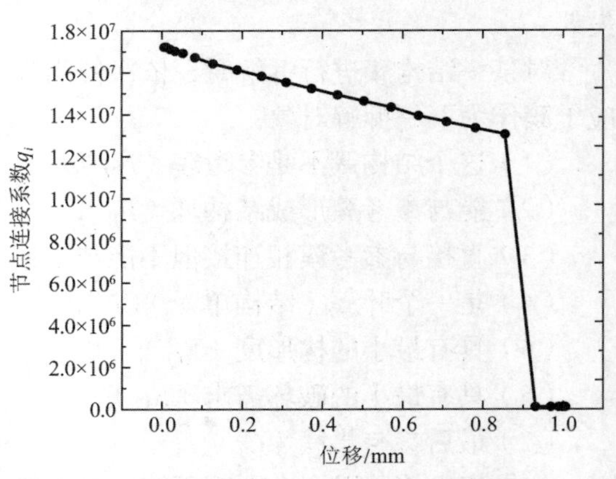

图 2.1-3　节点连接系数-位移曲线

一个由s个构件单元和n个节点组成的结构系统，若其空间布局及单元几何布置方式不受限制，对于节点在荷载作用下的刚度，通常将其定义为在节点上施加单位力时所产生位移的倒数，即节点i的刚度k_i为

$$k_i = \frac{1}{u_i} \tag{2.1-3}$$

式中：u_i——在节点i上作用的单位力沿荷载方向产生的位移。

这样就在节点刚度和单位荷载之间建立了联系。从式(2.1-3)可知，施加单位荷载的位置与实际荷载的作用方向及位置有关，所以一般情况下不同节点及同一节点不同方向的节点刚度是不同的。

在式(2.1-1)中，节点连接系数q_i定义为节点刚度矩阵的行列式，以刚度作为节点连接性能评价指标，但以刚度矩阵行列式计算的节点连接系数不能反映荷载作用对结构性能的影响。结构刚度是结构抵抗外部作用下产生变形的能力，所以以位移变形来衡量荷载作用下的节点连接性能是合理的。在荷载作用下以节点刚度代替式(2.1-1)，并将节点连接系数重新定义为

$$q_i^{\mathrm{F}} = k_i = \frac{1}{u_i} \tag{2.1-4}$$

式中：q_i^{F}——荷载作用下的节点连接系数；

k_i——节点刚度；

u_i——节点i在单位力作用下沿荷载作用方向的位移。

与式(2.1-1)相比，式(2.1-4)表示的节点连接系数与具体的荷载形式建立了联系。单位力作用下的节点位移u_i按以下方法求得：

根据实际作用于结构上的荷载分布形式，沿其作用方向对结构施加单位荷载。当作用于结构上的荷载为均布荷载时，在结构各节点上施加大小为 1 的单位荷载；当作用于结构上的荷载为非均布荷载时，在荷载最大节点施加大小为 1 的单位荷载，其他节点按其荷载

大小与最大节点荷载的比值施加，得到结构的节点位移向量$\{u\}$，即

$$\{u\}=\{u_1 \quad u_2 \quad \cdots \quad u_i \quad \cdots \quad u_n\}^{\mathrm{T}} \tag{2.1-5}$$

式中：u_i——单位荷载作用下节点i沿荷载方向的位移。

在得到荷载作用下的节点连接系数后，采用式(2.1-2)以节点连接系数的平均值作为结构环构形度的评价指标。

（2）荷载作用下的单元破坏需求

考虑荷载作用后，构件单元的破坏需求采用其所能储存的最大应变能与单位荷载作用产生的应变能之间的差值来表示，即

$$D=U_{\max}-U \tag{2.1-6}$$

式中：D——考虑荷载作用后的杆件破坏需求；

$U_{\max}$——杆件所能储存的最大应变能；

U——单位力作用下构件单元存储的应变能。

构件单元所能储存的最大应变能取为

$$U_{\max}=\frac{1}{2}\sigma_{\mathrm{s}}\varepsilon_{\mathrm{s}}AL \tag{2.1-7}$$

式中：σ_{s}——杆件材料的屈服强度；

ε_{s}——达到屈服强度时的应变值；

A、L——杆件的截面面积和长度。

这样通过式(2.1-4)和式(2.1-6)对节点的连接系数及单元的破坏需求进行重新定义，将荷载作用与构形易损性相结合，基于结构拓扑形式寻找荷载作用下的结构易损失效模式。

2.1.3　结构失效模式的评价指标

结构失效模式的评价指标包括分离系数γ、相对破坏需求D_{r}和易损性指数φ：

（1）分离系数γ，结构失效后果的衡量指标，指结构损伤后的构形度和损伤前构形度之比。即：

$$\gamma=\frac{Q(S)-Q(S')}{Q(S)} \tag{2.1-8}$$

式中：$Q(S)$、$Q(S')$——未受损结构S和损伤结构S'的构形度。若施加破坏事件后被拆解枝簇的整体刚度矩阵行列式$|\boldsymbol{K}|\leqslant 0$，则结构或结构局部成为机构，此时$Q(S')=0$。

（2）相对破坏需求D_{r}，指结构失效模式的破坏需求与最大破坏需求之比，最大破坏需求是指所有结构单元均被破坏时的破坏需求。即：

$$D_{\mathrm{r}}=\frac{D}{D_{\max}} \tag{2.1-9}$$

式中：D——破坏需求；

$D_{\max}$——所有单元的破坏需求之和。

（3）易损性指数φ，结构易损性的衡量指标，是分离系数与相对破坏需求之比，反应了破坏后果与损伤大小的不成比例性。即：

$$\varphi=\frac{\gamma}{D_{\mathrm{r}}}\tag{2.1-10}$$

2.2　基于响应敏感性的结构冗余特性分析方法

现行结构设计方法以构件强度为目标，是基于承载能力极限状态与正常使用极限状态验算的构件截面设计方法。若构件的截面设计满足安全性要求，则认为构件是安全的，进而认为整个结构系统是安全的。这种设计方法主要依据的是结构材料强度及预期作用荷载的大小。然而，随着结构使用年限增加，和使用环境变化、材质老化以及作用荷载改变等因素的影响，结构的安全性能逐渐降低。由于结构设计阶段未考虑可能出现的结构损伤对结构系统产生的影响，在非预期荷载或偶然荷载作用下（如强烈地震、爆炸及撞击等），可能出现结构局部构件首先发生初始破坏，并进一步导致结构倒塌的现象。因此，仅以构件强度为目标的结构设计方法可能导致结构体系的冗余特性较低。网架和网壳等大跨空间网格结构是高次超静定的结构体系，但结构某些杆件失效或局部破坏导致整个结构的崩溃也时有发生。这类结构虽具有较多的冗余杆件，但如果局部构件失效后结构内部未能形成有效的荷载传递路径，构件单元相继失效，导致结构整体或大范围的倒塌破坏，则表明结构整体缺乏必要的冗余特性。

结构设计阶段，若构件布置合理，构件之间相互连接紧密，损伤情况下结构发生内力重分布时，将存在多条荷载传递路径，也即具有较好的冗余特性。非预期荷载作用下，良好的结构冗余特性有利于降低结构的易损性，避免个别构件的失效或局部破坏引起结构整体倒塌或大范围的破坏。网壳结构受空间几何形式（如矢跨比等）和荷载作用形式的影响，在地震等动力荷载作用下呈现出动力失稳、强度破坏及二者的中间状态等几种不同的失效模式。可以认为结构的冗余特性是影响结构失效模式的主要因素之一。提高结构的冗余特性一方面可以降低结构的易损性，另一方面是分析结构内部存在的薄弱位置，揭示结构失效机理的有效途径。另外，随着空间网格结构跨度越来越大，在对空间网格结构倒塌机理研究时，考虑多点激励是合理且有必要的。

因此，本节针对响应敏感性与结构冗余特性的相关性进行研究，形成了多点激励下的结构冗余度评价方法，即以构件失效或损伤后对结构性能的影响为出发点，包括结构的极限强度、耗能能力和失效概率等。结构的冗余特性直观体现了结构构件在结构中的重要性，从而可以将那些对结构性能影响较大的构件判断为结构的关键构件。具体来讲本节以单元材料弹性模量的响应敏感性作为冗余特性评价指标，识别结构关键构件，从而考虑局部损伤对结构整体性能的影响。

2.2.1　多点激励运动方程的建立

将体系节点按照自由节点与支承节点分组：下标s表示结构中与自由节点有关的项，下标m代表与支承节点有关的项（例如基础或支座处存在约束的节点）。将地震作用下结构动力方程写成分块矩阵形式为：

$$\begin{bmatrix} \boldsymbol{M}_{\mathrm{ss}} & \boldsymbol{M}_{\mathrm{sm}} \\ \boldsymbol{M}_{\mathrm{ms}} & \boldsymbol{M}_{\mathrm{mm}} \end{bmatrix} \begin{Bmatrix} \ddot{\boldsymbol{u}}_{\mathrm{s}} \\ \ddot{\boldsymbol{u}}_{\mathrm{m}} \end{Bmatrix} + \begin{bmatrix} \boldsymbol{C}_{\mathrm{ss}} & \boldsymbol{C}_{\mathrm{sm}} \\ \boldsymbol{C}_{\mathrm{ms}} & \boldsymbol{C}_{\mathrm{mm}} \end{bmatrix} \begin{Bmatrix} \dot{\boldsymbol{u}}_{\mathrm{s}} \\ \dot{\boldsymbol{u}}_{\mathrm{m}} \end{Bmatrix} + \begin{bmatrix} \boldsymbol{K}_{\mathrm{ss}} & \boldsymbol{K}_{\mathrm{sm}} \\ \boldsymbol{K}_{\mathrm{ms}} & \boldsymbol{K}_{\mathrm{mm}} \end{bmatrix} \begin{Bmatrix} \boldsymbol{u}_{\mathrm{s}} \\ \boldsymbol{u}_{\mathrm{m}} \end{Bmatrix} = \begin{Bmatrix} \boldsymbol{0} \\ \boldsymbol{p}_{\mathrm{m}} \end{Bmatrix} \tag{2.2-1}$$

式中：$\boldsymbol{u}_{\mathrm{m}}$——支承地面强迫位移；

$\boldsymbol{u}_{\mathrm{s}}$——结构系统所有非支承节点位移；

$\boldsymbol{M}_{\mathrm{mm}}$、$\boldsymbol{C}_{\mathrm{mm}}$、$\boldsymbol{K}_{\mathrm{mm}}$——结构支承点的质量矩阵、阻尼矩阵和刚度矩阵；

$\boldsymbol{M}_{\mathrm{ss}}$、$\boldsymbol{C}_{\mathrm{ss}}$、$\boldsymbol{K}_{\mathrm{ss}}$——结构非支承点的质量矩阵、阻尼矩阵和刚度矩阵；

$\boldsymbol{M}_{\mathrm{sm}}$、$\boldsymbol{M}_{\mathrm{ms}}$、$\boldsymbol{C}_{\mathrm{sm}}$、$\boldsymbol{C}_{\mathrm{ms}}$、$\boldsymbol{K}_{\mathrm{sm}}$、$\boldsymbol{K}_{\mathrm{ms}}$——结构与支承点的耦合质量矩阵、耦合阻尼矩阵和耦合刚度矩阵；

$\boldsymbol{p}_{\mathrm{m}}$——作用在支承节点上的外力向量。

将式(2.2-1)展开，可以写成两个方程，第一个方程移项可得

$$\boldsymbol{M}_{\mathrm{ss}}\ddot{\boldsymbol{u}}_{\mathrm{s}} + \boldsymbol{C}_{\mathrm{ss}}\dot{\boldsymbol{u}}_{\mathrm{s}} + \boldsymbol{K}_{\mathrm{ss}}\boldsymbol{u}_{\mathrm{s}} = -(\boldsymbol{M}_{\mathrm{sm}}\ddot{\boldsymbol{u}}_{\mathrm{m}} + \boldsymbol{C}_{\mathrm{sm}}\dot{\boldsymbol{u}}_{\mathrm{m}} + \boldsymbol{K}_{\mathrm{sm}}\boldsymbol{u}_{\mathrm{m}}) \tag{2.2-2}$$

式中：$\ddot{\boldsymbol{u}}_{\mathrm{m}}$、$\dot{\boldsymbol{u}}_{\mathrm{m}}$、$\boldsymbol{u}_{\mathrm{m}}$——输入激励的加速度、速度、位移。

相对于惯性参照系的各节点位移反应，分为相对运动和拟静力项两部分，即

$$\begin{Bmatrix} \boldsymbol{u}_{\mathrm{s}} \\ \boldsymbol{u}_{\mathrm{m}} \end{Bmatrix} = \begin{Bmatrix} \boldsymbol{u}_{\mathrm{s}}^{\mathrm{d}} \\ 0 \end{Bmatrix} + \begin{Bmatrix} \boldsymbol{u}_{\mathrm{s}}^{\mathrm{s}} \\ \boldsymbol{u}_{\mathrm{m}}^{\mathrm{s}} \end{Bmatrix} \tag{2.2-3}$$

令式(2.2-1)中所有动力项为零可得拟静力位移

$$\boldsymbol{u}_{\mathrm{s}}^{\mathrm{s}} = -\boldsymbol{K}_{\mathrm{ss}}\boldsymbol{K}_{\mathrm{sm}}\boldsymbol{u}_{\mathrm{m}}^{\mathrm{s}} = \boldsymbol{R}\boldsymbol{u}_{\mathrm{m}}^{\mathrm{s}} \tag{2.2-4}$$

将式(2.2-3)带入式(2.2-2)，并利用式(2.2-4)，有

$$\begin{aligned} \boldsymbol{M}_{\mathrm{ss}}\ddot{\boldsymbol{u}}_{\mathrm{s}}^{\mathrm{d}} + \boldsymbol{C}_{\mathrm{ss}}\dot{\boldsymbol{u}}_{\mathrm{s}}^{\mathrm{d}} + \boldsymbol{K}_{\mathrm{ss}}\boldsymbol{u}_{\mathrm{s}}^{\mathrm{d}} = \boldsymbol{p}_{\mathrm{s}} - (\boldsymbol{M}_{\mathrm{sm}} + \boldsymbol{M}_{\mathrm{ss}}\boldsymbol{R})\ddot{\boldsymbol{u}}_{\mathrm{m}}^{\mathrm{s}} - \\ (\boldsymbol{C}_{\mathrm{sm}} + \boldsymbol{C}_{\mathrm{ss}}\boldsymbol{R})\dot{\boldsymbol{u}}_{\mathrm{m}}^{\mathrm{s}} - (\boldsymbol{K}_{\mathrm{sm}} + \boldsymbol{K}_{\mathrm{ss}}\boldsymbol{R})\boldsymbol{u}_{\mathrm{m}}^{\mathrm{s}} \end{aligned} \tag{2.2-5}$$

式(2.2-5)即为考虑多点激励时结构体系的动力平衡方程，它适用于线弹性和用增量方程表示的弹塑性结构体系。通常情况下式(2.2-5)可以简化，如对于只受惯性力作用的质量体系（$\boldsymbol{M}_{\mathrm{sm}} = 0$），忽略结构与支座的阻尼偶联（$\boldsymbol{C}_{\mathrm{sm}} + \boldsymbol{C}_{\mathrm{ss}}\boldsymbol{R} = 0$），式(2.2-5)就变成了如下形式

$$\boldsymbol{M}_{\mathrm{ss}}\ddot{\boldsymbol{u}}_{\mathrm{s}}^{\mathrm{d}} + \boldsymbol{C}_{\mathrm{ss}}\dot{\boldsymbol{u}}_{\mathrm{s}}^{\mathrm{d}} + \boldsymbol{K}_{\mathrm{ss}}\boldsymbol{u}_{\mathrm{s}}^{\mathrm{d}} = -\boldsymbol{M}_{\mathrm{ss}}\boldsymbol{R}\ddot{\boldsymbol{u}}_{\mathrm{m}}^{\mathrm{s}} \tag{2.2-6}$$

式中：$\ddot{\boldsymbol{u}}_{\mathrm{m}}^{\mathrm{s}}$——输入结构支承点的地震加速度时程；

$\boldsymbol{R}$——拟静态矩阵，$\boldsymbol{R} = -\boldsymbol{K}_{\mathrm{ss}}\boldsymbol{K}_{\mathrm{sm}}$。

可见，式(2.2-6)在形式上与一致输入运动方程保持一致。同时，对于非弹性结构体系，式(2.2-6)中$\boldsymbol{K}_{\mathrm{ss}}$以及$\boldsymbol{R}$中包含的参数$\boldsymbol{K}_{\mathrm{ss}}$、$\boldsymbol{K}_{\mathrm{sm}}$均与结构位移以及应力状态相关，故可采用Newmark方法的增量形式进行求解。

2.2.2 多点激励下的结构响应敏感性

进行敏感性分析时，将结构某设计参数视为变量，用α表示，该参数可取为结构材料的弹性模量、杆件截面面积或节点坐标等。则多点输入下结构运动微分方程式(2.2-6)可写为

$$\boldsymbol{M}_{\mathrm{ss}}(\alpha)\ddot{\boldsymbol{u}}_{\mathrm{s}}^{\mathrm{d}}(t,\alpha) + \boldsymbol{C}_{\mathrm{ss}}(\alpha)\dot{\boldsymbol{u}}_{\mathrm{s}}^{\mathrm{d}}(t,\alpha) + \boldsymbol{K}_{\mathrm{ss}}(\alpha)\boldsymbol{u}_{\mathrm{s}}^{\mathrm{d}}(t,\alpha) = \boldsymbol{p}(t) \tag{2.2-7}$$

式中：$\boldsymbol{p}(t) = \boldsymbol{M}_{\mathrm{ss}}\boldsymbol{K}_{\mathrm{ss}}\boldsymbol{K}_{\mathrm{sm}}\ddot{\boldsymbol{u}}_{\mathrm{m}}^{\mathrm{s}}$；$\boldsymbol{M}_{\mathrm{ss}}$、$\boldsymbol{C}_{\mathrm{ss}}$、$\boldsymbol{K}_{\mathrm{ss}}$、$\ddot{\boldsymbol{u}}_{\mathrm{s}}^{\mathrm{d}}$、$\dot{\boldsymbol{u}}_{\mathrm{s}}^{\mathrm{d}}$、$\boldsymbol{u}_{\mathrm{s}}^{\mathrm{d}}$符号意义见式(2.2-8)。

这里将式(2.2-7)中结构参数α取为各单元的弹性模量，当α为单元i的弹性模量E_i时，式(2.2-7)两边对E_i求偏导，得

$$\frac{\partial \boldsymbol{M}_{\mathrm{ss}}}{\partial E_i}\ddot{\boldsymbol{u}}_{\mathrm{s}}^{\mathrm{d}}+\boldsymbol{M}_{\mathrm{ss}}\frac{\partial \ddot{\boldsymbol{u}}_{\mathrm{s}}^{\mathrm{d}}}{\partial E_i}+\frac{\partial \boldsymbol{C}_{\mathrm{ss}}}{\partial E_i}\dot{\boldsymbol{u}}_{\mathrm{s}}^{\mathrm{d}}+\boldsymbol{C}_{\mathrm{ss}}\frac{\partial \dot{\boldsymbol{u}}_{\mathrm{s}}^{\mathrm{d}}}{\partial E_i}+\frac{\partial \boldsymbol{K}_{\mathrm{ss}}}{\partial E_i}\boldsymbol{u}_{\mathrm{s}}^{\mathrm{d}}+\boldsymbol{K}_{\mathrm{ss}}\frac{\partial \boldsymbol{u}_{\mathrm{s}}^{\mathrm{d}}}{\partial E_i}$$
$$=\frac{\partial \boldsymbol{M}_{\mathrm{ss}}}{\partial E_i}\boldsymbol{K}_{\mathrm{ss}}\boldsymbol{K}_{\mathrm{sm}}\ddot{\boldsymbol{u}}_{\mathrm{m}}^{\mathrm{s}}+\boldsymbol{M}_{\mathrm{ss}}\frac{\partial \boldsymbol{K}_{\mathrm{ss}}}{\partial E_i}\boldsymbol{K}_{\mathrm{sm}}\ddot{\boldsymbol{u}}_{\mathrm{m}}^{\mathrm{s}}+\boldsymbol{M}_{\mathrm{ss}}\boldsymbol{K}_{\mathrm{ss}}\frac{\partial \boldsymbol{K}_{\mathrm{sm}}}{\partial E_i}\ddot{\boldsymbol{u}}_{\mathrm{m}}^{\mathrm{s}}+\boldsymbol{M}_{\mathrm{ss}}\boldsymbol{K}_{\mathrm{ss}}\boldsymbol{K}_{\mathrm{sm}}\frac{\partial \ddot{\boldsymbol{u}}_{\mathrm{m}}^{\mathrm{s}}}{\partial E_i} \tag{2.2-8}$$

式中：$\partial \boldsymbol{M}_{\mathrm{ss}}/\partial E_i$、$\partial \boldsymbol{C}_{\mathrm{ss}}/\partial E_i$、$\partial \boldsymbol{K}_{\mathrm{ss}}/\partial E_i$——结构支承点的质量矩阵、阻尼矩阵、抗力矩阵对结构参数E_i的敏感性；

$\partial \boldsymbol{K}_{\mathrm{sm}}/\partial E_i$——支承点与非支承点耦合刚度对结构参数$E_i$的敏感性；

$\partial \ddot{\boldsymbol{u}}_{\mathrm{s}}^{\mathrm{d}}/\partial E_i$、$\partial \dot{\boldsymbol{u}}_{\mathrm{s}}^{\mathrm{d}}/\partial E_i$和$\partial \boldsymbol{u}_{\mathrm{s}}^{\mathrm{d}}/\partial E_i$——结构非支承点的相对运动加速度、速度和位移对结构参数E_i的敏感性；

$\partial \ddot{\boldsymbol{u}}_{\mathrm{m}}^{\mathrm{s}}/\partial E_i$——结构支承点的加速度对结构参数$E_i$的敏感性。

结构非支承点阻尼矩阵采用瑞利阻尼模型，则

$$\frac{\partial \boldsymbol{C}_{\mathrm{ss}}}{\partial E_i}=\beta_1\frac{\partial \boldsymbol{M}_{\mathrm{ss}}}{\partial E_i}+\beta_2\frac{\partial \boldsymbol{K}_{\mathrm{ss}}}{\partial E_i} \tag{2.2-9}$$

一般而言，结构非支承点质量矩阵$\boldsymbol{M}_{\mathrm{ss}}$和支承点加速度$\ddot{\boldsymbol{u}}_{\mathrm{m}}^{\mathrm{s}}$与弹性模量无关，即

$$\frac{\partial \boldsymbol{M}_{\mathrm{ss}}}{\partial E_i}=0 \tag{2.2-10}$$

$$\frac{\partial \ddot{\boldsymbol{u}}_{\mathrm{m}}^{\mathrm{s}}}{\partial E_i}=0 \tag{2.2-11}$$

将式(2.2-9)～式(2.2-11)带入式(2.2-8)，并设$\ddot{\boldsymbol{v}}=\frac{\partial \ddot{\boldsymbol{u}}_{\mathrm{s}}^{\mathrm{d}}}{\partial E_i}$，$\dot{\boldsymbol{v}}=\frac{\partial \dot{\boldsymbol{u}}_{\mathrm{s}}^{\mathrm{d}}}{\partial E_i}$，$\boldsymbol{v}=\frac{\partial \boldsymbol{u}_{\mathrm{s}}^{\mathrm{d}}}{\partial E_i}$，则有

$$\boldsymbol{M}_{\mathrm{ss}}\ddot{\boldsymbol{v}}+\boldsymbol{C}_{\mathrm{ss}}\dot{\boldsymbol{v}}+\boldsymbol{K}_{\mathrm{ss}}\boldsymbol{v}=\boldsymbol{F}(t) \tag{2.2-12}$$

其中，

$$\boldsymbol{F}(t)=\boldsymbol{M}_{\mathrm{ss}}\frac{\partial \boldsymbol{K}_{\mathrm{ss}}}{\partial E_i}\boldsymbol{K}_{\mathrm{sm}}\ddot{\boldsymbol{u}}_{\mathrm{m}}^{\mathrm{s}}+\boldsymbol{M}_{\mathrm{ss}}\boldsymbol{K}_{\mathrm{ss}}\frac{\partial \boldsymbol{K}_{\mathrm{sm}}}{\partial E_i}\ddot{\boldsymbol{u}}_{\mathrm{m}}^{\mathrm{s}}-\beta_2\frac{\partial \boldsymbol{K}_{\mathrm{ss}}}{\partial E_i}\dot{\boldsymbol{u}}_{\mathrm{s}}^{\mathrm{d}}-\frac{\partial \boldsymbol{K}_{\mathrm{ss}}}{\partial E_i}\boldsymbol{u}_{\mathrm{s}}^{\mathrm{d}} \tag{2.2-13}$$

$\boldsymbol{F}(t)$可看作作用在结构上的等效荷载，方程右侧的$\partial \boldsymbol{K}_{\mathrm{sm}}/\partial E_i$、$\partial \boldsymbol{K}_{\mathrm{ss}}/\partial E_i$为矩阵$\partial \boldsymbol{K}/\partial E_i$的分块矩阵，则式(2.2-12)在形式上与式(2.2-6)保持一致。与式(2.2-6)类似，对于非弹性结构体系，式(2.2-13)的$\boldsymbol{F}(t)$中的$\boldsymbol{K}_{\mathrm{ss}}$、$\boldsymbol{K}_{\mathrm{sm}}$均与结构位移以及应力状态相关，故仍可采用 Newmark 法的增量形式进行求解，即可得到结构的位移敏感性$\boldsymbol{v}$。

与结构节点位移敏感性相比，结构各构件的应变能敏感性可以直接在数值上相加，代表整个结构对某构件的应变能敏感性，其数值的物理意义为某一构件弹性模量改变单位量时，整个结构应变能的改变量。结构的总应变能可以综合反应结构的受力性能，故本节提出选取总应变能作为结构响应的指标，可以较全面地反映由于某构件的损伤对整体结构造成的影响。

通过以上推导及求解可以得到多点激励下结构非支承点的位移$\boldsymbol{u}_{\mathrm{s}}^{\mathrm{d}}$及位移敏感性$\boldsymbol{v}$。利用$t$时刻单元的节点位移$\boldsymbol{u}_{\mathrm{s}}^{\mathrm{d}}(t)$，根据应力应变与节点位移之间的关系，可得单元$j$在$t$时刻的应变$\boldsymbol{\varepsilon}_j(t)$为：

$$\varepsilon_j(t)=\boldsymbol{B}_j\boldsymbol{u}_j(t) \tag{2.2-14}$$

式中：$\boldsymbol{B}_j$——单元j应变矩阵；

$\boldsymbol{u}_j = \boldsymbol{T}_j^{\mathrm{T}}\boldsymbol{u}_{\mathrm{s}}^{\mathrm{d}}(t)$——局部坐标系下单元$j$在$t$时刻的节点位移。

单元j应变矩阵$\boldsymbol{B}_j$与单元i的弹性模量E_i无关，则$\partial\boldsymbol{B}_j/\partial E_i = 0$，所以单元$j$在$t$时刻的应变$\varepsilon_j(t)$对弹性模量$E_i$的敏感性为：

$$\frac{\partial\varepsilon_j(t)}{\partial E_i} = \boldsymbol{B}_j\frac{\partial\boldsymbol{u}_j(t)}{\partial E_i} = \boldsymbol{B}_j\boldsymbol{v}_j(t) \tag{2.2-15}$$

式中：$\boldsymbol{v}_j(t)$——t时刻局部坐标下单元j的节点位移对弹性模量E_i的敏感性。

t时刻单元j的应变能为：

$$U_j(t) = \int_v \frac{1}{2}\sigma_j(t)\varepsilon_j(t) \tag{2.2-16}$$

式(2.2-16)两侧分别对E_i求导即可求出单元j的应变能对单元i的弹性模量的响应敏感性：

$$\frac{\partial\boldsymbol{U}_j(t)}{\partial E_i} = \int_v \frac{1}{2}\left(\boldsymbol{\varepsilon}(t)\frac{\partial\boldsymbol{\sigma}_j(t)}{\partial E_i} + \boldsymbol{\sigma}(t)\frac{\partial\boldsymbol{\varepsilon}_j(t)}{\partial E_i}\right) \tag{2.2-17}$$

由弹塑性下应力应变关系$\boldsymbol{\sigma} = \boldsymbol{D}_{\mathrm{ep}}\boldsymbol{\varepsilon}$，并利用式(2.2-15)可得到单元$j$应变能关于单元$i$弹性模量的敏感性：

$$\frac{\partial\boldsymbol{U}_j}{\partial E_i} = \int_v \{\sigma_j(t)\}\boldsymbol{B}_j\boldsymbol{v}_j(t) \tag{2.2-18}$$

以双线性强化模型材料本构为例，式(2.2-18)所求单元j对单元i的应变能敏感性如图2.2-1所示。

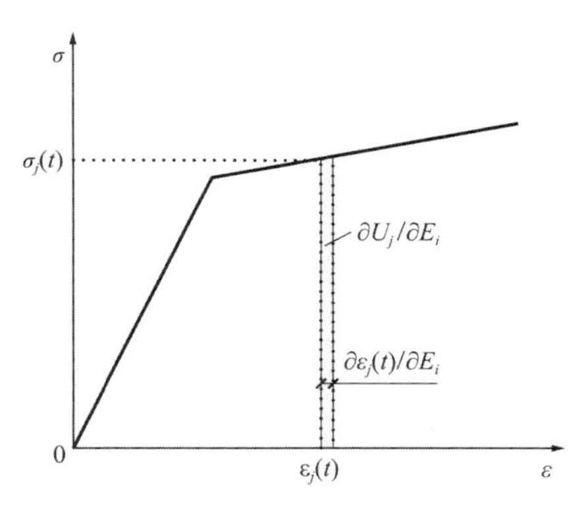

图2.2-1　单元应变能敏感性示意

2.2.3　多点激励下结构构件冗余度定义

我们借鉴P. C. Pandy和S. V. Barai给出的基于敏感性分析的冗余度评估概念：结构构件的冗余度与其非敏感性成比例，也可以说与其结构构件的敏感性成反比。冗余度可以通过下式表述：

$$\text{结构构件冗余度} \propto \frac{1}{\text{响应敏感性}} \tag{2.2-19}$$

基于敏感性分析的冗余度评估方法认为，结构对某构件的敏感性越高，即冗余度越低，说明该构件的重要程度越高。低冗余度构件发生破坏，将带来比高冗余度构件破坏更严重的后果。

前文已述，本节选取总应变能为结构响应的指标，计算在动力作用下结构整体应变能

对某构件弹性模量的敏感性时程，取时程极值作为该构件的动力冗余度，则基于应变能敏感性的结构构件冗余度定义为

$$R_j = \frac{1}{\max\left(\sum_{1}^{n_e} S_{ij}(t)\right)} \tag{2.2-20}$$

式中：R_j——构件j的冗余度；

S_{ij}——构件j的应变能对构件i弹性模量的敏感性，由式(2.2-18)得到；

n_e——结构构件数目。

2. 3　空间网壳结构地震下的倒塌模式优化方法

空间网格结构属于高次超静定结构，其自振频率密集，各振型耦合严重，与高层结构的动力特性具有很大差别，而地震作用亦具有很强的随机性，导致网壳结构的破坏机理复杂，因此，对这类结构在地震作用下进行倒塌模式优化（控制）具有较大难度。

针对上述问题，本节从结构拓扑关系入手，对经典构形易损性理论进行改进（详见 2.1 节），并应用于单层网壳结构，从全新角度剖析其倒塌破坏机理，进而发现结构固有特性（即结构簇构形度Q值）和倒塌模式之间的规律（详见 5.1 节）；然后通过建立结构优化模型和构造遗传-模拟退火优化算法（GASA），实现对单层球面网壳结构在地震作用下倒塌模式优化（控制）。值得注意的是，本节通过结构优化实现结构的减震，不是通过附加减震装置，而是充分挖掘结构自身潜力（优化）达到提升结构强震抗倒塌能力的目的。

2. 3. 1　遗传-模拟退火混合算法（GASA）的提出

遗传算法和模拟退火算法均属于基于概率分布机制的优化算法，这两种智能优化算法在结构优化中得到比较广泛的应用。然而，当采用这两种算法对一些较复杂的结构进行优化时，它们在优化性能或优化效率方面存在缺陷。针对上述问题，本节将遗传算法和模拟退火算法作为子算法，基于广义邻域搜索算法的统一结构，构造出一类遗传-模拟退火算法（GASA），并通过三个经典函数算例，对 GASA 算法的优化性能、优化效率及稳定性进行验证。

1）遗传算法的原理及特点

遗传算法（Genetic Algorithms，简称 GA）是基于达尔文的生物进化理论和孟德尔的遗传学说，通过模拟自然选择和有性繁殖，寻找优化问题的相对最优解。生物进化是一个从简单到复杂、从低级到高级的过程，其本身就是一个自然的、并行发生的、稳健的优化过程。生物通过繁殖产生后代，而自然界中生物赖以生存的资源有限，因此种群之间及生物个体之间就存在竞争。个体的存亡受这种自然选择的支配，其中适应性强的个体在逃避天敌、获得食物和配偶方面占有优势，其存活的概率就大，所留下的后代就多；而适应性差的个体则会很快淘汰掉，从而留下后代的几率也小。在遗传算法中采用字符串表示种群中的个体，即对应问题的一个解。根据种群中个体适应度选择较好的个体，淘汰较差的个体，并通过对选择的个体进行交叉和变异等操作，产生适应度更高的新一代种群。如此一代代

不断进化，最终收敛到最适应环境的个体，即最优解或满意解。

遗传算法具有计算简单和功能强大的特点。与传统的优化方法相比，它的优越性主要体现在：

（1）将决策变量的编码作为运算对象，而不是参数本身。传统的优化算法往往直接利用决策变量的实际值进行优化计算，而遗传算法对决策变量进行编码的处理方式不仅有利于应用遗传操作算子，同时也使遗传算法更适于处理离散变量的优化问题。

（2）直接以目标函数值作为搜索信息，不受目标函数和约束空间的限制（如连续性、可导性等）。传统的优化算法不仅需要利用目标函数值，而且往往需要目标函数的导数值等其他一些辅助信息才能确定搜索方向；遗传算法通过目标函数值变换得到的适应度函数值就可确定进一步的搜索方向和搜索范围，因此遗传算法适用范围比较广，能够快速有效的搜索复杂、高度非线性和多维空间问题。

（3）具有隐含的并行性。传统的优化方法一般为单点搜索算法，通过目标函数梯度等信息，将解从变量空间中的当前位置转移到下一个位置。这种单点搜索策略不仅搜索效率低，而且最终解对初始解的依赖性较大。遗传算法采用种群的方式组织搜索，能够同时搜索变量空间内的多个区域，并通过选择、交叉和变异产生新一代的种群，所以遗传算法实际上是一种多点并行搜索算法。

（4）采用概率转移律，而非确定性状态转移规则。传统的优化算法往往使用确定性转移方法和转移关系，很可能使搜索永远达不到最优点，因而限制了算法的使用范围。而遗传算法属于概率搜索方法，以概率为指导，对种群中的个体进行选择、杂交和变异，从而增加了其搜索过程的灵活性。虽然这种概率特性也会产生一些适应度不高的个体，但随着算法过程的进行，新的种群中总会更多地产生优良个体。

尽管遗传算法比传统优化方法具有更强的通用性和稳健性，但在实际应用中也存在如下问题：

（1）局部搜索能力不强。遗传算法能够快速达到最优解的90%左右，但要达到最优解则花费更长的时间。

（2）早熟收敛和后期收敛速度放慢。遗传算法是按照个体适应度值的比例进行选择复制，在初始阶段的种群中，具有较高适应度个体的数量会急剧增加，并迅速控制整个种群，此时交叉操作对种群的进化能力变得十分有限，而小概率的变异操作难以增加种群的多样性，从而导致整个搜索过程徘徊不前，出现早熟收敛的现象。在搜索后期，种群中绝大多数个体的适应度值与种群的平均适应度值比较接近，此时按照适应度值比例进行选择操作时，种群中每个个体几乎得到相同的复制数量，即种群内部不存在竞争，因而出现后期收敛速度放慢现象。

针对上述问题，在应用遗传算法对实际结构进行优化时，需要在遗传操作过程中增加能够增强其局部搜索能力、避免出现早熟收敛和后期收敛速度放慢现象发生的改进策略，从而改善遗传算法的优化性能。

2）模拟退火算法的原理及特点

模拟退火算法（Simulated Annealing，简称 SA）是模拟统计物理学中固体退火过程而建立的一种随机搜索算法。固体退火是先将固体加热至液态，再缓慢降温，使其凝固成规则晶体的热力学过程。缓慢降温冷却形成的规则晶体状态即为最低能量状态。在退火过程中，固体在某个恒定温度下达到热平衡时，系统的宏观状态已经确定，但微观状态即粒子的动力学状态仍处于不断变化中。当温度较高时，系统可以接受与当前状态能量差较大的新状态；温度较低时，系统只能接受与当前状态能量差较小的新状态；温度趋于0时，系统不能接受能量大于当前状态的新状态。粒子经过上述大量迁移之后，系统逐渐趋于能量最低的平衡状态，上述接受准则称为Metropolis准则。

1982年，Kirkpatrick等将Metropolis接受准则引入优化过程中，最终得到一种对Metropolis算法进行迭代的组合优化算法，称之为模拟退火算法。

模拟退火算法与其他优化算法相比，具有如下的优点：

（1）采用Metropolis概率接受准则。在搜索过程中，模拟退火算法除接受优化解外，还能够以一定的概率接受恶化解。开始阶段控制参数t较大，可能接受较差的恶化解；随着控制参数t的减小，只能接受较好的恶化解；最后阶段控制参数t趋于0时，就不能接受任何恶化解了。这种概率接受准则使模拟退火算法能够从局部最优陷阱中跳出，从而成为一种全局最优算法。

（2）具有通用性和灵活性。模拟退火算法无需其他辅助信息，而只是定义邻域结构，在其邻域结构内选取相邻解，再用目标函数进行评估，因此对难以求导和导数不存在的优化问题同样适用。

尽管模拟退火算法具有跳出局部最优陷阱的能力，且通用性和灵活性较强，但在实际应用中同样存在如下不足：

（1）模拟退火算法采用单点搜索方式，搜索效率不高，返回一个高质量近似解的时间花费较多。当问题规模不可避免地增大时，难以承受的运行时间会使模拟退火算法丧失可行性。

（2）模拟退火算法不具备记忆能力，可能导致重复搜索，即对算法进程的控制能力不足。

3）GASA混合算法的理论基础

GASA混合算法的构造出发点主要基于以下方面：

（1）优化机制的融合。理论上，遗传算法和模拟退火算法均属于基于概率分布机制的优化算法，但二者的运行机理存在明显差异。遗传算法是通过概率意义下“优胜劣汰”的种群遗传操作实现目标函数的优化；模拟退火算法通过赋予搜索过程一种时变且最终趋于零的概率突跳性，有效避免算法陷入局部极小，并最终趋于全局最优。将两种优化机制相混合，有利于丰富优化过程中的搜索行为，增强算法在全局和局部的搜索能力和效率。

（2）优化结构的互补。遗传算法采用种群并行搜索结构，模拟退火算法采用单点串行优化结构。将两种优化结构相结合，可以提高算法的整体优化性能。同时，模拟退火算法作为一种自适应变概率的变异操作，可以有效增强和补充遗传算法的局部进化能力。

（3）优化操作的结合。模拟退火算法的状态产生和接受操作的每一时刻仅保留一个解，缺乏历史搜索信息；遗传算法中，选择操作能够将种群中的优良个体的字符串模式遗传到下一代中，交叉操作能够在一定程度上继承父代的优良模式，变异操作能够增强种群的多样性。将两种优化操作相结合，增强了算法在变量空间的搜索能力。

（4）优化行为的互补。遗传算法经常出现后期进化缓慢或早熟收敛现象。这主要是因为选择操作对当前种群外的变量空间缺乏探索能力。同时，算法进程后期，较高适应度个体会控制整个种群。此时，交叉操作对整个种群进化能力的提升变得非常有限，而小概率的变异操作难以增加种群的多样性。另一方面，理论上模拟退火算法的全局收敛对退温历程的限制条件很苛刻，因此算法的时间性能较差。将这两种算法结合之后，模拟退火算法可以控制算法的收敛性，避免出现过早收敛，同时遗传算法的内含并行性能够提高算法的时间性能。

（5）削弱参数的依赖性。遗传算法和模拟退火算法对计算参数具有很强的依赖性，计算参数的合理选择是决定优化效率和优化结果的关键。实际应用时通常需要大量的试算和经验来确定。将这两种算法相结合，使得优化进程的整体把握能力和局部搜索能力均得到提高，因此算法的参数选择不必过于严格。

4）GASA 混合算法的实施流程

遗传-模拟退火算法（GASA）的运算流程如图 2.3-1 所示，其计算步骤主要包括：编码、生成初始种群、解码与计算适应度、选择操作、交叉操作、变异操作、模拟退火操作和收敛性判断等。

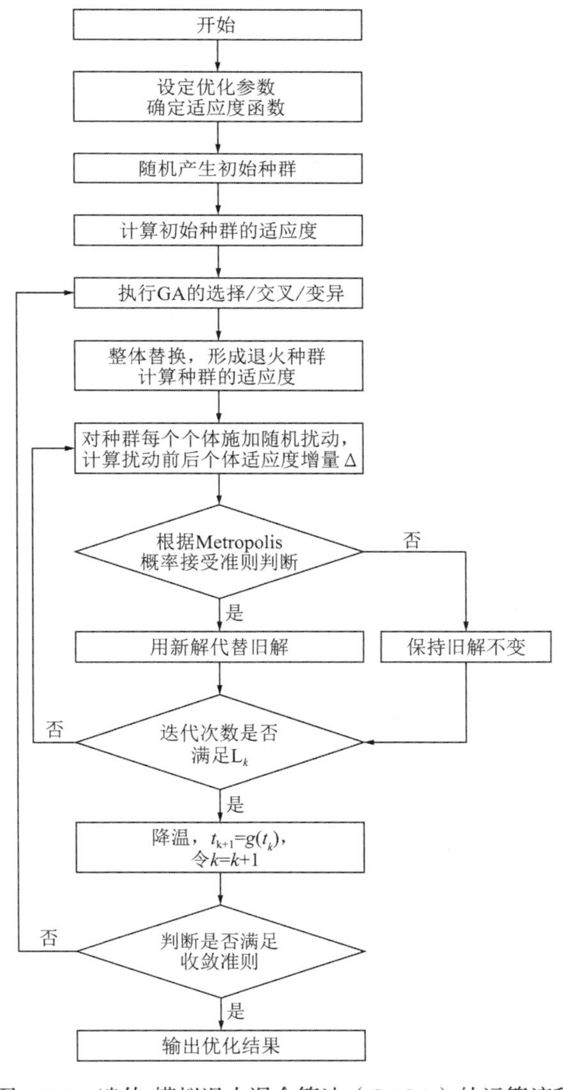

图 2.3-1　遗传-模拟退火混合算法（GASA）的运算流程

（1）编码。采用二进制编码方案，其优点是搜索能力强，交叉和变异等遗传操作便于实现。变量二进制串长取决于求解精度。设决策变量x_i取值范围为$[x_{i,\min}, x_{i,\max}]$，要求精确到n_i位小数，则此变量对应的二进制串位数m_i应该满足下式：

$$2^{m_i-1} < (x_{i\max} - x_{i\min}) \times 10^{n_i} \leqslant 2^{m_i} \tag{2.3-1}$$

设优化问题共有c个优化变量，则一条染色体对应的二进制串长度：

$$L_{\text{chrom}} = \sum_{i=1}^{c} m_i \tag{2.3-2}$$

（2）生成初始种群。利用随机函数，在给定的变量范围内产生一批具有固定长度的字符串作为初始设计种群，种群中的每个字符串对应优化问题的一组设计方案。

（3）解码和适应度评价。解码是与编码相对应，将种群中染色体编码串转换成优化问题的解。设问题的某个决策变量x_i的二进制串为$\left(x_i^{m_i}, x_i^{m_i-1}, \cdots, x_i^0\right)$，其中$m_i$为二进制串的位数，变量的取值范围为$[x_{i\min}, x_{i\max}]$，则二进制串$\left(x_i^{m_i}, x_i^{m_i-1}, \cdots, x_i^0\right)$对应解空间中的$x_i$计算如下：

$$x_i = x_{i\min} + \frac{x_{i\max} - x_{i\min}}{2^{m_i} - 1} \times \left[\sum_{j=0}^{m_i} (x_i^j \times 2^j) \right] \tag{2.3-3}$$

适应度函数用于评价个体的优良程度，适应度值的大小决定了个体遗传到下一代的概率。本节为最小值优化问题，因此适应度函数$F(x)$表示为：

$$F(x) = \begin{cases} C_{\max} - f(x) & f(x) < C_{\max} \\ 0 & f(x) \geqslant C_{\max} \end{cases} \tag{2.3-4}$$

式中：$C_{\max}$——当代种群中个体目标函数$f(x)$的最大值。

（4）选择操作。选择操作是根据当前种群中个体的适应度，选择比较优良的个体进入下一代种群，用于参加进一步的遗传操作。通过选择操作，种群中个体实现优胜劣汰，提高了整个种群的平均适应度值。本节采用轮盘赌选择方案，利用比例于各个个体适应度的概率决定个体是否被选中。

（5）交叉操作。交叉操作是以一定的交叉概率将两个互相配对的父代染色体按照某种方式交换其部分基因，从而形成两个新个体的操作。它是算法中产生新个体的主要方法之一。本书采用多点交叉方式，即随机产生多个交叉点，然后在交叉点之间间断地相互交换两个父代染色体的基因。

交叉概率用于控制父代染色体发生交叉的频率，大小决定了种群更新速度的快慢。交叉概率过高，适应度值高的染色体编码被破坏的也过快；交叉概率过低，往往导致算法陷于停滞状态。为了提高搜索效率，本节采用自适应策略随机调整交叉概率的大小，即：

$$P_{\mathrm{c}} = \begin{cases} P_{\mathrm{c1}} - \dfrac{P_{\mathrm{c1}} - P_{\mathrm{c2}}}{f_{\max} - \bar{f}}(f' - \bar{f}) & f' \geqslant \bar{f} \\ P_{\mathrm{c1}} & f' < \bar{f} \end{cases} \tag{2.3-5}$$

式中：$f_{\max}$——群体中最大的适应度值；

$\bar{f}$——每代种群的平均适应度值；

f'——要交叉的两个个体中较大的适应度值。

（6）变异操作。变异操作是以一定的变异概率将个体染色体编码串中某些基因座上的基因值用该基因座的其他等位基因替代，从而形成一个新的个体。本书采用二进制编码，其编码字符集为 0 和 1，因此变异操作就是将个体在变异点上的基因值取反，原基因值若是 0，则替换为 1；若是 1，则替换为 0。

变异概率用于控制父代染色体中基因发生变异的频率。变异概率过高，则会使得算法的性能近似于随机搜索算法，降低计算效率；变异概率过低，则变异操作产生新个体的能力和抑制早熟的能力就会较差。本节采用自适应策略随机调整变异概率的大小，即：

$$P_{\mathrm{m}}=\begin{cases}P_{\mathrm{m1}}-\dfrac{P_{\mathrm{m1}}-P_{\mathrm{m2}}}{f_{\max}-\bar{f}}(f-\bar{f}) & f\geqslant\bar{f}\\ P_{\mathrm{m1}} & f<\bar{f}\end{cases}\tag{2.3-6}$$

式中：$f_{\max}$——群体中最大的适应度值；

$\bar{f}$——每代群体的平均适应度值；

f——要变异个体的适应度值。

（7）SA 状态产生函数。混合算法中，SA 状态产生函数采用二变换法。对新个体随机产生两个基因座位置，对处于这两个基因座位置之间的基因采取逆序操作，如随机产生的两个基因座位置i、j，则逆序操作前后个体染色体基因变化如下：

$$(a_1\cdots a_i a_{i+1}\cdots a_{j-1}a_j\cdots a_n)\rightarrow(a_1\cdots a_j a_{j-1}\cdots a_{i+1}a_i\cdots a_n)\tag{2.3-7}$$

（8）SA 温度控制参数。温度控制参数主要包括初始温度t_0、温度衰减函数$f(t_k)$、每一温度下 Markov 链的长度L_k。

初始温度t_0应使算法进程开始时的初始接受概率接近于 1，即：

$$\exp(-\frac{\Delta f_{ij}}{t_0})\approx 1\tag{2.3-8}$$

式中：$\Delta f_{ij}=f(i)-f(j)$。

由上式可知，要求初始温度t_0很大。初始温度t_0越大，算法获得高质量解的几率就越大，但过大的t_0值会导致过长的计算时间。本节根据初始种群中个体适应度确定初始温度，即：

$$t_0=-|F_{0,\max}-F_{0,\min}|/\ln p_{\mathrm{r}}\tag{2.3-9}$$

式中：$F_{0,\max}$、$F_{0,\min}$——初始种群个体适应度的最大值和最小值；

p_{r}——初始接受概率。

如此可通过确定p_{r}来调整初温，并利用了初始种群的相对性能，避免了过高初温对算法时间性能的影响以及过低初温对算法优化质量的影响。

为了避免算法进程产生过长的 Markov 链，要求控制参数t的衰减量尽可能小。本节温度衰减函数如下：

$$t_{k+1}=\alpha t_k\tag{2.3-10}$$

式中：α——一个接近于 1 的常数，通常取 0.5～0.99；

k——当前模拟退火算法的迭代次数。

Markov 链的长度L_k是指每一温度阶段下 Metropolis 算法的迭代次数。在时齐模拟退火算法理论中，收敛性条件要求在每一个温度下 Metropolis 算法的迭代次数趋于无穷大，以使相应的 Markov 链达到平衡概率分布，显然实际应用时只能近似。本节采用固定长度法，即在每一温度下迭代相同的步数。

（9）SA 状态接受函数。通常以概率的方式给出，它是退火操作实现跳出局部最优陷阱的最关键因素。本节采用 Metropolis 概率接受准则，即：

$$P_i = \begin{cases} 1 & f(j) \leqslant f(i) \\ \exp(\dfrac{f(i)-f(j)}{t}) & f(j) > f(i) \end{cases} \tag{2.3-11}$$

上式表明，在算法开始阶段，模拟温度t较高时，可以接受较差的恶化解；随着t值的减小，只能接受较好的恶化解；最后当t值趋于0时，就不能再接受任何恶化解。

（10）最优解保存策略。经过选择、交叉和变异等遗传操作和模拟退火操作后，会产生新一代的种群。通过解码，计算新一代种群中个体的适应度值。如果新一代种群的所有个体适应度值都小于上一代种群的最佳个体适应度值，就保留上一代种群的最佳个体；如果新一代的个体适应度值大于上一代种群的最佳个体适应度值，就记录新一代种群的最佳个体，这样就可以使进化过程往个体适应度值大的方向发展，从而保证了算法的有效性。

（11）算法停止准则。遗传-模拟退火算法是通过遗传操作控制算法的总体进程，因此本节采用遗传算法的停止准则，即计算达到最大进化代数。

通过以上11个具体实施步骤可以看出，本节GASA算法是标准GA算法和SA算法的统一结构，即通过在GA中嵌入SA操作，赋予优化过程中各状态可控的概率突跳性——当模拟温度较高时算法具有较大的突跳性，避免陷入局部最优；当模拟温度较低时，算法演化为趋化性的局部搜索算法，表现为对变量空间的精细搜索。这种混合优化策略实现了两种优化机制的融合，克服了GA算法和SA算法各自的弊端，为解决复杂结构的优化问题提供了合理的途径。

5）GASA混合算法的性能验证

通过三个经典函数算例对GA和GASA的优化性能进行分析和比较。

（1）数值算例

①求函数f_1的最小值。f_1的函数形式如下：

$$\begin{aligned} f_1 = &\left[1+(x_1+x_2+1)^2(19-14x_1+3x_1^2-14x_2+6x_1x_2+3x_2^2)\right]\times \\ &\left[30+(2x_1-3x_2)^2(18-32x_1+12x_1^2+48x_2-36x_1x_2+27x_2^2)\right] \end{aligned} \tag{2.3-12}$$

$$-2 \leqslant x_i \leqslant 2 \quad (i=1,2)$$

f_1的函数图形如图2.3-2所示。f_1最小值的解析解为$f_{1,\min}=3$。计算要求精确到6位小数。优化参数如表2.3-1所示。

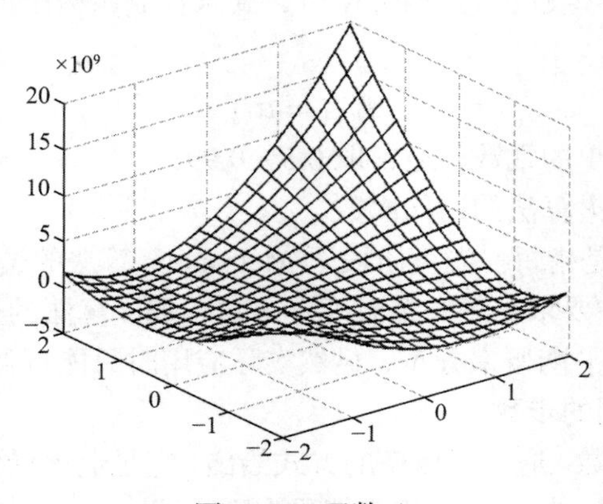

图2.3-2 函数f_1

函数f_1的优化参数　　表 2.3-1

算法类型	GA	GASA
种群大小	100	100
进化代数	300	300
交叉概率	$P_c = 0.85$	$P_{c1} = 0.9$，$P_{c2} = 0.6$
变异概率	$P_m = 0.05$	$P_{m1} = 0.05$，$P_{m2} = 0.005$
降温系数	—	0.95
L_k	—	10
p_r	—	0.9

②求函数f_2的最小值。f_2的函数形式如下：

$$f_2 = [\cos(2\pi x_1) + \cos(2.5\pi x_1) - 2.1] \times [2.1 - \cos(3\pi x_2) - \cos(3.5\pi x_2)] \tag{2.3-13}$$

$$0.0 \leqslant x_1 \leqslant 3.0$$

$$0.0 \leqslant x_2 \leqslant 1.5$$

f_2的函数图形如图 2.3-3 所示。此函数有十多个局部最优解，一个全局最优解。计算要求精确到 6 位小数。优化参数如表 2.3-2 所示。

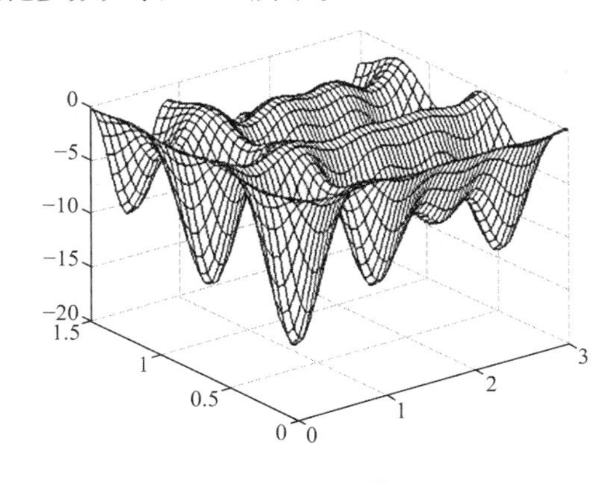

图 2.3-3　函数f_2

函数f_2的优化参数　　表 2.3-2

算法类型	GA	GASA
种群大小	150	150
进化代数	150	150
交叉概率	$P_c = 0.85$	$P_{c1} = 0.9$，$P_{c2} = 0.6$
变异概率	$P_m = 0.05$	$P_{m1} = 0.05$，$P_{m2} = 0.005$
降温系数	—	0.98
L_k	—	10
p_r	—	0.9

③求函数f_3的最小值。f_3的函数形式如下：

$$f_3 = 100\left(x_2 - x_1^2\right)^2 + (1 - x_1)^2 \tag{2.3-14}$$
$$\text{s.t.} \ -2000 \leqslant x_i \leqslant 2000 (i = 1,2)$$

函数f_3属于超平坦函数，其函数图形如图 2.3-4 所示。函数f_3最小值的解析解为$f_{3,\min} = 0$。要求精确到 4 位小数。优化参数如表 2.3-3 所示。

函数f_3的优化参数　　表 2.3-3

算法类型	GA	GASA
种群大小	150	150
进化代数	1000	1000
交叉概率	$P_c = 0.85$	$P_{c1} = 0.9$，$P_{c2} = 0.6$
变异概率	$P_m = 0.05$	$P_{m1} = 0.05$，$P_{m2} = 0.005$
降温系数	—	0.99
L_k	—	10
p_r	—	0.9

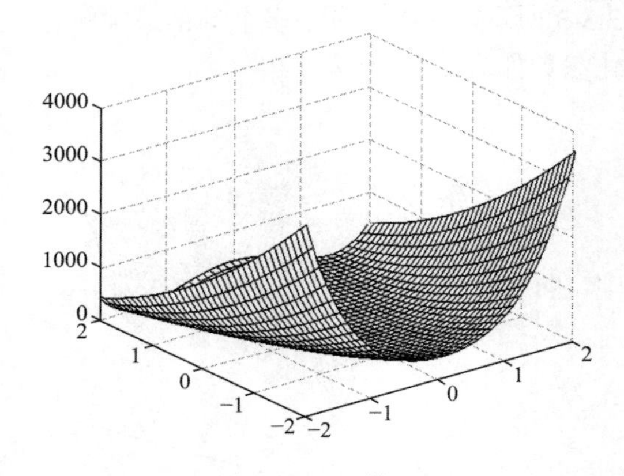

图 2.3-4　函数f_3

（2）优化结果

为了消除随机性对算法优化性能的影响，对每个算例分别采用 GA 和 GASA 计算 20 次。对 20 次的优化结果进行统计，其结果如表 2.3-4 所示。函数f_1的最优函数值均值和方差随算法进程的变化曲线分别如图 2.3-5、图 2.3-6 所示；函数f_2的最优函数值均值和方差随算法进程的变化曲线分别如图 2.3-7、图 2.3-8 所示；函数f_3的最优函数值均值和方差随算法进程的变化曲线分别如图 2.3-9、图 2.3-10 所示。

从表 2.3-4 可以看出，遗传-模拟退火混合算法（GASA）的优化结果明显优于遗传算法（GA）的优化结果，且 GA 算法对函数f_3的优化无能为力，说明由于在 GASA 混合算法中引入了模拟退火算法优化机制，有效地避免了算法进程陷入局部最优，从而克服了遗传算法过早收敛的缺点。从图 2.3-5、图 2.3-7 及图 2.3-9 可以看出，GASA 混合算法比遗传算法能够更加快速达到问题的最优解，说明由于 GASA 混合算法采用了遗传算法和模拟退火算法两种不同的搜索机制，使得算法在解空间中的搜索能力大大增强，提高了优化效率。从图 2.3-6、图 2.3-8 及图 2.3-10 可以看出，与遗传算法相比，GASA 混合算法的稳定性更高。

GA 和 GASA 数值算例优化结果对比　　表 2.3-4

函数	优化算法	收敛次数	找到最优解的平均代数	陷入局部最优次数	均值	最优值	解析解
f_1	GA	15	235	5	3.063490	3.042301	3.0
	GASA	20	80	0	3.000000	3.000000	
f_2	GA	10	135	10	−16.09115	−16.09120	—
	GASA	20	75	0	−16.19172	−16.19173	
f_3	GA	2	940	18	104.5676	50.5110	0
	GASA	20	700	0	0.0708	0.0013	

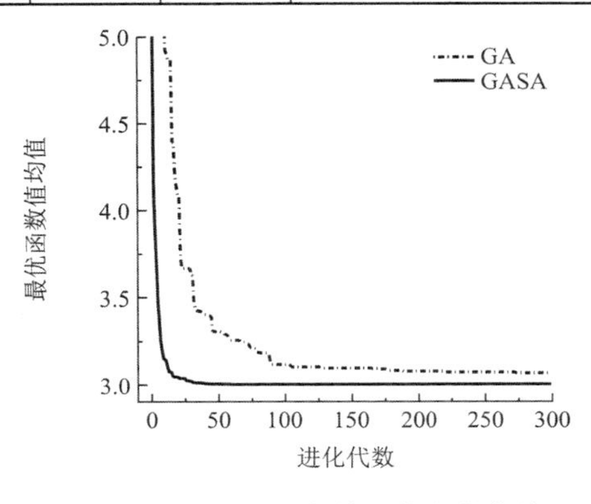

图 2.3-5　f_1最优函数值均值变化曲线

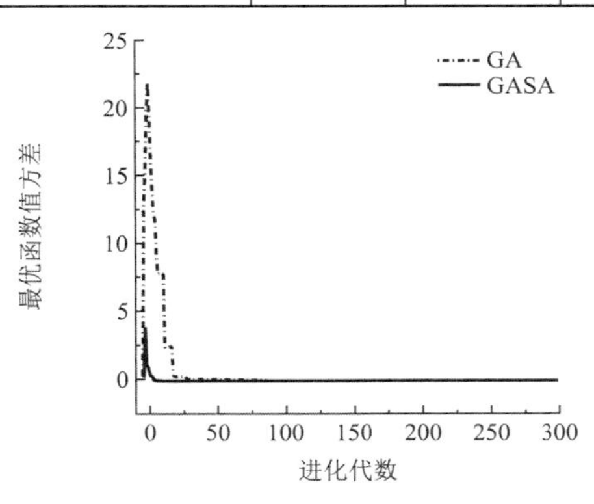

图 2.3-6　f_1最优函数值方差变化曲线

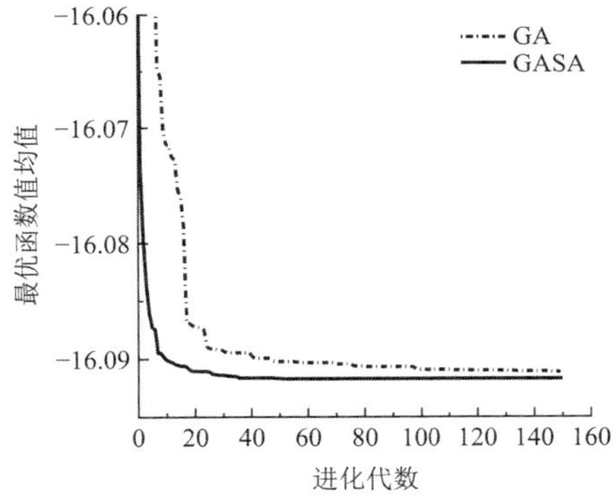

图 2.3-7　f_2最优函数值均值变化曲线

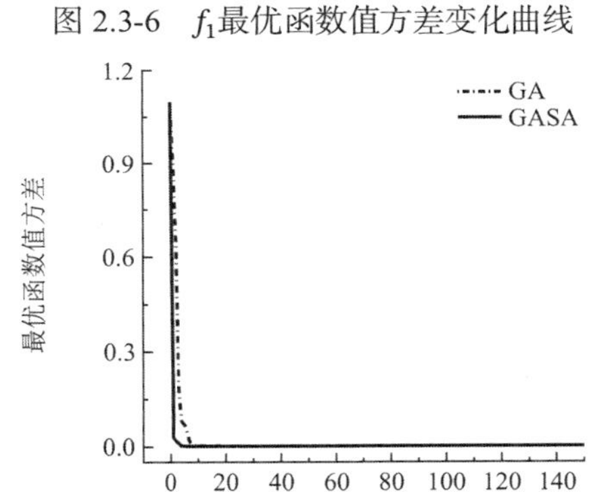

图 2.3-8　f_2最优函数值方差变化曲线

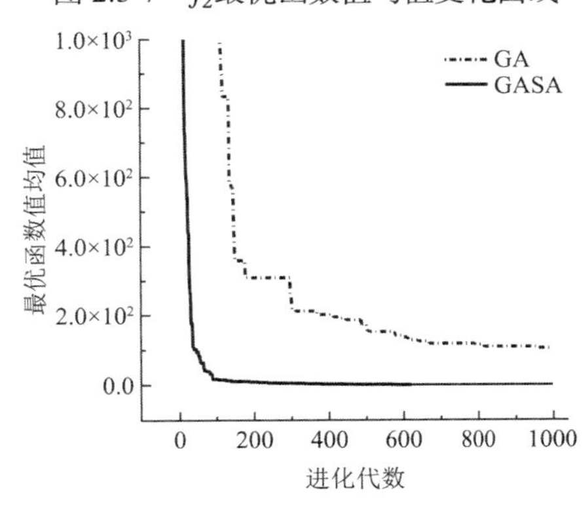

图 2.3-9　f_3最优函数值均值变化曲线

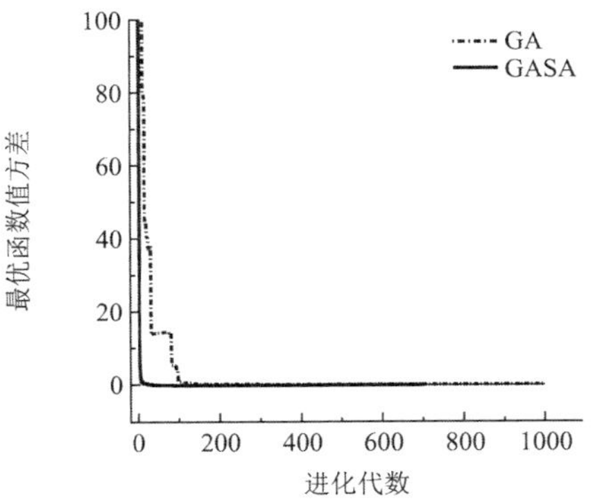

图 2.3-10　f_3最优函数值方差变化曲线

2. 3. 2　基于 GASA 算法以构形度为优化目标的单层网壳结构倒塌模式优化

本节将改进构形易损性理论（详见 2.1 节）用于分析单层球面网壳结构倒塌机理，通过对比三个单层球壳缩尺模型的构形易损性分析结果和振动台试验结果（详见 5.1 节），从结构拓扑关系层面揭示球壳结构在强震作用下呈现不同倒塌破坏特征的内在机理，即结构簇构形度与倒塌模式密切相关。基于上述机理，本节以构形度的对数标准差最小为优化目标，建立单层网壳结构的倒塌模式优化模型。

采用以构形度标准差最小为优化目标的优化模型和 GASA 优化算法程序时，我们首先对发生动力失稳的试验模型进行了局部优化和整体优化验证（详见 5.1 节），然后对一个 70m 跨度的单层球壳结构进行了局部优化。优化结果表明，以构形度为优化目标的优化模型能够对结构中存在的薄弱区域予以加强，使结构整体刚度分布更加均匀，在地震作用下，其延性和耗能能力得到提高。

1）网壳结构倒塌破坏模式

大量理论计算及试验现象表明，单层网壳结构在强震作用下的倒塌破坏模式主要存在三种，即动力失稳、强度破坏以及介于二者之间的中间状态。在动力失稳倒塌模式中，几何非线性起到更为重要的作用。图 2.3-11（a）所示为典型动力失稳破坏的荷载峰值-最大节点位移曲线。可以看出，在结构发生失效之前，随着动荷载强度的提高，节点位移的增加量相对较小，结构的振动平衡位置未发生明显偏移，结构刚度无明显弱化，当达到临界荷载峰值时，节点位移突然增大，结构发生局部倒塌或整体倒塌。在动力失稳破坏模式中，网壳结构的延性和耗能能力较差，其破坏具有突然性。图 2.3-11（b）所示为典型强度破坏的荷载峰值-最大节点位移曲线。可以看出，随着动荷载强度的提高，节点位移逐渐增加，结构的振动平衡位置发生越来越大的偏移，结构刚度逐渐削弱，最后，结构不能维持稳定振动状态而发生倒塌，在结构失效之前，节点位移已经很大，结构已经达到极限状态。在强度破坏模式中，网壳结构表现出较好的延性和耗能能力，其破坏具有明显的征兆。这种倒塌破坏模式使得人们能够在发生概率较大的小震下引起警觉，及时修复受损结构，从而避免大震时的结构坍塌，因此，“强度破坏”是一种理想的结构倒塌破坏模式。

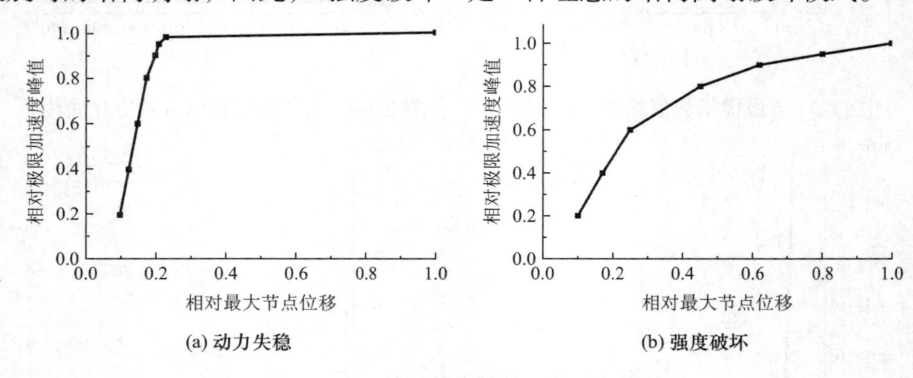

图 2.3-11　单层网壳结构两种破坏模式

2）优化模型

（1）目标函数

前文已述，根据本书的研究结果，在集簇过程中，单层球面网壳的自由簇构形度Q与动荷载作用下的倒塌破坏模式密切相关：Q值变化均匀，则结构整体刚度均匀，易出现强度破坏倒塌模式；Q值变化不均匀，则结构存在薄弱部位（区域），易出现动力失稳破坏模式。因此，本节以集簇过程中自由簇构形度Q的标准差最小为目标函数，建立单层球面网壳结构破坏模式优化模型如下：

$$\min[S_{\mathrm{T}}(\lg Q)] = \min\left\{\left[\sum_{i=1}^{n}\left(\lg Q_i - \lg \overline{Q}\right)^2/(n-1)\right]^{1/2}\right\} \tag{2.3-15}$$

式中：$S_{\mathrm{T}}(\lg Q)$——自由簇构形度Q的对数标准差；

Q_i——网壳集簇过程中第i个自由簇的构形度；

n——单层网壳初始凝聚阶段形成自由簇的数量；

$\overline{Q}$——集簇过程形成自由簇构形度的均值。

（2）优化变量

选取构件截面尺寸为优化变量，即：

$$D_i \times t_i \quad (i = 1,2,\cdots,n) \tag{2.3-16}$$

式中：D_i——第i根杆件的外径；

t_i——第i根杆件的壁厚；

n——结构杆件数量。

优化变量$D_i \times t_i$为离散变量，根据《结构用无缝钢管》GB/T 8162—2018进行取值。

优化变量的取值范围如下：

$$D_{i,\min} \leqslant D < D_{i,\max} \quad (i = 1,2,\cdots,n) \tag{2.3-17}$$

$$t_{i,\min} \leqslant t_i < t_{i,\max} \quad (i = 1,2,\cdots,n) \tag{2.3-18}$$

式中：$D_{i,\min}$、$D_{i,\max}$——第i根杆件外径的最小值和最大值；

$t_{i,\min}$、$t_{i,\max}$——第i根杆件壁厚的最小值和最大值，其余符号同式(2.3-16)。

（3）约束条件

①长细比约束条件

$$\lambda_i = \frac{l_{0i}}{i_i} \leqslant [\lambda] \quad (i = 1,2,3,\cdots,n) \tag{2.3-19}$$

式中：λ_i——第i根杆件的长细比；

l_{0i}——第i根杆件的计算长度；

i_i——第i根杆件的截面回转半径；

$[\lambda]$——单层球壳结构的容许长细比。

根据《空间网格结构技术规程》JGJ 7—2010，单层网壳结构构件的容许长细比$[\lambda]$取值应满足对受压杆件和压弯杆件取150，对受拉杆件和拉弯杆件取300。

②位移约束条件

$$w_{\max} \leqslant \frac{L}{400} \tag{2.3-20}$$

式中：$w_{\max}$——单层球壳结构的节点最大挠度；

L——单层球壳结构的跨度。

③强度约束条件

$$\frac{N_i}{A_{ni}} \pm \frac{M_{xi}}{\gamma_x W_{nxi}} \pm \frac{M_{yi}}{\gamma_y W_{nyi}} \leqslant f \quad (i = 1,2,3,\cdots,n) \tag{2.3-21}$$

式中：N_i——第i根杆件的轴力值；

A_{ni}——第i根杆件的净截面积；

M_{xi}、M_{yi}——第i根杆件两个主轴方向的弯矩值；

γ_x、γ_y——截面塑性发展系数，此处取值为 1.15；

W_{nxi}、W_{nyi}——第i根杆件两个主轴方向的净截面抵抗矩；

f——构件材料的强度设计值。

④稳定性约束条件

$$\frac{N_i}{\varphi_i A_i} + \frac{\beta_m M_i}{\gamma W_i\left(1 - 0.8\dfrac{N_i}{N'_{Ei}}\right)} + \eta\frac{\beta_t M_i}{\varphi_b W_i} \leqslant f \quad (i = 1,2,3,\cdots,n) \tag{2.3-22}$$

式中：A_i——第i根杆件的毛截面面积；

W_{xi}、W_{yi}——第i根杆件两个主轴方向的毛截面抵抗矩；

φ_i——第i根杆件的轴心受压稳定系数；

$\beta_{mx,i}$、$\beta_{ty,i}$——第i根杆件在弯矩作用平面内和平面外的等效弯矩系数；

γ_x——截面塑性发展系数，此处取 1.15；

η——截面影响系数，此处取值为 1.0；

φ_{by}——均匀弯曲受弯构件的整体稳定系数；

N'_{Ei}——欧拉临界力，其计算如下：

$$N'_{Ei} = \frac{\pi^2 E A_i}{1.1{\lambda_i}^2} \quad (i = 1,2,3,\cdots,n) \tag{2.3-23}$$

式中：λ_i——第i根杆件的长细比；

A_i——第i根杆件的毛截面面积。

（4）惩罚函数

对于约束优化问题，常用方法是采用惩罚函数将其转换为无约束优化问题。本节采用 Gen 和 Cheng 的惩罚函数。惩罚函数的构造如下：

$$p(x) = 1 - \frac{1}{m}\sum_{i=1}^{m}\left[\frac{\Delta b_i(x)}{\Delta b_i^{\max}}\right]^{\alpha} \tag{2.3-24}$$

$$\Delta b_i(x) = \max\{0, g_i(x) - b_i(x)\} \tag{2.3-25}$$

$$\Delta b_i^{\max} = \max\{\varepsilon, \Delta b_i(x); x \in p(t)\} \tag{2.3-26}$$

式中：x——当前种群$p(t)$中的一条染色体；

$\Delta b_i(x)$——个体x对于第i项约束条件的违反量；

$\Delta b_i^{\max}$——当前种群中的个体对于第i项约束条件的最大违反量；

m——个体x违反的约束条件个数；

$g_i(x)$——个体x对于第i项约束条件的计算值；

ε——避免除 0 的小正数；

α——调节惩罚力度的参数，这里取 1。

3）70m 单层球壳的倒塌模式优化

（1）结构布置

K6 型单层球面网壳结构的跨度为 70m，矢跨比为 1/2.5，结构布置如图 2.3-12 所示。整个结构共有 930 根杆件和 331 个节点，支座采用固定支座，分布在单层球壳最外环的每一个节点处。结构杆件均采用 Q235 钢管，弹性模量为 2.06×10^8kN/m^2，钢材密度为 7.85×10^3kg/m^3，泊松比为 0.3。作用于单层球壳结构上的均布荷载设计值为 2.02kN/m^2，以等效集中荷载的形式作用于节点上，等效节点力为 17.50kN。结构采用的杆件规格如表 2.3-5 所示。

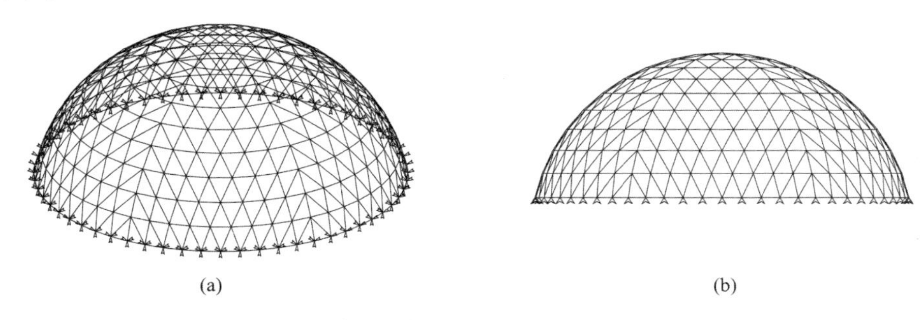

图 2.3-12　K6 型单层球壳结构布置（$L = 70$m，$f/L = 1/2.5$）

单层球壳（$L = 70$m，$f/L = 1/2.5$）的杆件规格　　表 2.3-5

杆件名称	杆件规格/（mm × mm）
环向杆件	$\phi108 \times 4$
斜向杆件	$\phi114 \times 4$
径向杆件	$\phi127 \times 4/\phi133 \times 4$

注：从内向外第 1-4 圈径向杆件采用$\phi127 \times 4$；5-10 圈的径向杆件采用$\phi133 \times 4$。

（2）局部构形度优化

根据构形易损性理论，在初始凝聚阶段，结构自由簇构形度Q值的变化规律如图 2.3-13 所示。可以看出，初始凝聚阶段，自由簇构形度Q值的变化不均匀，其中自由簇 C58、C59、C72、C73 的构形度数值相对较小，自由簇 C43 的构形度数值相对较大。因此将自由簇 C43、C58、C59、C72、C73 中的杆件作为优化变量，采用 GASA 算法和优化模型对此单层球壳结构的局部区域进行构形度优化。经过归类处理后，优化区域内的杆件分为 5 类，因此对应优化变量的数量为 5。优化变量与薄弱杆件位置的对应关系如图 2.3-14 所示。

为了使优化结果更加具有实际意义，杆件截面尺寸优化变量$D_i \times t_i$按照离散变量（根据《结构用无缝钢管》GB/T 8162—2018）进行取值，每个截面尺寸优化变量的取值范围如表 2.3-6 所示。表 2.3-6 说明，每个优化变量$D_i \times t_i$对应的杆件取值存在 16 种，每种杆件截面规格取值对应的二进制编码也如表 2.3-6 所示。GASA 混合算法的计算参数如表 2.3-7 所示。

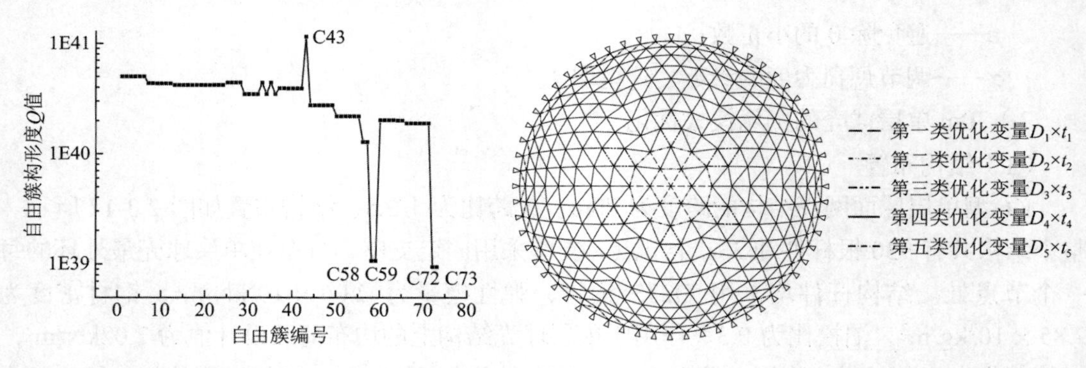

图 2.3-13　单层球壳（$L = 70$m，$f/L = 1/2.5$）自由簇构形度变化规律

图 2.3-14　单层球壳（$L = 70$m，$f/L = 1/2.5$）优化变量对应的杆件位置

单层球壳（$L = 70$m，$f/L = 1/2.5$）优化变量的取值范围　　表 2.3-6

规格编号	1	2	3	4	5	6	7	8
管径D_i/mm	108	108	108	114	114	114	121	121
壁厚t_i/mm	4	6	8	4	6	8	4	6
二进制编码	0000	0001	0010	0011	0100	0101	0110	0111
规格编号	9	10	11	12	13	14	15	16
管径D_i/mm	121	127	127	127	133	133	140	140
壁厚t_i/mm	8	4	6	8	4	6	4	6
二进制编码	1000	1001	1010	1011	1100	1101	1110	1111

单层球壳（$L = 70$m，$f/L = 1/2.5$）局部优化的 GASA 计算参数　　表 2.3-7

参数名称	参数取值
种群大小	10
进化代数	25
交叉概率	$P_{c1} = 0.9$，$P_{c2} = 0.7$
变异概率	$P_{m1} = 0.05$，$P_{m2} = 0.005$
降温系数	0.95
L_k	1
p_r	0.9

（3）优化结果

优化结果如表 2.3-8 所示，可见优化前后结构杆件重量基本保持不变。优化后结构杆件最大长细比为 150，最大挠度为 0.03m，杆件最大强度应力为 114N/mm^2，杆件最大稳定应力为 203N/mm^2，即优化后结构满足式(2.3-19)～式(2.3-22)所示的约束条件。

单层球壳（$L = 70\text{m}$，$f/L = 1/2.5$）的优化结果　　表 2.3-8

变量	优化结果
$D_1 \times t_1$/（mm × mm）	$\phi108 \times 4$
$D_2 \times t_2$/（mm × mm）	$\phi108 \times 4$
$D_3 \times t_3$/（mm × mm）	$\phi127 \times 6$
$D_4 \times t_4$/（mm × mm）	$\phi133 \times 4$
$D_5 \times t_5$/（mm × mm）	$\phi108 \times 4$
目标函数值$S_T(\lg Q)$	0.212
杆件质量/kg	50445
计算时间/h	13.4

注：优化前结构重量为 50210kg。

对局部构形度优化后的单层球壳结构进行凝聚过程分析，得到初始凝聚阶段自由簇构形度Q值的变化规律如图 2.3-15 所示，二次凝聚阶段结构簇构形度Q值的变化规律如图 2.3-16 所示。可以看出，与优化前相比，优化后结构自由簇构形度Q值和结构簇构形度Q值的波动均明显减小，说明优化后结构的整体刚度变得更加均匀。

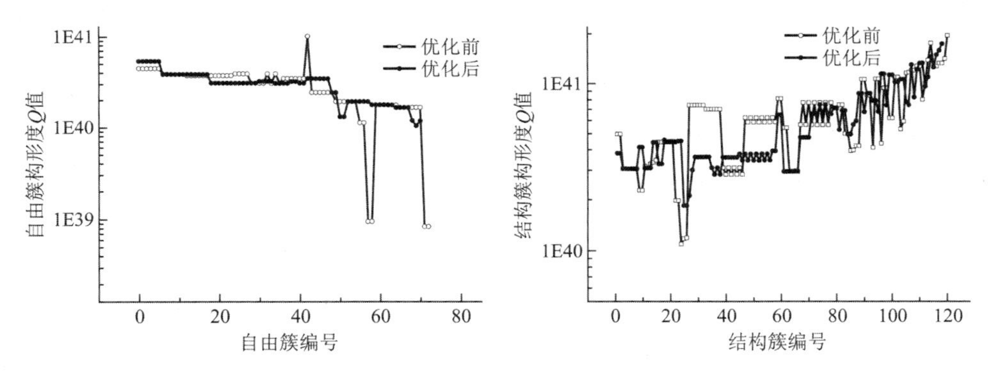

图 2.3-15　优化后球壳的自由簇构形度曲线　　图 2.3-16　优化后球壳的结构簇构形度曲线

按照一致缺陷模态法对优化后的结构施加$L/300$ 的初始缺陷，采用弧长法对其进行弹塑性全过程稳定分析，得到的荷载-位移曲线如图 2.3-17 所示。可以看出，优化后的单层球壳结构失稳临界荷载为 88.75kN，大于 5 倍的等效节点力，满足静力稳定性要求。

为了分析优化后单层球壳结构在地震作用下的倒塌破坏特征，采用 ANSYS 有限元分析软件对优化后的单层球壳结构进行动力时程分析。基底分别三向输入 TAFT 地震波和 El-Centro 地震波。通过逐级提高输入的地震波加速度峰值，得到两种地震波作用下结构的相对地震波峰值-节点最大位移曲线如图 2.3-18 所示，其中极限加速度峰值均为 1610gal。从图 2.3-18 可以看出，在两种地震波作用下，随着动荷载强度的提高，优化后网壳结构在地震作用下的变形能力较优化前得到提升，强度破坏的特征更加明显，使得结构能够在小震时产生一定变形，引起人们警觉，避免在遭遇强震时结构发生无征兆的倒塌破坏。同时也说明 GASA 算法可以胜任大型结构倒塌模式优化问题。

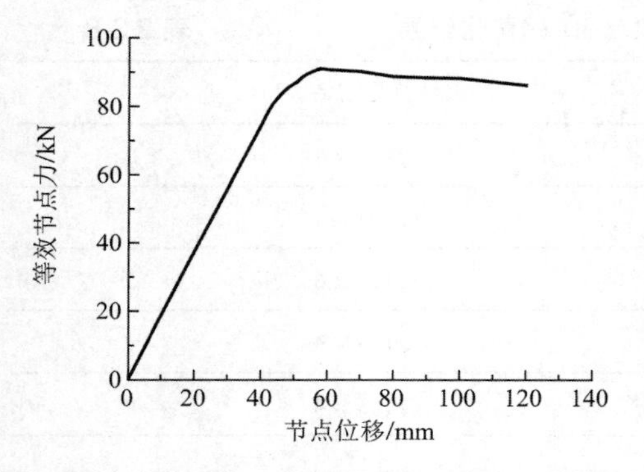

图 2.3-17　优化后球壳的荷载-位移全过程曲线

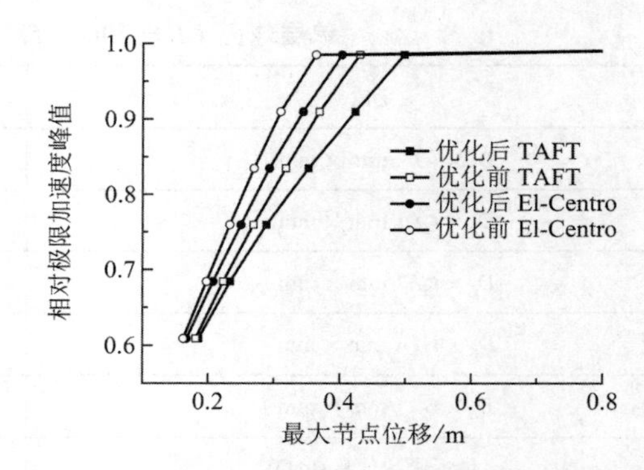

图 2.3-18　优化后球壳的地震波峰值—最大节点位移曲线

（注：纵坐标为输入地震波的 PGA/临界 PGA）

2.3.3　基于 GASA 算法以结构质量为优化目标的单层网壳结构倒塌模式优化

本节根据单层网壳结构强震倒塌模式与构形度的关系，将构形度作为约束条件，建立单层球壳结构倒塌模式优化模型。该模型以结构重量最轻为优化目标，以结构拓扑参数（构件截面尺寸、矢跨比、径向分割数）为优化变量，并同时还考虑了长细比、挠度、杆件强度及稳定等常规约束条件；将 ANSYS 有限元分析程序与 GASA 算法的 C+ +程序相结合，得到 GASA-ANSYS 优化程序；采用 GASA-ANSYS 优化程序对一个跨度为 70m 的 K6 型单层球面网壳结构进行了截面尺寸优化。优化结果表明，优化后结构自重减轻，并满足相关规范（规程）要求，同时，在强震下的倒塌模式呈现出有征兆的强度破坏模式。

1）优化模型

（1）目标函数

本节优化模型的优化目标是减轻结构自重，因此建立目标函数如下：

$$\min W=\min\left(\sum_{i=1}^{n}\rho_i A_i L_i\right) \tag{2.3-27}$$

式中：W——网壳结构的质量；

ρ_i——第i根杆件的材料密度；

A_i——第i根杆件的截面面积；

L_i——第i根杆件的长度；

n——网壳结构的杆件数量。

（2）优化变量

选取构件截面尺寸、结构矢跨比及径向分割数为优化变量，即：

$$\begin{cases}D_i\times t_i\quad(i=1,2,\cdots,n)\\ f/L\\ N_x\end{cases} \tag{2.3-28}$$

式中：D_i——第i根杆件的外径；

t_i——第i根杆件的壁厚；

n——结构杆件数量；

f——单层球壳结构的矢高；

L——单层球壳结构的跨度；

N_x——单层球壳结构的径向分割数。

优化变量的取值范围如下：

$$D_{i,\min} \leqslant D < D_{i,\max} \quad (i = 0,1,2,\cdots,n) \tag{2.3-29}$$

$$t_{i,\min} \leqslant t_i < t_{i,\max} \quad (i = 0,1,2,\cdots,n) \tag{2.3-30}$$

$$f/L_{\min} \leqslant f/L < f/L_{\max} \tag{2.3-31}$$

$$N_{x\min} \leqslant N_x < N_{x\max} \tag{2.3-32}$$

式中：$D_{i,\min}$、$D_{i,\max}$——第i根杆件外径的最小值和最大值；

$t_{i,\min}$、$t_{i,\max}$——第i根杆件壁厚的最小值和最大值；

$f/L_{\min}$、$f/L_{\max}$——单层球壳结构矢跨比的最小值和最大值；

$N_{x\min}$、$N_{x\max}$——单层球壳结构径向分割数的最小值和最大值，其余符号同式(2.3-28)。

同2.3.2节，为使优化过程和优化结果更加具有实际意义，杆件截面尺寸（外径D_i与壁厚t_i）的取值均为离散型数据，数据来源于《结构用无缝钢管》GB/T 8162—2018。每个优化变量$D_i \times t_i$的取值数目为128种，其中管径D_i的取值范围为89～180mm，壁厚t_i的取值范围为3.5～12mm。

（3）约束条件

①构形度约束条件

根据2.3.2节结构倒塌模式与构形度Q值的关系，本节将构形度变化均匀作为首要约束条件，通过在优化过程中控制构形度Q值的对数标准差，使整个网壳结构的刚度分布均匀，即：

$$S_{\mathrm{T}}(\lg Q) = \left(\sum_{i=1}^{c}(\lg Q_i - \lg \bar{Q})^2/(c-1)\right)^{1/2} \leqslant [S_{\mathrm{T}}(\lg Q)] \tag{2.3-33}$$

式中：$S_{\mathrm{T}}(\lg Q)$——自由簇构形度的对数标准差；

Q_i——结构初始凝聚阶段形成的第i个自由簇的构形度；

c——单层网壳初始凝聚阶段形成的自由簇数量；

$\bar{Q}$——所有自由簇的构形度均值；

$[S_{\mathrm{T}}(\lg Q)]$——构形度对数标准差的容许值。

考虑到优化模型的截面尺寸优化变量$D_i \times t_i$为离散变量而非连续变量，因此若将构形度标准差的容许值$[S_{\mathrm{T}}(\lg Q)]$设置过小（如小于0.4），则优化后的结构重量无法达到最轻；若将构形度标准差的容许值$[S_{\mathrm{T}}(\lg Q)]$设置过大（如大于0.8），则优化后结构的整体刚度不均匀。综合上述考虑，本节将构形度标准差的容许值$[S_{\mathrm{T}}(\lg Q)]$设定为0.6。

②其他常规约束条件

长细比约束条件、位移约束条件、强度约束条件、稳定性约束条件同式(2.3-19)～式(2.3-22)。

（4）惩罚函数

惩罚函数同式(2.3-24)～式(2.3-26)。

2）GASA-ANSYS 优化程序

（1）GASA-ANSYS 优化程序的流程

GASA-ANSYS 优化程序的流程如图 2.3-19 所示。该程序以 GASA 混合算法控制整个优化流程，即主程序；以 APDL 语言编写的 ANSYS 有限元分析程序和 C+ +语言编写的易损性分析程序为辅，即子程序。在优化过程中，通过 GASA 混合算法主程序调用 ANSYS 有限元分析子程序和构形易损性分析子程序计算个体的适应度，具体程序流程如图 2.3-20 所示。如图 2.3-20 所示，GASA-ANSYS 优化程序通过调用 ANSYS 对种群中的个体进行有限元分析，判断个体是否满足式(2.3-19)～式(2.3-22)所示的长细比、位移、强度及稳定性等约束条件；通过调用构形易损性分析程序计算构形度Q值的标准差，判定个体是否满足式(2.3-33)所示的构形度约束条件；然后，对不满足上述约束条件的个体进行惩罚；最后返回图 2.3-19 所示的主程序中，继续进行变量寻优操作，进而完成整个优化过程。

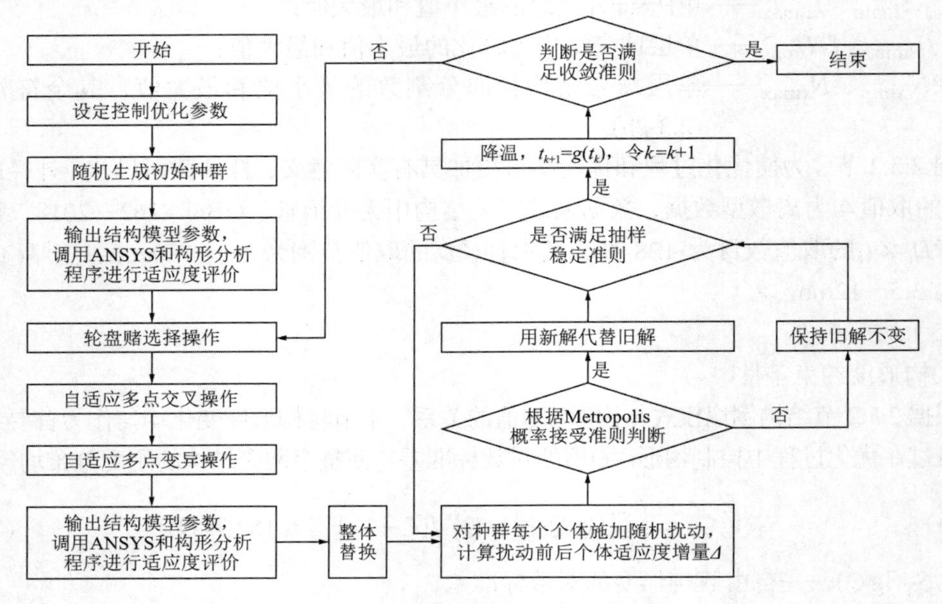

图 2.3-19　GASA-ANSYS 主程序流程

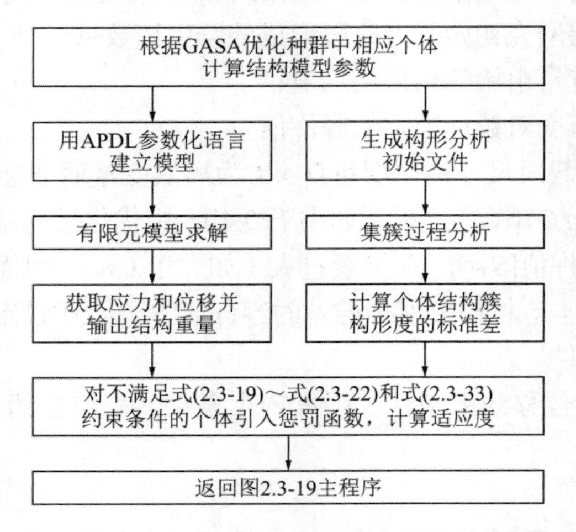

图 2.3-20　GASA-ANSYS 适应度计算程序流程

（2）GASA-ANSYS 优化程序的特点

①Visual C+ +6.0 编程平台具有高度灵活的开放式结构，便于实现 GASA 算法优化程序与 ANSYS 有限元软件的对接。

②通过 ANSYS 软件对个体进行有限元分析时，采用 APDL 参数化命令流便于实现整个程序的批处理操作，避免了人为参与，实现连续化计算，提高了运算效率，减少了运算时间。

③程序具有良好的可移植性。所开发的计算分析程序不依靠特定的硬件设备，只要能安装 ANSYS 10.0 和 Visual C+ +6.0 的硬件环境都能使用该计算程序。

④程序代码具有开放性和易操作性。当优化问题不同时，无需对程序进行大规模的变动，只需要对程序中 GASA 混合算法与 ANSYS 有限元分析的接口部分进行适当修改就可适用。

3）单层球壳倒塌模式的截面优化

将优化模型中的矢跨比优化变量f/L和径向分割数优化变量N_x设置为常量，只将杆件截面尺寸$D_i \times t_i$设置为优化变量，采用 GASA-ANSYS 优化程序对一个 K6 型单层球壳结构进行杆件截面尺寸的优化。

（1）结构布置

K6 型单层球面网壳结构的跨度为 70m，矢跨比为 1∶3.5，径向分割数为 10，其结构布置如图 2.3-21 所示。整个结构共有 930 根杆件和 331 个节点，采用固定支座，分布在结构最外环的每一个节点处。杆件均采用 Q345 钢管，材料弹性模量为 2.06×10^8kN/m^2，钢材密度为 7.85×10^3kg/m^3，泊松比为 0.3。作用于网壳上的各种荷载标准值如下：球壳自重为 0.4kN/m^2，节点自重为 0.1kN/m^2，屋面板自重为 0.6kN/m^2，设备管道自重为 0.4kN/m^2，屋面活荷载为 0.5kN/m^2。因此，作用于单层球壳结构上的均布荷载设计值为：$q = 1.2 \times$ 恒荷载 $+ 1.4 \times$ 活荷载 $= 2.5$kN/m^2，以等效集中荷载的形式作用于节点上，节点等效荷载为 20.5kN。优化前根据静力满应力条件确定结构杆件的初始截面尺寸，见表 2.3-9。

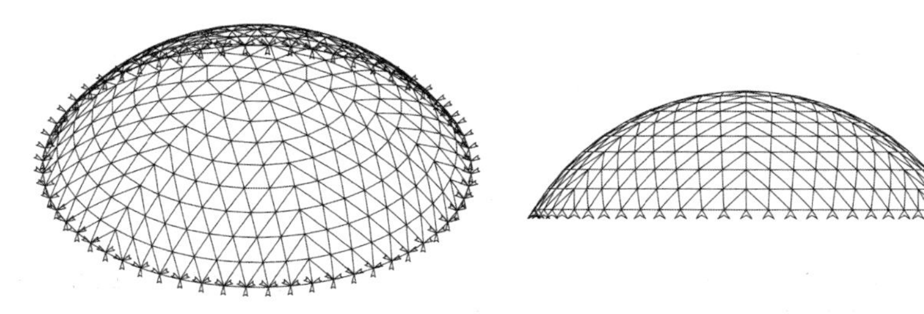

图 2.3-21　K6 型单层球壳结构布置图（$L = 70$m，$f/L = 1∶3.5$，$N_x = 10$）

K6 型单层球壳（$L = 70$m，$f/L = 1∶3.5$，$N_x = 10$）的截面优化结果　　表 2.3-9

变量	优化前	优化后
$D_1 \times t_1$/（mm × mm）	$\phi102 \times 6.5$	$\phi108 \times 4.0$
$D_2 \times t_2$/（mm × mm）	$\phi108 \times 5.0$	$\phi102 \times 4.0$
$D_3 \times t_3$/（mm × mm）	$\phi89 \times 5.0$	$\phi89 \times 5.0$
$D_4 \times t_4$/（mm × mm）	$\phi133 \times 5.5$	$\phi127 \times 4.5$

续表

变量	优化前	优化后
$D_5 \times t_5$/（mm × mm）	$\phi 140 \times 4.5$	$\phi 140 \times 4.5$
$D_6 \times t_6$/（mm × mm）	$\phi 121 \times 4.0$	$\phi 121 \times 4.0$
$D_7 \times t_7$/（mm × mm）	$\phi 102 \times 7.0$	$\phi 127 \times 6.5$
$D_8 \times t_8$/（mm × mm）	$\phi 180 \times 5.0$	$\phi 121 \times 4.0$
$D_9 \times t_9$/（mm × mm）	$\phi 114 \times 7.0$	$\phi 152 \times 5.5$
杆件质量/kg	58140	50965
计算时间/h	70	

（2）优化参数

将结构杆件分为 9 类，每一类杆件的截面规格均相同，分类结果如表 2.3-10 所示。杆件截面尺寸优化变量$D_i \times t_i$按照离散变量进行取值，每个优化变量$D_i \times t_i$的取值存在 128 种。GASA-ANSYS 优化程序的计算参数如表 2.3-11 所示。

K6 型单层球壳（$L = 70$m，$f/L = 1:3.5$，$N_x = 10$）截面优化的杆件分类 表 2.3-10

优化变量	杆件位置
$D_1 \times t_1$	1～4 圈环向杆件
$D_2 \times t_2$	5～9 圈环向杆件
$D_3 \times t_3$	10 圈环向杆件
$D_4 \times t_4$	1～3 圈斜向杆件
$D_5 \times t_5$	4～8 圈斜向杆件
$D_6 \times t_6$	9 圈斜向杆件
$D_7 \times t_7$	1～4 圈径向杆件
$D_8 \times t_8$	5～7 圈径向杆件
$D_9 \times t_9$	8～10 圈径向杆件

注：圈数编号为由内向外。

K6 型单层球壳（$L = 70$m，$f/L = 1:3.5$，$N_x = 10$）截面优化的计算参数 表 2.3-11

参数名称	参数取值
种群大小	10
进化代数	60
交叉概率	$P_{c1} = 0.9$，$P_{c2} = 0.7$
变异概率	$P_{m1} = 0.05$，$P_{m2} = 0.005$
降温系数	0.95
L_k	3
p_r	0.9

（3）优化结果

目标函数的最优值随算法进程的变化曲线如图 2.3-22 所示，优化结果如表 2.3-9 所示。优化后，构形度的对数标准差为 0.60，结构的最大长细比为 122，最大挠度为 0.033m，杆件强度最大值为 162N/mm^2，杆件稳定应力最大值为 302N/mm^2，满足式(2.3-19)～式(2.3-22)和式(2.3-33)的约束条件。按照一致缺陷模态法，对优化后的单层球壳施加$L/300$ 的初始缺陷，采用弧长法对其进行精细化的弹塑性稳定全过程分析，其荷载-位移曲线如图 2.3-23 所示。可以看出，截面优化后的单层球壳失稳临界荷载为 104.2kN，大于 5 倍的等效节点力，因此优化后的单层球壳结构满足静力稳定性要求。

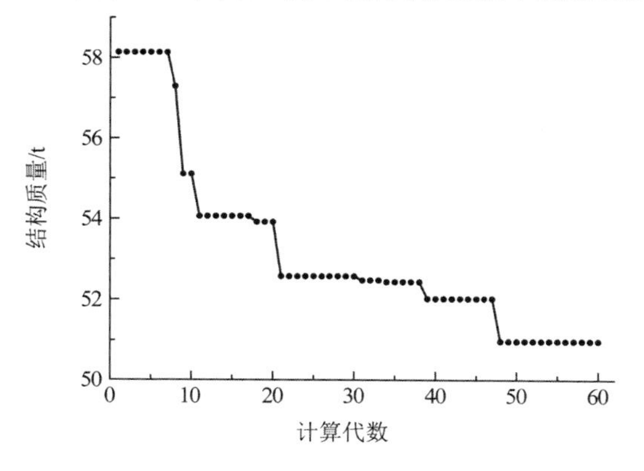

图 2.3-22　优化目标函数最优值变化曲线

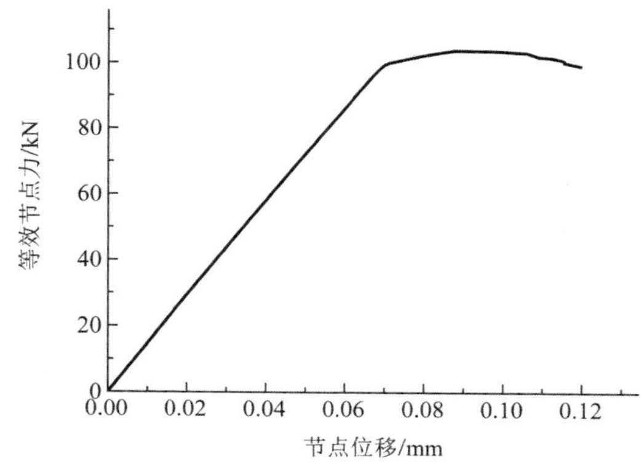

图 2.3-23　优化后结构荷载-节点位移全过程曲线

对截面尺寸优化后的单层球壳结构进行凝聚过程分析，如图 2.3-24、图 2.3-25 所示。与优化前相比，优化后结构的自由簇构形度和结构簇构形度变化均匀，没有较大波动，说明优化后的单层球壳结构整体刚度均匀，结构不存在薄弱部位。

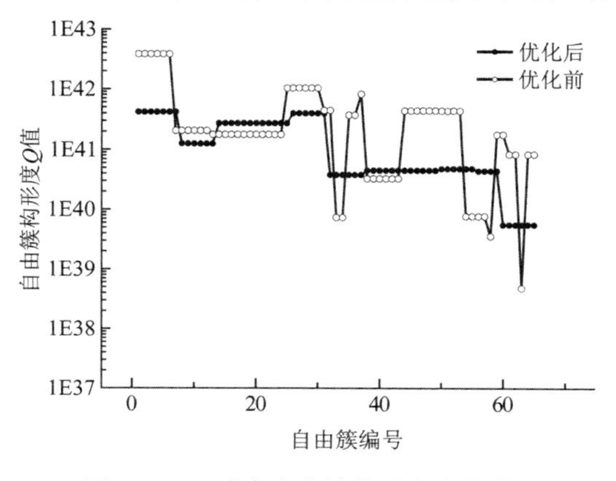

图 2.3-24　球壳自由簇构形度变化曲线

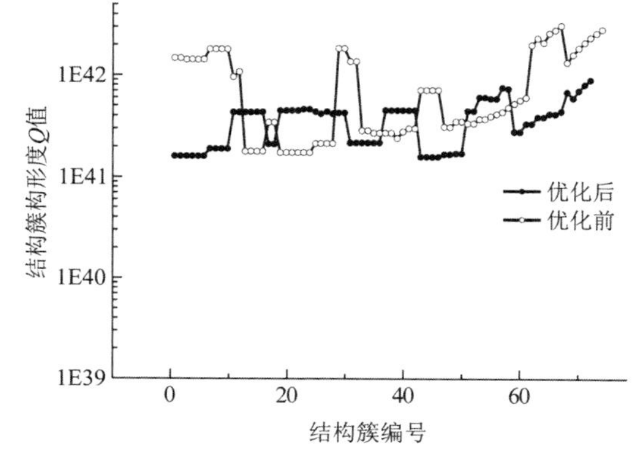

图 2.3-25　球壳结构簇构形度变化曲线

采用 ANSYS 有限元软件对优化后的单层球壳结构进行动力时程分析。杆件采用 BEAM189 单元，材料为理想弹塑性材料，同时考虑几何非线性，阻尼假定为瑞利阻尼，阻尼比取 0.02，基底分别三向输入 El-Centro 地震波和 TAFT 地震波。结构的重力荷载代表值为$q=$恒荷载$+0.5\times$雪荷载$=1.75\text{kN/m}^2$，以等效集中质量的形式作用于节点上。逐级提高 PGA，直至结构发生倒塌破坏，得到结构的相对地震波加速度峰值-最大节点位移曲线如图 2.3-26 和图 2.3-27 所示，其中 El-Centro 波、TAFT 波作用下结构优化前的极限 PGA 分别为 2200gal、2000gal；优化后结构的极限 PGA 分别为 2120gal、1900gal，依然远超抵御罕遇地震的 9 度设防水平。同时，优化后结构重量减轻 12%，而在随机选取的两种地震波下，强度破坏的倒塌特征均十分显著，可以避免结构经受未预料的强震时发生无任何征兆的倒塌破坏；并说明，GASA-ANSYS 优化程序适用于大型单层球面网壳结构以质量最轻为目标的强震倒塌模式优化。

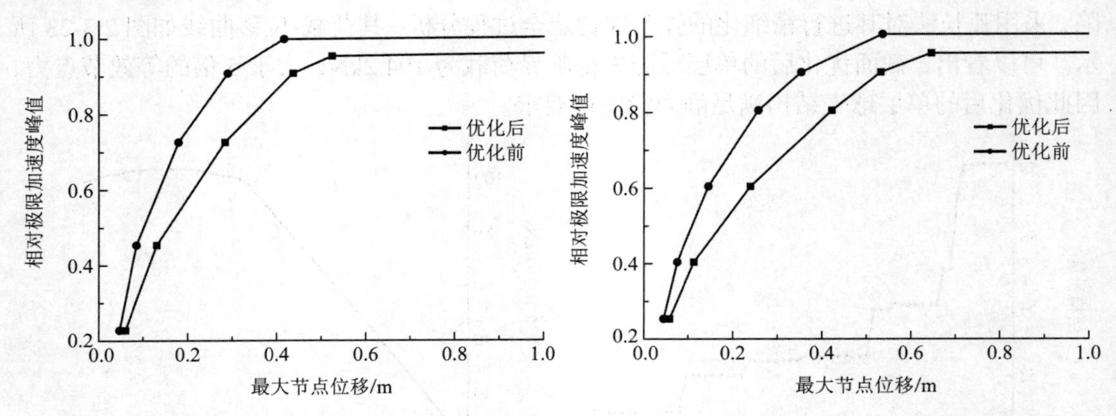

图 2.3-26　球壳地震波峰值-最大节点位移曲线　　图 2.3-27　球壳地震波峰值-最大节点位移曲线

（注：图 2.3-26 为 El-Centro 波；图 2.3-27 为 TAFT 波。纵坐标为输入 PGA/优化前的临界 PGA）

第3章 大跨度钢屋盖考虑支承结构、桩-土体相互作用的抗震分析理论

体育场馆的大跨度钢结构屋盖多支承于钢筋混凝土框架或其他混凝土结构上，由于下部支承体系的刚度与约束条件对屋盖的地震响应有较大影响，考虑上下部结构共同工作时，研究不同材料阻尼比取值以及协同工作机理可提升屋盖结构地震响应计算的准确性与合理性。同时，位移地基土或场地条件复杂的大跨度屋盖结构进行精细化抗震分析时，需要考虑桩-土与屋盖上部支承结构的协同工作。

围绕空间结构的整体结构抗震分析方法，本章对屋盖与下部支承、桩-土体间的共同工作问题，进行了分析研究，为大型复杂大跨度屋盖结构的抗震分析提供了理论依据与分析方法。

3.1 网壳与下部支承结构抗震整体分析方法

考虑到使用功能，一般将钢网壳屋盖支承在周边混凝土框架或混凝土柱子上。为了简化分析，在现有工程实际中，均把此类体系的网壳结构与支承分开考虑，而仅针对网壳采用以下两种计算模型：

固定铰支承网壳结构：不考虑下部支承体系的刚度，仅将网壳的各个支点以固定铰支承代替，其模型如图3.1-1所示。

弹性支承网壳结构：考虑了下部支承体系的刚度，将网壳的各个支点以弹性支承节点代替，其模型如图3.1-2所示。在设计中对弹性支承网壳进行动力分析时，一般均取钢结构的阻尼比$\xi = 0.02$，而没有计及钢结构与混凝土支承整体体系阻尼比的变化。

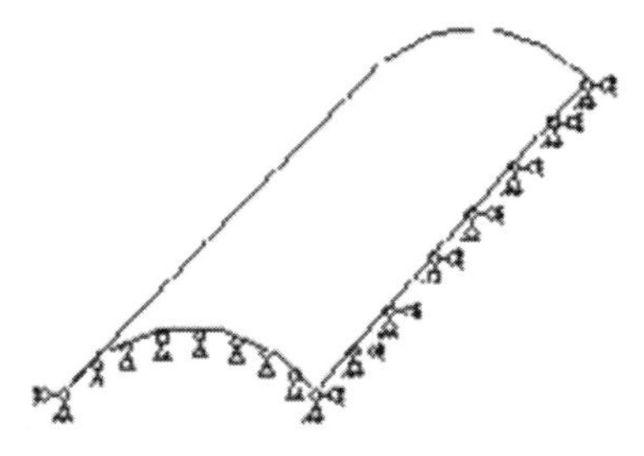

图3.1-1 铰支承模型

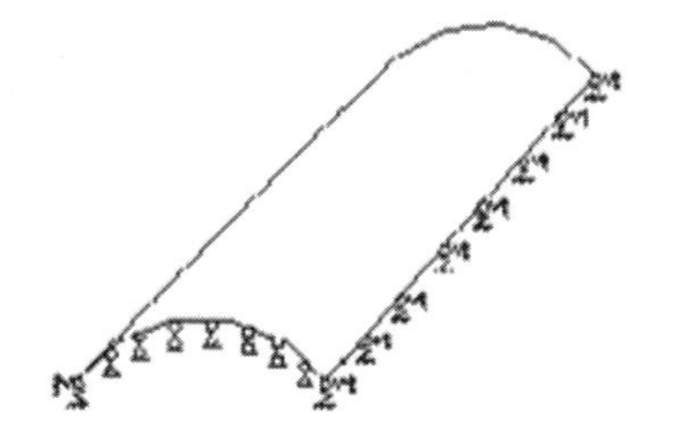

图3.1-2 弹性支承模型

按以上两个模型进行分析时，存在以下问题：

（1）根据实际结构受力情况，上部钢网壳与下部混凝土支承为整体作用，这种把下部的支承体系与上部的网壳结构分开考虑的分析方法与实际的整体作用的计算结果相差有多

大？能否满足工程设计所需要的精确度？这个问题在国内外是尚未解决的一个课题。

（2）对于钢网壳与混凝土支承体系这种由两种不同材料组合的结构，其阻尼比必然与单一材料结构的阻尼比不同。若取单一材料结构的阻尼比进行动力分析，对计算结果有多少影响？同时，为了简化计算，亦需研究不同材料的组合结构的阻尼比的实用公式。

由上可见，有关钢网壳与混凝土支承体系整体工作的问题尚有待研究。

3.1.1　非比例阻尼计算分析方法

1）现有非比例阻尼体系分析方法简述

相对于结构的刚度、质量而言，阻尼虽不是结构动力响应的控制性因素，但也起着不可忽略的影响，是一个非常复杂的问题。由于实际产生阻尼力的物理机制有很多，在动力反应分析中一般只能采用高度理想化的模型来考虑，包括黏滞阻尼、滞变阻尼、库仑阻尼等。然而，对于钢网壳下的混凝土支承体系，结构由两种不同材料的部分组成，如果仍按单一材料结构的阻尼比进行分析，结果准确性必定会受到影响，因此，本节针对非比例阻尼体系进行了研究分析，并给出了适用于不同材料组合结构的阻尼比计算公式。

（1）比例阻尼体系与非比例阻尼体系

一般把网壳结构简化为多自由度体系，其地震反应方程为：

$$[M]\{\ddot{U}\}+[C]\{\dot{U}\}+[K]\{U\}=-[M]\{\ddot{U}_{\mathrm{g}}\} \tag{3.1-1}$$

式中：$[M]$、$[C]$、$[K]$——网壳结构的质量矩阵、阻尼矩阵和刚度矩阵；

$\{\ddot{U}\}$、$\{\dot{U}\}$、$\{U\}$——各自由度的加速度、速度和位移向量；

$\{\ddot{U}_{\mathrm{g}}\}$——地面运动加速度向量；取$\{U\}=[\phi]\{Y\}$。式中：$[\phi]$为振型矩阵，$\{Y\}$为广义坐标向量，代入式（1），并左乘$[\phi]^{\mathrm{T}}$，得：

$$[\phi]^{\mathrm{T}}[M][\phi]\{\ddot{Y}\}+[\phi]^{\mathrm{T}}[C][\phi]\{\dot{Y}\}+[\phi]^{\mathrm{T}}[K][\phi]\{Y\}=-[\phi]^{\mathrm{T}}[M]\{\ddot{U}_{\mathrm{g}}\} \tag{3.1-2}$$

式(3.1-2)可简写为：

$$[\tilde{M}]\{\ddot{Y}\}+[\tilde{C}]\{\dot{Y}\}+[\tilde{K}]\{Y\}=-[\phi]^{\mathrm{T}}[M]\{\ddot{U}_{\mathrm{g}}\} \tag{3.1-3}$$

式中：$[\tilde{M}]$、$[\tilde{K}]$——广义质量矩阵和广义刚度矩阵，均为对角矩阵。

即主振型关于质量矩阵、刚度矩阵为正交。而主振型对于阻尼矩阵$[C]$是否正交，则有不同的假设。

根据主振型关于阻尼矩阵是否正交，分为：

①比例阻尼体系：可解耦进行分析

一般只在同一材料组成的结构线弹性振动中可假设取为比例阻尼矩阵。对于一般建筑结构，当不考虑与地基的相互作用，即采用结构在基础顶面处完全固定的假设时，其弹性振动分析采用比例阻尼是可行的。

②非比例阻尼体系：不可解耦进行分析

实际结构均属于非比例阻尼体系。与可解耦体系不同，非比例阻尼体系各点位移间有相位差，不同时达到最大值；各点位移比值随时间变化，不存在所谓的“振型”。

由于钢网壳与混凝土支承在静力或动力作用下必然整体工作，这类不同材料的组合体系由于阻尼比的变化实际属于非比例阻尼分析问题。

对非比例阻尼体系的精确分析方法为直接分析法，即对非比例阻尼体系按非解耦方程直接分析。此法的工作量极大，难以在实际工程设计中应用。所以工程界更关注的是更为实用的分析方法。

（2）非比例阻尼实用分析方法

经国内外文献总结，较常见的实用方法可归述如下：

①拟力实模态叠加法

在结构动力分析中，把非比例阻尼体系的阻尼矩阵分成比例的和非比例的两部分，前者具有耗散能量的作用，后者起转换能量的作用，即可建立一种拟力实态叠加法来分析非比例阻尼体系的动力问题，也就是取$[\tilde{C}]=[\tilde{C}_{\mathrm{d}}]+[\tilde{C}_{\mathrm{f}}]$。其中，$[\tilde{C}_{\mathrm{d}}]$为由$[\tilde{C}]$的对角元素组成的对角阵，$[\tilde{C}_{\mathrm{f}}]$则具有零对角元素和相应的$[\tilde{C}]$的非对角元素。把$[\tilde{C}_{\mathrm{f}}]$移到式(3.1-3)右边，视为虚拟外力，则等式左边为可解耦的，而右端为未知的，可迭代求解。此法综合了经典模态叠加法和拟力法的优点，不仅避免了复模态方法的缺陷，而且具有较高的求解精度，对近似解耦法不能适用的情况，拟力实模态叠加法是合适的替代方法。

②非比例阻尼分析

引用 Clough 非比例阻尼有关理论，假设结构由几种不同类型的材料构成，则结构中的同种材料部分，其阻尼矩阵仍满足瑞利阻尼假设。把各个阻尼矩阵C_j如同单刚叠加成总刚的方式，则可组成总的非比例阻尼矩阵$[C]$，由此进行非比例阻尼结构的地震反应有限元分析。此法过于繁复。

③等效阻尼法

等效阻尼法是把非比例阻尼近似成比例阻尼的一种方法。设定等效线性骨架，假设主振型对阻尼矩阵亦为正交，这样形成可解耦体系。包括振型加权法、应变能加权法、动能加权法等。

此法假设阻尼矩阵为质量与刚度矩阵的函数，并利用正交关系可写出：

$$\{\phi\}_r^{\mathrm{T}}[\tilde{M}]\left([\tilde{M}][\tilde{K}]\right)^q\{\phi\}_s=0 \tag{3.1-4}$$

$$(r\neq s, q=\cdots-2,-1,0,1,2\cdots)$$

由式(3.1-4)可得

$$[\tilde{C}]=\sum_{q=0}^{n-1}\alpha_q\left([\tilde{M}]^{-1}[\tilde{K}]\right)^q$$

其中$\tilde{C}_j=2\xi_j\omega_j\tilde{M}_j=\sum\limits_{q=0}^{n-1}\omega_j^{2q}\alpha_q\tilde{M}_j$，当取$q=0$、1 两项时，即得出瑞利阻尼。

④滞变阻尼法

采用滞后阻尼的假定，根据复频率和阻尼比的关系，推导出适用于各类组合结构在实数范围内计算各阶等效阻尼比的方法和实用表达式：

$$\xi_{\mathrm{e}j}\approx\mu_j/2;\ \mu_j=\lambda_j'/\lambda_j;\ \lambda_j=\omega_{0j}^2 \tag{3.1-5}$$

式中：$\xi_{\mathrm{e}j}$——第j阶等效阻尼比；

ω_{0j}——组合结构体系第j阶无阻尼自振频率；

λ_j——第j阶特征值；

λ'_j——与体系中各部分的阻尼特性有关。

以上各种方法在学术上均有较好进展，在一定程度上保证了分析的精确度，均较非比例阻尼直接分析法在一定程度上有所简化，但均难以在实际中为工程设计人员所使用。为此，本节引用等效阻尼法理论，探讨以下几个问题：

①推导含有梁元、杆元不同材料组成的组合体系的阻尼比实用计算公式；

②分析网壳与支承共同作用的必要性；

③找出网壳与支承整体作用的实用分析方法。

2）整体有限元分析及不同材料组合结构阻尼比计算公式

（1）整体有限元分析模型

双层柱面网壳的种类繁多，分格方式灵活多变。本节选用最常用的正放四角锥柱面网壳和混凝土支承体系整体工作模型。在整体分析时采用铰接杆模型，将筒壳简化为空间铰接杆系，荷载集中于上下弦节点，杆件只承受轴力，假定结构为完全弹性。荷载包括结构自重及屋面荷载。考虑网壳两端部仅设置垂直约束，两纵向边支承于独立柱上，网壳与独立柱之间用橡胶支座节点连接。在模型中以杆元模拟网壳杆件，以梁元模拟橡胶垫板和独立柱。

在分析时，所采用不同参数的网壳如下：

柱截面：800mm × 500mm，700mm × 500mm，600mm × 500mm，500mm × 500mm，柱高 7.5m；

矢跨比f/B：0.167，0.20，0.25，0.30；

网壳长度：37.8m，50.4m，63m，75.6m；

网壳厚度：2.0m，1.6m，1.2m，0.8m；

各网壳的橡胶垫板为400mm × 400mm，厚度 47mm；

网壳杆件编号及计算模型见图 3.1-3、图 3.1-4。

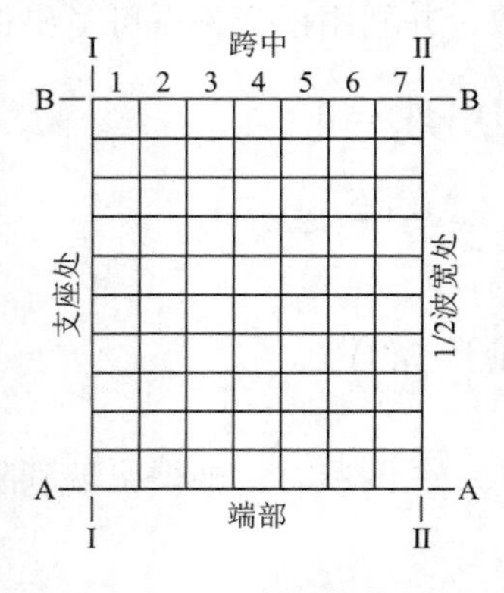

图 3.1-3 网壳杆件编号

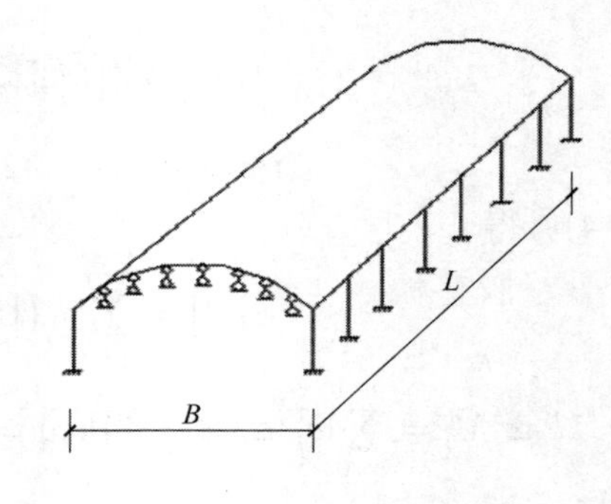

图 3.1-4 整体分析模型

各单元刚度：

①橡胶支座单元

橡胶支座节点是在平板压力支座节点的支座底板下增设橡胶垫板，并以锚栓相连而构成支座节点。这种橡胶垫板是由具有良好弹性的橡胶片和具有较高抗压强度的薄钢板分层粘合压制而成，故在竖向具有一定的承压能力，在水平方向又可产生一定的剪切变位。因此，将它应用于支座节点，不仅可使支座节点在不出现过大压缩变形的情况下获得足够的承载力，也可以适应支座节点的转动要求，同时又能适应温度变化、地震作用所产生的水平变位，从而减小或消除温度应力，减轻地震作用的影响，并能改善下部支承结构的受力状态。橡胶垫板标准构造的上、下表层橡胶片厚度为 2.5mm，中间橡胶片的厚度可为 5mm、8mm、11mm，钢板厚度为 2～3mm，可将多层橡胶片与钢板相间粘合成所需厚度。

在分析计算时，把橡胶垫板看作为一个弹性元件，其竖向刚度K_{z0}和两个水平方向的侧向刚度K_{x0}和K_{y0}分别可取为：

$$K_{z0}=\frac{EA}{d_0},\quad K_{x0}=K_{y0}=\frac{GA}{d_0} \tag{3.1-6}$$

式中：E——橡胶垫板抗压弹性模量；

A——垫板承压面积；

d_0——橡胶层的总厚度；

G——橡胶垫板剪切模量。

②独立柱单元

独立柱的竖向刚度K_{zl}和两个水平方向的侧向刚度K_{xl}、K_{yl}为：

$$K_{zl}=\frac{EA}{l},\quad K_{xl}=\frac{3EI_x}{l^3},\quad K_{yl}=\frac{3EI_y}{l^3} \tag{3.1-7}$$

式中：E——独立柱的弹性模量；

I_x、I_y——独立柱截面两个方向的惯性矩；

l——独立柱的高度。

③弹性支座的刚度

至此，橡胶垫板与支承结构的组合刚度，可根据串联弹性元件的原理，分别求得相应的组合竖向刚度与侧向刚度K_z、K_x、K_y：

$$K_z=\frac{K_{z0}K_{zl}}{K_{z0}+K_{zl}},\quad K_x=\frac{K_{x0}K_{xl}}{K_{x0}+K_{xl}},\quad K_y=\frac{K_{y0}K_{yl}}{K_{y0}+K_{yl}} \tag{3.1-8}$$

在模型中，以梁元模拟橡胶垫板和独立柱，用式(3.1-6)计算橡胶垫板的竖向刚度和两个水平方向的侧向刚度，用式(3.1-7)计算独立柱的竖向刚度和两个水平方向的侧向刚度，用式(3.1-8)计算橡胶垫板与独立柱的组合竖向刚度与侧向刚度，也就是考虑弹性支座时采用的刚度。

（2）不同材料组合结构阻尼比实用计算公式

①位能加权平均法

一般网壳结构的下部支承体系为钢筋混凝土框架或柱，由于不同材料的能量耗散机理不一样，目前在抗震设计中，对于钢结构一般取阻尼比ξ为 0.02，对于钢筋混凝土结构一般取阻尼比ξ为 0.05。对于由两种不同材料（钢、混凝土）组合成的网壳与支承的组合体系，其相应的阻尼比也不能简单地取用某一种材料的阻尼比。因此，按整体结构进行动力分析时，如何简便合理地确定这类组合结构的阻尼比，是研究此类结构地震反应分析的重要内容。本节引用 Akenori Shibata 等人提出的等效结构法的思路，推导出含有梁元和杆元的不同材料组合结构的阻尼比实用计算方法——位能加权平均法。

$$\xi = \frac{\sum_{i=1}^{n} \xi_i W_i}{\sum_{i=1}^{n} W_i} \tag{3.1-9}$$

式中：ξ——整体结构阻尼比；

ξ_i——第i个构件阻尼比，对钢结构取 0.02，对混凝土结构取 0.05；

W_i——第i个构件的位能。

现分别推导各类杆件的位能。

②梁元位能

图 3.1-5 所示两端分别作用外力偶矩M_a、M_b的简支梁两端转角为：

$$\theta_{\mathrm{a}i} = \frac{L_i}{3EI_i} M_{\mathrm{a}i} - \frac{L_i}{6EI_i} M_{\mathrm{b}i}，\ \theta_{\mathrm{b}i} = \frac{L_i}{3EI_i} M_{\mathrm{b}i} - \frac{L_i}{6EI_i} M_{\mathrm{a}i} \tag{3.1-10}$$

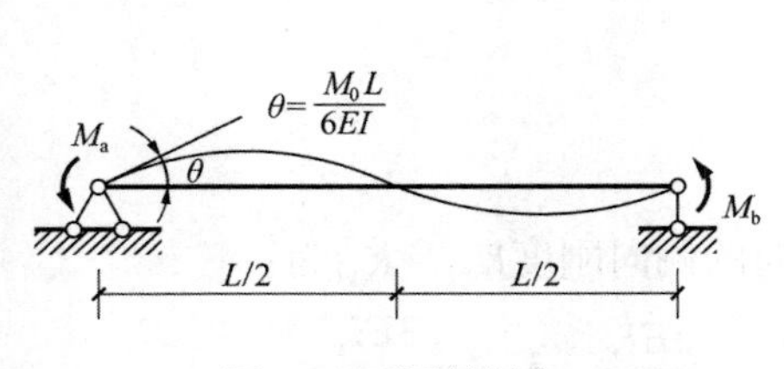

图 3.1-5　梁端转角

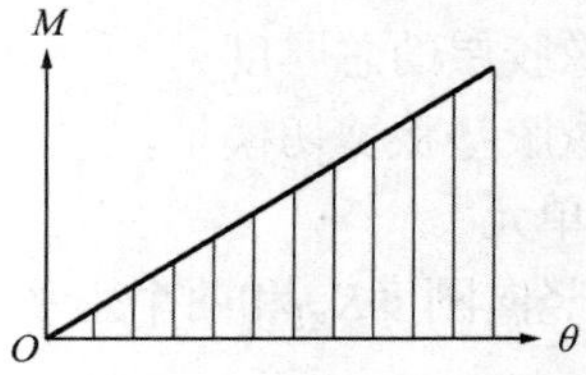

M
O
θ

图 3.1-6　外力所做的功

梁在线弹性范围内工作时，梁端转角θ与梁端外力偶矩M成正比，其关系可用图 3.1-6 所示的直线来表示，这条直线下的三角形面积就代表外力偶所做的功。梁在纯弯曲时，其弯曲位能在数值上等于作用在梁上的外力偶所做的功，由此得到：

$$W_i = \frac{1}{2} M_{\mathrm{a}i} \theta_{\mathrm{a}i} + \frac{1}{2} M_{\mathrm{b}i} \theta_{\mathrm{b}i} \tag{3.1-11}$$

将式(3.1-10)代入上式，可得：

$$W_i = \frac{L_i}{6(EI)_i} \left(M_{\mathrm{a}i}^2 + M_{\mathrm{b}i}^2 - M_{\mathrm{a}i} M_{\mathrm{b}i} \right) \tag{3.1-12}$$

③杆元位能

由材料力学可知，杆元位能为$W_i = \frac{N_i^2 L_i}{2EA}$，杆件变形为$\Delta L_i = \frac{N_i L_i}{EA_i}$，因此杆元位能可表达为：

$$W_i = \frac{N_i \Delta L_i}{2} \tag{3.1-13}$$

按式(3.1-12)、式(3.1-13)分别计算出各梁元、杆元位能后，代入式(3.1-9)，即可得出不同材料组合结构的阻尼比。

按该公式计算阻尼比，与建研院框筒结构试验回归得出的阻尼比值相比较，其数值甚为接近。

④程序及不同网壳阻尼比计算结果

在实际的计算中，由于模型中构件数量太多，逐一计算出每个构件的位能是手工计算所不能胜任的，因此，本节编制了计算阻尼比的计算机程序，逐一读出 SAP2000 程序计算结果中的每一个杆件的轴力、杆件两端节点坐标、杆件两端节点的位移以及杆件两端的弯矩，从而计算出每个杆件的位能，再计算出整个体系的阻尼比。

在按整体结构进行动力分析时，本节共构造了 14 个工程，各工程参数及求出的阻尼比列于表 3.1-1。由表 3.1-1 可以看出，本书中网壳与支承整体结构阻尼比大约为 0.025～0.034，其数值在钢结构与混凝土结构之间。阻尼比随各参数变化规律是：随支座刚度的降低阻尼比逐渐减小；随网壳矢跨比的增大阻尼比逐渐增大；随网壳长度的增大阻尼比逐渐增大；随网壳厚度的增大阻尼比逐渐增大。

不同参数钢网壳与混凝土支承体系阻尼比计算结果　　表 3.1-1

工程序号	柱截面/（mm × mm）	矢跨比	网壳跨度/m	网壳厚度/m	杆元位能/kN · m	梁元位能/kN · m	阻尼比
1	800 × 500	0.228	63.0	2.0	20.82	10.86	0.031
2	700 × 500	0.228	63.0	2.0	24.64	13.54	0.031
3	600 × 500	0.228	63.0	2.0	30.94	16.17	0.030
4	500 × 500	0.228	63.0	2.0	41.09	17.56	0.029
5	800 × 500	0.167	63.0	2.0	36.30	12.04	0.028
6	800 × 500	0.200	63.0	2.0	24.59	10.85	0.029
7	800 × 500	0.250	63.0	2.0	16.74	9.72	0.031
8	800 × 500	0.300	63.0	2.0	12.31	8.34	0.032
9	800 × 500	0.228	37.8	2.0	11.08	2.46	0.025
10	800 × 500	0.228	50.4	2.0	16.47	6.017	0.028
11	800 × 500	0.228	75.6	2.0	24.87	15.59	0.032
12	800 × 500	0.228	63.0	0.8	19.08	12.23	0.032
13	800 × 500	0.228	63.0	1.2	17.28	13.41	0.033
14	800 × 500	0.228	63.0	1.6	15.56	14.35	0.034

注：橡胶垫板皆为截面 400mm × 400mm，高度 47mm。

应该指出的是，由于结构阻尼比不等于 0.05，采用设计反应谱计算地震反应时，水平地震影响系数曲线的形状参数应重作调整。根据最新的研究，反应谱α-T曲线下降段的衰减指数 0.9 改为由下式确定：

$$\gamma = 0.9 + \frac{0.05 - \xi}{0.3 + 6\xi} \tag{3.1-14}$$

式中：γ——下降段的衰减指数；

ξ——组合结构阻尼比。

同时水平地震影响系数最大值应乘以调整系数η_1：

$$\eta_1 = 1 + \frac{0.05 - \xi}{0.08 + 1.6\xi} \tag{3.1-15}$$

3.1.2 网壳与下部支承体系静、动力相互作用结果分析

1）网壳与支承体系静力相互作用

表3.1-2、表3.1-3、图3.1-7、图3.1-8给出了在不同参数时考虑网壳与支承整体作用分析与铰支承分析的杆件静力计算结果对比。由于篇幅有限，仅给出支承刚度、矢跨比对静力计算结果的影响，网壳长度、网壳厚度对静力计算结果的影响不再列出。

不同支承刚度时B-B轴横向上弦杆件静内力比较/kN　　表3.1-2

杆件编号			1	2	3	4	5	6	7
铰支承模型			−107.7	−85.46	−71.23	−62.78	−58.20	−56.02	−55.15
整体分析模型	柱截面/（mm × mm）	800 × 500	−98.66	−99.02	−103.8	−110.5	−117.2	−122.5	−125.3
		700 × 500	−96.11	−100.3	−108.2	−117.3	−125.7	−132.1	−135.4
		600 × 500	−92.37	−102.1	−114.5	−126.9	−137.8	−145.6	−149.8
		500 × 500	−87.19	−104.5	−122.8	−139.9	−154.1	−164.0	−169.2

注：网壳皆为波宽$B = 39$m，跨度$L = 63$m，矢跨比$f/B = 0.228$，网壳厚度$H = 2$m。

不同矢跨比时B-B轴横向上弦杆件静内力比较/kN　　表3.1-3

杆件号		1	2	3	4	5	6	7
$f/B = 0.167$	铰支	−134.6	−114.0	−99.82	−90.51	−84.8	−81.74	−80.79
	整体	−107.3	−125.9	−144.0	−159.8	−171.8	−179.4	−182.0
$f/B = 0.20$	铰支	−112.6	−91.38	−77.60	−69.15	−64.35	−62.01	−61.31
	整体	−99.09	−106.8	−116.8	−126.9	−135.3	−140.7	−142.6
$f/B = 0.25$	铰支	−99.81	−76.28	−62.26	−54.55	−50.82	−49.36	−48.96
	整体	−93.55	−89.29	−91.01	−95.87	−101.4	−106.0	−108.6
$f/B = 0.30$	铰支	−91.61	−66.13	−51.44	−44.36	−42.08	−42.19	−42.99
	整体	−89.20	−76.17	−72.19	−73.80	−78.14	−82.76	−86.27

注：网壳皆为波宽$B = 39$m，跨度$L = 63$m，网壳厚度$H = 2$m，柱截面800mm × 500mm。

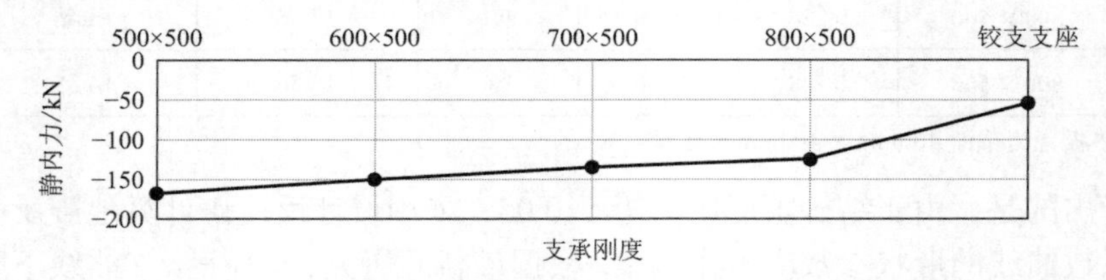

图3.1-7　7号横向上弦杆静内力与支承刚度变化关系曲线
（注：图中横坐标为柱截面，单位mm）

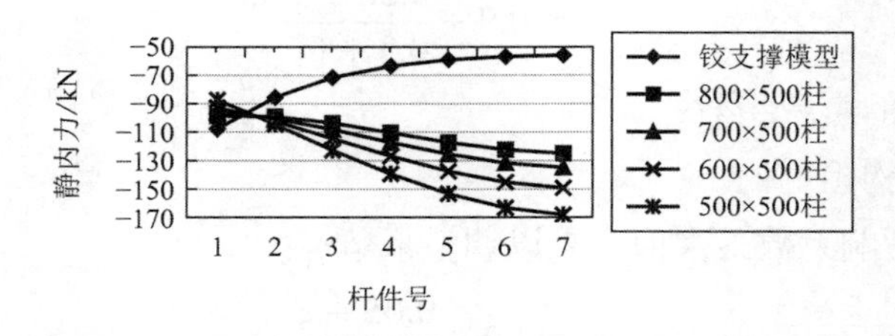

图3.1-8　不同支承刚度时B-B轴横向上弦杆件静内力图

由上述静力计算结果比较得出：

（1）按铰支模型计算将使内力结果甚不安全。如表 1 中所示对于柱截面为 700mm × 500mm 网壳横向上弦顶部杆件静内力比为 135.4/55.15 = 2.46，即该杆内力应为铰支模型结果值的 2.5 倍。当柱刚度减小时，两种模型计算结果相差更大。

（2）杆件内力分布规律极不相同。一个最明显的特征是铰支支座网壳上弦横向杆件的最大受力发生在纵向支座附近，整体分析网壳上弦横向杆件的最大受力发生在网壳顶部杆件。

（3）对于不同参数网壳，按铰支模型与整体分析模型内力结果的对比均符合前两条所述的差异规律。在实际工程中如按铰支支座的情况来设计支承于下部结构上的网壳，将导致严重错误。

2）网壳与支承体系动力相互作用

表 3.1-4、表 3.1-5、表 3.1-6、图 3.1-9 给出了在不同参数时考虑网壳与支承整体作用分析与铰支承分析的杆件静力计算结果对比。由于篇幅有限，仅给出支承刚度、矢跨比对静力计算结果的影响，网壳长度、网壳厚度对静力计算结果的影响不再列出。

不同支承刚度下B-B轴横向上弦杆件动内力比较/kN　　表 3.1-4

杆件编号			1	2	3	4	5	6	7
铰支承模型			3.110	9.110	13.30	14.81	13.39	9.291	3.347
整体分析模型	柱截面（mm × mm）	800 × 500	3.812	8.379	13.41	15.35	14.11	10.10	4.332
		700 × 500	3.582	6.075	10.22	11.74	10.66	7.359	2.629
		600 × 500	3.128	4.248	7.576	8.831	8.040	5.551	1.988
		500 × 500	2.652	2.722	5.299	6.276	5.733	3.958	1.418

注：网壳皆为波宽$B = 39$m，跨度$L = 63$m，矢跨比$f/B = 0.228$，网壳厚度$H = 2$m。

不同矢跨比下B-B轴横向上弦杆件动内力比较/kN　　表 3.1-5

杆件号		1	2	3	4	5	6	7
$f/B = 0.167$	铰支	5.817	7.972	9.468	9.413	7.671	4.367	0.018
	整体	5.084	4.246	7.865	9.061	7.697	4.390	0.002
$f/B = 0.20$	铰支	4.572	8.578	11.34	11.76	9.739	5.535	0.005
	整体	4.080	6.403	10.69	11.85	9.937	5.619	0.011
$f/B = 0.25$	铰支	3.229	10.03	14.78	16.52	14.95	10.35	3.692
	整体	3.929	9.088	14.24	16.11	14.56	10.06	3.576
$f/B = 0.30$	铰支	3.990	11.84	17.61	20.27	19.43	15.21	8.382
	整体	4.404	10.68	16.37	18.95	18.12	14.11	7.733

注：网壳皆为波宽$B = 39$m，跨度$L = 63$m，网壳厚度$H = 2$m，柱 800mm × 500mm。

网壳结构自振频率比较/Hz　　表 3.1-6

频率	1	2	3	4	5	6	7	8	9	10
铰支	4.104	4.912	4.993	6.694	6.778	7.175	8.383	9.098	9.239	9.416
弹支	2.237	2.850	2.914	3.302	4.170	5.115	5.386	6.341	6.425	6.759
整体	1.959	2.720	2.741	2.792	3.964	4.527	4.778	5.057	5.492	5.505

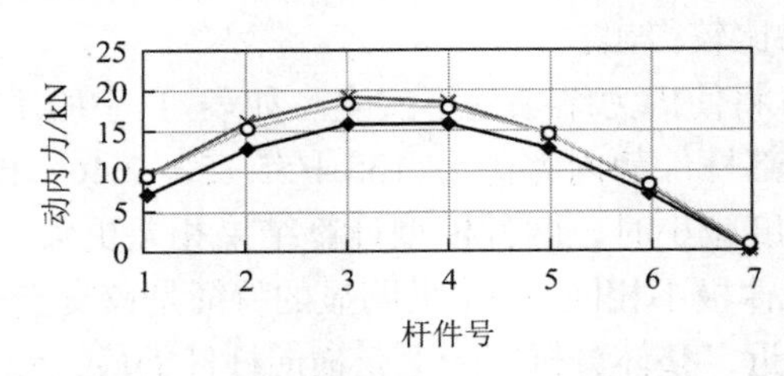

图 3.1-9　*B-B*轴横向下弦杆件动内力分布

由上述动力计算结果比较得出：

（1）铰支支座网壳与整体分析网壳的杆件动力计算结果数值大小上有所差异。如表 3.1-4 中所示对于柱截面为 700mm × 500mm 网壳横向上弦顶部杆件最大受力相差 $(14.81-11.74)/11.74=26.15\%$。

（2）铰支支座网壳与整体分析网壳的杆件动力分布规律基本相同。

（3）由表 3.1-6 可知，按铰支模型计算结构自振周期约比实际大一倍。由此可进一步说明，不能用铰支模型来分析有下部支承体系的网壳结构。

3.1.3　考虑网壳与支承共同工作实用分析方法

从以上整体模型与铰支模型的对比可以看出，必须考虑网壳与下部支承体系的相互作用影响，但按整体计算尚显复杂。本节提出考虑网壳与支承整体工作的实用方法，具体如下：

（1）采用弹性支承模型代替整体分析模型，并用线弹性比例阻尼模型，以弹性支承模拟下部结构的刚度；

（2）此时必须用不同材料的组合结构阻尼比，而不能用单一材料的阻尼比进行分析。

表 3.1-7 所示弹性支承与竖整体分析静内力结果比较。

不同计算模型时*B-B*轴横向上弦杆件静内力比较/kN　　　　表 3.1-7

杆件号		1	2	3	4	5	6	7
铰支		−107.7	−85.46	−71.23	−62.78	−58.20	−56.02	−55.15
800mm × 500mm	弹支	−98.76	−98.96	−103.6	−110.2	−116.9	−122.0	−124.8
	整体	−98.66	−99.02	−103.8	−110.5	−117.2	−122.5	−125.3
700mm × 500mm	弹支	−96.23	−100.3	−108.0	−117.0	−125.3	−131.6	−134.9
	整体	−96.11	−100.3	−108.2	−117.3	−125.7	−132.1	−135.4
600mm × 500mm	弹支	−92.53	−102.0	−114.2	−126.5	−137.2	−145.0	−149.1
	整体	−92.37	−102.1	−114.5	−126.9	−137.8	−145.6	−149.8
500mm × 500mm	弹支	−87.37	−104.4	−122.5	−139.5	−153.5	−163.4	−168.5
	整体	−87.19	−104.5	−122.8	−139.9	−154.1	−164.0	−169.2

阻尼比分别取 0.02、0.0308 计算的弹性支承模型动内力列于表 3.1-8。其中 0.02 为钢结构阻尼比，0.0308 为按式(3.1-9)计算出的组合结构阻尼比。

不同计算模型时B-B轴横向上弦杆件动内力比较/kN　　表 3.1-8

杆件号		1	2	3	4	5	6	7
整体	$\xi = 0.0308$	3.812	8.379	13.41	15.35	14.11	10.10	4.332
弹性支承	$\xi = 0.02$	4.266	9.092	14.73	16.83	15.28	10.58	3.837
	$\xi = 0.0308$	3.830	8.174	13.25	15.14	13.74	9.517	3.452

注：网壳皆为波宽$B = 39$m，跨度$L = 63$m，网壳厚度$H = 2$m，柱 800mm × 500mm。

由表 3.1-8 可见，若仍采用$\xi = 0.02$ 的钢结构阻尼比，则动内力数值大小相差约$(16.83 - 15.14)/15.14 = 11.2\%$，而且在一定程度上也影响内力分布规律。若采用本书给出的组合结构阻尼比进行计算，则可用弹性支承模型代替整体分析模型。

由表 3.1-7 可见，弹性支承模型与整体分析计算结果甚为接近。

相关文献已给出大量钢网壳与混凝土支承体系整体分析与考虑组合结构阻尼比的弹性支承模型计算结果的实例对比，两者甚为接近，故可采用以弹性支承模型代替整体分析模型的方法。

3.1.4 小结

（1）本节推导出包含梁元和杆元的不同材料组合结构阻尼比的实用计算方法。对于同时含有梁元与杆元的组合结构，引用等效结构法理论，推导出位能加权平均法的计算不同材料组合结构阻尼比的实用方法，并编制了相应的程序。

（2）对于有下部支承体系的网壳结构，必须考虑两者整体工作，而不能直接采用铰支支座网壳模型计算。铰支支座网壳的杆件静力分布规律与整体分析网壳的杆件静力分布律截然不同，有的主要受力杆件内力将少算 1.5 倍。因此，对于非落地网壳屋盖，必须考虑下部结构的刚度对网壳杆件受力的影响，不可简单地以铰支支座网壳为模型，单独分析网壳杆件的内力，否则会导致设计极不安全。

（3）在动力反应方面，三种计算模型的杆件内力分布规律相近，但内力大小有所差异。铰支支座网壳的杆件动力分布规律与弹性支座网壳、整体分析网壳的杆件动力分布律基本相同，数值大小上仍有所差异。由于使用整体有限元分析方法考虑钢网壳与下部支承体系共同工作尚显复杂，本节给出了将网壳与支承分开考虑的弹支模型。与过去已有弹支模型的不同点在于要求采用不同材料组合结构阻尼比，而不能仅用单一材料结构的阻尼比。

3.2 桩-土-网壳结构相互作用分析理论

桩基础由于承载力较高，沉降量小且具有较好的抗震性能，被广泛应用于高层建筑、城市高架桥、跨海大桥、海上石油平台以及大跨度空间结构等土建工程中，以克服这些工程中软土地基带来的工程稳定性问题。在抗震设计中，桩基础是一项重要的抗震措施。桩基由于深埋于地下，震害不易被发现，极易被人们所忽视。大量震害研究表明，由于桩基与土体之间的相互作用导致桩基破坏，进而致使上部结构发生严重震害。

传统的桩基结构抗震设计方法将自由场地表记录地震动参数作为上部结构的输入地震动参数，忽略了桩基础与土体的相互作用，其计算结果偏于保守。而对于软土地基，由于土层液化对地震响应放大或减弱的双重作用，致使实际的地震动加速度反应谱较抗震设计反应谱谱值可能会明显增大，使得传统的计算方法可能得出相反的结果，此时的上部结构将遭受更强的地震作用。因此，研究桩-土-结构相互作用（PSSI）有着极其重要的意义。桩-土-结构动力相互作用是一个相当复杂的现象。在地震作用下土体将呈现强非线性特性，并伴随着土体的液化和软化现象，且存在着桩-土滑移、分离及闭合的非线性接触现象。桩-土相互作用的分析模型按照对桩周围土体的模拟可划分为：连续介质模型、离散模型、有限元模型。本主要采用有精细化限元模型和离散模型讨论 PSSI 效应下单层柱面网壳结构的动力性能及其简化计算方法。

大跨度空间结构由于跨度大，各支承点相距较大，当地震波从不同的角度入射时，地震波在场地中发生反射和折射，使得地表各点的地震波发生不同程度的叠加，引起结构中各支承所受的激励不同，致使结构各点振动的相位和振幅产生差异，从而成为诱发行波效应、部分相干效应、局部场地效应及波的衰减效应的重要因素。因此，本节研究了不同角度地震动输入对桩-土-空间网格结构地震响应的影响：基于黏弹性人工边界基本理论，采用黏弹性人工边界的时域波动方法，在有限的地基土边界面上施加黏弹性人工边界实现无限地基土的模拟；结合工程波动理论，将人工边界斜入射地震波转化为边界节点上的等效节点荷载实现地震动的斜入射，并通过算例结果验证了波动输入法精度和可信度。最后，基于所实现的波动输入法，建立了桩-土-单层柱面网壳结构体系的三维时域整体精细化计算模型，研究了考虑桩-土-结构动力相互作用下地震动斜入射对桩-土-单层柱面网壳结构体系地震响应的影响。

3.2.1　土-结构相互作用问题研究方法和计算模型

1）土-结构相互作用问题研究方法

土-结构相互作用问题的研究涉及多个学科，其研究方法也众多。简单说来，土-结构相互作用的研究方法主要分为原型测试法、理论分析方法和模型试验法，三种方法各有特点及优势且各种方法之间存在相互交叉，具体如下：

（1）原型测试法

原型测试法主要有强震观测和震害调查分析两方面。强震观测和震害调查分析，能反映震后的第一手资料，在抗震研究中具有相当重要的作用。

强震观测可以帮助我们取得地震时地面运动过程的记录，为研究地震动影响、震源机制等提供基础资料，为结构抗震的理论分析、实验研究和设计方法提供工程数据。

（2）理论分析方法

理论方法按其求解域可分为时域法、频域法，按结构系统分为整体结构法和子结构法，按求解方法可分为解析法、数值法、半解析和等效法。

（3）模型试验方法

模型试验方法主要有现场模型激震试验、室内振动台试验和离心机试验。

现场模型激震试验在边界处理上是精确的，既不存在无穷远域地基的人为截断处理，也无输入激励的近似，常用来研究波源问题，适合于结构的自振特性和机器动力基础的研究。现场模型激震试验需要花费大量的人力、财力和物力，一般只对重要的建筑物（如核电站）进行试验。

离心机模型土试验能够方便真实的模拟重力场，是一种能较好满足相似条件的新试验手段，土工动力离心机振动台模型试验通过增加模型的场加速度，能克服常规振动台试验的缺点，促使模型与原型的应力与应变相等、变形相似、破坏机制相近，是岩土工程地震问题较为先进与有效的研究方法和试验技术，此方法已被应用于土-结构相互作用问题。

室内小比例尺振动台试验不仅能够比较好的再现地震过程，而且还能进行人工地震波试验，可以进行二维、三维的地震动模拟，是研究土-结构动力相互作用特性、地震反应及其破坏机理的最直接的方法，也是至今为止试验中采用最为广泛的方法，下文正是应用此方法进行研究。

2）土-结构相互作用的计算模型

土-结构相互作用的数值模拟分析关键在于计算模型的建立。不同的研究者针对不同的土质、基础形式、结构形式提出各自的分析模型，常用主要模型有：有限元模型、S-R 模型（Swaying-Rocking Model）、并列质点系模型（Penzien 模型）、Paramelee 模型、子结构分析模型及混合模型等，本节通过建立有限元模型与 S-R 模型，研究了桩-土-结构相互作用下的网壳结构并给出了简化计算方法。

（1）有限元模型

有限元模型上部结构为梁单元组成的框架，质量集中于各个节点；也可以为单列、多列的质点系，如图 3.2-1 所示。下部土体采用平面应变单元，其左右两侧用能传递能量的人工边界（如黏弹性边界）来反应地震能量向自由边界的逸散效果，底面为刚性边界或人工边界（如黏性边界）。地震动输入可以在任意深度输入，反演到土层地面。此方法不仅可以用于处理较复杂的结构形式和场地特性，而且可以处理土的非线性问题，其解具有较好的稳定性与收敛性。但此方法需要较大容量计算机，且计算耗时多。

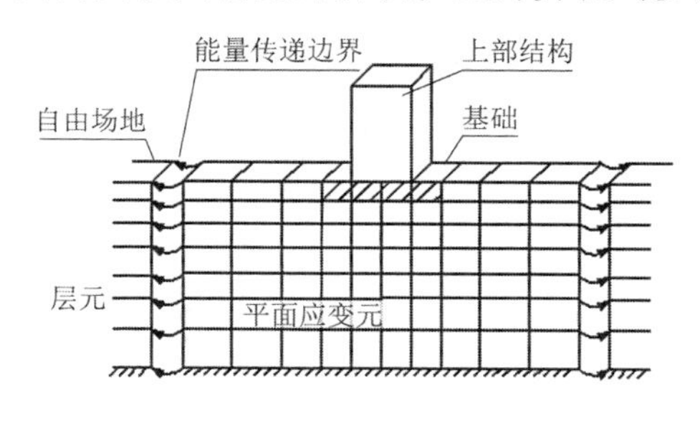

图 3.2-1 有限元模型

（2）S-R 模型

S-R 模型在结构的基础部位设置与基础水平位移和转动有关的水平弹簧和转动弹簧，如图 3.2-2 所示。计算模型较为简单，结构可考虑成剪切型或弯、剪型多质点系，自由场地则采用剪切型质点系。自由场地表面的加速度作为该模型基础处输入地震动，通常将水平、转动弹簧作为频率的函数，或将地基土作为附加质量作用到基础上，以提高精确度。该模型简单、实用，是用于分析土对上部结构地震反应影响的有效方法之一，但不能解决土体与基础之间的非线性。

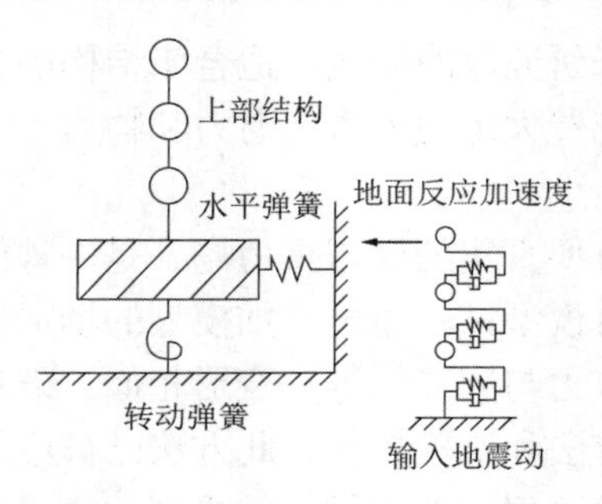

图 3.2-2　S-R 模型

3. 2. 2　桩-土-网壳结构动力性能及简化方法

1）桩-土-结构相互作用下单层柱面网壳结构动力性能

（1）模型参数

建立桩-土-结构相互作用下的三向网格柱面网壳结构，网壳跨度为 20m，长度为 30m，矢跨比为 1/5，屋面恒载为 0.5kN/m^2，网壳斜杆ϕ165mm × 5mm，其他杆ϕ102mm × 4mm；柱网为 20m × 10m，柱高为 6m，柱截面为ϕ600mm × 40mm；钢材选用 Q235，密度为 7800kg/m^3，泊松系数为 0.2，弹性模量为 206GPa。采用承台全桩基础，承台断面尺寸为 4m × 4m，承台厚度 1m，全桩长 16m，采用 2 × 2 根长度为 15m 的钻孔灌注桩，混凝土采用 C30；采用 Mohr-Coulomb 条件作为土体本构模型，弹性模量为 2.5×10^8Pa，泊松系数取为 0.38，阻尼比为 0.10，密度为 2000kg/m^3，黏聚力为 19kN，摩擦角为 32°，膨胀角为 25°；桩与土之间的摩擦系数取 0.3。采用 ABAQUS 软件建立有限元模型如图 3.2-3 所示。

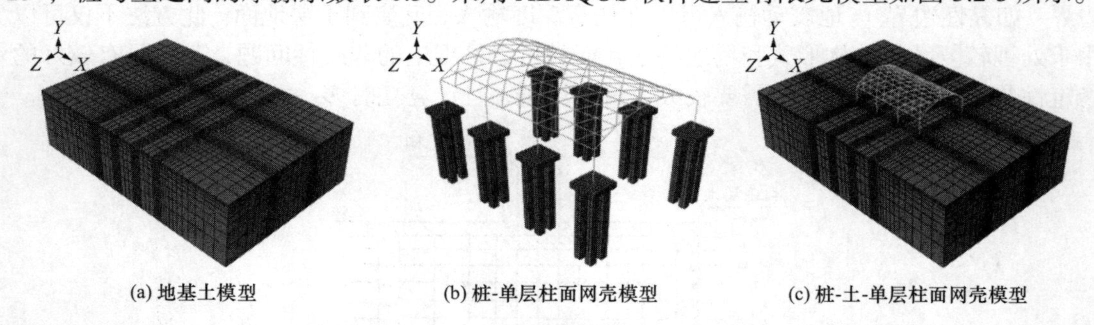

(a) 地基土模型　(b) 桩-单层柱面网壳模型　(c) 桩-土-单层柱面网壳模型

图 3.2-3　桩-土-结构相互作用有限元模型

（2）PSSI 效应下网壳自振特性

在桩-土-结构相互作用体系中，由于地基土刚度与结构刚度相比较柔，整个体系振型多以土体的振型为主，且振型相当密集。网壳屋盖的振型相对不明显，尤其是高阶振型极其少见。图 3.2-4 给出 PSSI 效应下网壳屋盖的振型和相应的频率，由图 3.2-4 可以看出，考虑 PSSI 效应下：

单层柱面网壳屋盖结构的自振频率降低，自振周期延长，这是由于地基土的存在使得结构体系变柔；与刚性地基假定下网壳屋盖自振频率相比，考虑 PSSI 效应使得网壳屋盖的自振频率变得更加密集；单层柱面网壳屋盖的第一阶振型仍为水平振型，PSSI 效应并没有明显改变网壳屋盖的振型特征。

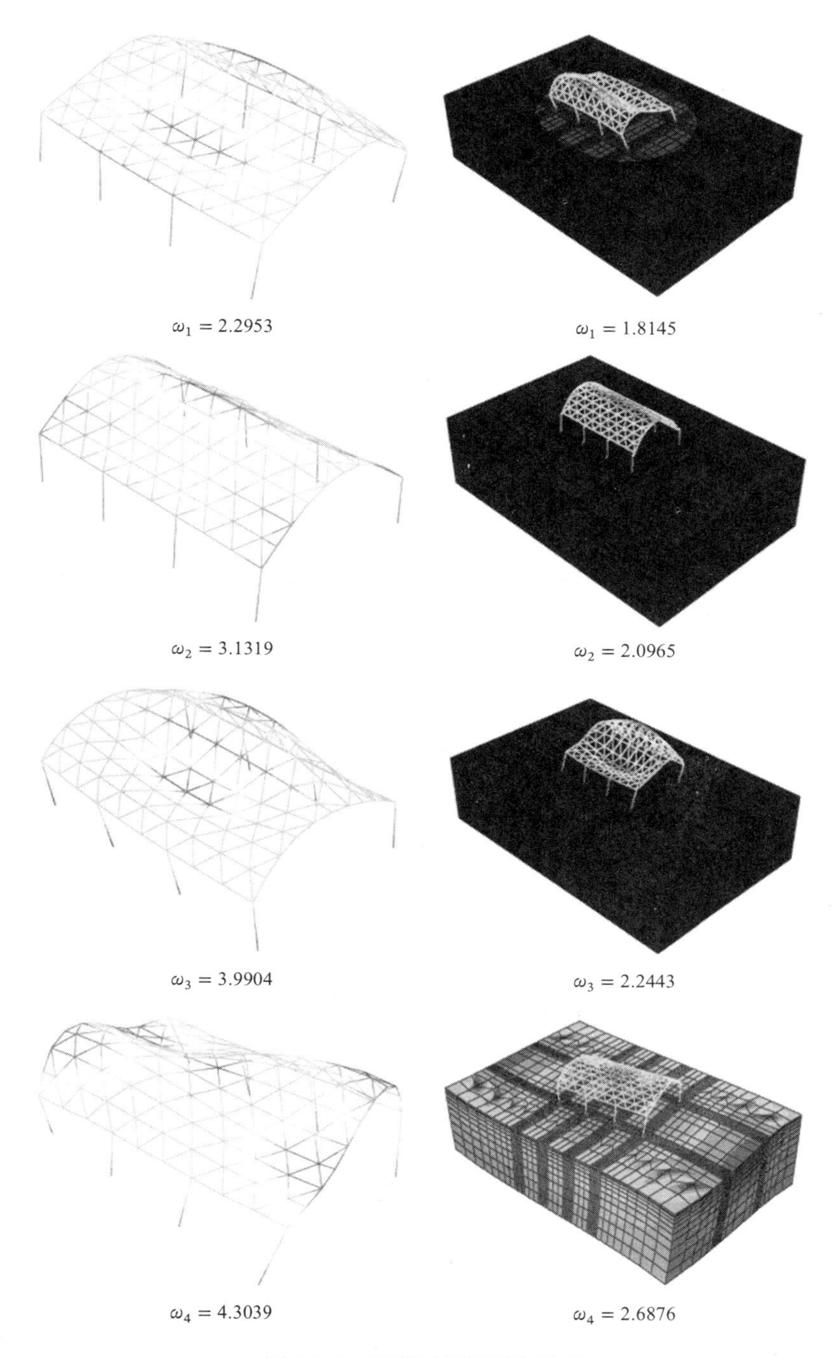

图 3.2-4　网壳屋盖振型和频率

（3）输入地震动特性

为研究输入 PSSI 效应下网壳结构地震响应，选取 Kobe 波、Northridge 波加速度记录进行地震动输入。地震动截取能反映地震波特性的前 20 秒时程，从土体底部单向垂直输入，并将加速度峰值依次调整为 0.07g、0.14g、0.22g，输入地震动的加速度时程曲线如图 3.2-5 所示，同时给出了相应加速度反应谱。

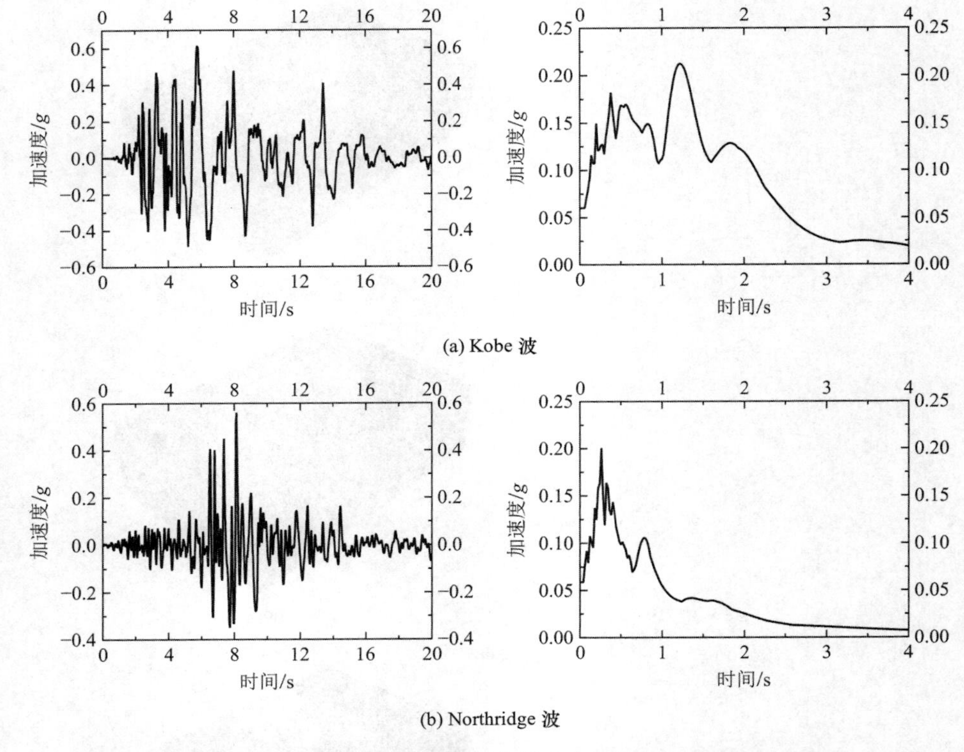

图 3.2-5　不同地震波加速度时程曲线及相应的加速度反应谱曲线

（4）PSSI 效应下自由场地表及桩基地震响应

考虑 PSSI 效应下，土体地表的自由场的响应以加速度峰值放大系数来衡量，定义为：

$$\mu = \frac{a_{\mathrm{f,max}}}{a_{i,\mathrm{max}}} \tag{3.2-1}$$

式中：$a_{\mathrm{f,max}}$——土体地表地震动加速度峰值；

$a_{i,\mathrm{max}}$——输入地震动加速度峰值。

考虑 PSSI 效应下，单层柱面网壳结构体系 PSSI 效应的大小用加速度峰值减小幅度来衡量，定义为：

$$\lambda = \frac{a_{\mathrm{f,max}} - a_{\mathrm{m,max}}}{a_{\mathrm{f,max}}} \tag{3.2-2}$$

式中：$a_{\mathrm{f,max}}$——土体地表地震动加速度峰值；

$a_{\mathrm{m,max}}$——桩体承台中心加速度峰值。

表 3.2-1 给出考虑 PPSI 效应下，单层柱面网壳结构体系中桩基础承台中心地震动加速度峰值与自由场地表地震动加速度峰值对比情况。可以看出，在 Kobe 波、Northridge 波作用下，桩基础承台的加速度峰值与自由场表面的地震响应是不同的。

与输入加速度峰值相比，自由场地表的加速度峰值是输入地震动加速度峰值的近两倍左右，这由地震波在自由场地表发生折射和反射所致；与自由场加速度峰值相比，PSSI 效应使得网壳结构基础承台中心的地震动加速度峰值减小，减幅可达到 5%～20%，这由土体对桩体的约束作用所致，说明桩基础有利于网壳结构的抗震设计；桩基础承台中心和自由场地表加速度峰值是不同的，这由不同地震波加速度反应谱差异所致。

桩基础承台中心加速度峰值与自由场加速度峰值　　表 3.2-1

输入加速度峰值	Kobe 波			Northridge 波		
	0.07	0.14	0.22	0.07	0.14	0.22
$a_{f,max}/g$	0.1383	0.2737	0.4367	0.1333	0.2676	0.4190
μ	1.976	1.955	1.985	1.904	1.911	1.905
$a_{m,max}/g$	0.1312	0.2579	0.4102	0.1123	0.2256	0.3472
λ	5.13%	5.77%	6.07%	15.75%	15.70%	17.14%

（5）PSSI 效应下网壳结构地震响应

为研究 PSSI 效应对单层柱面网壳结构和支承结构地震响应的影响，选取了网壳结构体系中的 5 个节点，图 3.2-6 给出网壳结构体系的节点编号。

图 3.2-7 给出输入加速度峰值为 0.22g时，网壳结构体系同一节点加速度峰值在 PSSI 效应下与刚性地基假定下的比值，即节点加速度放大系数；图 3.2-8 给出 PSSI 效应下和刚性地基假定下网壳节点 ZQ-5 的位移时程曲线。

由图 3.2-7～图 3.2-8 可以看出，在 Kobe 波、Northridge 波作用下，与刚性地基假定网壳节点加速度峰值相比，PSSI 效应使得网壳节点加速度峰值增大 1.0～2.0 倍，且网壳节点位移增大，这是由地震波在土体表面发生折射和反射而产生的叠加效应所致。

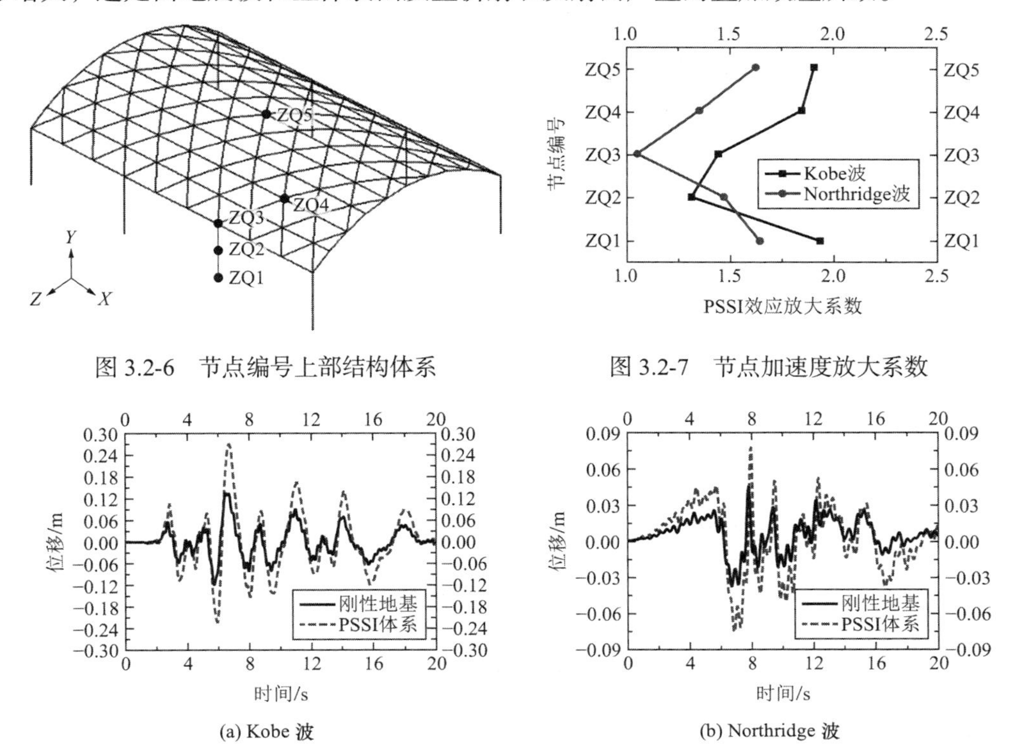

图 3.2-6　节点编号上部结构体系

图 3.2-7　节点加速度放大系数

图 3.2-8　不同地震波作用下节点 ZQ5 位移时程曲线

2）桩-土-结构相互作用下网壳结构简化计算方法

上文中给出了 PSSI 效应下网壳结构的精细化数值计算方法，但计算耗时长，且需大容量、高性能计算机，不便于工程师们直接应用，本节探讨适用于分析 PSSI 效应的空间网格结构的简化计算方法。

(1) S-R 模型

本节采用 S-R 模型（非修正 S-R 模型）探讨解决 PSSI 效应下空间网格结构的简化算法。

①S-R 模型基本理论

S-R 模型是一种通过在结构基础部位分别设置与基础平动和转动有关的水平弹簧K_S和转动弹簧K_R模拟地基土的较为简单的计算模型。对于桩基础，由于承台、桩基与土体的接触，模型中的平移刚度K_S和转动刚度K_R均为两项之和，一项是仅有地基时的刚度，一项是由桩引起的刚度。对于平移刚度，由于二者的叠加效应，当存在一定数量的桩时，平移刚度取两项和的 3/4。

$$K_S = (3/4)\left[K_S^F(1 + H_0/r_s) + K_s^P\right] \tag{3.2-3}$$

$$K_R = K_R^F(1 + 2.5H_0/r_R) + K_R^P \tag{3.2-4}$$

式中：H_0——基础埋置深度；

$r_s = \sqrt{A/\pi}$——对应平移矩形基础的等效半径；

A——基础的底面积；

$r_R = \sqrt[4]{4I/\pi}$——转动矩形基础的等效半径；

I——基础底面的截面惯性矩；

K_S^F、K_R^F——地基自身的平移、转动刚度；

K_s^P、K_R^P——由桩的效果产生的平移、转动刚度。

空间 S-R 模型如图 3.2-9 所示。

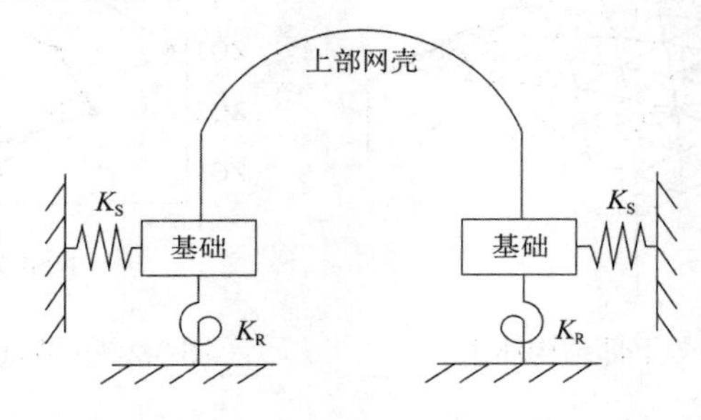

图 3.2-9 S-R 模型

②地基刚度的确定

考虑动力效果修正下地基自身的平移、转动刚度可按式(3.2-5)、式(3.2-6)计算：

$$K_S^F = \frac{8}{(2-\upsilon)} \cdot \left(\frac{\gamma}{g}\right) \cdot V_{eq}^2 r_s \tag{3.2-5}$$

$$K_R^F = \frac{8}{3(1-\upsilon)} \cdot \left(\frac{\gamma}{g}\right) \cdot V_{eq}^2 \cdot r_R^3 (1 - 0.05a_R)^2 \tag{3.2-6}$$

式中：υ——土体泊松比；

γ、g——土的重度和重力加速度；

V_{eq}——土体的等效剪切波速，取支持层以上各土层的剪切波速的加权平均值；

r_R——转动矩形基础的等效半径；

a_{R}——转动的无量纲固有圆频率，$a_{\mathrm{R}} = \omega r_{\mathrm{R}}/V_{\mathrm{eq}}$；

ω——土-结构体系的固有圆频率。

③桩体刚度的确定

单桩的水平刚度$K_{\mathrm{S}}^{\mathrm{P}}$，当桩头为铰接时，可按式(3.2-7)计算，当桩头固定时按式(3.2-7)的两倍计算。

$$K_{\mathrm{S}}^{\mathrm{P}} = E_{\mathrm{P}} I_{\mathrm{P}} \left(\frac{E_{\mathrm{S}}}{E_{\mathrm{P}} I_{\mathrm{P}}} \right)^{3/4} \tag{3.2-7}$$

式中：E_{S}——地基土的弹性模量；

E_{P}——桩的弹性模量；

I_{P}——桩截面惯性矩。

当一个基础下有n根桩时，考虑到群桩效应，取单桩的水平刚度的$\sqrt{n}$倍。

桩基的转动刚度通过各单桩的竖向刚度转化为绕建筑物平面重心线的转动刚度，即可得到桩体的转动刚度。单桩的竖向刚度根据日本道路协会给出的公式确定：

$$K_{\mathrm{V}}^{\mathrm{P}} = a(A_{\mathrm{P}} \cdot E_{\mathrm{P}}/L) \tag{3.2-8}$$

式中：A_{P}——桩的面积；

L——桩长；

B_{P}——桩直径或宽度；

a——系数，其值按以下确定：

$a = 0.027(L/B_{\mathrm{P}}) + 0.20$（钢管桩）；

$a = 0.041(L/B_{\mathrm{P}}) - 0.27$（预应力混凝土桩）；

$a = 0.022(L/B_{\mathrm{P}}) - 0.05$（现场浇筑混凝土桩）；

$a = 0.016(L/B_{\mathrm{P}}) + 0.57$（空心钢管桩）；

$a = 0.016(L/B_{\mathrm{P}}) + 0.11$（空心预应力混凝土桩）。

（2）S-R 模型与有限元精细化模型下网壳结构动力性能对比

①S-R 模型参数确定

PSSI 效应下单层柱面网壳结构体系的模型参数见 3.2.1 节。根据式(3.2-5)可确定地基自身的平移刚度：

$$K_{\mathrm{S}}^{\mathrm{F}} = \frac{8}{(2-0.3)} \times 2000 \times 410^2 \times \sqrt{4 \times 4/3.14} = 3.57 \times 10^6 \mathrm{kN/m}$$

由式(3.2-6)可确定地基自身的转动弹簧刚度：

$$K_{\mathrm{R}}^{\mathrm{F}} = \frac{8}{3(1-0.3)} \times 2000 \times 410^2 \times 1.61^3 \times (1 - 0.05 \times 0.045)^2 = 5.32 \times 10^6 \mathrm{kN \cdot m}$$

由式(3.2-7)可求得单桩水平刚度，按铰接计算：

$$k_{\mathrm{S}}^{\mathrm{P}} = 3.25 \times 10^{10} \times \frac{1 \times 1^2}{12} \times \left(\frac{2.5 \times 10^8}{3.25 \times 10^{10} \times \frac{1 \times 1^2}{12}} \right)^{3/4} = 4.54 \times 10^5 \mathrm{kN/m}$$

由式(3.2-8)可求得单桩的竖向刚度：

$$k_V^P = 0.28 \times (1.0 \times 1.0 \times 3.25 \times 10^{10}/15) = 6.07 \times 10^5 \text{kN/m}$$

考虑群桩效果后一个群桩基础的水平刚度为：

$$K_S^P = \sqrt{4} \times k_s^P = 9.08 \times 10^5 \text{kN/m}$$

转动刚度（长边方向）为：

边桩：$K_R^P = (2 \times 16^2 + 2 \times 14^2) \times k_V^P = 5487 \times 10^5 \text{kN} \cdot \text{m}$

内桩：$K_R^P = (2 \times 6^2 + 2 \times 4^2) \times k_V^P = 631 \times 10^5 \text{kN} \cdot \text{m}$

由式(3.2-3)、(3.2-4)可求得地基和桩共同提供的平移刚度：

$$K_S = (3/4) \times [3.57 \times 10^6 \times 1.13 + 9.08 \times 10^5] = 3.71 \times 10^6 \text{kN/m}$$

边桩转动刚度：

$$K_R = 5.32 \times 10^6 \times (1 + 0.47) + 548.9 \times 10^6 = 556.7 \times 10^6 \text{kN} \cdot \text{m}$$

内桩转动刚度：

$$K_R = 5.32 \times 10^6 \times (1 + 0.47) + 63.1 \times 10^6 = 70.9 \times 10^6 \text{kN} \cdot \text{m}$$

根据以上确定的边桩、内桩的水平刚度和转动刚度，基于图 3.2-7 所示 S-R 模型可建立 PSSI 效应下网壳结构的简化计算模型，同时采用整体有限元法建立 PSSI 效应下网壳结构精细化模型，见图 3.2-3。为便于研究地震动输入对单层柱面网壳结构地震响应的影响，图 3.2-10 给出网壳屋盖的 3 个代表性节点编号，WQ-1 是柱顶所对应的节点，WQ-2 是网壳跨度方向中心节点，WQ-3 是网壳中心节点；图 3.2-11 给出网壳屋盖中直杆 L-1 和斜杆 D-1 编号。

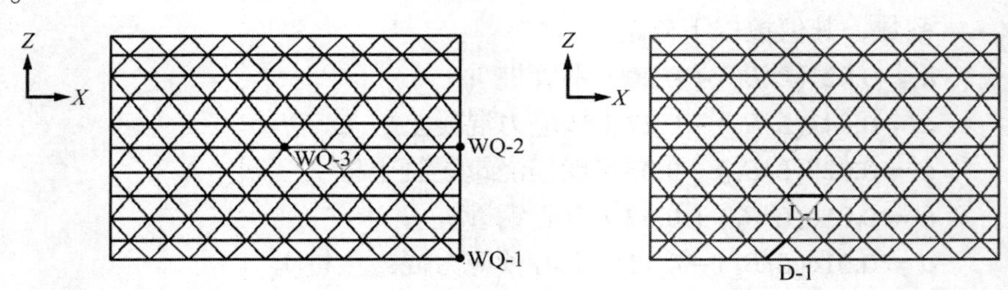

图 3.2-10 网壳屋盖节点编号　　图 3.2-11 网壳屋盖杆件编号

②输入地震动参数

为研究 S-R 模型对 PSSI 下网壳结构地震响应的适用性和精确度，选取 Kobe 波及 Northridge 波加速度记录作为地震动输入，对 S-R 模型和有限元精细化模型进行地震响应分析。地震动截取能反映波动特性前 20s 时程进行输入，地震动沿Z向输入，地震波加速度峰值调整为 0.07g，输入地震波的加速度时程曲线及相应的频谱曲线见图 3.2-5。

③自振特性分析

在桩-土-结构相互作用体系中，由于地基土刚度与结构刚度相比较柔，整个体系振型多以土体的振型为主，且振型相当密集；网壳屋盖的振型相对不明显，尤其是高阶振型极其少见。表 3.2-2 给出刚性地基假定下、有限元精细化模型下、S-R 简化模型下网壳屋盖的前四阶自振频率，误差表示简化模型与有限元精细化模型自振频率的差值百分比。由表 3.2-2 可看出，考虑 PSSI 效应下，单层柱面网壳结构自振频率减小，周期延长；S-R 模型下网壳屋盖自振频率计算结果与有限元精细化模型结果吻合较好，其中第一阶频率的误差不超过 10%，S-R 模型能较好地模拟桩-土-网壳结构自振特性。

网壳结构自振频率　　表 3.2-2

序号	刚性/Hz	精细化模型/Hz	S-R 模型/Hz	误差
1	2.2953	1.8145	1.9099	5.26%
2	3.1319	2.0965	2.3957	14.27%
3	3.9904	2.2443	2.9864	33.07%
4	4.3039	2.6876	3.3693	25.37%

④网壳节点加速度和位移响应

图 3.2-12 和图 3.2-13 分别给出网壳节点 WQ-3 在 S-R 模型和有限元精细化模型下的加速度、位移时程曲线，表 3.2-3 给出 Kobe 波、Northridge 波作用下网壳节点 WQ-1、WQ-2、WQ-3 的节点加速度峰值和位移最大值。由图 3.2-12～图 3.2-13 和表 3.2-3 看出，在 Kobe 波和 Northridge 作用下，S-R 模型下的网壳节点加速度、位移时程与有限元精细化模型加速度、位移时程吻合较好；S-R 模型下网壳节点的加速度峰值与有限元精细化模型的最大误差为 13.05%，位移最大误差为 7.20%；不同地震波作用下，同一节点加速度峰值和位移最大值是不同的，这由地震波的频谱特性差异所致。

由不同地震波作用下网壳节点的加速度和位移响应可看出，简化的 S-R 模型能够较好地解决 PSSI 效应下空间网格结构节点地震响应问题。

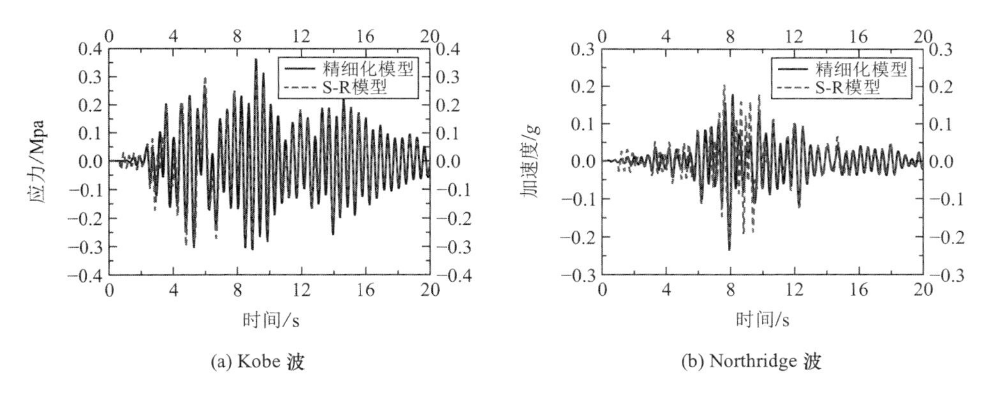

(a) Kobe 波　　(b) Northridge 波

图 3.2-12　不同地震波作用下节点 WQ-3 加速度时程曲线

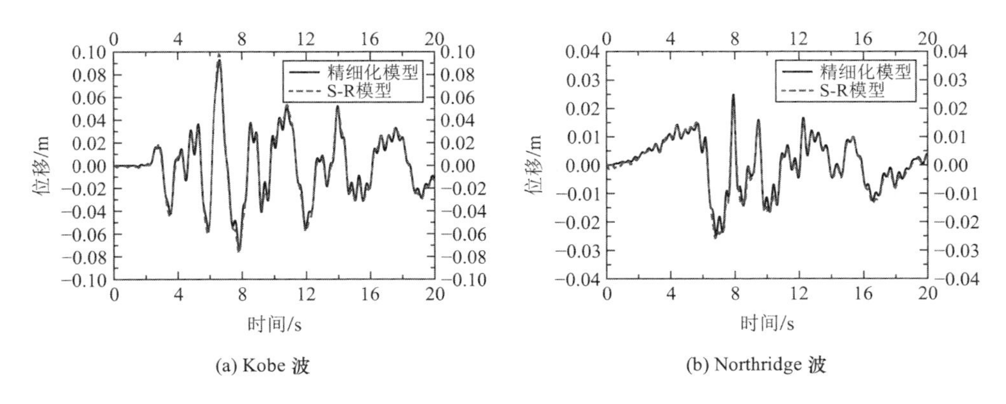

(a) Kobe 波　　(b) Northridge 波

图 3.2-13　不同地震波作用下节点 WQ-3 位移时程曲线

网壳节点加速度峰值和位移最大值　　表 3.2-3

类别	节点号	Kobe 波			Northridge 波		
		精细化模型	精细化模型	误差	精细化模型	S-R 模型	误差
加速度	WQ-1	0.2084g	0.1983g	4.85%	0.1390g	0.1287g	7.41%
	WQ-2	0.2729g	0.2467g	9.60%	0.1801g	0.1698g	5.72%
	WQ-3	0.3624g	0.3151g	13.05%	0.2356g	0.2102g	10.78%
位移	WQ-1	0.0965m	0.0976m	1.14%	0.0159m	0.0166m	4.40%
	WQ-2	0.0913m	0.0952m	4.27%	0.0236m	0.0253m	7.20%
	WQ-3	0.0932m	0.0977m	4.83%	0.0249m	0.0257m	3.21%

⑤网壳杆件内力

图 3.2-14～图 3.2-15 给出 Kobe 波和 Northridge 波作用下，网壳屋盖中纵向直杆和斜杆内力出现最大值的杆件应力时程曲线。起始应力不为 0，是因模型先在重力作用下完成平衡，再施加地震作用，即图中曲线为重力和地震共同作用时程曲线。表 3.2-4 给出 Kobe 波、Northridge 波作用下网壳纵向直杆和斜杆的最大应力。由图 3.2-14～图 3.2-15 和表 3.2-4 可以看出，在 Kobe 波和 Northridge 作用下，S-R 模型下的网壳屋盖杆件应力时程与有限元精细化模型应力时程吻合较好；S-R 模型下网壳屋盖杆件应力最大值与精细化模型的最大误差为 9.59%；不同地震波作用下，同一杆件应力最大值是不同的，这由地震波的频谱特性差异所致。

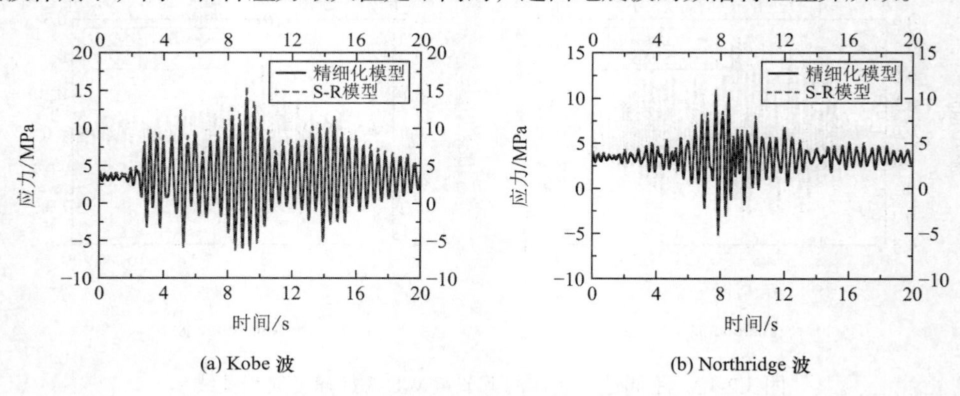

图 3.2-14　纵向直杆应力时程曲线

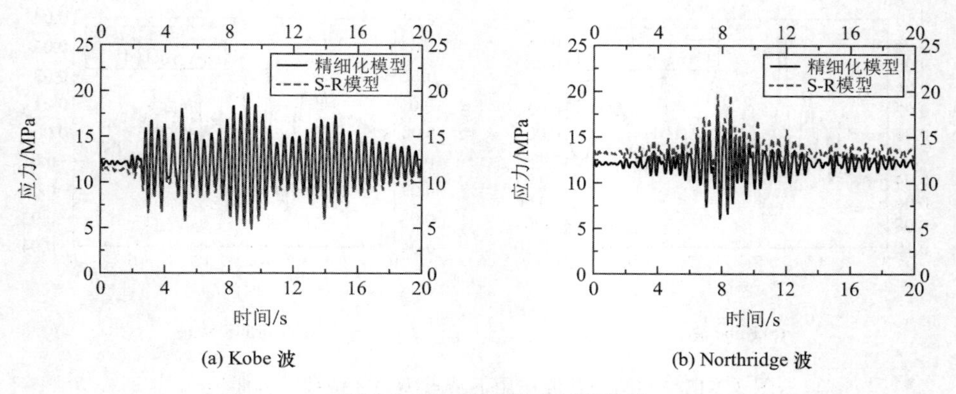

图 3.2-15　斜杆应力时程曲线

网壳屋盖纵向直杆和斜杆内力最大值　　表 3.2-4

类别	Kobe 波			Northridge 波		
	精细化模型/MPa	S-R 模型/MPa	误差	精细化模型/MPa	S-R 模型/MPa	误差
直杆 L-1	14.08	15.43	9.59%	10.43	11.07	6.14%
斜杆 D-1	20.16	19.07	5.41%	18.48	20.06	8.55%

由不同地震波作用下网壳屋盖的杆件应力可看出，简化的 S-R 模型计算结果与有限元精细化模型结果吻合较好，能够有效地模拟 PSSI 效应下空间网格结构地震响应问题。

本章以单层柱面网壳结构为研究对象，建立 PSSI 效应下网壳结构的精细化模型及简化计算模型，研究 PSSI 效应对网壳结构自振特性和地震响应的影响。主要得出以下结论：

①地震波从土体底部向自由场地表传播过程中会在自由场表面发生折射和反射，从而使得自由场表面加速度峰值较输入加速度峰值增大，最大可达输入值 2 倍左右；

②由于土体对桩体的约束作用，PSSI 效应使得网壳结构体系基础的加速度峰值较自由场加速度峰值有减小趋势，减幅幅度可达到 5%～20%，可知桩基础有利于网壳结构的抗震设计；

③不同地震作用下，桩基础和自由场表面的加速度峰值是不同的，这是由地震波的频谱特性差异所致；

④结合 S-R 模型，给出一种 PSSI 效应下网壳结构的简化计算方法，通过与精细化模型的对比，得出此简化方法与精细化模型动力响应计算结果相差在 15%之内，计算简单且易于实现，是研究 PSSI 效应下空间网格结构动力响应的一种有效算法。

3.2.3 地震波斜入射下桩-土-网壳结构抗震性能研究

1）黏弹性边界地震波斜入射实现方法

由波动理论知，在 P 波和 S 波入射条件下，会在地表表面产生波形转换现象。当 P 波入射时，反射波系既有 P 波，也有 S 波；当 S 波入射时，反射波系既有 S 波，也有 P 波。今基于黏弹性边界的基本理论，结合波动理论，采用时域波动法以平面 P 波为例说明地震动斜入射输入的实现方法。

（1）黏弹性边界的地震动输入

在近场波动有限元分析中，人工边界面l节点i方向的集中质量有限元总波场运动方程为

$$m_l\ddot{u}_{li}+\sum_{k=1}^{n_e}\sum_{j=1}^{n}c_{likj}\dot{u}_{kj}+\sum_{k=1}^{n_e}\sum_{j=1}^{n}k_{likj}u_{kj}=A_lf_{li} \tag{3.2-9}$$

式中：m_l——节点l的集中质量；

k_{likj}、c_{likj}——节点k方向j对于节点l方向i的刚度和阻尼系数；

u_{kj}、$\dot{u}_{kj}$——节点k方向j的位移和速度；

$\ddot{u}_{li}$——节点l方向i的加速度；

f_{li}——在节点l方向i处截去的无限远场对有限近场的作用应力；

A_l——人工边界面上节点l的影响面积。

对于三维问题，$n=3$，即下标i，$j=1,2,3$，分别相应于直角坐标x，y，z。将人工边界处的总波场分解为内行场（上标 R 表示）和外行场（上标 S 表示）。内行场是指就人工边界的局部而言从无限域通过人工边界进入有限域的波场，而外行场是指从有限域通过人工边界进入无限域的波场。人工边界节点l方向i的总位移和总作用应力可以分别写为

$$u_{li}=u_{li}^{\mathrm{R}}+u_{li}^{\mathrm{S}} \tag{3.2-10}$$

$$f_{li}=f_{li}^{\mathrm{R}}+f_{li}^{\mathrm{S}} \tag{3.2-11}$$

外行场采用黏弹性人工边界条件模拟，人工边界节点l方向i的应力-运动关系可以写为：

$$f_{li}^{\mathrm{S}}=-K_{li}u_{li}^{\mathrm{S}}-C_{li}\dot{u}_{li}^{\mathrm{S}} \tag{3.2-12}$$

式中：K_{li}和C_{li}——节点l方向i的弹簧系数和阻尼系数，可参照表 3.2-5 选取。

三维黏弹性边界弹簧刚度系数和阻尼系数　　表 3.2-5

法向	切向	法向	切向
$\dfrac{E}{2R}$	$\dfrac{G}{2R}$	ρc_{P}	ρc_{S}
$\dfrac{4G}{R}$	$\dfrac{2G}{R}$	ρc_{P}	ρc_{S}
$\dfrac{1}{1+A}\cdot\dfrac{\lambda+2G}{R}$	$\dfrac{1}{1+A}\cdot\dfrac{G}{R}$	$B\rho c_{\mathrm{P}}$	$B\rho c_{\mathrm{S}}$

注：1. E为地基的弹性模量，λ、G为拉梅常数，υ为土体的泊松比，ρ为地基的质量密度，R为结构的几何中心到人工边界的距离；

2. A、B为无量纲常数，依次推荐取为 0.8、1.1；

3. c_{p}、c_{S}为地基的纵波和横波波速，其中$c_{\mathrm{p}}=\sqrt{\lambda+\frac{2G}{\rho}}$，$c_{\mathrm{S}}=\sqrt{\frac{G}{\rho}}$。

由式(3.2-9)～式(3.2-12)整理可得：

$$\begin{aligned}&m_l\ddot{u}_{li}+\sum_{k=1}^{n_{\mathrm{e}}}\sum_{j=1}^{n}\left(c_{likj}+\delta_{lk}\delta_{ij}A_lC_{li}\right)\dot{u}_{kj}+\sum_{k=1}^{n_{\mathrm{e}}}\sum_{j=1}^{n}\left(k_{likj}+\delta_{lk}\delta_{ij}A_lK_{li}\right)u_{kj}\\&=A_l\left(K_{li}u_{li}^{\mathrm{R}}+C_{li}\dot{u}_{li}^{\mathrm{R}}+f_{li}^{\mathrm{R}}\right)\end{aligned} \tag{3.2-13}$$

式中：$\delta_{ij}=1(i=j)$，$\delta_{ij}=0(i\neq j)$。

式(3.2-13)为考虑无限域辐射阻尼和地震波输入条件下人工边界节点的集中质量有限元运动方程，其中，式(3.2-13)等号左边增加的两项是模拟无限域辐射阻尼而施加的黏弹性人工边界，相当于在节点l方向i施加一个另一端固定的并联弹簧-阻尼器单元，如图 3.2-16 所示。

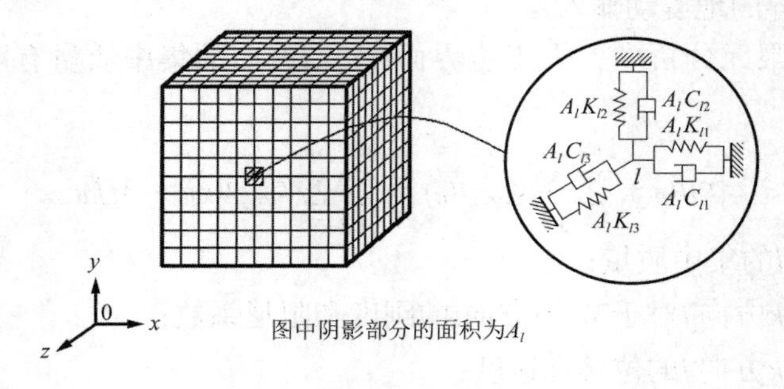

图 3.2-16　三维黏弹性人工边界条件

式(3.2-13)等号右边表示地震作用，即通过入射波得到的人工边界节点l方向i处的内行

场所对应的等效荷载，其中前两项表示产生内行场反应所需抵抗人工边界物理元件的节点力，第三项表示产生内行场反应所需抵抗近场介质的节点力。

由式(3.2-13)可以看出，地震动输入的关键是由已知入射波时程去确定人工边界处的内行场位移时程u_{li}^{R}和速度时程$\dot{u}_{li}^{\mathrm{R}}$及边界表面应力时程$f_{li}^{\mathrm{R}}$。下面进行内行场位移时程$u_{li}^{\mathrm{R}}$和速度时程$\dot{u}_{li}^{\mathrm{R}}$及边界表面应力时程$f_{li}^{\mathrm{R}}$的确定。

（2）人工边界内行场位移时程和速度时程确定

已知入射角为α（传播方向与竖向的夹角）的平面 P 波从左下方从无限域向有限域传播，平面 P 波在自由地表发生反射，形成反射角为α的平面 P 波和反射角为β（传播方向与竖向的夹角）的平面 S 波，如图 3.2-17 所示。

在左侧人工边界，内行场不仅包括入射场，还包括入射场经过自由地表反射后到达人工边界的波场，此时的内行场可以理解为左侧无限域拓展后在人工边界形成的自由场；在底部人工边界处，内行场等于入射场；右侧人工边界处，因入射场在左侧斜入射，内行场为零；前、后两侧面人工边界处，因入射的波场和经自由地表反射的反射波场均平行于前、后侧边界，可将自由场作为前、后侧边界的内行场。

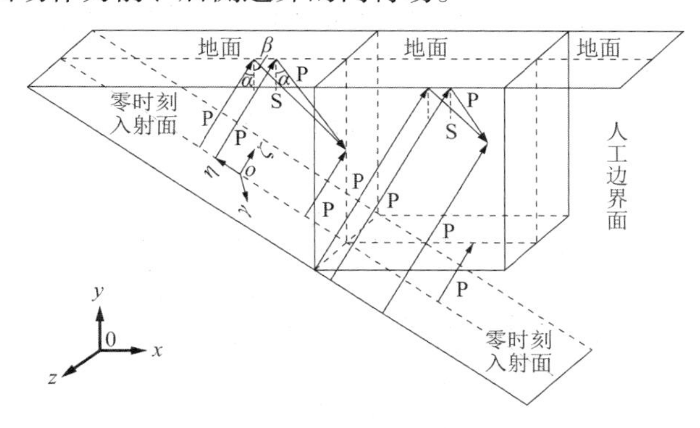

图 3.2-17　三维 P 波斜入射示意图

考虑波在传播过程的时间延迟，左侧人工边界面处的内行场由入射角为α的入射 P 波$u_0(t-\Delta t_1)$、反射角为α的反射 P 波$B_1u_0(t-\Delta t_2)$和反射角为β的反射S波$B_2u_0(t-\Delta t_3)$构成，内行场位移时程可写为

$$\begin{cases}u_{l1}^{\mathrm{R}}(t)=u_0(t-\Delta t_1)\sin\alpha-B_1u_0(t-\Delta t_2)\sin\alpha+B_2u_0(t-\Delta t_3)\cos\beta\\u_{l2}^{\mathrm{R}}(t)=u_0(t-\Delta t_1)\cos\alpha+B_1u_0(t-\Delta t_2)\cos\alpha+B_2u_0(t-\Delta t_3)\sin\beta\end{cases}\tag{3.2-14}$$

同理，前、后人工边界面的内行场由入射角为α的入射 P 波$u_0(t-\Delta t_4)$、反射角为α的反射 P 波$B_1u_0(t-\Delta t_5)$和反射角为β的反射 S 波$B_2u_0(t-\Delta t_6)$构成，内行场位移时程可写为

$$\begin{cases}u_{l1}^{\mathrm{R}}(t)=u_0(t-\Delta t_4)\sin\alpha-B_1u_0(t-\Delta t_5)\sin\alpha+B_2u_0(t-\Delta t_6)\cos\beta\\u_{l2}^{\mathrm{R}}(t)=u_0(t-\Delta t_4)\cos\alpha+B_1u_0(t-\Delta t_5)\cos\alpha+B_2u_0(t-\Delta t_6)\sin\beta\end{cases}\tag{3.2-15}$$

底边人工边界面的内行场仅由入射角为α的入射 P 波$u_0(t-\Delta t_7)$构成，内行场位移时程可写为

$$\begin{cases}u_{l1}^{\mathrm{R}}(t)=u_0(t-\Delta t_7)\sin\alpha\\u_{l2}^{\mathrm{R}}(t)=u_0(t-\Delta t_7)\cos\alpha\end{cases}\tag{3.2-16}$$

以上各式中：Δt_1～Δt_7为入射 P 波从零时刻入射面传播到人工边界节点l所需的时间，可以通过 P 波的传播路程除以波速获得。B_1为反射 P 波幅值与入射 P 波幅值的比值，B_2为

反射 S 波幅值与入射 P 波幅值的比值，各人工边界面z方向位移时程$u_{l3}^{R}(t)$为 0。内行场的速度时程可通过对内行场位移时程式(3.2-14)～式(3.2-16)求时间的导数获得。

（3）人工边界表面应力确定

在均匀弹性介质中计算平面 P 波斜入射时人工边界界面上内行场应力。引入局部直角坐标系(ξ,η,γ)（见图 3.2-17），ξ为 P 波的入射方向，则有：

位移向量为

$$\boldsymbol{u}=\left\{u_\xi(\xi,\eta,\gamma,t)\ \ u_\eta(\xi,\eta,\gamma,t)\ \ u_\gamma(\xi,\eta,\gamma,t)\right\}^{\mathrm{T}} \tag{3.2-17}$$

应变向量为

$$\begin{aligned}\boldsymbol{\varepsilon}=\{&\varepsilon_\xi(\xi,\eta,\gamma,t)\ \ \varepsilon_\eta(\xi,\eta,\gamma,t)\ \ \varepsilon_\gamma(\xi,\eta,\gamma,t)\\&\varepsilon_{\eta\gamma}(\xi,\eta,\gamma,t)\ \ \varepsilon_{\xi\gamma}(\xi,\eta,\gamma,t)\ \ \varepsilon_{\xi\eta}(\xi,\eta,\gamma,t)\}^{\mathrm{T}}\end{aligned} \tag{3.2-18}$$

应力向量为

$$\begin{aligned}\boldsymbol{\sigma}=\{&\sigma_\xi(\xi,\eta,\gamma,t)\ \ \sigma_\eta(\xi,\eta,\gamma,t)\ \ \sigma_\gamma(\xi,\eta,\gamma,t)\\&\tau_{\eta\gamma}(\xi,\eta,\gamma,t)\ \ \tau_{\xi\gamma}(\xi,\eta,\gamma,t)\ \ \tau_{\xi\eta}(\xi,\eta,\gamma,t)\}^{\mathrm{T}}\end{aligned} \tag{3.2-19}$$

由广义 Hooke 定律可知

$$\begin{cases}\sigma_\xi=2G\dfrac{\partial u_\xi}{\partial\xi}+\lambda\left(\dfrac{\partial u_\xi}{\partial\xi}+\dfrac{\partial u_\eta}{\partial\eta}+\dfrac{\partial u_\gamma}{\partial\gamma}\right)\\\sigma_\eta=2G\dfrac{\partial u_\eta}{\partial\eta}+\lambda\left(\dfrac{\partial u_\xi}{\partial\xi}+\dfrac{\partial u_\eta}{\partial\eta}+\dfrac{\partial u_\gamma}{\partial\gamma}\right)\\\sigma_\gamma=2G\dfrac{\partial u_\gamma}{\partial\gamma}+\lambda\left(\dfrac{\partial u_\xi}{\partial\xi}+\dfrac{\partial u_\eta}{\partial\eta}+\dfrac{\partial u_\gamma}{\partial\gamma}\right)\\\tau_{\eta\gamma}=G\left(\dfrac{\partial u_\gamma}{\partial\eta}+\dfrac{\partial u_\eta}{\partial\gamma}\right)\\\tau_{\xi\gamma}=G\left(\dfrac{\partial u_\gamma}{\partial\xi}+\dfrac{\partial u_\xi}{\partial\gamma}\right)\\\tau_{\xi\eta}=G\left(\dfrac{\partial u_\eta}{\partial\xi}+\dfrac{\partial u_\xi}{\partial\eta}\right)\end{cases} \tag{3.2-20}$$

如图 3.2-17 所示，当平面 P 波$u_\xi(\xi-c_{\mathrm{P}}t)$沿$\xi$方向入射时，平面波 P 波传播位移向量为$\boldsymbol{u}=\left\{u_\xi(\xi-c_{\mathrm{P}}t)\ \ 0\ \ 0\right\}^{\mathrm{T}}$，广义 Hooke 定律可简化为

$$\begin{cases}\sigma_\xi=(2G+\lambda)\dfrac{\partial u_\xi}{\partial\xi},\ \ \sigma_\eta=\lambda\dfrac{\partial u_\xi}{\partial\xi},\ \ \sigma_\gamma=\lambda\dfrac{\partial u_\xi}{\partial\xi}\\\tau_{\eta\gamma}=0,\ \ \tau_{\xi\gamma}=0,\ \ \tau_{\xi\eta}=0\end{cases} \tag{3.2-21}$$

又$\frac{\partial u_\xi}{\partial\xi}=-\frac{1}{c_{\mathrm{P}}}\frac{\partial u_\xi}{\partial t}=-\frac{1}{c_{\mathrm{P}}}\dot{u}_\xi$，由$\lambda=\frac{E\upsilon}{(1+\upsilon)(1-2\upsilon)}$，$G=\frac{E}{2(1+\upsilon)}$得$\lambda=\frac{\rho\upsilon c_{\mathrm{P}}^2}{1-\upsilon}$，代入式(3.2-21)可得平面 P 波传播的应力计算公式

$$\sigma_\xi=(2G+\lambda)\frac{\partial u_\xi}{\partial\xi}=-\rho c_{\mathrm{P}}\dot{u}_\xi \tag{3.2-22}$$

$$\sigma_\eta=\sigma_\gamma=\lambda\frac{\partial u_\xi}{\partial\xi}=\frac{-\rho\upsilon c_{\mathrm{P}}\dot{u}_\xi}{1-\upsilon} \tag{3.2-23}$$

同理，当平面 S 波$u_\eta(\xi - c_S t)$传播时，位移向量为$\boldsymbol{u} = \{u_\eta(\xi - c_S t) \quad 0 \quad 0\}^T$，广义 Hooke 定律可以简化为：

$$\begin{cases} \sigma_\xi = 0 \quad \sigma_\eta = 0 \quad \sigma_\gamma = 0 \\ \tau_{\eta\gamma} = 0 \quad \tau_{\xi\gamma} = 0 \quad \tau_{\xi\eta} = G\dfrac{\partial u_\eta}{\partial \xi} \end{cases} \tag{3.2-24}$$

又$\frac{\partial u_\eta}{\partial \xi} = -\frac{1}{c_S}\frac{\partial u_\eta}{\partial t} = -\frac{1}{c_S}\dot{u}_\eta$代入式(3.2-24)可得平面 S 波传播的应力计算公式

$$\tau_{\xi\eta} = G\frac{\partial u_\eta}{\partial \xi} = \rho c_S^2\left(-\frac{1}{c_S}\right)\dot{u}_\eta = -\rho c_S \dot{u}_\eta \tag{3.2-25}$$

全局坐标系(x, y, z)的应力状态可通过应力转换公式，由局部坐标系(ξ, η, γ)的应力状态转化求得。

左侧人工边界面节点l的应力为

$$\begin{cases} f_{l1}^R = \rho c_P[\upsilon + (1 - 2\upsilon)\sin^2\alpha]\dfrac{\dot{u}_0(t - \Delta t_1) - B_1\dot{u}_0(t - \Delta t_2)}{1 - \upsilon} \\ \qquad + 2\rho c_S \sin\beta\cos\beta\, B_2\dot{u}_0(t - \Delta t_3) \\ f_{l2}^R = \rho c_P \sin\alpha\cos\alpha\,(1 - 2\upsilon)\dfrac{\dot{u}_0(t - \Delta t_1) + B_1\dot{u}_0(t - \Delta t_2)}{1 - \upsilon} \\ \qquad + \rho c_S(\sin^2\beta - \cos^2\beta)B_2\dot{u}_0(t - \Delta t_3) \\ f_{l3}^R = 0 \end{cases} \tag{3.2-26}$$

右侧人工边界节点l的应力，入射波左侧斜入射，右侧内行场为零，故应力为零。前侧人工边界面节点l的应力为

$$\begin{cases} f_{l1}^R = 0 \\ f_{l2}^R = 0 \\ f_{l3}^R = \rho c_P \upsilon\dfrac{-\dot{u}_0(t - \Delta t_4) + B_1\dot{u}_0(t - \Delta t_5)}{1 - \upsilon} \end{cases} \tag{3.2-27}$$

后侧人工边界面的作用应力与前侧相反。

底部人工边界面节点l的应力为

$$\begin{cases} f_{l1}^R = \rho c_P\dot{u}_0(t - \Delta t_7)\sin\alpha\cos\alpha\dfrac{1 - 2\upsilon}{1 - \upsilon} \\ f_{l2}^R = \rho c_P\dot{u}_0(t - \Delta t_7)\dfrac{\upsilon + (1 - 2\upsilon)\cos^2\alpha}{1 - \upsilon} \\ f_{l3}^R = 0 \end{cases} \tag{3.2-28}$$

式中：c_P和c_S——P 波和 S 波波速，$c_P = \sqrt{(\lambda + 2G)/\rho}$，$c_S = \sqrt{G/\rho}$；

υ——介质泊松比；

G、λ——拉梅常数。

最后，根据式(3.2-13)及确定的人工边界处的内行场位移时程u_{li}^R和速度时程$\dot{u}_{li}^R$以及边界各表面应力时程f_{li}^R，通过 Fortran 程序进行编程，将地震动转化为边界等效节点荷载，在 ABAQUS 中以*Cload 命令实现地震动的输入。

2）斜入射程序合理性验证

为验证本书地震波入射程序的合理性及其精度，截取 2000m × 2000m × 2000m 的正方

体有限元区域，建立有限元模型，半空间均匀介质的质量密度为 2630kg/m³，弹性模量为 32.5GPa，泊松比为 0.02；采用满足有限元精度要求的边长 50m 的正方体固体单元离散，有限元模型的侧面和底面施加黏弹性边界，有限元方程的时间积分步长取为 0.001s，计算点取 5000 个。入射波脉冲位移时程如图 3.2-18 所示。

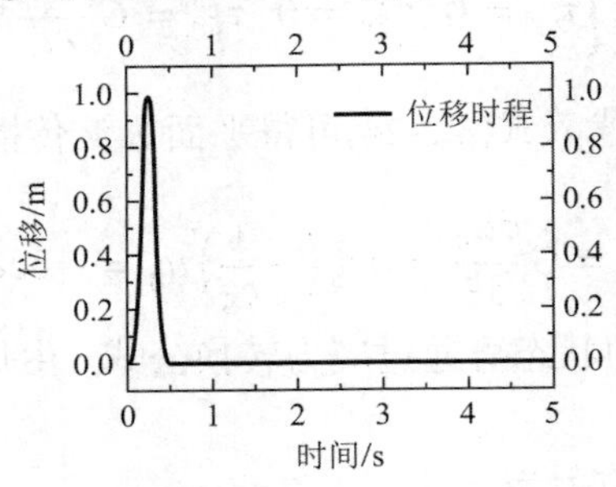

图 3.2-18　入射波脉冲位移时程

图 3.2-19 给出入射角为 30°和 45°时地表中心点的竖向位移时程，图中给出了本节数值模拟解和基于波动理论所获得的理论解（右上角为局部放大图）。由图 3.2-19 可以看出，本节数值解与理论解能够较好地吻合，说明本节实现的时域波动方法是合理的，且具有良好的模拟精度。

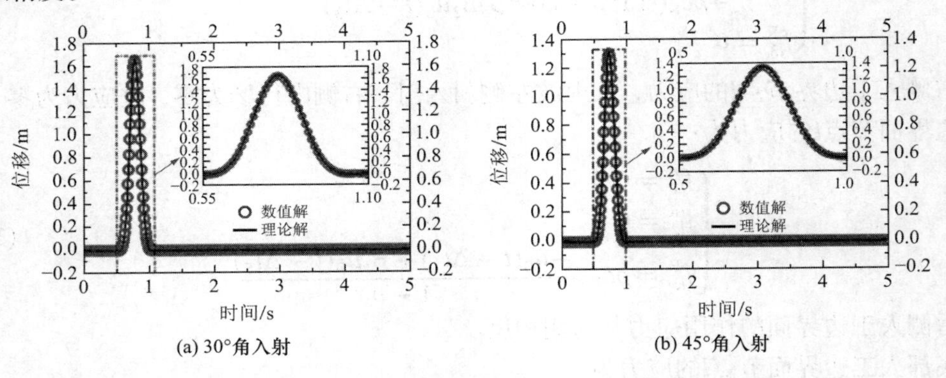

图 3.2-19　不同角度入射下地表中心处竖向位移时程

3）地震波斜入射下单层柱面网壳地震响应

（1）模型参数

建立桩-土-结构相互作用下的单层三向网格柱面网壳结构体系，网壳跨度为 20m，长度为 30m，矢跨比为 1/5，屋面恒载为 0.5kN/m²，活荷载取为 0.5kN/m²，屋面网壳斜杆 ϕ165mm × 5mm，其他杆件ϕ102mm × 4mm；柱网为 20m × 10m，柱高为 6m，柱截面为 ϕ600mm × 40mm；钢材选用 Q235，密度为 7800kg/m³，泊松比为 0.3，弹性模量为 2.06×10^{11}Pa。基础采用承台全桩基础，承台断面尺寸为 4m × 4m，承台厚度 1m，全桩长 16m，采用 2 × 2 根长度为 15m 的钻孔灌注桩，方形桩截面尺寸为 0.5m × 0.5m，混凝土采用 C30，弹性模量为 3.25×10^{10}Pa，泊松比为 0.167，密度为 2500kg/m³；土体尺寸为 120m × 80m × 24m，采用 Mohr-Coulomb 条件作为土体的本构计算模型，弹性模量为 2.5×10^{8}Pa，泊松比取为 0.3，阻尼比取为 0.08，密度为 2000kg/m³，黏聚力为 19kN，摩擦角为 32°，膨胀角为 25°；土与桩接触面采用面面接触，以库仑摩擦定律模拟桩与土体的提离、滑移现象，其中桩与土之间的摩擦系数取为0.3。三维实体有限元模型中土体和桩基均采用实体单元C3D8R模拟，梁、柱以Beam单元模拟，采用ABAQUS软件建立有限元模型见图3.2-20。

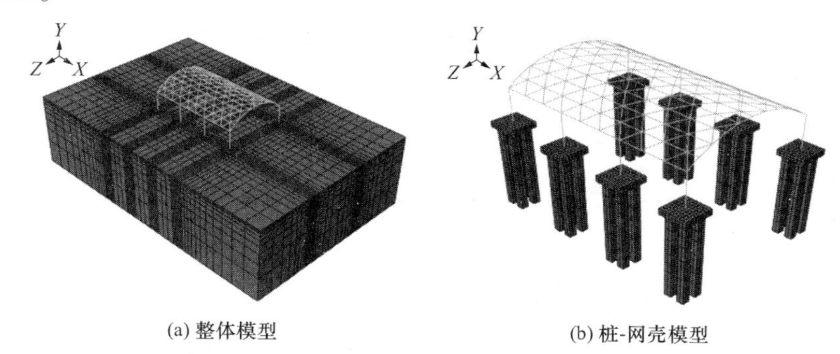

(a) 整体模型　　(b) 桩-网壳模型

图3.2-20　桩-土-结构有限元模型

（2）地震动输入参数

为研究不同地震动输入角度对桩-土-单层柱面网壳屋盖地震响应的影响，采用本章实现的时域波动输入法，选取Kobe波加速度记录作为地震动输入。地震动截取能反映Kobe波特性的前20s时程作为输入，并将加速度峰值调整为0.22g，输入地震动加速度时程曲线如图3.2-21所示。地震动的输入角度在0°～90°之间取值，从土体底部进行地震动输入。

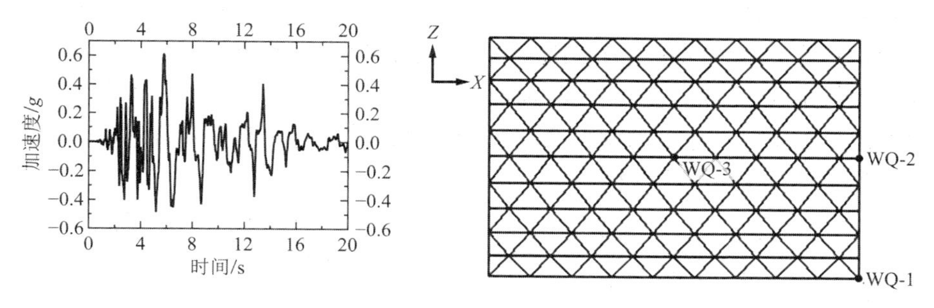

图3.2-21　Kobe波加速度时程　　图3.2-22　网壳屋盖节点编号

为便于研究地震动输入角度对单层柱面网壳结构地震响应的影响，图3.2-22给出网壳屋盖的3个代表性节点编号，WQ-1是柱顶所对应的节点，WQ-2是网壳跨度方向中心节点，WQ-3是网壳中心节点。

（3）地震动入射角度对土体及桩基地震响应影响

为研究不同地震动输入角度对地基土及桩基地震响应的影响，图3.2-23给出考虑桩-土-结构相互作用和不同地震动入射角度下内桩承台表面中心、边桩承台表面中心及土体表面中心的加速度峰值。由图3.2-23可以看出，在Kobe波作用下：

①随着入射角度的增大，桩承台表面中心及土体地表中心水平反应加速度峰值先增大后减小，最大水平反应加速度出现在入射角度40°～60°；随着入射角度的增大，土体竖向反应加速度峰值一直呈现出减小趋势，而桩体的竖向反应加速度先减小后增大再减小，最大竖向反应加速度出现在入射角度为0°和40°～60°。因为桩与土体界面非线性接触的存在，桩体与土体出现非一致的地震响应。

②边桩的反应加速度峰值大于内桩的反应加速度峰值，且在入射角40°～60°区间内差值较大。这是由于地震波在土体界面中发生折射和反射，随着入射角度的不同在界面发生不同程度的叠加，致使点的相位和振幅产生差异，导致发生行波效应、部分相干效应。

③桩-土体的反应加速度峰值最大值出现在0°和40°～60°之间，在进行桩-土相互作用分析时应当考虑不同入射角度的影响。

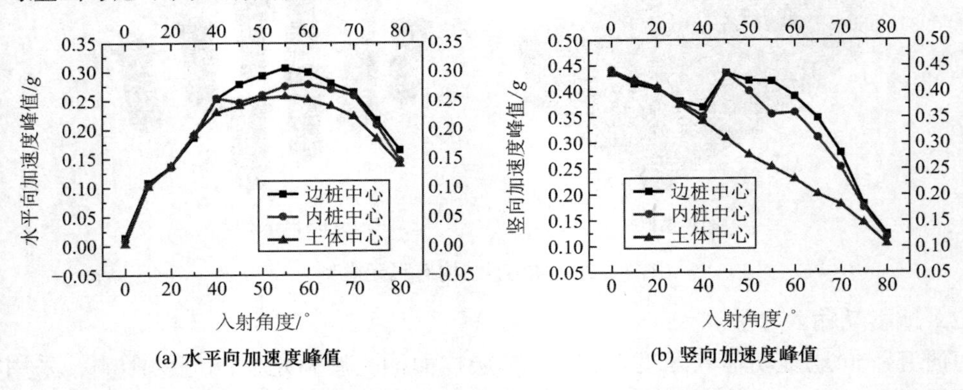

(a) 水平向加速度峰值 (b) 竖向加速度峰值

图3.2-23 不同入射角下桩-土中心点加速度峰值

（4）地震动入射角度对网壳结构地震响应影响

图3.2-24给出桩-土-单层柱面网壳结构相互作用下网壳三个节点WQ-1、WQ-2、WQ-3在不同入射角度下加速度峰值。可以看出，上部网壳节点加速度峰值呈现与桩-土加速度峰值一致的变化趋势。水平加速度峰值随着入射角度的增大呈现出先增大后减小的趋势，最大值出现在入射角45°～60°；竖向反应加速度先减小后增大再减小，在0°和45°～60°竖向反应加速度仍是敏感区，地震动输入角度在45°～60°时竖向加速度峰值达垂直输入75%～90%，柱顶节点加速度峰值几乎相当。

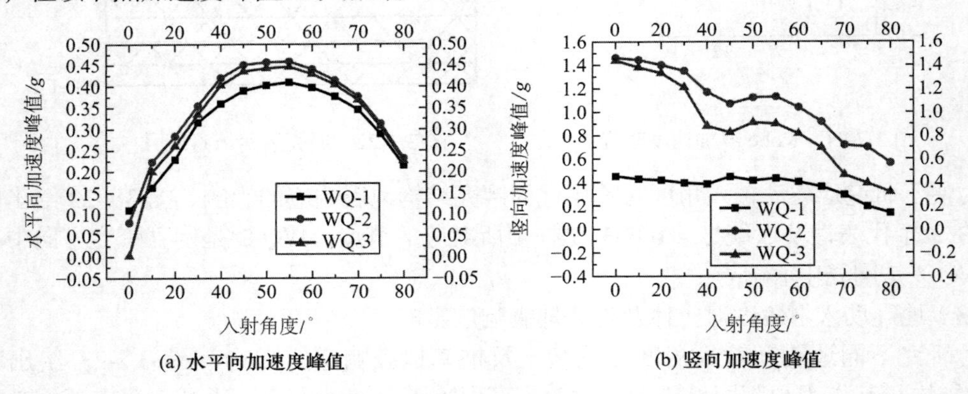

(a) 水平向加速度峰值 (b) 竖向加速度峰值

图3.2-24 不同入射角下网壳节点加速度峰值

图3.2-25为网壳上三个节点WQ-1、WQ-2、WQ-3的水平向和竖向位移时程曲线。图中给出了地震波入射角度为15°、30°、50°、65°、80°时的位移时程曲线。可以看出，水平向网壳节点最大位移随着入射角度的增大先增大后减小，在45°～60°区间内水平位移可达到最大值；竖向网壳节点最大位移随着入射角度的增大而减小；在入射角为45°～60°时，网壳结构水平位移和竖向位移同时出现较大值。

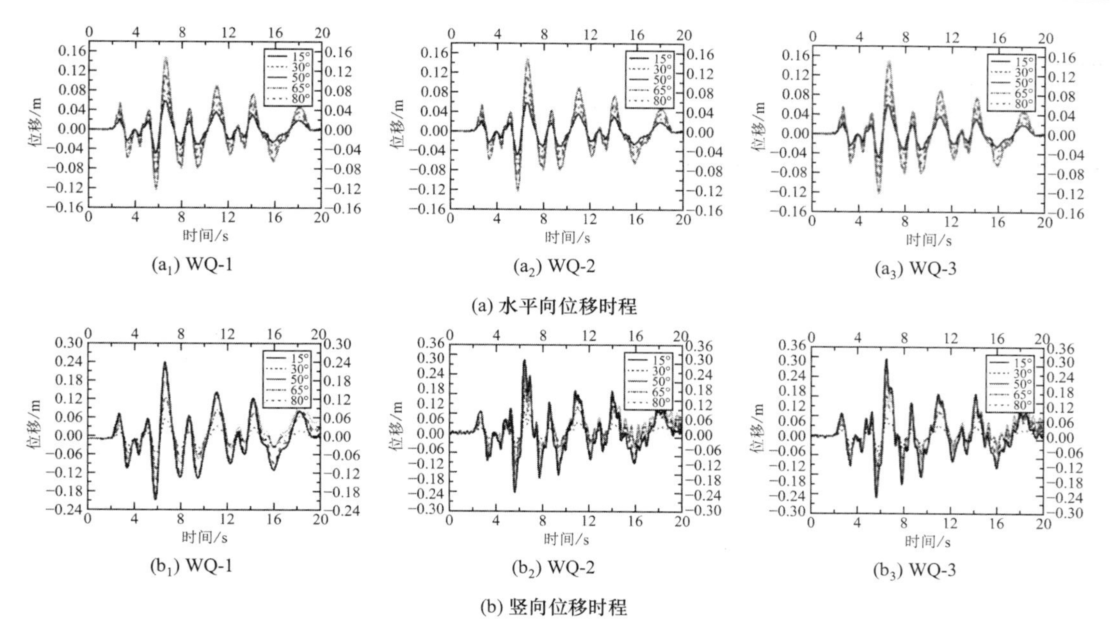

(a₁) WQ-1　(a₂) WQ-2　(a₃) WQ-3

(a) 水平向位移时程

(b₁) WQ-1　(b₂) WQ-2　(b₃) WQ-3

(b) 竖向位移时程

图 3.2-25　不同入射角度下网壳节点位移时程曲线

综上可知，网壳结构节点位移和节点加速度地震响应与土体和桩的地震响应呈现出一致的变化规律。当地震波垂直入射时，桩-土-单层柱面网壳结构体系的地震响应未必最剧烈。当入射角在 45°～60°之间时，竖向最大加速度峰值能达到垂直输入时的 75%～90%，甚至相当，同时水平加速度峰值达到最大。此时，桩-土-单层柱面网壳结构体系的地震响应也相当剧烈。从而说明地震波的入射角度对桩-土-单层柱面网壳结构相互作用体系有着重要的影响，在分析大跨度空间结构土-结构相互作用问题时宜考虑地震波的入射角度。

4）桩-土-网壳结构相互作用下空间效应问题

《建筑抗震设计规范》GB 50011—2010（2016 年版）第 5.1.2 条规定：结构采用三维空间模型等需要双向（两个水平）或三向（两个水平和一个竖向）地震波输入时，其加速度最大值通常按照 1（水平）：0.85（水平）：0.65（竖向）的比例调整进行地震动输入。按此规定水平与竖向加速度最大值的比例为 1：0.65。本节研究了考虑桩-土-结构相互作用下网壳结构在不同地震动入射角度下边桩、内桩柱底水平加速度最大值和竖向加速度最大值的比值，探讨 Kobe 波、Northridge 波输入下空间网格结构的输入空间效应问题。表 3.2-6 给出不同角度地震波入射下，桩-土-结构相互作用体系柱底水平加速度最大值与竖向加速度最大值的比值。

柱底水平加速度最大值与竖向加速度最大值的比值　　表 3.2-6

地震波	入射角/°	边桩			内桩		
		水平加速度最大值/g	竖向加速度最大值/g	比值	水平加速度最大值/g	竖向加速度最大值/g	比值
Kobe 波	15	0.0889	0.5605	1：6.30	0.0893	0.5561	1：6.23
	30	0.1623	0.3674	1：2.26	0.1648	0.3181	1：1.93
	45	0.2125	0.2773	1：1.30	0.2252	0.2776	1：1.23

续表

地震波	入射角/°	边桩			内桩		
		水平加速度最大值/g	竖向加速度最大值/g	比值	水平加速度最大值/g	竖向加速度最大值/g	比值
Kobe 波	50	0.2352	0.2582	1：1.10	0.2436	0.2566	1：1.05
	55	0.2522	0.236	1：0.94	0.2597	0.2337	1：0.90
	60	0.2548	0.2118	1：0.83	0.2615	0.2099	1：0.80
	75	0.1867	0.1278	1：0.68	0.1949	0.1264	1：0.65
	80	0.1433	0.0801	1：0.56	0.1364	0.0696	1：0.51
Northridge 波	15	0.0564	0.2961	1：5.25	0.0603	0.2908	1：4.82
	30	0.0985	0.2063	1：2.09	0.1133	0.2468	1：2.18
	45	0.1348	0.1832	1：1.36	0.1407	0.1791	1：1.27
	50	0.1452	0.1698	1：1.17	0.1484	0.1666	1：1.12
	55	0.1546	0.1548	1：1.00	0.1534	0.1519	1：0.99
	60	0.154	0.1405	1：0.91	0.1549	0.1271	1：0.82
	75	0.1101	0.0857	1：0.78	0.1148	0.0836	1：0.73
	80	0.0793	0.0484	1：0.61	0.0689	0.0393	1：0.57

由表3.2-6可以看出，在Kobe波、Northridge波作用下：

入射角度在55°～80°之间结构体系柱底的水平加速度最大值与竖向加速度最大值的比例大致符合《建筑抗震设计规范》GB 50011—2010（2016年版）规定1（水平）：0.65（竖向）的比例；地震波入射角在0°～50°和80°～90°时，柱底的水平加速度最大值与竖向加速度最大值的比例明显不符合《建筑抗震设计规范》GB 50011—2010（2016年版）规定；柱底的加速度最大值因地震波的不同而异，与地震波频谱特性有关。

研究表明，《建筑抗震设计规范》GB 50011—2010（2016年版）规定地震波输入时，水平与竖向的加速度最大值按比例1：0.65输入并非完全合理的，水平和竖向地震波输入比例与地震波的入射角度有关，当地震波入射角度在55°～80°时，可按规范规定比例进行地震波输入，当不在此范围时，不宜按照规范规定比例进行地震波输入，应当考虑地震波入射的空间效应。

基于波动理论，采用时域波动方法实现了黏弹性边界上地震动斜入射，并建立桩-土-单层柱面网壳结构动力相互作用体系的精细化模型，研究地震动入射角度对桩-土-单层柱面网壳结构地震响应的影响。有如下结论：

（1）当入射角度在40°～60°时，桩体与土体的地震响应存在明显非一致变化，桩体的地震响应大于土体的地震响应，同时边桩的地震响应大于内桩地震响应。

（2）地震波斜入射时不仅产生较大的竖向地震响应，同时产生较大的水平地震响应。网壳节点水平位移及加速度随着地震波入射角度的增大先增大后减小，最大反应值出现在45°～60°；竖向位移和加速度反应在入射角为0°（即垂直入射）时最大，但在45°～60°时仍出现较大值，其中竖向加速度峰值能达到垂直输入的75%～90%，甚至大小相当。

（3）在进行地震分析时，桩-土-网壳结构体系的地震响应未必在地震波垂直入射时最大，入射角为45°～60°时也是一重要考虑的区间范围。

（4）《建筑抗震设计规范》GB 50011—2010（2016年版）规定地震波输入时，水平与竖向的加速度最大值按比例1：0.65输入并非完全合理的。水平和竖向地震波输入比例还与地震波的入射角度有关，当地震波入射角度在55°～80°时，可按规范规定进行地震波输入，当不在此范围时，不宜按照规范规定进行地震波输入，应当考虑地震波入射的空间效应。

第 4 章 大跨度空间钢结构减隔震关键理论

理论分析与工程实践表明，大跨度空间钢结构动力特性与地震响应复杂，需要考虑多维地震的作用，对于位于高烈度区的复杂大跨度空间结构需要采取减隔震技术以满足建筑抗震设计的要求。

大跨度空间结构具有超长、大跨的特点。建筑跨越空间尺度大，对其进行隔震，需要解决多维隔震和地震动空间效应的问题。其中，大跨度空间结构三维复合隔震和多点地震动激励下的地震响应分析方法为该类结构隔震的关键技术问题。本章针对以上两方面进行了理论分析，开发了适用于空间结构隔震的三维复合隔震支座，揭示了多点激励下隔震网格结构的地震响应激励，建立了地震响应分析方法。

4.1 适用于大跨度空间钢结构的隔震装置研发

4.1.1 摩擦-弹簧三维复合隔震支座

1）竖向隔震基本方案

大跨度结构多采用钢结构体系，其延性较好，具有一定的抗震性能。分析表明，即使是在强震作用下，大多数杆件仍在弹性工作阶段，只有部分杆件进入塑性，同时在支座处的地震作用较强烈。因此，大跨度结构中的隔震与一般结构的隔震不同，可以采取部分隔震的策略，部分消减竖向地震输入。

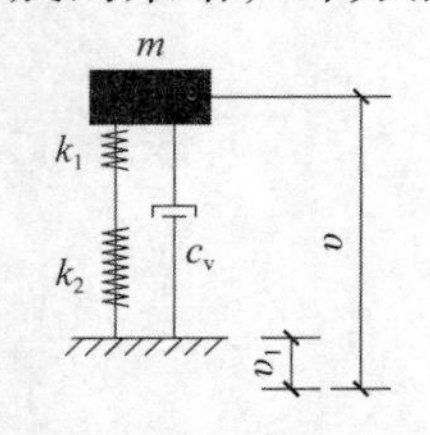

图 4.1-1 竖向隔震概念设计模型

大跨度结构的屋盖一般采用钢柱或混凝土柱支承，在竖向荷载作用下相当于弹性压杆，可认为是一压缩弹簧。在柱顶设置隔震支座，竖向采用弹簧，柱顶所受的重力静荷载可等效为一质量源，几何模型如图 4.1-1 所示。在建立支座竖向隔震的力学模型时，做如下假定：

（1）支座的竖向刚度与水平刚度间不耦合；

（2）支座竖向刚度由竖向静力荷载、竖向容许变形确定，同时考虑竖向极限荷载时的变形；

（3）在模型概念和初步设计时，主要考虑支座的承载力和相关的物理参数，支座的竖向运动按单自由度体系考虑；

（4）支座顶部的重力荷载等价于一质量块。

因此，在竖向地震作用下，图 4.1-1 模型的运动方程为：

$$m\ddot{v} + c\dot{v} + kv = -m\ddot{v}_g \tag{4.1-1}$$

式中：k——体系的总刚度。

可表示为：

$$k = \frac{k_1 k_2}{k_1 + k_2} \tag{4.1-2}$$

式中：k_1——支座的竖向弹簧刚度；

k_2——柱的竖向压缩刚度。

可表示为：

$$k_2 = \frac{EA}{L} \tag{4.1-3}$$

式中：E、A、L——柱的弹性模量、截面面积和长度。

通常，柱的压缩刚度较大，与竖向弹簧相比，两者的刚度存在很大的量级差，因此由式(4.1-2)可得，体系竖向刚度主要由支座中的竖向弹簧所决定。为考察图 4.1-1 模型的隔震效果，假定一钢圆管立柱$A = 637.4\text{mm}^2$，$L = 3.0\text{m}$；在结构竖向重力荷载作用下，弹簧的竖向压缩变形为 50mm，则弹簧刚度为$k_2 = 1960\text{kN/m}$，与结构重力荷载等效的质量块为$m = 1000\text{kg}$；地震作用采用 El-Centro 竖向地震波，加速度峰值取 0.3g。

对比分析可看出（图 4.1-2），采用竖向隔震弹簧调整支座的竖向刚度后，结构的加速度响应有明显的消减，无控和有控状态下的峰值响应分别为 16.73m/s^2 和 3.244m/s^2，且峰值出现的时间也有所不同。由图 4.1-3 可知，支座处采用竖向弹簧后，在竖向地震激励作用下有一定的位移，但其位移幅值相对较小，竖向弹簧的动位移最大值（1.354mm）约为重力荷载下弹簧竖向压缩变形（50mm）的 2.7%。因此，在地震作用下，支座不会产生剧烈的竖向运动。同时也说明，从理论上讲，在合理选择竖向弹簧刚度的条件下，该方案可有效实现竖向隔震。

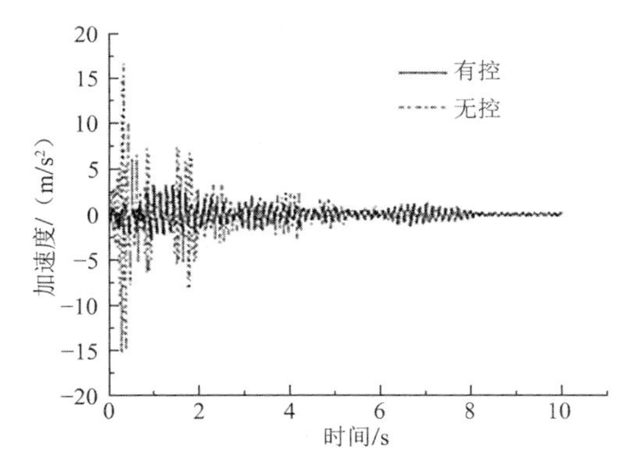

图 4.1-2 加速度响应时程曲线

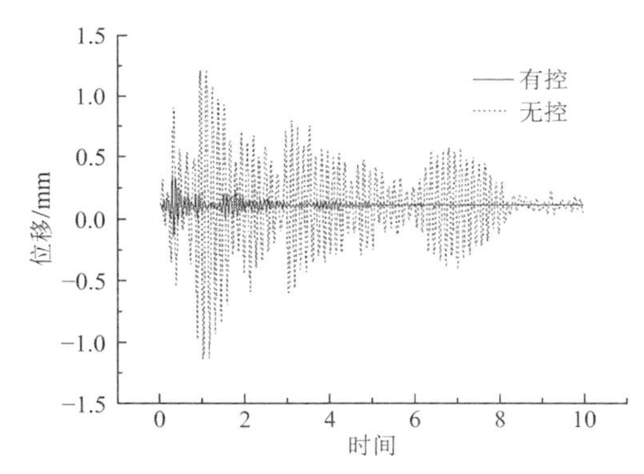

图 4.1-3 竖向位移响应时程曲线

上述有控状态所用的刚度调整方案是通过竖向弹簧来实现的，弹簧拟采用螺旋压缩弹簧，该弹簧在弹性阶段的阻尼很小，但也有一些弹簧能提供较大的阻尼，表 4.1-1 给出了支座在不同阻尼条件下的峰值响应。

支座在不同阻尼条件下的峰值响应 表 4.1-1

阻尼比	极值竖向位移响应/mm		加速度响应/（m/s^2）	
	+	−	+	−
0.02	1.207	−1.354	3.244	−2.959
0.05	1.050	−1.172	2.826	−2.720
0.1	0.836	−1.023	2.259	−2.256

由表 4.1-1 可知，随着隔震弹簧阻尼的增大，峰值位移与加速度响应均有所降低，但与无控状态相比，降低幅度有限。出现上述情况主要是由于体系在地震作用下处于弹性工作阶段，阻尼的影响不显著。

2）隔震支座的概念设计

（1）支座概念设计力学模型

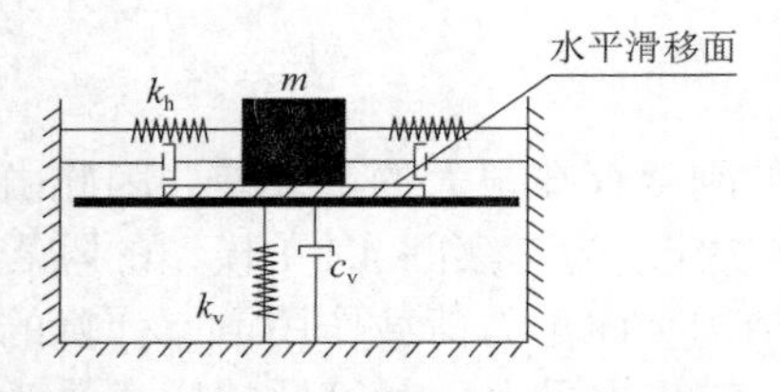

图 4.1-4　三维复合隔震支座的概念模型

复合隔震支座必须同时满足水平与竖向隔震要求。水平隔震方面，采用摩擦滑移装置，利用摩擦滑移耗散地震输入能量，震后的水平复位利用水平弹簧提供的水平恢复力解决；竖向隔震方面，利用竖向弹簧调节支座的竖向刚度，通过选择合理的刚度减小结构的竖向地震响应。摩擦-弹簧三维复合隔震支座概念设计的力学模型如图 4.1-4 所示。

（2）支座主要力学参数及其应满足的基本条件

大跨屋盖结构的支座，一方面将屋盖所承受的外部荷载传递到下部结构，在地震作用时，则成为地震能量输入到屋盖结构的通道。在非地震作用下，支座主要承受静力荷载，受力状态相对简单。

由图 4.1-4 可知，水平隔震涉及的力学参数包括滑移摩擦力F_f及提供水平恢复力的水平弹簧刚度k_h；竖向隔震相关的力学参数主要是竖向弹簧刚度k_v和竖向阻尼系数c_v。

水平隔震参数的取值必须满足以下基本条件：

①在常遇荷载如风荷载、重力荷载等及小震作用下，滑移摩擦面与水平弹簧应能提供足够的初始水平抗力（即具有足够的初始刚度），使屋盖结构处于稳定状态；

②在中震和大震作用下，支座在滑移面能产生滑动，通过摩擦耗散和隔离水平地震作用；

③水平弹簧在震后提供的恢复力满足支座水平复位的要求，从而使支座的震后复位得以实现；

④滑移面应具有足够的竖向受压承载力。

竖向隔震系部分隔震，主要是通过弹簧调整支座的竖向刚度来降低结构的地震能量输入，因此竖向弹簧的刚度为主要控制参数，竖向弹簧刚度应具备的基本条件可概括为：

①弹簧应具有足够的竖向承载力，以确保在重力荷载作用下结构体系处于稳定状态；

②支座的竖向自振频率应远离结构的自振周期，以避免与结构产生共振效应；

③竖向弹簧刚度应适中，既能降低结构在竖向地震作用下的响应，又不能产生较大的竖向位移。

3）支座基本理论模型的建立

（1）水平隔震计算模型

为了降低三维复合隔震支座的高度，水平隔震拟采用聚四氟乙烯水平滑移装置，在其摩擦面上复合聚四氟乙烯涂层，滑移面采用不锈钢板，并利用水平附加弹簧进行水平限位和复位。滑移过程中，滑移摩擦力的方向与大小是变化的，其变化范围与滑移装置所受的垂直荷载、压力、滑移速度及滑移运动方向相关。由于支座传递给上部结构的水平地震作用主要由滑移装置的摩擦性能控制，因此，确定摩擦力的计算模型对结构在地震作用下的动力分析具有重要的意义。

在单向和双向水平激励作用下，滑移支座的摩擦力具有不同的特征。因此，有必要分别讨论水平隔震装置在单向和双向水平运动时的计算模型。

在单向水平激励作用下，水平滑移装置将产生单向水平运动，其力学模型如图 4.1-5 所示。

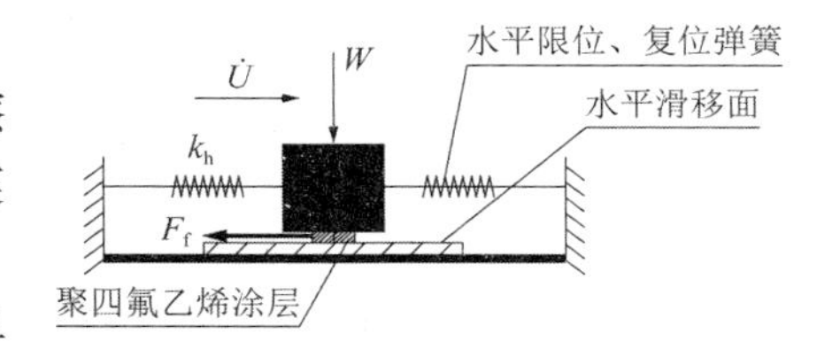

图 4.1-5　水平隔震模型

采用黏滞塑性理论，滑移面的摩擦力F_f可表示为：

$$F_f = \mu_s PZ \tag{4.1-4}$$

式中：Z——反映滞回特性的无量纲数；

μ_s——滑移摩擦系数。

可由下式确定：

$$Y\dot{Z} + \gamma|\dot{U}|Z|Z|^{\eta-1} + \beta\dot{U}|Z|^{\eta} - A\dot{U} = 0 \tag{4.1-5}$$

$$\mu_s = f_{max} - D_f \exp(-a|\dot{U}|) \tag{4.1-6}$$

式中：$\dot{U}$——滑移速度；

β、γ、A、η——无量纲常数；

f_{max}——起滑瞬时速度最大时的滑移系数；

D_f——最大滑移速度时的摩擦系数f_{max}与低速滑移时摩擦系数的差值；

P——支座的竖向压力。

由水平弹簧产生的弹性恢复力F_s可表示为：

$$F_s = k_h U \tag{4.1-7a}$$

$$F_s = \alpha F_f \tag{4.1-7b}$$

式中：k_h——水平限位、复位弹簧的刚度；

α——水平刚度系数。

摩擦力的方向与运动方向即速度方向相反；弹簧力的方向与位移方向相反。

而在滑移面未出现滑移前弹簧不发生变形，支座的水平初始刚度由摩擦面的最大静摩擦力$F_{h,s}$控制，$F_{h,s}$为：

$$F_{h,s} = \mu P \tag{4.1-8}$$

式中：μ——最大静摩擦系数。

实际结构受到的水平地震作用往往是双向的，滑移水平隔震装置在两水平方向的摩擦力和位移间存在耦合关系，因此考虑双向耦合摩擦力学计算模型可表示为：

$$\begin{Bmatrix} F_{fx} \\ F_{fy} \end{Bmatrix} = \mu W \begin{Bmatrix} Z_x \\ Z_y \end{Bmatrix} \tag{4.1-9}$$

式中：F_{fx}、F_{fy}——x、y方向的摩擦力；

W——支座的竖向压力；

μ_s——支座的滑动摩擦系数，与滑动摩擦速度有关，可按式(4.1-6)计算，但其中的速度$\dot{U}$为两水平速度的合速度，可表示为：

$$\dot{U} = \left(\dot{U}_x^2 + \dot{U}_y^2\right)^{1/2} \tag{4.1-10}$$

式中：$\dot{U}_x$、$\dot{U}_y$——支座沿x、y方向相对于地面的滑动速度；

Z_x、Z_y——反映支座滞回特性的无量纲参数，满足下列耦联微分方程：

$$\begin{cases} Y\dot{Z}_x + \gamma|\dot{U}_x Z_x|Z_x + \beta\dot{U}_x Z_x^2 + \gamma|\dot{U}_y Z_y|Z_x + \beta\dot{U}_y Z_x Z_y - A\dot{U}_x = 0 \\ Y\dot{Z}_y + \gamma|\dot{U}_y Z_y|Z_y + \beta\dot{U}_y Z_y^2 + \gamma|\dot{U}_x Z_x|Z_x + \beta\dot{U}_x Z_x Z_y - A\dot{U}_y = 0 \end{cases} \tag{4.1-11}$$

式中：Y——滑动前支座产生的弹性剪切位移，通常为 0.13～0.5mm；

A、γ、β——控制摩擦力剪切滞回曲线整体形状的参数，通常取$A = 1.0$、$\gamma = 0.9$、$\beta = 0.1$。

滑移隔震涉及两种机制：一是通过降低结构支承处的水平刚度，达到增加结构柔性、延长结构自振周期的目的；二是利用摩擦消耗地震能量，以减小结构的地震能量输入。水平刚度越小，越有利于支座的隔震，但是随刚度的减小，结构与支座的相对位移也将增大。解决上述问题的途径是利用滞回能量来消耗地震输入。然而，摩擦滑移隔震为实现震后复位，必须有回复力供给装置，当采用螺旋弹簧作为复位元件时，将导致支座的水平刚度增加，这将不利于支座隔震。因此，摩擦-弹簧并联滑移体系的特征参数包括摩擦系数μ_s和复位弹簧的合刚度k_h，其中k_h直接影响支座的水平特征周期T_b。

摩擦系数包括静摩擦系数和动摩擦系数，其取值与支座压力和接触面的条件有关，且滑动摩擦系数随速度的增加而增大，直到达到一定值，超过该速度值后，保持常量。摩擦-弹簧并联滑移体系要同时满足隔震和复位功能，隔震功能要求支座具有较小的水平刚度以延长结构的周期，而复位功能又要求支座具有足够的水平回复刚度，因此，隔震与复位功能之间存在一定的矛盾。为了解决上述问题，可利用摩擦系数μ_s和复位弹簧的合刚度k_h的关系，建立μ_s与水平特征周期T_b的相关表达式。

材料性能试验研究表明，聚四氟乙烯平板滑移的响应接近于刚塑性，接触面产生滑动时，水平滑移刚度很小，可忽略。支座的水平特征周期主要由复位弹簧的水平合刚度k_h确定，即：

$$T_b = 2\pi\sqrt{\frac{P}{gk_h}} \tag{4.1-12}$$

式中：g——重力加速度。

同时，支座应满足震后复位要求，由式(4.1-7)和式(4.1-12)可建立μ_s与k_h及T_b间的关系：

$$k_h = \frac{F_s}{U_{max}} \tag{4.1-13}$$

$$\mu_s = \frac{4\pi^2 U_{max}}{gT_b^2\alpha} \tag{4.1-14}$$

摩擦系数由接触面的材料和条件决定，其取值在一定范围内，聚四氟乙烯与不锈钢板之间的摩擦系数通常较低。由式(4.1-13)可看出，复位刚度的取值与滑动位移密切相关。然而，由于支座支承在下部结构上，其直径受实际条件制约，滑动位移的幅值将直接影响支座的设计，因此有必要确定其合理的取值范围，以保证支座隔震和复位功能。

大跨度结构随跨度的增大，体系的柔性也有所增加，结构周期一般在 0.2～0.8s 间，若能将隔震结构的周期调整到 1.5s 以上，会产生良好的隔震效果。对于某些特殊结构，如跨度超过 90m 的网架维修机库，其低阶水平特征周期将达到 1.2s，此类结构隔震所要求的隔震周期将更长。图 4.1-6 给出了$F_s = 1.05F_f$条件下的T_b-U_{max}关系曲线。

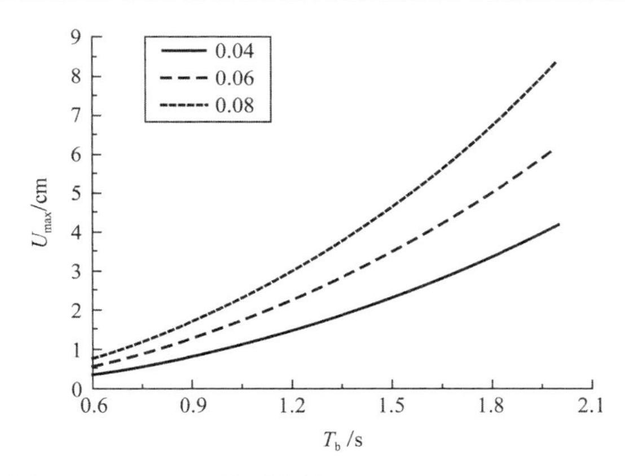

图 4.1-6　T_b-U_{max}关系曲线（$\mu_s = 0.08$、0.06、0.04）

由图 4.1-6 可看出：

①当支座特征周期在 0.6～2.0s 间变化，μ_s取 0.04、0.06、0.08 时，U_{max}的极值分别为 4.17、6.26、8.5cm，这表明摩擦-滑移并联隔震体系具有可行性；

②随隔震体系特征周期的延长，位移幅值U_{max}将递增；

③当支座的平面尺寸受限制时，采用低摩擦系数的滑移面，则可取得理想的隔震效果，并能减小支座的直径；

④在设计水平隔震体系时，应详细考察输入激励与结构无控状态下的特征周期，选择合理的隔震周期，使隔震结构滑动位移的幅值U_{max}尽可能取较小值，以减小支座的直径。

复位弹簧提供的回复力取$F_s = \alpha F_f$，式(4.1-13)中的k_h可表示为：

$$k_h = \frac{\alpha \mu_s P}{U_{max}} \tag{4.1-15}$$

式中：α——水平弹簧刚度调整系数，在实际支座中可取 0.5。

因此，依据式(4.1-15)和滑动位移的幅值U_{max}可初步确定支座的复位刚度。但在应用式(4.1-15)初步估算k_h时，应根据结构的隔震目标首先计算出目标隔震周期T_b，并依据T_b与U_{max}关系确定的U_{max}，只有依据上述步骤确定的复位刚度方可同时满足水平隔震和复位的功能要求。

（2）竖向隔震计算模型

大跨度结构的竖向隔震是在屋盖支座中增设竖向刚度调节装置，以改变屋盖的竖向支承刚度，从而减小屋盖结构的竖向地震输入。主要控制参数为静载作用下的承载力和动力隔震要求的竖向刚度。

竖向承载力P_v的计算应依据为屋盖结构传递给支座的竖向压力，在地震作用下，竖向压力包括静压力P_s和动压力P_d（源于竖向地震作用），P_v应满足如下条件：

$$P_v \geqslant P_s + P_d \tag{4.1-16}$$

与竖向承载力计算相比，竖向刚度计算要复杂得多。大跨度结构为多自由度体系，结构一旦受到外部竖向激励作用，将产生振动，结构所受的地震激励是通过支座传递的。因此，支座的竖向隔震涉及两类问题，第一类问题是使支座的特征频率与地震动输入激励的共振频域错开，第二类问题是使支座的特征频率与屋盖结构的竖向特征频率错开。然而，要同时解决上述问题有时存在一定的困难，但比较两类问题可看出，结构地震响应源于外部激励输入，从能量输入的角度评价则从第一类问题入手具有直接的效果，故在确定隔震参数时应重点考虑第一类问题。对第二类问题，当采用隔震支座后，结构的特征频率主要由支座的动力特性确定。

针对第一类问题，为考察隔震支座的隔震效果，引入参数TR表示通过支座传递的外部激励的比率，绝对隔震系数IE可表示为：

$$IE = 1 - TR \tag{4.1-17}$$

由参数IE可确定支座的隔震效率。

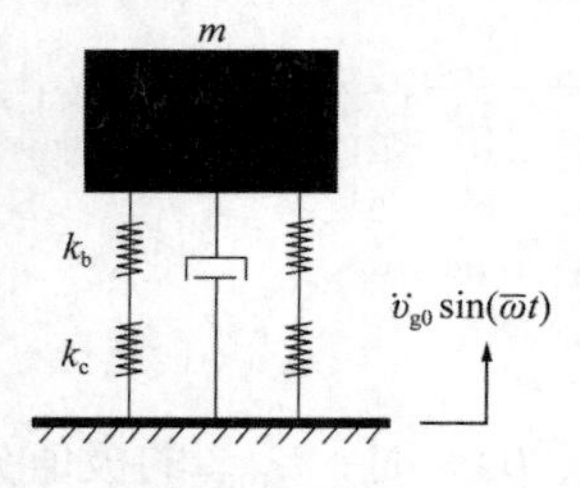

图 4.1-7　竖向隔震理论模型

对第一类问题，可将支座等效为图 4.1-7 所示的单自由度体系，其运动方程可由式(4.1-1)表示：

$$m\ddot{v}(t) + c\dot{v}(t) + kv(t) = p(t)$$

式中：$k = \frac{k_b k_c}{k_b + k_c}$，$k_b$、$k_c$分别为支座和下部支承结构的竖向刚度；$p(t)$为地震输入激励，$p(t) = -m\ddot{v}_g(t)$。

当底部输入为简谐激励时，取$\ddot{v}_g(t) = \ddot{v}_{g0}\sin(\bar{\omega}t)$，则支座的绝对加速度响应为：

$$\ddot{v}(t) = \ddot{v}_{g0}\sqrt{1 + (2\xi\beta)^2}D\sin(\bar{\omega}t - \bar{\theta}) \tag{4.1-18}$$

$$D = \left[(1 - \beta^2)^2 + (2\xi\beta)^2\right]^{-1/2} \tag{4.1-19}$$

式中：ξ为支座弹簧的阻尼比；$\beta = \bar{\omega}/\omega$。

由于支座的输入激励为加速度，则激励传递比可以由支座加速度响应与输入激励之比确定，即：

$$TR = \frac{\ddot{v}_{max}}{\ddot{v}_{g0}} = D\sqrt{1 + (2\xi\beta)^2} \tag{4.1-20}$$

由以上分析可看出，TR直接相关的参数为β和ξ。当阻尼比ξ值相对较小时，β直接影响隔震效率。在输入激励一定时，理论上可根据激励传递比TR确定支座的刚度。

式(4.1-20)反映出阻尼比ξ与频率比β直接影响激励传递比，图 4.1-8 给出了ξ、β与TR的关系。

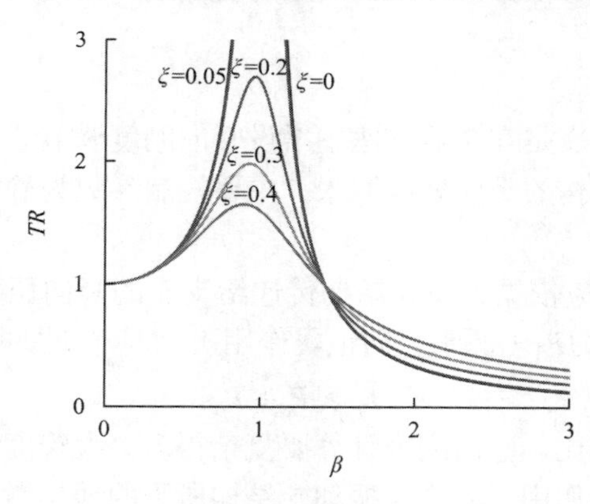

图 4.1-8　β-TR曲线

由图 4.1-8 可得以下结论：

①不同阻尼比条件下的曲线均相交于点($\beta = \sqrt{2}, TR = 1$)。

②$\beta < \sqrt{2}$时，$TR > 1$，表明隔震装置不但未隔离外部激励，而且由于共振放大效应，反而使体系的动力响应放大。因此，在设计竖向隔震装置时，必须避开共振频域。

③$\beta > \sqrt{2}$时，$TR < 1$，表明隔震装置可有效隔离外部输入激励，从而减小结构的动力响应，隔震效果随β的增大而增加。然而在实际工程中，当β接近于$\sqrt{2}$时，由于种种原因可能会导致隔震失效，因此在设计隔震结构时，宜尽可能增大β值。

④隔震装置的阻尼比ξ对TR的影响在$\beta = 0 \sim \sqrt{2}$区域与$\beta > \sqrt{2}$区域呈现不同趋势。前者随ξ的增大，TR减小，表明增大隔震装置的阻尼有利于减小结构的动力响应，但整体响应仍趋放大（$TR > 1$）；而当$\beta > \sqrt{2}$时，情况相反，且ξ的影响不如前者显著，这对隔震装置设计很有价值，即在选择隔震装置的制造材料或构造时可重点考察考虑刚度因素的影响，使装置的设计和参数选取得以简化。

综上分析，输入激励与隔震装置的频率比$\beta > \sqrt{2}$为设计隔震装置必须满足的基本条件，当输入频率为定值时，则可通过调整隔震装置的竖向刚度以满足隔震要求。

当采用阻尼比较小的材料作为竖向隔震单元时，如忽略阻尼比的影响，可直接建立绝对隔震系数IE与β间的关系：

$$\beta^2 = (2 - IE)/(1 - IE) \quad 0 < IE < 1 \tag{4.1-21}$$

输入激励的频率$\overline{f}$与竖向静位移$\varDelta_{\text{st}}$间的关系可表示为：

$$\overline{f} = \frac{\overline{\omega}}{2\pi} = \frac{1}{2\pi}\sqrt{\frac{g}{\varDelta_{\text{st}}}\frac{2 - IE}{1 - IE}} \quad 0 < IE < 1 \tag{4.1-22}$$

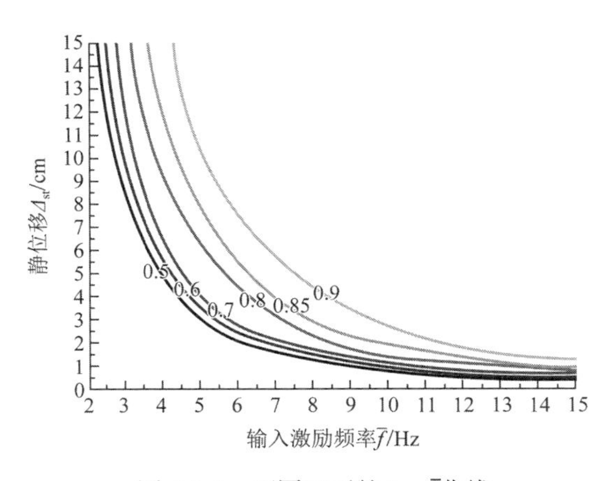

图 4.1-9 不同IE下的$\varDelta_{\text{st}}$-$\overline{f}$曲线

图 4.1-9 给出了IE不同取值条件下的$\varDelta_{\text{st}}$-$\overline{f}$曲线，由曲线可得到以下结论：

①当输入激励频率较高时，选择较小的竖向静位移（即竖向刚度较大）即可获得较好的隔震效果；

②当输入激励频率小于 2.5Hz 时，竖向刚度必须足够小方可具有部分隔震效果（$IE < 0.5$），此时竖向静位移将超过 15cm，因此实际应用的可操作性很小，竖向隔震很难实现；

③当输入激励的频率超过 3.0Hz 时，竖向隔震的可行性强，可获得较为理想的隔震效果；

综上分析，当输入激励频率较高（$\overline{f} > 3.0\text{Hz}$）时，可仅考虑由调整竖向刚度来满足隔震要求。从现有的地震动观测记录看，竖向地震动的卓越周期一般在0.1～0.15s，即卓越频率在6.7～10Hz间，竖向隔震具有可实现性。表4.1-2给出了IE与$\bar{f}$不同取值条件下Δ_{st}。

由表4.1-2可看出，隔震效率系数在0.7内时，Δ_{st}的最大极值为2.96cm，在工程实践中可以实现。因此，理论研究表明竖向隔震具有可行性。

IE与$\bar{f}$不同取值条件下Δ_{st}　　**表4.1-2**

$\bar{f}$/Hz		6.0	6.5	7.0	7.5	8.0	8.5	9.0	9.5	10
IE/cm	0.5	2.08	1.77	1.53	1.33	1.17	1.03	0.92	0.83	0.75
	0.6	2.41	2.05	1.77	1.54	1.36	1.20	1.07	0.96	0.87
	0.7	2.96	2.52	2.18	1.90	1.67	1.48	1.32	1.18	1.07
	0.8	4.13	3.52	3.04	2.65	2.33	2.06	1.84	1.65	1.49
	0.85	5.28	4.50	3.88	3.38	2.97	2.63	2.35	2.11	1.90
	0.9	7.58	6.46	5.57	4.85	4.26	3.78	3.37	3.02	2.73

空间网格屋盖多采用混凝土或钢柱作为竖向支承结构，动力特性复杂，结构竖向自振周期由屋盖刚度、重力荷载及柱的轴向刚度共同控制。竖向为部分隔震概念时，隔震效率是相对结构无控状态而言的，为一相对值，当单独采用式(4.1-20)作为竖向刚度的取值依据存在不便。为避免上述问题，可定义相对隔震系数λ：

$$\lambda = 1 - \frac{TR_b}{TR_c} < 1 \tag{4.1-23}$$

式中：TR_c、TR_b——无控和有控状态条件下的传递系数。

当阻尼比较小时，利用式(4.1-20)、式(4.1-23)可建立起无控状态频率比β_c与有控状态频率比β_b间的关系：

$$\beta_b = \sqrt{\frac{\beta_c^2 - \lambda}{1 - \lambda}} \tag{4.1-24}$$

由式(4.1-24)可导出支座的频率f_b与隔震系数间的表达式：

$$f_b = \frac{\bar{\omega}}{2\pi}\sqrt{\frac{1 - \lambda}{\beta_c^2 - \lambda}} \tag{4.1-25}$$

式中：$\bar{\omega}$——输入激励的特征频率。

支座的竖向刚度k_b可表示为：

$$k_b = 4\pi^2 f_b^2 \frac{P}{g} \tag{4.1-26}$$

式中：P、g——支座所承受的重力荷载代表值和重力加速度。

采用弹簧的隔震装置中，系统的阻尼比较小，对螺旋弹簧可取钢材的阻尼比即$\xi = 2\%$，而碟形弹簧的阻尼比须由试验测定。因此，竖向隔震力学模型中涉及的主要参数有承载力

P_v与弹簧刚度$K_{v,s}$，而P_v与$K_{v,s}$间同时存在相关性。$K_{v,s}$的取值又与隔震效率系数IE有密切联系，故竖向隔震的力学模型设计流程可概括如下：

①根据无控状态下的地震响应特征，选择合理的IE或λ值。由于竖向隔震为部分隔震，IE或λ能使有控状态下结构所有杆件在包含地震响应的组合效应作用下不超过结构的弹性极限即可；

②确定输入激励的频率$\overline{f}$，当竖向隔震采用弹簧时，隔震系统为弹性系统，此时分析地震响应时叠加原理适用，采用时程分析时可取输入激励的卓越频率，同时还应兼顾结构竖向振动的特征频率的影响；

③采用IE值确定支座的刚度，初步计算竖向静力位移Δ_{st}，Δ_{st}可采用式(4.1-22)计算，考虑阻尼比ξ时，竖向静位移Δ_{st}的计算公式为：

$$\Delta_{st}=\frac{g}{4\pi^2\overline{f}^2}\left\{(1-2\xi^2)+\frac{2\xi^2}{(1-IE)^2}+\sqrt{\frac{1}{(1-IE)^2}-1+\left[(1-2\xi^2)+\frac{2\xi^2}{(1-IE)^2}\right]^2}\right\}$$

$$0<IE<1 \tag{4.1-27}$$

当采用λ确定支座的竖向刚度时，则可按式(4.1-26)计算；

④计算竖向弹簧刚度$K_{v,s}$；

⑤依据K_v对承载力P_v进行校核；

⑥依据K_v与P_v设计竖向弹簧。

4.1.2 高阻尼橡胶-碟簧三维隔震支座

1）水平隔震技术要点

支座水平隔震方面采用高阻尼橡胶支座，通过调整橡胶材料的配方可改变支座的水平等效阻尼比及等效刚度，利用黏滞阻尼耗散地震能量，延长上部结构自振周期从而减小结构的水平地震响应。

支座的高度影响支座的稳定性，在竖向压力一定的条件下，通过调整橡胶支座的横截面面积及橡胶层总厚度来降低支座的竖向高度，调整后的橡胶支座应满足第一形状系数S_1及第二形状系数S_2的要求。

支座的水平等效刚度影响其水平隔震性能，水平等效刚度越小隔震性能越好，但是随着水平等效刚度的减少，地震作用下上部结构的相对位移将会增加，因此支座设计时在支座平面尺寸、橡胶层总厚度及橡胶材料确定后，应按理论公式计算支座的水平等效刚度K_h是否满足要求。支座也应具有一定的初始刚度，用来抵御风振及频遇地震作用。高阻尼橡胶支座自身具有较强的恢复能力，可实现震后复位功能。

水平隔震装置采用高阻尼橡胶支座，本节对高阻尼橡胶支座的理论进行归纳总结，并给出高阻尼橡胶支座的设计流程。

依据上文给出的叠层橡胶支座的理论，图 4.1-10 给出了水平隔震装置高阻尼橡胶支座的设计流程，实际应用过程中，可按该步骤对水平隔震装置及高阻尼橡胶支座进行设计及验算。

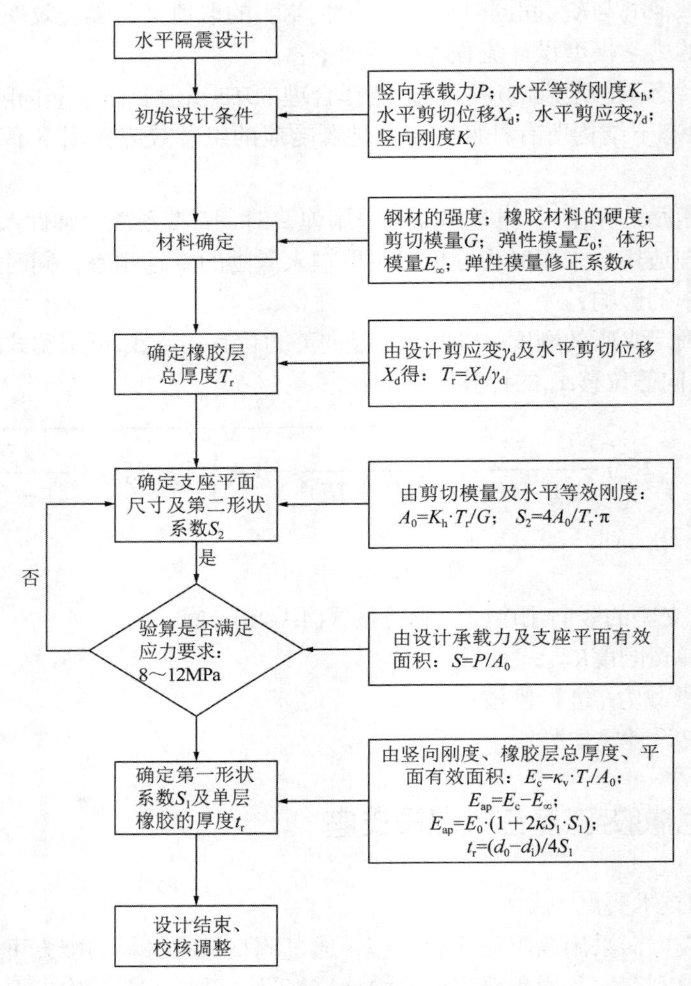

图 4.1-10　高阻尼橡胶支座设计流程图

2）竖向隔震技术要点

竖向隔震方面主要是利用碟形弹簧组调节支座的竖向刚度，通过碟片间的摩擦阻尼耗散地震作用减少竖向地震向上部结构的输入。支座中的碟簧组应满足以下要求：

（1）通过碟簧组合选择合理的刚度，满足竖向隔震的同时控制上部结构的竖向位移；

（2）具有足够的竖向承载力，满足静荷载及动荷载的作用；

（3）支座的竖向自振周期应远离结构及地震波的主频率，避免因发生共振而放大地震作用。

竖向隔震装置采用碟形弹簧组并联的形式实现，选择碟形弹簧的原因是其空间紧凑、承载力高，且通过改变碟形弹簧的组合方式可调整支座的竖向刚度，利用碟片间变形产生的摩擦可有效耗散竖向地震作用，本节将归纳碟形弹簧的设计理论及竖向隔震装置的设计流程。

图 4.1-11 为三维隔震支座中竖向隔震装置的设计过程，实际应用过程中，根据所需竖向刚度、承载力及变形量的需求，通过改变碟形弹簧的组合方式来实现。

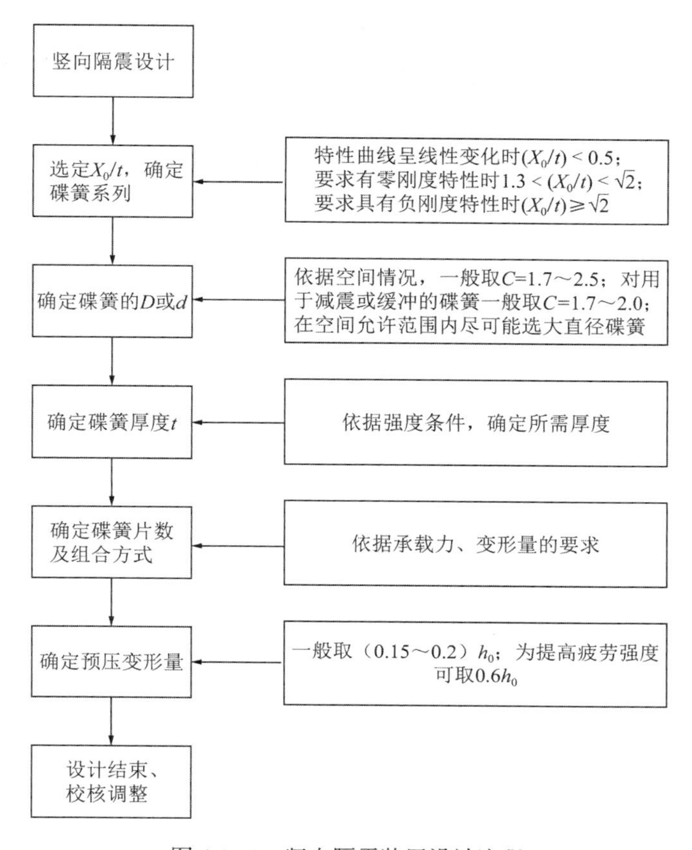

图 4.1-11 竖向隔震装置设计流程

3）抗拔型三维隔震支座的刚度、周期和恢复力模型

通过试验可知，三维隔震支座水平刚度与竖向刚度解耦，支座的水平刚度取高阻尼橡胶支座的水平刚度。可通过碟簧组与高阻尼橡胶支座串联，调整支座的竖向刚度。本节将讨论三维隔震支座竖向刚度的计算公式。

（1）隔震支座的竖向刚度

三维隔震支座的竖向刚度K_v可表示为式(4.1-28)。

$$K_\mathrm{v}=\begin{cases}\dfrac{K_\mathrm{vh}K_\mathrm{vv}}{K_\mathrm{vh}+K_\mathrm{vv}} & ①\quad 对合组数\leqslant 2\\ K_\mathrm{vv} & ②\quad 对合组数>2\end{cases}\tag{4.1-28}$$

式中：K_vh——高阻尼橡胶支座的竖向刚度；

K_vv——竖向隔震装置的竖向刚度。

当竖向隔震装置所用的单串碟簧为n片叠合，对合组数 ≤ 2 组，并联组数m ≥ 4 组时，竖向隔震装置总的竖向刚度与高阻尼橡胶支座的竖向刚度相差不大，应按式(4.1-28)中的①式进行计算。

随着碟簧对合组数的增加，单串碟簧组的竖向刚度不断减少，高阻尼橡胶支座的总刚度远大于竖向隔震装置总的竖向刚度，此时可忽略高阻尼橡胶支座的竖向刚度，三维隔震支座的总刚度由并联碟形弹簧组的竖向总刚度决定，可按式(4.1-28)中的②式进行计算。

表 4.1-3 为三维隔震支座的竖向刚度试验结果与理论公式计算结果的对比，可看出当竖向隔震装置总刚度较大时，按(4.1-28)中的①式进行计算，支座竖向刚度误差在5%左右。当竖向隔震装置总刚度较小时，可发现并联碟形弹簧组总的竖向刚度与试验测得的三维隔震支座的竖向刚度相差非常小，结果表明可按该公式计算支座的竖向刚度。

支座竖向刚度理论计算与试验结果对比　　**表** 4.1-3

	按式①计算		按式②计算				
试件	1-1	2-1	1-2	1-3	1-4	2-2	3-2
理论计算/（kN/mm）	164.48	177.91	108.67	79.46	60.13	120.45	132.93
试验结果/（kN/mm）	158.46	166.21	113.30	75.53	56.65	121.39	129.48
误差/%	3.66	6.58	4.09	4.95	5.79	0.77	2.60

（2）隔震支座的竖向振动周期

由支座所承受的重力荷载代表值P及三维隔震支座的竖向刚度K_V，得到支座的竖向自振动期为：

$$T_v = \begin{cases} 2\pi\sqrt{\dfrac{P(K_{vh}+K_{vv})}{gK_{vh}K_{vv}}} & ①\quad 对合组数 \leqslant 2 \\ 2\pi\sqrt{\dfrac{P}{gK_{vv}}} & ②\quad 对合组数 > 2 \end{cases} \tag{4.1-29}$$

式中：T_v——三维隔震支座的竖向振动周期；

P——支座所承受的重力荷载代表值；

g——重力加速度；

K_{vv}——竖向隔震装置的竖向刚度；

K_{vh}——高阻尼橡胶支座的竖向刚度。

支座设计时，可通过调整碟簧的组合方式改变支座的竖向周期，避免与竖向地震波发生共振。

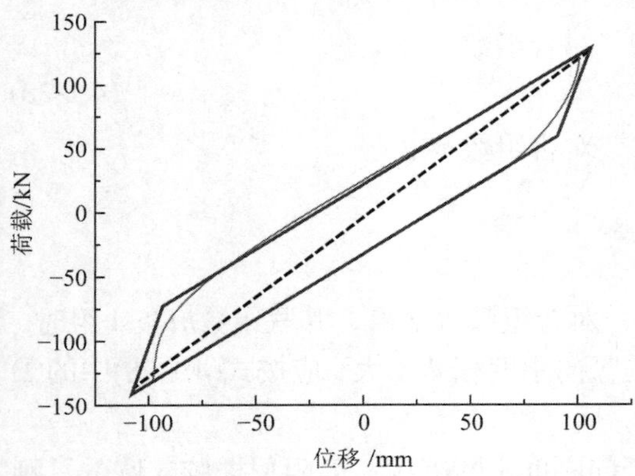

图 4.1-12　隔震支座滞回曲线与双线性模型

（3）抗拔型三维隔震支座恢复力模型

恢复力模型是根据大量试验结果得出恢复力和变形关系曲线抽象简化而来的数学实用模型，反映结构构件在弹塑性地震反应分析中的抗震性能。

图 4.1-12 中所示的细曲线为隔震支座试验测得的水平滞回曲线，粗曲线为双线性分析模型，由此图可知，三维隔震支座呈现出良好的双线性力学模型。图中黑色虚线可用来表示支座的水平等效刚度。

4.2 多点激励作用下隔震网壳结构分析理论

4.2.1 多点激励隔震网壳结构理论模型

（1）基础隔震

现有的多点激励时程分析方法均是基于无隔震大跨度结构发展的，它们对阻尼项的处理比较粗略，一般都是直接舍去，这在体系阻尼较小时是可以接受的。由于隔震大跨度空间结构具有显著的非比例阻尼特性，在隔震支座布置位置存在阻尼集中，现有方法计算结果的误差难以准确估计。本章选择适用于非线性分析且力学意义明确的大质量法（large mass method，LMM）进行结构响应模拟分析，下面重新考察大质量法平衡方程的推导过程：

仍采用集中质量模型，各支承基底附加大质量点$\boldsymbol{M}_\mathrm{o}$的结构动力平衡方程（为方便计算，可通过矩阵行列变换，将支承节点自由度对应的各行列排在矩阵最末位置）可表示为：

$$\begin{bmatrix}\boldsymbol{M}_{ii} & \boldsymbol{M}_{is}\\ \boldsymbol{M}_{si} & \boldsymbol{M}_\mathrm{o}\end{bmatrix}\begin{Bmatrix}\ddot{\boldsymbol{U}}_i\\ \ddot{\boldsymbol{U}}_\mathrm{s}\end{Bmatrix}+\begin{bmatrix}\boldsymbol{C}_{ii} & \boldsymbol{C}_{is}\\ \boldsymbol{C}_{si} & \boldsymbol{C}_\mathrm{ss}\end{bmatrix}\begin{Bmatrix}\dot{\boldsymbol{U}}_i\\ \dot{\boldsymbol{U}}_\mathrm{s}\end{Bmatrix}+\begin{bmatrix}\boldsymbol{K}_{ii} & \boldsymbol{K}_{is}\\ \boldsymbol{K}_{si} & \boldsymbol{K}_\mathrm{ss}\end{bmatrix}\begin{Bmatrix}\boldsymbol{U}_i\\ \boldsymbol{U}_\mathrm{s}\end{Bmatrix}=\begin{Bmatrix}\boldsymbol{0}\\ \boldsymbol{M}_\mathrm{o}\ddot{\boldsymbol{U}}_\mathrm{g}\end{Bmatrix} \tag{4.2-1}$$

式中：$\boldsymbol{M}_\mathrm{o}$——结构支承点处的大质量矩阵；

$\ddot{\boldsymbol{U}}_\mathrm{g}$——结构支承处地面运动加速度向量。

将式(4.2-1)的第 2 行展开，得到：

$$\boldsymbol{M}_\mathrm{o}\ddot{\boldsymbol{U}}_\mathrm{s}+\boldsymbol{M}_{is}^\mathrm{T}\ddot{\boldsymbol{U}}_i+\boldsymbol{C}_\mathrm{ss}\dot{\boldsymbol{U}}_\mathrm{s}+\boldsymbol{C}_{is}^\mathrm{T}\dot{\boldsymbol{U}}_i+\boldsymbol{K}_\mathrm{ss}\boldsymbol{U}_\mathrm{s}+\boldsymbol{K}_{is}^\mathrm{T}\boldsymbol{U}_i=\boldsymbol{M}_\mathrm{o}\ddot{\boldsymbol{U}}_\mathrm{g} \tag{4.2-2}$$

对于集中质量模型，$\boldsymbol{M}_{is}^\mathrm{T}=\boldsymbol{0}$；式(4.2-2)两侧均左乘$\boldsymbol{M}_\mathrm{o}^{-1}$，可得：

$$\ddot{\boldsymbol{U}}_\mathrm{s}+\boldsymbol{M}_\mathrm{o}^{-1}\boldsymbol{C}_\mathrm{ss}\dot{\boldsymbol{U}}_\mathrm{s}+\boldsymbol{M}_\mathrm{o}^{-1}\boldsymbol{C}_{is}^\mathrm{T}\dot{\boldsymbol{U}}_i+\boldsymbol{M}_\mathrm{o}^{-1}\boldsymbol{K}_\mathrm{ss}\boldsymbol{U}_\mathrm{s}+\boldsymbol{M}_\mathrm{o}^{-1}\boldsymbol{K}_{is}^\mathrm{T}\boldsymbol{U}_i=\ddot{\boldsymbol{U}}_\mathrm{g} \tag{4.2-3}$$

因$\boldsymbol{M}_\mathrm{o}^{-1}\rightarrow\boldsymbol{0}$，仍可忽略$\boldsymbol{M}_\mathrm{o}^{-1}\boldsymbol{K}_\mathrm{ss}\boldsymbol{U}_\mathrm{s}$、$\boldsymbol{M}_\mathrm{o}^{-1}\boldsymbol{K}_{is}^\mathrm{T}\boldsymbol{U}_i$这两个刚度项，简化得到：

$$\ddot{\boldsymbol{U}}_\mathrm{s}+\boldsymbol{M}_\mathrm{o}^{-1}\boldsymbol{C}_\mathrm{ss}\dot{\boldsymbol{U}}_\mathrm{s}+\boldsymbol{M}_\mathrm{o}^{-1}\boldsymbol{C}_{is}^\mathrm{T}\dot{\boldsymbol{U}}_i\approx\ddot{\boldsymbol{U}}_\mathrm{g} \tag{4.2-4}$$

为考虑集中阻尼所在的位置对结构响应的影响，采用基于子结构集成思想的 Clough 非比例阻尼理论，对基础隔震空间网格结构体系的钢构件部分和橡胶支座部分按各自阻尼比分别构造阻尼子矩阵，再根据节点定位组装。以振动台试验中的网壳模型为例，模型共有 6 个支承点（独立基础），采用三维梁单元模拟，则支座节点总自由度$b=36$。对结构矩阵分块，节点自由度区域为 36 阶方阵，而高阻尼单元区域为处于右下角（矩阵行列变换）的 72 阶方阵，分布在矩阵分块后的 4 个区域，见图 4.2-1。所以，式(4.2-4)中$\boldsymbol{C}_\mathrm{ss}$和$\boldsymbol{C}_{is}^\mathrm{T}$均含有高阻尼元素。

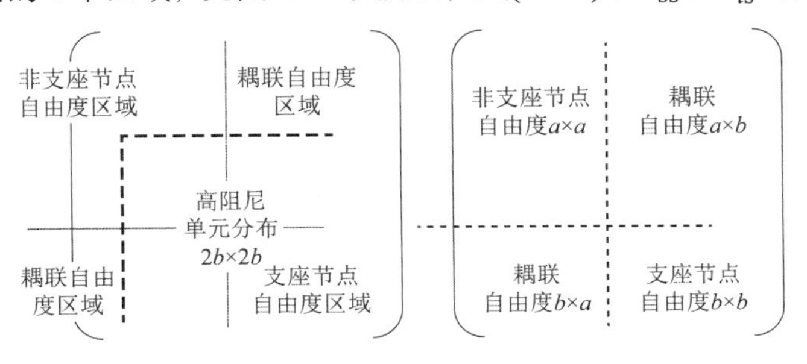

图 4.2-1 LMM 矩阵分块与基础隔震集中阻尼的分布

在构造 Clough 非比例阻尼过程中，如果各子结构部分采用瑞利阻尼，则$\boldsymbol{C}_{\rm ss}=\alpha\boldsymbol{M}_{\rm o}+\beta\boldsymbol{K}_{\rm ss}$，$\boldsymbol{C}_{\rm is}^{\rm T}=\alpha'\boldsymbol{M}_{\rm is}^{\rm T}+\boldsymbol{\beta}'\boldsymbol{K}_{is}^{\rm T}$，代入式(4.2-4)。因$\boldsymbol{M}_{\rm o}^{-1}\to\boldsymbol{0}$，耦联阻尼$\boldsymbol{C}_{\rm is}^{\rm T}$可消掉，得到：

$$\ddot{\boldsymbol{U}}_{\rm s}+\alpha\dot{\boldsymbol{U}}_{\rm s}\approx\ddot{\boldsymbol{U}}_{\rm g}\tag{4.2-5}$$

由于系数α并非无穷小量，式(4.2-5)中左侧的速度项，也即大质量法推导过程中的阻尼项$\boldsymbol{C}_{\rm ss}\dot{\boldsymbol{U}}_{\rm s}$不能忽略。根据相关文献，阻尼比$\xi$越大或结构基本自振周期$T_1$越小，瑞利阻尼系数$\alpha$就越大，计算误差也将越大。为使结构支承节点的加速度$\ddot{\boldsymbol{U}}_{\rm s}$真实等于地面运动$\ddot{\boldsymbol{U}}_{\rm g}$，则要求：

$$\ddot{\boldsymbol{U}}_{\rm g,new}=\ddot{\boldsymbol{U}}_{\rm g}+\alpha\dot{\boldsymbol{U}}_{\rm g}\tag{4.2-6}$$

（2）高位隔震

采用基于子结构集成思想的 Clough 非比例阻尼理论，构造高位隔震网壳结构（三维模型）的整体阻尼矩阵。如图 4.2-2 所示，按是否为支承节点自由度对结构矩阵分块，振动台试验的网壳缩尺模型共有 6 个独立基础，则支座节点总自由度$b=36$，为处于整体矩阵右下角的 36 阶方阵（通过矩阵行列变换得到）。支承柱顶的隔震支座高阻尼单元自由度全部位于非支座节点区域。

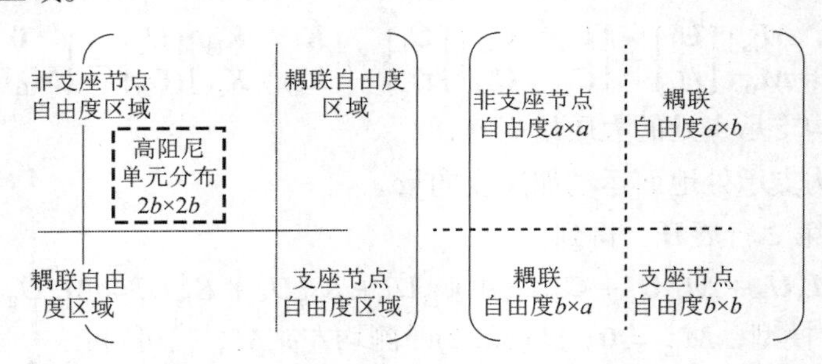

图 4.2-2　LMM 矩阵分块与高位隔震集中阻尼的分布

在数值分析中，用三维 Timoshenko 梁单元模拟高阻尼橡胶支座的力学性质，取等效线性刚度。使用改进的大质量法，对高阻尼橡胶高位隔震柱面网壳缩尺模型进行多点激励的地震响应分析。

4. 2. 2　基于子结构的非比例阻尼矩阵构造（Clough 非比例阻尼）

对大型复杂结构或属于刚性结构的核电站等与下部场地土，以及各类埋地管道与周围场地土这样需要考虑土-结构动力相互作用的情况，由于土体阻尼比可达 15%～20%，而结构本身阻尼比只有 2%～5%，二者之间数值相差较大，如仍将其处理成一个折中阻尼比或阻尼矩阵，则会导致较大的误差，高估具有较大阻尼的场地土的地震响应，同时低估阻尼较小的结构的响应，设计偏于不安全。

基于子结构构造整体非比例阻尼矩阵的方法是用 Clough 非比例阻尼的有关理论，按材料不同，先将结构体系分为n个独立的子结构，各子结构中仍是经典阻尼，建立瑞利阻尼矩阵：

$$\boldsymbol{C}_i=\alpha_i\boldsymbol{M}_i+\beta_i\boldsymbol{K}_i\quad(i=1,\cdots,n)\tag{4.2-7}$$

然后根据单元（子结构）定位向量，类似于常见的单元刚度矩阵，组装整体刚度矩阵，将各子结构的阻尼矩阵$\boldsymbol{C}_i$组装为整体阻尼矩阵。

有隔震耗能装置的大跨网格结构也属于此类情况，如铅芯隔震橡胶支座和高阻尼橡胶支座等隔震支座的阻尼比可达到10%～15%，安装于钢结构中会引入明显的局部集中阻尼，且按位置不同有多种隔震方案。构造Clough非比例阻尼矩阵能真实的反映结构内部阻尼的分布情况，得到更真实的结构响应。此方法思路清晰，与矩阵位移法相近，很容易通过编程实现。

进行隔震大跨度空间结构动力响应的研究，结构体系显著的非比例阻尼性质和主要贡献振型（基于等效比例阻尼的角度）的选取是必须解决的难点。这些问题处理是否得当，直接影响分析结果的准确性以及计算的效率。由前述可知，关于多参考振型选取及非比例阻尼处理模型、响应分析算法在国内外已被大量提出，在这里做一个简要总结。

Clough非比例阻尼能很好地反映体系内部阻尼的分布，对基础隔震和高位隔震两种方案（图4.2-3），在构造的阻尼中能体现出较大差别，这是等效比例阻尼不能达到的。该方法原理清晰，构造阻尼矩阵的过程，是根据定位向量的循环运算，此类工作非常适合编程解决。本论文即利用Clough非比例阻尼理论构造隔震大跨网壳的阻尼矩阵。

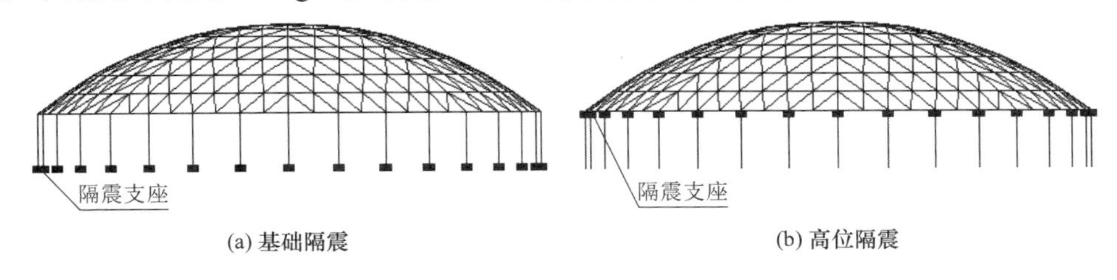

(a) 基础隔震　　(b) 高位隔震

图4.2-3　大跨网壳结构隔震方案示意图

4.2.3　隔震单元力学模型

1）基于Timoshenko梁单元的隔震单元模拟

如图4.2-4所示，橡胶支座由内部橡胶层和加劲钢板分层叠合经高温硫化而成。当橡胶支座承受竖向荷载时，加劲钢板约束内部橡胶层的横向变形，使橡胶支座整体具有很大的竖向刚度和竖向承载力（图4.2-4b），而同时仍保持较小的水平刚度（图4.2-4c）；橡胶支座的竖向刚度可达水平刚度的500～1500倍。弯矩M能使橡胶支座发生较明显的转动（图4.2-4d）。由不同的工作条件，橡胶支座的水平变形可按纯剪切和压弯两类模式进行考虑。

基于上述情况，可将橡胶支座视为截面高度相对跨度不很小的高梁，采用三维的Timoshenko梁单元模拟橡胶支座的力学特性。在Timoshenko梁理论中，也假定原来垂直于梁中心线的截面在变形后仍保持为平面，但其特点是在引入剪切影响时，挠度w和截面转动θ各自独立插值、互无关联，即采用如下形式表示：

$$w=\sum_{i=1}^{n}N_i\omega_i,\quad \theta=\sum_{i=1}^{n}N_i\theta_i \tag{4.2-8}$$

式中：N_i——拉格朗日插值多项式；

n——单元节点数。

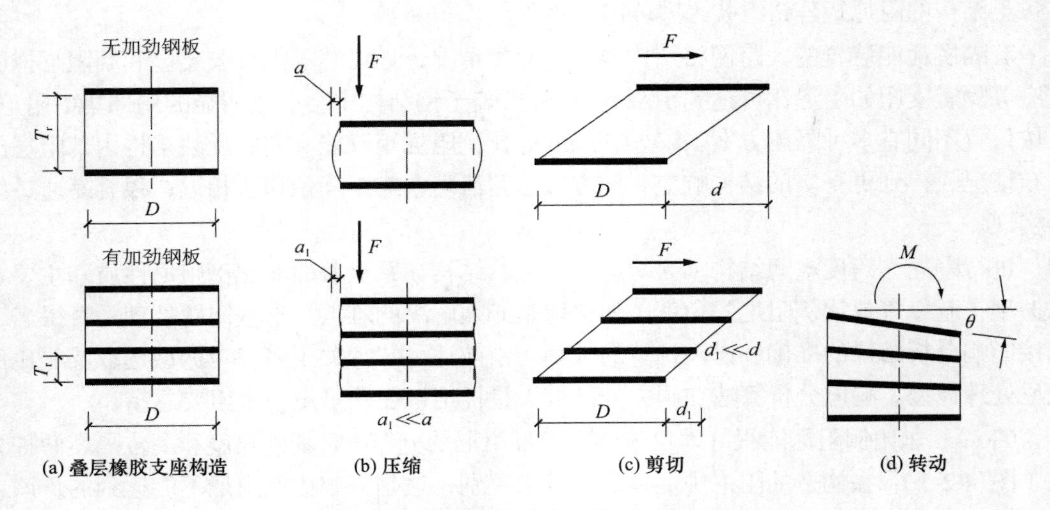

图 4.2-4　叠层橡胶支座工作的力学机理

$$\boldsymbol{N} = [\boldsymbol{N}_1 \quad \boldsymbol{N}_2 \quad \cdots \quad \boldsymbol{N}_n]$$

$$N_i = \begin{bmatrix} N_i & 0 \\ 0 & N_i \end{bmatrix} \quad (i = 1,2,\cdots,n)$$

相应的有限元求解方程为：

$$\boldsymbol{Ka} = \boldsymbol{P} \tag{4.2-9}$$

式(4.2-9)中，以 2 节点单元为例，在局部坐标系下：

$$a^{\mathrm{e}} = [x_1 \quad y_1 \quad z_1 \quad \theta_{x1} \quad \theta_{y1} \quad \theta_{z1} \quad x_2 \quad y_2 \quad z_2 \quad \theta_{x2} \quad \theta_{y2} \quad \theta_{z2}]^{\mathrm{T}} \tag{4.2-10}$$

而局部坐标系下的单元刚度矩阵为：

$$\boldsymbol{K}^{\mathrm{e}} = \begin{bmatrix} \boldsymbol{k}_{11} & \boldsymbol{k}_{12} \\ \boldsymbol{k}_{12}^{\mathrm{T}} & \boldsymbol{k}_{22} \end{bmatrix} \tag{4.2-11}$$

式中：

$$\boldsymbol{k}_{11} = \begin{bmatrix} \frac{EA}{l} & 0 & 0 & 0 & 0 & 0 \\ 0 & \frac{GA}{kl} & 0 & 0 & 0 & \frac{GA}{2k} \\ 0 & 0 & \frac{GA}{kl} & 0 & -\frac{GA}{2k} & 0 \\ 0 & 0 & 0 & \frac{GJ}{l} & 0 & 0 \\ 0 & 0 & -\frac{GA}{2k} & 0 & \frac{GAl}{4k}+\frac{EI_y}{l} & 0 \\ 0 & \frac{GA}{2k} & 0 & 0 & 0 & \frac{GAl}{4k}+\frac{EI_z}{l} \end{bmatrix}$$

$$
\boldsymbol{k}_{12}=\begin{bmatrix}
-\frac{EA}{l} & 0 & 0 & 0 & 0 & 0 \\
0 & -\frac{GA}{kl} & 0 & 0 & 0 & \frac{GA}{2k} \\
0 & 0 & -\frac{GA}{kl} & 0 & -\frac{GA}{2k} & 0 \\
0 & 0 & 0 & -\frac{GJ}{l} & 0 & 0 \\
0 & 0 & \frac{GA}{2k} & 0 & \frac{GAl}{4k}-\frac{EI_y}{l} & 0 \\
0 & -\frac{GA}{2k} & 0 & 0 & 0 & \frac{GAl}{4k}-\frac{EI_z}{l}
\end{bmatrix}
$$

$$
\boldsymbol{k}_{22}=\begin{bmatrix}
\frac{EA}{l} & 0 & 0 & 0 & 0 & 0 \\
0 & \frac{GA}{kl} & 0 & 0 & 0 & -\frac{GA}{2k} \\
0 & 0 & \frac{GA}{kl} & 0 & \frac{GA}{2k} & 0 \\
0 & 0 & 0 & \frac{GJ}{l} & 0 & 0 \\
0 & 0 & \frac{GA}{2k} & 0 & \frac{GAl}{4k}+\frac{EI_y}{l} & 0 \\
0 & -\frac{GA}{2k} & 0 & 0 & 0 & \frac{GAl}{4k}+\frac{EI_z}{l}
\end{bmatrix}
$$

Timoshenko 梁单元的表达形式与轴力杆单元类似，非常简洁。该单元挠度w和截面转动θ各自独立插值的特点非常适合于对橡胶支座各类水平变形（纯剪切模型、压弯模型等）的数值处理。

图 4.2-5 所示为橡胶支座连接方式与水平剪切变形的剖面示意图。当橡胶支座的上下连接钢板与结构均有可靠连接，能保证地震作用引起的支座水平变形过程中无角度变化，并且支座设计竖向轴压应力$\sigma_{\mathrm{v}} \leqslant 15\mathrm{MPa}$，剪切应变$r \leqslant 350\%$，形状系数大致处于经验范围内时，水平刚度$K_{\mathrm{h}}$可按纯剪切变形公式计算：

$$K_{\mathrm{h}}=G\frac{A}{T_{\mathrm{r}}} \tag{4.2-12}$$

式中：G——橡胶材料的剪切模量，根据试验确定；

A——橡胶支座有效水平剪切面积；

T_{r}——支座橡胶层总厚度。

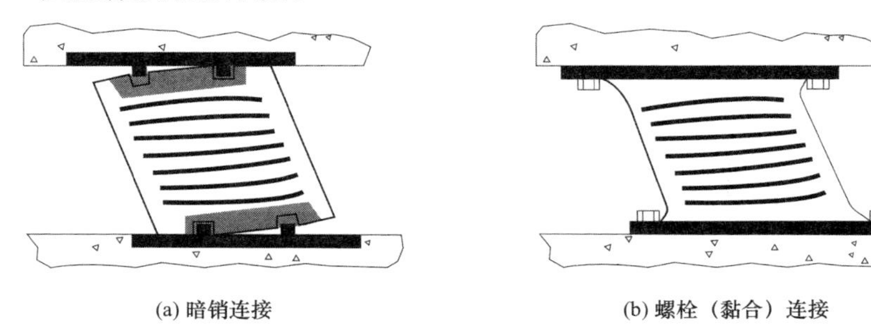

(a) 暗销连接　　(b) 螺栓（黏合）连接

图 4.2-5　橡胶支座的连接方式与压剪变形（剖面）

工程隔震所用橡胶支座在使用条件上通常符合前述纯剪切假定，可认为支座水平剪切变形过程中连接钢板无转动，忽略胶体的弯曲变形。按纯剪切变形考虑支座受力状态所得计算结果的精度能满足工程设计要求。

因 Timoshenko 梁单元的截面转动θ与挠度w无关，可令$\theta = 0$且$\mathrm{d}w/\mathrm{d}x = \gamma$，则梁单元沿中心轴线（跨度）处于常剪切应变状态（图 4.2-6），与工程应用橡胶支座的真实剪切变形状态相符（图 4.2-7）。

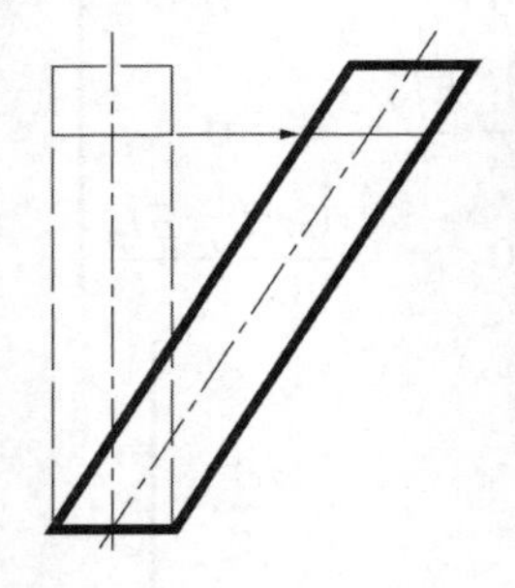

图 4.2-6　Timoshenko 梁单元的常剪切应变状态

图 4.2-7　某铁路桥高阻尼橡胶支座的剪切变形

综上所述，可以采用 2 节点的三维 Timoshenko 梁单元，使其处于常剪切应变状态，模拟橡胶支座的纯剪切变形。同时，对于叠层橡胶支座竖向刚度远大于水平剪切刚度的情况，可通过在刚度矩阵$\boldsymbol{K}^{\mathrm{e}}$中对弹性模量$E$和剪切模量$G$分别赋值实现，避免受泊松比$\nu$取值所限。另外，此单元形式简单，又因同属杆系单元，尤其便于空间结构建模分析，并方便后续相关问题（阻尼等）的考虑。

2）隔震支座力学性能的数值模拟

前文根据支座变形及工作原理，提出了采用 Timoshenko 梁单元建立橡胶支座隔震单元的方法。而扩展至工程常用的各类隔震支座（包括橡胶支座、滑动支座、弹簧支座乃至滚动支座等），虽构造与工作机理千差万别，其性能均可反映在Q-D曲线中。本节仍基于三维 Timoshenko 梁单元，从隔震支座力学性能的角度，讨论隔震空间网格结构分析过程中隔震支座的模拟。

（1）隔震支座剪切刚度的等效线性化模型

根据《橡胶支座　第 3 部分：建筑隔震橡胶支座》GB/T 20688.3—2006 和《公路桥梁高阻尼隔震橡胶支座》JT/T 842—2012，支座的水平等效刚度K_{h}可按式(4.2-13)计算：

$$K_{\mathrm{h}} = G_{\mathrm{eq}}(\gamma)\frac{A}{T_{\mathrm{r}}} \tag{4.2-13}$$

式中：$G_{\mathrm{eq}}(\gamma)$——剪应变为γ时橡胶材料的等效剪切模量，若不考虑剪应变对橡胶剪切模量的影响，则G可取常数；

A——橡胶支座有效水平剪切面积；

T_{r}——支座胶体总厚度。

图 4.2-8 所示为等效线性化后 Timoshenko 梁单元模拟效果与隔震支座实际力学性能的对比。

（2）隔震支座剪切刚度的非线性模型

对于橡胶支座（包括天然橡胶隔震支座、铅芯隔震橡胶支座及高阻尼橡胶支座等）和滑动支座（摩擦摆隔震支座等），均可采用双线性分析模型、修正双线性模型乃至更复杂的三线性模型等进行动力时程分析。图 4.2-9 为以双线性模型、按支座剪切应变赋予不同刚度的 Timoshenko 梁单元模拟效果与隔震支座实际力-位移滞回曲线的对比。

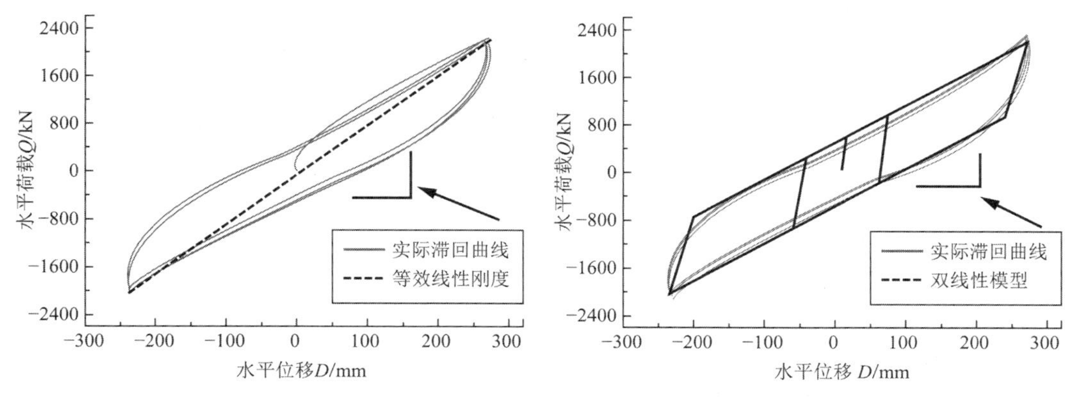

图 4.2-8 隔震支座滞回曲线与等效线性刚度

图 4.2-9 隔震支座滞回曲线与双线性模型

4.2.4 ABAQUS 软件隔震支座单元（UEL）的开发

ABAQUS 软件的隐式求解器 ABAQUS/Standard 支持用户自定义单元子程序 UEL，并提供了程序接口。用户可以自行编制程序开发所需的单元，单元与 ABAQUS 主程序间进行数据传递。本节中单元的开发基于 ABAQUS v6.11 + MVS2008 + Intel Fortran 11.1 环境，Fortran 90 语言的接口如下：

```
******************************************************************
      subroutine uel（rhs,amatrx,svars,energy,ndofel,nrhs,nsvars,
     * props,nprops,coords,mcrd,nnode,u,du,v,a,jtype,time,dtime,
     * kstep,kinc,jelem,params,ndload,jdltyp,adlmag,predef,npredf,
     * lflags,mlvarx,ddlmag,mdload,pnewdt,jprops,njprop,period）
C
      Include 'ABA_PARAM.INC'
C
      dimension rhs（mlvarx,*）,amatrx（ndofel,ndofel）,svars（12）,
     * energy（8）,props（*）,coords（mcrd,nnode）,u（ndofel）,
     * du（mlvarx,*）,v（ndofel）,a（ndofel）,time（2）,params（3）,
     * jdltyp（mdload,*）,adlmag（mdload,*）,ddlmag（mdload,*）,
     * predef（2,npredf,nnode）,lflags（*）,jprops（*）
C
      dimension b（1,12）
      dimension srhs（12）,samatrx（12,12）,dsrhs（12）,t（12,12）,
     * bamatrx（12,12）,bsamatrx（12,12）,t1（3,3）,t2（3,3）,tt（3,3）
C
      ……
      return
```

```
      end
*************************************************************************
```

接口中几个重要变量的含义为：

（1）rhs（mlvarx,*）：称为右手端矢量，该数组包含用户单元对总体系统方程右手边向量的贡献；

（2）amatrx（ndofel, ndofel）：最终的单元刚度矩阵；

（3）svars：该数组包含用户单元的状态变量值，求解依赖这些状态变量；

（4）nsvars：用户定义的与单元相关的求解依赖状态变量个数；

（5）ndofel：自定义单元的总自由度数；

（6）nrhs：对于多数非线性分析，nrhs = 1；

（7）props（*）：材料属性，存放 ABAQUS 传递给 UEL 的物理和几何常数；

（8）coords（mcrd, nnode）：节点坐标；

（9）kstep, kinc：ABAQUS 传到用户子程序的当前分析步和增量步值；

（10）jelem：用户分配的单元编号；

（11）lflags：分析类型标志。

单元可根据需要引入各类恢复力模型，较真实地模拟隔震支座在地震中的工作状态。本节以双线性模型为例进行编制，子程序计算流程见图 4.2-10。隔震支座单元子程序利用三维 Timoshenko 梁单元，其刚度矩阵见式(4.2-10)。

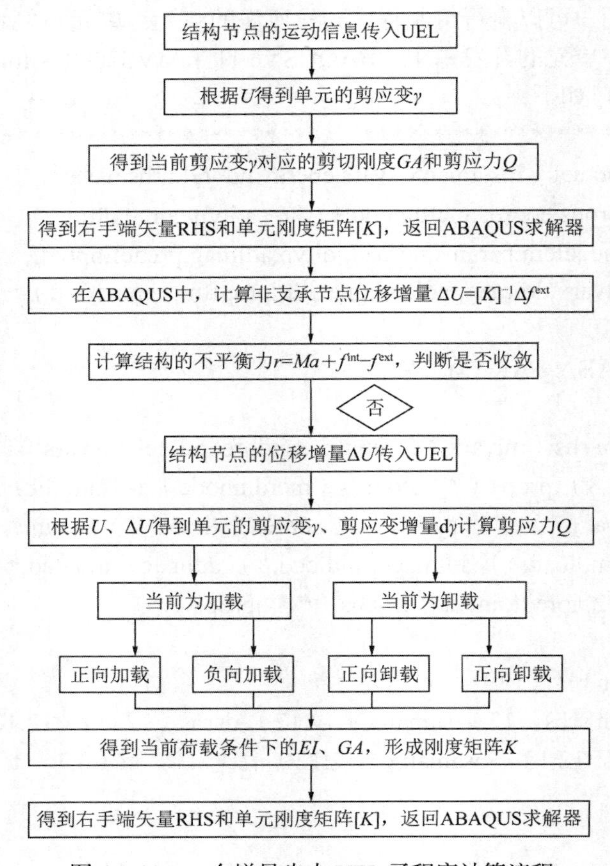

图 4.2-10 一个增量步中 UEL 子程序计算流程

第 5 章　振动台试验研究

地震振动台模型试验是研究结构地震响应特征，揭示地震作用机理和结构抗震性能的重要技术手段，基于试验也可验证理论计算模型和分析方法的合理性。为了验证本书相关理论成果的合理性，分别对大跨度空间网格结构多维地震作用、倒塌机理、土-结构相互作用和多点激励下隔震结构进行了大型振动台试验研究。

5.1　单层球面网壳大型地震模拟振动台试验研究与相关理论验证

国内先后进行了若干关于网壳结构的振动台试验研究，这些试验研究的模型有单层球面网壳、单层柱面网壳和双层柱面网壳，其研究重点各有侧重。上述网壳振动台试验，虽模型形式各不相同，但一般有一个共同点，即由于原型结构节点和杆件数目众多，模型较原型有较大简化；另外，由于模型尺寸和材料的限制，网壳缩尺模型难以同时满足刚度相似比和强度相似比要求。

前文已述，强震下空间网格结构的失效模式可以归结为动力失稳和强度破坏两种模式及二者的中间状态，目前这一结论在数值模拟方面已得到验证。因为空间网格结构具有在小缩尺比下强度与刚度不能同时与原型吻合的特点，所以从物理试验角度剖析强震下网壳结构的失效机理存在很大困难，目前国内外仍没有较理想的试验案例。为此本节将详细阐述空间网格结构大缩尺比模型（1/10、1/3.5，共计 5 个模型）的地震模拟振动台倒塌破坏试验研究过程，并以此为基准，对 1.2 节杆系离散元数值仿真方法、第 2 章大跨度空间结构强震倒塌破坏机理分析方法与倒塌模式优化方法进行验证。

5.1.1　两类大型地震模拟振动台试验

1）一致激励 1/10 单层球壳结构模型振动台倒塌破坏试验

试验模型根据网壳结构原型，按照一定相似关系，没有经过简化处理，设计了 3 个球壳模型：模型 1 整体刚度均匀，期待发生承载力破坏倒塌模式，并伴随杆件进入塑性；模型 2 在 6 个径向主肋区形成 6 个薄弱区，以期发生动力失稳模式，同时杆件始终保持弹性状态工作；模型 3 在模型 2 的基础上去除了 6 个薄弱区，整体刚度均匀，期待发生承载力破坏倒塌模式，同时杆件始终处于弹性工作状态。通过逐级提高水平输入地震波的加速度峰值，观测每个工况下模型结构的反应特征，完成网壳结构缩尺模型一致输入振动台试验。

（1）试验概况

①模型设计

为使模型呈现不同的破坏模式（动力失稳、承载力破坏），根据试验条件（振动台的台面承载力、试验的可操作性），确定模型的长度相似系数S_L为 1/10。试验模型尺寸和主要相似系数见表 5.1-1 和表 5.1-2。

模型与原型尺寸对比　　表 5.1-1

项目	原型	模型
跨度/m	75	7.5
高度/m	37.5	3.75
矢跨比	0.5	0.5

模型的相似系数　　表 5.1-2

物理性能	物理参数	符号	相似系数
几何性能	长度	S_L	1/10
	面积	S_A	1/100
	角位移	S_α	1
材料性能	应变	S_ε	1
	弹性模量	S_E	1
	应力	S_σ	1
	泊松比	S_μ	1
	质量密度	S_ρ	10
荷载性能	集中力	S_P	1/100
	面荷载	S_q	1
动力性能	周期	S_T	$1/\sqrt{10}$
	频率	S_f	$\sqrt{10}$
	加速度	S_a	1
	重力加速度	S_g	1

试验设计的 3 个模型：模型 1（图 5.1-1a）节点数量为 217，单元数量为 600，沿网壳周边间隔布置 24 个固定支座，模型跨度为 7.5m，矢跨比为 1/2，采用了承载力较低的经真空退火工艺的ϕ8mm × 1mm 吹氧管作为杆件。模型 2 和模型 3（两模型拓扑关系一致，图 5.1-1b、c）节点数量均为 265，单元数量为 744，沿网壳周边间隔布置 24 个固定支座，模型跨度为 7.5m，矢跨比为 1/2。模型 2 采用了ϕ8mm × 0.5mm 和ϕ14mm × 0.6mm 的高强不锈钢管作为杆件；模型 3 全部采用ϕ14mm × 0.6mm 的高强不锈钢管。

为使 3 个模型呈现不同的破坏模式，模型 1 整体刚度均匀，期待发生“有征兆”的承载力破坏倒塌模式，并伴随杆件进入塑性。模型 2 在 6 个径向主肋区形成 6 个薄弱区（图 5.1-1b 虚线杆件），要求在地震作用下出现无征兆的动力失稳，并杆件始终保持弹性状态工作。模型 3 在模型 2 基础上去除了 6 个薄弱区，整体刚度均匀，以期在地震作用下发生承载力破坏倒塌模式，并杆件处于弹性工作状态。

将模型按径向主肋分成六片（图 5.1-2），分别加工，最后再拼合成完整模型。所有模型节点均采用直径 80mm、壁厚 6mm 的焊接空心钢球。边界支承点为三向固定支座，沿模型周边间隔布置（图 5.1-3）。

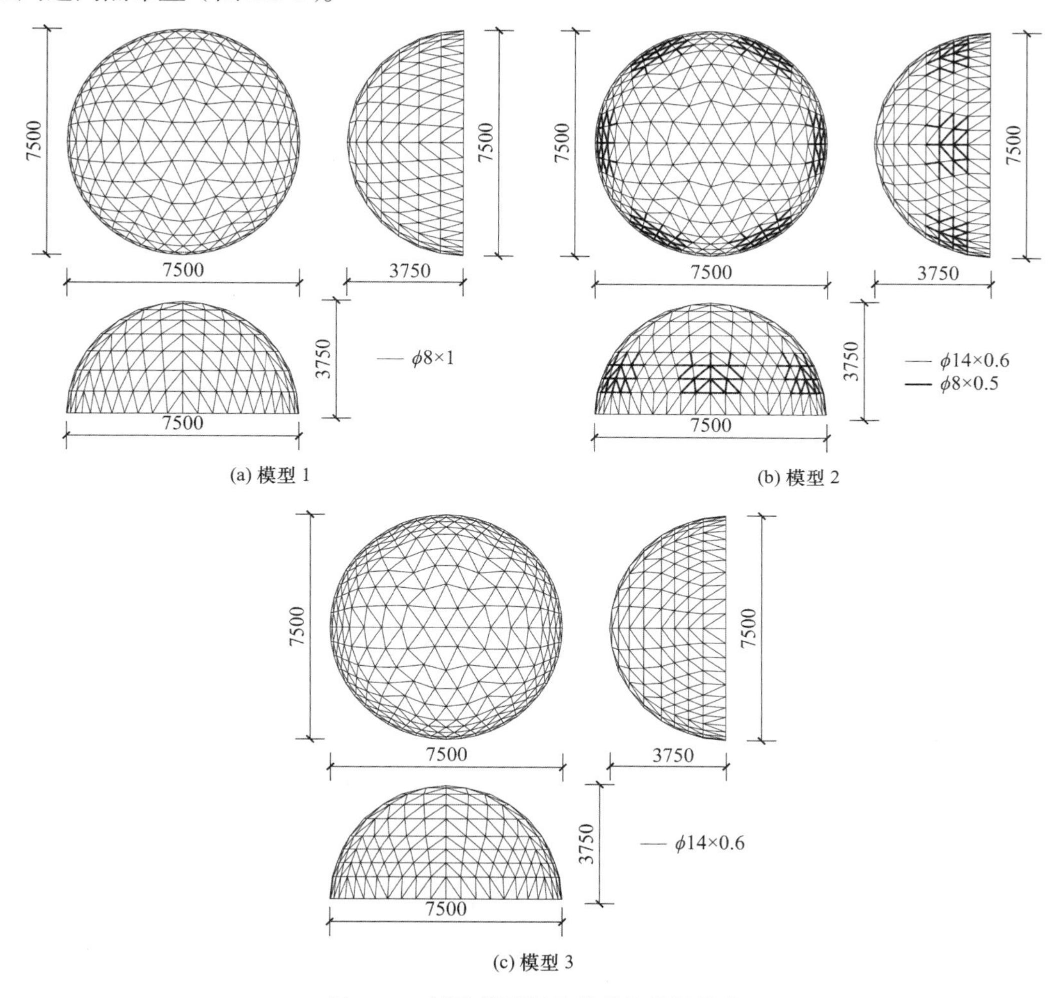

图 5.1-1 试验模型拓扑关系及几何尺寸

图 5.1-2 1/6 片网壳模型制作完成下架

图 5.1-3 模型支座

②材性试验

参照《金属材料 拉伸试验 第 1 部分：室温试验方法》GB/T 228.1—2010，对每种规格的钢管随机截取五段，制成管材标准试件，在东南大学金属材料实验室 CMT5105 电子万能试验机进行常温标准拉伸试验，得到材料的应力-应变曲线（图 5.1-4），材料各项力学指标如表 5.1-3 所示。

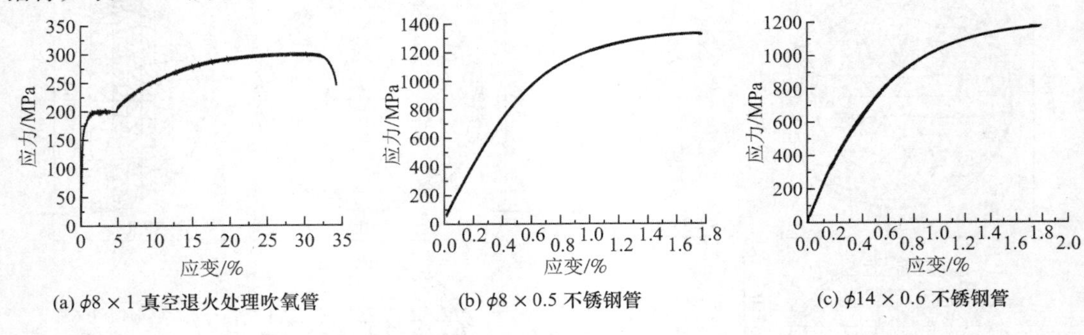

图 5.1-4　材性应力-应变曲线

材料力学性能试验数据　　表 5.1-3

类别	钢管规格/mm	弹性模量/MPa	屈服强度/MPa	抗拉强度/MPa
退火杆件	$\phi 8\times1$	1.71×10^5	215	298
不锈钢杆件	$\phi 8\times0.5$	1.98×10^5	884	—
	$\phi 14\times0.6$	1.91×10^5	864	—

③加载方案

试验在东南大学土木工程结构试验室完成（图 5.1-5），各模型配重情况见表 5.1-4。

图 5.1-5　东南大学地震模拟振动台及模型底座

各模型理论与实际加载配重块比较　　表 5.1-4

模型编号	理论加载配重/kg	实际加载配重/kg（计及空心球节点质量及大小节点板质量）
模型 1	满布 2.95	间隔布置 5.61
模型 2	满布 7.33	薄弱区与非薄弱区交替布置 5.61 和 10.43
模型 3	满布 10.33	满布 10.43

由于振动台台面尺寸限制（网壳模型尺寸大于振动台尺寸），需要制作悬挑出振动台台面的刚性底座。

对比分析了如表 5.1-5 所示的“平面刚接搭设”和“空间桁架”共 6 种方案，综合比较各方案最大动位移与用钢量，最终确定采用 3 号方案（图 5.1-5）。

底座设计各方案比较　　表 5.1-5

类型	方案序号	型钢规格
平面刚接搭设	1	主梁 40 号槽钢；周边焊接 20 号槽钢（无斜撑）
	2	主梁 300mm × 6mm 方钢管；周边焊接 100mm × 8mm 角钢（无斜撑）
	3	主梁 300mm × 6mm 方钢管；周边焊接和交叉支承均为 100mm × 8mm 角钢
空间桁架	4	主梁 40 号槽钢；周边焊接 20 号槽钢； 桁架为 90mm × 6mm 双角钢（桁架焊接在主梁中点，无斜撑）
	5	主梁 40 号槽钢；周边焊接 20 号槽钢； 桁架为 90mm × 6mm 双角钢（桁架焊接在主梁 3/4 处，无斜撑）
	6	全部采用方钢管 140mm × 4.5mm

试验目的是使 3 个模型呈现不同的破坏模式，追踪、记录各模型倒塌全过程。为使本次试验研究更具有普适性，对每个试验模型均沿水平*X*方向（图 5.1-7）输入 El-Centro 地震波（1940 年），并以 50～200gal 为步长逐级提高加速度峰值（各模型各工况具体加载步长见表 5.1-6），分别观察 3 个试验模型的倒塌破坏全过程。地震波的持续时间根据模型的相似关系（表 5.1-2）进行压缩，原始波长 45s，间隔持时 0.02s；模型试验将时间压缩至 14.23s，间隔持时 0.006325s，其波形如图 5.1-6 所示。

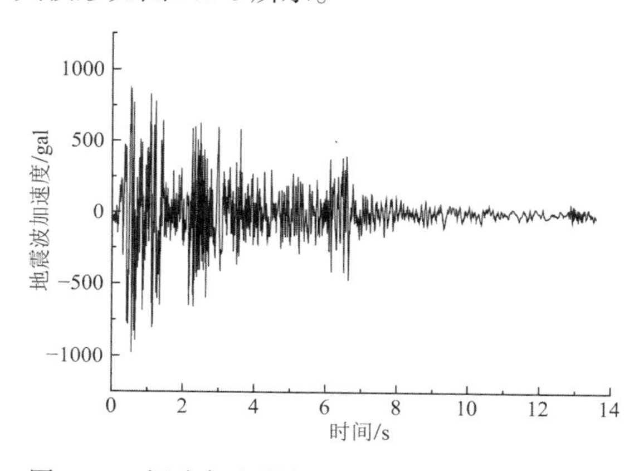

图 5.1-6　振动台试验输入的水平地震波加速度时程

网壳结构模型振动台试验工况　　表 5.1-6

模型 1 峰值加速度/gal			模型 2 峰值加速度/gal			模型 3 峰值加速度/gal		
工况	地震输入值	实际输出值	工况	地震输入值	实际输出值	工况	地震输入值	实际输出值
1	第一次白噪声扫频		1	第一次白噪声扫频		1	第一次白噪声扫频	
2	100	48	2	100	70.1	2	100	72.4
3	200	136	3	300	239	3	300	240
4	300	224.8	4	500	374	4	500	374.65
5	第二次白噪声扫频		5	第二次白噪声扫频		5	第二次白噪声扫频	
6	400	316.7	6	700	629	6	700	537.896
7	500	393.8	7	900	826	7	900	752.66
8	600	466.2	8	1100	990	8	1100	888.222

续表

模型1峰值加速度/gal			模型2峰值加速度/gal			模型3峰值加速度/gal		
工况	地震输入值	实际输出值	工况	地震输入值	实际输出值	工况	地震输入值	实际输出值
9	第三次白噪声扫频		9	第三次白噪声扫频		9	第三次白噪声扫频	
10	700	558	10	1200	1067	10	1300	1075.49
11	800	641.2	11	1300	1183	11	1500	1219.24
12	900	763	12	1400	1249	12	1700	1391.48
13	第四次白噪声扫频		13	1500	1268	13	第四次白噪声扫频	
14	1000	837	14	第四次白噪声扫频		14	1900	1573.07
15	1100	880	15	1600	1282	15	2100	1748.89
16	1200	950	16	1700	1348	16	2300	1899.89
17	第五次白噪声扫频		17	1800	1436	17	第五次白噪声扫频	
18	1300	1021	18	第五次白噪声扫频		18	2400	2075.33
19	1400	1141	19	1900	1534	19	2500	2093.52
20	1500	1229	20	2000	1462	20	2600	2108.77
21	第六次白噪声扫频		—			21	2700	2123.8
22	1600	1317				22	2800	2169.1
23	1700	1400				23	2900	2268.39
24	1800	1460				—		
25	第七次白噪声扫频							
26	1900	1531						
27	2000	1604						
28	2100	1683						
29	第八次白噪声扫频							
30	2200	1731						
31	2300	1887						
32	2400	1996						
33	第九次白噪声扫频							
34	2500	1941						
35	2600	2073						
36	2700	2128						

注：地震输入值为地震模拟振动台计算机控制端输入的地震峰值加速度；实际输出值为放置在振动台台面上的加速度传感器实测的地震峰值加速度。

④测点布置

图 5.1-7 为模型测点布置，3 个试验模型的测点布置方案虽不尽相同，但整体分布一致。由于球壳模型属于极对称模型，测点均主要布置在各模型的1/4区域内，且在此区域，

对模型支座进行加速度传感器的满布布置（共 6 个），在其他区域上部结构各布置 3～4 个校核点。同时，测点的布置也参照了 ANSYS 有限元软件的时程分析结果，即选取节点位移最大响应区域。另外，在地震模拟振动台台面上也布置了 1 个加速度传感器和 1 个位移传感器，以便对振动台的输出信号进行实时校核与采集。限于振动台数据采集系统 32 通道数目的限制，试验共安装了 23 个加速度传感器和 9 个位移传感器。试验的加速度传感器采用压电式传感器，其加速度测量范围为−50～50g，频率范围为 0.5～1000Hz，灵敏度为 5%；位移传感器采用拉线式位移传感器，量程为 250～1000mm。

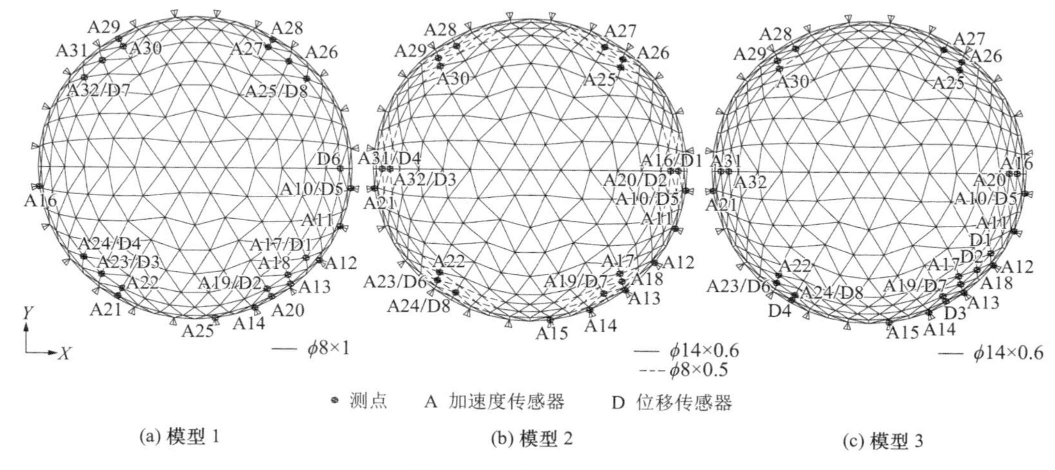

(a) 模型 1　　(b) 模型 2　　(c) 模型 3

图 5.1-7 模型测点布置

（2）试验现象

模型 1 因采用经真空退火的吹氧管而具有较好的延性。初始峰值加速度（PGA）较小，模型 1 振动平稳，在 9 度设防烈度以下，无明显变形。随着输入地震波幅值的增大，模型振动逐渐加剧。当 PGA 达到 837gal（相当于 10 度设防烈度）时，模型从下至上第三圈主肋上出现一处轻微凹陷；当 PGA 达到 1021gal 时，位于结构第二圈与第四圈之间的部分斜杆发生弯曲，与凹陷点相连的杆件也出现失稳现象；当 PGA 达到 1604gal（相当于 11 度设防烈度）时，位于支座附近的斜杆相继发生屈曲；之后随着输入峰值的提高，第一圈屈曲斜杆数量增多，同时第二圈斜杆也相继发生屈曲（图 5.1-8a），模型上部节点位移显著增加；当 PGA 达到 1996gal 时，网壳结构的第一、二圈斜杆全部发生弯曲，结构向下发生整体坍塌（图 5.1-8b）。但在整个试验过程中，网壳球节点与杆件始终没有脱开。

(a) 杆件弯曲发展

(b) 网壳整体坍塌

图 5.1-8 模型 1 破坏现象

模型 1 的 PGA-节点最大位移全过程曲线如图 5.1-9（a）所示，图 5.1-9（b）为采用随机白噪声而得到的模型 1 阶模态值。从模型整个破坏过程中可以看出，随着 PGA 的提高，结构节点最大位移值增量明显，对应倒塌的前一级荷载，模型最大位移达到 40mm，为跨度的 1/187，倒塌征兆显著。全过程荷载位移曲线斜率逐渐变小，结构表现出良好的延性，塑性发展充分，说明模型 1 的破坏属于承载力破坏。图 5.1-9（b）表明，当 PGA 达到 950gal 时，模型基本周期开始变长，结构刚度开始出现退化；随着 PGA 的提高，这种退化在持续，这是由于部分杆件进入塑性和模型本身出现较大几何变位。

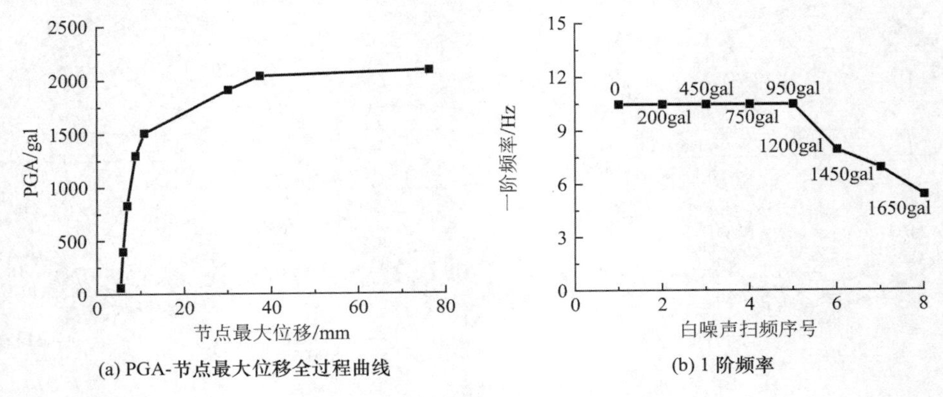

(a) PGA-节点最大位移全过程曲线　　(b) 1 阶频率

图 5.1-9　模型 1 试验结果

相比于模型 1，模型 2 的材料性质具有明显脆性。在构形上，模型 2 的六个径向主肋区具有六个薄弱区域。由于采用了高强不锈钢杆件，PGA 小于 1200gal 时，整体结构基本未发生变形，这一点与模型 1 差别明显。当地震波峰值达到 1268gal 时，模型薄弱区域的部分$\phi 8 \times 0.5$（mm）杆件发生弯曲。随着地震动输入峰值的提高，结构薄弱部位的振动越加明显，当峰值加速度达到 1534gal（接近 11 度设防烈度）时，该区域节点突然发生凹陷，与其相连的周边杆件发生明显弯曲变形，并伴有若干杆件与球节点脱开（材料脆性所致），其破坏特征如图 5.1-10 所示，结构局部失稳破坏。

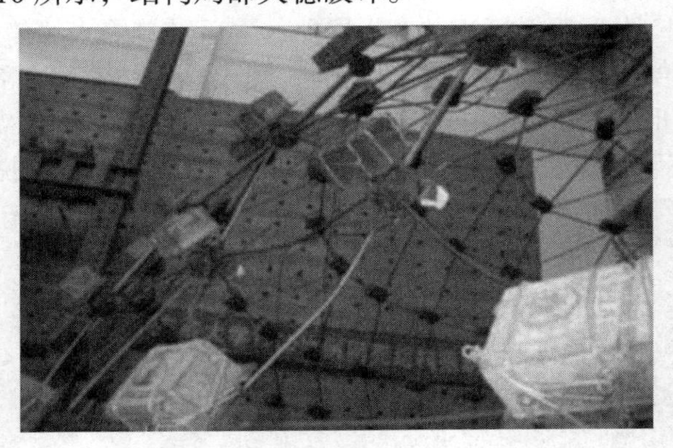

图 5.1-10　模型 2 局部失稳破坏

模型 2 的 PGA-节点最大位移全过程曲线如图 5.1-11（a）所示，随着输入峰值加速度的提高，结构节点位移值增量不明显，全过程荷载位移曲线斜率大，对应模型倒塌的前一级工况，结构整体变形小（仅为 25mm，跨度的 1/300），结构破坏发生突然，属于动力失稳。从对模型 2 的白噪声扫频结果（图 5.1-11b）可以看出，当 PGA 达到 1000gal 时，结构刚度开始出现退化，但退化程度小于模型 1。模型 2 刚度退化主要是由于模型本身薄弱区域出现较大几何变位。由于模型 2 杆件材质为高强不锈钢，所有杆件直至结构局部坍塌始终处于弹性工作阶段。

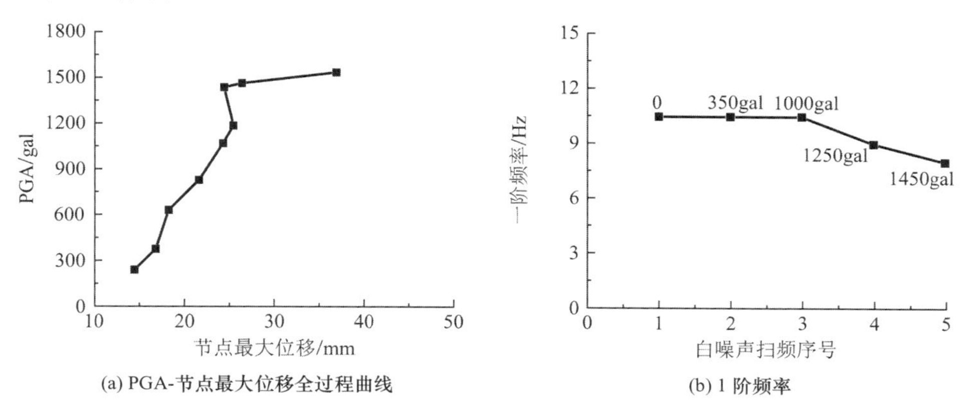

(a) PGA-节点最大位移全过程曲线　　(b) 1 阶频率

图 5.1-11　模型 2 试验结果

模型 3 几何构形与模型 2 完全一致，仅在模型 2 的基础上去除了 6 个薄弱区。全部杆件均采用ϕ14mm × 0.6mm 高强不锈钢管，刚度为 3 个模型中最大。当 PGA 达到 1573gal（接近 11 度设防烈度）时，位于支座附近的斜杆才开始发生弯曲。与模型 1 相似，随着 PGA 的提高，模型从下至上第一圈和第二圈的斜杆相继发生弯曲，结构位移逐渐增加；在达到 2108gal 时，该部位弯曲斜杆的数量持续增多，部分杆件与球节点连接处发生断裂。继续提高地震波峰值至 2268gal 时，第一、二圈部分杆件和少数球节点完全脱离结构整体，其余杆件几乎全部弯曲（图 5.1-12a），网壳模型发生整体坍塌，其破坏特征如图 5.1-12（b）所示。

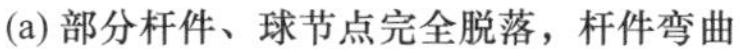

(a) 部分杆件、球节点完全脱落，杆件弯曲　　(b) 结构整体倒塌

图 5.1-12　模型 3 破坏现象

图 5.1-13（a）是模型 3 的 PGA-节点最大位移全过程曲线。随着 PGA 的提高，结构变形也明显增大，结构倒塌前有明显征兆，最大位移达到 100mm，属于承载力破坏倒塌模式。模型 3 在 3 个模型中结构刚度最大，从对模型 3 的白噪声试验扫频结果（图 5.1-13b）来看，当 PGA 为 1400gal，结构刚度开始出现退化，退化程度大于模型 2，小于模型 1，这主

要是由于模型3本身在较高PGA水平（2268gal，远远超过11度抗震设防烈度）下出现更大几何变位并最终整体倒塌所致，同时，模型3杆件材质同样为高强不锈钢，直至结构整体倒塌，所有杆件始终处于弹性工作阶段。

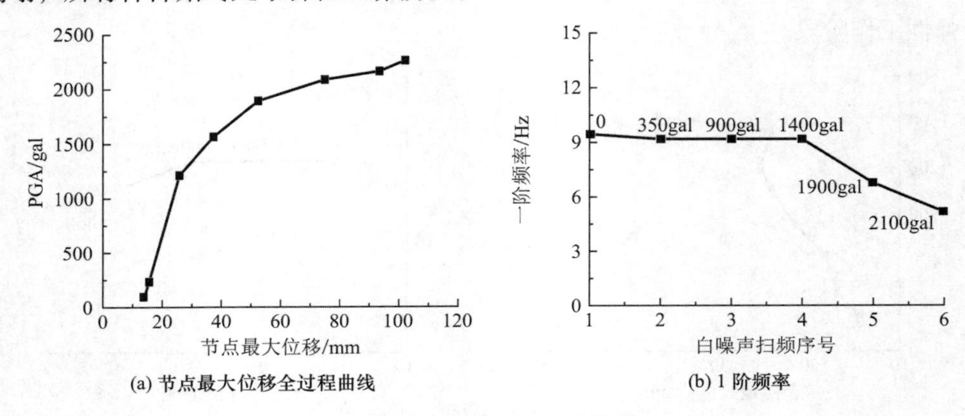

图5.1-13 模型3试验结果

综上，模型1与模型3整体刚度均匀，故随着输入PGA的提高，结构位移逐渐增大，模型底圈弯曲斜杆数量逐渐增多，结构最终由于底圈斜杆几乎全部弯曲而导致整体结构坍塌，结构倒塌征兆明显。但由于模型1采用韧性钢材而模型3采用脆性钢材，模型3坍塌过程中，球节点与杆件焊接部位发生断开现象，而模型1未有此现象发生。由于模型2在拓扑关系上存在薄弱区，故虽然与模型3同采用脆性钢材，但破坏模式截然不同——随着输入PGA的提高，模型2发生了动力失稳，宏观现象为突然性局部坍塌。模型2与模型3的相同之处是同为脆性材质，因此模型2破坏过程中也出现了球节点与杆件焊接部位断开现象。另一方面，由《建筑抗震设计规范》GB 50011—2010（2016年版）可知，9度抗震设防烈度对应的基本地震加速度值为400gal，而正常设计的空间网格结构在此烈度下一般会具有良好的抗震性能，上述试验现象也证实了这一点。但对于重要性建筑，在遭遇始料不及的特大地震时，一旦发生倒塌，后果将极为严重，本节的振动台试验就涵盖了这类特殊工况。

2）多点激励1/3.5单层球壳结构模型振动台倒塌破坏试验

试验制作2个K6型单层球面网壳结构模型，2个模型依照原型的拓扑关系未做任何简化。前文已述，由于空间网格结构具有小缩尺比下强度与刚度不能同时与原型吻合的特点，故本次试验缩尺比取为1∶3.5，2个模型跨度均为23.4m，矢高为11.7m。模型在满足几何相似的基础上，同时需满足荷载相似、质量相似、刚度相似和初始条件相似等各项要求。

2个模型的设计思想为：模型1结构整体刚度均匀，模型2整体刚度不均匀，即在模型下部人为设置两个薄弱区（图5.1-16），同时顶部杆件适当加强，使得用钢量与模型1相同。

（1）试验概况

①模型设计

2个模型的缩尺比均取为1∶3.5，且两个模型严格按照原型的拓扑关系而制作。采用的试验模型尺寸及主要相似系数如表5.1-7和表5.1-8。

模型与原型尺寸对比 表 5.1-7

项目	原型	模型
跨度	81.9m	23.4m
高度	40.95m	11.7m
矢跨比	0.5	0.5

模型的相似系数 表 5.1-8

性能类别	物理参数	符号	相似系数
几何性能	长度	S_L	1/3.5
	面积	S_A	$1/3.5^2$
	角位移	S_α	1
材料性能	应变	S_ε	1
	弹性模量	S_E	1
	应力	S_σ	1
	泊松比	S_μ	1
	质量密度	S_ρ	3.5
荷载性能	集中力	S_P	$1/3.5^2$
	面荷载	S_q	1
动力性能	周期	S_T	$1/\sqrt{3.5}$
	频率	S_f	$\sqrt{3.5}$
	加速度	S_a	1
	重力加速度	S_g	1

本振动台试验利用同济大学多点振动台试验系统完成（图 5.1-14）。试验模型周边设有 40 个支座，每个振动台上有 10 个支座（图 5.1-15），周边其他节点不设支座。每个模型节点（焊接空心球）总数为 1260，杆件总数为 3660。模型 1 杆件截面规格为$\phi23\times1$（mm）、$\phi38\times2$（mm）、$\phi63.5\times3.5$（mm）、$\phi114\times4$（mm）（相当于模型的环梁），基本满足满应力设计准则。模型 2 在模型 1 的基础上将两个动力响应较大区域的杆件截面由$\phi23\times1$（mm）削弱为$\phi18\times1$（mm），并将顶部部分杆件加强为$\phi38\times2$（mm），其他杆件规格不变。两模型用钢量保持相等。由于模型具有对称特性，取 C 台面上部的 1/4 结构表示杆件分布，如图 5.1-16。

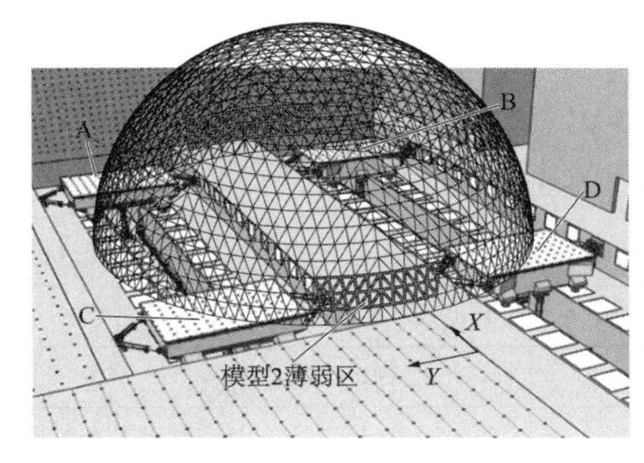

图 5.1-14 振动台与网壳模型

图 5.1-15 模型支座

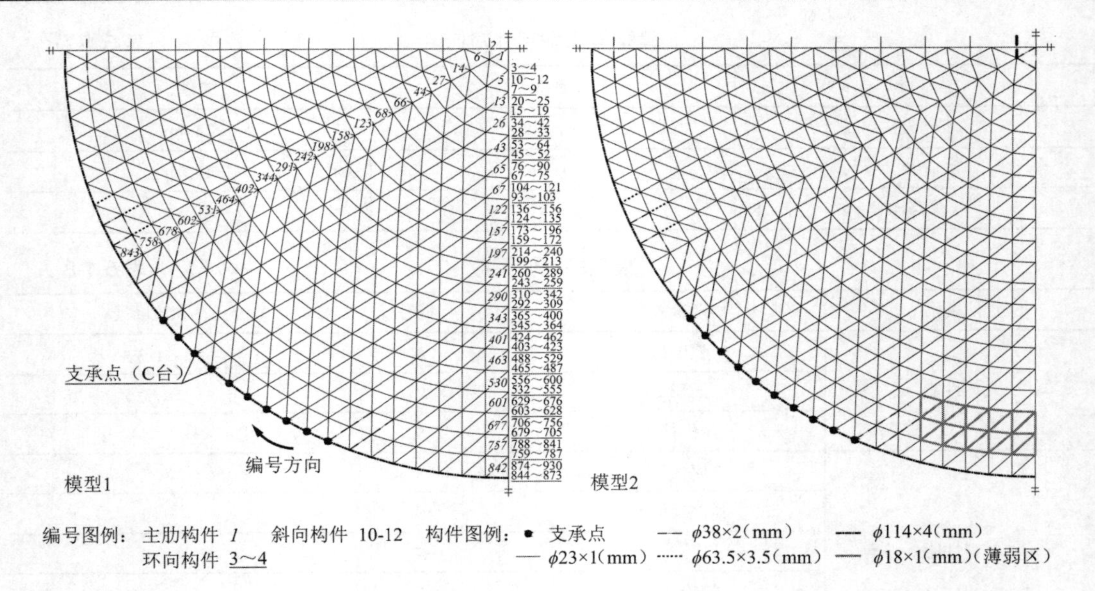

图 5.1-16 模型编号及杆件分布

由于模型尺寸较大，受实验室场地条件以及运输要求限制，无法一次性完整加工整个网壳模型，故将模型沿径向主肋分成六片。对于每一片网壳，再分成两块分别制作，其中1～11环为一块，12～20环为另一块，之后两块之间再焊接径向杆件和斜向杆件进行拼合。

②材性试验

截面尺寸为ϕ63.5mm × 3.5mm、ϕ114mm × 4mm 的模型杆件采用 Q235 热轧钢管；截面尺寸为ϕ18mm × 1mm、ϕ23mm × 1mm、ϕ38mm × 2mm 的模型杆件采用经过真空退火工艺处理的 20 号钢，模拟原型材料 Q235 的应力应变关系，由其应力-应变关系曲线数据（如图 5.1-17）得到材料弹性模量及屈服极限，每组杆件均取 3 个试件，取试验的平均值作为材料性能，如表 5.1-9 所示。

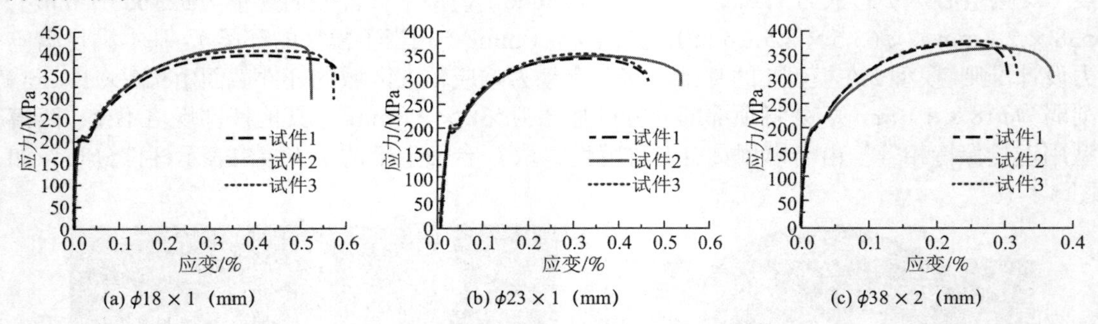

图 5.1-17 试件材料应力-应变曲线

材料性能试验数据 表 5.1-9

类别/mm	弹模/GPa	屈服强度/MPa	极限强度/MPa	延伸率
ϕ18 × 1	194.0	197.7	347.6	37.1%
ϕ23 × 1	189.2	200.5	408.1	37.3%
ϕ38 × 2	192.6	198.5	374.2	25.7%

续表

类别/mm	弹模/GPa	屈服强度/MPa	极限强度/MPa	延伸率
ϕ63.5 × 3.5	200.0	235.0	375.0	26.0%
ϕ114 × 4	200.0	235.0	375.0	26.0%

③加载方案

模型的配重由两部分组成：与重力荷载代表值对应的质量以及缩尺模型因要满足重力密度相似关系而产生的附加质量，具体数值应根据静力设计荷载、原型与模型的相似关系推导得出。最终确定模型 1 每个节点的配重为 30kg，从类似的推导确定模型 2 的配重为薄弱区域每节点 20kg，其他节点 30kg。

为使研究具有普适性，可采用具有代表性的地震波作为输入激励。为此本网壳结构振动台地震模拟试验研究以 El-Centro 地震波（1940）为基础，以地震波本身满足设定的自谱关系（Kanai-Tajimi 模型）、不同地震波之间满足设定的互谱关系（Harichandran 和 Vanmarke 模型）为条件，得到 A～D 号台输入的地震波激励。根据模型的相似关系对地震波的持续时间进行压缩，原始波长为 45s，时间间隔为 0.02s，压缩后地震波持时为 28.58506s，时间间隔 0.01069s，其波形如图 5.1-18 所示。地震波输入方向为Y方向（图 5.1-14）水平输入，在试验过程中按如表 5.1-10 中工况，逐级提高地震加速度的峰值 PGA，分别观察两个模型的倒塌破坏过程。

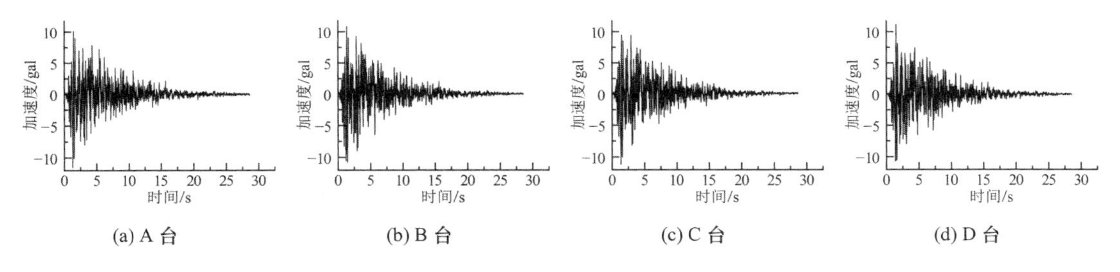

图 5.1-18 振动台试验输入地震波形

试验加载工况　　表 5.1-10

工况	模型 1 地震波输入值	模型 2 地震波输入值
1	第一次白噪声扫频	第一次白噪声扫频
2	100gal	100gal
3	200gal	第二次白噪声扫频
4	第二次白噪声扫频	200gal
5	250gal	250gal
6	300gal	第三次白噪声扫频
7	第三次白噪声扫频	300gal
8	350gal	第四次白噪声扫频
9	400gal	350gal

④测点布置

参照有限元软件 ANSYS 的初步动力分析结果，将测点集中布置在节点位移响应最大的区域以及支座附近区域。所有测点同时布置位移传感器（测量绝对位移）和加速度传感器，传感器的位置根据模型的对称性对称布置，各布置 50 个位移计和加速度计（图 5.1-19）。

在位移最大响应区域以及支座区域布置应变片测量杆件的变形，一共测量 26 根杆件的应变（图 5.1-20）。每根杆件在其中部横截面处上下左右表面各布置一个轴向应变片，在杆件的某一端部（接近球节点处）布置一个应变花，共布置 182 个应变片。

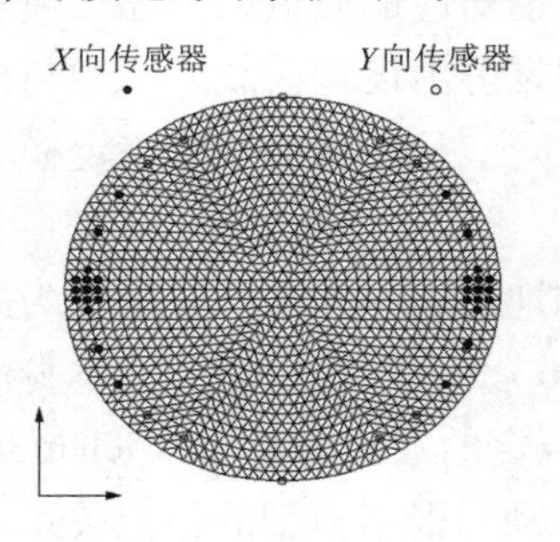

图 5.1-19　模型测点布置　　图 5.1-20　模型测量应变的杆件分布

（2）试验现象

模型 1 在 PGA 为 100gal 时，结构模型振动平稳，幅值较小，无明显变形，结构处于弹性振动状态。PGA 达到 200gal 时，C、D 台面之间的结构下部首次出现弯曲杆件，见图 5.1-21（b），弯曲杆件的位置见图 5.1-22。地震波峰值由 250gal 上升至 350gal 的过程中，C、D 台面之间的结构下部第 2～5 环杆件逐渐弯曲，范围有明显的发展扩大过程，见图 5.1-21（c）。在 PGA 达到 400gal 时，上述破坏区域进一步迅速扩大，节点位移显著增加，短时间内结构整体向下坍塌，见图 5.1-21（d）。

(a) 初始完好结构

(b) 局部杆件弯曲（200gal）

(c) 杆件弯曲区域逐渐扩大（250～350gal）

(d) 结构倒塌破坏（400gal）

图 5.1-21　模型 1 试验过程

模型 1 的破坏主要发生在 C、D 台面之间的区域，杆件的屈曲有明显的由下向上、由中心区域向两侧扩展的过程。在地震波逐级提高加载强度的过程中，有结构整体变形逐渐加大、区域逐渐扩展的现象，结构表现出较好的延性，结构倒塌前有一定的征兆。结构倒塌过程各阶段的破坏区域见图 5.1-22（图中为 C、D 台方向结构侧面）。

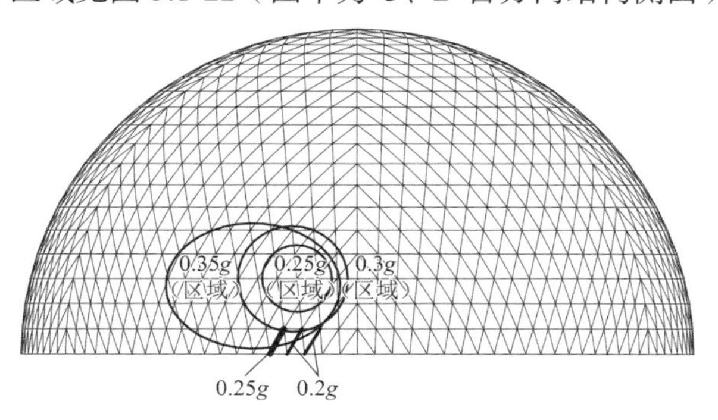

图 5.1-22　模型 1 各阶段破坏区域

模型 2 在 PGA 为 100gal 时，结构振动平稳，幅值较小，无明显变形，处于弹性振动状态。PGA 达到 200gal 时，结构整体振动加剧，但局部变形仍不明显，无杆件发生屈曲。地震波峰值达到 250gal 时，结构中预先设置的薄弱区部分突然发生凹陷，结构其他部分仍无明显变形，见图 5.1-23（b）。地震波峰值达到 300gal 时，结构凹陷部分位移增加明显，凹陷区域有所扩大，但结构其他部分仍无明显变形，见图 5.1-23（c）。在地震波峰值达到 350gal 时，结构发生突然倒塌，倒塌后结构见图 5.1-23（d）。

(a) 初始完好结构

(b) 薄弱区域突然凹陷（250gal）

(c) 凹陷区域扩大（300gal）

(d) 结构倒塌破坏（350gal）

图 5.1-23　模型 2 破坏过程

模型 2 倒塌前的破坏区域也主要发生在 C、D 台面之间的区域，但与模型 1 相比，模型 2 薄弱区在发生凹陷前附近杆件均未发生明显变形，且凹陷的区域较为集中。在薄弱区发生凹陷后继续提高 PGA 时，也只有该部分区域变形增大，结构其余区域变形没有明显变化。在结构倒塌过程中，明显观察到模型 2 的倒塌速度快于模型 1，且模型 2 倒塌过程有向凹陷区域倾覆的趋势，与模型 1 的整体向下坍塌有明显区别。结构倒塌过程各阶段的破坏区域见图 5.1-24（图中为 C、D 台方向结构侧面）。

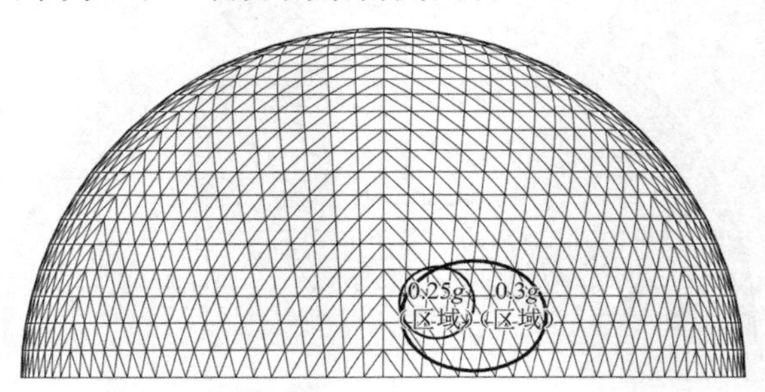

图 5.1-24　模型 2 各阶段破坏区域

5. 1. 2　DEM 算法及 DEM/FEM 耦合算法的验证

1）强震下单层网壳连续倒塌 DEM/FEM 耦合算法验证

本节采用 5.1.1 节第一部分一致激励地震模拟振动台试验中的模型 1 进行验证。

（1）耦合模型计算域的划分

如图 5.1-1 所示，模型 1 从基座向上至网壳顶点共有 8 圈，从地震模拟振动台试验现象以及对测得的相关数据进行分析可知：随着地震波加速度峰值（PGA）的提高，位于支座附近的斜向杆及靠近底部的第一、二圈杆件相继发生弯曲，节点位移显著增加，但第 3 圈以上杆件处于小变形振动状态。基于上述试验现象并综合考虑计算规模，将第 4 圈～第 8 圈所包含的 210 根杆件作为 FEM 计算域，余下部分即其他 390 根杆件以及与这些杆件相连接的 132 个焊接球作为 DEM 计算域。图 5.1-25 为 1/6 球壳耦合模型计算域划分示意图。

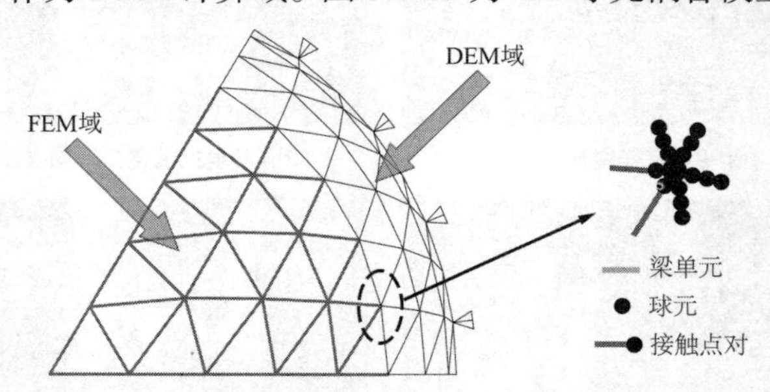

图 5.1-25　1/6 球壳耦合模型计算域划分示意图

建立数值分析模型时，基于计算精度以及计算量两方面的考虑，对于 FEM 域部分的每根杆件采用 3 个梁单元 Beam4 进行离散；在 DEM 域部分，焊接球单独采用一个球元，每根杆件则根据其长度分别离散成 5～10 个球元，相应的球半径为 40～60mm 不等，共有球元 2557 个，球元粘结数量为 2850。耦合计算模型在交界面处共有 54 个接触点对。

（2）耦合模型小变形数值模拟验证

沿水平 *X* 方向（图 5.1-26）输入与振动台试验相同波形，即 El-Centro 地震波（图 5.1-27）。

在 ANSYS 软件中同时建立 FEM 模型，各计算参数及边界条件均与 DEM/FEM 耦合模型完全相同。采用瑞利阻尼，阻尼比取为 2%。FEM 模型计算时步取为 1.0×10^{-3}s，耦合模型计算时步取为 6×10^{-5}s。地震波加速度峰值 PGA = 600gal，图 5.1-28 为耦合模型与 ANSYS 软件 FEM 模型计算得到的节点 142（图 5.1-26）水平位移时程曲线。通过比较发现，两者无论是波形还是幅值均能很好的吻合，说明耦合模型正确合理，可以进一步对结构弹塑性大变形以及倒塌破坏行为进行研究分析。

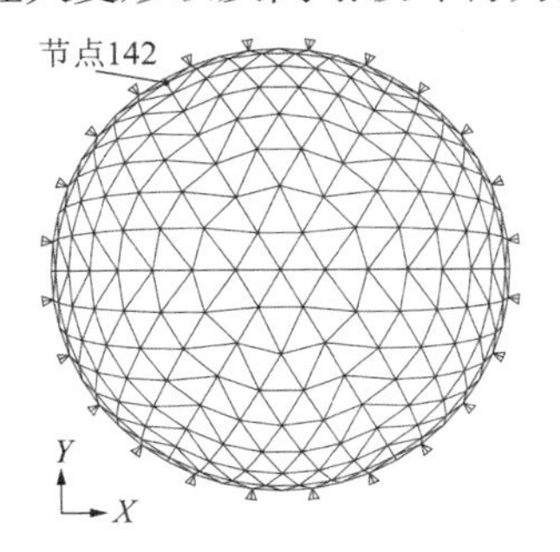

图 5.1-26　试验模型 1 几何构形

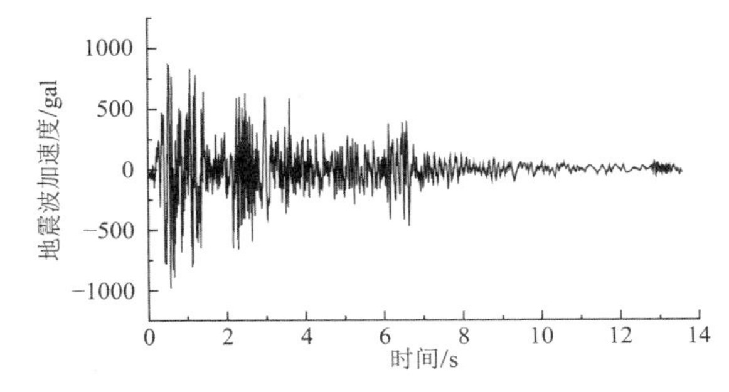

图 5.1-27　振动台试验输入的水平地震波形

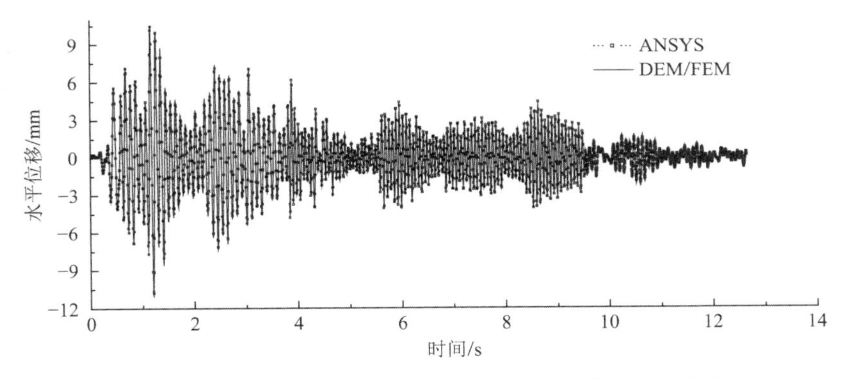

图 5.1-28　PGA = 600gal 时节点 142 的水平位移时程曲线

（3）耦合模型倒塌过程模拟结果与试验结果的比较验证

模型 1 试验现象宏观整体描述见 5.1.1 节。当 PGA 达到 1021gal 时，结构底部第一、二圈的部分斜杆发生较明显的弯曲变形，并且与弯曲杆件相连的节点振动明显（图 5.1-29b）；PGA 达到 1604gal 时，底层发生弯曲的杆件增多（图 5.1-29c），同时底部第二圈更多的斜向杆相继发生弯曲，弯曲程度很大，节点位移显著增加。当 PGA 加至 2073gal 时，网壳结构底部的第一、二圈杆件基本全部发生弯曲，结构很快整体向下坍塌（图 5.1-29d）。

(a) 初始完好结构

(b) PGA = 1021gal 局部杆件弯曲

(c) PGA = 1604gal 局部破坏扩展　　(d) PGA = 2073gal 结构倒塌破坏

图 5.1-29　试验模型 1 振动台试验过程及现象

DEM 弹塑性接触本构模型中，杆件截面屈服函数取为：

$$\phi = \frac{\sqrt{{M_y}^2 + {M_z}^2}}{M_{\mathrm{p}}} - \sqrt{1 - \left(\frac{T}{T_{\mathrm{p}}}\right)^2} \cdot \cos\left(\frac{\pi}{2} \frac{N/N_{\mathrm{p}}}{\sqrt{1 - \left(\frac{T}{T_{\mathrm{p}}}\right)^2}}\right) \tag{5.1-1}$$

图 5.1-30 为 DEM/FEM 耦合算法模拟的结构倒塌过程。可以发现：当 PGA = 800gal 时，结构模型虽有极少量杆件发生弯曲，但节点位移、杆件的弯曲程度很小（图 5.1-30a）；当 PGA 加至 1000gal 时，主要集中于模型底部的第一、第二圈少部分斜杆进入塑性发生弯曲（图 5.1-30b），与弯曲杆件相连的节点位移较大；继续提高地震波峰值，当 PGA = 1600gal 时，塑性发展比较充分，模型底部的第一、第二圈杆件相继发生弯曲（图 5.1-30c），并且弯曲程度严重，节点位移显著增加；继续增大加速度峰值，当 PGA 加至 2000gal 时，结构的第一、二圈杆件几乎全部发生弯曲（图 5.1-30d），结构失去承载力，很快发生整体向下坍塌。

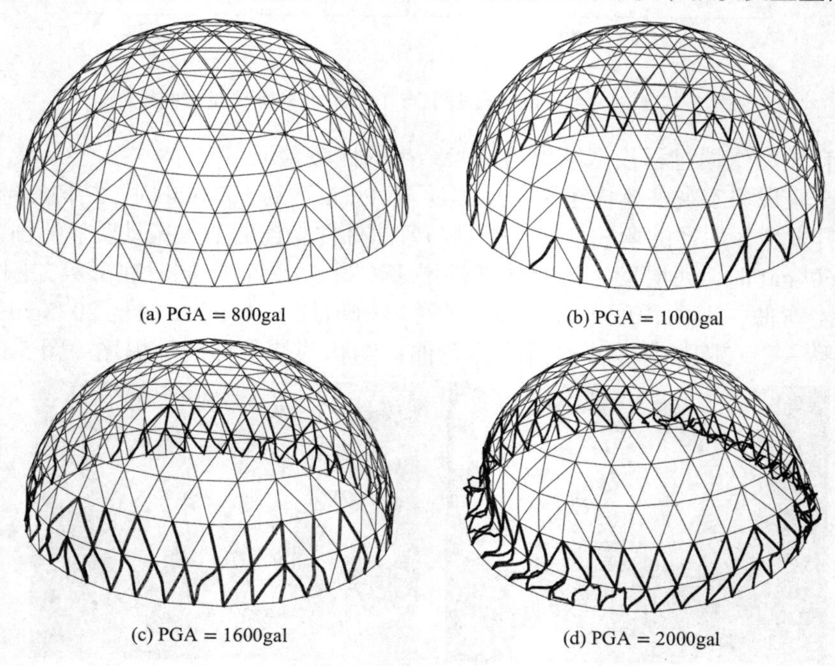

(a) PGA = 800gal　　(b) PGA = 1000gal

(c) PGA = 1600gal　　(d) PGA = 2000gal

图 5.1-30　耦合算法模拟得到的网壳倒塌过程

对比图 5.1-29、图 5.1-30，模拟得到的结构倒塌过程和失效杆件位置与试验现象吻合良好。图 5.1-31 表明，各工况下结构最大位移的模拟结果与试验结果也较为吻合，试验后期误差增大，可能是因为模拟时假设材料为理想弹塑性，DEM 接触本构方程中杆件截面屈服函数未考虑材料的应变强化效应所致。

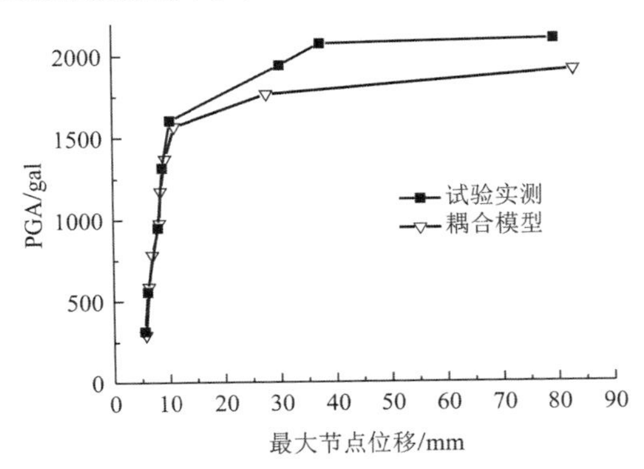

图 5.1-31 模型试验与数值模拟的荷载位移曲线对比

2）考虑构件断裂的 DEM/FEM 法单层网壳倒塌数值模拟与验证

本小节采用 5.1.1 节第一部分一致激励地震模拟振动台试验中的模型 2、模型 3 进行验证。

（1）试验模型 2 的倒塌破坏过程模拟与验证

①计算域的划分

为节省计算资源，在模型小变形区域采用 FEM 方法，在大变形或杆件弯曲或杆件与节点脱开的区域采用 DEM 方法。如图 5.1-32 所示的计算模型，FEM 域的每根杆件采用 1 个梁单元 Beam4 进行离散；在 DEM 域，焊接球单独采用一个球元，每根杆件则根据其长度分别离散成 5～10 个球元，相应的球半径为 45～65mm 不等，共有球元 3678 个，球元粘结 3916 个；计算模型在 FEM/DEM 交界面处共有 54 个接触点对。

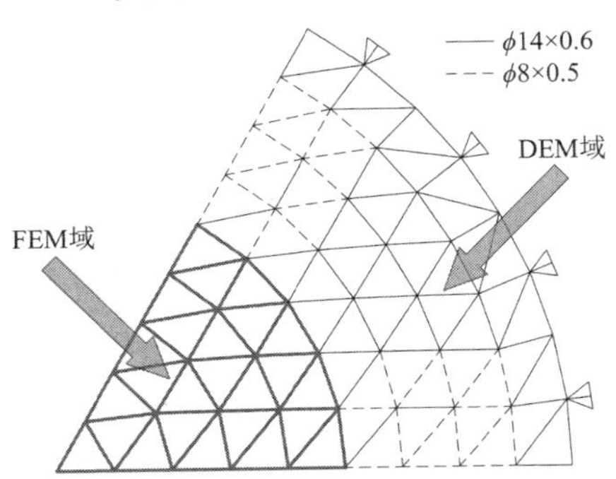

图 5.1-32 1/6 球壳计算模型（模型 2）

②焊缝断裂模拟

当采用梁单元对网壳结构建模并进行有限元分析时，通常忽略焊接球节点本身的尺寸，因此无法模拟杆件与球节点之间的焊缝断裂现象。而在本节杆系 DEM 中，将构件离散为一排球元，焊接球节点单独作为一个球元，则杆件与节点之间的焊缝在加载过程中是否会发生断裂，可以很方便地通过断裂准则进行判别。

本网壳试验模型在加工制作时，杆件与球节点均采用手工电弧进行焊接。焊接球采用Q235钢制作，对应E43型焊条。相关文献的试验结果表明，E43型焊条在Q235钢上焊接，所测得的端焊缝平均破坏应力为 560MPa，因此本节模拟焊缝断裂时各纤维发生断裂破坏所对应的应力取为560MPa。

③倒塌破坏过程模拟结果与试验结果的比较验证

沿水平向输入地震波，波形仍采用 El-Centro 波，试验中以 200gal 为步长逐级提高加速度峰值 PGA。模型 2 试验现象宏观整体描述见 5.1.1 节第一部分。由于采用了高强不锈钢杆件，在地震波峰值 PGA 小于 1200gal 时，整体结构基本未发生变形。当 PGA 达到1268gal 时，底部第 2～3 圈之间的薄弱区部分杆件$\phi 8\times 0.5$（mm）发生弯曲（图 5.1-33a）。当 PGA 达到 1534gal 时，结构薄弱区域节点突然凹陷，与之相连的杆件发生明显弯曲变形（图 5.1-33b），并伴有若干杆件与球节点脱开（图 5.1-33c），结构发生局部坍塌。

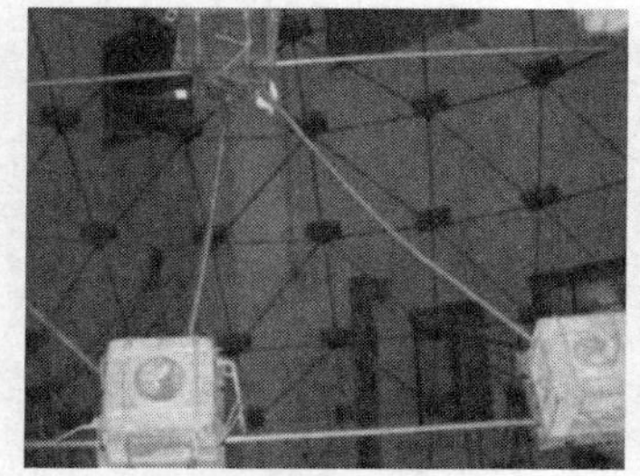
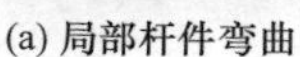
(a) 局部杆件弯曲

(b) 薄弱区节点凹陷

(c) 杆件与球节点脱离

图 5.1-33 模型 2 振动台试验局部坍塌过程

输入激励与试验相同，采用瑞利阻尼，阻尼比取为 2%，计算时步取为 6×10^{-5}s，图 5.1-34 为模拟得到的结构倒塌过程。可以发现：当地震加速度峰值 PGA 小于 1100gal 时，结构振动幅度很小，整体结构基本未发生变形。至 PGA = 1100gal 时，位于模型底部第 2-4 圈之间薄弱区少数ϕ8mm × 0.5mm 杆件发生弯曲，但此时节点位移、杆件弯曲程度均很小（图 5.1-34a）。当 PGA 加至 1200gal 时，由于杆件强度较高且具有明显脆性，部分焊缝处截面已满足给定的断裂准则，从而焊缝处开始发生杆件（ϕ8mm × 0.5mm）与焊接球节点脱开的现象，但此时断裂的数量很少，主要集中于上一工况已发生明显弯曲的杆件及与之相连的节点部位（图 5.1-34b）。当 PGA = 1400gal 时，薄弱区杆件与节点脱开数量增多，薄弱区的节点位移显著增大，部分杆件已脱离结构主体发生自由运动（图 5.1-34c）。继续提高加速度峰值，当 PGA 加至 1600gal 时，结构第 2～5 圈之间薄弱区较多的ϕ8mm × 0.5mm 杆件发生与球节点脱开，而结构其余杆件依然完好（图 5.1-34d）。

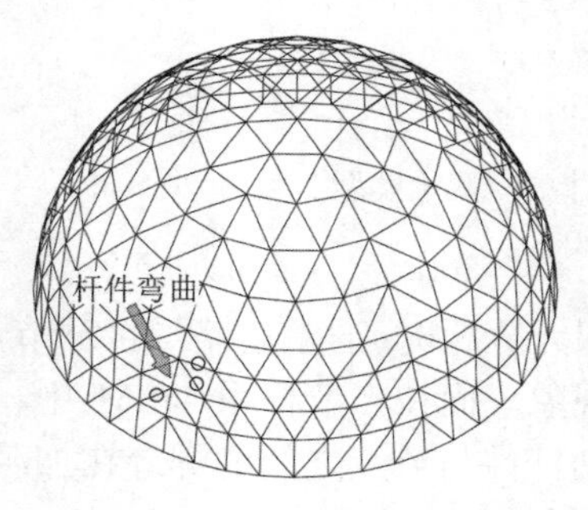

(a) PGA = 1100gal

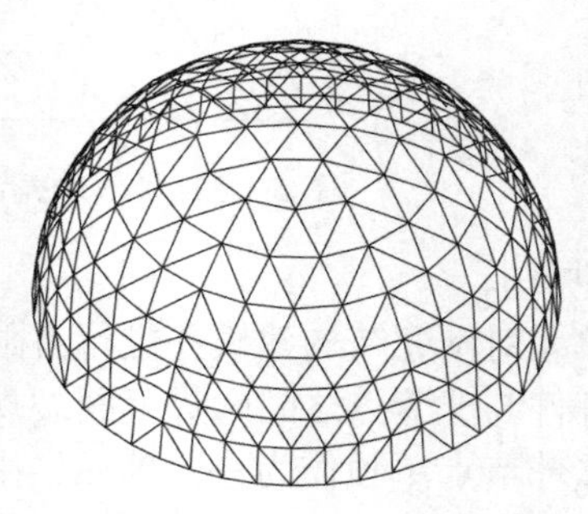
(b) PGA = 1200gal

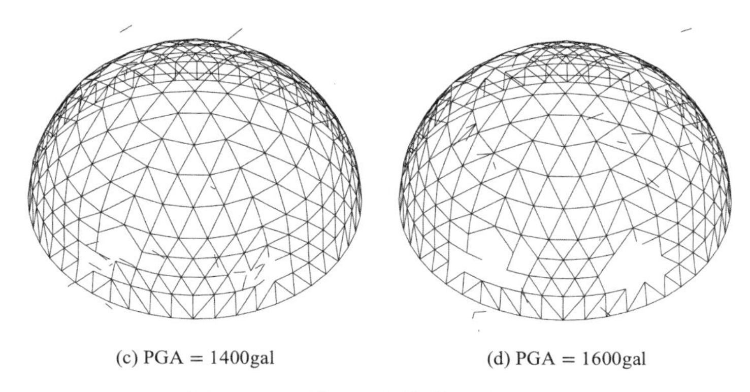

图 5.1-34　模型 1 数值模拟破坏过程

为进一步研究模型 2 的破坏细节，对部分节点和杆件在倒塌破坏时的动力响应进行了跟踪记录，图 5.1-35 为选取的 1/3 结构模型中具有代表性的节点、杆件编号标示，图 5.1-36、图 5.1-37 为 PGA = 1600gal 时特征节点的位移时程曲线。可以看出：初始时位于薄弱区上的节点 156 和节点 163 位移幅值很小，随着地震波峰值增大，结构振动明显，约在 1.7s 时节点 163 首先与杆件发生脱离，导致其节点位移突然增大（达 260mm），之后节点 156 也与杆件脱离；节点 128 虽位于薄弱区上，但在水平地震波激励下，与其相连的杆件在焊缝处没有断开，而是与非薄弱区上的节点 206 一样，整个过程中振动幅值均很小（不超过 7mm）。

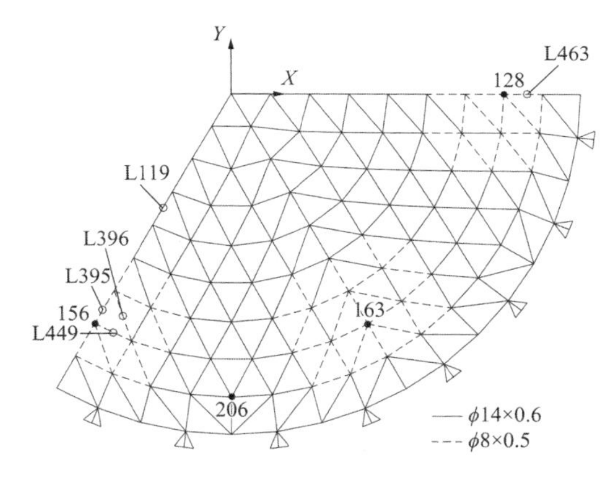

图 5.1-35　模型 2 特征节点、杆件编号标示

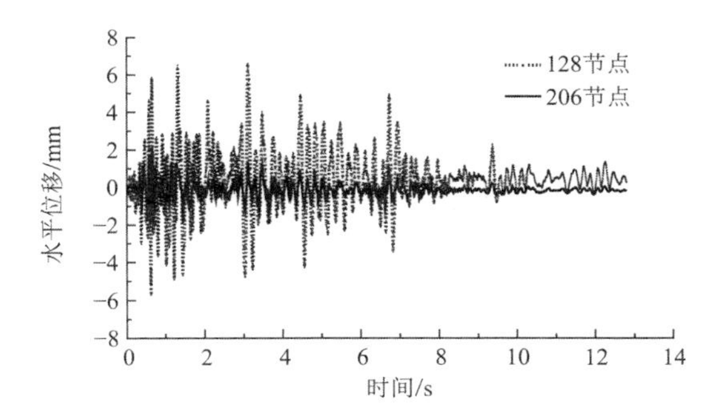

图 5.1-36　节点 128、206 位移时程曲线

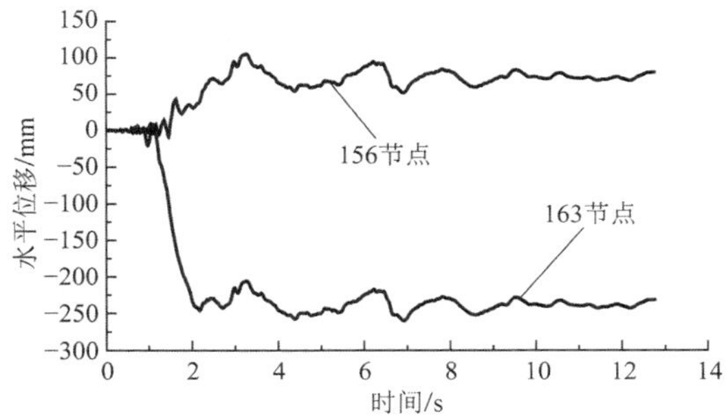

图 5.1-37　节点 156、163 位移时程曲线

图 5.1-38、图 5.1-39 为 PGA = 1600gal 时特征杆件的轴力时程曲线。可以看出：位于薄弱区上的杆件 L395、L449 和 L396 轴力幅值均较大，最大接近 3000N，而处于同一条主肋线上的 L119（非薄弱区杆件）的轴力低于 L395 的轴力值。由于节点 156 和与其相连的杆件脱离，3.8s 之后，L395、L449 和 L396 均与结构主体脱离，从而导致这三根杆件的内力 3.8 秒后急剧下降至零。在整个加载过程中，L119 和 L463 与节点连接始终保持完好，故轴力仅发生波动变化，随着后期地震波幅值的逐渐降低，其杆件轴力均随时间的推移而不断减小。

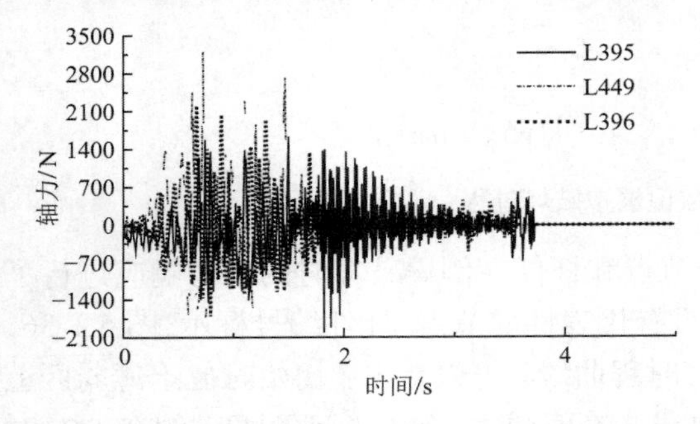

图 5.1-38　杆件 L395、L449、L396 轴力时程曲线

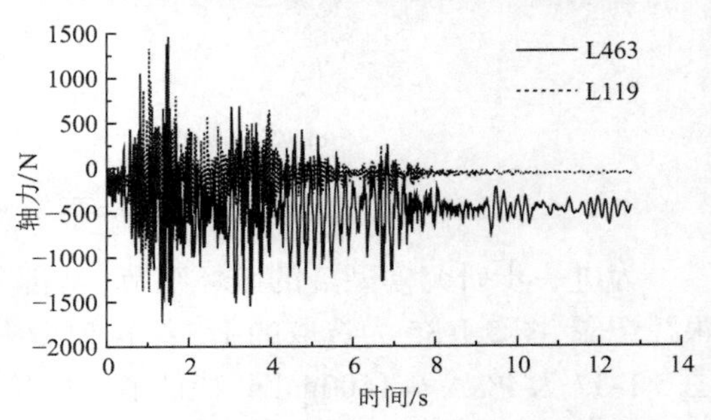

图 5.1-39　杆件 L463、L119 轴力时程曲线

（2）试验模型 3 的倒塌破坏过程模拟与验证

试验加载过程与模型 2 相同，当输入地震波峰值较小时，整体结构基本未发生变形。当 PGA 达到 1573gal 时，位于支座附近的斜杆开始发生弯曲（图 5.1-40b）。随着 PGA 的提高，模型从下至上第一和第二圈的斜杆相继发生弯曲，结构位移逐渐增加。当 PGA 达到 2108gal 时，该部位弯曲斜杆的数量持续增多，且部分杆件与球节点连接处发生断裂（图 5.1-40c）。继续提高 PGA 至 2268gal，更多的第一、第二圈杆件及球节点脱离结构整体，结构发生整体倒塌（图 5.1-40d）。

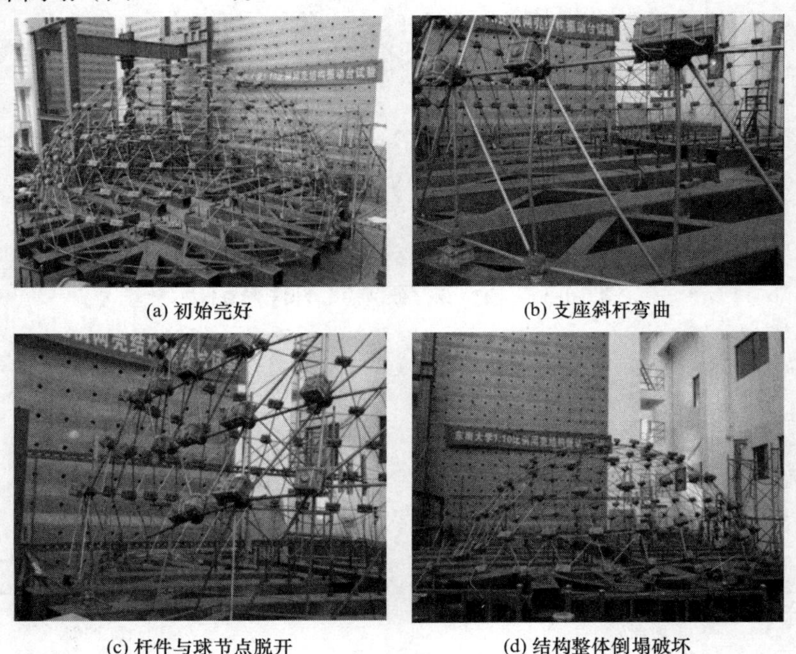

(a) 初始完好　(b) 支座斜杆弯曲

(c) 杆件与球节点脱开　(d) 结构整体倒塌破坏

图 5.1-40　模型 3 振动台试验整体坍塌过程

采用与模型 2 完全相同的方法建立模型 3 的计算模型，即 FEM 域部分每根杆件划分为 1 个梁单元 Beam4；DEM 域部分，焊接球单独采用一个球元，每根杆件根据其长度分别离散成 5～10 个球元，相应的球半径为 45～65mm 不等，共有球元 2479 个，球元粘结 2854 个；在交界面处共有 78 个接触点对。

仍然采用瑞利阻尼，阻尼比取为 2%，计算时步取为 6×10^{-5}s。另外，模型 3 所有杆件均采用ϕ14mm × 0.6mm 的 304 号高强不锈钢管，但焊接球仍为 Q235 钢，对应 E43 型焊条，因此在模拟焊缝断裂时各纤维发生断裂破坏所对应的应力仍取为 560MPa。

图 5.1-41 为模拟得到的结构倒塌过程。可以看出：当加速度峰值 PGA 小于 1200gal 时，结构整体基本未发生变形。当 PGA 为 1600gal 时，模型底部第一圈少量斜杆首先发生弯曲（图 5.1-41a）。PGA 达到 1800gal 时，由于部分焊缝先满足断裂准则，该部位斜向杆件与焊接球节点断开（图 5.1-41b），但数量极少。随着 PGA 的继续增大，模型从下至上第一圈和第二圈的斜杆相继发生弯曲，当 PGA 为 2100gal 时，支座附近第一圈将近一半斜杆与球节点脱离，节点位移显著增大，但结构并未发生倒塌（图 5.1-41c）。当 PGA 加至 2300gal 时，模型底部第一圈的杆件几乎全部与球节点发生断裂，同时第二圈也有部分杆件与节点脱开，此时结构由于失去了底部杆件支承而无法继续承载，网壳在自重及地震作用下发生整体坍塌（图 5.1-41d）。

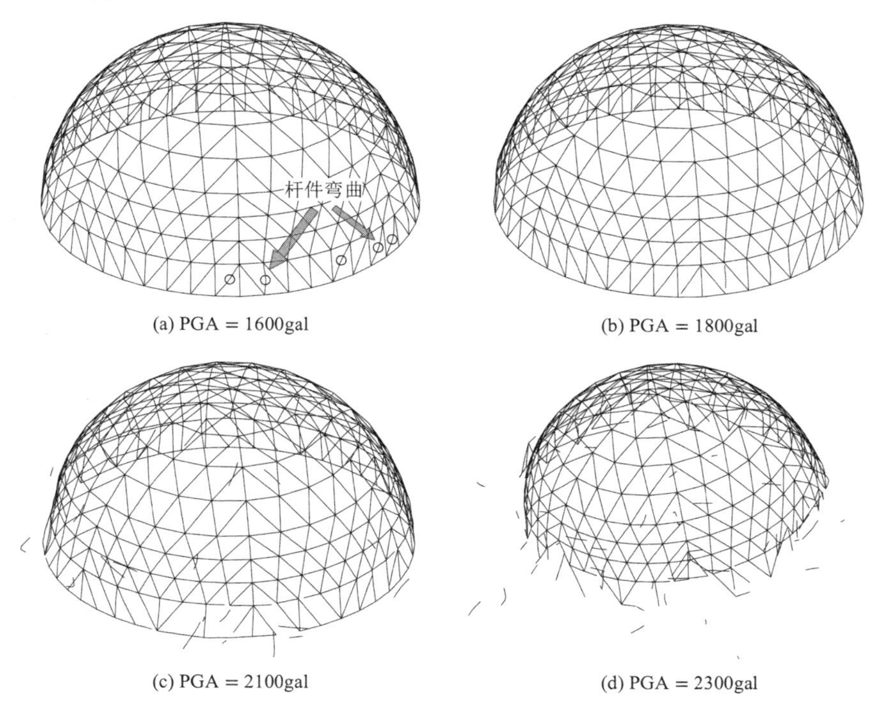

(a) PGA = 1600gal　　(b) PGA = 1800gal

(c) PGA = 2100gal　　(d) PGA = 2300gal

图 5.1-41　模型 3 数值模拟破坏过程

图 5.1-42 为 PGA = 2300gal 时特征节点（节点、杆件编号与图 5.1-35 相同）的位移时程曲线，可以看出，在加载初期，节点 156 和节点 163 的位移幅值较小（mm 量级）；随着地震波主振动的到来，结构振动显著，底层杆件与球节点脱开的数量在增加，约在 2.2s 结构开始发生整体坍塌，上部结构产生向下的刚体移动，节点位移陡增（达到 m 量级）。

图 5.1-43 为 PGA＝2300gal 时特征杆件的轴力时程曲线，可以发现：由于该工况下地震波峰值很高同时杆件为高强钢材料，2.2s 之前杆件 L395、L449 和 L396 的轴力均较大，幅值最大接近 5000N；而当结构发生倒塌（2.2s 之后）时，上述三根杆件的内力均有下降，并随着后期地震波幅值降低，杆件轴力随时间推移而不断减小，但由于整个加载过程中第三圈及以上的杆件与节点始终保持完好，因此上述三根杆件的轴力仅是发生波动变化且不断衰减，并无急剧下降至零的现象。

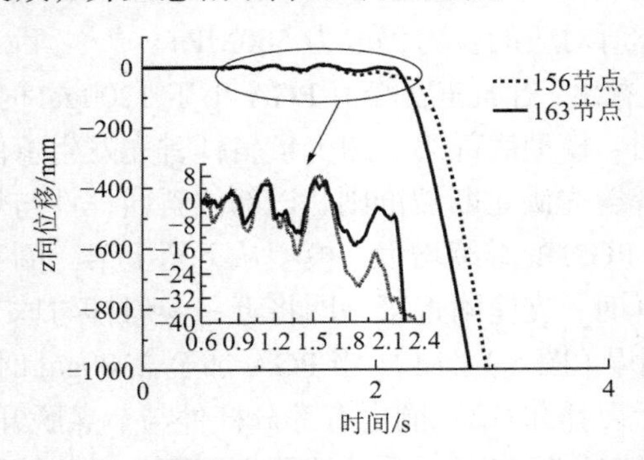

图 5.1-42　节点 128、206 位移时程曲线

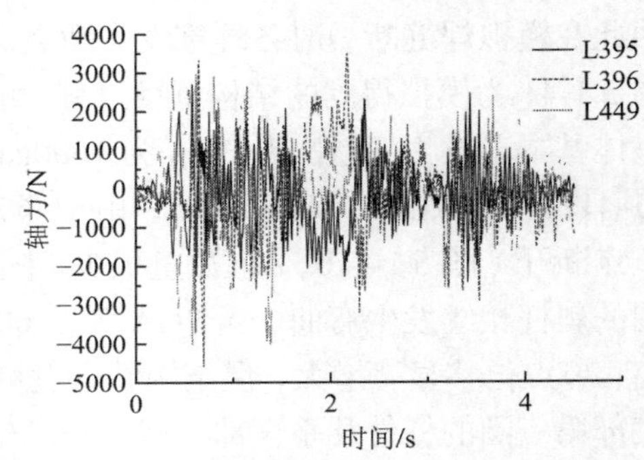

图 5.1-43　杆件 L395、L396、L449 轴力时程曲线

对比模型 2 和模型 3 的倒塌破坏过程可以发现：模型 3 的倒塌破坏机理是因为支座附近第一圈和第二圈的斜杆首先发生弯曲，进而扩展到第一圈和第二圈的几乎所有杆件发生弯曲，并伴有与球节点断开、脱离，结构丧失承载力，最终导致网壳整体坍塌；模型 2 由于存在薄弱区，结构刚度不均匀，仅是薄弱区的杆件发生了弯曲和与球节点断开的现象，从而导致结构局部凹陷。本节采用考虑杆件断裂的 DEM/FEM 算法数值模拟得到的试验模型倒塌过程与试验现象吻合良好，特征点的位移时程曲线和特征杆件的轴力时程曲线也很好解释了试验现象，验证了考虑构件断裂的 DEM/FEM 耦合计算方法的正确性。

3）多点激励下基于 DEM 法的单层网壳强震倒塌全过程数值仿真与验证

单层球面网壳多点激励地震模拟振动台模型 2 倒塌试验过程详见 5.1.1 节第二部分。

基于前述 1.2.7 节理论模型，借助 FORTRAN 语言，开发了多点激励下单层球面网壳倒塌仿真分析程序。为了平衡精度和计算效率，离散元模型颗粒数为 14581，单元数为 16980，该模型完全满足 1.2.7 节的建模原则。首先施加重力荷载，得到结构震前初始力学特征参数，施加方法见 1.2.7 节，然后进行动力弹塑性分析，支座处采用位移方式输入地震动多点激励，实现方式亦见 1.2.7 节，输入的地震波波形见图 5.1-18，加载工况如表 5.1-10。计算中考虑几何、材料非线性及应变率效应，其中材料本构为理想弹塑性模型，静态材料特性如表 5.1-9，各工况下屈服强度的动力放大系数如图 1.2.26。杆系 DEM 程序中计算时步取为 1.35×10^{-5}s，采用质量比例阻尼（见 1.2.7 节），各工况下试验模型的基频和阻尼比如图1.2.27 所示。下面结合杆系离散元法模拟结果和振动台试验结果，从小变形、大变形直至倒塌的全受力阶段对 DEM 算法和仿真程序的正确性进行验证。

（1）倒塌前结构响应对比分析

为了准确地验证杆系离散元法的计算精度，将数值仿真得到的位移时程曲线与试验结果进行对比。限于篇幅，这里仅给出了随机选取测点和工况的对比结果，如图 5.1-44～图 5.1-46 所示。由图可见，不论结构处于弹性阶段还是进入强非线性阶段后，杆系离散元法得到的各测点位移时程曲线与试验结果都几乎重合，仅在峰值上有微小差异。这一结果也说明了杆系离散元法在处理连续介质力学问题时已完全克服了传统离散元法计算精度不高的缺陷，进一步验证了该法的正确性。

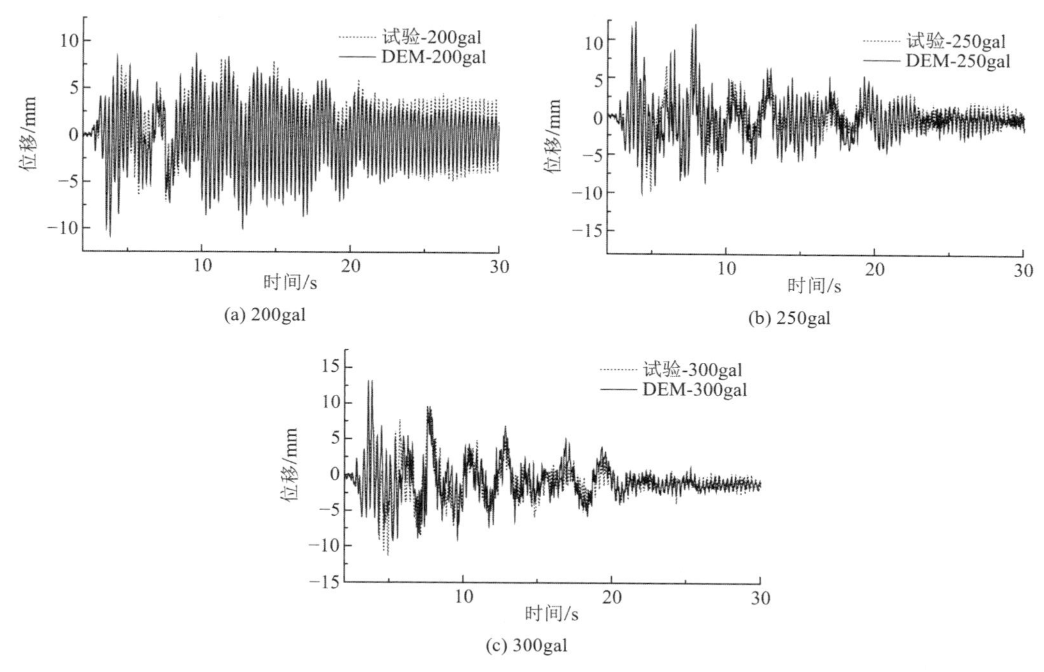

(a) 200gal (b) 250gal (c) 300gal

图 5.1-44 测点 X29 在各工况下位移响应曲线

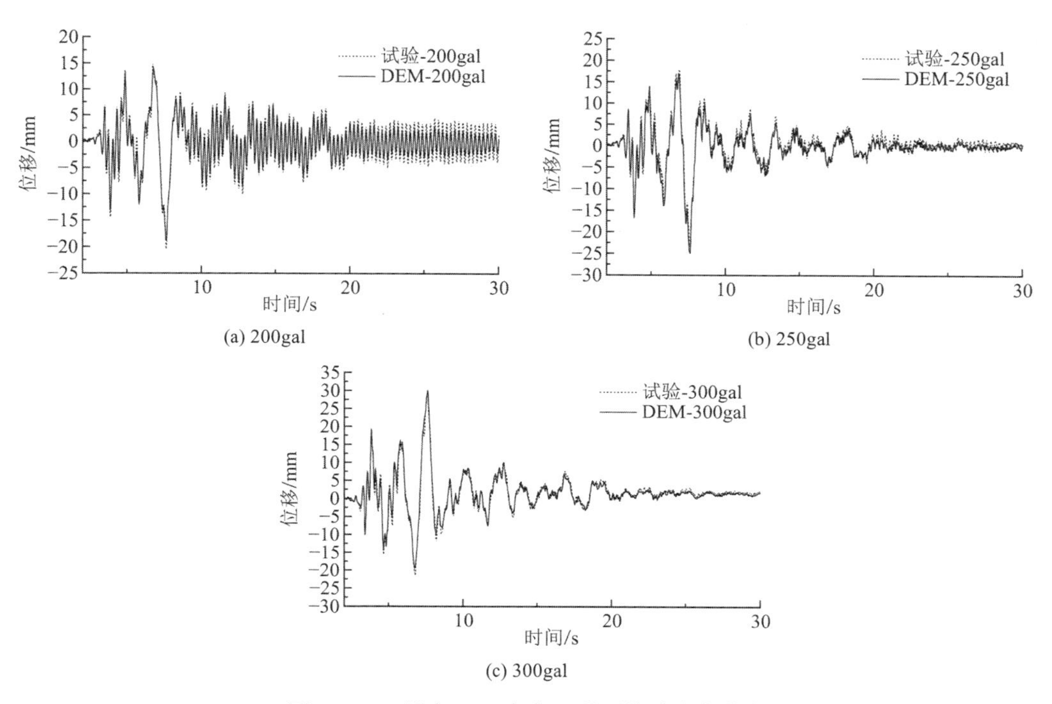

(a) 200gal (b) 250gal (c) 300gal

图 5.1-45 测点 Y18 在各工况下位移响应曲线

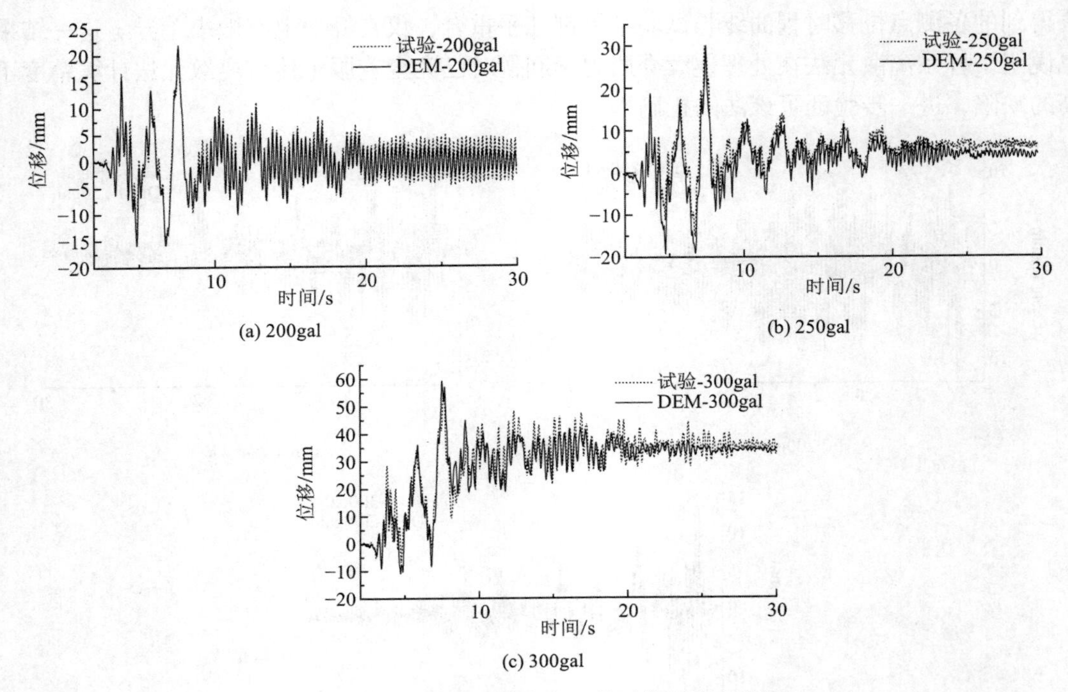

图 5.1-46　测点 Y20 在各工况下位移响应曲线

（2）倒塌破坏过程的数值仿真结果与试验结果的对比分析

图 5.1-47 给出了 350gal 工况下测点的位移时程曲线。由图可知，数值仿真得到的模型极限荷载为 350gal，与试验结果一致，但二者完全倒塌时间点略有差别，数值仿真中完全倒塌时刻为 6.76s，试验中为 5.76s，但上述倒塌时间点均处于地震波输入位移最大时刻 7.6s 附近。

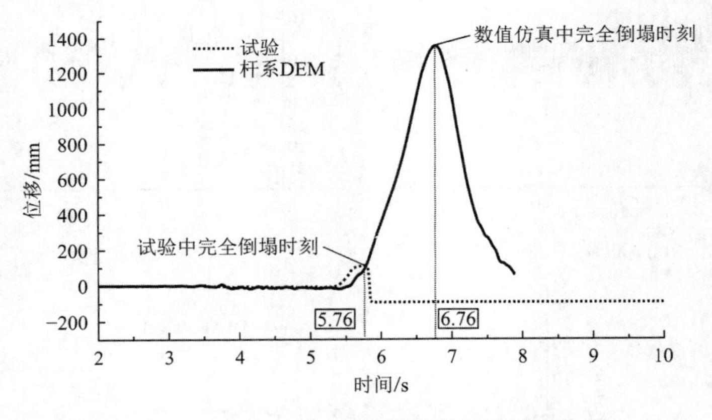

图 5.1-47　350gal 工况下测点的位移时程曲线

图 5.1-48 为极限荷载下试验模型的数值仿真过程及现象。可以看出，加载初期，结构振动不明显，位移对称分布，变形量较小，且均在 0.02m 以下（图 5.1-48a）；当加载至 4.2s 时，位于模型底部第四圈靠近 D 台面一侧的薄弱区节点突然向内凹陷，与之相连杆件发生明显弯曲，随后 D 台面上方第三圈节点也有向内凹陷趋势（图 5.1-48b）；当加载至 5.5s 时，明显观察到薄弱部位凹陷区和 D 台面上方杆件变形区在不断扩大，同时变形程度加深，节

点位移显著增加，此时 C 台面上方第一、二圈斜杆相继发生明显弯曲，A 台面和 B 台面上方也有少数斜杆变形明显，但其他部位节点和杆件位移变化仍很小（图 5.1-48c）；当加载时间达到 6.8s 时，上述凹陷和变形区域进一步扩大，整个结构向凹陷区倾覆，瞬间倒塌（图 5.1-48d）。可见，仿真得到的倒塌发展过程与试验现象基本一致。

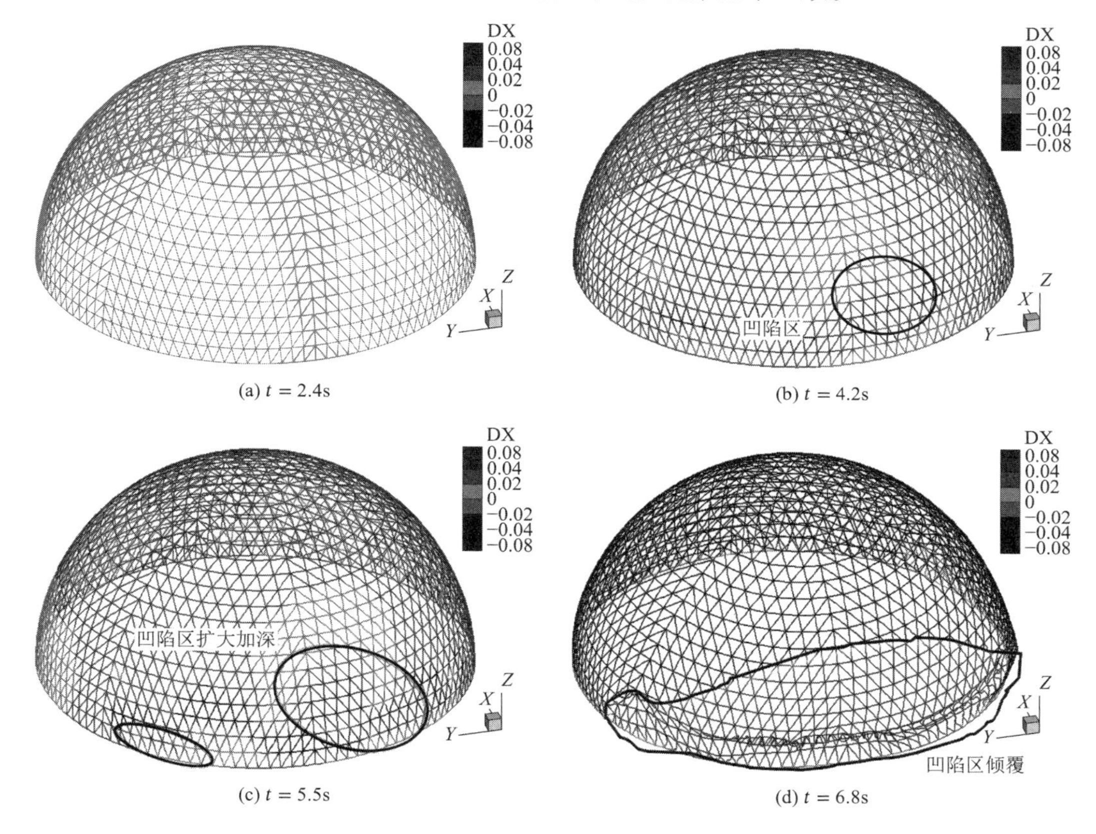

(a) t = 2.4s　(b) t = 4.2s

(c) t = 5.5s　(d) t = 6.8s

图 5.1-48　极限荷载下试验模型的倒塌破坏过程（D_X单位为 m）

综上，本小节将所提出的杆系离散元方法应用于多点激励下单层球面网壳倒塌破坏全过程仿真，并与试验结果进行对比分析，可以看出，二者极限荷载、倒塌模式一致，且极限荷载下完全倒塌时间点也吻合良好，模拟结果完整再现了单层球面网壳结构在多点激励振动台上逐步倒塌的形态特征，包括杆件弯曲、局部凹陷等，实现了网壳结构倒塌全过程仿真，验证了所提方法的正确性；二者最大位移误差在 25%以内，且除个别工况外，数值仿真得到的位移时程曲线与试验值均几乎重合，仅在幅值上有微小差异，验证了所提方法处理连续结构动力弹塑性问题的精确性。

杆系离散元法不仅克服了传统有限元法在结构强非线性问题中遇到的困难，而且解决了传统离散元法计算精度低的弊端。该方法在计算中无需组集整体刚度矩阵、迭代求解运动方程，步骤简单且通用性强，在结构倒塌破坏过程仿真中具有很大优势。

5.1.3　大跨度空间钢结构倒塌破坏机理——改进构形易损性理论验证

本节结合改进构形易损性理论（详见 2.1 节）和前文振动台试验中 3 个模型的试验结

果，对大跨度空间结构的倒塌破坏机理进行了分析。三个缩尺比 1/10 的单层球面网壳结构振动台倒塌试验详见 5.1.1 节第一部分。

（1）试验模型 1

在水平地震作用下，结构主要承受的是水平向惯性力。沿地震作用方向，在安装了配重块的节点上施加水平向单位荷载，得到其位移响应，并根据式（2.1.3）计算节点连接系数。考虑荷载作用效应后模型 1 的集簇过程如图 5.1-49～图 5.1-50 所示，包括三个阶段，阶段Ⅰ：初始集簇；阶段Ⅱ：二次集簇；阶段Ⅲ：合并参考簇。

在初始集簇阶段［图 5.1-49（a）～图 5.1-49（h）］，集簇过程从结构底层主肋杆件开始，然后底层杆件依次参与集簇［图 5.1-49（a）］。在底层所有杆件都已参与集簇后，底层第二圈部分杆件开始参与集簇，之后是第三圈的结构杆件，各层杆件根据集簇准则形成不同的结构簇。初始集簇阶段所形成的结构自由簇基本上都是以三个杆件单元形成的结构环为主，最终在初始集簇阶段结束时共形成了 196 个自由簇，这些自由簇均匀分布于结构的六个对称区域上。

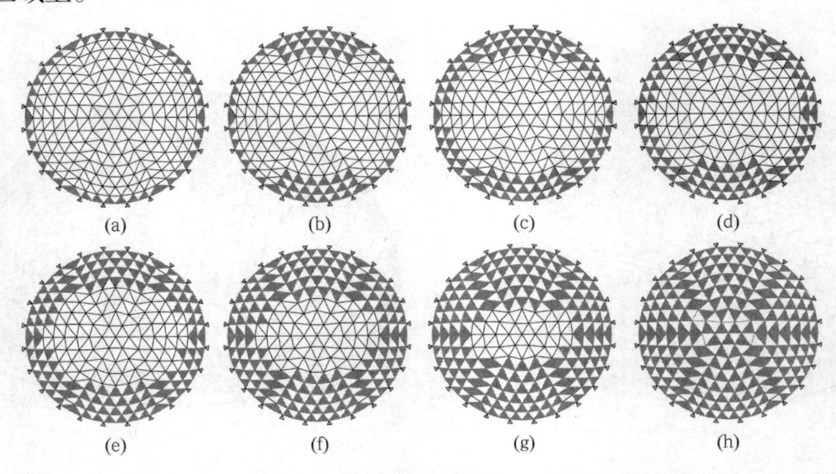

图 5.1-49　考虑荷载作用效应后试验模型 1 的初始集簇过程

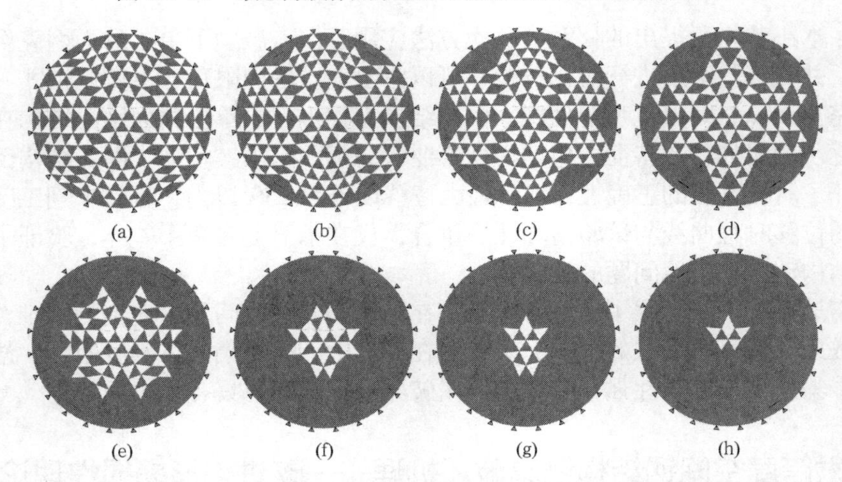

图 5.1-50　考虑荷载作用效应后试验模型 1 的二次集簇过程

结构的二次群集阶段如图 5.1-50 所示。各自由簇之间根据集簇准则相互组合形成更高阶层次的结构簇。底层主肋杆件处的自由簇首先参与集簇，然后各层次的自由簇依次合并。最后将结构支座与已形成的结构簇合并，此时结构整体可以用一个结构簇表示，这个结构簇就是集簇结束时编号最大的结构簇。最终形成的结构层级中，结构簇的个数为 906 个。

通过集簇分析建立了试验模型 1 的层级模型，利用解簇分析方法对层级中的各结构簇进行拆解，寻找结构的各种可能破坏模式，在拆解过程中直接以移除杆件作为施加破坏事件的方式。考虑荷载作用效应后，在水平力作用下结构的主要破坏模式如图 5.1-51 所示（虚线为移除的杆件单元），包括结构的整体失效模式和局部失效模式（结构的各种可能失效模式远不只这些，这里只给出分离系数为 1.0 且易损性指数分别为最大、最小的破坏模式及其他几个易损性指数较大的破坏模式，后面的其他两个算例相同）。整体倒塌模式是指杆件移除后结构整体或结构大面积发生坍塌的破坏形式；而局部倒塌模式的破坏形式则是杆件移除后结构局部发生坍塌。破坏模式图 5.1-51（a）为结构底层与支座相连杆件的破坏，支座上的杆件依次移除后，结构与支座脱离而成为刚体，结构整体失去支承而坍塌，属于结构的整体失效模式。破坏模式图 5.1-51（b）、（c）和（d）与破坏模式图 5.1-51（a）相比，其破坏的杆件主要为结构底层与支座相连的杆件，及部分非支座上的结构杆件。同样在这几个失效模式中，杆件移除后的结构局部失去支承而坍塌，且坍塌范围为结构整体或结构总面积的 1/2 以上，属于结构的整体倒塌模式。同理，破坏模式图 5.1-51（e）和图 5.1-51（f）在杆件移除后结构大部分依然完好，但结构局部变为刚体而坍塌，属于结构的局部倒塌模式。这些破坏模式有这样的共同点：在杆件移除后（移除的杆件如图 5.1-51 中的虚线所示），被拆解枝簇的整体刚度矩阵行列式$|\boldsymbol{K}|=0$，此时结构的构形度$Q(S')=0$，由式（2.1.8）可得其分离系数都为 1.0，表示若干杆件破坏后造成结构整体或局部坍塌，如表 5.1-11 所示。

由振动台试验结果可知，随地震加速度峰值的逐渐提高，结构振动加剧，最终发生底层杆件几乎全部弯曲的结构整体倒塌破坏。对比考虑荷载作用效应后的易损性分析结果，可知整体失效模式图 5.1-51（a）的破坏形式与试验结果相一致，其分离系数为 1.0，且易损性指数在所识别的整体失效模式中具有最大值。这充分表明考虑荷载作用效应的易损性分析方法能有效识别整体倒塌模式下结构的薄弱部位。

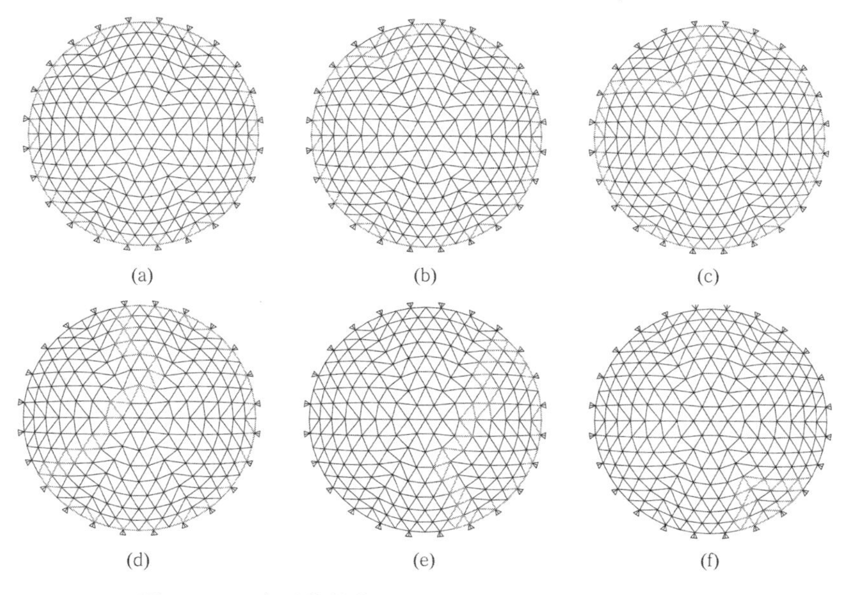

图 5.1-51　水平荷载作用下试验模型 1 的主要破坏模式

试验模型 1 各失效模式的破坏后果　　表 5.1-11

倒塌模式	序号	失效模式	相对破坏需求	分离系数	易损性指数
整体倒塌模式	1	图 5.1-51（a）（与试验结果相符）	0.183	1.0	5.464
	2	图 5.1-51（b）	0.186	1.0	5.376
	3	图 5.1-51（c）	0.197	1.0	5.076
	4	图 5.1-51（d）	0.199	1.0	5.025
局部倒塌模式	5	图 5.1-51（e）	0.127	1.0	7.874
	6	图 5.1-51（f）	0.051	1.0	19.607

（2）试验模型 2

同理，对试验模型 2 施加水平向的单位力，得到单位荷载作用下的节点位移。以式（2.1.3）定义的节点连接系数为计算依据，对试验模型 2 在荷载作用下的易损性进行分析。得到的失效模式如图 5.1-52 所示（虚线为移除的杆件单元）。破坏模式图 5.1-52（a）为与支座相连的结构杆件发生破坏，此时结构与支座脱开，即结构失去支承成为刚体而坍塌，为结构的整体倒塌模式。破坏模式图 5.1-52（b）、（c）和（d）则为结构局部在杆件破坏后（图中的虚线）失去支承，导致结构发生较大面积的坍塌破坏，坍塌范围接近结构总面积的 1/2。破坏模式图 5.1-52（e）、（f）为结构局部在杆件移除后发生坍塌，为结构的局部倒塌模式。各失效模式的破坏后果示于表 5.1-12，其中失效模式图 5.1-52（f）的易损性指数最大，表示破坏后果与损伤的不成比例性最大，其破坏形式恰为结构薄弱区杆件的失效。

由振动台试验结果可知，试验模型 2 破坏时，结构薄弱位置上的节点发生凹陷，部分薄弱杆件发生弯曲，而其余杆件依然完好，结构局部失稳破坏。对比荷载作用下的结构易损失效模式，可知失效模式图 5.1-52（f）的破坏形式与试验结果相一致，都为发生在结构薄弱区的局部破坏，其分离系数为 1.0，且在所有可能失效模式中具有最大的易损性指数值。这表明考虑荷载作用效应的易损性分析方法能有效识别局部倒塌模式下结构的易损部位。

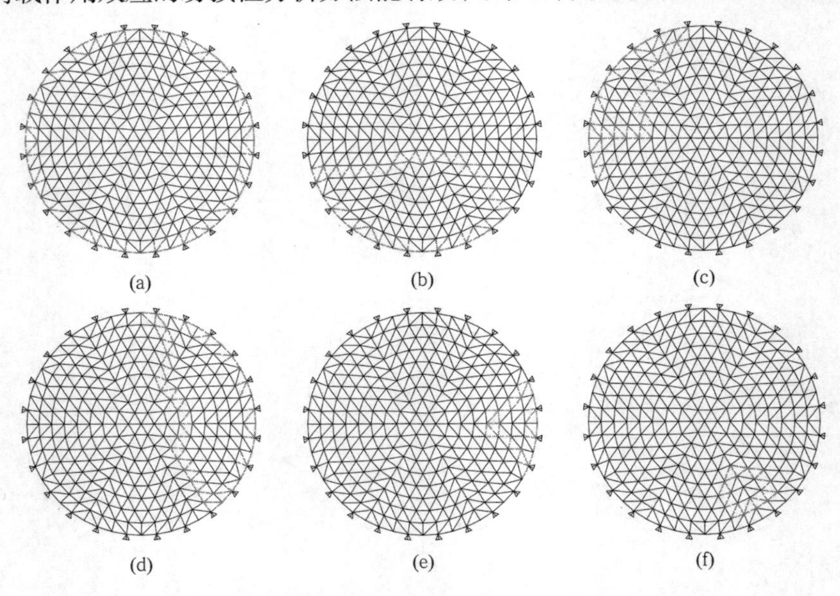

图 5.1-52　水平荷载作用下试验模型 2 的主要破坏模式

试验模型 2 各失效模式的破坏后果　　表 5.1-12

倒塌模式	序号	失效模式	相对破坏需求	分离系数	易损性指数
整体倒塌模式	1	图 5.1-52（a）	0.129	1.0	7.752
	2	图 5.1-52（b）	0.091	1.0	10.989
局部倒塌模式	3	图 5.1-52（c）	0.094	1.0	10.638
	4	图 5.1-52（d）	0.112	1.0	8.929
	5	图 5.1-52（e）	0.049	1.0	20.408
	6	图 5.1-52（f）（与试验结果相符）	0.034	1.0	29.412

（3）试验模型 3

同样在结构各节点上施加水平向单位力，根据式（2.1.3）定义的节点连接系数，识别结构的薄弱部位。

试验模型 3 在水平荷载作用下的失效模式如图 5.1-53 所示。可知破坏模式图 5.1-53（a）的破坏位置主要为与支座相连的底层杆件（图 5.1-53a 虚线所示），结构整体倒塌。破坏模式图 5.1-53（b）和（c）由底层支座杆件及其他结构杆件的失效组成（具体的破坏部位如图中虚线所示），这些杆件失效后，结构产生大范围的坍塌破坏。局部破坏模式图 5.1-53（d）、（e）和（f）中杆件破坏的数量相对较少，杆件失效后（图 5.1-53d、e、f 的虚线所示），结构大部分依然完好，其破坏方式为结构的局部坍塌。各失效模式的破坏后果如表 5.1-13 所示。

试验过程中模型 3 的破坏是从底层杆件发生弯曲及部分杆件与节点脱开开始，在持续提高地震加速度峰值的情况下，底层杆件单元相继失效，最终结构发生整体坍塌。整体失效模式图 5.1-53（a）的破坏形式与试验结果相吻合，在所识别的整体失效模式中，该破坏模式的易损性指数最大，说明破坏模式图 5.1-53（a）中的失效杆件为水平荷载作用下易发生破坏的结构薄弱部位。

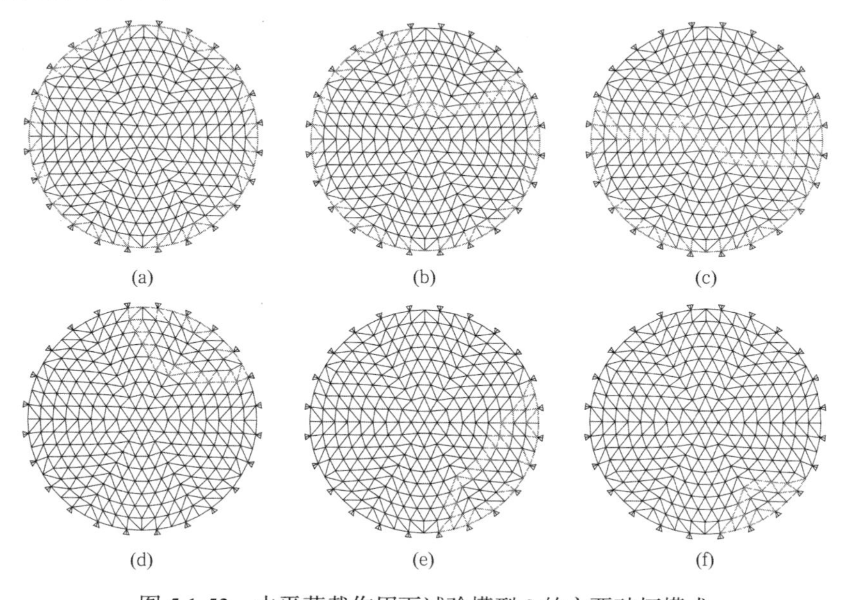

图 5.1-53　水平荷载作用下试验模型 3 的主要破坏模式

试验模型 3 各失效模式的破坏后果　　表 5.1-13

倒塌模式	序号	失效模式	相对破坏需求	分离系数	易损性指数
整体倒塌模式	1	图 5.1-53（a）（与试验结果相符）	0.126	1.0	7.934
	2	图 5.1-53（b）	0.157	1.0	6.359
	3	图 5.1-53（c）	0.155	1.0	6.470
局部倒塌模式	4	图 5.1-53（d）	0.069	1.0	14.588
	5	图 5.1-53（e）	0.078	1.0	12.828
	6	图 5.1-53（f）	0.039	1.0	25.655

5.1.4　大跨度空间钢结构倒塌破坏机理——基于响应敏感性的结构冗余特性分析理论验证

（1）利用 5.1.1 节缩尺比 1/3.5 试验进行验证

运用本书 2.2 节方法，以各杆件的弹性模量为敏感性参数，对上述多激励点振动台试验模型进行多点激励下敏感性及冗余特性分析。材料参数取表 5.1-9，采用双线性强化本构模型，应变硬化率取为$b = 0.02$。为使两个试验模型具有可比性，将地震波峰值均取为 350gal。

由结构的对称性，取 1/4 结构进行编号，下文分析中均只给出 1/4 模型杆件的敏感性及冗余度分布。模型杆件编号见图 5.1-16。编号规则为由上向下，先主肋杆件，然后环向杆件，最后斜向杆件，同类杆件编号沿顺时针方向。

由式（2.2.20）对模型 1、模型 2 在地震作用下构件冗余度进行计算，构件冗余度分布如图 5.1-54 所示。为突出低冗余度构件，且由式（2.2.19）可知，构件冗余度与结构应变能对构件的敏感性成反比，故高敏感性构件等价于低冗余度构件，图 5.1-55 中给出模型 1、模型 2 结构应变能对各单元的敏感性。

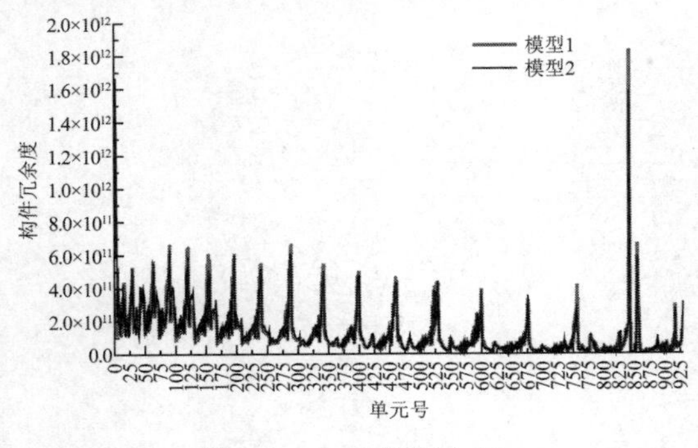

图 5.1-54　构件冗余度

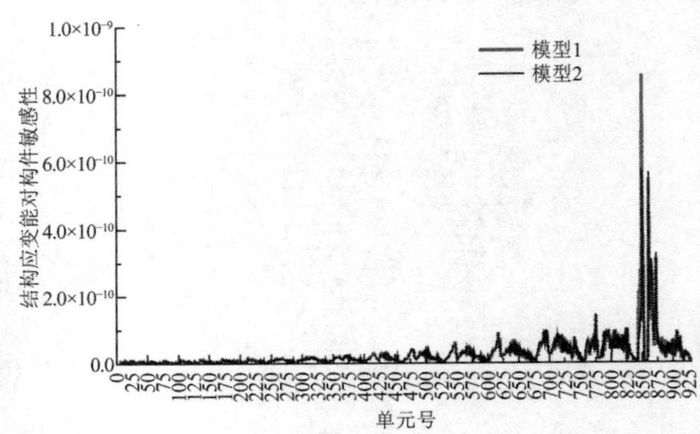

图 5.1-55　结构应变能敏感性

图 5.1-54、图 5.1-55 说明，因模型 1 与模型 2 绝大多数构件相同，且进行冗余特性分析所取荷载工况相同，故模型 1、模型 2 的构件冗余度分布整体上相似。在薄弱区附近，模型 2 构件敏感性大于模型 1 相应区域构件，即模型 2 薄弱区构件冗余度低于模型 1。

由图 5.1-55 可知，整个结构应变能对环梁敏感性最大（844～873 号构件），即一旦本结构环梁发生破坏，将对结构造成远超其他部分构件破坏的后果，可见这里所得出的结果符合对该类结构的一般认识。除此之外，结构对构件敏感性总体有由上至下逐渐增大的趋势，即结构构件冗余度上大下小，说明结构下部构件破坏比上部构件破坏会对结构造成更加严重的后果。观察图 5.1-55，结构对上部构件的敏感性有明显的周期性，而最后 3 圈结构构件（679～930 号构件）敏感性分布与上部构件有较大差异，这是因为结构各层传递荷载的路径相似，且上部构件均在弹性范围工作，故结构对各层构件敏感性分布相似，因此在图 5.1-55 中就表现出周期性（如结构对 532～600 和 603～676 的敏感性类似）；下部构件因较多进入塑性，故与上部构件的周期性敏感性分布存在差异。

虽然对于类似本试验模型的结构，环梁为最关键构件，但此类结构环梁截面通常比其他构件截面大很多，不易发生破坏，故需继续寻找除环梁以外的其他关键构件。为更清晰地表达结构除底部环梁以外的低冗余度构件，将模型应变能对下部区域非环梁构件（底部三圈环向及斜向构件）敏感性分布单独给出，如图 5.1-56 所示。其中，结构对其敏感性高的构件即为低冗余度构件。

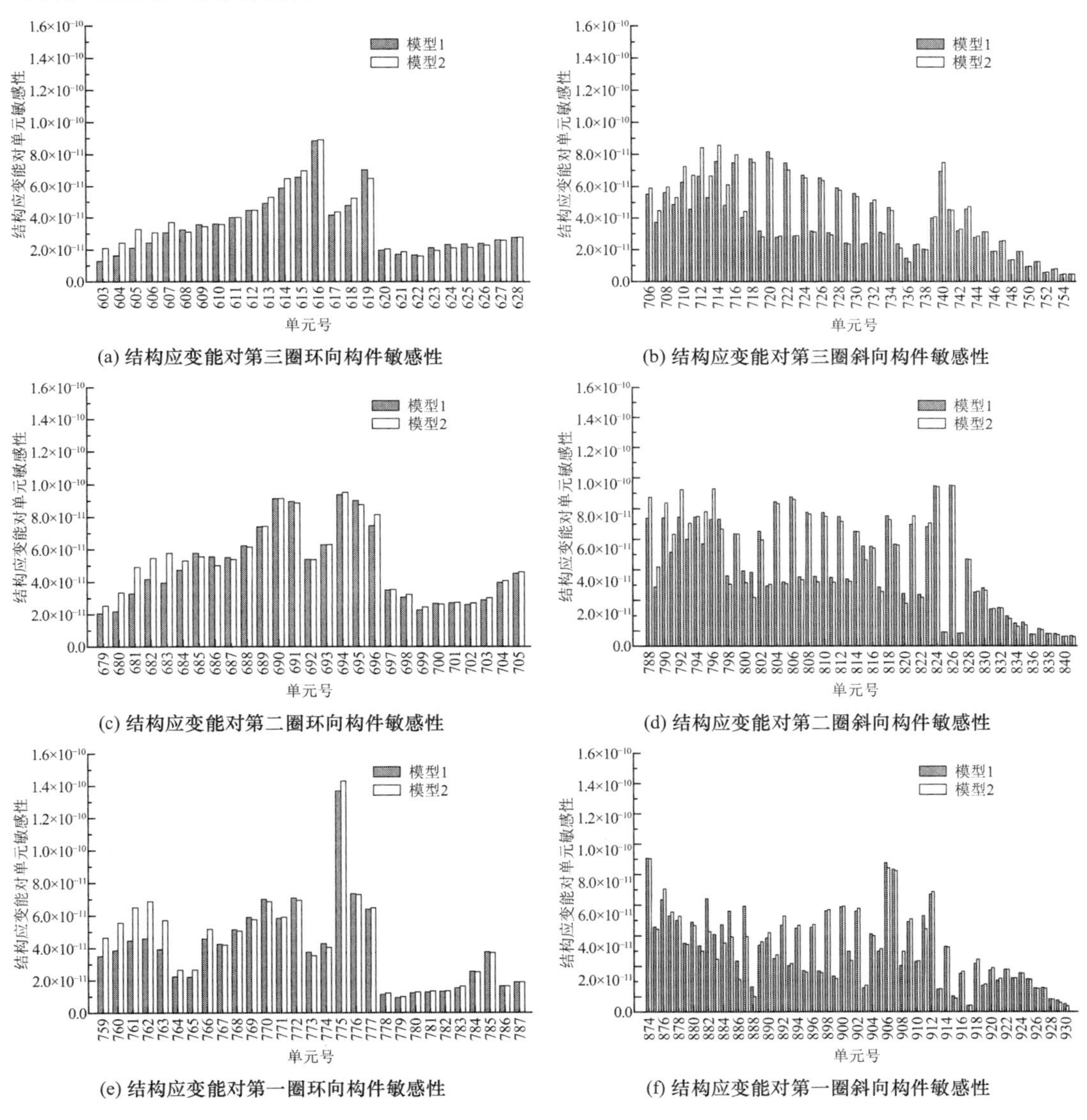

图 5.1-56 结构应变能敏感性

图 5.1-56（a）、（c）、（e）为结构应变能对环向构件的敏感性，可以发现有类似的规律：结构对支座附近上方的环向构件敏感性最大；结构对 C、D 台面之间部分环向构件敏感性略小于对支座附近上方的环向构件；结构对 D、B 台面之间的环向构件敏感性最小。图 5.1-56（b）、（d）、（f）为结构应变能对斜向构件的敏感性，同样有类似的规律。可以认为在地震作用下，试验模型支座上方的杆件以及 C、D 台面之间的下部杆件为结构的关键构件，该部分构件一旦发生破坏，将对结构造成较大影响甚至引起结构整体倒塌。

对比图 5.1-56 中模型 1 和模型 2 的结果，可以发现模型 2 设置薄弱杆件[图 5.1-56（a）、（c）、（e）中前 5 个环向构件，图 5.1-56（b）、（d）中前 10 个斜向构件]后，结构对其敏感性有所增加，其余构件的敏感性数值相差不大。可认为模型 2 中设置薄弱区后，仅增加结构应变能对该区域的敏感性，即薄弱区冗余度下降，对其他区域构件冗余度影响较小。

综上所述，模型 1 和模型 2 在地震作用下的冗余特性类似，在此试验模型的支承条件下，环梁冗余度最小，其发生破坏将对结构造成非常严重的后果；支座附近杆件及与地震波传播方向相垂直的结构两侧的下部杆件冗余度较小，这些杆件一旦发生破坏将对结构造成较大影响，甚至引起结构整体倒塌。在模型 2 设置薄弱区后，该区域冗余度进一步下降，其他区域杆件冗余度值基本不变。结构除环梁外冗余度最小的 5%构件分布如图 5.1-57、图 5.1-58 所示。

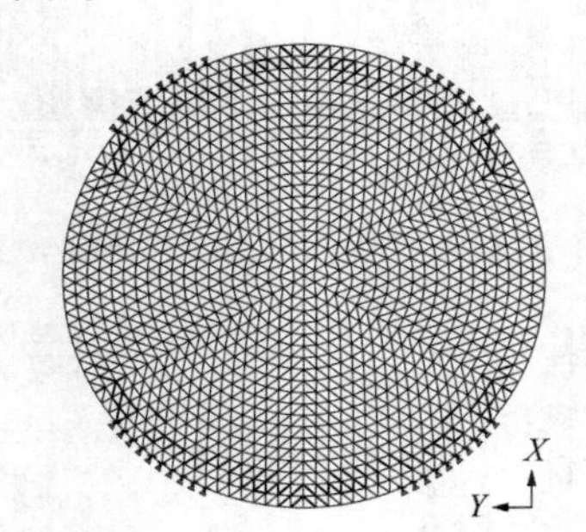

图 5.1-57　模型 1 低冗余度构件分布（5%）

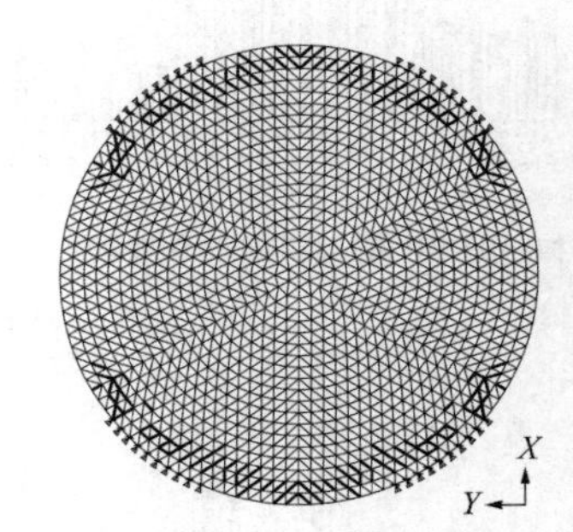

图 5.1-58　模型 2 低冗余度构件分布（5%）

在 5.1.1 节振动台试验设计中，为验证结构刚度与抗震性能的关系而人为设置了薄弱区。考虑试验的实用价值，模型需满足静力承载的前提下，排除环梁和结构支承区域，将与地震波传播方向垂直的结构两侧的下部区域设置为薄弱区。试验中，模型 2 在地震作用下，薄弱区发生突然破坏导致结构整体倒塌，验证了 2.2 节方法对空间网格结构多点激励下冗余特性分析的正确性，同时也验证了结构中冗余度较小构件发生破坏，将对结构产生较大影响，甚至会引起结构整体倒塌。如将模型 1 看作是对模型 2 低冗余度构件加强的结果，则可得出，加强结构中冗余度较小构件，能较好地改善结构整体的冗余特性，提高结构的承载力，甚至影响结构的破坏模式，使结构具有更好的延性。

（2）利用 5.1.1 节缩尺比 1/10 试验进行验证

模型 1 的详细介绍详见 5.1.1 节第一部分。实测的材料弹性模量为$E = 171\text{GPa}$，屈服强度$\sigma_s = 215\text{MPa}$，取为理想弹塑性材料。结构模型在地震模拟振动台试验时输入水平向地震波，图 5.1-59 为该试验的台面输出波，其峰值为 1996gal。利用该台面输出波作为结构计算的地震输入波，以构件单元的材料弹性模量E作为结构的敏感性参数，对该结构模型在地震作用下的响应敏感性和冗余特性进行分析，以识别结构内部存在的薄弱部位。

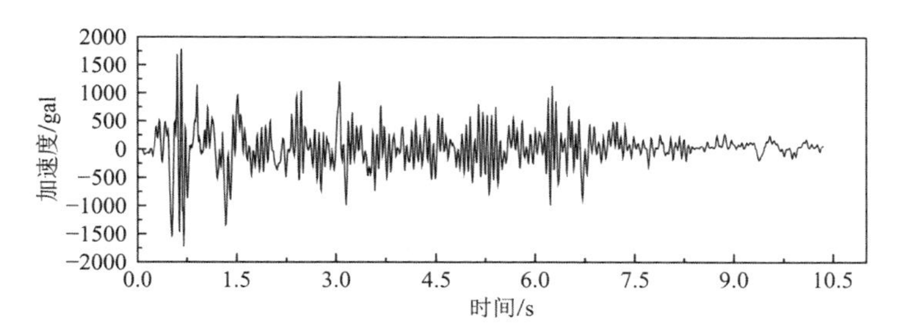

图 5.1-59　模型 1 破坏时的台面输出波

分别按弹性、弹塑性分析方法对该网壳模型在地震作用下的响应敏感性进行分析，得到结构响应敏感性。例如结构顶点水平位移对单元弹性模量E^{600}的弹性和弹塑性位移响应敏感性时程曲线如图 5.1-60 所示，其中E^{600}为第 600 号杆件单元的弹性模量，第 600 号单元为模型底部主肋旁的一斜向杆，可以看出，结构的弹性响应敏感性曲线与输入的地震波时程曲线基本相似，而考虑材料非线性后，其响应敏感性时程曲线在数值和形状上都发生了很大改变。

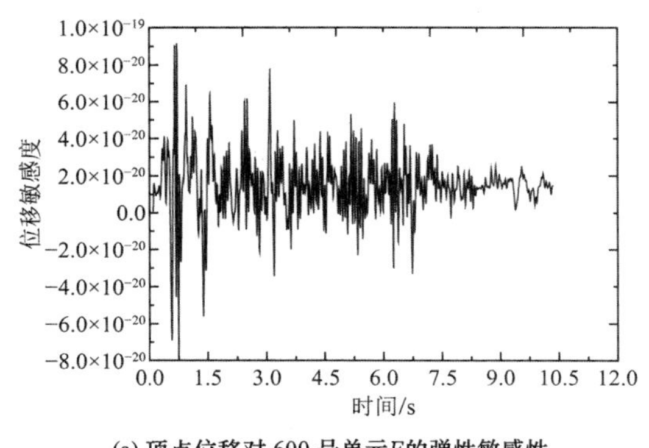

(a) 顶点位移对 600 号单元E的弹性敏感性

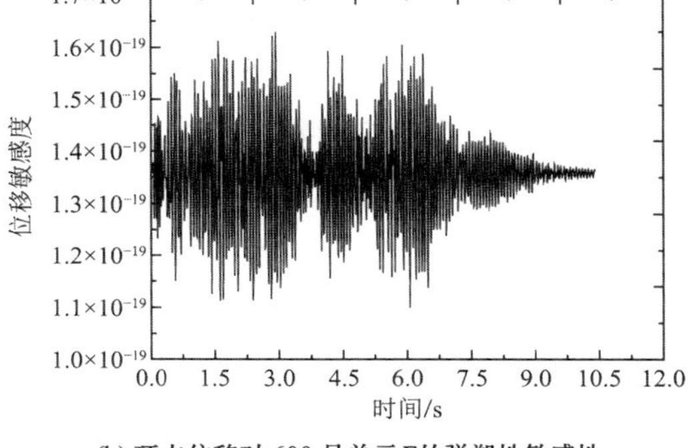

(b) 顶点位移对 600 号单元E的弹塑性敏感性

图 5.1-60　模型 1 的位移响应敏感性

利用 2.2 节的结构冗余度分析方法，以构件单元的应变敏感性作为结构冗余度的评价指标。在水平地震作用下，结构的弹性冗余度分布如图 5.1-61 所示（在水平荷载作用下杆件的冗余度分布沿两个水平方向具有对称性，因此这里只给出结构 1/4 部分的冗余度分布）。可知按弹性分析方法得到的结构冗余度整体上具有上强下弱的特点，结构上部杆件的冗余度总体大于底部杆件，冗余度较小的结构杆件主要集中在结构底部的第一、第二圈。从结构顶部位置到结构底部，主肋杆件的冗余度依次减小，在底圈突然增大，这是由于底层主肋节点为非支座节点，其传递的内力较小。斜向杆与环向杆的冗余度分布基本上是上部杆件大于底部杆件，但其环向杆的冗余度整体高于斜向杆，因此结构的重要构件主要是结构底部第一、二圈的斜向杆件。

图 5.1-62 为该网壳结构模型在图 5.1-59 所示的水平地震作用下的弹塑性冗余度分布，直观上可以看出，冗余度相对较小的结构杆件主要集中在结构底部。图 5.1-63 为该结构整体的构件单元编号和构件单元的弹塑性冗余度分布直方图。可知在整体上，结构上部构件单元的冗余度大于底部单元，冗余度较小的构件单元主要集中于结构底部第一、二圈的斜向杆和环向杆，即底部环向杆 97～222 号单元和斜向杆 400～600 号单元。对比图 5.1-61 与图 5.1-62，在水平地震作用下结构的弹性冗余度与弹塑性冗余度分布规律具有相似的特点。

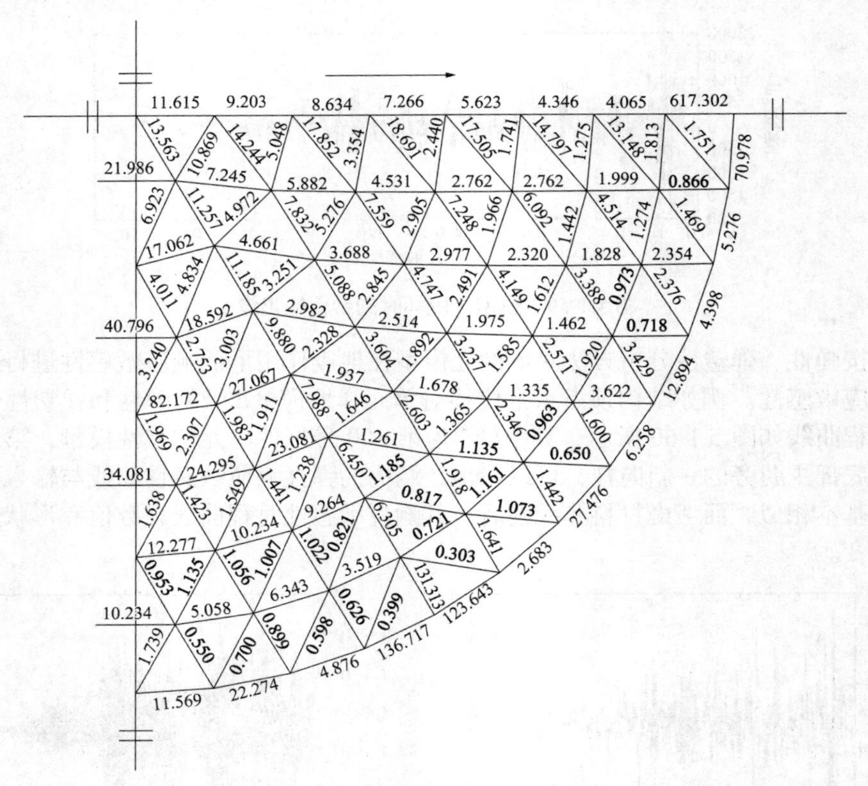

图 5.1-61 模型 1 水平地震作用下的结构弹性冗余度分布（$\times 10^{16}$）

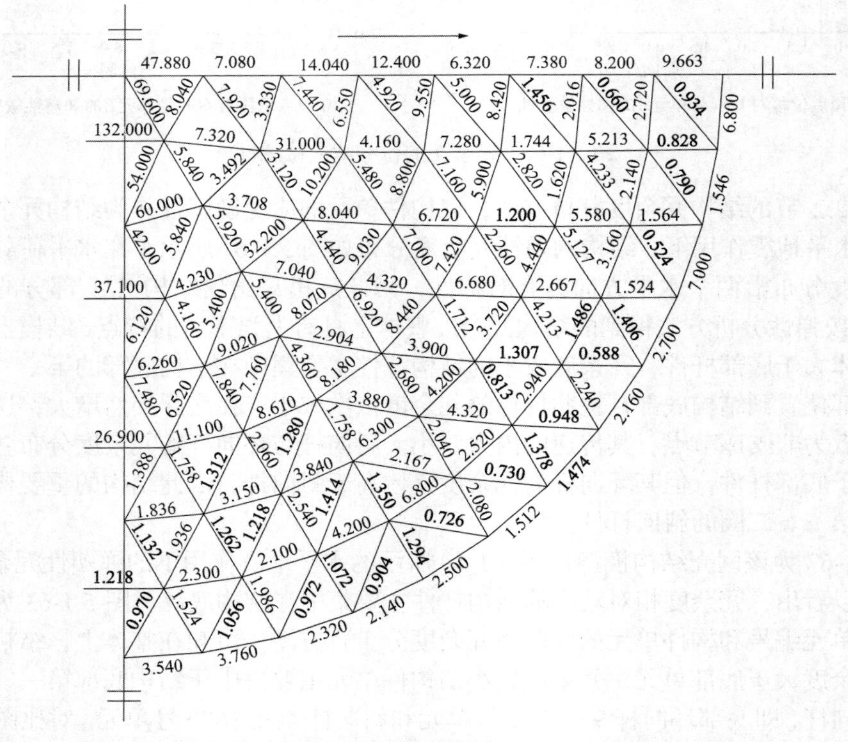

图 5.1-62 模型 1 水平地震作用下的弹塑性冗余度分布（$\times 10^{16}$）

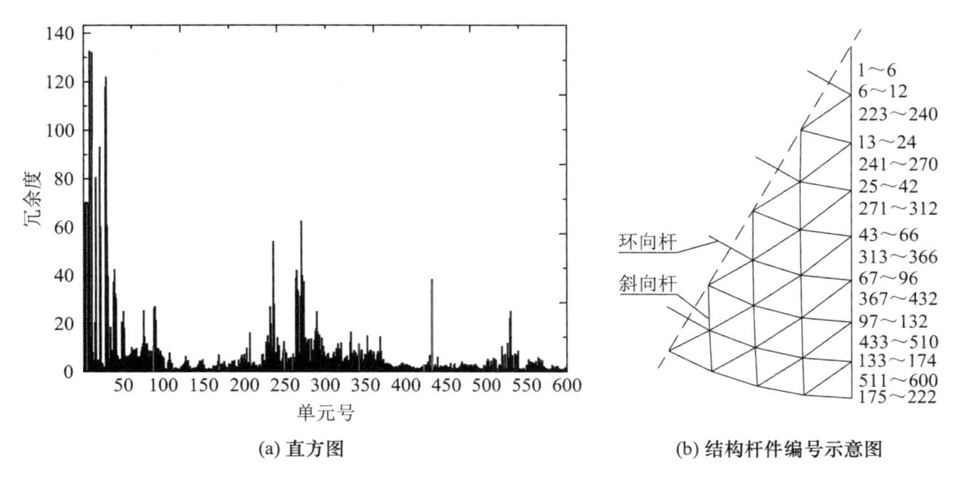

(a) 直方图　　(b) 结构杆件编号示意图

图 5.1-63　模型 1 水平地震作用下结构弹塑性冗余度分布直方图

在地震模拟振动台试验时，随地震加速度峰值的逐渐提高，结构振动加剧，最终底层斜向杆件几乎全部弯曲，导致结构发生整体倒塌破坏，更加具体的描述见本书 5.1.1 节。从结构的冗余度分布可知，低冗余度的结构杆件主要集中于结构底层的斜向杆，这些杆件在地震作用下基本上都发生了弯曲破坏，说明低冗余度构件单元是结构的薄弱杆件，同时也是结构的关键构件。试验表明，结构的弹塑性冗余特性能够很好地呈现结构的整体受力性能及在荷载作用下的结构薄弱部位。

试验模型 2 的详细介绍见 5.1.1 节。$\phi14\times0.6$（mm）不锈钢的实测材料弹性模量为$E=191\text{GPa}$，屈服强度$\sigma_s=864\text{MPa}$；$\phi8\times0.5$（mm）不锈钢的实测材料弹性模量为$E=198\text{GPa}$，屈服强度$\sigma_s=884\text{MPa}$，本节都取为理想弹塑性材料进行分析。

图 5.1-64 为网壳结构模型 2 在振动台试验过程中倒塌时的台面输出波。同样利用该台面输出波作为计算的地震输入波，以构件单元的材料弹性模量E作为结构的敏感性参数，对模型 2 在地震作用下的响应敏感性及其冗余特性进行分析。结构弹性、弹塑性冗余度分布如图 5.1-65 和图 5.1-66 所示（杆件的冗余度分布沿两个水平方向具有对称性，这里只给出结构 1/4 部分的冗余度分布）。

从图 5.1-65 所示的结构冗余度分布可以看出，在水平地震作用下，按弹性方法计算的构件冗余度整体上是上部杆件大于下部杆件，环向杆强于斜向杆，具有上强下弱的特点。冗余度较小的杆件主要为结构底圈的斜向杆及部分预先设置的薄弱杆件（图 5.1-65 中标出的黑体数字），说明结构的重要性杆件主要为底圈斜向杆和结构的六个人为设置薄弱区杆件，这些杆件的破坏将对结构的整体受力性能产生影响，甚至导致结构倒塌。

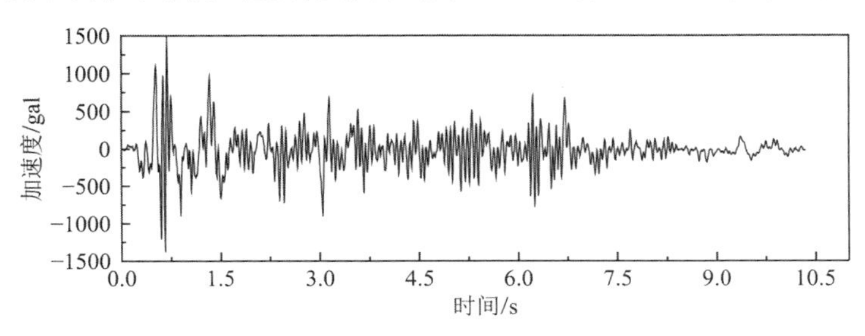

图 5.1-64　模型 2 破坏时的台面输出波

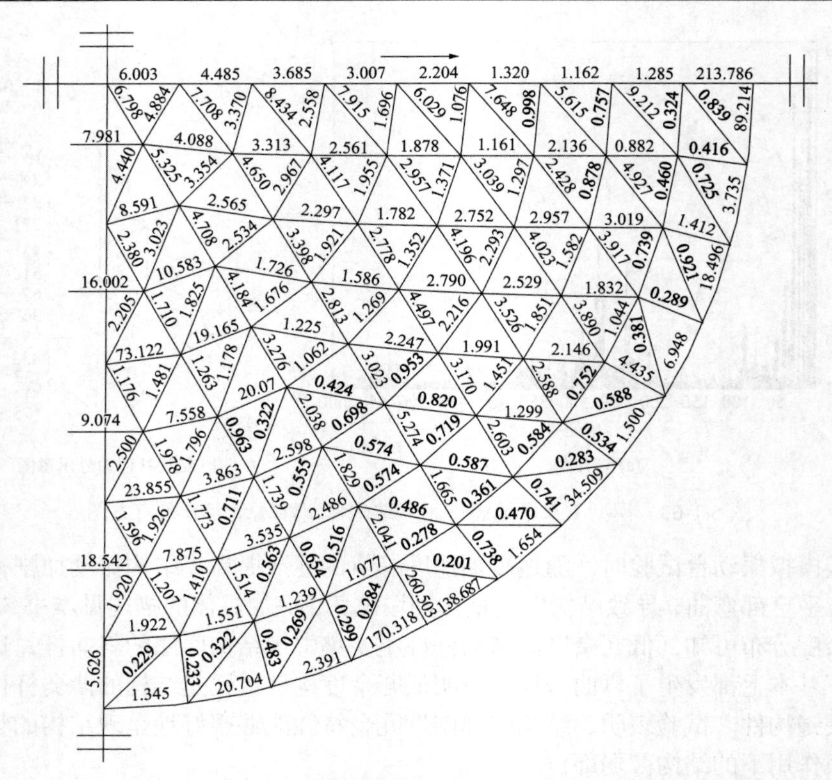

图 5.1-65　模型 2 水平地震作用下的结构弹性冗余度分布（×10[16]）

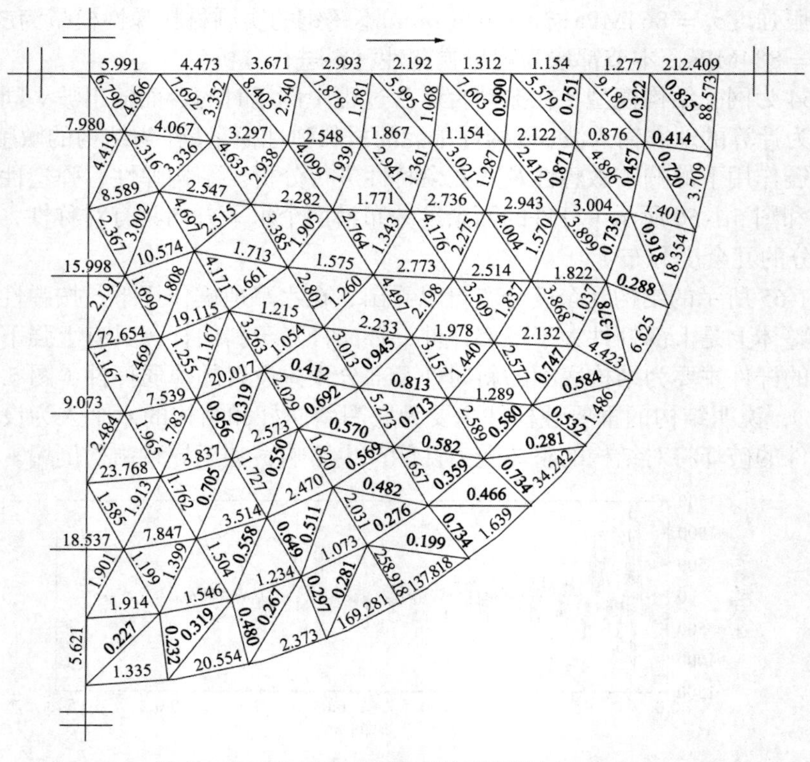

图 5.1-66　模型 2 水平地震作用下的结构弹塑性冗余度分布（×10[16]）

同样，结构的弹塑性冗余度分布（图 5.1-66）也具有上强下弱的特点，结构上部杆件的冗余度基本大于结构底部杆件，且同一圈主肋杆件的冗余度大于斜向杆。冗余度较小的构件单元主要是结构底圈的斜向杆及部分预先设置的薄弱杆件（ϕ8mm × 0.5mm 圆钢管），所以底圈斜向杆和薄弱区域杆件是结构的重要构件。主肋杆件的冗余度从顶点向下依次下降，但在底圈时突然增大，这是因为底层主肋杆件为非结构支座上的杆件，在将荷载传递给支座的过程中作用较小。与结构的弹性冗余度分布相比较，可知两者的分布规律和构件冗余度的大小基本相同，所确定的结构重要杆件相一致，均为结构的底层斜向杆和人为设置的薄弱区杆件。

由试验结果可知，随输入加速度峰值的提高，模型 2 薄弱区域的结构振动始终较其他区域更为显著，最终导致结构薄弱区域的节点发生凹陷，部分薄弱杆件发生弯曲，而结构的其余杆件依然完好。对照结构的冗余度分布（图 5.1-65、图 5.1-66）可以看出，部分发生弯曲的薄弱杆件（ϕ8mm × 0.5mm）的冗余度相对较小，这些杆件的破坏将对结构产生影响，并且随着地震峰值的提高，必然引起其他薄弱杆件的相继失效，说明结构冗余度分析可以有效识别结构的薄弱点所在，并能够反应构件的重要性。从图 5.1-65、图 5.1-66 可知，按弹性、弹塑性冗余度确定的结构薄弱区域基本涵盖了底圈所有斜向杆及人为设置的薄弱区杆件，两者的杆件冗余度值除去误差基本一致，这是因为模型 2 各杆件工作中始终处于弹性阶段。

试验模型 3 与模型 2 的拓扑关系完全一致，同样也是跨度 7.5m、高 3.75m 的单层球面网壳振动台试验模型，其节点数量为 265，单元数量为 744。杆件截面采用同一规格为 ϕ14mm × 0.6mm 的不锈钢圆钢管，在各节点安装 9kg 的配重，试验模型的详细介绍见 5.1.1 节。

采用同样的方法，以振动台试验过程中结构破坏时的台面输出（图 5.1-67）为计算依据，分析该网壳结构模型在水平地震作用下的弹性、弹塑性冗余特性，其冗余度分布如图 5.1-68、图 5.1-69 所示（杆件冗余度分布的对称性同模型 1、模型 2）。

从图 5.1-68 所示的杆件弹性冗余度分布可知，试验模型 3 整体上的冗余度分布也体现出上强下弱的特点，结构上部杆件的冗余度强于结构底部杆件，说明结构底部杆件破坏造成的后果较上部杆件破坏更加严重，即底部杆件的破坏可能引起不成比例的破坏后果。冗余度较小的构件单元（图 5.1-68 标出的黑体数字）主要为结构底层第一圈的斜向杆及部分环向杆件。底层主肋杆及与其相连的底部环向杆具有较大的冗余度值，这与杆件在结构中的作用有关，在荷载作用下这些杆件的内力较小，属于结构的冗余构件。根据结构的冗余度分布可以认为，结构的重要杆件为底层的斜向杆及部分环向杆，这些杆件起着将荷载传递到结构支座的作用，破坏后必然引起荷载传递路径的改变，并在内力重分布的作用下可能引起邻近构件单元的相继失效，使结构发生整体倒塌或大范围的局部破坏。

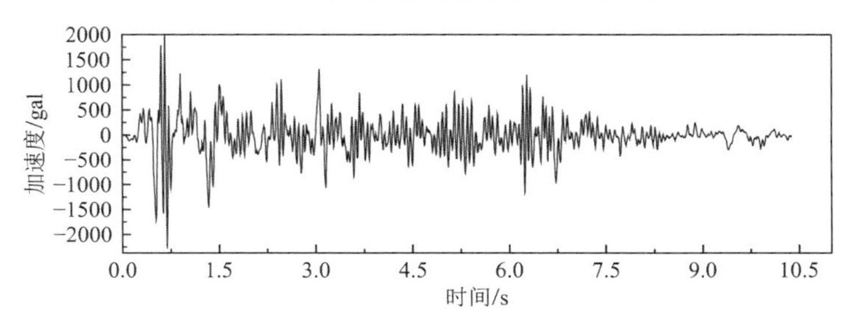

图 5.1-67 模型 3 破坏时的台面输出波

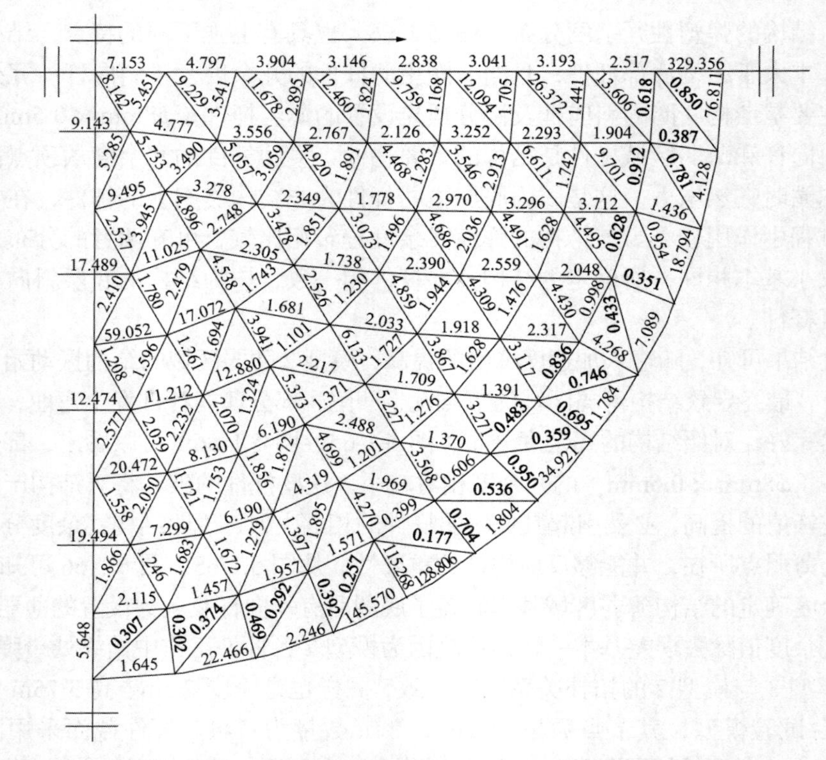

图 5.1-68 模型3水平地震作用下的结构弹性冗余度分布（$\times 10^{16}$）

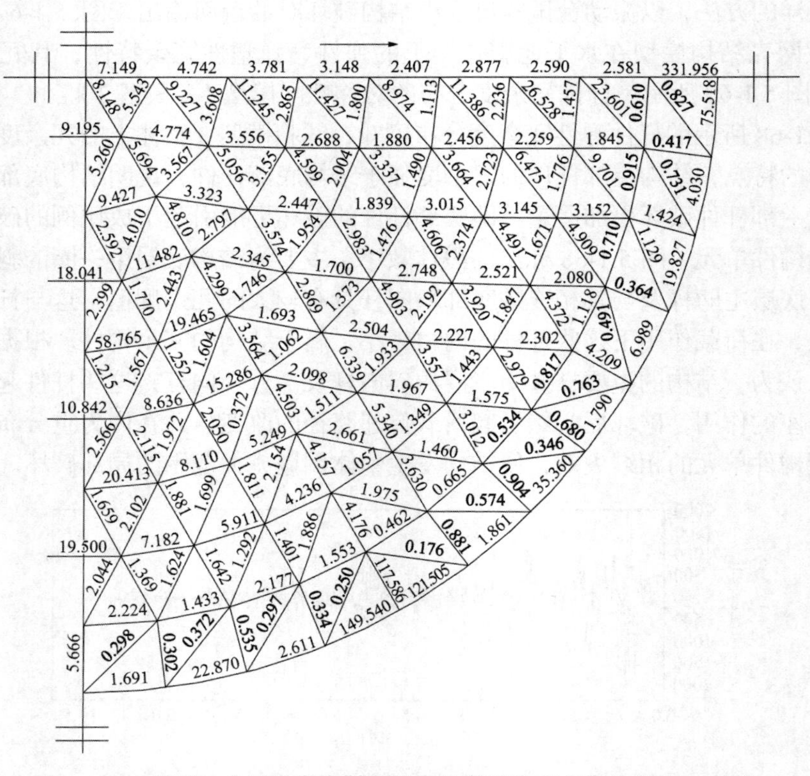

图 5.1-69 模型3水平地震作用下的结构弹塑性冗余度分布（$\times 10^{16}$）

结构的弹塑性冗余度分布（图 5.1-69）规律同其弹性冗余度分布，同时由于模型 3 各杆件也始终处于弹性工作阶段，故二者冗余度值也基本一致。主肋杆件的冗余度从顶部位置开始依次向下逐渐减小，而在底圈突然增大，原因仍同模型 1、模型 2。根据结构的弹性、弹塑性冗余度确定的结构重要构件均为底圈的斜向杆。模型 3 与模型 2 的拓扑形式相同，模型 2 人为设置了薄弱区杆件，对比其构件单元的冗余度分布可知，模型 2 冗余度较小的杆件为结构底圈的斜向杆及预先设置的薄弱区域杆件；而模型 3 冗余度较小的杆件仅为结构底层的斜向杆，说明结构杆件的冗余度分析可以揭示结构薄弱杆件的位置和其在结构中的重要性。

从结构模型的振动台倒塌试验结果可知，结构破坏的整个过程是从底圈的部分杆件首先发生弯曲及部分杆件与节点脱开开始，在持续提高加速度峰值的情况下，杆件单元相继失效，结构达到极限承载力，最终结构发生整体坍塌。对照结构的弹性、弹塑性冗余度分布，可知地震作用下发生破坏的杆件单元主要为冗余度较小的底层斜向杆，说明通过冗余度分析可以揭示荷载作用下的结构薄弱部位及其构件单元的重要性，冗余度小的构件单元是结构的弱点所在，是结构容易发生破坏的区域，且其破坏后对结构的整体受力性能将产生很大影响。

5.1.5 大跨度空间钢结构强震倒塌模式优化算法验证

在 5.1.1 节第一部分我们介绍了缩尺比 1/10 的一致激励网壳结构振动台试验，其试验结果表明模型 2 在地震作用下发生动力失稳破坏。由于动力失稳破坏没有征兆，因此是一种非理想的倒塌模式。本节将采用 2.3 节的 GASA 优化算法并以构形度为优化目标的优化模型，对试验模型 2 分别进行局部优化和整体优化，并对优化后的结构进行地震动力时程分析，考查其倒塌模式，以验证优化算法和优化模型的正确性。

（1）局部优化

由于试验模型 2 在地震作用下的破坏为局部动力失稳，因此本节仅对薄弱区域的杆件截面进行优化，而非薄弱区域的杆件截面在优化过程中保持不变，即所谓局部优化。为了减少优化变量的数量，将薄弱区域的杆件截面设置为一组优化变量$D \times t$，其中管径D和壁厚t取值均采用连续变量。

假设优化变量取值范围如下：管径D的取值范围为[0.005m,0.015m]，壁厚t的取值范围为[0.0005m，0.001m]。管径D对应的区间长度为 0.01m，要求管径D精确到 4 位小数，根据 2.3 节得出一个管径变量D对应的二进制编码位数至少为 7 位；壁厚t对应的区间长度为 0.0005m，要求壁厚t精确到 5 位小数，根据 2.3 节得出一个壁厚变量t对应的二进制编码位数至少为 6 位，因此一条染色体对应的二进制编码位数为 $7+6=13$ 位。GASA 混合算法的计算参数如表 5.1-14 所示。

试验模型 2 局部优化的 GASA 计算参数　　表 5.1-14

参数名称	参数取值
种群大小	10
进化代数	50
交叉概率	$P_{c1}=0.9$，$P_{c2}=0.6$
变异概率	$P_{m1}=0.05$，$P_{m2}=0.005$
降温系数	0.95

续表

参数名称	参数取值
L_k	5
p_r	0.9

目标函数值随算法进程的变化曲线如图 5.1-70 所示，在算法进程初期，目标函数值下降较快，后期逐渐趋于稳定，最终达到的目标函数值为 0.374，与优化前相比有明显降低。试验模型 2 局部优化后的优化结果如表 5.1-15 所示，可以看出，优化后薄弱区域的杆件规格为ϕ13mm × 0.5mm，杆件重量相比优化前有所增加。

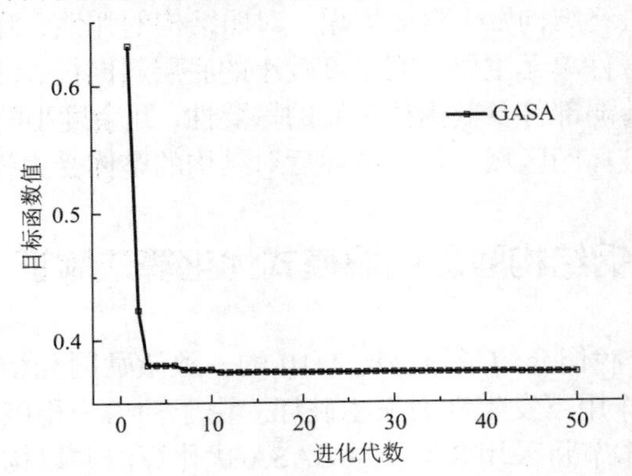

图 5.1-70　试验模型 2 局部优化的目标函数值变化曲线

试验模型 2 局部优化结果　　表 5.1-15

杆件规格/（mm × mm）	目标函数值$S_T(\lg Q)$	杆件总重量/kg	计算时间/h
ϕ13 × 0.5	0.374	92.30	34.3

注：优化前试验模型 2 的杆件总重量为 87.42kg。

对局部优化后的试验模型进行凝聚过程分析，得到初始凝聚阶段自由簇构形度Q值的变化规律如图 5.1-71 所示，二次凝聚阶段结构簇构形度Q值的变化曲线如图 5.1-72 所示。与优化前相比，优化后的网壳结构自由簇构形度Q值和结构簇构形度Q值的波动明显减小，说明优化后结构整体刚度更加均匀。

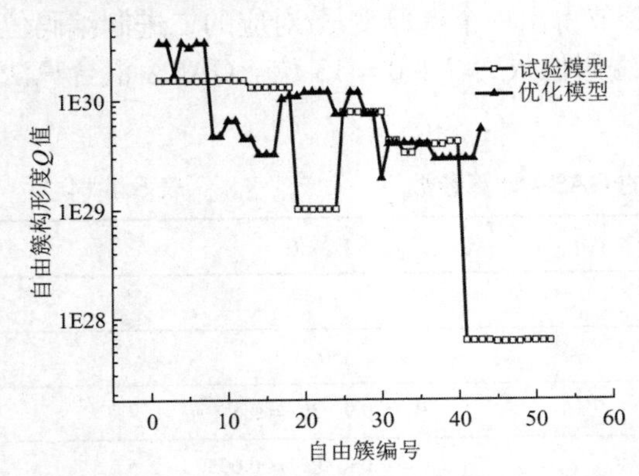

图 5.1-71　局部优化后模型 2 自由簇构形度变化曲线

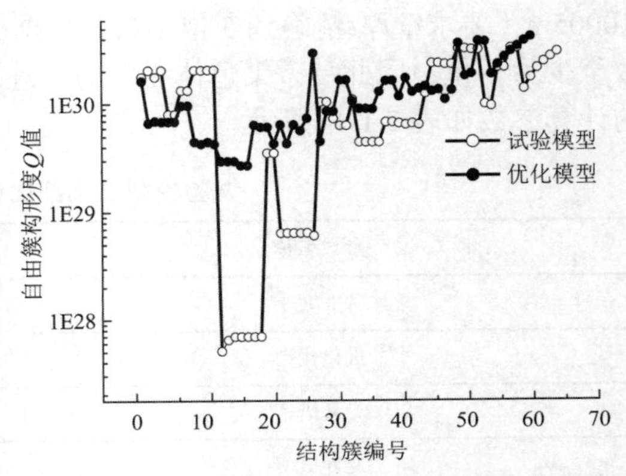

图 5.1-72　局部优化后模型 2 结构簇构形度变化曲线

按照一致缺陷模态法，对局部优化后的单层球壳试验模型施加$L/300$ 的初始缺陷，采用弧长法对其进行弹塑性稳定全过程分析，其荷载-位移曲线如图 5.1-73 所示。可以看出，局部优化后试验模型 2 失稳临界荷载为 798.7N，大于 5 倍的等效节点力，说明局部优化后的试验模型满足静力稳定性要求。

采用 ANSYS 有限元软件对局部优化后的试验模型进行动力时程分析，基底输入 El-Centro 地震波（试验曲线，波形如图 5.1-6），得到局部优化后结构发生倒塌时的极限加速度峰值为 2000gal，与优化前相比（1534gal）有较大程度的增加。局部优化后结构的相对地震波峰值-节点最大位移全过程曲线如图 5.1-74 所示，可以看出，随着输入地震波峰值的提高，结构的最大节点位移逐渐增加，刚度逐渐削弱，与优化前的结构破坏特征相比，优化后结构表现出良好的延性和耗能能力，其破坏具有较为明显的征兆，因此是一种较为理想的强度破坏倒塌模式。

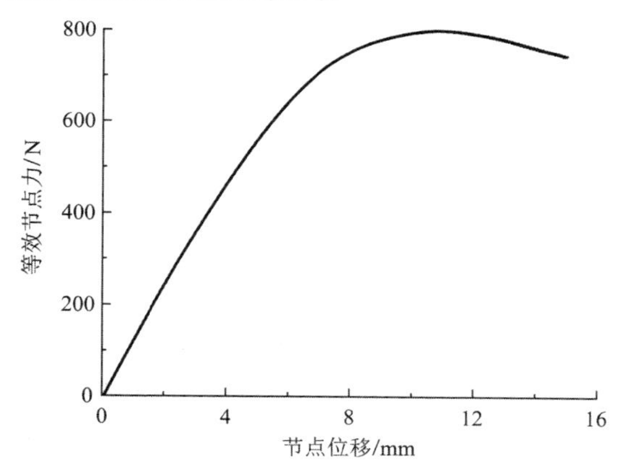

图 5.1-73 局部优化后模型 2 的荷载-位移全过程曲线

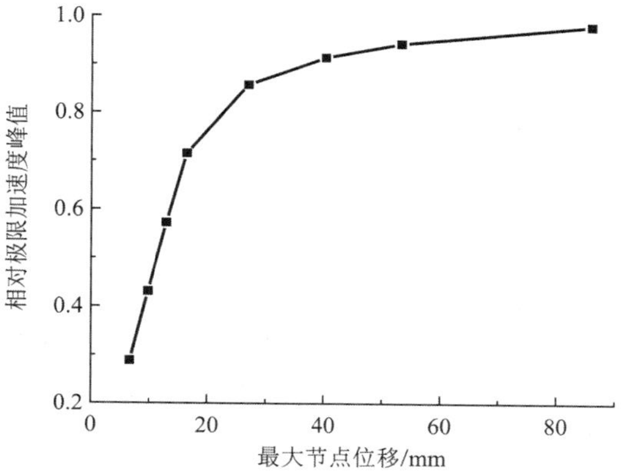

图 5.1-74 局部优化后模型 2 的地震波峰值-节点最大位移曲线

（注：纵坐标为输入地震波的 PGA/临界 PGA）

（2）整体优化

本节对试验模型 2 中的所有杆件截面进行优化，即所谓整体优化，因此将结构中所有杆件截面尺寸均设置为优化变量。将试验模型 2 的杆件分为 9 类，每一类杆件的截面规格均相同，分类结果如表 5.1-16 所示。杆件截面的管径、壁厚取值范围与精度同本节第一部分局部优化，根据 2.3 节，一条染色体对应的二进制编码位数为$(7+6)\times 9=117$位。GASA 混合算法的计算参数如表 5.1-17 所示。

试验模型 2 整体优化的杆件分类 **表 5.1-16**

优化变量	杆件位置
$D_1\times t_1$	1～5 圈环向杆件
$D_2\times t_2$	6～8 圈环向杆件
$D_3\times t_3$	9 圈环向杆件
$D_4\times t_4$	1～4 圈斜向杆件
$D_5\times t_5$	5～7 圈斜向杆件
$D_6\times t_6$	8 圈斜向杆件

续表

优化变量	杆件位置
$D_7 \times t_7$	1～5 圈径向杆件
$D_8 \times t_8$	6～8 圈径向杆件
$D_9 \times t_9$	9 圈径向杆件

注：圈数按照图 5.1-1 模型 2 平面图从内向外分别编号为 1～9 圈。

试验模型 2 整体优化的 GASA 计算参数 表 5.1-17

参数名称	参数取值
种群大小	10
进化代数	50
交叉概率	$P_{c1} = 0.9$，$P_{c2} = 0.6$
变异概率	$P_{m1} = 0.05$，$P_{m2} = 0.005$
降温系数	0.95
L_k	5
p_r	0.9

目标函数值随算法进程的变化曲线如图 5.1-75 所示。可以看出，目标函数值随着算法进程逐渐减小，最终目标函数值为 0.112，与优化前相比有明显降低，也小于本节仅对薄弱区域优化的结果，说明整体优化后试验模型的整体刚度较局部优化结果更加均匀。优化结果如表 5.1-18 所示，试验模型 2 的杆件重量为 75.3kg，与优化前相比减少 14%，但计算时间较局部优化略有增加。

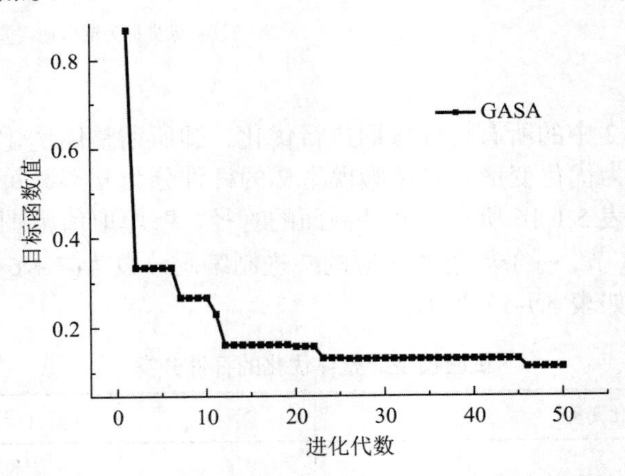

图 5.1-75 试验模型 2 整体优化的目标函数值变化曲线

试验模型 2 整体优化结果 表 5.1-18

变量	优化结果
$D_1 \times t_1$/（mm × mm）	$\phi 13 \times 0.7$
$D_2 \times t_2$/（mm × mm）	$\phi 11 \times 1$

续表

变量	优化结果
$D_3 \times t_3$/（mm × mm）	$\phi6 \times 0.7$
$D_4 \times t_4$/（mm × mm）	$\phi13 \times 0.5$
$D_5 \times t_5$/（mm × mm）	$\phi9 \times 0.5$
$D_6 \times t_6$/（mm × mm）	$\phi8 \times 0.6$
$D_7 \times t_7$/（mm × mm）	$\phi10 \times 0.9$
$D_8 \times t_8$/（mm × mm）	$\phi8 \times 0.7$
$D_9 \times t_9$/（mm × mm）	$\phi14 \times 0.6$
目标函数值$S_T(\lg Q)$	0.112
杆件总重量/kg	75.30
计算时间/h	36

注：优化前试验模型 2 的杆件用钢总量为 87.42kg。

根据 2.3 节，对整体优化后的试验模型进行凝聚过程分析，得到初始凝聚阶段自由簇构形度Q值的变化规律如图 5.1-76 所示，二次凝聚阶段结构簇构形度Q值的变化曲线如图 5.1-77 所示。可见，自由簇构形度Q值和结构簇构形度Q值的波动明显减小，说明整体优化后结构整体刚度非常均匀，不存在薄弱区域。

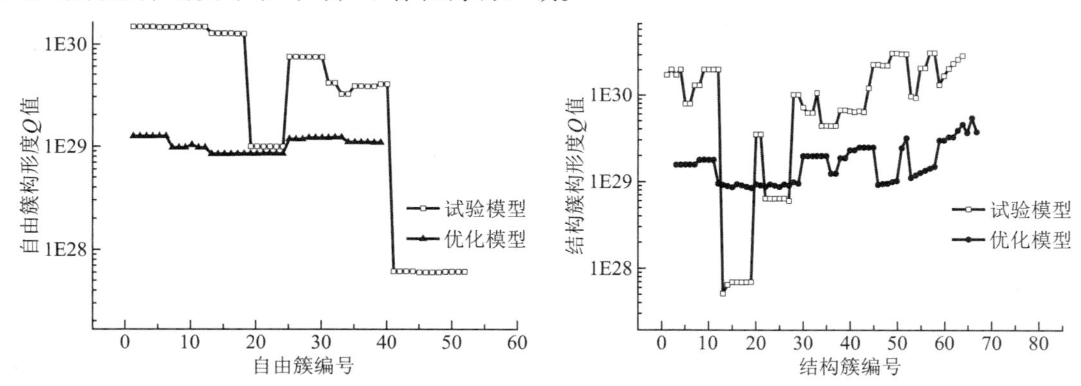

图 5.1-76 整体优化后模型 2 自由簇构形度变化曲线 图 5.1-77 整体优化后模型 2 结构簇构形度变化曲线

按照一致缺陷模态法，对整体优化后的单层球壳试验模型施加$L/300$ 的初始缺陷，采用弧长法对其进行弹塑性稳定全过程分析，其荷载-位移曲线如图 5.1-78 所示。可以看出，整体优化后试验模型 2 失稳临界荷载为 700N，大于 5 倍的等效节点力，说明整体优化后的试验模型满足静力稳定性要求。对整体优化后的试验模型进行动力时程分析，仍然输入如图 5.1-6 的 El-Centro 地震波，得到整体优化后结构发生倒塌时的极限加速度峰值为 1700gal，高于模型 2 局部倒塌的试验极限 PGA1534gal。整体优化后结构的相对地震波峰值-节点最大位移全过程曲线如图 5.1-79 所示，可见结构表现出良好的强度破坏倒塌模式。

综上，通过对 5.1.1 节缩尺比 1/10 网壳结构振动台试验中的模型 2 所进行的局部优化与整体优化结果表明，2.3 节大跨度空间结构强震倒塌模式优化算法是正确的。

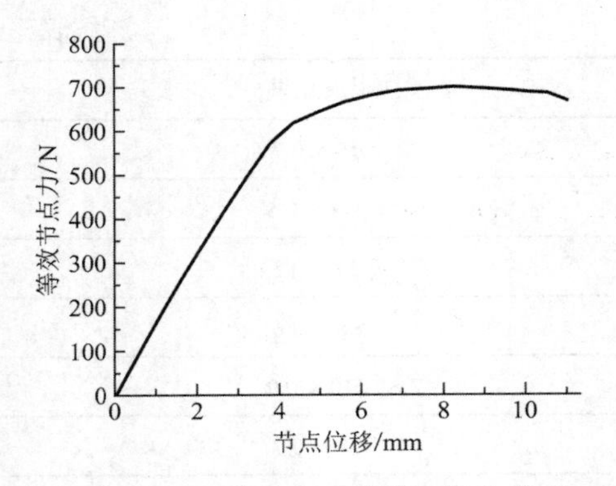

图 5.1-78　整体优化后模型 2 荷载-位移全过程曲线

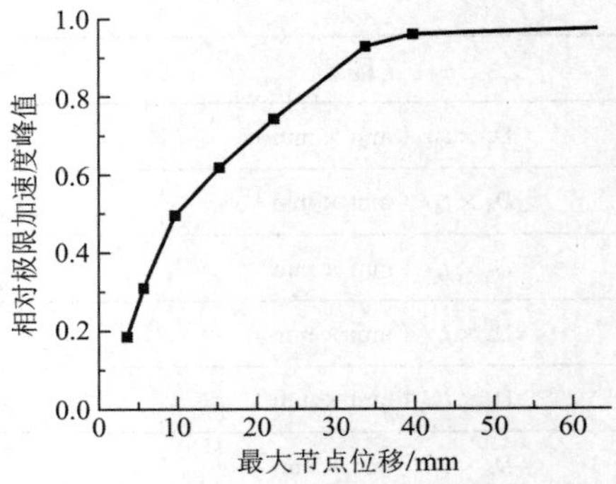

相对极限加速度峰值
最大节点位移/mm

图 5.1-79　整体优化后模型 2 地震波峰值-节点最大位移曲线

注：纵坐标为输入地震波的 PGA/临界 PGA。

5.2　土-结构相互作用下单层柱面网壳结构试验研究

基于关于考虑土-结构相互作用下空间网格结构地震响应的理论分析，通过北京工业大学九子台台阵体系设计完成土-结构相互作用下的单层柱面网壳结构试验。首先设计完成了一个 7.3m × 3.2m × 1.2m 的大型刚性模型箱和一个 1.8m × 1.8m 的单层柱面网壳结构，然后选取原型土，并设计独立基础和桩基础，通过九子台台阵体系完成独立基础-土-单层柱面网壳结构振动台试验和桩-土-单层柱面网壳振动台试验，通过试验研究不同地震波输入下考虑独立基础和桩基础两种情况下单层柱面网壳结构的地震响应，同时探讨了地震波斜入射下单层柱面网壳结构的地震响应及考虑分层橡胶支座隔震下单层柱面网壳结构的地震响应。

以 ABAQUS 软件为平台，结合 FORTRAN 编写相应的计算程序，并参照已有的研究成果建立土-结构相互作用下的框架结构的精细化模型，而后由独立基础-土-单层柱面网壳结构试验验证了精细化建模方法和修正 S-R 模型的正确性和合理性；由桩-土-单层柱面网壳振动台试验验证 1.3.1 节桩-土-结构相互作用空间网格结构简化算法的合理性；由地震波斜入射下独立基础-土-单层柱面网壳振动台试验对第 1.3.2 节地震波斜入射下网壳结构的抗震性能进行补充研究；由土-结构相互作用和分层橡胶隔震支座下单层柱面网壳结构振动台试验，探讨土-结构相互作用对隔震单层柱面网壳抗震性能的影响规律。

5.2.1　试验模型设计

（1）模型箱设计

根据史晓军等在其论文中对不同学者所用模型箱的比较，对于刚性箱，在输入纵向水平地震激励时，激励对距离箱体侧壁 0.5m 左右位置的影响已较小；采用刚性模型箱时，在振动方向上的箱体长度应大于其高度的 4 倍；采用人工边界计算时，一般情况下在局部场地周边扩大 3 倍以上即可获得很好的精度。因此，结合刚性箱边界效应、九子台台阵体系尺寸及网壳结构模型尺寸，采用角钢∟70mm × 5mm、10mm和 15mm 厚钢板、20mm 厚橡胶板设计 7.7m × 3.2m × 1.2m 的刚性模型箱，箱体边界采用 20cm 厚的泡沫板以减小模型箱边界效应，模型箱周边和底部黏有混凝土颗粒，以防止土体与箱体之间的滑动，如图 5.2-1 所示。

图 5.2-1　7.7m × 3.2m × 1.2m 模型箱

（2）单层柱面网壳模型设计

考虑到大跨度空间结构土体边界效应、模型跨度大、试验为验证土-结构相互作用下空间结构的地震响应规律等因素，本试验模型未按照相似比例进行完全缩尺，而是根据试验需要设计完成。上部结构为四点支承单层柱面网壳，网壳尺寸为长度为 1.8m，跨度为 1.8m，矢跨比为 1/4，柱高为 0.5m，采用焊接实心球，球直径为 160mm，纵向边梁截面为 ϕ32mm × 3mm，横向边梁截面为ϕ25mm × 2.5mm，其他杆件为ϕ20mm × 3mm，柱截面为ϕ60mm × 2.5mm，柱与网壳之间采用螺栓连接，如图 5.2-2 所示。钢材选用 Q235，其力学参数通过选用 6 组钢管由拉伸试验得到，钢管的应力-应变曲线见图 5.2-3。

图 5.2-2　单层柱面网壳结构

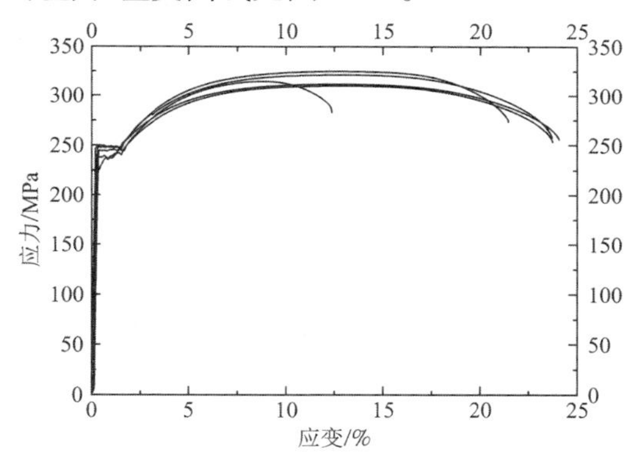

图 5.2-3　钢管应力-应变曲线

（3）模型土及基础

试验用模型土取自在建的北京地铁 14 号线北京工业大学地铁站砂土。用环刀法取了六组原状砂土，采用烘干法得到砂土的含水率为 7.38%，取样土体的重度为 17.54kN/m^3，通过筛分试验测得砂土中粒径大于 0.25mm 的颗粒含量超过全重的 50%，达到 75%，属于中砂范围。

数值模拟中用到的主要土体力学参数是黏聚力、摩擦角，试验在模型箱中土体取样，由快剪试验和不固结不排水三轴试验测得土体的力学参数。

快剪试验中取三组土体试样，通过直剪仪试验并按照《土工试验方法标准》GB/T 50123—2019 对试验流程和试验数据处理的要求，得到土体材料的黏聚力和摩擦角。图 5.2-4

给出相应的直剪试验操作过程，得到的土体力学参数见表5.2-1。

由于直剪试验为在指定滑动面情况下得到的力学参数，试验相对粗糙，因此选取三组试样，进行静动三轴试验，试验采用国产DDS-70动三轴试验系统。试验采用不固结不排水三轴试验，依据论文公式，计算得到黏聚力和摩擦角，图5.2-5给出相应的试验过程，得到的土体力学参数见表5.2-1。

(a) 土体试样

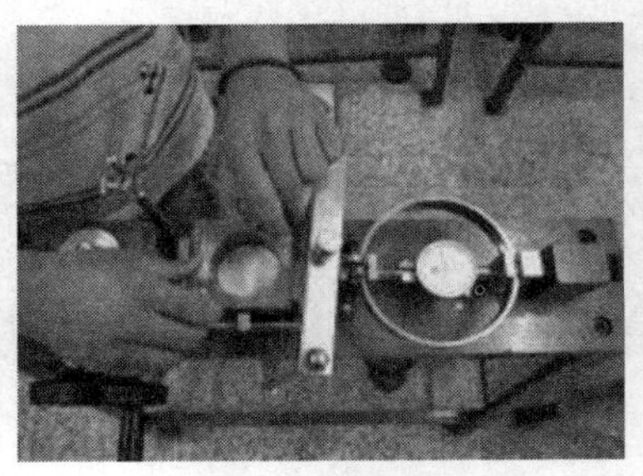

(b) 直剪仪操作

图5.2-4 快剪试验

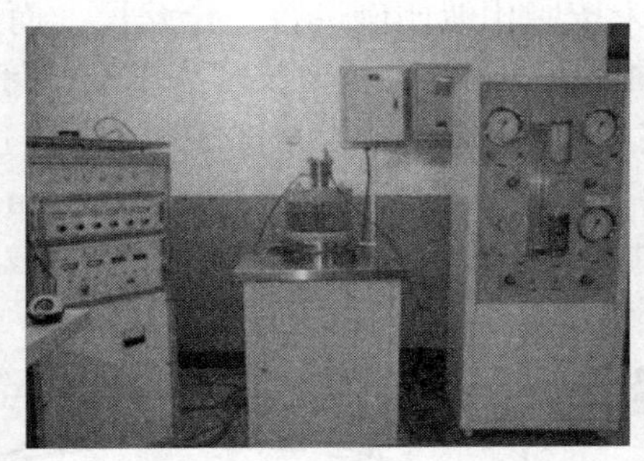

(a) DDS-70动三轴试验系统

(b) 土样装配

图5.2-5 DDS-70动三轴试验

土体参数 表5.2-1

组号	重度/（kN/m³）	弹性模量/MPa	快剪		三轴	
			黏聚力/kPa	摩擦角/°	黏聚力/kPa	摩擦角/°
第一组	17.32	61	6.3	21	5.7	19
第二组	17.72	56	6.1	22	5.3	22
第三组	17.58	57	5.6	26	5.2	22
平均值	17.54	58	6	23	5.4	21

基础采用独立基础和桩基础两种形式，独立基础尺寸为 $0.25\text{m} \times 0.25\text{m} \times 0.2\text{m}$，配有$\phi$6mm的受力筋和箍筋；桩基础承台尺寸为$0.25\text{m} \times 0.25\text{m}$，承台厚度为0.15m，桩身长度为0.6m，桩身截面尺寸为$0.1\text{m} \times 0.1\text{m}$，配有$\phi$6mm的受力筋和箍筋。混凝土采用C25，混凝土弹性模量为2.72×10^4MPa，泊松比为0.167，密度为2420kg/m^3。基础与土体的摩擦系数为0.42。

（4）九子台台阵体系

本试验选用北京工业大学九子台台阵体系进行，其具体参数如表5.2-2所示，试验选用九子台台阵体系中的4个子台，且4个子台按“一”字形分布，采用12个作动器控制，实现4台阵联体振动，如图5.2-6所示。

九子台台阵系统指标　　表5.2-2

	台面尺寸/（m×m）	台面重/t	荷重/t	位移/cm	速度/（cm/s）	加速度（满荷）/g	频率范围/Hz	控制方式	输入波形
设计指标	1×1	< 1	5	±7.5	60	1.5（X）；0.8（Z）	0.1～50	加速度位移	正弦波，随机波，地震波
实际指标	1×1	0.689	5	±6.5	⩽60	2.0（X）；1.0（Z）	0.5～50	加速度位移	正弦波，白噪声，地震波，冲击波

(a) 九子台台阵面　　(b) 九子台台阵作动器

图5.2-6　九子台台阵体系

（5）试验地震波选取

根据《建筑抗震设计规范》GB 50011—2010（2016年版）第5.1.2条规定，选用Kobe波和Northridge波两条实际强震记录和上海人工波一条人工模拟的加速度时程曲线作为输入加速时程。由于北京工业大学九子台台阵位移控制最大为7.5cm，实际为6.5cm，若输入地震波原波会使得振动台超限，因此对输入的地震波进行了滤波处理，滤波后地震波频率为0.8～50Hz，滤波后输入的加速度时程曲线如图5.2-7所示。

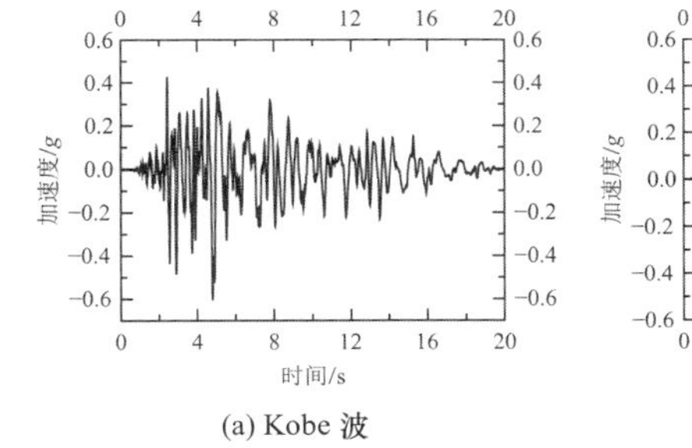

(a) Kobe 波

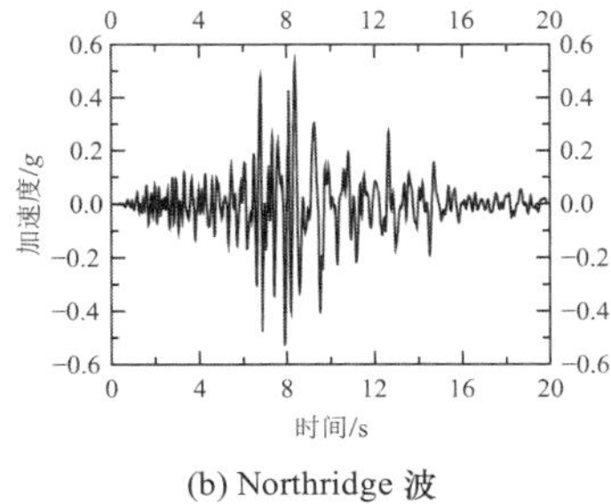

(b) Northridge 波

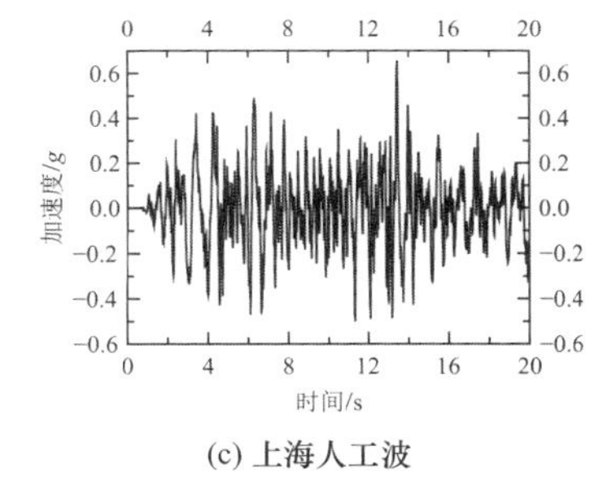

(c) 上海人工波

图5.2-7　不同地震波加速度时程曲线

根据振动台调试确定最大输入加速度为0.40g，同时结合《建筑抗震设计规范》GB 50011—2010（2016年版）将加速度峰值（PGA）依次调整为0.14g、0.22g、0.40g进行输入，共计3×3＝9种工况。地震波输入方向为沿箱体长度方向进行输入。由于地锚的约束问题、九子振动台本身的系统误差、四个子台存在局部非一致性等原因，致使九子台台阵台面响应出的地震波峰值较输入值小，如表 5.2-3 所示。随着输入地震波加速度峰值的增大误差逐渐增大，其主要原因是多次振动致使地锚松动而引起的。

九子台台阵台面响应值 表 5.2-3

输入值/g	0.14	0.22	0.40
台面值/g	0.11	0.16	0.30
与输入差值	21.4%	22.5%	25.0%

（6）传感器及其布置

试验对单层柱面网壳节点位移、加速度和杆件应变进行了测量，图 5.2-8（a）为上部网壳各类传感器布置图，图 5.2-8（b）～（d）为土体内各测点布置图。位移测点布置在单层柱面网壳上，共 8 个位移测点，通过搭制脚手架，用拉线位移传感器进行动位移的测量。加速度传感器布置在单层柱面网壳节点、柱顶部、底部，基础顶部、底部，土体以及振动台台面上，共计 22 个测点，试验采用压电式传感器进行单层柱面网壳结构试验体系加速度的量测。应变测点布置在单层柱面网壳的直杆、斜杆及边梁上，共计 20 个测点，上下对称布置，采用应变片进行应变的测量。图 5.2-9 给出试验测量所用采集仪器及相应的采集系统。

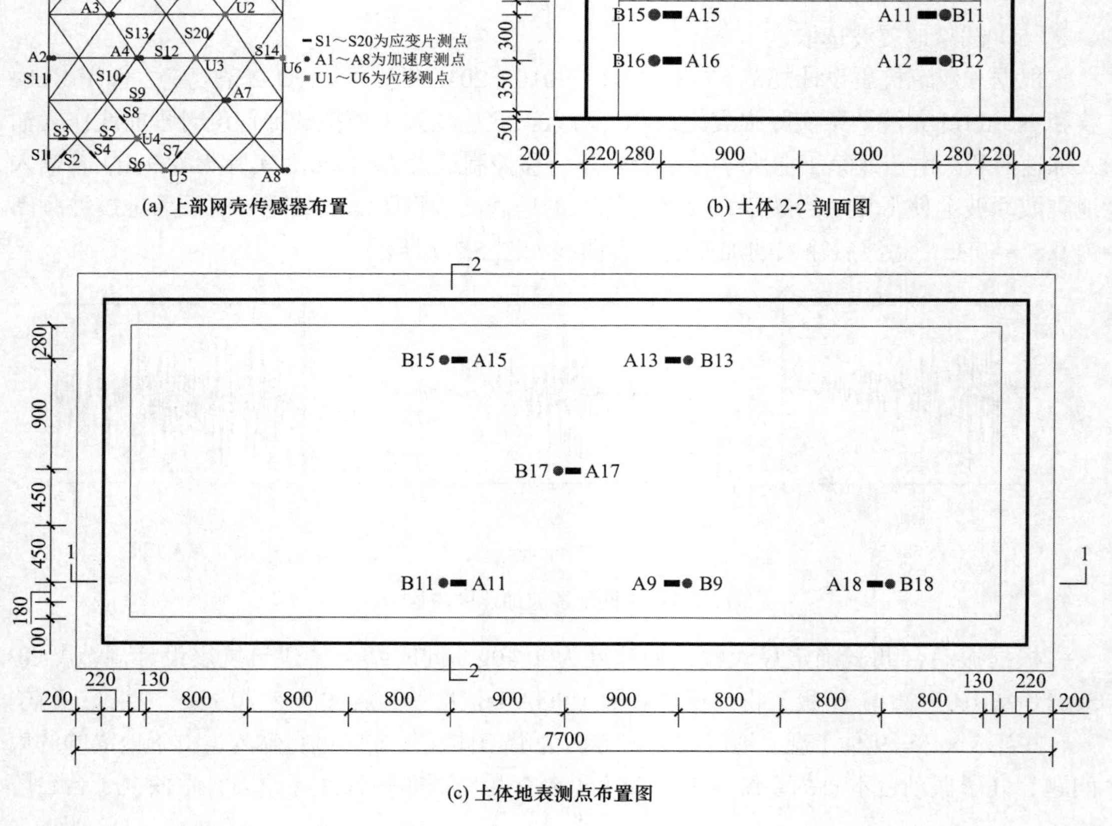

(a) 上部网壳传感器布置

(b) 土体 2-2 剖面图

(c) 土体地表测点布置图

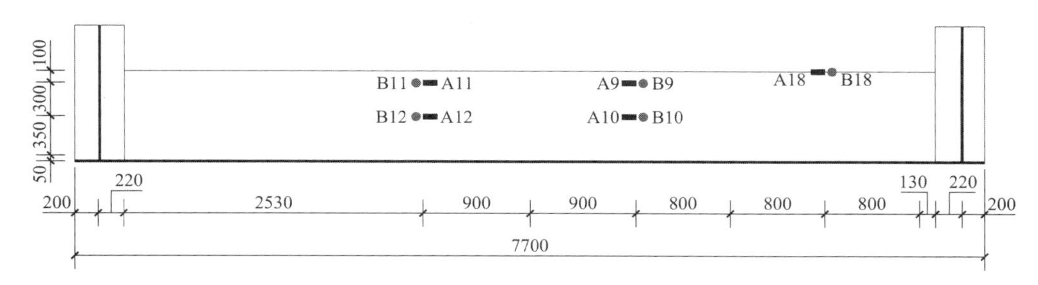

(d) 土体 1-1 剖面图

图 5.2-8　试验测点布置

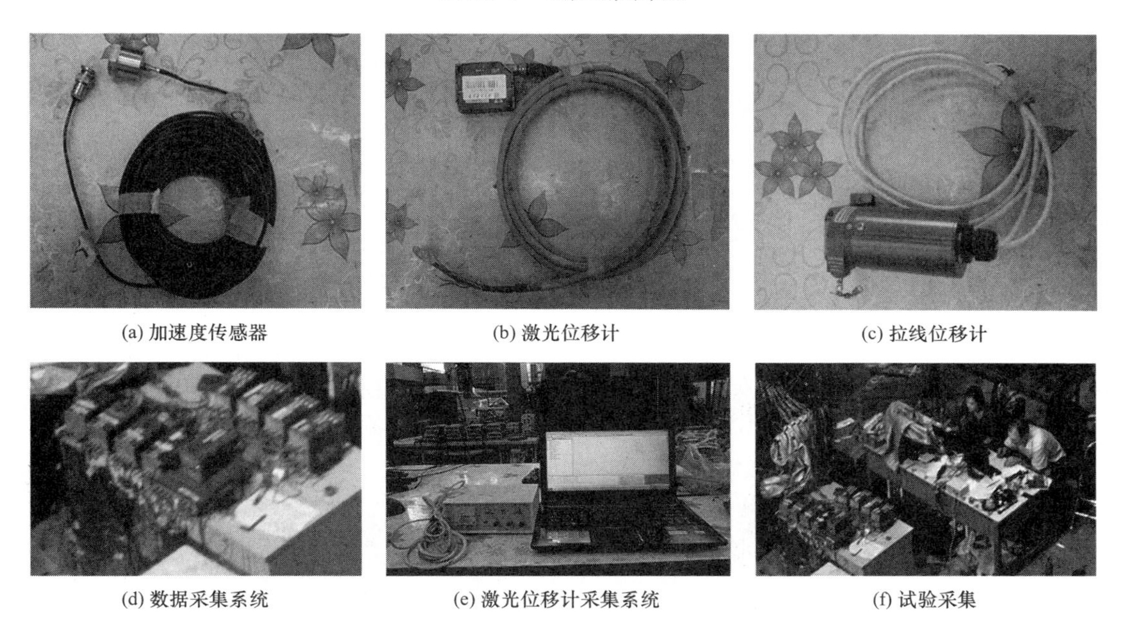

(a) 加速度传感器　(b) 激光位移计　(c) 拉线位移计

(d) 数据采集系统　(e) 激光位移计采集系统　(f) 试验采集

图 5.2-9　试验采集仪器及采集系统

5. 2. 2　自由场振动台试验

为验证地震波输入程序的合理性，对填满原型土的箱体进行自由场振动台试验，如图 5.2-10 所示。试验中将 Kobe 波、Northridge 波及上海人工波以 PGA = 0.14g大小沿箱体纵向进行输入，并采用激光位移计测得土体表面中心测点位移时程曲线。

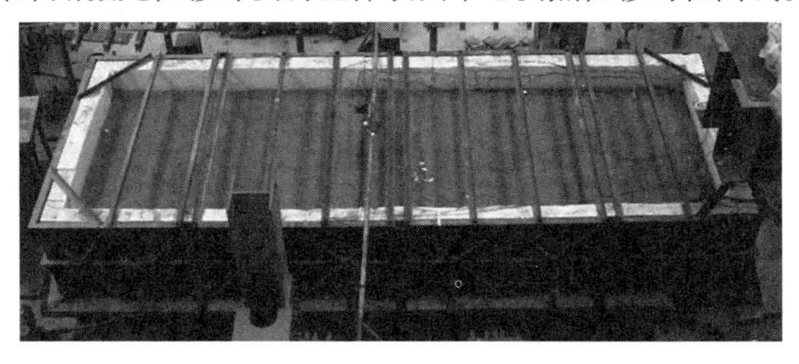

图 5.2-10　自由场振动台试验

将采集的试验测点的位移时程曲线与整体有限元法建立的有限元模型模拟结果进行对比分析，有限元模型地震波输入方法按地震波输入程序进行输入。图 5.2-11 分别给出地表中心测点在 Kobe 波、Nothridge 波及上海人工波作用下位移时程曲线的试验结果和模拟结果。由图 5.2-11 可以看出，地表中心测点的位移时程曲线的试验结果与模拟结果能够基本吻合。

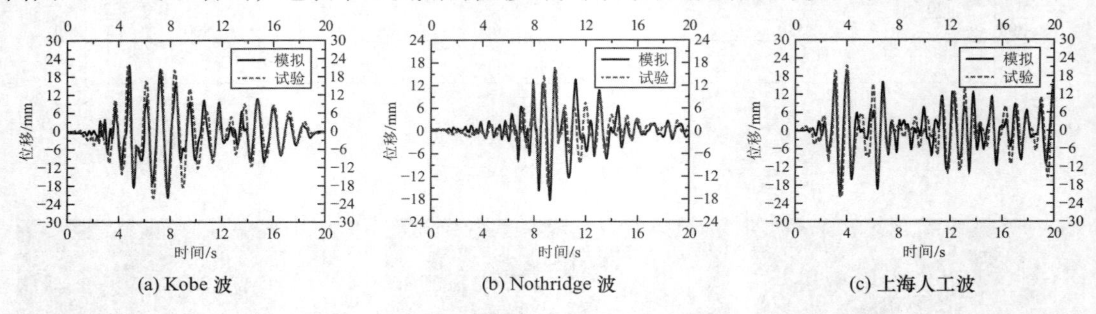

(a) Kobe 波　(b) Nothridge 波　(c) 上海人工波

图 5.2-11　自由场振动台试验结果与数值模拟结果

5. 2. 3　独立基础-土-单层柱面网壳振动台试验

由 5.2.1 节关于试验模型设计的介绍，可设计实现独立基础-土-单层柱面网壳结构振动台试验，考虑到网壳结构侧向刚度的强弱及土体的边界效应，将网壳结构如图 5.2-12 所示两种方式进行布置，其中（a）种形式称为垂直布置，即单层柱面网壳纵向与箱体纵向垂直，（b）种形式称为平行布置，即单层柱面网壳纵向与箱体纵向平行。

(a) 垂直布置

(b) 平行布置

图 5.2-12　独立基础-土-单层柱面网壳结构振动台试验

为验证精细化建模方法和修正 S-R 模型的正确性和合理性，今对图 5.2-12 所示两种布置形式下独立基础-土-单层柱面网壳结构体系进行振动台试验，试验将 Kobe 波、Northridge

波及上海人工波以 PGA = 0.14g，0.22g，0.40g大小沿箱体纵向输入。

1）独立基础振动台试验结果与精细化模型结果对比分析

（1）基础和自由场地震响应

试验测定了 PGA = 0.14g，0.22g，0.40g地震输入下独立基础和自由场土体表面的地震响应。表 5.2-4a、表 5.2-4b 分别给出在垂直布置和平行布置下，不同 PGA 输入时独立基础底部和自由场土体的 PGA。

为便于考察土-结构相互作用对单层柱面网壳结构体系中基础的影响，今用 PGA 增大幅度λ来衡量，定义为：

$$\lambda = \frac{a_{\mathrm{m,max}} - a_{\mathrm{f,max}}}{a_{\mathrm{f,max}}} \tag{5.2-1}$$

式中：$a_{\mathrm{f,max}}$——自由场地表反应加速度峰值；

$a_{\mathrm{m,max}}$——基础底面中心反应加速度峰值。

垂直布置基础与自由场加速度峰值试验结果与数值模拟结果对比　　表 5.2-4a

PGA/g	类别	Kobe 波			Northridge 波			上海人工波		
		试验值	模拟值	误差	试验值	模拟值	误差	试验值	模拟值	误差
0.14	$a_{\mathrm{f,max}}$	0.180	0.216	20.00%	0.194	0.211	8.76%	0.219	0.233	6.39%
	$a_{\mathrm{m,max}}$	0.204	0.252	23.53%	0.216	0.221	2.31%	0.236	0.272	15.25%
	λ	13.33%	16.67%	—	11.34%	4.74%	—	7.76%	16.74%	—
0.22	$a_{\mathrm{f,max}}$	0.238	0.335	40.76%	0.285	0.331	16.14%	0.327	0.341	4.28%
	$a_{\mathrm{m,max}}$	0.305	0.393	28.85%	0.327	0.348	6.42%	0.372	0.492	32.26%
	λ	28.15%	17.31%	—	14.74%	5.14%	—	13.76%	44.28%	—
0.40	$a_{\mathrm{f,max}}$	0.427	0.616	44.26%	0.456	0.611	33.99%	0.484	0.624	28.93%
	$a_{\mathrm{m,max}}$	0.467	0.675	44.54%	0.501	0.657	31.14%	0.594	0.791	33.16%
	λ	9.37%	9.58%	—	9.87%	7.53%	—	22.73%	26.76%	—

平行布置基础与自由场加速度峰值试验结果与数值模拟结果对比　　表 5.2-4b

PGA/g	类别	Kobe 波			Northridge 波			上海人工波		
		试验值	模拟值	误差	试验值	模拟值	误差	试验值	模拟值	误差
0.14	$a_{\mathrm{f,max}}$	0.180	0.216	20.00%	0.194	0.211	8.76%	0.219	0.233	6.39%
	$a_{\mathrm{m,max}}$	0.204	0.252	23.53%	0.216	0.221	2.31%	0.236	0.272	15.25%
	λ	13.33%	16.67%	—	11.34%	4.74%	—	7.76%	16.74%	—
0.22	$a_{\mathrm{f,max}}$	0.238	0.335	40.76%	0.285	0.331	16.14%	0.327	0.341	4.28%
	$a_{\mathrm{m,max}}$	0.305	0.393	28.85%	0.327	0.348	6.42%	0.372	0.492	32.26%
	λ	28.15%	17.31%	—	14.74%	5.14%	—	13.76%	44.28%	—
0.40	$a_{\mathrm{f,max}}$	0.427	0.616	44.26%	0.456	0.611	33.99%	0.484	0.624	28.93%
	$a_{\mathrm{m,max}}$	0.467	0.675	44.54%	0.501	0.657	31.14%	0.594	0.791	33.16%
	λ	9.37%	9.58%	—	9.87%	7.53%	—	22.73%	26.76%	—

由表 5.2-4a 和表 5.2-4b 试验结果与数值模拟结果的对比分析可以看出，对于垂直布置和平行布置，考虑土-结构相互作用下：

①基础底部和自由场表面加速度峰值的试验结果和模拟结果基本能够吻合，在 0.14g、0.22g地震输入时大部分工况误差在 20%之内，少数工况偏大。这是由于模型箱采用的是刚性箱体，而数值模拟中采用的是相对较柔的黏弹性边界，同时 4 个振动子台存在局部非一致。

②随着输入地震动的增大，误差范围增大到 30%～50%之间。这是由于随着振动次数的增多，试验中观察到土体与基础之间产生了较大的缝隙，使得土体与基础之间产生了滑移和提离现象，导致加速度响应误差增大。

③土-结构相互作用下，基础底部的加速度峰值响应较自由场加速度峰值响应增大，增大幅度在 5%～30%之间，这不利于结构的抗震设计。

④不同地震波输入下，基础底部和自由场加速度峰值存在差异，这是由不同地震波的频谱特性差异所致。其中，上海人工波作用下，基础和自由场土体的加速度峰值较 Kobe 和 Northridge 波偏大，这是由于上海人工波的卓越周期与土-结构相互作用下单层柱面网壳结构体系的自振周期较为接近，二者发生了共振。

⑤在网壳垂直分布时，基础底部的加速度峰值响应较平行布置时离散性大，这是因为垂直分布时，整个结构体系的刚度较平行布置时小，导致上部结构与土相互作用更为剧烈。这表明结构体系刚度越小，越应当考虑与土体的相互作用。

⑥土体地表自由场加速度响应峰值较输入加速度峰值增大，这是由于地震波在由土体底部向土体表面传播过程中，在土体表面产生的反射和叠加效果引起的。

由表 5.2-4a 和表 5.2-4b 可以看出，整体有限元模拟结果与试验结果误差偏大，最大误差可达到 40%左右，这使得数值模拟的可信度降低，为此对试验现象进行进一步分析。试验过程中观察到以下现象：

①土体与基础间的非一致接触：

试验中可以明显地观察到土体与基础之间产生明显的缝隙，存在明显的提离滑移现象，尤其随着振动次数的增多和输入地震波强度的增大，土体与基础的非线性接触明显增强，如图 5.2-13 所示。

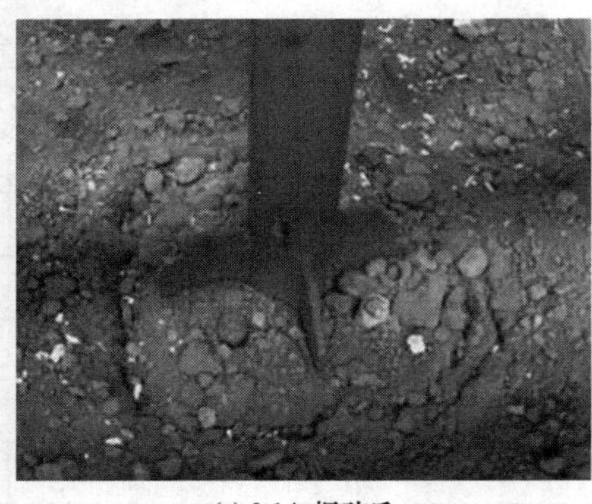

(a) 0.14g振动后

(b) 0.40g振动后

图 5.2-13　基础与土体试验后示意图

②振动台面的局部非一致：

试验中可观察到，控制 4 个子台的 12 个作动器存在不同步现象，使得 4 个子台面响应出的地震波峰值大小不等。

③模型箱效应：

试验中采用由角钢、橡胶板、钢板等材料制成的刚性箱，虽通过加大泡沫板的厚度来减小边界效应，但仍然与实际的土体边界存在差异；而在模拟中，采用理想的黏弹性边界模拟人工边界，相对于刚性箱来讲，黏弹性边界较柔，故使得模拟结果与试验结果相比较出现了差异。

针对以上三个试验现象对有限元模型进行调整，人为地将数值模拟中土与基础之间的摩擦系数减小，黏弹性边界的刚度增大，对每次振动的 4 个子台台面加速度进行均值处理，经过调整后得到的数值模拟结果与试验结果的对比如表 5.2-5a、表 5.2-5b 所示。

由表 5.2-5a 和表 5.2-5b 可以看出，根据试验现象进行人为调整后，无论垂直布置还是平行布置，基础底部与自由场表面加速度峰值的数值模拟结果与试验结果能够较好地吻合，误差最大值维持在 10%左右，从而表明精细化建模方法是合理的，试验结果是可信的。

调整后垂直布置基础与自由场加速度峰值试验结果与数值模拟结果对比　表 5.2-5a

PGA/g	类别	Kobe 波			Northridge 波			上海人工波		
		试验值/g	模拟值/g	误差	试验值/g	模拟值/g	误差	试验值/g	模拟值/g	误差
0.14	$a_{f,max}$	0.180	0.191	6.11%	0.194	0.201	3.61%	0.219	0.223	1.83%
	$a_{m,max}$	0.204	0.218	6.86%	0.216	0.230	6.48%	0.236	0.252	6.78%
	λ	13.33%	14.14%	—	11.34%	14.43%	—	7.76%	13.00%	—
0.22	$a_{f,max}$	0.238	0.258	8.40%	0.285	0.308	8.07%	0.327	0.341	4.28%
	$a_{m,max}$	0.305	0.332	8.85%	0.327	0.351	7.34%	0.372	0.412	10.75%
	λ	28.15%	28.68%	—	14.74%	13.96%	—	13.76%	20.82%	—
0.40	$a_{f,max}$	0.427	0.458	7.26%	0.456	0.501	9.87%	0.484	0.534	10.33%
	$a_{m,max}$	0.497	0.542	9.05%	0.501	0.553	10.38%	0.594	0.643	8.25%
	λ	16.39%	18.34%	—	9.87%	10.38%	—	22.73%	20.41%	—

调整后平行布置基础与自由场加速度峰值试验结果与数值模拟结果对比　表 5.2-5b

PGA/g	类别	Kobe 波			Northridge 波			上海人工波		
		试验值/g	模拟值/g	误差	试验值/g	模拟值/g	误差	试验值/g	模拟值/g	误差
0.14	$a_{f,max}$	0.199	0.209	5.03%	0.227	0.231	1.76%	0.203	0.211	3.94%
	$a_{m,max}$	0.225	0.232	3.11%	0.247	0.249	0.81%	0.257	0.264	2.72%
	λ	13.07%	11.00%	—	8.81%	7.79%	—	26.60%	25.12%	—
0.22	$a_{f,max}$	0.261	0.287	9.96%	0.31	0.324	4.52%	0.308	0.321	4.22%
	$a_{m,max}$	0.326	0.351	7.67%	0.355	0.369	3.94%	0.368	0.382	3.80%
	λ	24.90%	22.30%	—	14.52%	13.89%	—	19.48%	19.00%	—
0.40	$a_{f,max}$	0.472	0.511	8.26%	0.445	0.491	10.34%	0.45	0.491	9.11%
	$a_{m,max}$	0.525	0.563	7.24%	0.514	0.558	8.56%	0.564	0.604	7.09%
	λ	11.23%	10.18%	—	15.51%	13.65%	—	25.33%	23.01%	—

（2）网壳节点加速度响应

垂直布置网壳节点加速度峰值试验结果与模拟结果对比　　表 5.2-6a

PGA/g	节点号	Kobe 波			Northridge 波			上海人工波		
		试验值/g	模拟值/g	误差	试验值/g	模拟值/g	误差	试验值/g	模拟值/g	误差
0.14	A1	0.350	0.357	2.00%	0.368	0.375	1.90%	0.503	0.578	14.91%
	A2	0.359	0.426	18.66%	0.410	0.416	1.46%	0.461	0.634	37.53%
	A3	0.421	0.451	7.13%	0.391	0.447	14.32%	0.515	0.651	26.41%
	A4	0.366	0.426	16.39%	0.346	0.421	21.68%	0.465	0.634	36.34%
	A5	0.376	0.445	18.35%	0.404	0.478	18.32%	0.534	0.656	22.85%
	A6	0.401	0.473	17.96%	0.407	0.492	20.88%	0.528	0.665	25.95%
0.22	A1	0.547	0.513	6.22%	0.512	0.571	11.52%	0.618	0.818	32.36%
	A2	0.541	0.613	13.31%	0.491	0.669	36.25%	0.651	1.004	54.22%
	A3	0.549	0.635	15.66%	0.499	0.677	35.67%	0.676	0.993	46.89%
	A4	0.503	0.618	22.86%	0.461	0.663	43.82%	0.611	0.989	61.87%
	A5	0.477	0.587	23.06%	0.550	0.627	14.00%	0.690	0.805	16.67%
	A6	0.508	0.625	23.03%	0.515	0.686	33.20%	0.661	0.957	44.78%
0.40	A1	0.965	1.042	7.98%	0.979	1.164	18.90%	1.276	1.813	42.08%
	A2	0.967	1.102	13.96%	0.994	1.247	25.45%	1.269	1.682	32.55%
	A3	1.039	1.104	6.26%	1.075	1.228	14.23%	1.270	1.719	35.35%
	A4	0.933	1.088	16.61%	1.027	1.234	20.16%	1.157	1.660	43.47%
	A5	0.962	1.245	29.42%	1.021	1.401	37.22%	1.217	1.870	53.66%
	A6	0.976	1.169	19.77%	1.057	1.428	35.10%	1.278	1.974	54.46%

平行布置网壳节点加速度峰值试验结果与模拟结果对比　　表 5.2-6b

PGA/g	节点号	Kobe 波			Northridge 波			上海人工波		
		试验值/g	模拟值/g	误差	试验值/g	模拟值/g	误差	试验值/g	模拟值/g	误差
0.14	A1	0.233	0.320	37.34%	0.267	0.315	17.98%	0.311	0.337	8.36%
	A2	0.257	0.348	35.41%	0.292	0.347	18.84%	0.353	0.379	7.37%
	A3	0.307	0.344	12.05%	0.320	0.342	6.88%	0.376	0.374	0.53%
	A4	0.321	0.349	8.72%	0.326	0.347	6.44%	0.391	0.379	3.07%
	A5	0.263	0.321	22.05%	0.263	0.315	19.77%	0.301	0.337	11.96%
	A6	0.273	0.332	21.61%	0.286	0.327	14.34%	0.328	0.355	8.23%
0.22	A1	0.394	0.499	26.65%	0.376	0.500	32.98%	0.539	0.659	22.26%
	A2	0.470	0.538	14.47%	0.442	0.560	26.70%	0.632	0.708	12.03%
	A3	0.514	0.530	3.11%	0.463	0.550	18.79%	0.669	0.702	4.93%
	A4	0.517	0.538	4.06%	0.490	0.560	14.29%	0.708	0.709	0.14%
	A5	0.406	0.501	23.40%	0.364	0.502	37.91%	0.527	0.662	25.62%
	A6	0.435	0.515	18.39%	0.398	0.524	31.66%	0.572	0.683	19.41%

续表

PGA/g	节点号	Kobe 波			Northridge 波			上海人工波		
		试验值/g	模拟值/g	误差	试验值/g	模拟值/g	误差	试验值/g	模拟值/g	误差
0.40	A1	0.675	0.915	35.56%	0.671	0.954	42.18%	0.862	1.151	33.53%
	A2	0.788	0.979	24.24%	0.775	1.066	37.55%	0.981	1.236	25.99%
	A3	0.832	0.975	17.19%	0.829	1.053	27.02%	1.037	1.226	18.23%
	A4	0.832	0.980	17.79%	0.850	1.068	25.65%	1.086	1.235	13.72%
	A5	0.683	0.919	34.55%	0.676	0.958	41.72%	0.883	1.153	30.58%
	A6	0.696	0.951	36.64%	0.720	1.008	40.00%	0.901	1.192	32.30%

为研究不同地震波输入下独立基础-土-单层柱面网壳结构节点加速度响应规律，表 5.2-6a、表 5.2-6b 分别给出单层柱面网壳垂直布置、平行布置下，PGA = 0.14g，0.22g，0.40g输入时网壳节点 A1～A6 的加速度峰值的试验结果和数值模拟结果的对比。图 5.2-14（a）、（b）分别给出 PGA = 0.14g时网壳节点 A4 在不同地震波输入下的加速度时程曲线的试验结果和数值模拟结果的对比。

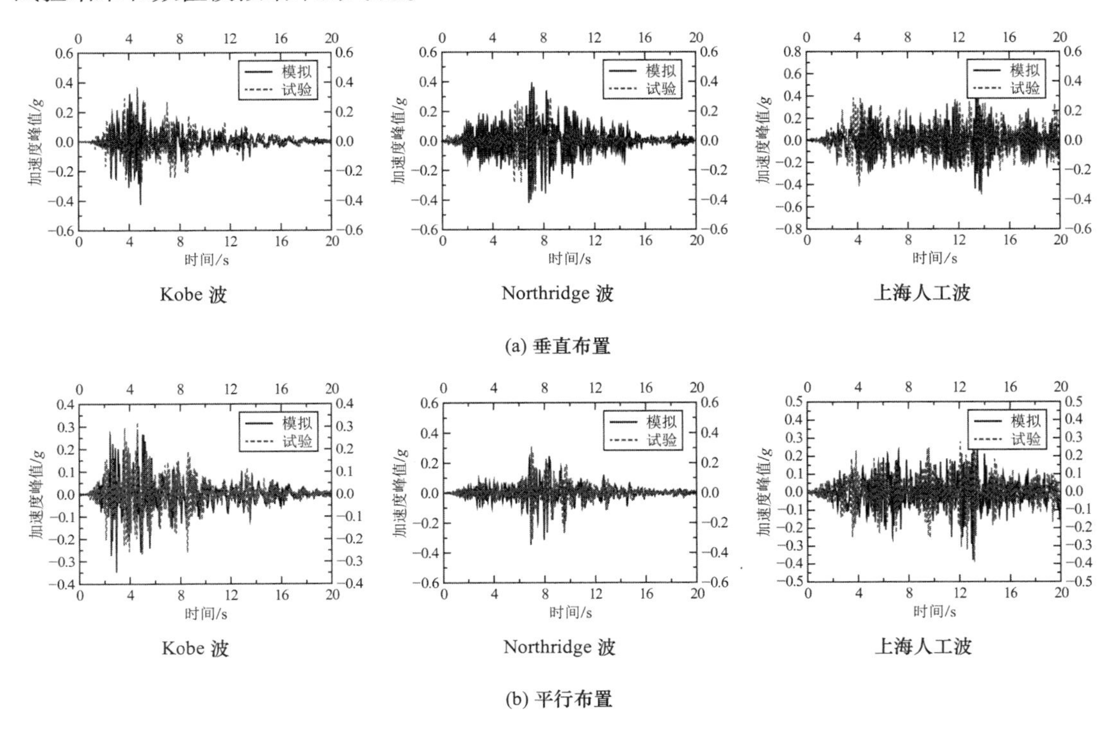

图 5.2-14　不同布置时节点 A4 加速度时程曲线

由表 5.2-6a、表 5.2-6b 和图 5.2-14（a）、（b）试验结果与数值模拟结果的对比分析可以看出，在垂直布置和平行布置，考虑土-结构相互作用下：

①在不同工况下，网壳不同节点加速度峰值的试验值和模拟值的大部分误差在 10%～30%之间，其中上海人工波的误差偏大，这是由于上海人工波的卓越周期与相互作用体系自振周期一致发生共振引起。

②不同地震波输入下，网壳节点的加速度的试验时程曲线与模拟时程曲线基本是吻合的。

③随着输入地震波的增大，网壳节点的加速度峰值离散性明显增大，这是由于随着振动次数的增多，试验中的土体与基础之间发生了提离、滑移现象，二者之间产生缝隙，接触变弱引起。

④网壳平行分布时，由于网壳刚度偏大，与土体之间的相互作用相比于垂直布置变弱，误差相较于垂直分布变小，因此，土体与网壳的刚度比以及箱体的刚度都是影响试验结果准确性的重要因素。

由表5.2-6a和表5.2-6b可以看出，整体有限元模拟结果与试验结果误差偏大，最大误差可达到40%左右。同样针对试验中观察到土体与基础间的非一致接触、振动台面的局部非一致、模型箱刚度效应等现象，人为地将数值模拟中土与基础之间的摩擦系数减小，黏弹性边界的刚度增大，对每次振动的4个子台台面加速度进行均值处理，经过调整后得到的数值模拟结果与试验结果的对比如表5.2-7a、表5.2-7b所示。

调整后垂直布置网壳节点加速度峰值试验结果与模拟结果对比　　表5.2-7a

PGA/g	节点号	Kobe波			Northridge波			上海人工波		
		试验值/g	模拟值/g	误差	试验值/g	模拟值/g	误差	试验值/g	模拟值/g	误差
0.14	A1	0.350	0.358	2.29%	0.368	0.387	5.16%	0.503	0.558	10.93%
	A2	0.359	0.386	7.52%	0.410	0.436	6.34%	0.461	0.529	14.75%
	A3	0.421	0.461	9.50%	0.391	0.417	6.65%	0.515	0.551	6.99%
	A4	0.366	0.401	9.56%	0.346	0.392	13.29%	0.465	0.523	12.47%
	A5	0.376	0.418	11.17%	0.404	0.424	4.95%	0.534	0.556	4.12%
	A6	0.401	0.435	8.48%	0.407	0.439	7.86%	0.528	0.565	7.01%
0.22	A1	0.547	0.583	6.58%	0.512	0.558	8.98%	0.618	0.701	13.43%
	A2	0.541	0.592	9.43%	0.491	0.551	12.22%	0.651	0.723	11.06%
	A3	0.549	0.571	4.01%	0.499	0.547	9.62%	0.676	0.733	8.43%
	A4	0.503	0.540	7.36%	0.461	0.528	14.53%	0.611	0.702	14.89%
	A5	0.477	0.547	14.68%	0.550	0.567	3.09%	0.690	0.805	16.67%
	A6	0.508	0.563	10.83%	0.515	0.686	33.20%	0.661	0.757	14.52%
0.40	A1	0.965	1.023	6.01%	0.979	1.064	8.68%	1.276	1.413	10.74%
	A2	0.967	1.004	3.83%	0.994	1.121	12.78%	1.269	1.452	14.42%
	A3	1.039	1.121	7.89%	1.075	1.128	4.93%	1.270	1.419	11.73%
	A4	0.933	1.001	7.29%	1.027	1.031	0.39%	1.157	1.321	14.17%
	A5	0.962	1.106	14.93%	1.021	1.145	12.14%	1.217	1.370	12.57%
	A6	0.976	1.109	13.63%	1.057	1.208	14.29%	1.278	1.374	7.51%

调整后平行布置网壳节点加速度峰值试验结果与模拟结果对比　　表 5.2-7b

PGA/g	节点号	Kobe			Northridge			上海人工波		
		试验值/g	模拟值/g	误差	试验值/g	模拟值/g	误差	试验值/g	模拟值/g	误差
0.14	A1	0.233	0.269	15.45%	0.267	0.272	1.87%	0.311	0.332	6.75%
	A2	0.257	0.283	10.12%	0.292	0.289	1.03%	0.353	0.381	7.93%
	A3	0.307	0.298	2.93%	0.320	0.295	7.81%	0.376	0.391	3.99%
	A4	0.321	0.301	6.23%	0.326	0.301	7.67%	0.391	0.398	1.79%
	A5	0.263	0.293	11.41%	0.263	0.298	13.31%	0.301	0.342	13.62%
	A6	0.273	0.303	10.99%	0.286	0.295	3.15%	0.328	0.351	7.01%
0.22	A1	0.394	0.439	11.42%	0.376	0.432	14.89%	0.539	0.619	14.84%
	A2	0.470	0.487	3.62%	0.442	0.483	9.28%	0.632	0.698	10.44%
	A3	0.514	0.492	4.28%	0.463	0.487	5.18%	0.669	0.634	5.23%
	A4	0.517	0.501	3.09%	0.490	0.485	1.02%	0.708	0.681	3.81%
	A5	0.406	0.469	15.52%	0.364	0.421	15.66%	0.527	0.601	14.04%
	A6	0.435	0.461	5.98%	0.398	0.424	6.53%	0.572	0.623	8.92%
0.40	A1	0.675	0.772	14.37%	0.671	0.754	12.37%	0.862	0.951	10.32%
	A2	0.788	0.852	8.12%	0.775	0.866	11.74%	0.981	1.036	5.61%
	A3	0.832	0.875	5.17%	0.829	0.913	10.13%	1.037	1.122	8.20%
	A4	0.832	0.910	9.38%	0.850	0.968	13.88%	1.086	1.032	4.97%
	A5	0.683	0.779	14.06%	0.676	0.758	12.13%	0.883	0.978	10.76%
	A6	0.696	0.791	13.65%	0.720	0.818	13.61%	0.901	1.012	12.32%

由表 5.2-7a 和表 5.2-7b 可以看出，根据试验现象进行人为调整后，无论垂直布置还是平行布置，单层柱面网壳结构节点加速度峰值的数值模拟结果与试验结果的离散性明显减小，误差最大值在 15%左右，且为极少数的节点。对于绝大多数节点，二者能够较好地吻合，从而表明精细化建模方法是合理的，试验结果是可信的。

（3）网壳节点位移响应

为研究不同地震波输入下独立基础-土-单层柱面网壳结构节点位移响应规律，表 5.2-8a、表 5.2-8b 分别给出单层柱面网壳垂直布置、平行布置下，PGA = 0.14g，0.22g，0.40g输入时网壳节点 U1～U6 的位移最大值的试验结果和数值模拟结果的对比。图 5.2-15（a）、（b）分别给出 PGA = 0.14g时网壳节点 U4 在不同地震波输入下的位移时程曲线的试验结果和数值模拟结果的对比。

由表 5.2-8a、表 5.2-8b 和图 5.2-15（a）、（b）试验结果与数值模拟结果的对比分析可以看出，在网壳垂直布置和平行布置，考虑土-结构相互作用下：

①在 Kobe 波和 Northridge 波作用下，网壳节点位移最大值的试验结果与数值模拟结果的误差基本维持在 20%～40%之间，在上海人工波作用下二者的误差基本在 20%之内，吻合的更好。这种现象是由于相互作用体系与地震波卓越周期相近发生共振，使得网壳节点位移响应剧烈，导致误差反而减小。

②在不同地震波下网壳节点的位移时程曲线的试验结果和数值模拟结果基本吻合，呈现出较好的规律性。

③网壳平行分布时网壳节点位移最大值的离散性较垂直分布时小，这是由网壳两个方向刚度与土体刚度差异引起的，平行布置时网壳刚度小，与土体的相互作用较弱，误差偏小。因此，网壳刚度越弱，越应考虑与土体的相互作用。

④不同地震波输入下网壳节点位移存在差异，这是由不同地震波的频谱特性差异引起的。

垂直布置网壳节点位移最大值的试验结果与模拟结果对比 表 5.2-8a

PGA/g	节点号	Kobe 波			Northridge 波			上海人工波		
		试验值/mm	模拟值/mm	误差	试验值/mm	模拟值/mm	误差	试验值/mm	模拟值/mm	误差
0.14	U1	17.67	24.49	38.60%	14.03	18.67	33.07%	18.59	21.47	15.49%
	U2	17.86	24.52	37.29%	14.00	19.67	40.50%	18.84	22.40	18.90%
	U3	17.47	24.33	39.27%	13.45	19.66	46.17%	18.22	22.41	23.00%
	U4	18.62	24.15	29.70%	14.96	20.06	34.09%	19.97	22.79	14.12%
	U5	18.35	23.40	27.52%	14.62	20.08	37.35%	19.43	22.84	17.55%
	U6	17.46	24.34	39.40%	13.91	19.66	41.34%	18.52	22.41	21.00%
0.22	U1	29.87	37.86	26.75%	23.93	29.60	23.69%	29.93	33.92	13.33%
	U2	29.41	38.25	30.06%	23.58	30.78	30.53%	30.07	34.95	16.23%
	U3	28.86	38.00	31.67%	22.99	30.75	33.75%	29.31	34.94	19.21%
	U4	30.55	37.88	23.99%	25.44	31.24	22.80%	31.88	35.35	10.88%
	U5	30.08	36.92	22.74%	24.34	31.20	28.18%	30.78	35.37	14.91%
	U6	30.08	38.01	26.36%	23.83	30.75	29.04%	29.95	34.95	16.69%
0.40	U1	49.88	67.48	35.28%	38.24	53.87	40.87%	56.84	62.14	9.32%
	U2	50.49	68.48	35.63%	38.39	55.03	43.34%	56.53	63.39	12.14%
	U3	49.31	68.14	38.19%	38.19	54.98	43.96%	55.98	63.34	13.15%
	U4	53.93	68.10	26.27%	39.70	55.36	39.45%	58.90	63.78	8.29%
	U5	51.58	66.73	29.37%	39.29	55.21	40.52%	57.21	63.65	11.26%
	U6	49.67	68.17	37.25%	37.74	54.98	45.68%	53.73	63.35	17.90%

平行布置网壳节点位移最大值的试验结果与模拟结果对比 表 5.2-8b

PGA/g	节点号	Kobe 波			Northridge 波			上海人工波		
		试验值/mm	模拟值/mm	误差	试验值/mm	模拟值/mm	误差	试验值/mm	模拟值/mm	误差
0.14	U1	18.37	22.85	24.39%	14.28	18.74	31.23%	18.54	21.72	17.15%
	U2	18.14	22.93	26.41%	13.94	18.75	34.51%	18.20	21.76	19.56%
	U3	17.96	22.95	27.78%	13.52	18.75	38.68%	18.08	21.76	20.35%
	U4	18.65	22.88	22.68%	14.24	18.74	31.60%	18.88	21.73	15.10%
	U5	18.88	22.83	20.92%	14.41	18.74	30.05%	18.49	21.72	17.47%
	U6	18.31	22.96	25.40%	14.08	18.75	33.17%	18.31	21.75	18.79%

续表

PGA/g	节点号	Kobe 波			Northridge 波			上海人工波		
		试验值/mm	模拟值/mm	误差	试验值/mm	模拟值/mm	误差	试验值/mm	模拟值/mm	误差
0.22	U1	26.74	35.88	34.18%	23.44	29.46	25.68%	25.43	34.16	34.33%
	U2	26.68	36.01	34.97%	22.98	29.49	28.33%	25.45	34.22	34.46%
	U3	26.88	36.04	34.08%	22.89	29.49	28.83%	25.11	34.22	36.28%
	U4	27.78	35.93	29.34%	23.92	29.47	23.20%	25.96	34.18	31.66%
	U5	26.92	35.85	33.17%	23.49	29.47	25.46%	25.42	34.16	34.38%
	U6	26.88	36.04	34.08%	23.05	29.48	27.90%	25.21	34.22	35.74%
0.40	U1	49.90	65.52	31.30%	40.10	53.84	34.26%	49.46	62.26	25.88%
	U2	49.68	65.73	32.31%	39.57	53.92	36.26%	49.00	62.37	27.29%
	U3	50.28	65.77	30.81%	39.69	53.93	35.88%	49.28	62.39	26.60%
	U4	51.09	65.60	28.40%	39.29	53.87	37.11%	49.26	62.30	26.47%
	U5	49.76	65.49	31.61%	39.11	53.84	37.66%	49.37	62.26	26.11%
	U6	49.83	65.78	32.01%	39.84	53.92	35.34%	49.42	62.38	26.22%

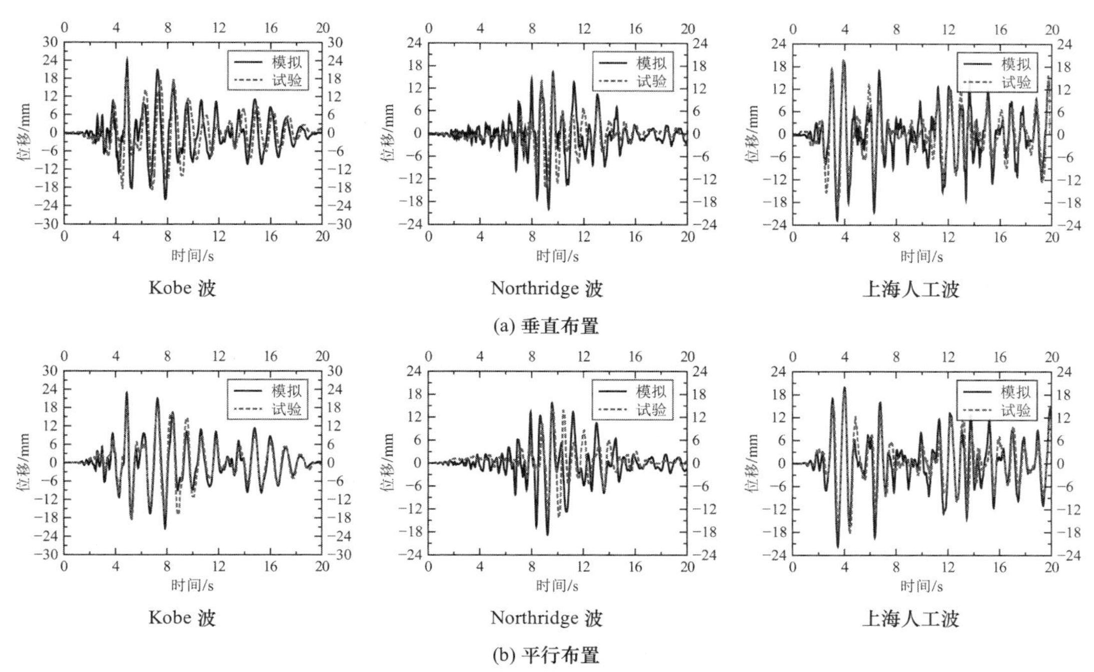

图 5.2-15　不同布置时节点 U4 位移时程曲线

由表 5.2-8a 和表 5.2-8b 可以看出，整体有限元模拟结果与试验结果误差偏大，最大误差可达到 40%左右。同样针对试验中观察到土体与基础间的非一致接触、振动台面的局部非一致、模型箱刚度效应等现象，人为地将数值模拟中土与基础之间的摩擦系数减小，黏弹性边界的刚度增大，对每次振动的 4 个子台台面加速度进行均值处理，经过调整后得到的节点位移的数值模拟结果与试验结果的对比如表 5.2-9a、表 5.2-9b 所示。

调整后垂直布置网壳节点位移最大值的试验结果与模拟结果对比 表 5.2-9a

PGA/g	节点号	Kobe 波			Northridge 波			上海人工波		
		试验值/mm	模拟值/mm	误差	试验值/mm	模拟值/mm	误差	试验值/mm	模拟值/mm	误差
0.14	U1	17.67	19.21	8.72%	14.03	15.56	10.91%	18.59	19.47	4.73%
	U2	17.86	19.72	10.41%	14.00	15.31	9.36%	18.84	20.01	6.21%
	U3	17.47	19.18	9.79%	13.45	15.03	11.75%	18.22	20.37	11.80%
	U4	18.62	19.12	2.69%	14.96	16.26	8.69%	19.97	20.99	5.11%
	U5	18.35	19.53	6.43%	14.62	16.21	10.88%	19.43	21.11	8.65%
	U6	17.46	19.22	10.08%	13.91	14.66	5.39%	18.52	20.31	9.67%
0.22	U1	29.87	30.98	3.72%	23.93	24.76	3.47%	29.93	31.82	6.31%
	U2	29.41	32.21	9.52%	23.58	26.14	10.86%	30.07	32.01	6.45%
	U3	28.86	31.13	7.87%	22.99	25.25	9.83%	29.31	32.78	11.84%
	U4	30.55	32.08	5.01%	25.44	27.24	7.08%	31.88	34.39	7.87%
	U5	30.08	32.91	9.41%	24.34	26.81	10.15%	30.78	33.37	8.41%
	U6	30.08	32.10	6.72%	23.83	25.05	5.12%	29.95	31.95	6.68%
0.40	U1	49.88	53.21	6.68%	38.24	41.87	9.49%	56.84	61.98	9.04%
	U2	50.49	54.96	8.85%	38.39	41.21	7.35%	56.53	61.72	9.18%
	U3	49.31	55.14	11.82%	38.19	42.08	10.19%	55.98	60.34	7.79%
	U4	53.93	54.10	0.32%	39.70	41.36	4.18%	58.90	62.57	6.23%
	U5	51.58	53.98	4.65%	39.29	41.07	4.53%	57.21	62.01	8.39%
	U6	49.67	54.52	9.76%	37.74	40.18	6.47%	53.73	60.01	11.69%

调整后平行布置网壳节点位移最大值的试验结果与模拟结果对比 表 5.2-9b

PGA/g	节点号	Kobe 波			Northridge 波			上海人工波		
		试验值/mm	模拟值/mm	误差	试验值/mm	模拟值/mm	误差	试验值/mm	模拟值/mm	误差
0.14	U1	18.37	19.12	4.08%	14.28	14.992	4.99%	18.54	19.67	6.09%
	U2	18.14	19.37	6.78%	13.94	15.11	8.39%	18.2	19.58	7.58%
	U3	17.96	19.68	9.58%	13.52	14.81	9.54%	18.08	19.12	5.75%
	U4	18.65	19.54	4.77%	14.24	14.89	4.56%	18.88	19.98	5.83%
	U5	18.88	19.43	2.91%	14.41	14.72	2.15%	18.49	19.32	4.49%
	U6	18.31	19.41	6.01%	14.08	15.41	9.45%	18.31	19.71	7.65%
0.22	U1	26.74	27.81	4.00%	23.44	23.57	0.55%	25.43	28.34	11.44%
	U2	26.68	29.01	8.73%	22.98	23.61	2.74%	25.45	28.21	10.84%
	U3	26.88	29.12	8.33%	22.89	23.63	3.23%	25.11	27.31	8.76%
	U4	27.78	28.67	3.20%	23.92	23.95	0.13%	25.96	28.01	7.90%
	U5	26.92	27.88	3.57%	23.49	24.73	5.28%	25.42	27.72	9.05%
	U6	26.88	29.04	8.04%	23.05	23.58	2.30%	25.21	27.02	7.18%

续表

PGA/g	节点号	Kobe 波			Northridge 波			上海人工波		
		试验值/mm	模拟值/mm	误差	试验值/mm	模拟值/mm	误差	试验值/mm	模拟值/mm	误差
0.40	U1	49.9	52.42	5.05%	40.1	43.07	7.41%	49.46	54.04	9.26%
	U2	49.68	54.36	9.42%	39.57	43.24	9.27%	49	54.15	10.51%
	U3	50.28	54.77	8.93%	39.69	43.19	8.82%	49.28	55.15	11.91%
	U4	51.09	53.61	4.93%	39.29	43.1	9.70%	49.26	54.07	9.76%
	U5	49.76	53.68	7.88%	39.11	43.09	10.18%	49.37	54.03	9.44%
	U6	49.83	55.18	10.74%	39.84	43.24	8.53%	49.42	54.14	9.55%

由表 5.2-9a 和表 5.2-9b 可以看出，根据试验现象进行人为调整后，无论垂直布置还是平行布置，单层柱面网壳节点位移的数值模拟结果与试验结果误差最大值不超过 12%，二者能够较好地吻合，从而表明精细化建模方法是合理的，试验结果是可信的。

（4）网壳杆件应变响应

为研究不同地震波输入下独立基础-土-单层柱面网壳结构杆件应变响应规律，表 5.2-10a 给出单层柱面网壳垂直布置下，PGA = 0.14g，0.22g，0.40g输入时网壳杆件 S2、S8、S10、S11 应变最大值的试验结果和数值模拟结果的对比，表 5.2-10b 给出单层柱面网壳平行布置下，PGA = 0.14g，0.22g，0.40g输入时网壳杆件 S2、S6、S8、S10 应变最大值的试验结果和数值模拟结果的对比。图 5.2-16（a）给出 PGA = 0.14g时网壳节杆件 S11 在不同地震波输入下的应变时程曲线的试验结果和数值模拟结果的对比，图 5.2-16（b）给出 PGA = 0.14g 时网壳节杆件 S2 在不同地震波输入下的应变时程曲线的试验结果和数值模拟结果的对比。

垂直布置不同杆件应变试验最大值与模拟最大值对比　　表 5.2-10a

PGA/g	杆件号	Kobe 波			Northridge 波			上海人工波		
		试验值/με	模拟值/με	误差	试验值/με	模拟值/με	误差	试验值/με	模拟值/με	误差
0.14	S2	69.14	78.75	13.90%	82.79	85.10	2.71%	111.11	124.06	11.66%
	S8	64.65	60.78	5.99%	78.26	72.98	7.23%	99.16	78.07	21.27%
	S10	32.04	39.71	23.94%	34.86	44.75	22.10%	58.21	51.51	11.51%
	S11	91.86	102.71	11.81%	90.67	111.65	18.79%	128.75	139.95	8.70%
0.22	S2	112.78	139.86	24.01%	140.32	171.67	18.26%	148.82	178.22	19.76%
	S8	111.10	117.06	5.36%	101.57	113.32	10.37%	125.23	157.29	25.60%
	S10	53.95	60.21	11.60%	61.79	67.42	8.35%	100.54	118.41	17.77%
	S11	141.44	160.76	13.66%	153.55	180.50	14.93%	232.86	308.14	32.33%
0.40	S2	162.37	210.90	29.89%	239.26	273.23	12.43%	275.95	324.72	17.67%
	S8	121.93	173.72	42.48%	162.37	190.82	14.91%	211.32	286.99	35.81%
	S10	92.16	134.27	45.69%	97.20	142.35	31.72%	138.54	188.41	36.00%
	S11	285.60	346.83	21.44%	191.21	373.32	48.78%	250.87	308.14	22.83%

平行布置不同杆件应变试验最大值与模拟最大值对比　　表 5.2-10b

PGA/g	杆件号	Kobe 波			Northridge 波			上海人工波		
		试验值/με	模拟值/με	误差	试验值/με	模拟值/με	误差	试验值/με	模拟值/με	误差
0.14	S2	51.22	41.18	19.60%	49.08	40.12	18.26%	66.72	74.82	12.14%
	S6	9.28	11.81	27.26%	16.18	14.91	7.85%	22.22	21.15	4.82%
	S8	15.30	19.21	25.56%	18.57	24.60	32.47%	25.12	31.63	25.92%
	S10	17.96	22.69	26.34%	34.56	28.30	18.11%	39.23	44.67	13.87%
0.22	S2	93.99	80.64	14.20%	109.03	85.94	21.18%	109.03	114.80	5.29%
	S6	29.90	18.45	38.29%	25.42	18.43	27.50%	25.42	33.37	31.27%
	S8	32.49	34.84	7.23%	26.40	33.19	25.72%	36.40	47.06	29.29%
	S10	43.59	41.16	5.57%	46.35	40.50	12.62%	46.35	59.00	27.29%
0.40	S2	174.01	146.14	16.02%	199.34	169.35	15.04%	216.27	174.86	19.15%
	S6	48.41	33.08	31.67%	43.60	33.53	23.10%	49.48	53.87	8.87%
	S8	47.78	64.77	35.56%	60.43	71.58	18.45%	63.72	78.41	23.05%
	S10	73.95	82.94	12.16%	67.78	92.30	36.18%	83.41	109.85	31.70%

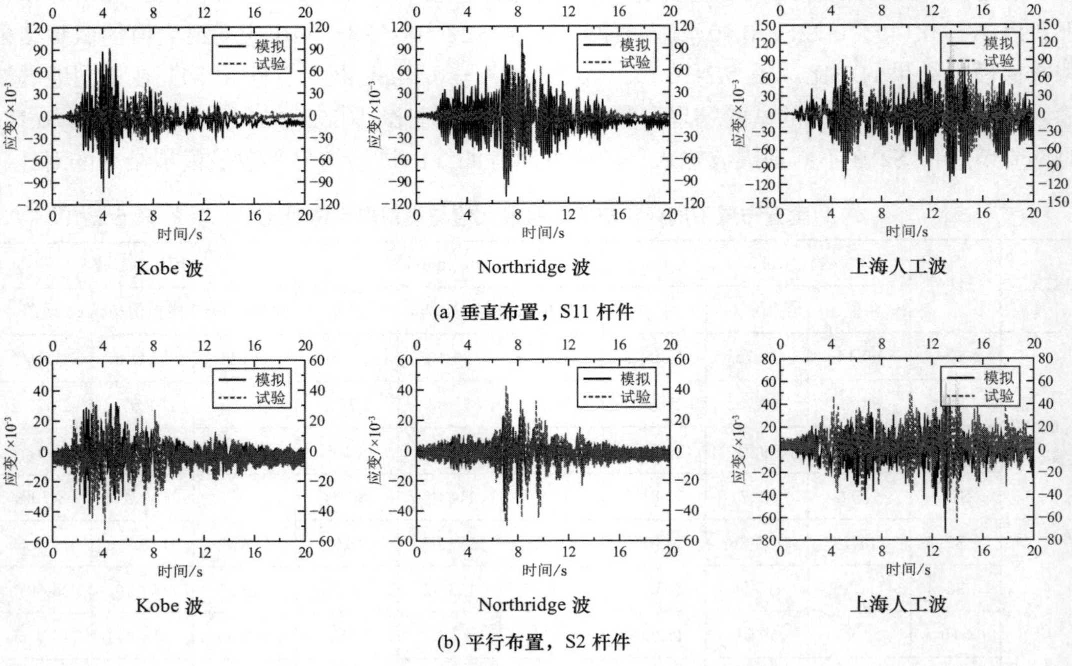

Kobe 波　　Northridge 波　　上海人工波

(a) 垂直布置，S11 杆件

Kobe 波　　Northridge 波　　上海人工波

(b) 平行布置，S2 杆件

图 5.2-16　不同布置时部分杆件应变时程曲线

由表 5.2-10a、表 5.2-10b 和图 5.2-16（a）、（b）试验结果与数值模拟结果的对比分析可以看出，在垂直布置和平行布置，考虑土-结构相互作用下：

①不同地震波输入下，网壳相同杆件应变最大值的试验结果与模拟结果的最大误差基本在 5%～30%之间，随着输入次数的增多，误差增大。这是由于随着振动次数的增多，试

验中观察到土体与基础之间产生了较大的缝隙，使得土体与基础之间产生了滑移和提离现象，导致响应误差增大。

②不同地震波输入下，网壳杆件的应变时程曲线的试验结果与数值模拟结果基本能够吻合。

③不同地震波输入下，网壳杆件应变最大值存在差异，这是由不同地震波的频谱特性差异引起。

④上海人工波地震输入下，网壳杆件应变最大值较 Kobe 波和 Northridge 波明显增大，这是由于相互作用体系的自振周期与上海人工波的卓越周期相近发生共振引起。

⑤网壳平行布置时，网壳杆件的应变较垂直布置时偏小，这是因为垂直布置情况下，相互作用体系刚度小，振动剧烈，相互作用效果更加显著。

由表 5.2-10a 和表 5.2-10b 可以看出，整体有限元模拟与试验误差偏大，最大误差可达到 45%左右，同样针对试验中观察到土体与基础间的非一致接触、振动台面的局部非一致、模型箱刚度效应等现象，人为将数值模拟中土与基础之间的摩擦系数减小，黏弹性边界的刚度增大，对每次振动的 4 个子台台面加速度进行均值处理，经过调整后得到的网壳杆件应变的数值模拟结果与试验结果的对比如表 5.2-11a、表 5.2-11b 所示。

调整后垂直布置不同杆件应变试验最大值与模拟最大值对比　　表 5.2-11a

PGA/g	杆件号	Kobe 波			Northridge 波			上海人工波		
		试验值/με	模拟值/με	误差	试验值/με	模拟值/με	误差	试验值/με	模拟值/με	误差
0.14	S2	69.14	76.52	10.67%	82.79	88.31	6.25%	111.11	125.09	12.58%
	S8	64.65	69.83	8.01%	78.26	82.95	5.65%	99.16	108.07	8.99%
	S10	32.04	35.42	10.55%	34.86	39.23	11.14%	58.21	61.51	5.67%
	S11	91.86	98.71	7.46%	90.67	101.34	10.53%	128.75	139.85	8.62%
0.22	S2	112.78	119.24	5.73%	140.32	158.21	11.31%	148.82	161.22	8.33%
	S8	111.10	121.31	9.19%	101.57	103.32	1.69%	125.23	127.29	1.64%
	S10	53.95	60.42	11.99%	61.79	65.39	5.51%	100.54	111.41	10.81%
	S11	141.44	159.85	13.02%	153.55	172.24	10.85%	232.86	248.11	6.55%
0.40	S2	162.37	178.21	9.76%	239.26	272.12	12.08%	275.95	314.56	13.99%
	S8	121.93	133.89	9.81%	162.37	180.22	9.90%	211.32	236.45	11.89%
	S10	92.16	104.23	13.10%	97.20	112.35	13.48%	138.54	158.32	14.28%
	S11	285.60	306.73	7.40%	191.21	213.32	10.36%	250.87	278.21	10.90%

调整后平行布置不同杆件应变试验最大值与模拟最大值对比　　表 5.2-11b

PGA/g	杆件号	Kobe 波			Northridge 波			上海人工波		
		试验值/με	模拟值/με	误差	试验值/με	模拟值/με	误差	试验值/με	模拟值/με	误差
0.14	S2	51.22	46.23	9.74%	49.08	44.53	9.27%	66.72	70.85	6.19%
	S6	9.28	10.34	11.42%	16.18	18.02	11.37%	22.22	25.36	14.13%
	S8	15.30	17.21	12.48%	18.57	21.16	13.95%	25.12	27.63	9.99%
	S10	17.96	20.16	12.25%	34.56	30.31	12.30%	39.23	44.67	13.87%

续表

PGA/g	杆件号	Kobe 波			Northridge 波			上海人工波		
		试验值/με	模拟值/με	误差	试验值/με	模拟值/με	误差	试验值/με	模拟值/με	误差
0.22	S2	93.99	83.25	11.43%	109.03	115.94	6.34%	109.03	118.78	8.94%
	S6	29.90	26.31	12.01%	25.42	27.54	8.34%	25.42	29.07	14.36%
	S8	32.49	34.53	6.28%	26.40	28.19	6.78%	36.40	37.06	1.81%
	S10	43.59	47.16	8.19%	46.35	45.50	1.83%	46.35	53.14	14.65%
0.40	S2	174.01	182.14	4.67%	199.34	209.35	5.02%	216.27	221.86	2.58%
	S6	48.41	43.08	11.01%	43.60	48.53	11.31%	49.48	53.45	8.02%
	S8	47.78	53.77	12.54%	60.43	65.42	8.26%	63.72	71.47	12.16%
	S10	73.95	80.34	8.64%	67.78	72.23	6.57%	83.41	89.86	7.73%

由表 5.2-11a 和表 5.2-11b 可以看出，根据试验现象进行人为调整后，无论垂直布置还是平行布置，单层柱面网壳网壳杆件应变的数值模拟结果与试验结果误差最大值不超过 15%，二者能够较好地吻合，从而表明精细化建模方法是合理的，试验结果是可信的。

（5）误差分析

通过第 5.2.3 第一节节独立基础-土-单层柱面网壳的试验结果和数值模拟结果的对比分析可以看出，考虑土-结构相互作用下，在未根据试验观察到的现象进行修正之前，相互作用体系中基础底部、自由场表面、网壳节点的加速度峰值的试验结果与数值模拟结果的误差基本在 40%之内，网壳节点位移误差基本在 40%之内，杆件应变误差基本在 45%之内，且随着地震波输入强度的增大，误差呈现增大趋势，且误差的离散性逐渐增强。

根据试验过程中所观测到的三个试验现象（土体与基础间的非一致接触、振动台面的局部非一致、模型箱刚度效应）对数值模型进行人为修正后，得到独立基础-土-单层柱面网壳的试验结果和数值模拟结果的加速度峰值最大误差在 15%之内，位移最大误差在 10%之内，应变最大误差在 15%之内，且所有测点中有 90%以上的测点误差在 10%之内，试验结果和数值模拟结果分布均匀。

对数值模拟结果根据试验观察到的现象进行人为修正后，与试验结果仍有 10%左右的误差，进一步分析认为这是由以下几个主要因素引起的：

①土体参数测定误差

试验土体的力学参数虽采用土体分层夯实后现场取样测定，取了多个测点求取平均值，但在测定土体参数的过程中发现，测得的中砂土存在明显的离散性，试验虽采用了直剪法和动三轴试验进行了对比测试，但与实际情况存在一定的差距。此外，由于试验模型箱很大，采用了 15m^3 的土体，不可能做到每次振动后重新填土夯实或重新测量参数，故在多次振动后土体的密实度也会发生变化，这也是产生试验结果与模拟结果误差的因素之一。

②试验采集误差

试验在采集加速度和位移时采用的分别是压电式传感器和拉线位移计。对于压电式传感器而言，在测量土体加速度响应时，由于试验的周期较长，为防止水分渗入传感器内，采用气球、防水胶布、干燥剂等对传感器进行了防水处理，在固定上部网壳测点传感器时采用的是橡皮泥，这些处理方式都会影响加速度响应的采集，使得试验值偏小。对于拉线位移计而言，其固定在临时脚手架上，在振动过程中由于台面振动、外界扰动、土体的沉降等都会使得拉线位移计的拉线偏离水平位置，导致测量产生误差。

③九子台台阵系统误差

试验采用北京工业大学九子台台阵体系，试验采用其中的 4 个子台。4 个子台由 12 个作动器制动，通过对 4 个台面加速度响应的采集发现 4 个子台存在局部的非一致现象，4 个子台台面响应的加速度峰值存在差异。通过对多个工况分析发现，4 个台面的差异值在 ±8%之内，数值模拟中虽对 4 个子台进行求均值处理，但仍不能完全保证数值模拟中地震动输入与实际输入的差距足够小。而且由于地锚的松动及油压的不稳定，使得台面存在局部非一致性，导致测量的试验值偏小。

此外，不可避免的人为仪器安装误差、试验过程中试验大厅中有其他试验的进行等外界干扰因素，都可能是导致误差产生的原因。

2）修正 S-R 模型及试验验证

（1）修正 S-R 模型

S-R 模型是一种通过在结构基础部位分别设置与基础平动和转动有关的水平弹簧K_{H}和转动弹簧K_{R}模拟地基土的较为简单的计算模型。但该模型对于高阶振型的计算精度不高，不能满足大跨度空间结构对于高阶振型及竖向动力特性的需求，不能直接用于大跨度空间结构抗震验算。现考虑 S-R 模型在计算大跨度空间结构时所存在的缺陷和不足，对 S-R 模型进行修正。

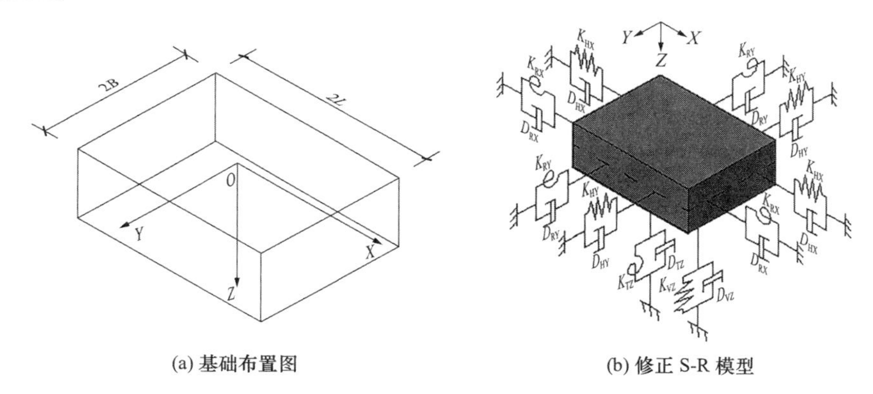

(a) 基础布置图　　(b) 修正 S-R 模型

图 5.2-17　修正 S-R 模型参数

置于土体中的基础如图 5.2-17（a）所示，L为基础底面半长度，B为基础底面半宽度。在地震动作用下，基础将会产生分别沿X、Y向的水平滑动，沿Z的竖向振动，绕X、Y轴的转动，绕Z轴的扭转六种运动模式。根据弹性半空间理论，地基反力可表示为：

$$\begin{aligned}\vec{R} &= \vec{K}_{\mathrm{e}}\left(\vec{k}+ia_0\vec{c}\right)\vec{e}=\left(\vec{k}\vec{K}_{\mathrm{e}}+\vec{K}_{\mathrm{e}}a_0\vec{c}i\right)\vec{e}=\left(\vec{k}\vec{K}_{\mathrm{e}}+\frac{B\vec{c}\vec{K}_{\mathrm{e}}}{V_{\mathrm{S}}}\omega i\right)\vec{e}\\&=\left(\vec{k}_{\mathrm{d}}\vec{K}_{\mathrm{e}}+\vec{c}_{\mathrm{d}}\vec{K}_{\mathrm{e}}\omega i\right)\vec{e}=\left(\vec{K}_{\mathrm{d}}+\vec{D}_{\mathrm{d}}\omega i\right)\vec{e}\end{aligned} \tag{5.2-2}$$

式中：$\vec{R}$——基础所受的基底反力和侧面土的摩擦力所受的合力；

$\vec{K}_{\mathrm{e}}$——基础的静刚度；

$\vec{k}_{\mathrm{d}}$——基础的动刚度系数；

$\vec{c}_{\mathrm{d}}$——动阻尼系数；

a_0——无量纲频率因数，其中$a_0=\frac{\omega B}{V_{\mathrm{S}}}$；

$\vec{c}$——无量纲因数；

ω——地震的主频；

$\vec{e}$——基础的位移，$\vec{e}=(uvw\theta\phi\gamma)^{\mathrm{T}}$，$u$是基础相对于地基$X$向的水平滑动位移，$v$是基础相对于地基$Y$向的水平滑动位移，$w$是基础相对于地基$Z$向的竖向振动位移，$\theta$是基础相对地基$X$轴的转动位移，$\phi$是基础相对地基$Y$轴的转动位移，$\gamma$是基础相对地基$Z$轴的扭转位移；

$\vec{K}_{\mathrm{d}}$——地基土的动刚度；

$\vec{D}_{\mathrm{d}}$——地基土的等效阻尼。

其中

$$\vec{K}_{\mathrm{d}}=\begin{bmatrix}K_{\mathrm{HX}}&&&&&\\&K_{\mathrm{HY}}&&&&\\&&K_{\mathrm{VZ}}&&&\\&&&K_{\mathrm{RX}}&&\\&&&&K_{\mathrm{RY}}&\\&&&&&K_{\mathrm{TZ}}\end{bmatrix},$$

$$\vec{D}_{\mathrm{d}}=\begin{bmatrix}D_{\mathrm{HX}}&&&&&\\&D_{\mathrm{HY}}&&&&\\&&D_{\mathrm{VZ}}&&&\\&&&D_{\mathrm{RX}}&&\\&&&&D_{\mathrm{RY}}&\\&&&&&D_{\mathrm{TZ}}\end{bmatrix}。$$

修正的S-R模型如图5.2-17（b）所示，以弹簧刚度系数K来模拟地基刚度，利用阻尼系数D模拟土体辐射和散射作用，将基础的六种运动模式分别以动力阻抗函数形式明确给出，不是简单笼统的一个水平弹簧和一个扭转弹簧，而是将X、Y、Z方向分别以四个参数值给出。竖向Z为竖向阻抗K_{VZ}、D_{VZ}及绕Z轴扭转阻抗K_{TZ}、D_{TZ}；水平X向为水平阻抗K_{HX}、D_{HX}及绕X轴转动阻抗K_{RX}、D_{RX}；水平Y向为水平阻抗K_{HY}、D_{HY}及绕Y轴转动阻抗K_{RY}、D_{RY}。图5.2-18给出土-空间网格结构相互作用的简化计算模型。

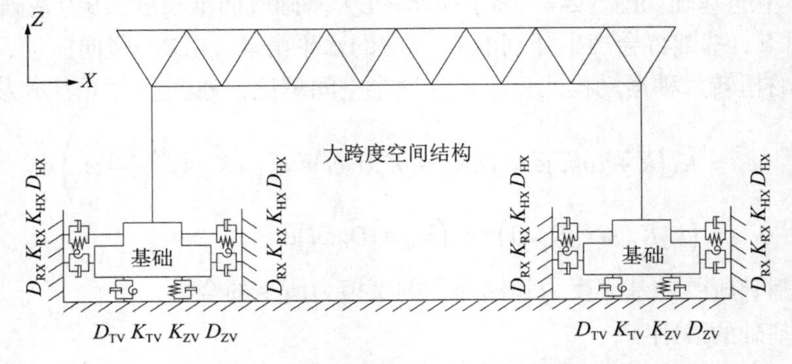

图5.2-18　土-空间网格结构相互作用简化计算模型

为验证修正 S-R 模型的正确性，本节针对设计的独立基础-土-单层柱面网壳振动台试验及上文中的相关参数，采用修正 S-R 模型建立独立基础-土-单层柱面网壳的简化模型，与 5.2.3 节第一部分中的试验结果和精细化数值模拟结果进行对比分析。

通过 5.2.3 节第一部分中的分析得知，在上海人工波作用下，独立基础-土-单层柱面网壳相互作用体系的自振周期与上海人工波的卓越周期相近，发生共振导致试验结果失真，因此本节分析只针对 Kobe 波和 Northridge 波进行。此外，通过 5.2.3 节第一部分的分析可知，垂直布置形式独立基础-土-单层柱面网壳的相互作用较平行布置形式更为显著，因此本节只针对垂直布置形式进行对比分析。

（2）修正 S-R 模型网壳节点加速度响应

表 5.2-12 给出单层柱面网壳垂直布置形式，在 Kobe 波和 Northridge 波输入，PGA = 0.14g，0.22g，0.40g时网壳节点 A1～A6 的加速度峰值的试验结果、数值模拟结果及修正 S-R 模型结果的对比。图 5.2-19 给出 PGA = 0.14g时网壳节点 A4 在不同地震波输入下的加速度时程曲线的试验结果、数值模拟结果及修正 S-R 模型结果的对比。

网壳节点加速度峰值试验结果、模拟结果及修正 S-R 模型结果对比　　表 5.2-12

PGA/g	节点号	Kobe 波				Northridge 波			
		试验值/g	模拟值（未调整）/g	修正 S-R/g	修正 S-R 与试验误差	试验值/g	模拟值（未调整）/g	修正 S-R/g	修正 S-R 与试验误差
0.14	A1	0.350	0.357	0.361	3.14%	0.368	0.375	0.378	2.72%
	A2	0.359	0.426	0.401	11.70%	0.410	0.416	0.421	2.68%
	A3	0.421	0.451	0.441	4.75%	0.391	0.447	0.422	7.93%
	A4	0.366	0.426	0.412	12.57%	0.346	0.421	0.397	14.74%
	A5	0.376	0.445	0.431	14.63%	0.404	0.478	0.438	8.42%
	A6	0.401	0.473	0.452	12.72%	0.407	0.492	0.452	11.06%
0.22	A1	0.547	0.513	0.537	1.83%	0.512	0.571	0.546	6.64%
	A2	0.541	0.613	0.587	8.50%	0.491	0.669	0.542	10.39%
	A3	0.549	0.635	0.611	11.29%	0.499	0.677	0.552	10.62%
	A4	0.503	0.618	0.552	9.74%	0.461	0.663	0.526	14.10%
	A5	0.477	0.587	0.511	7.13%	0.550	0.627	0.587	6.73%
	A6	0.508	0.625	0.572	12.60%	0.515	0.686	0.572	11.07%
0.40	A1	0.965	1.042	1.056	9.43%	0.979	1.164	1.078	10.11%
	A2	0.967	1.102	1.098	13.55%	0.994	1.247	1.114	12.07%
	A3	1.039	1.104	1.107	6.54%	1.075	1.228	1.108	3.07%
	A4	0.933	1.088	1.054	12.97%	1.027	1.234	1.153	12.27%
	A5	0.962	1.245	1.083	12.58%	1.021	1.401	1.165	14.10%
	A6	0.976	1.169	1.065	9.12%	1.057	1.428	1.172	10.88%

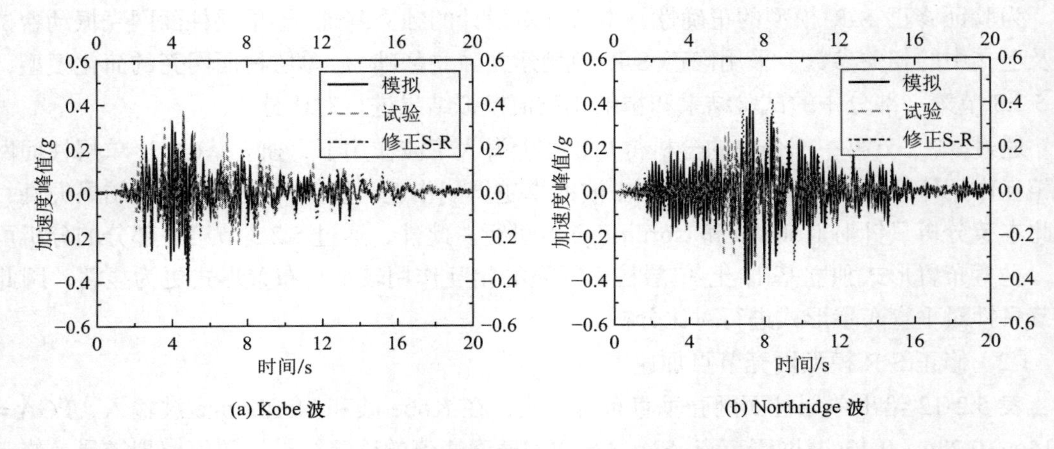

(a) Kobe 波

(b) Northridge 波

图 5.2-19 网壳节点 A4 加速度时程曲线

由表 5.2-12 和图 5.2-19 的试验结果、数值模拟结果及修正 S-R 模型结果的对比分析可以看出，考虑土-结构相互作用下：

①修正 S-R 模型的网壳节点加速度峰值的计算结果较试验结果偏大，较数值模拟结果偏小，介于二者之间；

②修正 S-R 模型的网壳节点加速度峰值的计算结果与试验结果的最大误差不超过 15%，且分布较为均匀；

③修正 S-R 模型的网壳节点加速度时程曲线计算结果与试验结果、数值模拟结果能够基本吻合，其中与数值模拟结果吻合程度更高。

总之，修正的 S-R 模型能够较好地模拟土-结构相互作用下单层柱面网壳的节点加速度响应。

（3）修正 S-R 模型网壳节点位移响应

表 5.2-13 给出单层柱面网壳垂直布置形式，在 Kobe 波和 Northridge 波输入，PGA = 0.14g，0.22g，0.40g时网壳节点 U1～U6 的位移最大值的试验结果、数值模拟结果及修正 S-R 模型结果的对比。图 5.2-20 给出 PGA = 0.14g时网壳节点 U4 在不同地震波输入下的位移时程曲线的试验结果、数值模拟结果及修正 S-R 模型结果的对比。

网壳节点位移最大值试验结果、模拟结果及修正 S-R 模型结果对比　　表 5.2-13

PGA/g	节点号	Kobe 波				Northridge 波			
		试验值/mm	模拟值（未调整）/mm	修正 S-R/mm	修正 S-R 与试验误差	试验值/mm	模拟值（未调整）/mm	修正 S-R/mm	修正 S-R 与试验误差
0.14	U1	17.67	24.49	20.04	13.41%	14.03	18.67	15.02	7.06%
	U2	17.86	24.52	20.32	13.77%	14.00	19.67	15.81	12.93%
	U3	17.47	24.33	19.98	14.37%	13.45	19.66	15.43	14.72%
	U4	18.62	24.15	20.07	7.79%	14.96	20.06	16.52	10.43%
	U5	18.35	23.40	20.38	11.06%	14.62	20.08	16.41	12.24%
	U6	17.46	24.34	19.58	12.14%	13.91	19.66	15.61	12.22%

续表

PGA/g	节点号	Kobe 波				Northridge 波			
		试验值/mm	模拟值（未调整）/mm	修正 S-R/mm	修正 S-R 与试验误差	试验值/mm	模拟值（未调整）/mm	修正 S-R/mm	修正 S-R 与试验误差
0.22	U1	29.87	37.86	32.14	7.60%	23.93	29.60	25.56	6.81%
	U2	29.41	38.25	33.21	12.92%	23.58	30.78	26.32	11.62%
	U3	28.86	38.00	33.01	14.38%	22.99	30.75	26.09	13.48%
	U4	30.55	37.88	32.17	5.30%	25.44	31.24	27.98	9.98%
	U5	30.08	36.92	32.93	9.47%	24.34	31.20	27.92	14.71%
	U6	30.08	38.01	33.45	11.20%	23.83	30.75	26.89	12.84%
0.40	U1	49.88	67.48	56.71	13.69%	38.24	53.87	43.31	13.26%
	U2	50.49	68.48	57.12	13.13%	38.39	55.03	44.02	14.67%
	U3	49.31	68.14	56.62	14.82%	38.19	54.98	43.78	14.64%
	U4	53.93	68.10	58.01	7.57%	39.70	55.36	44.47	12.02%
	U5	51.58	66.73	56.62	9.77%	39.29	55.21	43.92	11.78%
	U6	49.67	68.17	57.98	16.73%	37.74	54.98	43.12	14.26%

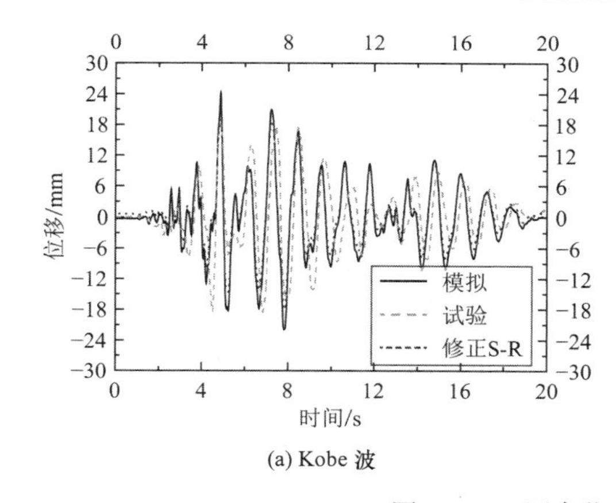

(a) Kobe 波

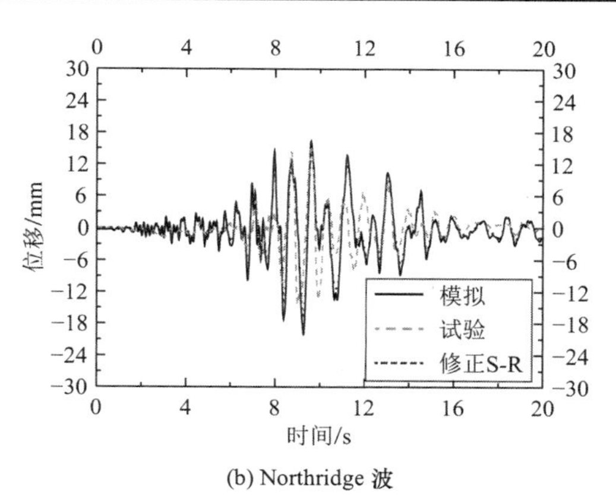

(b) Northridge 波

图 5.2-20　网壳节点 U4 位移时程曲线

由表 5.2-13 和图 5.2-20 的试验结果、数值模拟结果及修正 S-R 模型结果的对比分析可以看出，考虑土-结构相互作用下：

①修正 S-R 模型的网壳节点的位移最大值的计算结果较试验结果偏大，较数值模拟结果偏小，介于二者之间；

②修正 S-R 模型的网壳网壳节点位移最大值的计算结果与试验结果的最大误差在 15%左右，且分布较为平衡；

③修正 S-R 模型的网壳节点的位移时程曲线计算结果与试验结果、数值模拟结果能够基本吻合，其中与数值模拟结果吻合程度更高。

（4）修正 S-R 模型网壳杆件应变响应

表 5.2-14 给出单层柱面网壳垂直布置形式，在 Kobe 波和 Northridge 波输入，PGA =

0.14g，0.22g，0.40g时网壳杆件 S2、S8、S10、S11 的应变最大值的试验结果、数值模拟结果及修正 S-R 模型结果的对比。图 5.2-21 给出 PGA = 0.14g时网壳杆件 S11 在不同地震波输入下的应变时程曲线的试验结果、数值模拟结果及修正 S-R 模型结果的对比。

不同杆件应变最大值试验结果、模拟结果及修正 S-R 模型结果对比　表 5.2-14

PGA/g	杆件号	Kobe 波				Northridge 波			
		试验值/με	模拟值（未调整）/με	修正 S-R/με	修正 S-R 与试验误差	试验值/με	模拟值（未调整）/με	修正 S-R/με	修正 S-R 与试验误差
0.14	S2	69.14	78.75	76.23	10.25%	82.79	85.10	85.56	3.35%
	S8	64.65	60.78	65.41	1.18%	78.26	72.98	82.41	5.30%
	S10	32.04	39.71	36.21	13.01%	34.86	44.75	39.67	13.80%
	S11	91.86	102.71	97.34	5.97%	90.67	111.65	101.34	11.77%
0.22	S2	112.78	139.86	123.32	9.35%	140.32	171.67	156.54	11.56%
	S8	111.10	117.06	114.50	3.06%	101.57	113.32	110.45	8.74%
	S10	53.95	60.21	57.31	6.23%	61.79	67.42	65.78	6.46%
	S11	141.44	160.76	150.42	6.35%	153.55	180.50	165.43	7.74%
0.40	S2	162.37	210.90	180.32	11.05%	239.26	273.23	253.45	5.93%
	S8	121.93	173.72	137.31	12.61%	162.37	190.82	180.79	11.34%
	S10	92.16	134.27	102.42	11.13%	97.20	142.35	109.89	13.06%
	S11	285.60	346.83	310.36	8.67%	191.21	373.32	214.78	12.33%

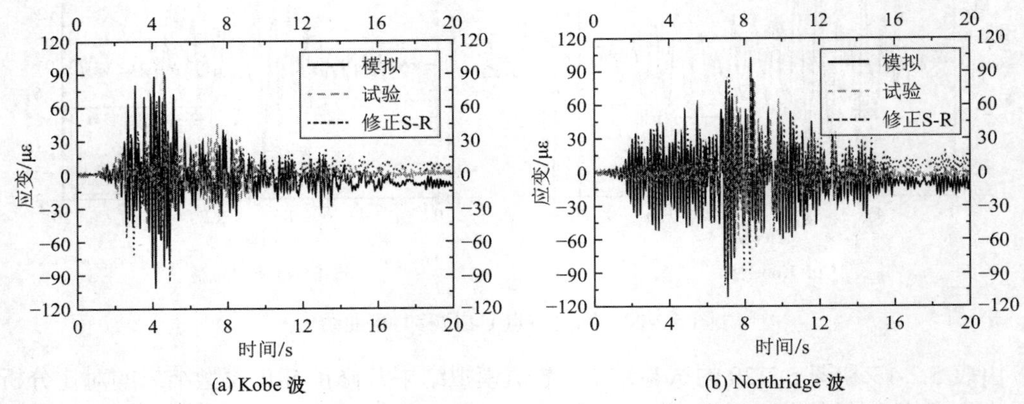

图 5.2-21　网壳杆件 S11 应变时程曲线

由表 5.2-14 和图 5.2-21 的试验结果、数值模拟结果及修正 S-R 模型结果的对比分析可以看出，考虑土-结构相互作用下：

①修正 S-R 模型的网壳杆件应变最大值的计算结果较试验结果偏大，较数值模拟结果偏小，基本介于二者之间；

②修正 S-R 模型的网壳杆件应变最大值的计算结果与试验结果的最大误差不超过 15%，且分布较为均匀；

③修正 S-R 模型的杆件应变时程曲线计算结果与试验结果、数值模拟结果能够基本吻

合，其中与数值模拟结果吻合程度更高。

总之，修正的 S-R 模型能够较好地模拟土-结构相互作用下单层柱面网壳杆件应变响应，表明修正 S-R 模型是合理的。

由本节关于修正 S-R 模型的网壳节点加速度、节点位移及杆件应变的对比分析看出，提出的修正 S-R 模型的计算方法是合理的，与试验结果的误差在 15%之内，但计算效率比精细化模型高得多，适用于分析独立基础形式下考虑土-结构相互作用的空间网格结构的抗震性能分析。

5.2.4 桩-土-单层柱面网壳振动台试验

第 5.2.3 节介绍了独立基础-土-单层柱面网壳结构振动台试验，本节将试验中的独立基础置换为桩基础，开展桩基础-土-单层柱面网壳结构体系振动台试验。单层柱面网壳结构按图 5.2-22 所示两种方式进行布置，其中（a）种形式称为垂直布置，即单层柱面网壳纵向与箱体纵向垂直，（b）种形式称为平行布置，即单层柱面网壳纵向与箱体纵向平行。现对图 5.2-22 两种布置形式进行桩-土-单层柱面网壳振动台试验，试验将 Kobe 波、Northridge 波及上海人工波以 PGA = 0.14g，0.22g，0.40g大小沿箱体纵向进行输入。

本节仍分两部分介绍，首先采用精细化建模方法建立桩-土-单层柱面网壳结构体系的精细化有限元模型，与垂直布置、平行布置两种形式下桩-土-单层柱面网壳结构体系的振动台试验结果进行对比分析；第二部分采用第 1.3.1 节所采用的常用 S-R 模型（非修正 S-R 模型）建立桩-土-单层柱面网壳结构体系简化模型，与试验结果进行对比分析。

(a) 垂直布置

(b) 平行布置

图 5.2-22 桩-土-单层柱面网壳结构振动台试验

1）桩基础振动台试验结果与精细化模型结果对比分析

（1）桩基和自由场地震响应

试验测定了 PGA = 0.14g，0.22g，0.40g地震输入下桩基础和自由场土体表面的地震响应。表 5.2-15a、表 5.2-15b 分别给出在垂直布置、平行布置下，不同 PGA 输入时桩基础承台中心和自由场土体表面的 PGA，为便于考察桩-土-结构相互作用对单层柱面网壳体系中桩基础影响，仍以 PGA 增大幅度来衡量，定义为：

$$\mu = \frac{a_{m,max} - a_{f,max}}{a_{f,max}} \tag{5.2-3}$$

式中：$a_{f,max}$——自由场地表反应加速度峰值；

$a_{m,max}$——桩基础承台中心反应加速度峰值。

垂直布置桩基础与自由场加速度峰值试验结果与数值模拟结果对比　表 5.2-15a

PGA/g	类别	Kobe 波			Northridge 波			上海人工波		
		试验值/g	模拟值/g	误差	试验值/g	模拟值/g	误差	试验值/g	模拟值/g	误差
0.14	$a_{f,max}$	0.200	0.224	12.00%	0.203	0.221	8.87%	0.210	0.227	8.10%
	$a_{m,max}$	0.187	0.215	14.97%	0.185	0.207	11.89%	0.245	0.273	11.43%
	μ	−6.50%	−4.02%	—	−8.87%	−6.33%	—	16.67%	20.26%	—
0.22	$a_{f,max}$	0.310	0.337	8.71%	0.302	0.331	9.60%	0.312	0.345	10.58%
	$a_{m,max}$	0.269	0.311	15.61%	0.266	0.311	16.92%	0.360	0.383	6.39%
	μ	−13.23%	−7.72%	—	−11.92%	−6.04%	—	15.38%	11.01%	—
0.40	$a_{f,max}$	0.595	0.633	6.39%	0.596	0.639	7.21%	0.577	0.623	7.97%
	$a_{m,max}$	0.559	0.603	7.87%	0.548	0.609	11.13%	0.673	0.736	9.36%
	μ	−6.05%	−4.74%	—	−8.05%	−4.69%	—	16.64%	18.14%	—

平行布置桩基础与自由场加速度峰值试验结果与数值模拟结果对比　表 5.2-15b

PGA/g	类别	Kobe 波			Northridge 波			上海人工波		
		试验值/g	模拟值/g	误差	试验值/g	模拟值/g	误差	试验值/g	模拟值/g	误差
0.14	$a_{f,max}$	0.201	0.231	14.93%	0.211	0.233	10.43%	0.232	0.215	7.33%
	$a_{m,max}$	0.194	0.216	11.34%	0.197	0.213	8.12%	0.261	0.252	3.45%
	μ	−3.48%	−6.49%	—	−6.64%	−8.58%	—	12.50%	17.21%	—
0.22	$a_{f,max}$	0.301	0.352	16.94%	0.312	0.367	17.63%	0.348	0.373	7.18%
	$a_{m,max}$	0.288	0.318	10.42%	0.302	0.335	10.93%	0.369	0.396	7.32%
	μ	−4.32%	−9.66%	—	−3.21%	−8.72%	—	6.03%	6.17%	—
0.40	$a_{f,max}$	0.587	0.665	13.29%	0.601	0.671	11.65%	0.648	0.683	5.40%
	$a_{m,max}$	0.567	0.615	8.47%	0.589	0.609	3.40%	0.673	0.698	3.71%
	μ	−3.41%	−7.52%	—	−2.00%	−9.24%	—	3.86%	2.20%	—

由表 5.2-15a、表 5.2-15b 试验结果与数值模拟结果的对比分析可以看出，在垂直布置和平行布置，考虑桩-土-结构相互作用下：

①桩基础和自由场的加速度峰值的试验值和模拟值基本吻合，最大误差不超过 20%，由模型箱采用的是刚性箱体、模拟中采用的黏弹性边界相对较柔引起。同时，在试验过程中控制 4 个子台的 12 个作动器之间的局部不一致也是重要的影响因素。

②在 Kobe 波和 Northridge 波作用下，桩基础的加速度峰值较自由场表面加速度峰值减小，减小的最大幅值在 10%左右，有利于结构的抗震设计。

③在上海人工波作用下，桩基础的加速度峰值较自由场的增大，二者的差距最大可达到 20%以上，这是由于上海人工波的卓越周期与桩-土-结构相互作用下单层柱面网壳体系的自振周期较为接近，二者发生了共振，使得上海人工波作用下的试验结果有些失真，进而表明地震波的频谱特性是影响桩-土-结构相互作用下单层柱面网壳体系地震响应的重要因素。

④与独立基础下的响应相比，桩基础条件下试验结果与模拟结果的相对误差更小些，这是由于桩基础埋置较深，土体对桩基础的约束较强，即使经过多次振动，二者之间的约束仍然很强。

⑤土体自由场的地震响应峰值较输入地震波峰值明显增大，这是由于地震波在传播过程中在土体的表面发生折射、反射现象，引起地震波的叠加，使得土体表面加速度响应增大。

（2）网壳节点加速度响应

为研究不同地震波输入下桩-土-单层柱面网壳结构节点加速度响应规律，表 5.2-16a、表 5.2-16b 分别给出单层柱面网壳垂直布置、平行布置下，PGA = 0.14g，0.22g，0.40g时网壳节点 A1～A6 的加速度峰值的试验结果和数值模拟结果的对比。图 5.2-23（a）、图 5.2-23（b）分别给出 PGA = 0.14g时网壳节点 A4 在不同地震波输入下的加速度时程曲线的试验结果和数值模拟结果对比。

垂直布置网壳节点加速度峰值试验结果与模拟结果对比　　表 5.2-16a

PGA/g	节点号	Kobe 波			Northridge 波			上海人工波		
		试验值/g	模拟值/g	误差	试验值/g	模拟值/g	误差	试验值/g	模拟值/g	误差
0.14	A1	0.476	0.433	9.03%	0.518	0.477	7.92%	0.55	0.467	15.09%
	A2	0.491	0.444	9.57%	0.475	0.566	19.16%	0.526	0.593	12.74%
	A3	0.56	0.5	10.71%	0.487	0.589	20.94%	0.543	0.619	14.00%
	A4	0.516	0.464	10.08%	0.498	0.566	13.65%	0.507	0.592	16.77%
	A5	0.529	0.428	19.09%	0.452	0.492	8.85%	0.514	0.553	7.59%
	A6	0.629	0.509	19.08%	0.489	0.581	18.81%	0.535	0.627	17.20%
0.22	A1	0.571	0.529	7.36%	0.745	0.706	5.23%	0.898	0.813	9.47%
	A2	0.586	0.683	16.55%	0.731	0.891	21.89%	0.898	1.042	16.04%
	A3	0.588	0.709	20.58%	0.776	0.923	18.94%	1.006	1.09	8.35%
	A4	0.577	0.681	18.02%	0.785	0.892	13.63%	0.919	1.041	13.28%
	A5	0.546	0.644	17.95%	0.723	0.796	10.10%	0.94	0.987	5.00%
	A6	0.595	0.711	19.50%	0.769	0.91	18.34%	1.046	1.103	5.45%
0.40	A1	1.185	0.992	16.29%	1.361	1.176	13.59%	1.235	1.309	5.99%
	A2	1.443	1.203	16.63%	1.316	1.549	17.71%	1.455	1.633	12.23%
	A3	1.336	1.283	3.97%	1.35	1.625	20.37%	1.433	1.697	18.42%
	A4	1.197	1.208	0.92%	1.299	1.549	19.25%	1.444	1.628	12.74%
	A5	1.318	1.21	8.19%	1.36	1.562	14.85%	1.264	1.43	13.13%
	A6	1.225	1.336	9.06%	1.384	1.682	21.53%	1.546	1.668	7.89%

平行布置网壳节点加速度峰值试验结果与模拟结果对比　　表 5.2-16b

PGA/g	节点号	Kobe 波			Northridge 波			上海人工波		
		试验值/g	模拟值/g	误差	试验值/g	模拟值/g	误差	试验值/g	模拟值/g	误差
0.14	A1	0.369	0.318	13.82%	0.283	0.316	11.66%	0.356	0.361	1.40%
	A2	0.393	0.342	12.98%	0.368	0.348	5.43%	0.486	0.459	5.56%
	A3	0.383	0.338	11.75%	0.285	0.341	19.65%	0.364	0.443	21.70%
	A4	0.414	0.342	17.39%	0.308	0.348	12.99%	0.4	0.459	14.75%
	A5	0.306	0.319	4.25%	0.281	0.317	12.81%	0.306	0.364	18.95%
	A6	0.31	0.328	5.81%	0.274	0.324	18.25%	0.358	0.401	12.01%
0.22	A1	0.456	0.507	11.18%	0.431	0.509	18.10%	0.541	0.57	5.36%
	A2	0.577	0.545	5.55%	0.511	0.536	4.89%	0.632	0.721	14.08%
	A3	0.474	0.539	13.71%	0.459	0.531	15.69%	0.572	0.696	21.68%
	A4	0.491	0.545	11.00%	0.489	0.537	9.82%	0.592	0.711	20.10%
	A5	0.586	0.508	13.31%	0.441	0.511	15.87%	0.562	0.575	2.31%
	A6	0.457	0.523	14.44%	0.435	0.52	19.54%	0.528	0.627	18.75%
0.40	A1	1.054	0.941	10.72%	0.822	0.948	15.33%	0.964	1.008	4.56%
	A2	1.116	1.019	8.69%	1.126	1.012	10.12%	1.3673	1.264	7.56%
	A3	1.138	1.007	11.51%	0.846	0.998	17.97%	1.0406	1.223	17.53%
	A4	1.231	1.019	17.22%	0.904	1.013	12.06%	1.2161	1.266	4.10%
	A5	1.061	0.945	10.93%	0.876	0.951	8.56%	0.9759	1.017	4.21%
	A6	0.911	0.975	7.03%	0.83	0.97	16.87%	0.9833	1.111	12.99%

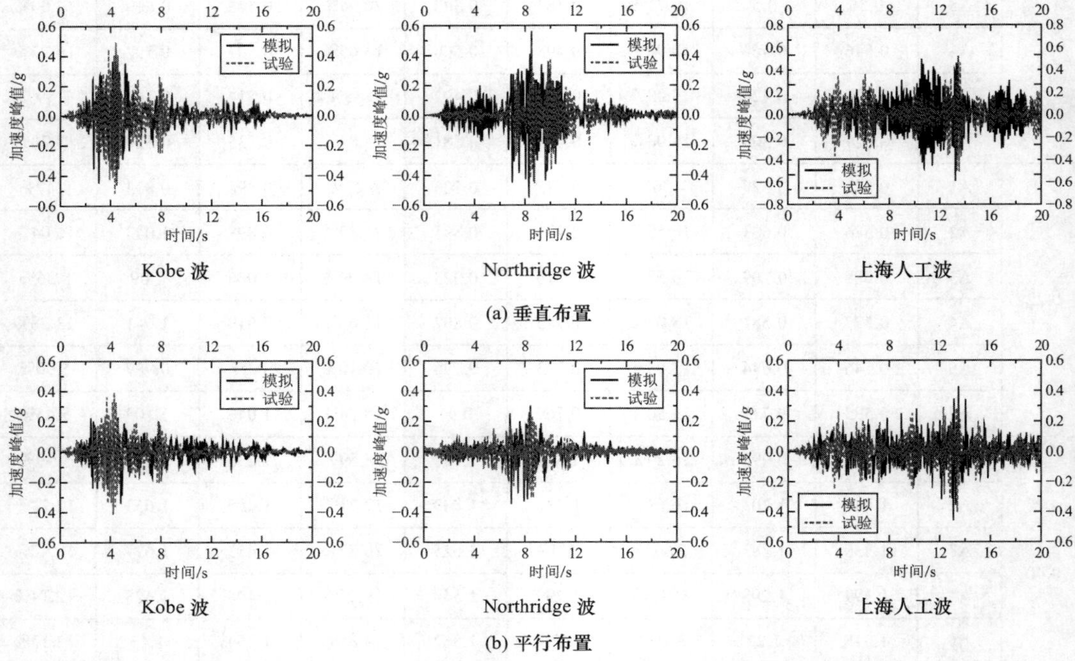

Kobe 波　　Northridge 波　　上海人工波

(a) 垂直布置

Kobe 波　　Northridge 波　　上海人工波

(b) 平行布置

图 5.2-23　不同布置时节点 A4 加速度时程曲线

由表 5.2-16a、表 5.2-16b 和图 5.2-23（a）、（b）试验结果与数值模拟结果的对比分析可以看出，在垂直布置和平行布置，考虑桩-土-结构相互作用下：

①不同地震波输入下，网壳不同节点加速度峰值的试验值和模拟值的大部分误差在20%左右，其误差范围比较集中，比独立基础情况下的误差明显缩小。这是由于桩基础埋置较深，与土体之间的约束较独立基础强，二者之间的提离、滑移现象弱。

②上海人工波作用下，相同大小地震波输入下，网壳节点的加速度峰值偏大，这是由于上海人工波的卓越周期与相互作用体系自振周期一致发生共振引起的，因为土体的存在使得结构体系变柔，周期延长。

③不同地震波输入下，网壳节点的加速度的试验时程曲线与模拟时程曲线基本是吻合的。

④单层柱面网壳平行分布时由于刚度偏大，与土体之间的相互作用相比于垂直布置变弱，单层柱面网壳的节点的加速度较垂直分布时小，上部结构的刚度是影响试验结果的重要因素。

⑤相同大小的地震波输入下网壳节点的加速度响应是不同的，尤其是上海人工波作用下发生共振现象，表明地震波频谱特性是影响相互作用体系地震响应的重要因素。

（3）网壳节点位移响应

为研究不同地震波输入下桩-土-单层柱面网壳结构节点位移响应规律，表 5.2-17a、表 5.2-17b 分别给出单层柱面网壳垂直布置、平行布置下，PGA＝0.14g，0.22g，0.40g时网壳节点 U1～U6 位移最大值的试验结果和数值模拟结果的对比。图 5.2-24（a）、（b）分别给出 PGA＝0.14g时网壳节点 U4 在不同地震波输入下位移时程曲线的试验结果和数值模拟结果对比。

垂直布置网壳节点位移最大值的试验结果与模拟结果对比　　表 5.2-17a

PGA/g	节点号	Kobe 波			Northridge 波			上海人工波		
		试验值/mm	模拟值/mm	误差	试验值/mm	模拟值/mm	误差	试验值/mm	模拟值/mm	误差
0.14	U1	19.50	23.42	20.10%	16.49	18.83	14.19%	18.92	21.35	12.84%
	U2	19.95	23.38	17.19%	16.62	19.90	19.74%	18.92	22.15	17.07%
	U3	18.87	23.08	22.31%	16.11	19.85	23.22%	18.20	22.15	21.70%
	U4	20.67	23.09	11.71%	17.39	20.19	16.10%	19.81	22.45	13.33%
	U5	20.05	22.73	13.37%	16.99	20.03	17.89%	19.40	22.45	15.72%
	U6	19.20	22.58	17.60%	16.57	19.85	19.79%	18.33	22.15	20.84%
0.22	U1	30.79	36.74	19.32%	25.41	29.91	17.71%	30.29	33.88	11.85%
	U2	31.29	36.71	17.32%	25.86	31.27	20.92%	30.81	34.82	13.02%
	U3	30.38	36.58	20.41%	26.10	31.18	19.46%	29.96	34.80	16.15%
	U4	32.30	36.42	12.76%	27.57	31.58	14.54%	32.53	35.12	7.96%
	U5	31.59	35.94	13.77%	26.31	31.25	18.78%	31.66	35.04	10.68%
	U6	29.85	36.58	22.55%	25.03	31.18	24.57%	29.90	34.80	16.39%

续表

PGA/g	节点号	Kobe 波			Northridge 波			上海人工波		
		试验值/mm	模拟值/mm	误差	试验值/mm	模拟值/mm	误差	试验值/mm	模拟值/mm	误差
0.40	U1	56.14	66.25	18.01%	48.75	53.87	10.50%	56.75	62.14	9.50%
	U2	55.64	66.64	19.77%	48.73	55.03	12.93%	55.94	63.39	13.32%
	U3	55.34	66.44	20.06%	48.32	54.98	13.78%	56.09	63.34	12.93%
	U4	57.09	66.37	16.26%	51.36	55.36	7.79%	58.29	63.78	9.42%
	U5	56.63	65.66	15.95%	49.38	55.21	11.81%	56.41	63.65	12.83%
	U6	54.54	66.46	21.86%	48.09	54.98	14.33%	55.81	63.35	13.51%

平行布置网壳节点位移最大值的试验结果与模拟结果对比　　表 5.2-17b

PGA/g	节点号	Kobe 波			Northridge 波			上海人工波		
		试验值/mm	模拟值/mm	误差	试验值/mm	模拟值/mm	误差	试验值/mm	模拟值/mm	误差
0.14	U1	18.73	22.87	22.10%	16.04	18.80	17.21%	18.20	21.63	18.85%
	U2	18.95	22.96	21.16%	15.94	18.85	18.26%	18.36	21.66	17.97%
	U3	18.49	22.99	24.34%	15.76	18.85	19.61%	17.94	21.36	19.06%
	U4	19.89	22.90	15.13%	16.15	18.82	16.53%	18.86	21.64	14.74%
	U5	19.81	22.85	15.35%	16.08	18.81	16.98%	18.50	21.64	16.97%
	U6	18.62	22.58	21.27%	15.90	18.84	18.49%	18.11	21.65	19.55%
0.22	U1	29.91	35.37	18.25%	24.98	29.53	18.21%	30.12	34.05	13.05%
	U2	30.98	36.12	16.59%	24.94	29.59	18.64%	30.49	34.05	11.68%
	U3	31.52	36.16	14.72%	24.50	29.29	19.55%	29.53	34.02	15.20%
	U4	31.48	36.02	14.42%	25.99	29.55	13.70%	31.37	34.01	8.42%
	U5	31.51	35.94	14.06%	25.38	29.53	16.35%	31.33	34.04	8.65%
	U6	30.89	36.06	16.74%	24.64	29.59	20.09%	30.26	34.04	12.49%
0.40	U1	55.37	65.50	18.30%	46.73	53.61	14.72%	56.19	61.88	10.13%
	U2	54.76	65.80	20.16%	53.68	58.21	8.44%	56.66	61.96	9.35%
	U3	54.71	65.86	20.38%	53.69	58.69	9.31%	56.31	61.97	10.05%
	U4	56.88	65.60	15.33%	53.63	58.63	9.32%	57.61	61.90	7.45%
	U5	56.02	65.45	16.83%	53.61	59.61	11.19%	57.54	61.88	7.54%
	U6	54.39	65.86	21.09%	53.68	56.68	5.59%	57.02	61.96	8.66%

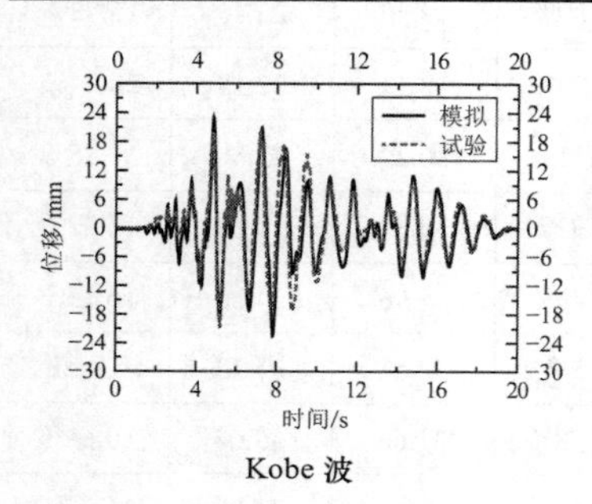

Kobe 波

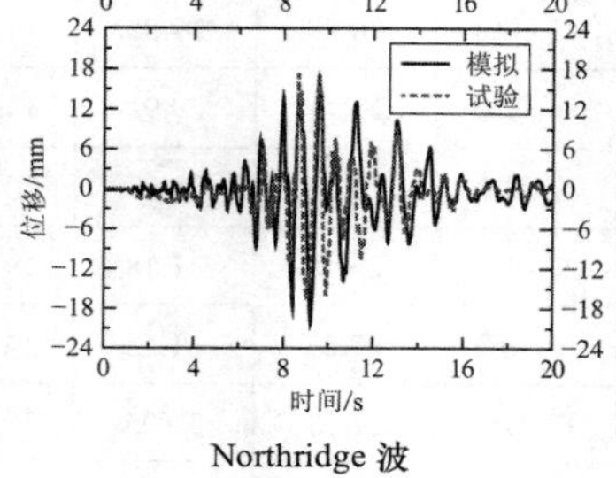

Northridge 波

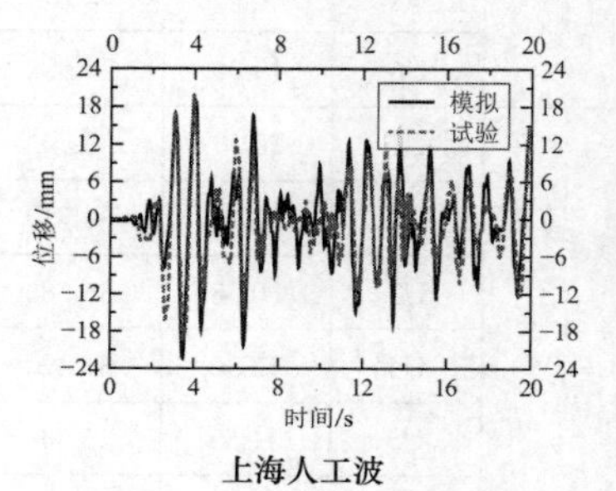

上海人工波

(a) 垂直布置

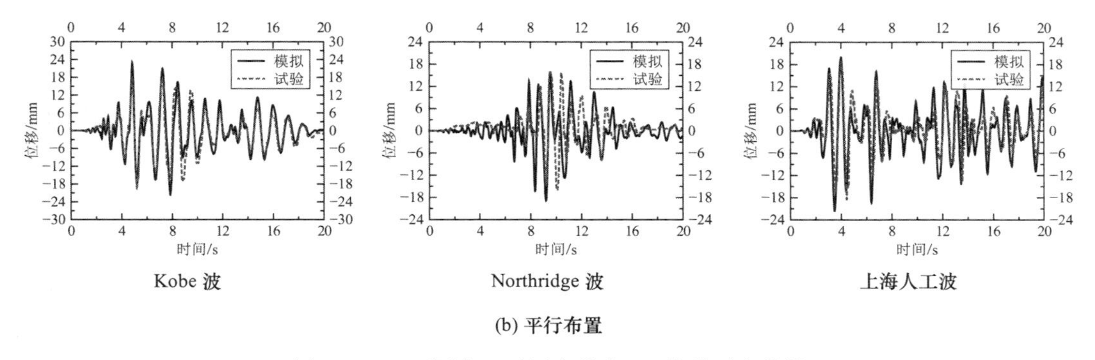

(b) 平行布置

图 5.2-24 不同布置时网壳节点 U4 位移时程曲线

由表 5.2-17a、表 5.2-17b 和图 5.2-24（a）、（b）试验结果与数值模拟结果的对比分析可以看出，在垂直布置和平行布置，考虑桩-土-结构相互作用下：

①在不同地震波输入下，网壳节点位移最大值的试验结果与模拟结果的最大误差在20%左右，且误差分布较为均匀，较独立基础情况误差明显减小。这是由于桩基础埋置较深，土体与桩基础的约束较强，即使经过多次振动，二者之间的约束仍然很强。

②在不同地震波输入下，单层柱面网壳节点位移时程曲线的试验结果和数值模拟结果基本吻合，呈现出较好的规律。

③相同大小地震波输入下，网壳节点位移存在差异，这是由不同地震波的频谱特性差异引起。

④相同地震波输入下，垂直分布与平行分布时，网壳节点位移是不同的，说明单层柱面网壳的刚度强弱对地震响应的影响是不可忽略的。

（4）网壳杆件应变响应

为研究不同地震波输入下桩-土-单层柱面网壳结构杆件应变响应规律，表 5.2-18a 给出单层柱面网壳垂直布置下，PGA = 0.14g，0.22g，0.40g时网壳杆件 S2、S8、S10、S11 应变最大值的试验结果和数值模拟结果的对比，表 5.2-18b 给出单层柱面网壳平行布置下，PGA = 0.14g，0.22g，0.40g时网壳杆件 S2、S6、S8、S10 应变最大值的试验结果和数值模拟结果的对比。图 5.2-25（a）给出 PGA = 0.14g时网壳杆件 S11 在不同地震波输入下位移时程曲线的试验结果和数值模拟结果的对比，图 5.2-25（b）给出 PGA = 0.14g时网壳杆件 S2 在不同地震波输入下位移时程曲线的试验结果和数值模拟结果的对比。

由表 5.2-18a、表 5.2-18b 和图 5.2-25（a）、（b）试验结果与数值模拟结果的对比分析可以看出，在垂直布置和平行布置，考虑桩-土-结构相互作用下：

①不同地震波输入下，网壳相同杆件应变最大值的试验结果与模拟结果的最大误差在20%左右，较独立基础的误差明显减小。这是由于桩基础埋置较深，土体与桩基础之间的约束较强，即使经过多次振动，二者之间的约束仍然很强。

②不同地震波输入下，网壳杆件的应变时程曲线的试验结果与数值模拟结果基本能够吻合。

③不同地震波输入下网壳杆件应变最大值存在差异，上海人工波地震输入下，网壳杆件应力最大值较 Kobe 波和 Northridge 波明显增大，这由桩-土-单层柱面网壳相互作用体系

的自振周期与上海人工波的卓越周期相近发生共振引起的，表明地震波的频谱特性是影响网壳地震响应的重要因素。

④网壳平行布置时，网壳杆件应变较垂直布置时偏小，这是因为垂直布置情况下，桩-土-单层柱面网壳相互作用体系刚度小，振动剧烈，相互作用效果显著。

垂直布置不同杆件应变试验最大值与模拟最大值对比　　表 5.2-18a

PGA/g	杆件号	Kobe 波			Northridge 波			上海人工波		
		试验值/με	模拟值/με	误差	试验值/με	模拟值/με	误差	试验值/με	模拟值/με	误差
0.14	S2	53.71	53.60	0.20%	47.61	55.52	16.61%	73.85	81.75	10.70%
	S8	86.67	80.96	6.59%	68.97	78.14	13.30%	88.50	102.75	16.10%
	S10	50.42	42.47	15.77%	57.37	47.40	17.38%	73.24	63.49	13.31%
	S11	141.61	120.27	15.07%	112.92	131.41	16.37%	157.48	180.52	14.63%
0.22	S2	59.21	65.60	10.79%	79.96	86.56	8.25%	112.31	102.63	8.62%
	S8	89.11	97.09	8.96%	108.65	120.07	10.51%	133.15	146.10	9.73%
	S10	70.80	50.91	28.09%	81.79	69.44	15.10%	94.98	75.56	20.45%
	S11	184.33	147.78	19.83%	183.11	193.89	5.89%	247.20	214.17	13.36%
0.40	S2	155.03	123.46	20.36%	186.47	179.92	3.51%	203.86	182.68	10.39%
	S8	153.06	174.89	14.26%	181.51	212.65	17.16%	183.20	223.52	22.01%
	S10	107.12	92.21	13.92%	123.58	104.27	15.63%	105.59	118.41	12.14%
	S11	300.91	258.42	14.12%	339.37	295.46	12.94%	347.91	308.14	11.43%

平行布置不同杆件应变试验最大值与模拟最大值对比　　表 5.2-18b

PGA/g	杆件号	Kobe			Northridge			上海人工波		
		试验值/με	模拟值/με	误差	试验值/με	模拟值/με	误差	试验值/με	模拟值/με	误差
0.14	S2	77.05	65.45	15.06%	68.97	60.60	12.14%	84.23	81.02	3.81%
	S6	18.97	15.69	17.29%	20.14	17.29	14.15%	24.41	22.48	7.91%
	S8	21.97	18.14	17.43%	18.92	21.50	13.64%	22.14	25.65	15.85%
	S10	31.51	30.42	3.46%	28.08	23.99	14.57%	32.96	30.44	7.65%
0.22	S2	114.14	105.60	7.48%	108.04	93.22	13.72%	137.33	128.43	6.48%
	S6	30.01	24.43	18.59%	28.69	23.99	16.38%	34.79	35.27	1.38%
	S8	32.96	28.81	12.59%	26.03	30.97	18.98%	36.01	42.65	18.44%
	S10	61.48	50.41	18.01%	50.05	42.22	15.64%	40.89	45.65	11.64%
0.40	S2	151.98	156.80	3.17%	180.67	157.76	12.68%	203.86	179.65	11.88%
	S6	43.75	35.44	18.99%	50.05	39.98	20.12%	60.57	50.20	17.12%
	S8	46.79	56.28	20.28%	45.78	55.34	20.88%	55.54	62.84	13.14%
	S10	65.92	76.89	16.64%	66.53	74.60	12.13%	77.52	63.95	17.51%

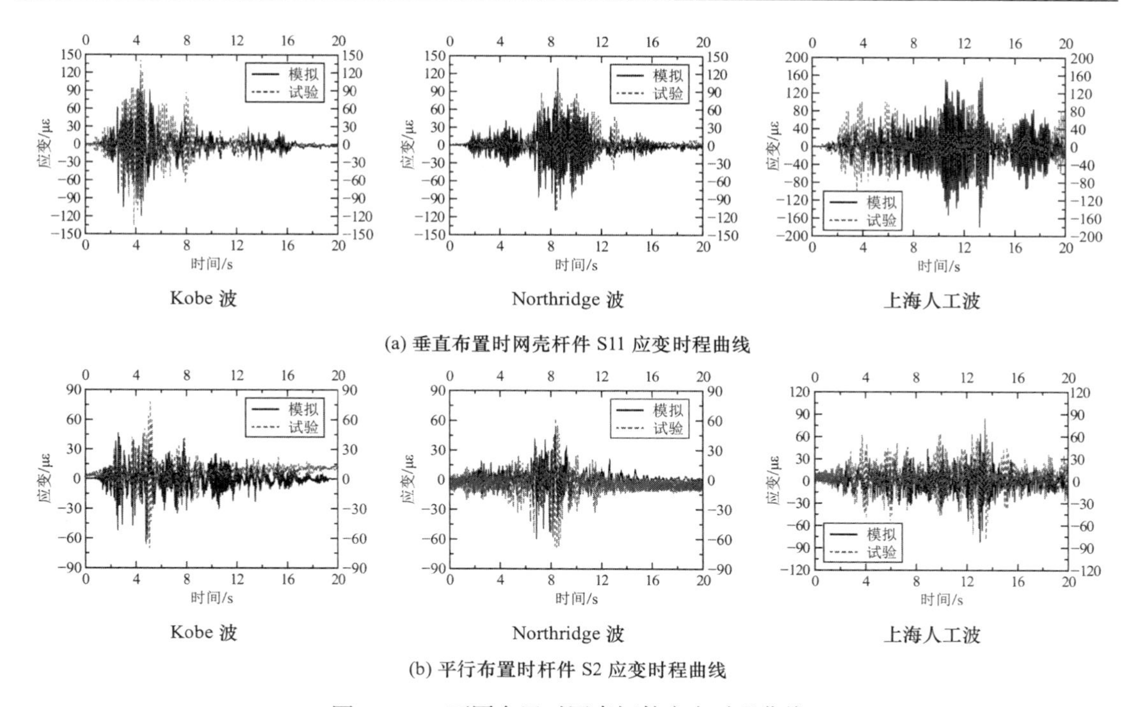

(a) 垂直布置时网壳杆件 S11 应变时程曲线

(b) 平行布置时杆件 S2 应变时程曲线

图 5.2-25　不同布置时网壳杆件应变时程曲线

（5）误差分析

通过本节关于桩-土-单层柱面网壳的试验结果和数值模拟结果的对比分析可以看出：

考虑桩-土-结构相互作用下，桩-土-单层柱面网壳体系中桩基础承台中心加速度峰值、自由场表面加速度峰值、网壳节点的加速度峰值、网壳节点位移及杆件应变最大值的试验结果与数值模拟结果的最大误差在 20%左右，且仅有不到 5%的测定的试验结果与模拟结果的误差超过 20%，其他都分布较为均匀、离散性小。

与独立基础-土-单层柱面网壳结构体系相比，试验结果与数值模拟结构的误差明显减小，这是由于试验过程中观察到桩基础与土体之间的缝隙微小，二者的提离、滑移现象较独立基础弱得多，且随着振动次数的增多和输入地震波强度的增大，桩基础与土体之间的缝隙变化不大。这也反映出土与基础之间非线性接触是影响模拟精度的重要因素，进一步证实了人为修正独立基础与土体的合理性。

此外，5.2.3 节第一部分中未针对振动台面的局部非一致、模型箱刚度效应进行人为修正，因为试验结果与数值模拟结果的最大误差在 20%左右，且仅有不到 5%的测定的试验结果与模拟结果的误差超过 20%，其他都分布较为均匀、离散性小，是完全可以接受的。经多方面分析认为，产生这 20%误差的主要因素如下：

①模型箱效应

试验中采用由采用角钢、橡胶板、钢板等材料制成的刚性箱，虽通过加大泡沫板的厚度来减小边界效应，但仍然与实际的土体边界存在差异；而在试验模拟中，采用理想的黏弹性边界模拟人工边界，相对于刚性箱来讲，黏弹性边界较柔，故使得与试验值相比较出现了差异。

②土体参数测定误差

试验土体的力学参数虽采用土体分层夯实后现场取样测定，取了多个测点求取平均值，但在测定土体参数的过程中发现，测得的中砂土存在明显的离散性，试验虽采用了直剪法和动（静）三轴试验进行了对比测试，但与实际情况存在一定的差距。此外，由于试验模型箱很大，采用了 $15m^3$ 的土体，不可能做到每次振动后重新填土夯实或是重新测量参数，故在多次振动后土体的密实度也会发生变化，这也是产生试验结果与模拟结果误差的因素之一。

③试验采集误差

试验在采集加速度和位移时采用的分别是压电式传感器和拉线位移计。对于压电式传感器而言，在测量土体加速度响应时，由于试验的周期较长，为防止水分渗入传感器内，采用气球、防水胶布、干燥剂等对传感器进行了防水处理，在固定上部网壳测点传感器时采用的橡皮泥，这些处理都会影响加速度响应的采集，使得试验值偏小。对于拉线位移计而言，其固定在搭制的临时脚手架上，在振动过程中由于台面振动、外界扰动、土体的沉降等都会使得拉线位移计的拉线偏离水平位置，使得测量产生误差。

④九子台台阵系统误差

试验采用北京工业大学九子台台阵体系，试验采用其中的 4 个子台，4 个子台由 12 个作动器制动，通过对 4 个台面加速度响应的采集发现 4 个子台存在局部的非一致现象，4 个子台台面响应出的加速度峰值存在差异，通过对多个工况分析发现，4 个台面的差异值在±8%之内，数值模拟中虽对 4 个子台进行求均值处理，但仍不能完全保证数值模拟中地震动输入与实际输入的差距，而且由于地锚的松动及油压的不稳定使得台面存在局部非一致性，使得测量的试验结果相对偏小。

此外，不可避免的人为仪器安装误差、试验过程中试验大厅中有其他试验的进行等外界干扰因素，都可能是导致误差产生的原因。

2）桩-土-单层柱面网壳结构简化计算方法

第 1.3.1 节中针对桩基础形式，从便于工程应用出发采用 S-R 模型（非修正 S-R 模型）建立桩-土-结构相互作用下单层网壳结构的简化计算模型，并与精细化模型计算结果进行对比分析，从数值模拟方面论证了 S-R 模型分析桩-土-结构相互作用空间网格结构是合理的，可提高计算效率。本节采用 S-R 模型建立桩-土-单层柱面网壳结构振动台试验的简化模型，与 5.2.4.1 节的试验结果和精细化数值模拟结果进行对比分析，从试验角度上进一步讨论 S-R 模型分析桩-土-结构相互作用空间网格结构抗震性能的合理性。

由前文的分析可知，在上海人工波作用下，桩-土-单层柱面网壳相互作用体系的自振周期与上海人工波的卓越周期相近，二者易发生共振致使试验结果失真，因此在本节分析中只针对 Kobe 波和 Northridge 波进行，且只针对垂直布置形式进行对比分析。

（1）网壳节点加速度响应

表 5.2-19 给出单层柱面网壳垂直布置形式，在 Kobe 波和 Northridge 波输入下，PGA = 0.14g，0.22g，0.40g时网壳节点 A1～A6 的加速度峰值的试验结果、数值模拟结果及 S-R 模型计算结果的对比。图 5.2-26 给出 PGA = 0.14g时网壳节点 A4 在不同地震波输入下加速度时程曲线的试验结果、数值模拟结果及 S-R 模型结果的对比。

由表 5.2-19 和图 5.2-26 的试验结果、数值模拟结果及 S-R 模型结果的对比分析可以看出，考虑桩-土-结构相互作用下：

①S-R 模型的网壳节点的加速度峰值的计算结果较数值模拟计算结果偏小；

②S-R 模型的网壳网壳节点的加速度峰值的计算结果与试验结果的最大误差在 25%左右；

③S-R 模型的网壳节点的加速度时程曲线计算结果与试验结果、数值模拟结果能够基本吻合，其中与数值模拟结果吻合程度更高。

总之，S-R 模型可以有效地模拟桩-土-结构相互作用下单层柱面网壳的节点加速度响应。

网壳节点加速度峰值试验结果、模拟结果及 S-R 模型结果对比　　表 5.2-19

PGA/g	节点号	Kobe 波				Northridge 波			
		试验值/g	模拟值/g	S-R/g	S-R 与试验误差	试验值/g	模拟值/g	S-R/g	S-R 与试验误差
0.14	A1	0.476	0.433	0.401	15.76%	0.518	0.477	0.404	22.01%
	A2	0.491	0.444	0.421	14.26%	0.475	0.566	0.471	0.84%
	A3	0.560	0.500	0.472	15.71%	0.487	0.589	0.541	11.09%
	A4	0.516	0.464	0.453	12.21%	0.498	0.566	0.533	7.03%
	A5	0.529	0.428	0.422	20.23%	0.452	0.492	0.478	5.75%
	A6	0.629	0.509	0.481	23.53%	0.489	0.581	0.541	10.63%
0.22	A1	0.571	0.529	0.512	10.33%	0.745	0.706	0.689	7.52%
	A2	0.586	0.683	0.673	14.85%	0.731	0.891	0.821	12.31%
	A3	0.588	0.709	0.687	16.84%	0.776	0.923	0.862	11.08%
	A4	0.577	0.681	0.654	13.34%	0.785	0.892	0.841	7.13%
	A5	0.546	0.644	0.601	10.07%	0.723	0.796	0.788	8.99%
	A6	0.595	0.711	0.689	15.80%	0.769	0.910	0.851	10.66%
0.40	A1	1.185	0.992	0.912	23.04%	1.361	1.176	1.086	20.21%
	A2	1.443	1.203	1.104	23.49%	1.316	1.549	1.476	12.16%
	A3	1.336	1.283	1.165	12.80%	1.350	1.625	1.534	13.63%
	A4	1.197	1.208	1.101	8.02%	1.299	1.549	1.439	10.78%
	A5	1.318	1.210	1.114	15.48%	1.360	1.562	1.456	7.06%
	A6	1.225	1.336	1.094	10.69%	1.384	1.682	1.576	13.87%

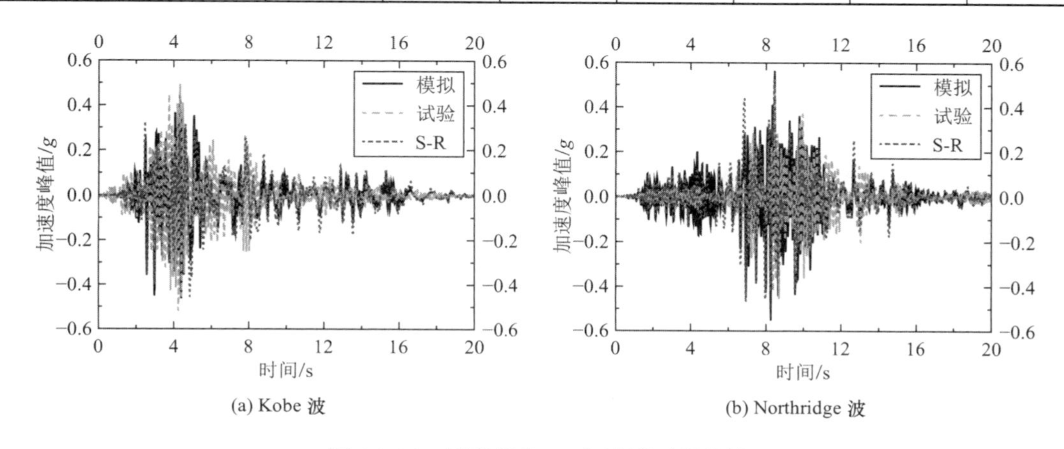

图 5.2-26　网壳节点 A4 加速度时程曲线

（2）网壳节点位移响应

表 5.2-20 给出单层柱面网壳垂直布置形式，在 Kobe 波和 Northridge 波输入下，PGA = 0.14g，0.22g，0.40g时网壳节点 U1～U6 的节点位移最大值的试验结果、数值模拟结果及 S-R 模型计算结果的对比。图 5.2-27 给出 PGA = 0.14g时网壳节点 U4 在不同地震波输入下位移时程曲线的试验结果、数值模拟结果及 S-R 模型结果的对比。

网壳节点位移最大值试验结果、模拟结果及 S-R 模型结果对比　　表 5.2-20

PGA/g	节点号	Kobe 波				Northridge 波			
		试验值/mm	模拟值/mm	S-R/mm	S-R 与试验误差	试验值/mm	模拟值/mm	S-R/mm	S-R 与试验误差
0.14	U1	19.50	23.42	21.56	10.56%	16.49	18.83	17.71	7.40%
	U2	19.95	23.38	21.48	7.67%	16.62	19.90	18.23	9.69%
	U3	18.87	23.08	21.02	11.39%	16.11	19.85	18.02	11.86%
	U4	20.67	23.09	21.42	3.63%	17.39	20.19	18.63	7.13%
	U5	20.05	22.73	20.67	3.09%	16.99	20.03	18.42	8.42%
	U6	19.20	22.58	21.42	11.56%	16.57	19.85	17.87	7.85%
0.22	U1	30.79	36.74	34.78	12.96%	25.41	29.91	27.64	8.78%
	U2	31.29	36.71	34.56	10.45%	25.86	31.27	28.71	11.02%
	U3	30.38	36.58	34.21	12.61%	26.10	31.18	28.02	7.36%
	U4	32.30	36.42	34.78	7.68%	27.57	31.58	29.01	5.22%
	U5	31.59	35.94	33.67	6.58%	26.31	31.25	28.89	9.81%
	U6	29.85	36.58	35.24	18.06%	25.03	31.18	28.32	13.14%
0.40	U1	56.14	66.25	60.21	7.25%	48.75	53.87	51.82	6.30%
	U2	55.64	66.64	60.62	8.95%	48.73	55.03	53.01	8.78%
	U3	55.34	66.44	60.41	9.16%	48.32	54.98	52.91	9.50%
	U4	57.09	66.37	60.31	5.64%	51.36	55.36	53.01	3.21%
	U5	56.63	65.66	59.61	5.26%	49.38	55.21	52.97	7.27%
	U6	54.54	66.46	60.42	10.78%	48.09	54.98	51.78	7.67%

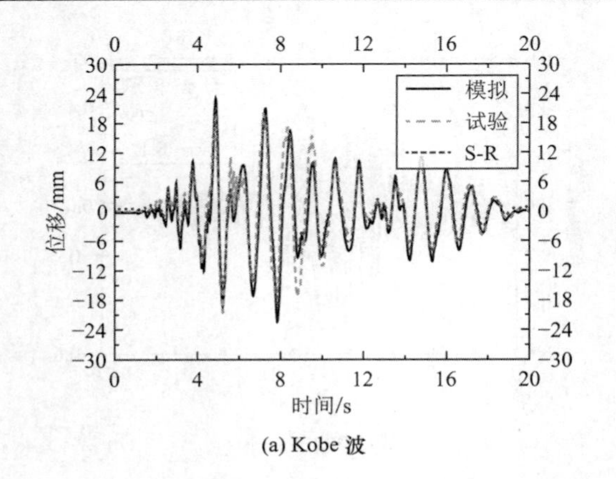

(a) Kobe 波

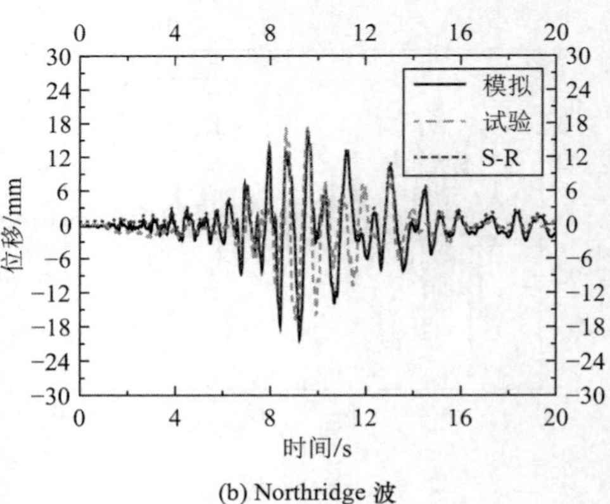

(b) Northridge 波

图 5.2-27　网壳节点 U4 位移时程曲线

由表 5.2-20 和图 5.2-27 的试验结果、数值模拟结果及 S-R 模型结果的对比分析可以看出，考虑桩-土-结构相互作用下：

①S-R 模型的网壳节点的位移最大值的计算结果较试验结果偏大，数值模拟结果偏小，介于二者之间；

②S-R 模型的网壳网壳节点位移最大值的计算结果与试验结果的最大误差在 20%左右；

③S-R 模型的网壳节点的位移时程曲线计算结果与试验结果、数值模拟结果能够基本吻合，其中与数值模拟结果吻合程度更高。

总之，S-R 模型能够较好的模拟桩-土-结构相互作用下网壳节点位移响应。

（3）网壳杆件应变响应

表 5.2-21 给出单层柱面网壳垂直布置形式，在 Kobe 波和 Northridge 波输入下，PGA = 0.14g，0.22g，0.40g时网壳杆件 S2、S8、S10、S11 的应变最大值的试验结果、数值模拟结果及 S-R 模型结果的对比。图 5.2-28 给出 PGA = 0.14g时网壳杆件 S11 在不同地震波输入下应变时程曲线的试验结果、数值模拟结果及 S-R 模型结果的对比。

不同杆件应变最大值试验结果、模拟结果及 S-R 模型结果对比　　表 5.2-21

PGA/g	杆件号	Kobe 波				Northridge 波			
		试验值/με	模拟值/με	S-R/με	S-R 与试验误差	试验值/με	模拟值/με	S-R/με	S-R 与试验误差
0.14	S2	53.71	53.60	57.32	6.72%	47.61	55.52	54.31	14.07%
	S8	86.67	80.96	82.91	4.34%	68.97	78.14	60.76	11.90%
	S10	50.42	42.47	38.31	24.02%	57.37	47.40	42.32	26.23%
	S11	141.61	120.27	110.23	22.16%	112.92	131.41	127.61	13.01%
0.22	S2	59.21	65.60	49.71	16.04%	79.96	86.56	66.57	16.75%
	S8	89.11	97.09	79.62	10.65%	108.65	120.07	101.43	6.65%
	S10	70.80	50.91	60.31	14.82%	81.79	69.44	59.45	27.31%
	S11	184.33	147.78	123.78	32.85%	183.11	193.89	171.34	6.43%
0.40	S2	155.03	123.46	112.42	27.49%	186.47	179.92	167.31	10.28%
	S8	153.06	174.89	164.42	7.42%	181.51	212.65	222.32	22.48%
	S10	107.12	92.21	79.76	25.54%	123.58	104.27	98.46	20.33%
	S11	300.91	258.42	228.56	24.04%	339.37	295.46	276.63	18.49%

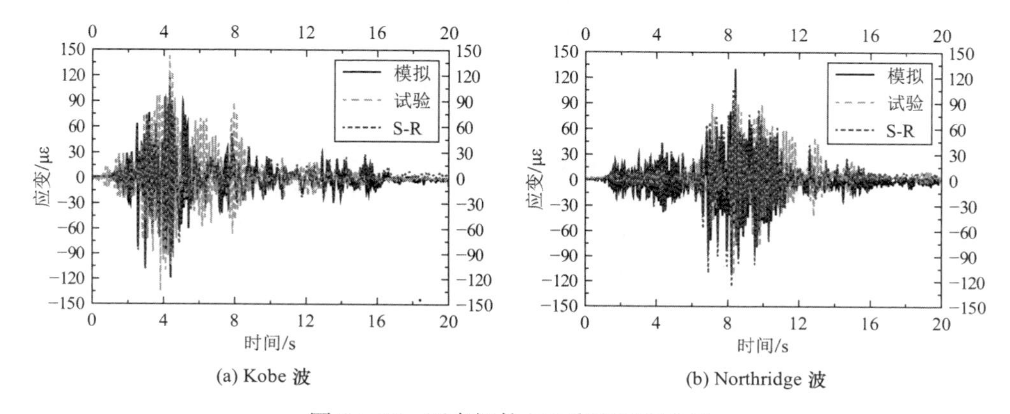

(a) Kobe 波　　(b) Northridge 波

图 5.2-28　网壳杆件 S11 应变时程曲线

由表 5.2-21 和图 5.2-28 的试验结果、数值模拟结果及 S-R 模型结果的对比分析可以看出，考虑桩-土-结构相互作用下：

①S-R 模型的网壳杆件应变最大值的计算结果较数值模拟结果偏小；

②S-R 模型的网壳杆件应变最大值的计算结果与试验结果的最大误差在 30%左右；

③S-R 模型的杆件应变时程曲线计算结果与试验结果、数值模拟结果能够基本吻合，其中与数值模拟结果吻合程度更高；

总之，S-R 模型能够较好的模拟桩-土-结构相互作用下单层柱面网壳杆件应变响应。

由本节关于 S-R 模型的网壳节点加速度、节点位移及杆件应变的对比分析看出，采用常用 S-R 模型（非修正 S-R 模型）所得的计算结果与试验结果的最大误差在 30%左右，其模拟出的单层柱面网壳结构的地震响应规律基本与试验结果一致，可用于分析桩-土-结构相互作用下空间网格结构的抗震性能。

5.2.5　地震波斜入射下独立基础-土-单层柱面网壳振动台试验

第 1.3.2 节基于波动理论，采用时域波动方法实现黏弹性边界上地震动斜入射，并建立土-结构相互作用下单层柱面网壳结构动相互作用体系的精细化模型，采用数值方法研究地震动入射角度对土-结构相互作用下单层柱面网壳结构地震响应的影响。本节以独立基础-土-单层柱面网壳结构体系为研究对象，通过振动台试验继续探究地震波斜入射对单层柱面网壳结构地震响应的影响。

本节中仍将单层柱面网壳结构按如图 5.2-29 所示两种方式进行布置，其中（a）种形式称为垂直布置，即单层柱面网壳纵向与箱体纵向垂直，（b）种形式称为平行布置，即单层柱面网壳纵向与箱体纵向平行。其中箱体纵向所在方向称为X向，横向所在方向称为Y向，试验中 4 个子台由 12 个作动器控制，其中 8 个控制X向输入，4 个控制Y向输入。

(a) 垂直布置

(b) 平行布置

图 5.2-29　独立基础-土-单层柱面网壳结构振动台斜入射试验

针对两种单层柱面网壳布置形式进行斜入射振动台试验，试验中将Kobe波、Northridge波及上海人工波以PGA = 0.14g，0.22g，0.40g大小按比例分别以15°、30°、45°、60°、75°方向输入，实现地震波的斜入射，研究地震波斜入射下独立基础-土-单层柱面网壳结构体系的地震响应规律。

1）地震波斜入射下基础和自由场地震响应

表5.2-22a、表5.2-22b分别给出单层柱面网壳垂直布置、平行布置时，独立基础-土-单层柱面网壳体系中Kobe波、Northridge波及上海人工波以PGA = 0.14g，0.22g，0.40g大小沿15°、30°、45°、60°、75°方向输入下，基础中心X向、Y向的加速度峰值及相应的比值。

垂直布置基础中心两方向加速度峰值及相应的比值　　表5.2-22a

地震波	角度/°	0.14g			0.22g			0.40g		
		X向/g	Y向/g	比值	X向/g	Y向/g	比值	X向/g	Y向/g	比值
Kobe波	15	0.152	0.076	1：0.50	0.217	0.097	1：0.45	0.298	0.158	1：0.53
	30	0.14	0.109	1：0.78	0.197	0.147	1：0.75	0.285	0.242	1：0.85
	45	0.122	0.169	1：1.39	0.19	0.209	1：1.10	0.325	0.284	1：0.87
	60	0.095	0.184	1：1.94	0.166	0.215	1：1.30	0.284	0.381	1：1.34
	75	0.09	0.196	1：2.18	0.156	0.302	1：1.94	0.268	0.393	1：1.47
Northridge波	15	0.185	0.08	1：0.43	0.228	0.122	1：0.54	0.465	0.152	1：0.33
	30	0.181	0.146	1：0.81	0.218	0.202	1：0.93	0.435	0.202	1：0.46
	45	0.152	0.168	1：1.11	0.191	0.245	1：1.28	0.392	0.292	1：0.74
	60	0.151	0.239	1：1.58	0.191	0.279	1：1.46	0.381	0.483	1：1.27
	75	0.129	0.234	1：1.81	0.174	0.358	1：2.06	0.291	0.494	1：1.70
上海人工波	15	0.193	0.112	1：0.58	0.288	0.136	1：0.47	0.467	0.241	1：0.52
	30	0.186	0.158	1：0.85	0.258	0.185	1：0.72	0.426	0.302	1：0.71
	45	0.153	0.218	1：1.42	0.204	0.331	1：1.62	0.47	0.468	1：1.00
	60	0.148	0.236	1：1.59	0.211	0.344	1：1.63	0.401	0.498	1：1.24
	75	0.145	0.289	1：1.99	0.174	0.383	1：2.20	0.257	0.613	1：2.39

平行布置基础中心两方向加速度峰值及相应的比值　　表5.2-22b

地震波	角度/°	0.14g			0.22g			0.40g		
		X向/g	Y向/g	比值	X向/g	Y向/g	比值	X向/g	Y向/g	比值
Kobe波	15	0.219	0.08	1：0.37	0.25	0.116	1：0.46	0.35	0.158	1：0.45
	30	0.208	0.105	1：0.50	0.229	0.154	1：0.67	0.342	0.242	1：0.71
	45	0.146	0.153	1：1.05	0.203	0.194	1：0.96	0.347	0.284	1：0.82
	60	0.143	0.231	1：1.62	0.209	0.193	1：0.92	0.297	0.381	1：1.28
	75	0.078	0.225	1：2.88	0.116	0.346	1：2.98	0.174	0.393	1：2.26

续表

地震波	角度/°	0.14g			0.22g			0.40g		
		*X*向/*g*	*Y*向/*g*	比值	*X*向/*g*	*Y*向/*g*	比值	*X*向/*g*	*Y*向/*g*	比值
Northridge 波	15	0.154	0.088	1：0.57	0.241	0.118	1：0.49	0.393	0.152	1：0.39
	30	0.146	0.122	1：0.84	0.236	0.157	1：0.67	0.422	0.202	1：0.48
	45	0.147	0.151	1：1.03	0.238	0.229	1：0.96	0.401	0.292	1：0.73
	60	0.112	0.19	1：1.70	0.18	0.274	1：1.52	0.383	0.483	1：1.26
	75	0.105	0.266	1：2.53	0.154	0.432	1：2.81	0.205	0.494	1：2.41
上海人工波	15	0.191	0.086	1：0.45	0.308	0.138	1：0.45	0.474	0.241	1：0.51
	30	0.193	0.147	1：0.76	0.287	0.264	1：0.92	0.482	0.254	1：0.53
	45	0.157	0.22	1：1.40	0.265	0.3	1：1.13	0.494	0.431	1：0.87
	60	0.138	0.248	1：1.80	0.249	0.344	1：1.38	0.426	0.474	1：1.11
	75	0.106	0.279	1：2.63	0.156	0.337	1：2.16	0.257	0.601	1：2.34

由表 5.2-22a 和表 5.2-22b 可以看出，在垂直布置和平行布置时，考虑土-结构相互作用及地震波不同角度入射下：

（1）网壳柱底两个水平方向加速度峰值比值是不同的，比值在 1：0.3～1：3 之间，并不是《建筑抗震设计规范》GB 50011—2010（2016 年版）给出的 1：0.85，表明按规范规定进行地震波两水平方向输入存在不合理之处，应当考虑地震波斜入射的空间效应问题。

（2）当输入角度在 30°～60°时，两个水平方向的大部分加速度峰值比例在 1：0.85 上下浮动，但在小于 30°和大于 60°时，明显不再按此比例浮动。

（3）随着输入地震波强度的增大，两水平方向加速度峰值比值在 1：0.85 左右浮动的明显增多，表明随着输入地震波强度的增强，两水平向地震波相互耦合作用加强。

（4）不同地震波输入下，两水平方向加速度峰值比值是不同的，这由于不同地震波频谱特性的差异。

图 5.2-30、图 5.2-31 分别给出垂直布置、平行布置时，独立基础-土-单层柱面网壳结构体系中 Kobe 波、Northridge 波、上海人工波以 PGA = 0.14g、0.22g、0.40g大小沿 15°、30°、45°、60°、75°方向输入下，基础中心及自由场土体表面的加速度峰值对比图。

由图 5.2-30、图 5.2-31 可以看出，在垂直布置和平行布置时，考虑土-结构相互作用及地震波不同角度入射下：

（1）随着输入角度的增大，水平*X*方向土体的加速度峰值基本呈现减小趋势，水平*Y*方向加速度峰值基本呈现增大趋势。

（2）随着数输入角度的增大，在 45°～60°之间，基础的加速度峰值变化缓慢，甚至呈现出增大的趋势，与土体的变化规律存在明显差异，空间效应十分明显。

（3）土体的加速度峰值明显小于基础的加速度峰值，这是由于土体与基础的非线性接触使得土体与基础之间产生提离、滑移等引起的。

（4）不同地震波输入下，基础与土体的地震响应是不同的，这是由不同地震波频谱特性差异引起。

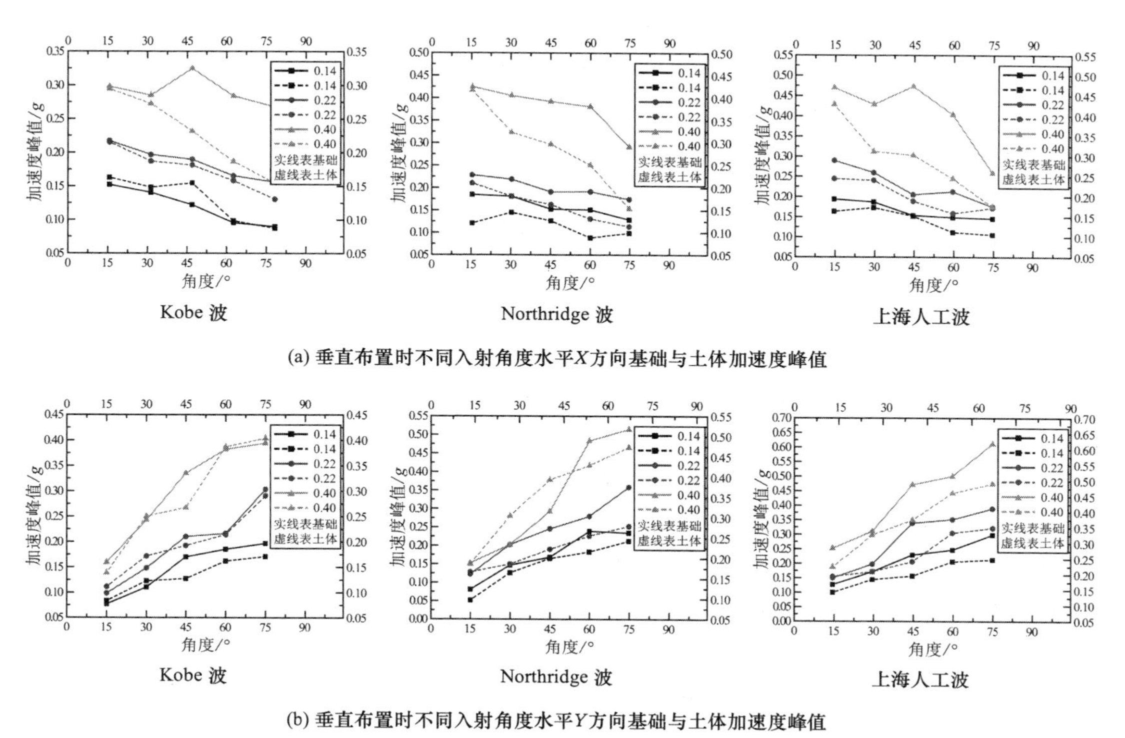

(a) 垂直布置时不同入射角度水平X方向基础与土体加速度峰值

(b) 垂直布置时不同入射角度水平Y方向基础与土体加速度峰值

图 5.2-30　垂直布置时不同入射角度基础与土体加速度峰值

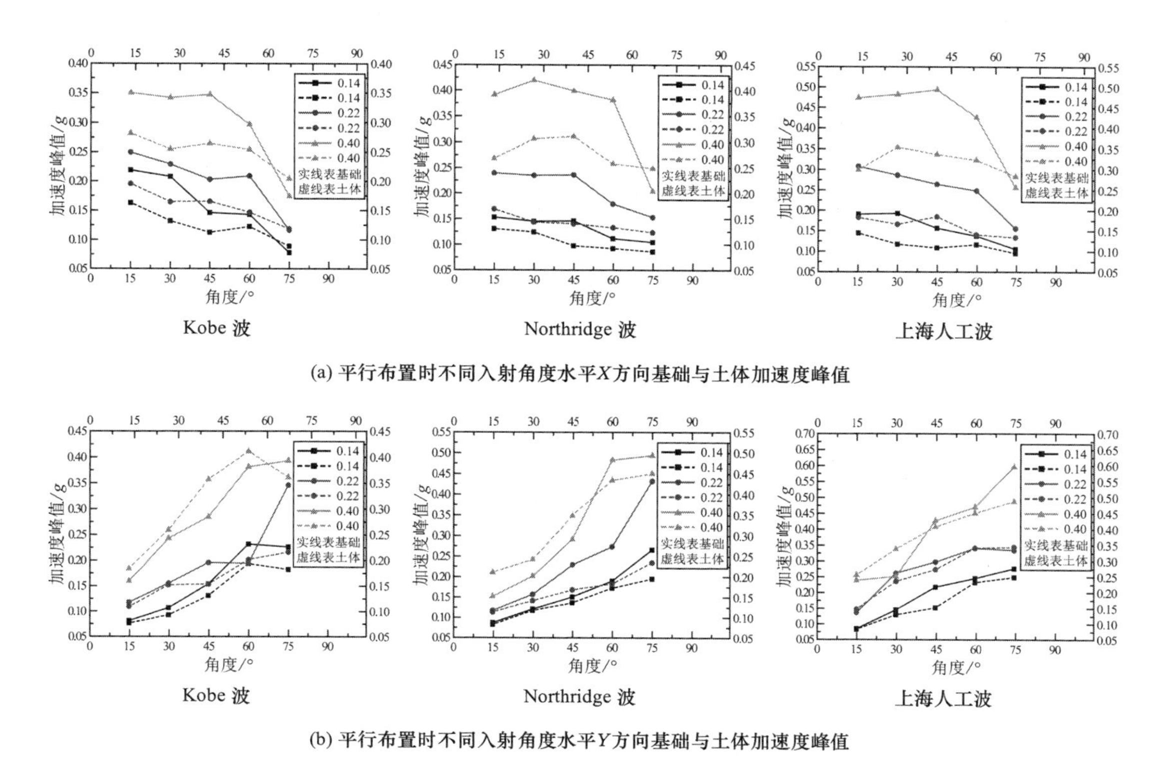

(a) 平行布置时不同入射角度水平X方向基础与土体加速度峰值

(b) 平行布置时不同入射角度水平Y方向基础与土体加速度峰值

图 5.2-31　平行布置时不同入射角度基础与土体加速度峰值

2）地震波斜入射下网壳节点加速度响应

图 5.2-32、图 5.2-33 分别给出垂直布置、平行布置时，独立基础-土-单层柱面网壳结构体系中 Kobe 波、Northridge 波及上海人工波以 PGA = 0.14g、0.22g、0.40g大小沿 15°、30°、45°、60°、75°方向输入下，单层柱面网壳节点 A1～A6 的X、Y向最大加速度峰值对比图。

由图 5.2-32、图 5.2-33 可以看出，在垂直布置和平行布置时，考虑土-结构相互作用及地震波不同角度入射下：

（1）网壳屋盖节点加速度响应并不是随着输入角度的增加呈线性变化的，而是呈现出明显的空间效应。

（2）当网壳结构垂直布置，输入角度在 30°～60°之间时，网壳两个方向的加速峰值随输入角度变化显著，甚至有明显的增大现象，尤其以垂直布置时水平Y方向网壳节点加速度峰值更为突出。这是因为垂直分布时网壳侧向刚度较弱，土-结构相互作用致使单层柱面网壳结构空间效果更加显著。

（3）当网壳结构平行布置，在输入角度在 30°～60°之间时，网壳两个方向加速度峰值随输入角度变化较小，空间效应相对较弱。这是由于平行布置时，网壳结构侧向刚度较强，空间效应得到削弱。

（4）不同地震波输入下，网壳节点的加速度峰值大小存在差异，这是由不同地震波频谱特性差异引起。

总之，土-结构相互作用下，单层柱面网壳屋盖的空间效应与网壳结构的侧向刚度有关，侧向刚度越小，网壳结构的空间效应越明显，尤其以 30°～60°输入时，网壳的地震响应得到明显的加强。

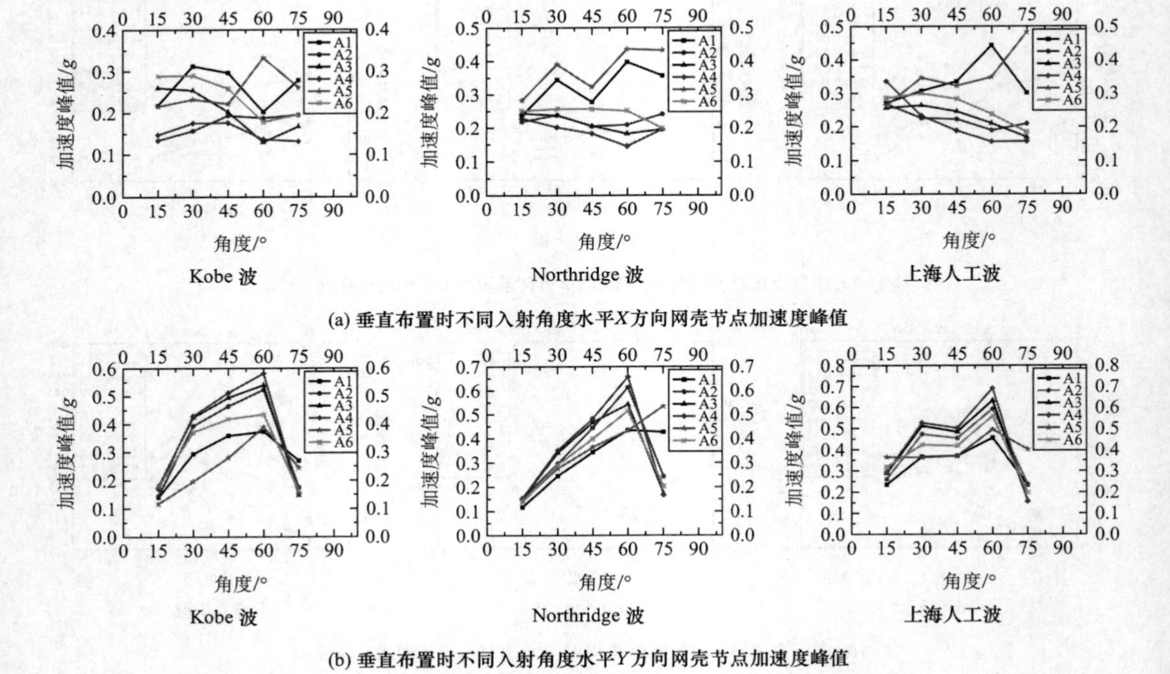

(a) 垂直布置时不同入射角度水平X方向网壳节点加速度峰值

(b) 垂直布置时不同入射角度水平Y方向网壳节点加速度峰值

图 5.2-32　垂直布置时不同入射角度网壳节点加速度峰值

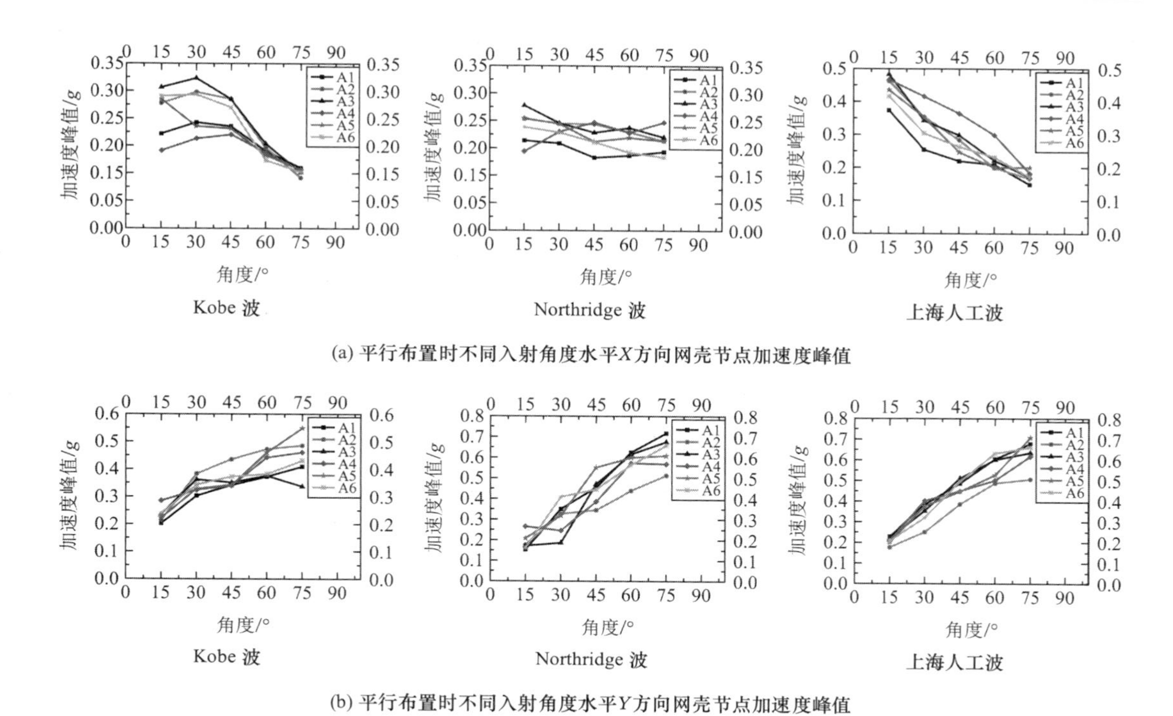

图 5.2-33 平行布置时不同入射角度网壳节点加速度峰值

3）地震波斜入射下网壳节点位移响应

图 5.2-34、图 5.2-35 分别给出垂直布置、平行布置时，独立基础-土-单层柱面网壳屋盖结构中 Kobe 波、Northridge 波及上海人工波以 PGA = 0.14g、0.22g、0.40g大小沿 15°、30°、45°、60°、75°方向输入下，单层柱面网壳节点 U1～U6 的X、Y向位移最大值对比图；图 5.2-36、图 5.2-37 分别给出 PGA = 0.14g作用下单层柱面网壳垂直布置、平行布置时网壳节点 U3 的位移时程曲线。

由图 5.2-34～图 5.2-37 可以看出，在垂直布置和平行布置时，考虑土-结构相互作用及地震波不同角度入射下：

（1）水平X方向网壳节点最大位移随着输入角度的增大而减小，水平Y方向随着输入角度的增大而增大。

（2）网壳屋盖节点位移响应并不是随着输入角度的增加呈线性变化的，而是呈现抛物线状，存在明显的空间效应。

（3）地震动输入角度在 30°～60°时，网壳节点最大位移随着输入角度变化相对缓慢，且在两个水平方向均存在较大值，此区间内网壳节点位移响应敏感。

（4）不同地震波输入下，网壳节点的加速度峰值大小存在差异，这是由不同地震波频谱特性差异引起的。

由 5.2.5 节 1）～3）斜入射试验结果分析看出，土-结构相互作用下单层柱面网壳屋盖的空间效应与网壳结构的侧向刚度有关，侧向刚度越小，空间效应越明显，尤以 30°～60° 输入时，网壳地震响应得到明显加强。不同地震波输入下，单层柱面网壳柱底两个水平方向加速度峰值比值是不同的，比值在 1：0.3～1：3 之间，并不是《建筑抗震设计规范》GB

50011—2010（2016年版）给出的1：0.85，按规范规定进行地震波两水平方向输入存在不合理之处，应当考虑地震波斜入射的空间效应。

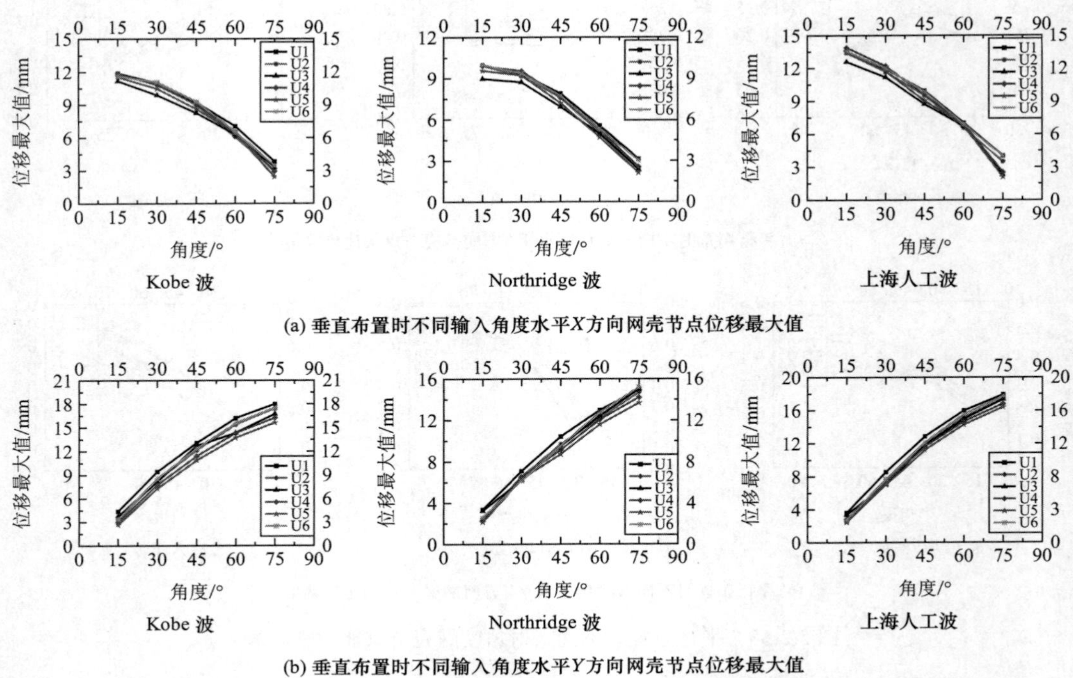

(a) 垂直布置时不同输入角度水平X方向网壳节点位移最大值

(b) 垂直布置时不同输入角度水平Y方向网壳节点位移最大值

图 5.2-34 垂直布置时不同输入角度网壳节点位移最大值

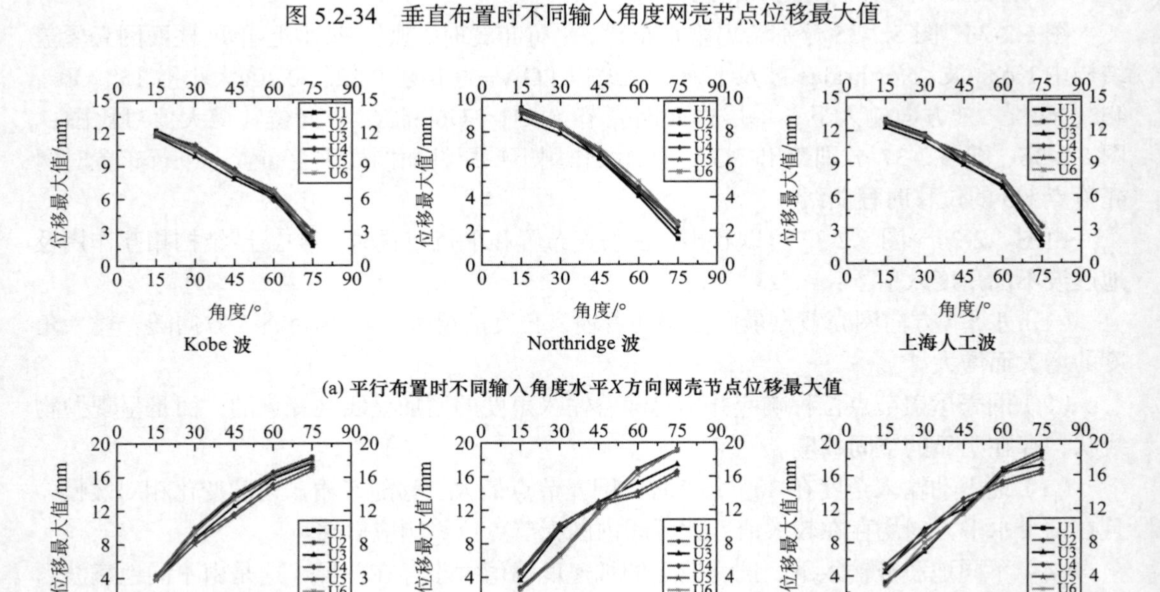

(a) 平行布置时不同输入角度水平X方向网壳节点位移最大值

(b) 平行布置时不同输入角度水平Y方向网壳节点位移最大值

图 5.2-35 平行布置时不同输入角度网壳节点位移最大值

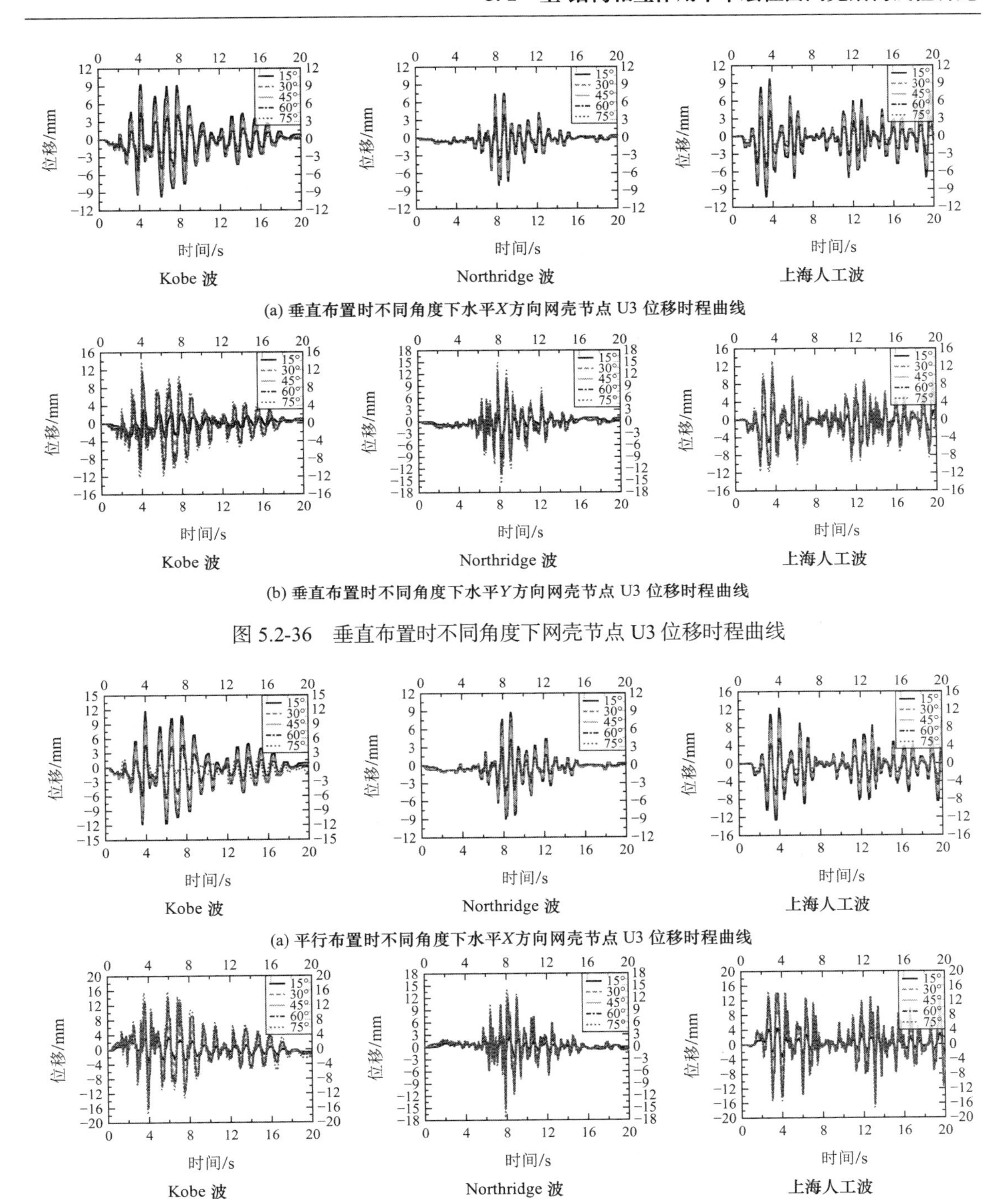

(a) 垂直布置时不同角度下水平*X*方向网壳节点 U3 位移时程曲线

(b) 垂直布置时不同角度下水平*Y*方向网壳节点 U3 位移时程曲线

图 5.2-36 垂直布置时不同角度下网壳节点 U3 位移时程曲线

(a) 平行布置时不同角度下水平*X*方向网壳节点 U3 位移时程曲线

(b) 平行布置时不同角度下水平*Y*方向网壳节点 U3 位移时程曲线

图 5.2-37 平行布置时不同角度下网壳节点 U3 位移时程曲线

5.2.6 橡胶支座隔震下独立基础-土-单层柱面网壳振动台试验

通过在柱顶设置分层橡胶隔震支座，设计完成分层橡胶支座隔震下独立基础-土-单层柱面网壳振动台试验。试验研究了单层柱面网壳垂直布置时，同时考虑土-结构相互作用和分层橡胶隔震支座作用下单层柱面网壳的抗震性能，如图 5.2-38 所示。

图 5.2-38　独立基础-土-隔震单层柱面网壳结构振动台试验

试验中将相同的 4 个分层橡胶隔震支座分别施加于各柱顶，各隔震支座与柱及网壳屋盖以螺栓形式连接，图 5.2-39（a）给出分层橡胶隔震支座的实物图，图 5.2-39（b）给出分层橡胶支座连接的局部图。现对图 5.2-38 所示的独立基础-土-隔震单层柱面网壳结构进行振动台试验，试验将 Kobe 波、Northridge 波及上海人工波以 PGA = 0.14g，0.22g沿箱体纵向输入，并采用整体有限元法建立振动台试验的精细化模型，与试验结果进行对比分析。此外，将同时考虑土-结构相互作用和分层橡胶支座隔震作用的单层柱面网壳结构振动台试验结果与仅考虑土-结构相互作用的单层柱面网壳结构振动台试验结果进行对比，探究土-结构相互作用对隔震单层柱面网壳结构抗震性能的影响。

(a) 分层橡胶隔震支座

(b) 分层橡胶支座连接局部图

图 5.2-39　分层橡胶隔震支座及连接图

1）分层橡胶隔震支座及其基本理论

试验所用分层橡胶隔震支座的剪切模量为 0.4GPa，体积约束模量为 0.2GPa，直径为 50mm，橡胶为 4 层 × 8mm，钢板为 3 层 × 3mm，总高度为 41mm，无中孔，连接钢板厚度为 10mm，支座实物图见图 5.2-39（a）。

分层橡胶支座的水平刚度是指橡胶支座上、下板面产生单位相对位移时所需施加的水平剪力，记为K_h。在设计范围内，水平刚度K_h受其他因素的影响较小，可用以下纯剪切式计算：

$$K_{\mathrm{h}} = \frac{GA}{T_{\mathrm{r}}} \tag{5.2-4}$$

式中：G——橡胶材料的剪切模量；

A——橡胶支座的有效剪切面积；

T_r——橡胶总厚度，$T_r = nt_r$；

t_r——单层橡胶厚度。

在大变形范围内水平刚度的确定，除考虑由水平力引起的剪切变形外，还需考虑竖向荷载引起的弯曲变形。考虑竖向荷载影响的水平刚度压弯计算公式为：

$$K_h = \frac{p^2}{2k_b q \tan\left(\frac{qH}{2}\right) - pH} \tag{5.2-5}$$

式中：

$$q = \sqrt{\frac{p}{k_b}\left(1 + \frac{p}{k_s}\right)} \tag{5.2-6}$$

其中

$$k_s = GAH/T_r，k_b = E_{bv}IH/T_r，E_{bv} = \frac{E_v E_b}{E_v + E_b}，E_b = E(1 + \frac{2}{3}kS_1^2) \tag{5.2-7}$$

式中：$S_1 = \frac{承压面积}{自由表面积}$，$S_1 = \frac{D}{4t_r}$（圆形支座），$S_1 = \frac{LB}{2t_r(L+B)}$（矩形支座），$p$为橡胶支座上的竖向荷载，$H = T_r + T_s$，$T_r$为橡胶层总厚度，$T_s$为分层钢板总厚度，$I$为支座截面惯性矩，$S_1$为橡胶支座第一形状系数，$D$为圆形支座的直径，$L$、$B$为矩形支座长与宽，$E$为橡胶材料标准弹性模量，$E_v$为体积约束模量，$k$为橡胶材料应当修正系数。

分层橡胶支座的竖向刚度是指橡胶支座产生单位竖向位移所需施加的竖向力。计算公式为：

$$K_v = E_{cv}\frac{A_c}{T_r} \tag{5.2-8}$$

$$E_{cv} = \frac{E_c E_v}{E_c + E_v} \tag{5.2-9}$$

$$E_c = E\left(1 + 2kS_1^2\right) \tag{5.2-10}$$

$$K_v = E_{cv}\frac{\pi D}{4}S_2 \tag{5.2-11}$$

式中：K_v——分层橡胶支座的竖向刚度；

A_c——有效受压面积；

E_c——压缩弹性模量；

S_1——分层橡胶支座第一形状系数；

S_2——分层橡胶支座第二形状系数，$S_2 = \frac{D}{nt_r} = \frac{D}{T_r}$；

D——支座有效受压圆柱截面直径。

试验中观察到，分层橡胶支座存在明显的受压弯曲变形，故按照式(5.2-5)～式(5.2-11)可确定试验所用分层橡胶支座的水平刚度和竖向刚度。

2）隔震网壳试验结果与模拟结果对比

表 5.2-23a、表 5.2-23b、表 5.2-23c 分别给出独立基础-土-隔震单层柱面网壳结构体系在 PGA = 0.14g，0.22g输入下隔震网壳节点 A1～A6 加速度峰值，节点 U1～U6 位移最大

值，杆件 S2、S8、S10、S11 应变最大值的试验结果和模拟结果对比。

由表 5.2-23a～表 5.2-23c 可以看出，考虑土-结构相互作用下，在柱顶施加普通分层橡胶隔震支座后：

（1）隔震网壳结构节点加速度峰值、节点位移最大值、杆件应变最大值的数值模拟结果与试验结果基本能够吻合，误差基本在 20%之内。

（2）在 Northridge 波作用下，网壳节点加速度峰值、杆件应变最大值较 Kobe 波和上海人工波大。这是由于设置隔震支座后，结构周期延长，使独立基础-土-隔震单层柱面网壳结构体系的自振周期避开了上海人工波的卓越周期，而靠近卓越周期更大的 Northridge 波，并与之产生共振。表明分层橡胶隔震支座能够改变独立基础-土-单层柱面网壳结构体系的动力特性。

（3）相同大小地震波输入下，不同地震输入的网壳结构节点加速度峰值、节点位移最大值、杆件应变最大值的试验结果存在差异，是由地震波频谱特性差异引起。

隔震网壳节点加速度峰值试验结果和模拟结果对比　　表 5.2-23a

PGA/g	节点号	Kobe 波			Northridge 波			上海人工波		
		试验值/g	模拟值/g	误差	试验值/g	模拟值/g	误差	试验值/g	模拟值/g	误差
0.14	A1	0.282	0.323	14.54%	0.457	0.553	21.01%	0.444	0.505	13.74%
	A2	0.319	0.374	17.24%	0.465	0.581	24.95%	0.461	0.556	20.61%
	A3	0.363	0.393	8.26%	0.533	0.596	11.82%	0.520	0.572	10.00%
	A4	0.325	0.374	15.08%	0.488	0.581	19.06%	0.455	0.546	20.00%
	A5	0.333	0.375	12.61%	0.533	0.623	16.89%	0.480	0.567	18.13%
	A6	0.364	0.409	12.36%	0.499	0.612	22.65%	0.499	0.575	15.23%
0.22	A1	0.446	0.443	0.67%	0.621	0.750	20.77%	0.615	0.669	8.78%
	A2	0.432	0.530	22.69%	0.631	0.702	11.25%	0.587	0.682	16.18%
	A3	0.465	0.549	18.06%	0.675	0.734	8.74%	0.641	0.712	11.08%
	A4	0.433	0.534	23.33%	0.617	0.700	13.45%	0.587	0.650	10.73%
	A5	0.453	0.507	11.92%	0.636	0.801	25.94%	0.652	0.658	0.92%
	A6	0.464	0.540	16.38%	0.666	0.798	19.82%	0.634	0.723	14.04%

垂直布置隔震网壳节点位移最大值的试验结果和模拟结果对比　　表 5.2-23b

PGA/g	节点号	Kobe 波			Northridge 波			上海人工波		
		试验值/mm	模拟值/mm	误差	试验值/mm	模拟值/mm	误差	试验值/mm	模拟值/mm	误差
0.14	U1	25.25	26.47	4.83%	19.47	16.40	15.77%	19.46	19.44	0.10%
	U2	25.97	24.16	6.97%	19.95	19.30	3.26%	19.69	22.65	15.03%
	U3	25.78	23.93	7.18%	19.89	19.37	2.61%	19.75	22.70	14.94%
	U4	26.68	23.31	12.63%	20.42	20.20	1.08%	20.30	23.65	16.50%
	U5	25.39	21.67	14.65%	19.84	21.47	8.22%	19.75	23.52	19.09%
	U6	25.69	23.93	6.85%	19.81	19.37	2.22%	19.54	22.70	16.17%

续表

PGA/g	节点号	Kobe 波			Northridge 波			上海人工波		
		试验值/mm	模拟值/mm	误差	试验值/mm	模拟值/mm	误差	试验值/mm	模拟值/mm	误差
0.22	U1	39.68	39.77	0.23%	27.82	27.73	0.32%	33.36	32.13	3.69%
	U2	40.81	37.63	7.79%	28.50	30.64	7.51%	33.75	35.57	5.39%
	U3	40.52	37.38	7.75%	28.42	30.68	7.95%	33.86	35.60	5.14%
	U4	41.92	36.80	12.21%	29.18	31.51	7.98%	34.81	36.63	5.23%
	U5	39.90	35.10	12.03%	28.34	32.69	15.35%	33.86	38.04	12.34%
	U6	40.36	37.38	7.38%	28.30	30.68	8.41%	33.49	35.60	6.30%

不同杆件测点应变最大值试验结果与模拟结果对比　　　表 5.2-23c

PGA/g	杆件号	Kobe 波			Northridge 波			上海人工波		
		试验值/με	模拟值/με	误差	试验值/με	模拟值/με	误差	试验值/με	模拟值/με	误差
0.14	S2	59.14	70.62	19.41%	102.79	123.73	20.37%	89.14	101.30	13.64%
	S8	49.65	41.15	17.12%	53.26	56.73	6.52%	44.65	48.642	8.94%
	S10	28.04	30.86	10.06%	38.86	41.13	5.84%	43.04	38.624	10.26%
	S11	81.86	95.37	16.50%	130.67	152.26	16.52%	111.86	136.364	21.91%
0.22	S2	101.23	114.97	13.57%	178.21	166.44	6.60%	113.14	139.40	23.21%
	S8	72.21	53.42	26.02%	89.65	71.27	20.50%	92.65	78.64	15.12%
	S10	42.15	45.13	7.07%	58.04	53.21	8.32%	68.04	55.60	18.28%
	S11	121.86	139.5	14.48%	181.86	195.73	7.63%	171.86	186.32	8.41%

3）隔震网壳与未隔震网壳试验结果对比

由 5.2.6 节 2）的分析可以看出，在柱顶设置分层橡胶支座改变了独立基础-土-单层柱面网壳结构体系的动力性能。为深入研究其对独立基础-土-单层柱面网壳结构体系地震响应的影响，本节对比分析土-结构相互作用下设置分层橡胶隔震支座与未设置分层橡胶隔震支座的单层柱面网壳结构的地震响应。

（1）网壳节点加速度响应

表 5.2-24 给在 PGA = 0.14g、0.22g输入下隔震网壳和不隔震网壳节点 A1～A6 的加速度峰值的试验结果对比，表中减小幅度表示隔震网壳节点加速度峰值与不隔震网壳节点加速度峰值相比减小百分比。图 5.2-40 给出在 PGA = 0.14g输入下隔震网壳和不隔震网壳节点 A4 加速度时程曲线试验结果对比。

由表 5.2-24 和图 5.2-40 可以看出，考虑土-结构相互作用下，在柱顶设置普通分层橡胶隔震支座后：

①在 Kobe 波和上海人工波输入下，网壳节点加速度峰值得到减小，最大减小幅度达到 20%，说明分层橡胶隔震支座起到一定的隔震效果。

②在 Northridge 波输入下，网壳节点加速度峰值增大，最大增大幅度能达到 40%。这是由于设置隔震支座后，独立基础-土-隔震单层柱面网壳结构体系变柔，自振周期延长，与

地震波的卓越周期一致使得结构体系产生共振，使得加速度峰值增大，致使试验结果失真。

③设置隔震支座后，结构体系周期延长，呈现避开上海人工波卓越周期、逼近 Northridge 波卓越周期的趋势，使得结构体系的动力性能发生变化，这说明地震波频谱特性是影响结构体系地震响应的重要因素。

④隔震体系的节点加速度峰值较非隔震体系虽有减小幅度，但减小效果有限，这可能是由于土体的存在，使得分层橡胶隔震支座的隔震效果削弱。

隔震网壳与未隔震网壳试验节点加速度峰值　　表 5.2-24

PGA/g	节点号	Kobe 波			Northridge 波			上海人工波		
		隔震/g	未隔震/g	减小幅度	隔震/g	未隔震/g	减小幅度	隔震/g	未隔震/g	减小幅度
0.14	A1	0.282	0.350	19.43%	0.457	0.368	−24.18%	0.444	0.503	11.73%
	A2	0.319	0.359	11.14%	0.465	0.410	−13.41%	0.460	0.461	0.22%
	A3	0.363	0.421	13.78%	0.533	0.391	−36.32%	0.512	0.515	0.58%
	A4	0.325	0.366	11.20%	0.488	0.346	−41.04%	0.455	0.465	2.15%
	A5	0.333	0.376	11.44%	0.533	0.404	−31.93%	0.480	0.534	10.11%
	A6	0.364	0.401	9.23%	0.499	0.407	−22.60%	0.499	0.528	5.49%
0.22	A1	0.444	0.547	18.83%	0.621	0.512	−21.29%	0.615	0.618	0.49%
	A2	0.461	0.541	14.79%	0.631	0.491	−28.51%	0.587	0.651	9.83%
	A3	0.520	0.549	5.28%	0.675	0.499	−35.27%	0.641	0.676	5.18%
	A4	0.455	0.503	9.54%	0.617	0.461	−33.84%	0.587	0.611	3.93%
	A5	0.472	0.477	1.05%	0.636	0.550	−15.64%	0.652	0.690	5.51%
	A6	0.499	0.508	1.77%	0.666	0.515	−29.32%	0.634	0.661	4.08%

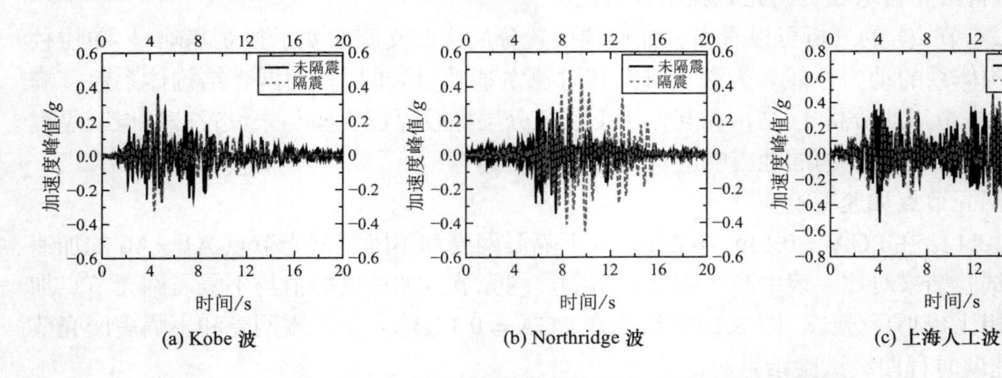

(a) Kobe 波　(b) Northridge 波　(c) 上海人工波

图 5.2-40　隔震与未隔震网壳节点 A4 加速度时程曲线

（2）网壳节点位移响应

表 5.2-25 给在 PGA = 0.14g、0.22g输入下隔震网壳和不隔震网壳节点 U1～U6 的位移最大值的试验结果对比，表中增大幅度表示隔震网壳节点位移最大值与不隔震网壳节点位移最大值相比增大百分比。图 5.2-41 给出在 PGA = 0.14g输入下隔震网壳和不隔震网壳节点 U4 位移时程曲线试验结果对比。

隔震网壳与不隔震网壳试验节点位移最大值　　表 5.2-25

PGA/g	节点号	Kobe 波			Northridge 波			上海人工波		
		隔震/mm	未隔震/mm	增大幅度	隔震/mm	未隔震/mm	增大幅度	隔震/mm	未隔震/mm	增大幅度
0.14	U1	25.25	17.67	42.90%	19.47	14.03	38.77%	19.46	18.59	4.68%
	U2	25.97	17.86	45.41%	19.95	14.00	42.50%	19.69	18.84	4.51%
	U3	25.78	17.47	47.57%	19.89	13.45	47.88%	19.75	18.22	8.40%
	U4	26.68	18.62	43.29%	20.42	14.96	36.50%	20.30	19.97	1.65%
	U5	25.39	18.35	38.37%	19.84	14.62	35.70%	19.75	19.43	1.65%
	U6	25.69	17.46	47.14%	19.81	13.91	42.42%	19.54	18.52	5.51%
0.22	U1	39.68	29.87	32.84%	27.82	23.93	16.26%	33.36	29.93	11.46%
	U2	40.81	29.41	38.76%	28.50	23.58	20.87%	33.75	30.07	12.24%
	U3	40.52	28.86	40.40%	28.42	22.99	23.62%	33.86	29.31	15.52%
	U4	41.92	30.55	37.22%	29.18	25.44	14.70%	34.81	31.88	9.19%
	U5	39.90	30.08	32.65%	28.34	24.34	16.43%	33.86	30.78	10.01%
	U6	40.36	30.08	34.18%	28.30	23.83	18.76%	33.49	29.95	11.82%

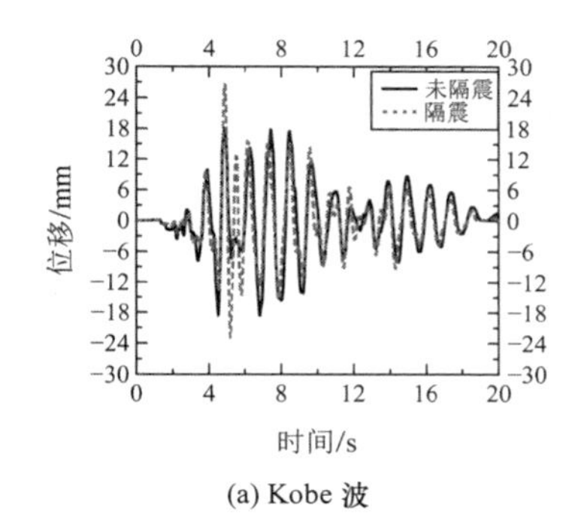

(a) Kobe 波

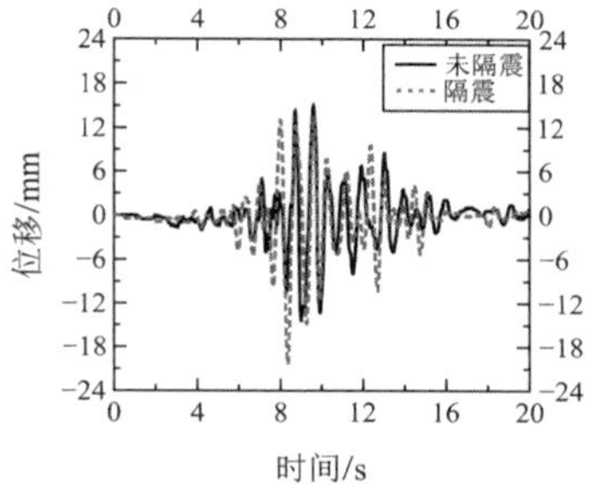

(b) Northridge 波

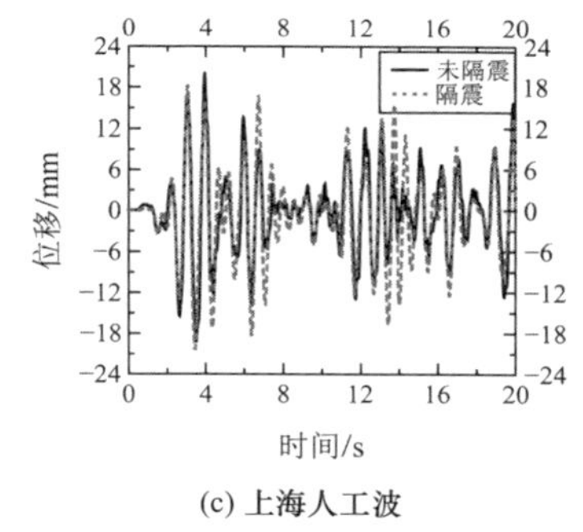

(c) 上海人工波

图 5.2-41　隔震与不隔震网壳节点 U4 位移时程曲线

由表 5.2-25 和图 5.2-41 可以看出，考虑土-结构相互作用下，在柱顶设置普通分层橡胶隔震支座后：

①在 Kobe 波、Northridge 波和上海人工波输入下，隔震支座使得结构体系变柔，网壳节点位移得到明显增大。

②在上海人工波输入下，独立基础-土-单层柱面网壳结构体系的节点位移增大幅度较 Kobe 波和 Northridge 波小。这是因为在未隔震结构体系中与上海人工波存在共振现象使得网壳节点位移增大，而隔震后体系变柔，避开了上海人工波的卓越周期，位移虽然增大，但增大幅度有限。

③设置隔震支座后，结构体系周期延长，呈现避开上海人工波卓越周期、逼近 Northridge 波卓越周期的趋势，使得结构体系的节点位移发生变化，表明地震波频谱特性是影响结构体系地震响应的重要因素。

（3）网壳杆件应变响应

表 5.2-26 给在 PGA = 0.14g、0.22g输入下隔震网壳和不隔震网壳杆件 S2、S8、S10、S11 应变最大值的试验结果对比，表中减小幅度表示隔震网壳杆件应变最大值与不隔震网

壳杆件应变最大值相比减小百分比。图 5.2-42 给出在 PGA = 0.14g输入下隔震网壳和不隔震杆件 S11 的应变时程曲线试验结果对比。

隔震网壳与不隔震网壳试验杆件应变最大值　　　　表 5.2-26

PGA/g	杆件号	Kobe 波			Northridge 波			上海人工波		
		隔震/με	未隔震/με	减小幅度	隔震/με	未隔震/με	减小幅度	隔震/με	未隔震/με	减小幅度
0.14	S2	59.14	69.14	14.46%	102.79	82.79	−24.16%	89.14	111.11	19.77%
	S8	49.65	64.65	23.20%	83.26	78.26	−6.39%	44.65	99.16	54.97%
	S10	28.04	32.04	12.48%	38.86	34.86	−11.47%	43.04	58.00	25.79%
	S11	81.86	91.86	10.89%	130.67	90.67	−44.12%	111.86	128.75	13.12%
0.22	S2	101.23	112.78	10.24%	178.21	140.32	−27.00%	113.14	148.82	23.98%
	S8	72.21	111.10	35.00%	102.65	101.57	−1.06%	92.65	125.23	26.02%
	S10	42.15	53.95	21.87%	68.04	61.79	−10.11%	68.04	100.54	32.33%
	S11	121.86	141.44	13.84%	181.86	153.55	−18.44%	171.86	232.86	26.20%

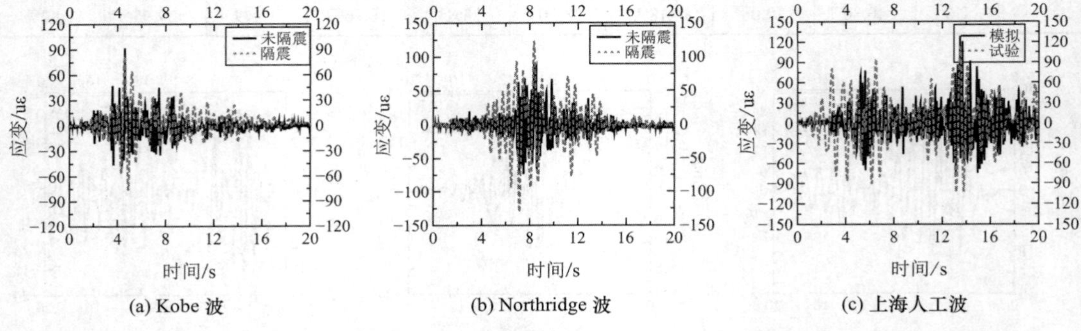

图 5.2-42　隔震与不隔震网壳杆件 S11 应变时程曲线

由表 5.2-26 和图 5.2-42 可以看出，考虑土-结构相互作用下，在柱顶设置普通分层橡胶隔震支座后：

①在 Kobe 波和上海人工波输入下，网壳杆件应变最大值得到减小，最大减小幅度达到 50%左右，说明分层橡胶隔震支座起到隔震作用。

②在 Northridge 波作用下，网壳杆件应变最大值增大，最大增大幅度达到 40%。由于设置隔震支座后，独立基础-土-隔震单层柱面网壳结构体系变柔，自振周期延长，与地震波的卓越周期一致使得结构体系产生共振，致使试验结果失真。

③结构体系周期延长，呈现避开上海人工波卓越周期、逼近 Northridge 波卓越周期的趋势，使得结构体系的动力性能发生变化，这说明地震波频谱特性是影响结构体系地震响应的重要因素。

5. 2. 7　试验结论

本节基于完成的一个 7.3m × 3.2m × 1.2m 的大型刚性模型箱和一个 1.8m × 1.8m 的单层柱面网壳结构，选取原型土并设计独立基础和桩基础，通过九子台台阵体系完成独立基础-土-单层柱面网壳结构试验和桩-土-单层柱面网壳振动台试验，通过试验研究不同地震波输入在考虑独立基础和桩基础两种情况下单层柱面网壳结构的地震响应，同时探讨地震波斜入射下单层柱面网壳结构的地震响应及考虑分层橡胶支座隔震下单层柱面网壳结构的地震响应。主要得到以下成果：

1）通过独立基础-土-单层柱面网壳结构振动台试验结果与精细化有限元模型及修正S-R模型数值计算结果的对比分析得出：

（1）采用精细化建模方法建立的独立基础-土-单层柱面网壳结构振动台试验精细化有限元模型的数值模拟结果能够与试验结果较好地吻合，验证了精细化建模方法的合理性，以及试验结果的可靠性。

（2）土体与基础间的非一致接触、振动台面的局部非一致、模型箱刚度是影响数值模拟结果精度的主要因素。

（3）土体地表自由场加速度响应峰值较输入加速度峰值增大，同时土-结构相互作用下基础底部的加速度峰值响应较自由场加速度峰值响应增大，增大幅度在5%～30%之间。

（4）上部网壳结构的刚度是影响土-结构相互作用下单层柱面网壳结构地震响应的重要因素，刚度越弱，相互作用效果越显著，表明土体与上部网壳的刚度比对于相互作用体系地震响应影响显著。

（5）土体的存在使得单层柱面网壳结构自振周期延长，容易与地震波的卓越周期接近而产生共振现象，使得试验结果失真，表明地震波频谱特性是影响相互作用体系地震响应的重要因素，试验设计中应当避开共振现象。

（6）基于修正S-R模型建立独立基础-土-单层柱面网壳结构振动台试验简化模型，其计算结果与试验结果的误差在15%之内，验证了修正S-R模型的合理性，且计算效率比精细化模型高得多，表明修正S-R模型适用于分析独立基础形式下考虑土-结构相互作用下空间网格结构的抗震性能。

2）通过桩-土-单层柱面网壳结构振动台试验结果与精细化模型及通用S-R模型（非修正）数值计算结果的对比分析得出：

（1）采用精细化建模方法建立的桩-土-单层柱面网壳结构振动台试验精细化模型的数值模拟结果能够与试验结果较好地吻合，验证了精细化建模方法的合理性。

（2）与独立基础下的地震响应相比，试验结果与模拟结果的相对误差更小些，由于桩基础埋置较深，土体与桩基础之间的约束较强，即使经过多次振动，二者之间的约束仍然很强，说明土体与基础的非线性接触模拟的重要性。

（3）土体自由场的地震响应峰值较输入地震波峰值增大，且桩基础加速度峰值较自由场表面加速度峰值减小，减小的最大幅度在10%左右，这与1.3.1节中单层柱面网壳算例数值分析结果一致。

（4）上部网壳结构的刚度是影响桩-土-结构相互作用下单层柱面网壳结构地震响应的重要因素，刚度越弱，相互作用效果越显著，进一步说明分析不同土体特性对研究相互作用体系地震响应影响的重要性。

（5）土体的存在使得桩-土-单层柱面网壳结构自振周期延长，易与地震波的卓越周期一致而产生共振现象，使得试验结果失真，进一步表明地震波频谱特性是影响相互作用体系地震响应的重要因素。试验设计中应当避开共振现象。

（6）基于通用S-R模型（非修正）建立桩-土-单层柱面网壳结构振动台试验简化模型，其计算结果与试验结果的最大误差在30%左右。模拟出的单层柱面网壳结构的地震响应规律与试验结果基本一致，表明通用 S-R 模型（非修正）是分析桩-土-结构相互作用的空间网格结构的抗震性能的有效方法之一。

3）通过地震波斜入射下独立基础-土-单层柱面网壳振动台试验结果的分析得出：

（1）在不同角度地震波输入下，单层柱面网壳屋盖节点加速度、节点位移并不是随着输入角度增大呈线性变化的，而是呈现出明显的空间效应。

（2）单层柱面网壳屋盖的空间效应与网壳结构的侧向刚度有关，侧向刚度越小，网壳结构的空间效应越明显，尤其以 30°～60°输入时，网壳的地震响应得到明显加强。

（3）不同入射角度地震波输入下，单层柱面网壳网壳柱底两个水平方向加速度峰值比值是不同的，比值在 1∶0.3～1∶3 之间，并不是《建筑抗震设计规范》GB 50011—2010（2016 年版）给出的 1∶0.85。表明按规范规定进行地震波两水平方向输入存在不合理之处，应当考虑地震波斜入射的空间效应问题。

（4）当输入角度在 30°～60°时，柱底两个水平方向的大部分加速度峰值比例在 1∶0.85 上下浮动，但在小于 30°和大于 60°时，明显不再按此比例浮动，且随着输入地震波强度的增大，比值在 1∶0.85 左右浮动的数量增多，说明随着输入地震波强度的增大，两水平向地震波耦合现象增强。

4）通过独立基础-土-隔震单层柱面网壳振动台试验得出：

（1）施加分层橡胶隔震支座后，独立基础-土-单层柱面网壳结构体系周期延长，使独立基础-土-隔震单层柱面网壳结构体系的自振周期避开了上海人工波卓越周期，而靠近了更大的 Northridge 波卓越周期，并与之产生共振，明显改变独立基础-土-单层柱面网壳结构体系的动力特性，进一步说明地震波频谱特性是影响结构体系地震响应的重要因素。

（2）分层橡胶隔震支座使得单层柱面网壳结构节点加速度峰值较非隔震体系最大减小幅度能达到 20%，网壳节点位移最大值增大，网壳杆件应变最大值得到减小，起到一定的隔震效果。

（3）施加分层橡胶隔震支座后，单层柱面网壳节点加速度峰值、杆件应变较非隔震体系虽有减小幅度，但减小效果有限，这是由于土体的存在使分层橡胶隔震支座的隔震效果有所削弱。

5.3　大跨度网壳结构隔震振动台试验研究与相关理论验证

地震模拟振动台试验是研究结构抗震性能和破坏机理的最直观和准确的方法。目前，关于建筑结构隔震性能的振动台试验研究主要集中于钢框架及混凝土多高层结构。大跨度空间结构参振振型多，振型频率分布密集，结构偏柔，采用隔震设计后，更具有明显的非比例阻尼和刚度非线性等性质，这大大增加了理论分析的难度并影响数值模拟结果的可靠性。基于这些问题，针对隔震大跨度空间结构的抗震性能开展了振动台试验研究。试验模型为按相似关系设计的钢管柱支承单层柱面网壳结构，试验包括 HDR 基础隔震、FPS 基础隔震和 HDR 高位隔震三种方案及无隔震的对比工况，同时重点研究了地震动空间效应引起的多点激励对隔震结构响应的影响。由于多点激励试验的难度较大且实现多点激励所需的振动台阵系统很少，目前国内外尚未进行过此类试验研究。因此，研究地震动空间效应对隔震单层柱面网壳结构地震响应的影响，验证隔震空间结构多点输入响应分析方法及程序编制的正确性具有重要意义。

5.3.1 试验装置与模型

试验在福州大学土木工程学院 Servotest 地震模拟三台阵系统进行。为防止隔震后屋盖出现过大的横向变形，本次振动台试验模型设计以带刚性横隔的单层圆柱面网壳结构为原型，网壳形式为刚度较好的三向网格型（图 5.3-1）。结构处于抗震设防 8 度区（设计基本地震加速度 0.2g）、Ⅱ类场地第一组，结构平面尺寸 200m × 15m，矢跨比 1/5，下部支承柱高 7m。屋面构造自重取 0.6kN/m^2，雪荷载取 0.25kN/m^2。

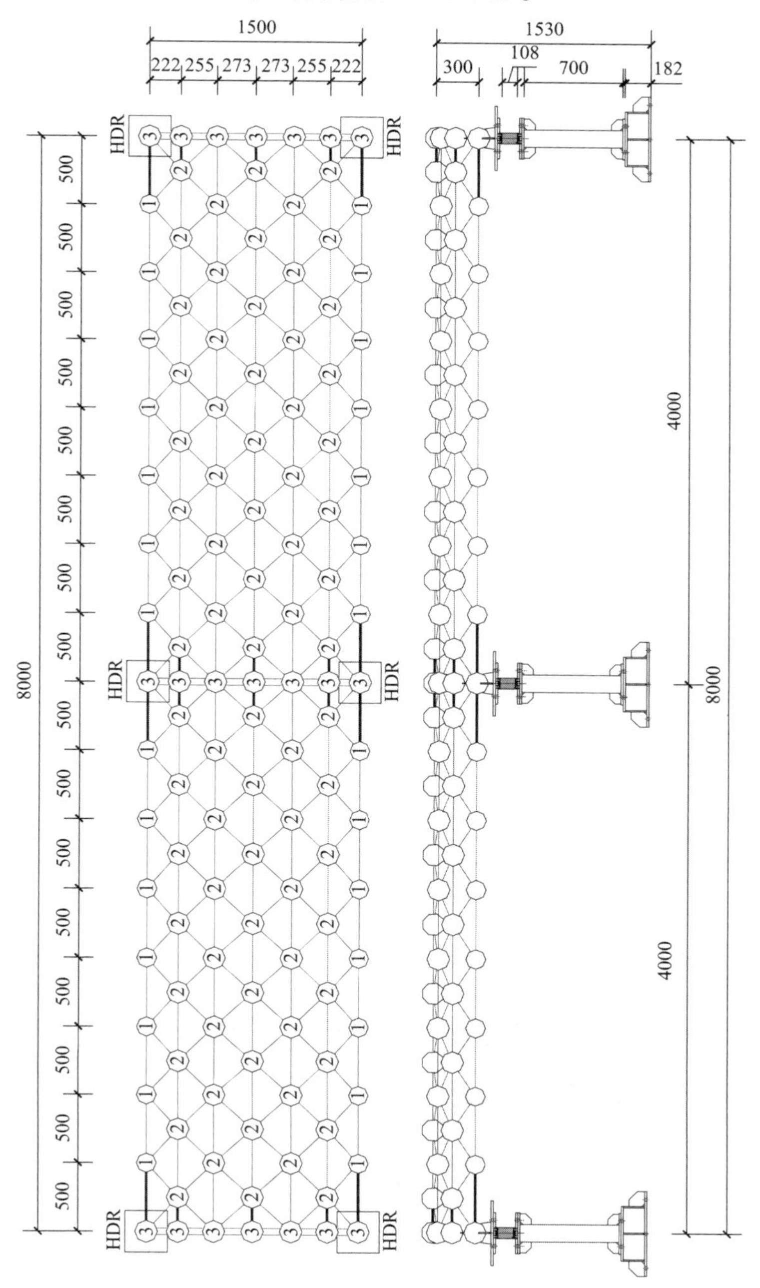

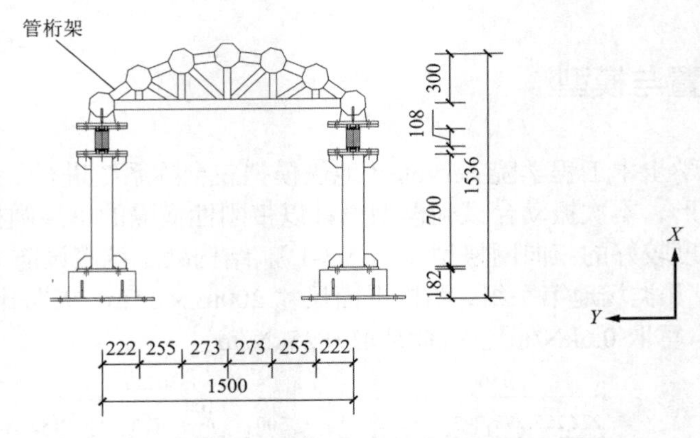

图 5.3-1 柱面网壳模型设计图

在沿结构纵轴（x轴）均匀分布的支承柱位置共有三榀管桁架形式的刚性横隔，如图 5.3-1 所示。管桁架上、下弦杆截面ϕ60mm × 5mm，腹杆截面ϕ42mm × 5mm，构件刚度很大。图 5.3-1 中网壳节点①使用直径 140mm 的实心钢球，节点②为直径 160mm 的实心钢球，均采用 45 号圆钢锻造成型；另在各实心球节点上、下对称配置附加质量钢块，节点①和②分别增加 1.52kg 和 3.04kg，以补充实心球重量的不足。为保证相似比关系及各节点传力机理统一，管桁架上弦也设置了焊接球节点，也即图 5.3-1 的节点③，采用 Q345b 钢板冲压成型的D160mm × 10mm 空心球。支承柱采用ϕ127mm × 6mm 圆钢管制作，柱底通过高强度螺栓与钢独立基础相连，独立基础固接于振动台面上。网壳模型（图 5.3-2）总重约 2.20t，其中附加质量块重 0.38t。

参照《金属材料 拉伸试验 第 1 部分：室温试验方法》GB/T 228.1—2021，对每种规格钢管随机截取 3 段，制成管材标准试样，在北京工业大学强度检测所电子万能试验机进行常温标准拉伸试验，得到无缝钢管各项力学指标如表 5.3-1 所示。

无缝钢管力学性能试验数据 表 5.3-1

钢管规格/（mm × mm）	弹性模量E_s/MPa	屈服强度f_y/MPa	抗拉强度f_u/MPa
$\phi20 \times 1.5$	2.31×10^5	365	482
$\phi20 \times 2.5$	2.13×10^5	330	470
$\phi38 \times 2.0$	2.16×10^5	293	424
$\phi38 \times 3.0$	2.25×10^5	293	466

图 5.3-2 网壳模型

5.3.2 缩尺模型隔震支座性能试验

（1）HDR 支座

根据网壳模型的缩尺方案，模型隔震支座承受的总竖向荷载（包括上部结构自重及屋面荷载）按长度相似比的平方关系缩减（见表 5.3-2），则模型隔震支座总水平屈服荷载特征值Q_d为原型结构的 1/100，而同时缩尺模型的频率仅增大$\sqrt{10}$倍。由于网壳模型单位面积的自重较小，且缩尺后隔震支座布置的方案和数量不变，这就要求单个支座的水平剪切刚度K_h很小。目前 HDR 支座所用橡胶材料性能的可选择范围有限，故尽量减小支座有效直径d并增加橡胶层总厚度T_r。最终确定的 HDR 支座设计参数见表 5.3-3 和图 5.3-3、图 5.3-4。

模型结构相似比设计　　表 5.3-2

物理量	相似关系	相似系数	物理量	相似关系	相似系数
长度L	S_l	1/10	集中力F	$S_E S_l^2$	$1/10^2$
线位移x	$S_x = S_l$	1/10	面荷载q	$S_q = S_E$	1
面积A	$S_A = S_l^2$	$1/10^2$	时间T	$(S_m/S_k)^{1/2}$	$1/\sqrt{10}$
惯性矩I	$S_I = S_l^4$	$1/10^4$	频率f	$(S_k/S_m)^{1/2}$	$\sqrt{10}$
弹性模量E	S_E	1	速度v	S_l/S_t	$1/\sqrt{10}$
应变ε	$S_\varepsilon = 1$	1	加速度a	S_l/S_t^2	1
应力σ	$S_\sigma = S_\varepsilon$	1	阻尼比ξ	$S_\xi = 1$	1
质量密度ρ	S_E/S_l	10	泊松比ν	$S_\nu = 1$	1
质量m	S_ρ/S_l^3	$1/10^2$			

HDR 支座设计参数　　表 5.3-3

HDR-060 型支座		HDR-078 型支座	
支座参数	数值	支座参数	数值
支座直径d_0/mm	80	支座直径d_0/mm	80
加劲钢板直径d/mm	70	加劲钢板直径d/mm	70
单层橡胶厚度t_r/mm	3	单层橡胶厚度t_r/mm	3
橡胶层数	20	橡胶层数	26
橡胶总厚度T_r/mm	60	橡胶总厚度T_r/mm	78
加劲钢板厚度t_s/mm	2	加劲钢板厚度t_s/mm	1.2
钢板层数	19	钢板层数	25
钢板总厚度T_r/mm	38	钢板总厚度T_r/mm	30
封板厚度/mm	16	封板厚度/mm	16
支座总高度/mm	130	支座总高度/mm	140
橡胶剪切模量实测值/MPa	0.76	橡胶剪切模量实测值/MPa	0.64

注：HDR 支座以橡胶总厚度T_r进行编号。

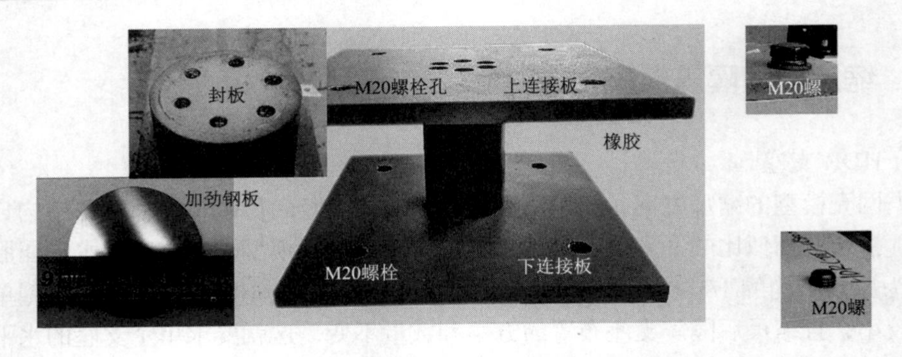

图 5.3-3　振动台试验所用的 HDR 支座

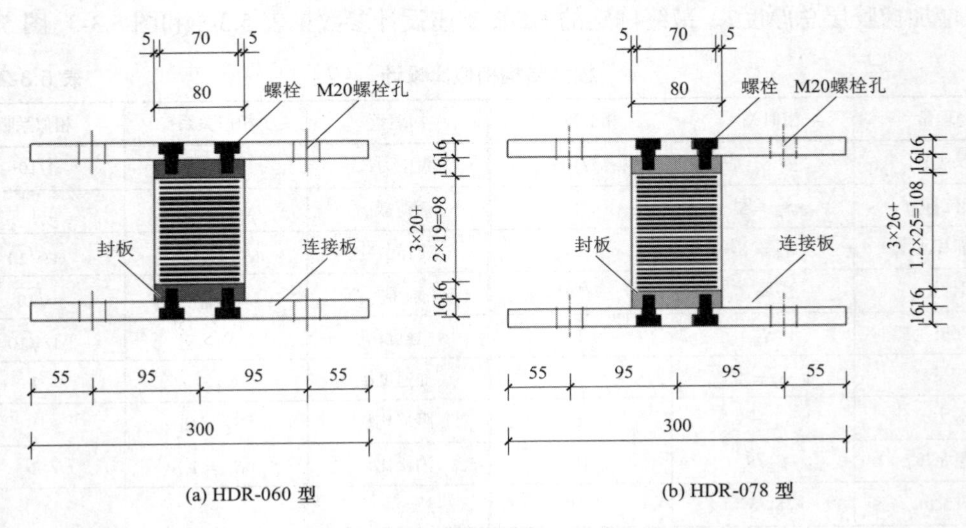

(a) HDR-060 型　　(b) HDR-078 型

图 5.3-4　HDR 支座加工图

注：支座以橡胶总厚度T_r进行命名。

HRD 支座试验加载装置如图 5.3-5 所示。在竖向施加 5.5kN 的轴向力，模拟设计恒定荷载；水平向位移取剪切应变 50%和胶体有效直径d的 3/4（保证支座安全的极限状态）两级。图 5.3-6 为试验测得的两种 HDR 支座模型的Q-D滞回曲线。试验测得各 HDR 支座的力学性能参数见表 5.3-4。

(a) 试验装置

(b) HDR 支座的剪切变形

图 5.3-5　隔震橡胶支座力学性能试验

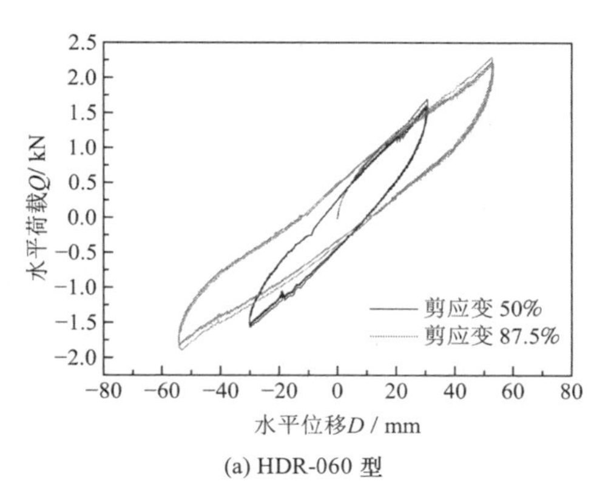

(a) HDR-060 型

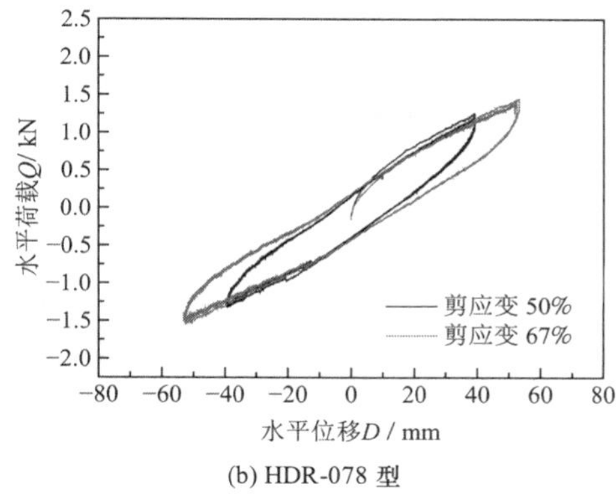

(b) HDR-078 型

图 5.3-6 HDR 支座水平剪切Q-D曲线

试验用 HDR 支座力学性能参数 **表 5.3-4**

支座型号	刚度K_1	刚度K_2	等效阻尼比h_{eq}
HDR-060	$D = 30$mm，$\gamma = 50\%$	$D = 52.5$mm，$\gamma = 87.5\%$	22.3%
	52.45N/mm	38.88N/mm	
HDR-078	$D = 39$mm，$\gamma = 50\%$	$D = 52.5$mm，$\gamma = 67\%$	20.6%
	29.79N/mm	26.47N/mm	

（2）FPS 支座

试验所用的摩擦摆式隔震支座（FPS）设计见图 5.3-7，由上盖板、中心滑块和球面底座三部分组成，由 45 号钢制成，总重量约 118kg。FPS 支座由衡水丰泽工程橡胶有限公司加工，见图 5.3-8 所示。

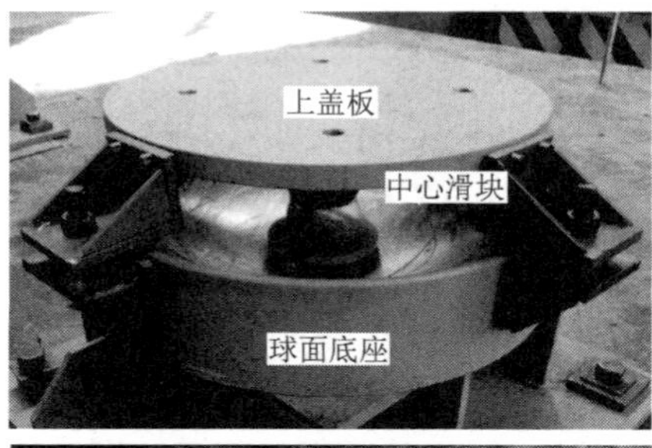

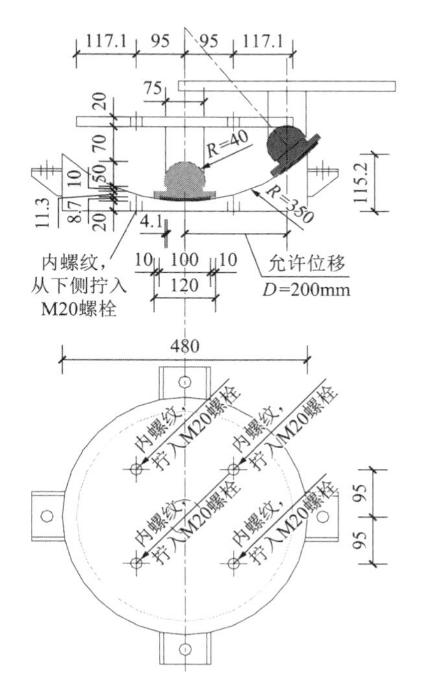

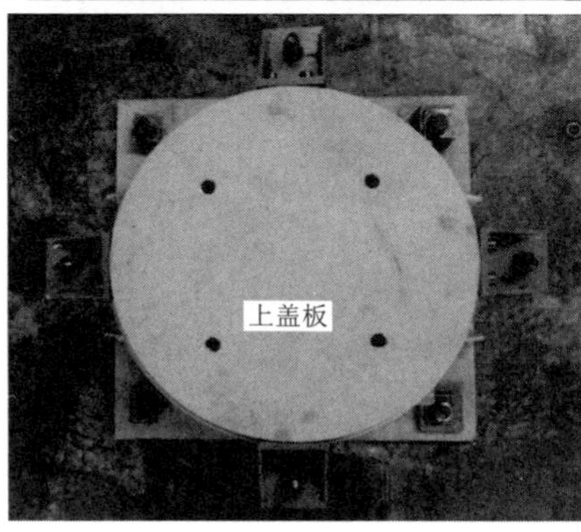

图 5.3-7 FPS 支座加工图

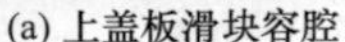

(a) 上盖板滑块容腔

(b) 中心滑块聚四氟板

(c) 中心滑块及球面底座

图 5.3-8　试验所用的 FPS 实物图

在北京工业大学强度检测所对 FPS 支座的力学性能进行测定，装置见图 5.3-9。测定在拟静力状态下进行，由电子万能试验机沿高度追踪施加竖向设计恒定荷载，分 5.5kN 和 2.75kN 两级，并使上支座板始终保持水平。水平力由固定在工作平台的丝杆升降机提供，移动速度为 2mm/s，水平向行程D取 50mm 和 100mm。图 5.3-10 所示为 FPS 支座的Q-D曲线，可以看出支座起滑前具有很大的初始刚度，而支座滑动后有显著的耗能效果。FPS 支座力学性能参数见表 5.3-5。

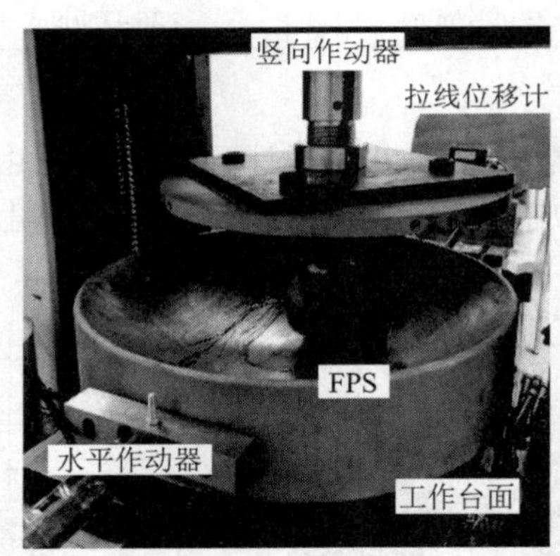

图 5.3-9　FPS 支座加载装置

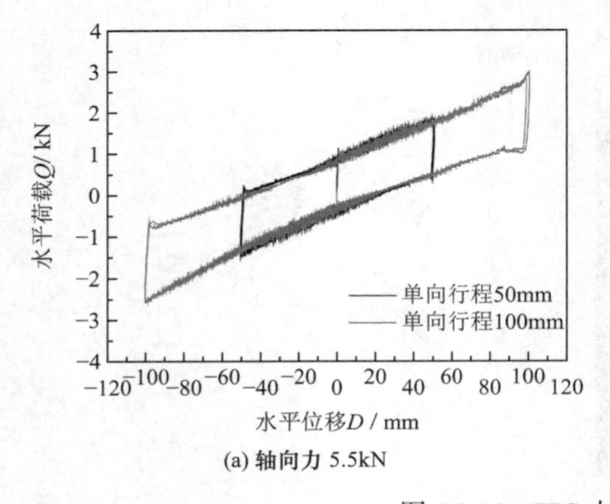

(a) 轴向力 5.5kN

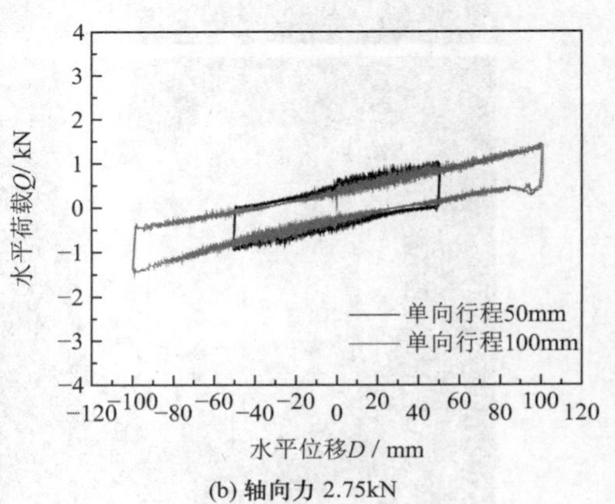

(b) 轴向力 2.75kN

图 5.3-10　FPS 水平剪切Q-D曲线

试验用 FPS 支座力学性能参数 表 5.3-5

轴向荷载	初始刚度K_1/（N/mm）	等效刚度K_{50mm}/（N/mm）	等效刚度K_{100mm}/（N/mm）	隔震周期T/s
2.75kN	918.97	19.87	14.21	1.187
5.50kN	1565.52	33.04	27.02	1.187

5.3.3 大跨度网壳结构振动台试验方案

1）试验用地震波

为使试验具有普遍意义，选择了频谱特性有较大差异的3组实际地震记录：宝兴民治波、郫县走石山波和天津波，其中宝兴民治波和郫县走石山波是2008年汶川地震中分别在成都地区和雅安地区得到的中硬场地地震记录；天津波来自唐山地震余震，是较常用的长周期地震波。见表5.3-6和图5.3-11、图5.3-12。将原始地震记录按时间相似比关系$1/\sqrt{10}$进行压缩，并按《建筑抗震设计规范》GB 50011—2010（2016年版）规定的7度至9度罕遇地震对应的时程分析加速度最大值对幅值进行整体调整，生成试验波。

试验选用的原始地震波 表 5.3-6

地震波名称	观测地点	发生时间	原始波长/s	加速度峰值/（cm/s²）	
				EW	NS
宝兴民治波	四川宝兴	2008.5.12	300.00	153.26	117.13
郫县走石山波	四川郫县	2008.5.12	121.27	120.34	141.45
天津波	天津市区	1976.11.25	19.19	104.18	145.80
人工波（Ⅱ类）	—	—	60.00	397.31	397.31

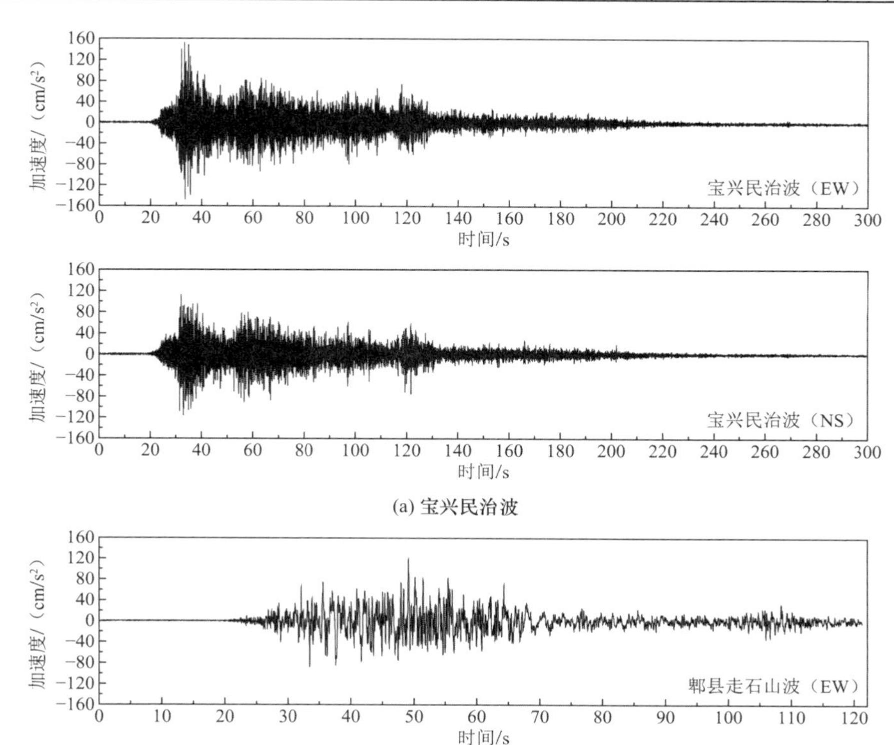

(a) 宝兴民治波

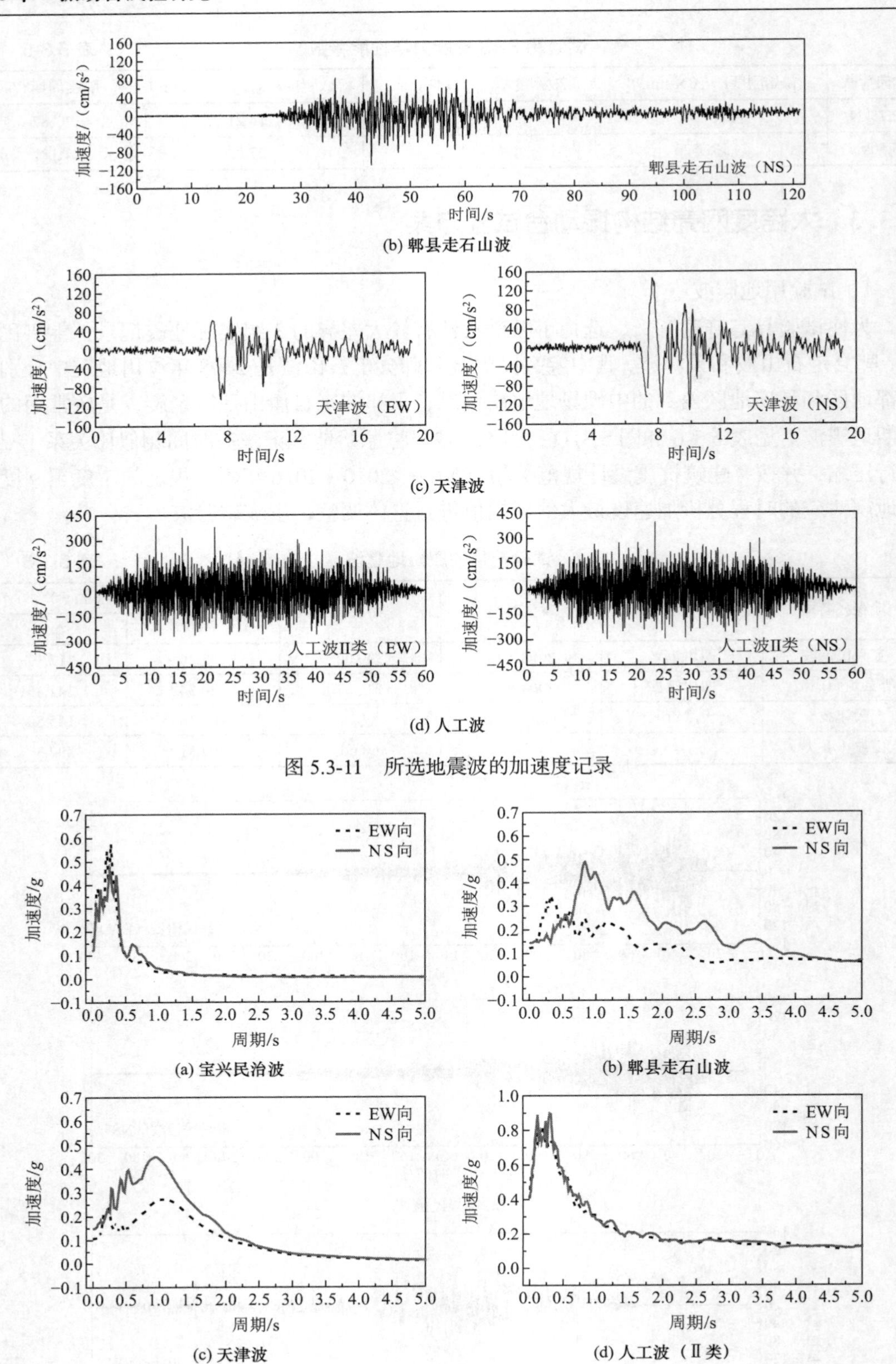

图 5.3-11　所选地震波的加速度记录

图 5.3-12　所选地震波的反应谱

进行水平单向和双向地震动输入（台阵系统不能进行竖向加载），水平单向震动沿柱面网壳模型刚度较弱的横向（y轴）输入。对无隔震结构，输入峰值为 3.1m/s^2（对应 7 度罕遇地震设计基本加速度值 0.15g）的郫县走石山波时，杆件 S7′（见表 5.3-7）应变已达到 842με，考虑到此值尚未包含因结构自重产生的应变部分，实际杆件内力已达很高水平。为保证模型安全，未再继续增大地震动幅值。

2）振动台系统多点激励的实现

为考虑视波速对隔震结果的影响，进行一致输入及视波速V_a为 1000m/s、500m/s 和 250m/s 三种情况。如图 5.3-13 和图 5.3-14 所示，地震波沿结构纵轴的x向传播，从$x = 0$m 处的西侧边台传入，经中间台，至$x = 8$m 处东侧边台传出。相应地，各子台起振时间依次延迟 0.0126s、0.0253s 和 0.0506s。

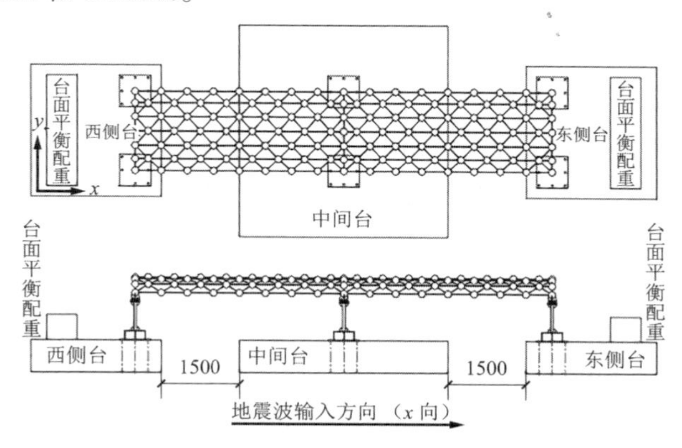

图 5.3-13　台阵行波输入示意图

图 5.3-14　台阵平衡配重布置

图 5.3-15 所示为一致输入，视波速V_a分别为 1000m/s、500m/s 和 250m/s 时，台阵三个台面输出的天津波加速度时程曲线。可以看出，振动台性能稳定，三个子台的同步性良好，西侧边台的加速度值稍大。

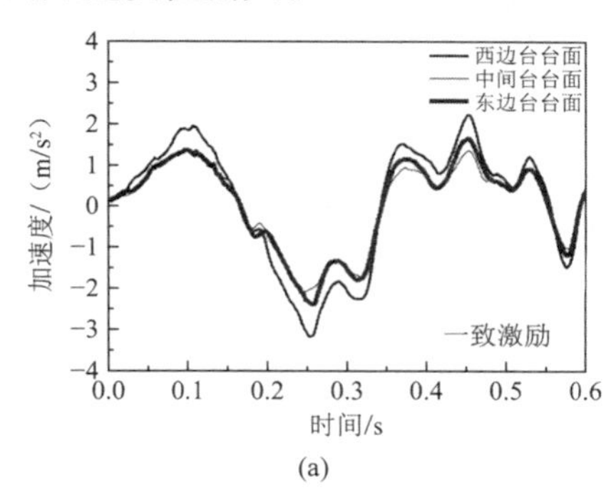

(a)

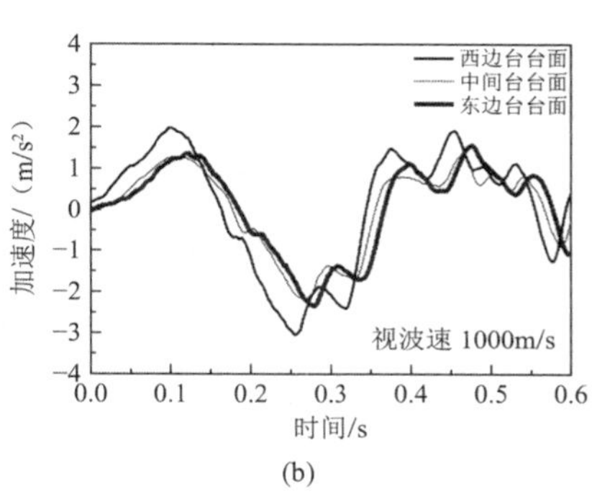

(b)

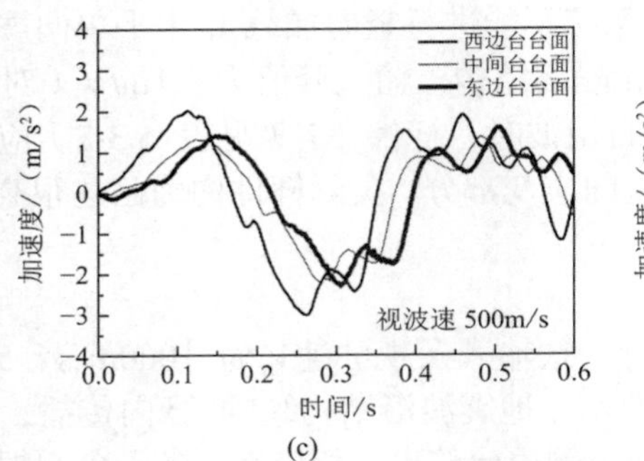

(c)

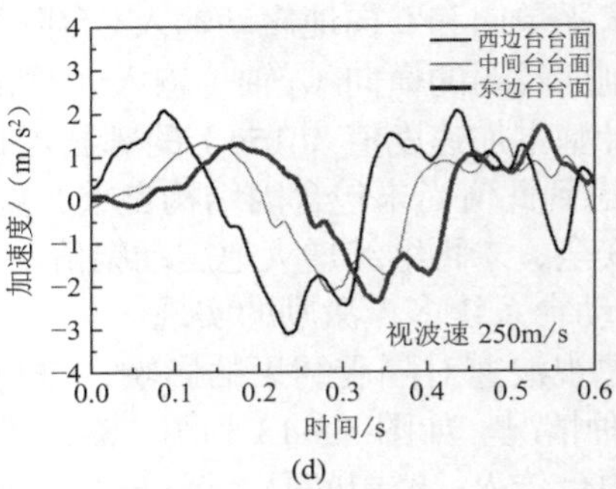

(d)

图 5.3-15　振动台阵输出的行波激励加速度曲线

3）量测系统和测点布置

（1）试验数据的采集与记录

试验采用扬州晶明科技有限公司的 JM5958 测试系统，使用了 8 个模块共 121 个采集通道。试验量测节点的位移、加速度和杆件的应变响应等指标。位移测量使用 26 台拉线式位移传感器，量程在 250～1000mm，将其固定在振动台周围搭设的脚手架上，记录结构的绝对位移响应，试验后期通过减去台面位移，得到结构的相对位移响应和变形。加速度测量使用 32 个压阻式加速度传感器，量程为 −10～10g。这两类传感器均沿水平双向布置，并设置少量的竖向加速度测点。由于结构杆件较细，应变测量使用面积很小的 BE120-3AA 型电阻应变片，电阻值（120.3±0.1）Ω，灵敏系数（2.22±1）%。网壳杆件在中部沿环向对称粘贴 4 个应变片，支承柱在柱底沿环向对称粘贴 8 个应变片。数据采集系统和仪器见图 5.3-16。

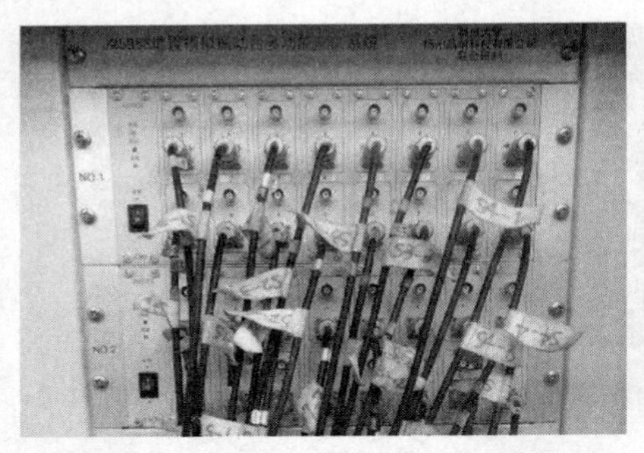

(a) 扬州晶明 JM5958 数据采集系统（局部）

(b) 拉线式位移传感器

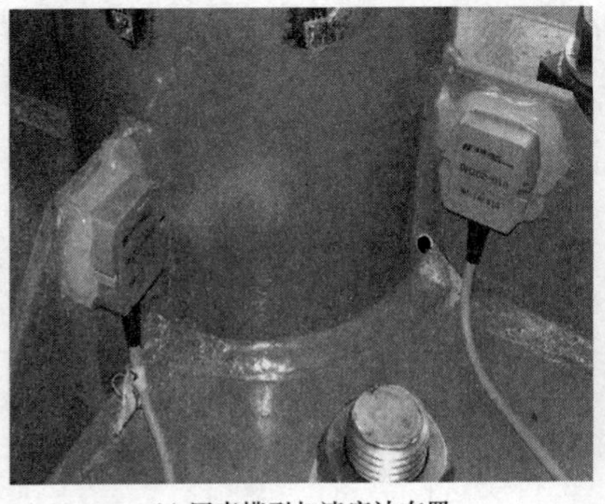

(c) 网壳模型加速度计布置

(d) 振动台面加速度计布置

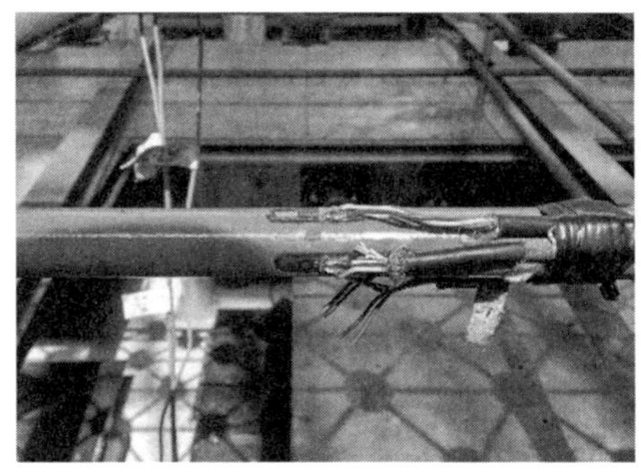

(e) 杆件中部应变片粘贴

(f) 支承柱底部应变片粘贴

图 5.3-16 数据采集仪器及采集系统

（2）测点布置

模型测点分布如表 5.3-7 所示，因试验关注行波效应对结构不同位置响应的影响，且模型构件沿双向轴对称分布，将测点主要布置在$y = 0$～0.75m 的半幅区域内，选择理论分析的最大变形处和最大应力部位。在其他位置对称布置校核点，可根据结构的对称性得到整体模型的响应。在各 HDR 支座的上、下连接板处水平双向布置拉线位移计，采集响应过程中橡胶支座的剪切变形。另外，同时在三个单台台面布置加速度和位移传感器，以便对振动台的真实输出信号进行实时采集。

模型测点分布　　表 5.3-7

项目	编号	平面位置/m	竖向位置	方向	项目	编号	平面位置/m	竖向位置	方向/数量/片
加速度采集	A1	$x = 0.0$，$y = 0.0$（节点 A）	网壳内部	x向；y向	位移采集	U10	$x = 0.0$，$y = 0.0$	支承柱底部	x向；y向
	A2	$x = 1.875$，$y = 0.75$（节点 B）	网壳内部	x向；y向；z向		U11	$x = 4.0$，$y = 0.0$	支承柱底部	x向；y向
	A3	$x = 2.0$，$y = 0.0$（节点 C）	网壳内部	x向；y向		U12	$x = 8.0$，$y = 0.0$	支承柱底部	x向；y向
	A4	$x = 4.0$，$y = 0.0$（节点 D）	网壳内部	x向；y向		U13	$x = 0.0$，$y = 0.0$	台面	x向；y向
	A5	$x = 6.0$，$y = 0.0$（节点 E）	网壳内部	x向；y向		U14	$x = 4.0$，$y = 0.0$	台面	x向；y向
	A6	$x = 6.125$，$y = 0.75$（节点 F）	网壳内部	x向；y向；z向		U15	$x = 8.0$，$y = 0.0$	台面	x向；y向
	A7	$x = 8.0$，$y = 0.0$（节点 G）	网壳内部	x向；y向	应变采集	S1	$x = 0.25$，$y = 00$	网壳内部	4
	A8	$x = 2.0$，$y = 1.5$（节点 C′）	网壳内部	x向；y向		S2	$x = 0.125$，$y = 0.222$	网壳内部	4
	A9	$x = 6.0$，$y = 1.5$（节点 E′）	网壳内部	x向；y向		S3	$x = 2.25$，$y = 0.0$	网壳内部	4
	A10	$x = 0.0$，$y = 0.0$	支承柱底部	x向；y向		S4	$x = 2.0$，$y = 0.222$	网壳内部	4
	A11	$x = 4.0$，$y = 0.0$	支承柱底部	x向；y向		S5	$x = 4.25$，$y = 0.0$	网壳内部	4
	A12	$x = 8.0$，$y = 0.0$	支承柱底部	x向；y向		S6	$x = 4.375$，$y = 0.111$	网壳内部	4
	A13	$x = 0.0$，$y = 0.0$	台面	x向；y向		S7	$x = 4.125$，$y = 0.222$	网壳内部	4
	A14	$x = 4.0$，$y = 0.0$	台面	x向；y向		S8	$x = 6.25$，$y = 0.0$	网壳内部	4
	A15	$x = 8.0$，$y = 0.0$	台面	x向；y向		S9	$x = 6.0$，$y = 0.222$	网壳内部	4

续表

项目	编号	平面位置/m	竖向位置	方向	项目	编号	平面位置/m	竖向位置	方向/数量/片
位移采集	U1	$x=0.0$，$y=0.0$（节点 A）	网壳内部	x向；y向	应变采集	S10	$x=7.75$，$y=0.0$	网壳内部	4
	U2	$x=1.875$，$y=0.75$（节点 B）	网壳内部	x向；y向		S11	$x=7.87$，$y=0.222$	网壳内部	4
	U3	$x=2.0$，$y=0.0$（节点 C）	网壳内部	y向		S7′	$x=4.12$，$y=1.278$	网壳内部	4
	U4	$x=4.0$，$y=0.0$（节点 D）	网壳内部	x向；y向		S5′	$x=4.25$，$y=1.5$	网壳内部	4
	U5	$x=6.0$，$y=0.0$（节点 E）	网壳内部	y向		S13	$x=0.0$，$y=0.0$	支承柱底部	8
	U6	$x=6.125$，$y=0.75$（节点 F）	网壳内部	x向；y向		S14	$x=4.0$，$y=0.0$	支承柱底部	8
	U7	$x=8.0$，$y=0.0$（节点 G）	网壳内部	x向；y向		S15	$x=8.0$，$y=0.0$	支承柱底部	8

注：对于高位隔震工况，改为量测支承柱顶部的加速度和位移响应。

5.3.4　隔震结构一致激励下 HDR 高位隔震柱面网壳结构振动台试验

1）隔震支座布置方案（图 5.3-17～图 5.3-19）

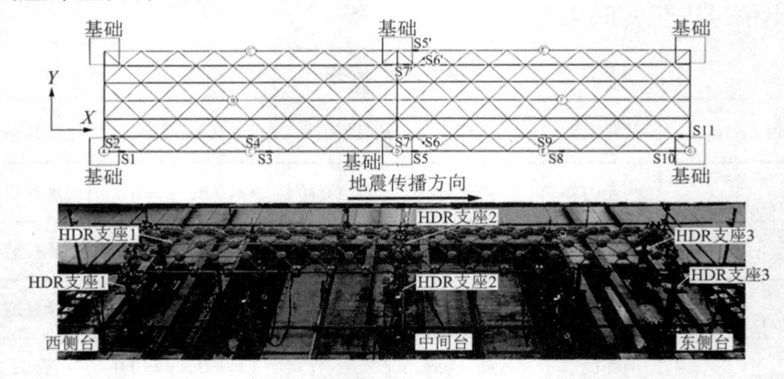

图 5.3-17　HDR 高位隔震单层柱面网壳模型

图 5.3-18　HDR 支座高位隔震的安装

(a) 初始位置

(b) 剪切变形

图 5.3-19 高位隔震的 HDR 支座的剪切变形

2）试验工况（表 5.3-8）

HDR 高位隔震试验工况 表 5.3-8

序号	输入地震动	x向 PGA/（m/s²）	y向 PGA/（m/s²）	视波速/（m/s）	隔震方式
1	宝兴民治波	—	4.0	一致	无
2	宝兴民治波	—	4.0	一致	HDR 高位
3	宝兴民治波	—	4.0	1000	HDR 高位
4	宝兴民治波	—	4.0	500	HDR 高位
5	宝兴民治波	3.4	4.0	一致	无
6	宝兴民治波	3.4	4.0	一致	HDR 高位
7	宝兴民治波	3.4	4.0	1000	HDR 高位
8	宝兴民治波	3.4	4.0	500	HDR 高位
9	郫县走石山波	—	2.2	一致	无
10	郫县走石山波	—	2.2	一致	HDR 高位
11	郫县走石山波	—	3.1	一致	无
12	郫县走石山波	—	4.0	一致	HDR 高位
13	郫县走石山波	—	4.0	1000	HDR 高位
14	郫县走石山波	—	4.0	500	HDR 高位
15	郫县走石山波	3.4	4.0	一致	HDR 高位
16	郫县走石山波	3.4	4.0	1000	HDR 高位
17	郫县走石山波	3.4	4.0	500	HDR 高位
18	郫县走石山波	—	6.2	一致	HDR 高位
19	天津波	—	4.0	一致	无
20	天津波	—	4.0	一致	HDR 高位
21	天津波	—	4.0	1000	HDR 高位
22	天津波	—	4.0	500	HDR 高位

续表

序号	输入地震动	x向 PGA/（m/s²）	y向 PGA/（m/s²）	视波速/（m/s）	隔震方式
23	天津波	—	4.0	250	HDR 高位
24	天津波	3.4	4.0	一致	HD 高位
25	天津波	3.4	4.0	1000	HD 高位
26	天津波	3.4	4.0	500	HD 高位
27	天津波	3.4	4.0	250	HD 高位
28	人工波（Ⅱ类）	—	4.0	一致	无
29	人工波（Ⅱ类）	—	4.0	一致	HD 高位
30	人工波（Ⅱ类）	—	4.0	1000	HD 高位
31	人工波（Ⅱ类）	—	4.0	500	HD 高位
32	人工波（Ⅱ类）	3.4	4.0	一致	HD 高位
33	人工波（Ⅱ类）	3.4	4.0	1000	HD 高位
34	人工波（Ⅱ类）	3.4	4.0	500	HD 高位

注：行波激励工况的分析见 5.3.6 节。

3）HDR 高位隔震网壳模型的动力特性

依次沿结构的x向和y向输入峰值 0.05g的 0.5～20Hz 正弦波对模型进行扫频，对网壳的加速度响应曲线做频谱分析。图 5.3-20 为模型隔震前后的傅里叶振幅谱，其中图（a）和图（b）为球节点 B 处的响应，图（c）为球节点 C 处的响应。

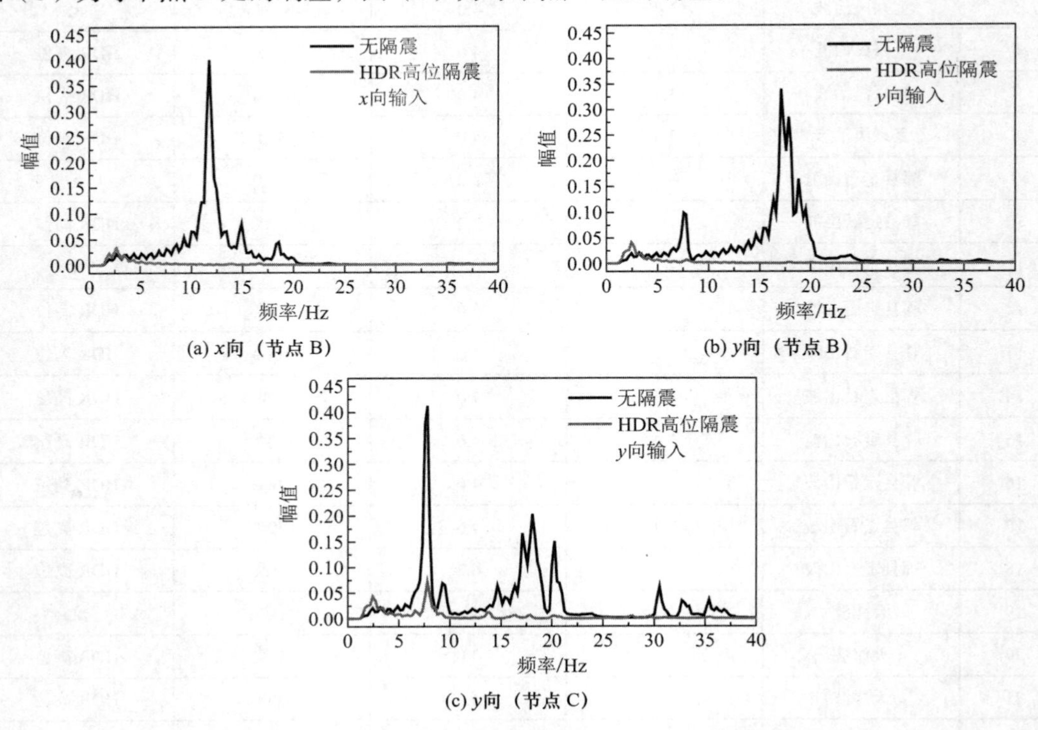

图 5.3-20 无隔震与 HDR 高位隔震网壳模型的傅里叶振幅谱

无隔震时，结构在x向和y向的基频分别为 11.72Hz 和 7.81Hz，HDR 高位隔震后x向和y向的基频降至 2.69Hz 和 2.44Hz，结构整体刚度降低明显，响应大幅度减小。

对频率为 0.5～20Hz 的正弦波和天津波作用下，网壳模型各测点的时程反应的频谱特性、传递函数进行分析，得到无隔震结构与隔震结构的自振频率和振型阻尼比，列于表 5.3-9。可以看出：

（1）无隔震结构模型的横向（y向）刚度小于纵向，一阶振型沿横向振动；采用 HDR 支座隔震后，结构体系的自振频率大幅降低，刚度明显减小，沿水平的两个轴向刚度接近。

（2）测得的无隔震结构模型的阻尼比基本在 2%以内，接近钢结构的经验阻尼比值；采用 HDR 支座进行高位隔震后，结构体系的阻尼比相比非隔震结构增大数倍，结构体系的耗能能力明显增强。

（3）隔震结构模型不同振型的阻尼比相差较大。不同激励下的同一阶振型的阻尼比也有一定幅度的差别，其变化幅度大于自振频率的变化。

无隔震与隔震单层柱面网壳的自振频率和振型阻尼比　　表 5.3-9

结构状态	方向	震源	加速度峰值/（m/s²）	一阶振型		二阶振型		三阶振型	
				f_1/Hz	ξ_1/%	f_2/Hz	ξ_2/%	f_3/Hz	ξ_3/%
无隔震	x向	正弦波	0.5	11.77	1.63	18.88	1.10	—	—
		天津波	4.0	11.90	1.43	18.38	1.19	—	—
	y向	正弦波	0.5	7.71	0.64	17.50	1.97	—	—
		天津波	4.0	7.72	0.39	17.19	—	—	—
高位隔震	x向	正弦波	0.5	2.41	17.08	16.35	6.38	—	—
		天津波	4.0	2.18	15.99	15.13	4.53	—	—
	y向	正弦波	0.5	2.25	13.91	7.81	—	13.49	16.47
		天津波	4.0	2.06	15.05	8.08	—	14.74	3.62

图 5.3-21 给出了结构前 5 阶振型的分析结果，其中前 3 阶网壳屋盖均近似呈刚体运动，第 1 阶为沿结构横向（y轴）的平动，第 2 阶为沿结构纵向（x轴）的平动，第 3 阶为沿结构平面中心的转动，第 4 阶振型以竖向振动为主，第 5 阶关于纵向中心轴线竖向振动。

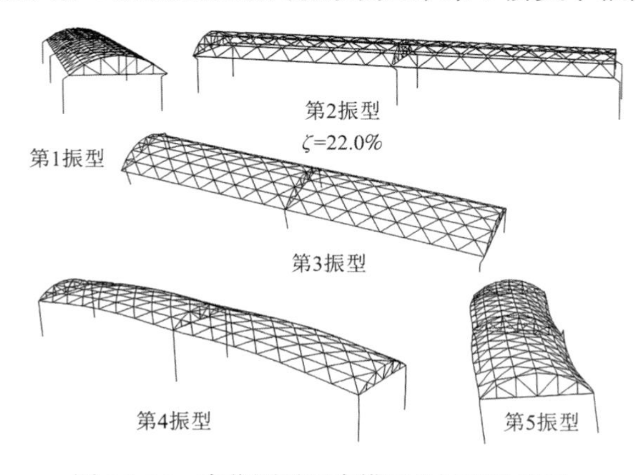

图 5.3-21　高位隔震网壳模型的振型及编号

4）地震动频谱特性对隔震效果的影响

本节讨论 HDR 支座高位隔震对减轻结构地震响应的效果，地震波沿结构横向（y轴）水平单向作用，地震波输入烈度对应 8 度罕遇情况（无隔震时郫县走石山波 PGA = 3.1m/s²，见表 5.3-8 工况 7）。当 PGA 为 4.0m/s² 时，振动台实际输出y向地震波的傅里叶谱如图 5.3-22 所示。

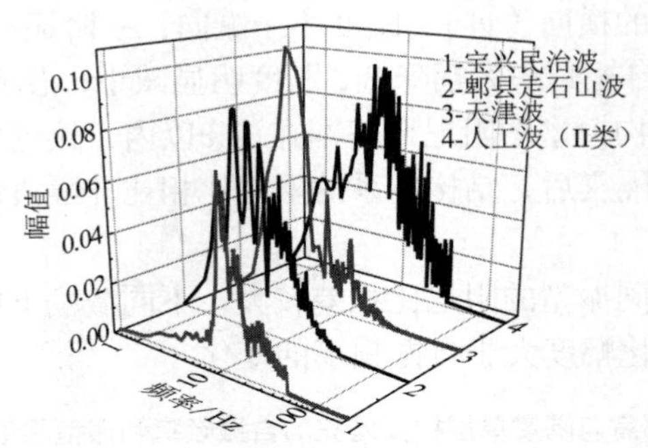

图 5.3-22　振动台实际输出y向地震波的傅里叶谱（PGA = 4.0m/s²）

5）结构模型加速度响应

图 5.3-23 为 HDR-078 支座高位隔震后网壳模型纵向边（y = 0m）的加速度响应峰值。同一地震波作用下网壳各位置节点的加速度响应接近，响应峰值降低明显，仅为隔震前的 1/2～1/8 左右，这意味着隔震后网壳模型所承受的水平地震作用烈度接近降低 1～3 度。对属于近似基岩场地的宝兴民治波隔震效果最佳，结构隔震后基本避开了地震波的主要能量段，节点 E 的加速度最大值从隔震前的 8.31m/s² 降至 1.26m/s²，隔震效果极为明显；对于周期较长的天津波，采用剪切刚度较小的 HDR-078 型支座后隔震效果比前工况稍好，加速度响应降低一半以上。

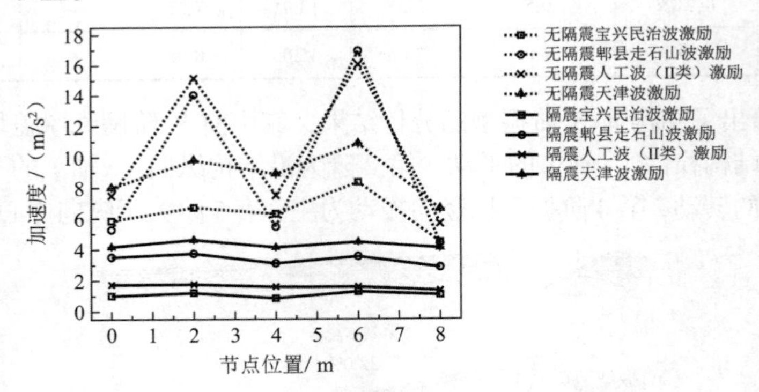

图 5.3-23　节点加速度响应（y向）包络图对比

表 5.3-10 所示为沿y向震动的水平地震作用下，隔震前后结构模型部分球节点加速度响应放大系数R_a的对比，第 5 列仍取三个台面输出加速度平均值的峰值进行计算。

由于结构沿纵轴方向的柱间距较大，两条纵向边（y = 0m，y = 1.5m）跨中区域横向刚度较小。采用 HDR 支座高位隔震后，对此部分构件振动的控制效果明显。隔震后加速度响应峰值大幅度降低，对采自近似基岩场地的宝兴民治波，地震特征频率与隔震结构基频之比ω/ω_n在 3.2 以上，隔震使结构自振周期避开了其主要能量段，对生成的人工波（Ⅱ类）

的情况也类似。故这两条地震波作用下，各节点的加速度放大系数R_a全部在 0.42 以下，隔震结构模型的震动微弱。对于郫县走石山波，隔震后在实际峰值 3.973m/s^2 水平地震（见表 5.3-8，工况 11）作用下的加速度响应峰值仅为无隔震结构在实际峰值 3.278m/s^2 水平地震（工况 12）作用下的相应值的 26.6%，纵向边上的节点 C 加速度峰值降至 3.733m/s^2，隔震的效果极为明显。由于本节的 HDR-078 支座水平剪切刚度小于 HDR-060 支座，隔震结构刚度更小，使得自振频率进一步远离各地震动的主要频率段，结构模型的加速度响应更低，见表 5.3-10。

无隔震与高位隔震单层柱面网壳加速度响应对比（y向） 表 5.3-10

测点位置	结构状态	地震波	地震波主要频率段ω（Hz）	$R_a = a/a_g$
节点 B（$x = 1.75$m，$y = 0.75$m）	无隔震（基频 7.81Hz）	宝兴民治波	7.57～15.87	1.89
		郫县走石山波	1.95～13.18	1.91
		天津波	1.22～4.39	2.02
		人工波（Ⅱ类）	3.42～12.21	2.38
	高位隔震（基频 2.44Hz）	宝兴民治波	7.81～16.11	0.25
		郫县走石山波	1.95～13.18	0.85
		天津波	1.22～4.15	0.94
		人工波（Ⅱ类）	3.66～12.21	0.37
节点 C（$x = 2$m，$y = 0$m）	无隔震（基频 7.81Hz）	宝兴民治波	7.57～15.87	2.09
		郫县走石山波	1.95～13.18	4.28
		天津波	1.22～4.39	2.13
		人工波（Ⅱ类）	3.42～12.21	3.96
	高位隔震（基频 2.44Hz）	宝兴民治波	7.81～16.11	0.37
		郫县走石山波	1.95～13.18	0.94
		天津波	1.22～4.15	1.03
		人工波（Ⅱ类）	3.66～12.21	0.42
节点 D（$x = 4$m，$y = 0$m）	无隔震（基频 7.81Hz）	宝兴民治波	7.57～15.87	1.96
		郫县走石山波	1.95～13.18	1.66
		天津波	1.22～4.39	1.94
		人工波（Ⅱ类）	3.42～12.21	1.95
	高位隔震（基频 2.44Hz）	宝兴民治波	7.81～16.11	0.26
		郫县走石山波	1.95～13.18	0.78
		天津波	1.22～4.15	0.92
		人工波（Ⅱ类）	3.66～12.21	0.38

图 5.3-24 所示为在沿y向输入的地震波作用下，隔震网壳的球节点 C（$x = 2$m，$y = 0$m）的加速度响应时程曲线。在宝兴民治波、郫县走石山波、天津波和人工波（Ⅱ类）作用下，

节点 C 的加速度响应峰值分别仅为无隔震情况的 17.9%、26.6%、47.2%和 11.6%，且按前文所述，无隔震情况输入的郫县走石山波峰值尚且比隔震时小 17.5%。天津波和人工波（Ⅱ类）作用下，无隔震结构在地震动峰值过后达到结构响应最大值的情况，在隔震后没有出现，这种现象尤其在天津波作用时极为明显。

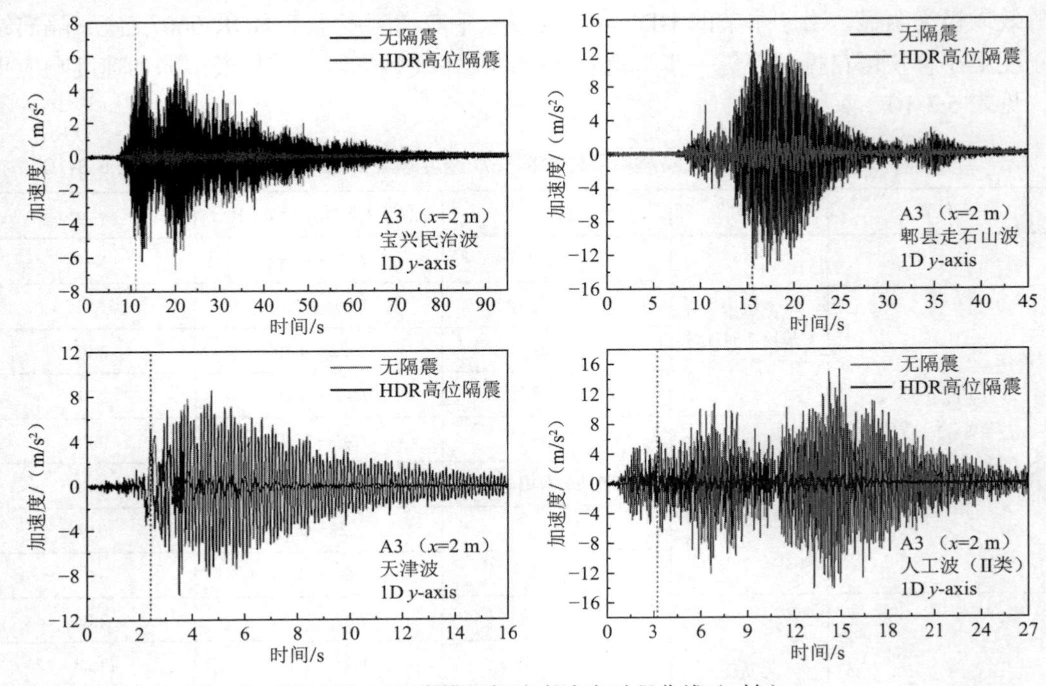

图 5.3-24　网壳模型加速度响应时程曲线（y轴）

对隔震网壳模型输入正弦波扫频，正弦波频率从 0.5Hz 逐渐增加至 20Hz，得到模型的加速度反应放大系数R_a与频率比ω/ω_n的关系（ω_n是隔震结构的第 1 阶自振频率），如图 5.3-25 所示。可以看出：

（1）在频率比$\omega/\omega_n = 1$ 附近，隔震结构与场地发生共振反应，R_a达到最大值，约为 2.5～2.9。

（2）随着ω/ω_n增大，R_a逐渐降低，隔震效果更加显著，R_a最终趋近于 1/8。

（3）$\omega/\omega_n = 2.8$～4 时，R_a曲线有一个向上的凸起，尤以纵向跨中处的节点 C 最为明显，R_a达到 2.12。这是因为此频率段激起了结构高阶振型，该部分发生明显的局部振动。

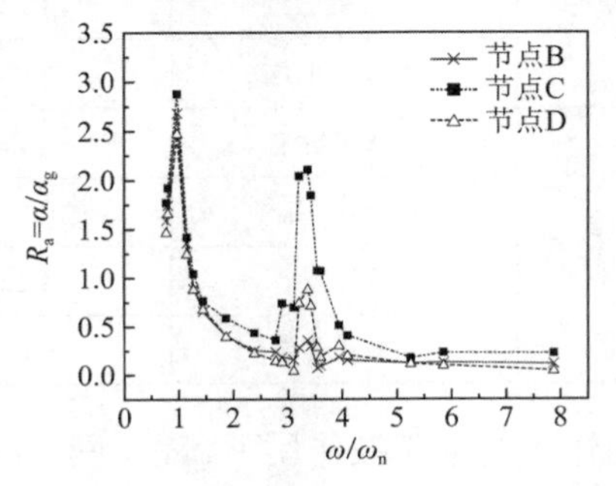

图 5.3-25　隔震网壳模型加速度放大系数R_a与ω/ω_n的关系

6）结构模型位移响应

图 5.3-26 和图 5.3-27 分别给出了 4 种地震波作用下，HDR 支座高位隔震对柱面网壳模型地震位移响应的改变。可见，隔震后网壳屋盖的绝对和相对位移响应全部增大，在宝兴民治波、郫县走石山波、天津波和人工波（Ⅱ类）作用下，隔震结构的位移反应放大比 R_d分别为 1.69、2.47、1.87 和 1.50。隔震网壳模型中钢结构部分的水平刚度远大于 HDR 支座的水平剪切刚度，其中尤其以钢管支承柱的抗弯刚度较大，因此地震过程中模型的水平变形主要发生在橡胶支座处。本节仅讨论支座刚度对加速度和位移响应的影响，按式(5.3-1)计算变化率：

$$变化率\delta=\frac{数值(HDR-078\ 支座)-数值(HDR-060\ 支座)}{数值(HDR-060\ 支座)}\times 100\% \tag{5.3-1}$$

统计结果列于表 5.3-11（因测量仪器精度问题，宝兴民治波的位移响应变化值不可靠，此处不做计算）。隔震支座刚度的减小，有利于更好控制结构的加速度响应，但是结构的位移会随之显著增大。

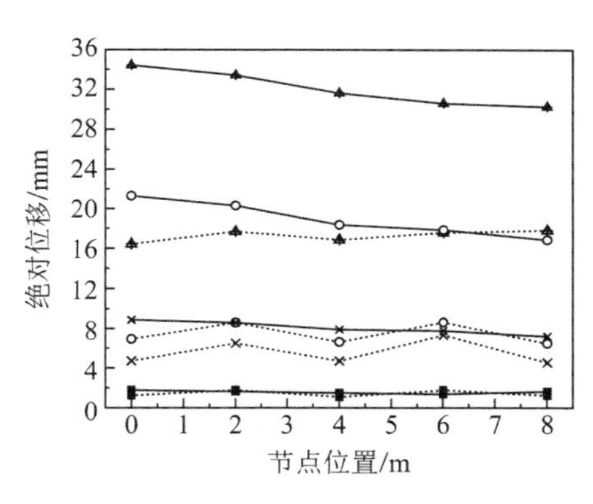

图 5.3-26　节点绝对位移响应包络图

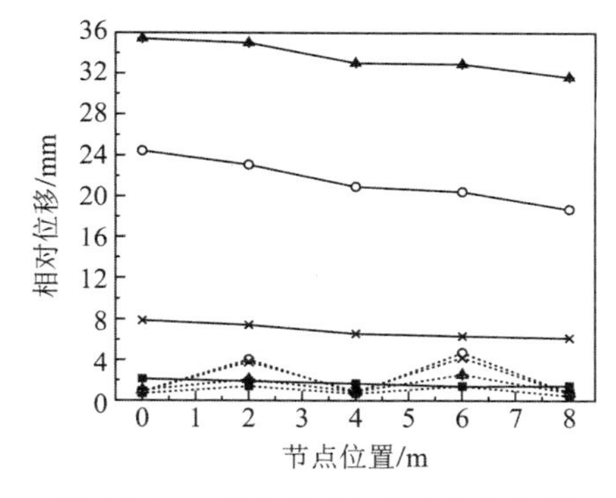

图 5.3-27　节点相对位移响应包络图

HDR-060 基础隔震与 HDR-078 高位隔震的节点响应对比（节点 D）　表 5.3-11

支座类型	剪切刚度K_h/（kN/m）（剪应变 50%）	加速度放大系数R_a			位移反应放大比R_d		
		宝兴波	郫县波	天津波	宝兴波	郫县波	天津波
HDR-060	52.45	0.59	0.93	1.27	1.69	1.73	1.70
HDR-078	29.79	0.26	0.78	0.92	1.69	2.47	1.87
变化率δ	−43.2%	−55.9%	−16.1%	−27.6%	—	+42.8%	+10.0%

图 5.3-28 和图 5.3-29 分别为地震波沿y向输入时，隔震前后网壳节点 C 的相对位移响应以及网壳横向变形的时程曲线，竖向虚线标示输入地震动峰值出现的时刻。高位隔震使网壳模型振动频率降低而位移增大，模型刚度较弱的横向（y向）变形显著减小。

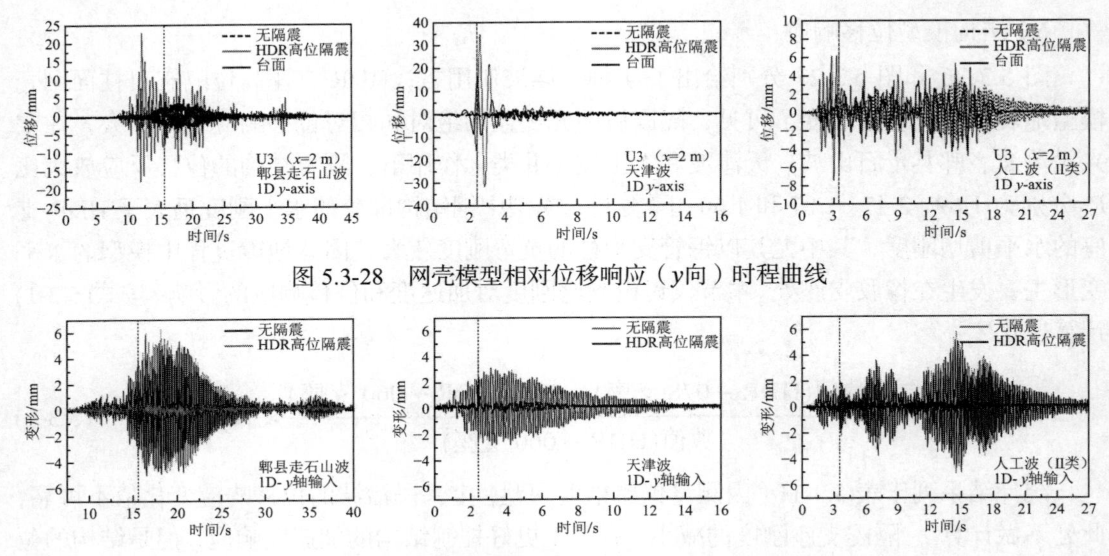

图 5.3-28　网壳模型相对位移响应（y向）时程曲线

图 5.3-29　隔震前后网壳模型横向变形（y向）对比

7）结构模型应力变化

（1）网壳屋盖应力对比

图 5.3-30 给出了地震波沿y向输入时，网壳模型的杆件应力分布情况。无隔震结构在不同地震波作用下的杆件应力相差明显，以郫县走石山波和人工波（Ⅱ类）引起的应力最大。隔震后，不同地震波作用下的结构应力水平接近，同一地震波工况下不同位置杆件的应力相差不大，应力峰值显著减小，仅为隔震前的 1/3～1/8 左右。

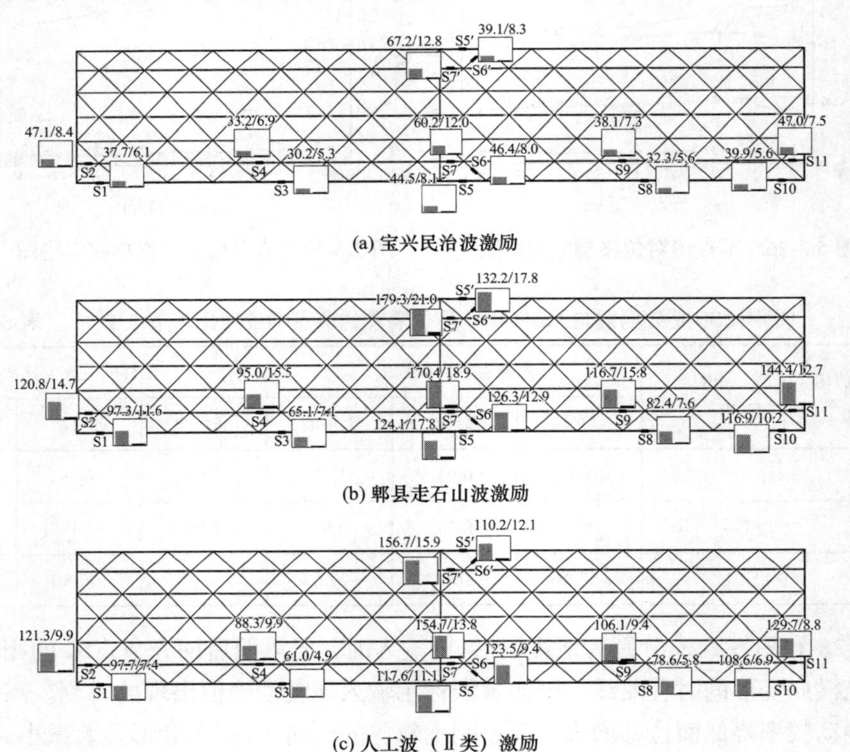

(a) 宝兴民治波激励

(b) 郫县走石山波激励

(c) 人工波（Ⅱ类）激励

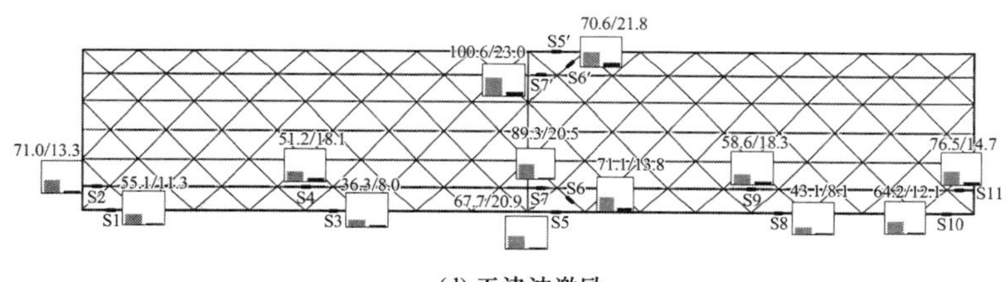

(d) 天津波激励

图 5.3-30　网壳杆端应力的对比（单向）

注：图 5.3-30 符号说明

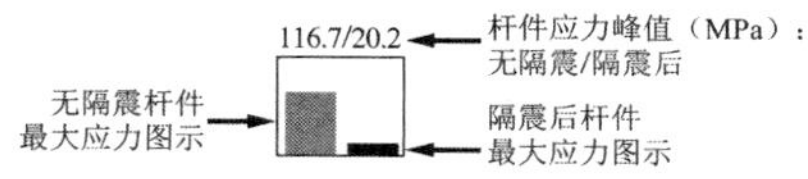

（2）支承柱底部的应力

图 5.3-31 为 HDR 支座高位隔震后各支承柱底部（位置见图 5.3-16f 所示）应力的变化情况。由于中间柱支承的结构附属面积较大，相应受到的水平地震作用也较大，所以其应力水平高于端部的柱子。采用 HDR 支座高位隔震后，支承柱根部的应力减小明显，处于纵轴方向不同位置的三排柱的应力水平接近。可见支座高位隔震能有效保护下部支承结构的安全。

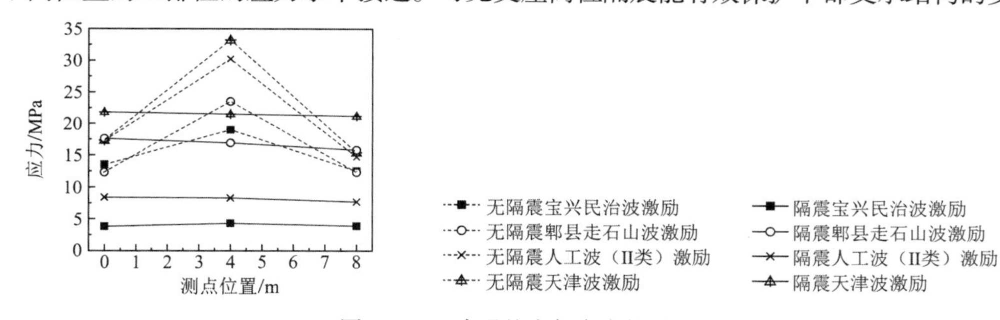

图 5.3-31　支承柱底部应力的对比

8）地震动峰值对隔震效果的影响

图 5.3-32 显示了郫县走石山波作用下，地震作用的烈度对 HDR 支座高位隔震效果的影响。随地震动加速度峰值的增大，结构加速度响应放大系数R_a逐渐下降，这表明 HDR 支座变形增大更有助于消耗地震动输入到结构的能量。

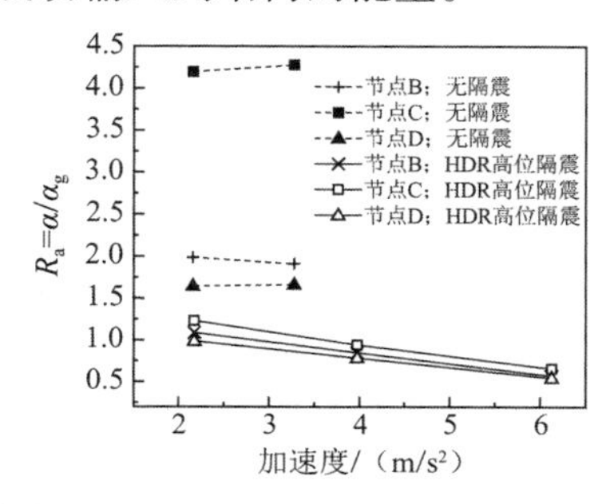

图 5.3-32　网壳模型加速度放大系数R_a与地震波加速度峰值a的关系

9）理论模型试验验证

对 HDR 支座高位隔震网壳模型的地震响应进行数值分析，由表 5.3-12 可知，数值计算结果与试验值吻合良好。

节点加速度峰值　　　　表 5.3-12

振动方向	节点编号	地震波	无隔震			HDR 高位隔震		
			试验值/（m/s²）	计算值/（m/s²）	误差	试验值/（m/s²）	计算值/（m/s²）	误差
y向输入 y向响应	节点 A $x=0$m，$y=0$m	郫县走石山波	5.269	5.506	+4.5%	3.512	3.182	−9.4%
		天津波	7.994	7.698	−3.7%	4.171	4.350	+4.3%
	节点 C $x=2$m，$y=0$m	郫县走石山波	14.021	14.610	+4.2%	3.733	3.449	−7.6%
		天津波	9.777	10.403	+6.4%	4.615	4.910	+6.4%
	节点 D $x=4$m，$y=0$m	郫县走石山波	5.451	5.168	−5.2%	3.106	2.842	−8.5%
		天津波	8.878	8.683	−2.2%	4.132	4.409	+6.7%
	节点 E $x=6$m，$y=0$m	郫县走石山波	16.905	15.299	−9.5%	3.539	3.419	−3.4%
		天津波	10.848	10.512	−3.1%	4.462	4.814	+7.9%
	节点 G $x=8$m，$y=0$m	郫县走石山波	4.382	4.698	+7.2%	2.840	2.616	−7.9%
		天津波	5.562	5.912	+6.3%	4.077	4.366	+7.1%
xy向输入 y向响应	节点 A $x=0$m，$y=0$m	郫县走石山波	—	—	—	2.796	2.488	−11.0%
		天津波	—	—	—	3.633	3.898	+7.3%
	节点 C $x=2$m，$y=0$m	郫县走石山波	—	—	—	3.070	2.864	−6.7%
		天津波	—	—	—	3.783	4.048	+7.0%
	节点 D $x=4$m，$y=0$m	郫县走石山波	—	—	—	2.580	2.356	−8.7%
		天津波	—	—	—	3.578	3.861	+7.9%
	节点 E $x=6$m，$y=0$m	郫县走石山波	—	—	—	3.004	2.806	−6.6%
		天津波	—	—	—	3.887	4.268	+9.8%
	节点 G $x=8$m，$y=0$m	郫县走石山波	—	—	—	2.287	2.074	−9.3%
		天津波	—	—	—	3.340	3.594	+7.6%

5.3.5　多维多点激励基础隔震网壳结构响应理论分析方法振动台试验验证

1）HDR 基础隔震网壳模型多点激励响应分析

（1）基础隔震网壳模型多点激励的数值模拟

利用 MATLAB 语言，编制有限元分析程序，对 HDR 基础隔震网壳模型在行波激励下的动力响应进行时程分析。采用常剪切应变的三维 Timoshenko 梁单元模拟橡胶支座力学性能，建立数值模型中的 HDR 隔震支座单元；构造非比例阻尼矩阵考虑集中阻尼所在的位置，以反映基础隔震方案的效果；多点输入则基于改进的 LMM 法。MATLAB 程序编制的详细步骤及流程图如下。

程序编制的基本步骤及各步细节处理如下：

①将分析的结构模型离散化，采用集中质量模型，输入结构数据化信息，包括：

a. 输入结构（柱支承单层柱面网壳）基本信息，包括单元数量、单元含节点数量、节点自由度数、节点总数量、总自由度数、上部结构自由度数a、支承基底自由度数b等；

b. 输入节点坐标、单元节点编号等；

c. 输入材料（Q345b 钢、高阻尼橡胶等）和单元截面（无缝钢管杆件）等，计算单元（杆件）截面属性；

d. 输入单元类型信息，将截面属性赋予各单元；

e. 输入荷载信息（地震波加速度时程）和约束条件。

②形成单元刚度矩阵$\overline{\boldsymbol{k}}^{\mathrm{e}}$和单元质量矩阵$\overline{\boldsymbol{m}}^{\mathrm{e}}$，转换至整体坐标系中。按 4.3 节所述，程序中 HDR 支座用三维 Timoshenko 模拟。各矩阵均用一维带状稀疏矩阵（sparse 函数）的形式存储，以节省软件运行内存并提高运算速度。

③集成为整体刚度矩阵$\boldsymbol{K}$和整体质量矩阵$\boldsymbol{M}'$。

④将网壳模型各球节点处的集中质量（钢球自重+附加铁块重量）增加到$\boldsymbol{M}'$，得到模型的完全整体质量矩阵$\boldsymbol{M}$。

⑤采用 Clough 非比例阻尼理论，构造整体阻尼矩阵：

a. 按钢结构阻尼比$\xi_{\mathrm{s}} = 0.02$，按瑞利阻尼得到体系阻尼矩阵$\boldsymbol{C}_1$；

b. 利用第 2 步得到的各隔震支座单元的刚度矩阵$\boldsymbol{k}^{\mathrm{e}}$和质量矩阵$\boldsymbol{m}^{\mathrm{e}}$，分别按瑞利阻尼得到单元阻尼矩阵$\boldsymbol{c}$；

c. 类似整体刚度矩阵的构造，将各隔震支座单元阻尼矩阵$\boldsymbol{c}$按编码定位集成到整体阻尼矩阵$\boldsymbol{C}_1$中，得到隔震结构的非比例阻尼矩阵$\boldsymbol{C}$。由于 HDR 支座阻尼比远大于钢结构，此处忽略相应位置原有的钢结构阻尼比。

⑥将网壳模型各支承基底处的大质量M_0增加到$\boldsymbol{M}$，得到 LMM 法计算用质量矩阵$\boldsymbol{M}_{\mathrm{L}}$。

⑦利用给定约束条件及单元节点编号构造支承点约束向量，按 LMM 法要求释放对地震输入方向支承点的约束。由大质量及地震波时程，得到荷载向量。

⑧按是否为支承节点自由度对结构矩阵分块（为计算方便，在编制程序初期已将支承节点编号排在最末位置，如图 5.3-33 所示）。按 LMM 法平衡方程求解运算。为保证结构体系的大型矩阵求逆运算的精度，程序中同时用高斯-塞德尔迭代法进行验算。

⑨程序后处理，输出结构体系位移、加速度和杆件内力响应的数据及图形。

图 5.3-34 所示为 MATLAB 程序计算流程。

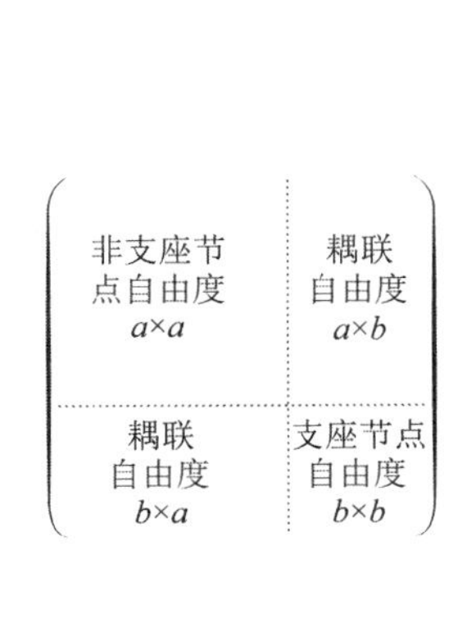

图 5.3-33 LMM 法矩阵分块

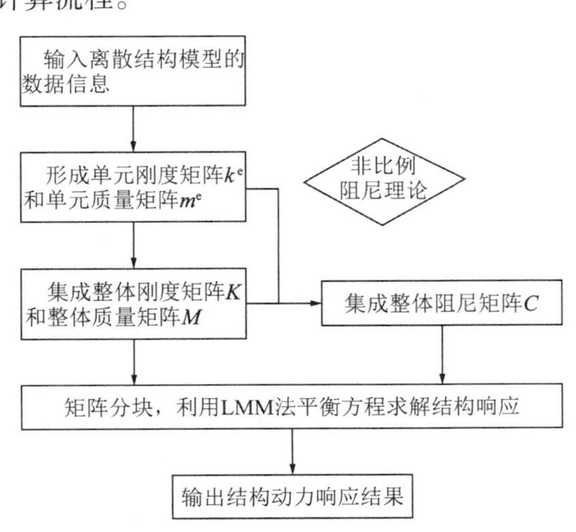

图 5.3-34 MATLAB 流程图

（2）加速度响应

从本小节开始，讨论地震波传播波速V_a对隔震网壳结构响应的影响。考虑到宝兴民治波的台面振动幅度及引起的隔震结构加速度、位移响应均很小，相应的受试验条件影响较大，故不对其做关于行波效应的分析。

如5.3.3节所述，地震波沿圆柱面网壳模型的纵向（x轴）行进。图5.3-35为考虑不同的地震波传播视波速V_a，基础隔震网壳模型各节点加速度响应峰值的分布及相对一致激励时的变化。

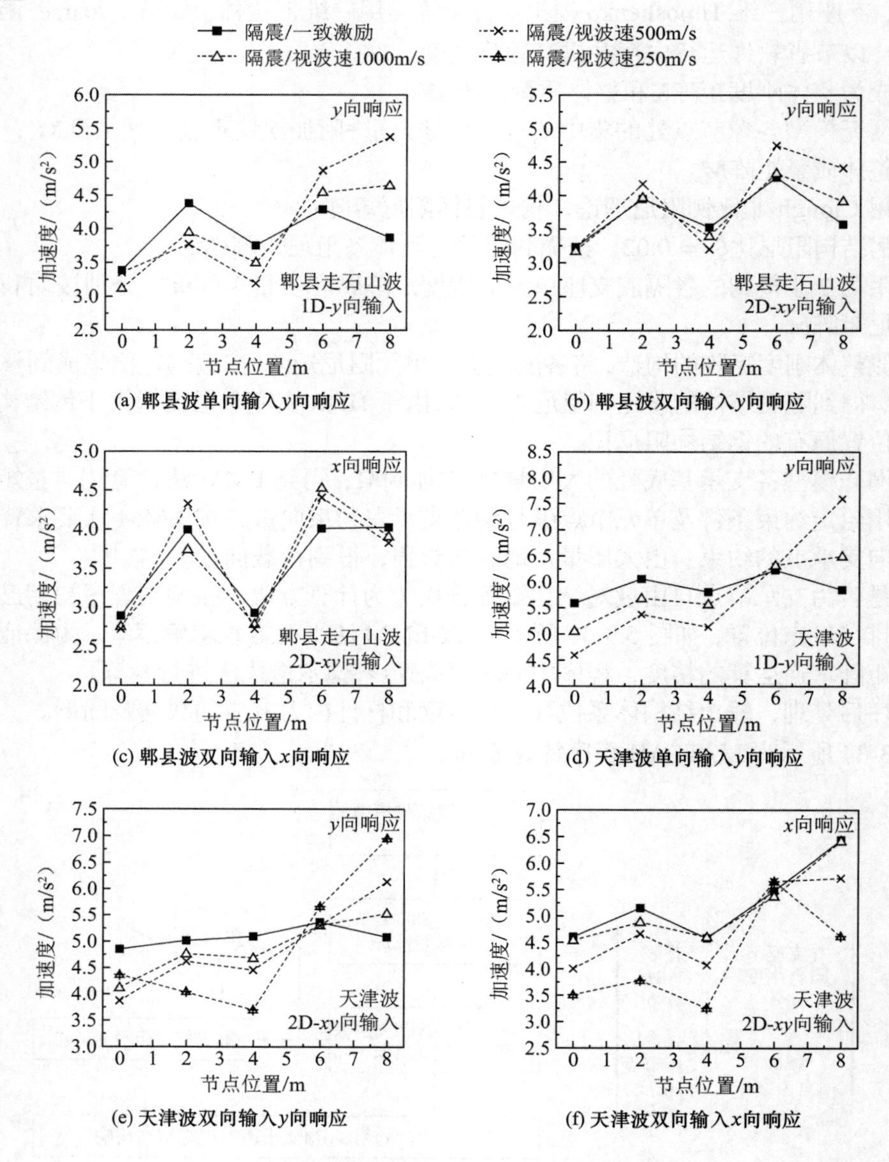

图5.3-35　振动台试验节点加速度响应峰值对比

地震波沿y轴水平单向震动时，震动方向与地震波传播方向垂直。行波效应使隔震网壳结构的节点加速度峰值（横向）在地震波传入端（$x=0$m）附近减小，而在地震波传出端

（$x = 8\text{m}$）附近增大，此趋势随着视波速V_a的降低即行波效应的增强而愈加明显。位于地震波传出端的节点 G（$x = 8\text{m}$）在郫县走石山波和天津波（$V_a = 500\text{m/s}$）激励下的加速度峰值较一致激励时分别增大 38%和 30%。

地震动沿x-y轴水平双向（x峰值：y峰值 = 0.85：1）作用时，对于沿结构横向的加速度响应，测得地震波传出端节点 G（$x = 8\text{m}$）的响应峰值在郫县走石山波和天津波（$V_a = 500\text{m/s}$）激励下较一致激励分别增大 24%和 21%，在天津波（$V_a = 250\text{m/s}$）激励下增大 37%；关于沿结构纵向的加速度响应，行波激励下地震波传出端一侧的纵向跨中处（$x = 6\text{m}$）均稍有增大，而地震波传出端节点 G（$x = 8\text{m}$）的响应峰值却显著减小。

可以看出，行波效应对加速度响应的影响很大，尤其地震水平单向作用时要大于双向震动。地震输入的各种工况下，加速度响应变化趋势一致，规律性很明显。

表 5.3-13 为网壳结构模型加速度响应峰值的试验值与数值模拟计算值的对比，二者吻合较好。考虑到 HDR 橡胶材料的离散性及滞回试验的误差等，可以认为改进的 LMM 算法及所编制 MATLAB 程序是可靠的。表 5.3-14 给出了传统 LMM 法与改进 LMM 法计算所得基础隔震网壳模型加速度响应峰值的对比，最大相差约 9%。因改进 LMM 法在考虑地震作用时增加了$\alpha\dot{U}_g$项，故两方法计算结果之差与地震波频谱性质有关。结果表明（尤其对于基础隔震方案），LMM 法中的阻尼项不宜直接忽略。

加速度峰值　　　　**表 5.3-13**

振动方向	节点编号	地震波	一致激励			1000m/s（天津波 500m/s）			500m/s（天津波 250m/s）		
			试验值/（m/s²）	计算值/（m/s²）	误差	试验值/（m/s²）	计算值/（m/s²）	误差	试验值/（m/s²）	计算值/（m/s²）	误差
y向输入 y向响应	节点 A $x = 0\text{m}$，$y = 0\text{m}$	郫县走石山波	3.377	3.144	−6.9%	3.120	2.767	−11.3%	3.350	3.005	−10.3%
		天津波	5.581	5.827	+4.4%	4.594	4.847	+5.5%	—	—	—
	节点 B $x = 1.75\text{m}$，$y = 0.75\text{m}$	郫县走石山波	3.570	3.320	−7.0%	3.141	2.883	−8.2%	3.059	2.830	−7.5%
		天津波	5.772	6.049	+4.8%	4.875	5.114	+4.9%	—	—	—
	节点 C $x = 2\text{m}$，$y = 0\text{m}$	郫县走石山波	4.375	4.060	−7.2%	3.947	3.675	−6.9%	3.767	3.500	−7.1%
		天津波	6.053	6.253	+3.3%	5.368	5.593	+4.2%	—	—	—
	节点 D $x = 4\text{m}$，$y = 0\text{m}$	郫县走石山波	3.748	3.471	−7.4%	3.497	3.242	−7.3%	3.190	2.938	−7.9%
		天津波	5.802	6.144	+5.9%	5.125	5.386	+5.1%	—	—	—
	节点 E $x = 6\text{m}$，$y = 0\text{m}$	郫县走石山波	4.288	3.996	−6.8%	4.549	4.194	−7.8%	4.869	4.460	−8.4%
		天津波	6.223	6.578	+5.7%	6.303	6.606	+4.8%	—	—	—
	节点 F $x = 6.25\text{m}$，$y = 0.75\text{m}$	郫县走石山波	3.883	3.565	−8.2%	4.192	3.894	−7.1%	4.284	4.134	−3.5%
		天津波	5.825	6.250	+7.3%	6.440	6.929	+7.6%	—	—	—
	节点 G $x = 8\text{m}$，$y = 0\text{m}$	郫县走石山波	3.869	3.621	−6.4%	4.648	4.392	−5.5%	5.372	5.017	−6.6%
		天津波	5.838	6.159	+5.5%	7.588	8.074	+6.4%	—	—	—

续表

振动方向	节点编号	地震波	一致激励			1000m/s（天津波 500m/s）			500m/s（天津波 250m/s）		
			试验值/（m/s²）	计算值/（m/s²）	误差	试验值/（m/s²）	计算值/（m/s²）	误差	试验值/（m/s²）	计算值/（m/s²）	误差
xy向输入 y向响应	节点 A $x=0$m，$y=0$m	郫县走石山波	3.229	2.990	−7.4%	3.174	2.850	−10.2%	3.239	2.831	−12.6%
		天津波	4.851	5.161	+6.4%	3.874	4.172	+7.7%	4.368	4.600	+5.3%
	节点 B $x=1.75$m，$y=0.75$m	郫县走石山波	3.548	3.282	−7.5%	3.401	3.146	−7.5%	3.296	3.019	−8.4%
		天津波	5.110	5.442	+6.5%	4.165	4.407	+5.8%	3.660	3.880	+6.0%
	节点 C $x=2$m，$y=0$m	郫县走石山波	3.950	3.642	−7.8%	3.971	3.657	−7.9%	4.173	3.943	−5.5%
		天津波	5.014	5.285	+5.4%	4.620	4.879	+5.6%	4.045	4.320	+6.8%
	节点 D $x=4$m，$y=0$m	郫县走石山波	3.525	3.264	−7.4%	3.397	3.098	−8.8%	3.199	2.946	−7.9%
		天津波	5.093	5.495	+7.9%	4.455	4.740	+6.4%	3.699	3.965	+7.2%
	节点 E $x=6$m，$y=0$m	郫县走石山波	4.270	3.916	−8.3%	4.336	4.098	−5.5%	4.745	4.408	−7.1%
		天津波	5.365	5.537	+3.2%	5.304	5.537	+4.4%	5.666	5.983	+5.6%
	节点 F $x=6.25$m，$y=0.75$m	郫县走石山波	3.717	3.267	−12.1%	3.737	3.423	−8.4%	3.832	3.579	−6.6%
		天津波	5.186	5.663	+9.2%	5.452	5.910	+8.4%	5.498	5.740	+4.4%
	节点 G $x=8$m，$y=0$m	郫县走石山波	3.569	3.155	−11.6%	3.919	3.656	−6.7%	4.409	4.153	−5.8%
		天津波	5.085	5.471	+7.6%	6.138	6.463	+5.3%	6.954	7.399	+6.4%

传统 LMM 法与改进 LMM 法的加速度响应计算结果对比　　表 5.3-14

节点编号	地震波	一致激励			500m/s		
		LMM/（m/s²）	改进 LMM/（m/s²）	相差	LMM/（m/s²）	改进 LMM/（m/s²）	相差
节点 A $x=0$m，$y=0$m	郫县走石山波	3.014	3.144	+4.3%	2.898	3.005	+3.7%
	天津波	5.351	5.827	+8.9%	4.521	4.847	+7.2%
节点 B $x=1.75$m，$y=0.75$m	郫县走石山波	3.205	3.320	+3.6%	2.740	2.830	+3.3%
	天津波	5.580	6.049	+8.4%	4.853	5.114	+5.4%
节点 C $x=2$m，$y=0$m	郫县走石山波	3.942	4.060	+3.0%	3.405	3.500	+2.8%
	天津波	5.768	6.253	+8.4%	5.349	5.593	+4.6%
节点 D $x=4$m，$y=0$m	郫县走石山波	3.354	3.471	+3.5%	2.822	2.938	+4.1%
	天津波	5.679	6.144	+8.2%	4.987	5.386	+8.0%
节点 E $x=6$m，$y=0$m	郫县走石山波	3.901	3.996	+2.4%	4.322	4.460	+3.2%
	天津波	6.097	6.578	+7.9%	6.300	6.606	+4.9%
节点 F $x=6.25$m，$y=0.75$m	郫县走石山波	3.458	3.565	+3.1%	4.017	4.134	+2.9%
	天津波	5.781	6.250	+8.1%	6.626	6.929	+4.6%
节点 G $x=8$m，$y=0$m	郫县走石山波	3.490	3.621	+3.8%	4.843	5.017	+3.6%
	天津波	5.687	6.159	+8.3%	7.567	8.074	+6.7%

（3）位移响应

图 5.3-36 为考虑不同的地震波传播视波速V_a，HDR 基础隔震网壳模型沿结构横向（y轴）的相对位移响应。行波激励下，相对位移响应的改变趋势与加速度相似。当地震沿y轴水平单向作用时，行波效应使隔震网壳结构的节点位移峰值（横向）在地震波传入端（$x=0$m）附近有所减小，同时在地震波传出端（$x=8$m）附近增大，变化随视波速V_a的降低而越加明显。位于地震波传出端的节点 G（$x=8$m）在郫县走石山波和天津波（$V_a=500$m/s）激励下的相对位移峰值较一致激励时分别增大 27%和 23%。

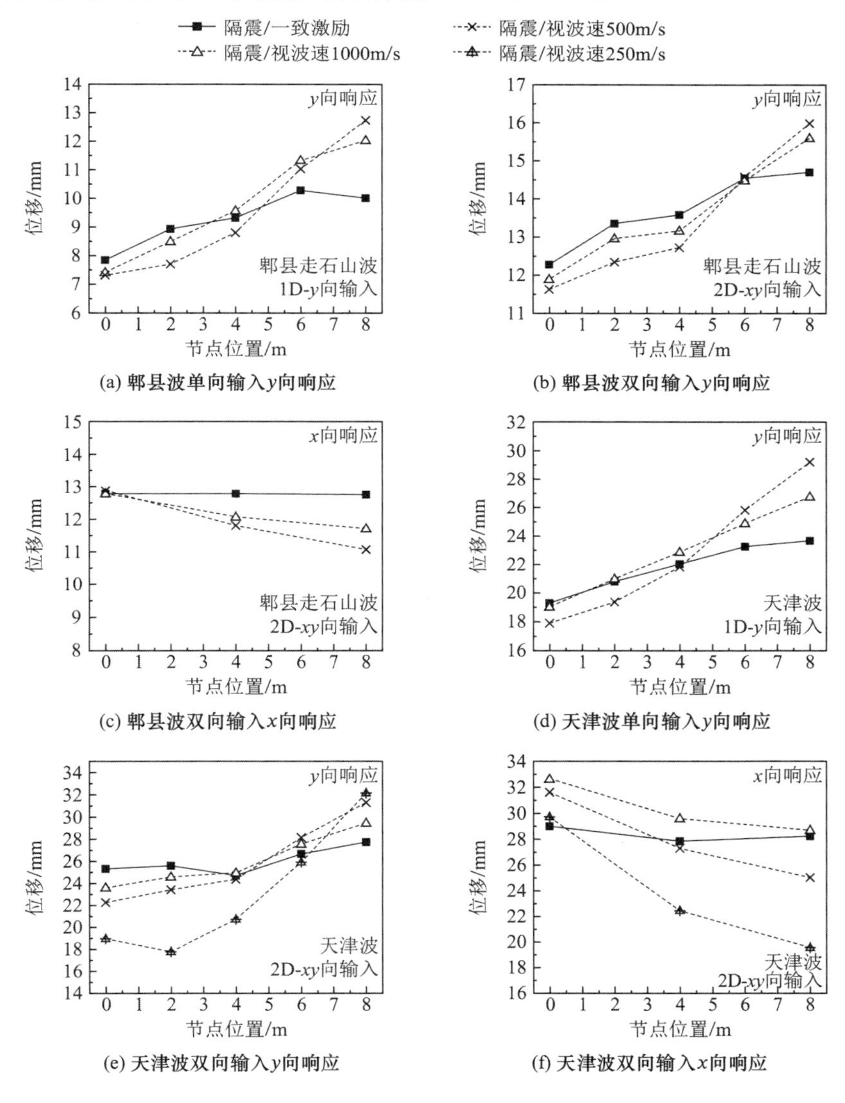

图 5.3-36　振动台试验节点相对位移响应峰值对比

当地震沿x-y轴水平双向（x峰值：y峰值＝0.85：1）作用时，测得地震波传出端节点 G（$x=8$m）的相对位移峰值（横向）在郫县走石山波和天津波（$V_a=500$m/s）激励下较一致激励分别增大 9%和 13%；在天津波（$V_a=250$m/s）激励下增大 16%。行波激励下网壳模型纵向的相对位移响应变化趋势与此不同，大体呈传入端稍增大，同时传出端显著减小的趋势。

可见，行波效应对网壳相对位移响应有明显影响。相对于沿横向的地震动水平单向作用，双向激励时隔震网壳的扭转趋势受到地面纵向运动位移差的牵制，行波效应的影响要弱于单向激励。各地震波工况下，位移响应变化趋势一致，规律很明显。

表5.3-15为试验得到的基础隔震网壳模型的绝对位移响应峰值以及数值模拟结果。可以看出，考虑行波效应后，各节点横向绝对位移响应与相对位移响应变化趋势接近；但由于沿纵向的地面位移差对网壳的振动有抵消作用，且隔震支座以上部的结构部分呈整体运动，所以各节点纵向绝对位移响应均逐渐减小。试验结果和数值模拟结果误差基本在10%以内，可认为算法及计算程序可靠。

节点绝对位移峰值 **表5.3-15**

振动方向	节点编号	地震波	一致激励			1000m/s（天津波500m/s）			500m/s（天津波250m/s）		
			试验值/mm	计算值/mm	误差	试验值/mm	计算值/mm	误差	试验值/mm	计算值/mm	误差
y向输入 y向响应	节点A $x=0m$，$y=0m$	郫县走石山波	11.8	12.8	+8.3%	11.3	11.6	+2.3%	12.0	11.0	−8.4%
		天津波	27.8	29.6	+6.6%	26.3	29.0	+10.2%	—	—	—
	节点C $x=2m$，$y=0m$	郫县走石山波	12.9	14.0	+8.8%	12.0	12.5	+4.3%	12.1	11.3	−6.6%
		天津波	29.2	30.9	+5.8%	27.7	29.3	+5.8%	—	—	—
	节点D $x=4m$，$y=0m$	郫县走石山波	12.9	13.8	+7.2%	12.8	13.5	+5.6%	12.1	12.9	+6.9%
		天津波	28.7	30.8	+7.4%	28.8	31.0	+7.6%	—	—	—
	节点E $x=6m$，$y=0m$	郫县走石山波	14.0	14.5	+3.5%	14.8	15.4	+3.9%	14.5	15.4	+6.2%
		天津波	29.7	31.8	+7.2%	32.1	34.5	+7.5%	—	—	—
	节点G $x=8m$，$y=0m$	郫县走石山波	13.8	14.7	+6.5%	15.9	16.6	+4.7%	16.4	17.3	+5.4%
		天津波	30.1	31.3	+3.9%	36.3	38.8	+7.0%	—	—	—
xy向输入 y向响应	节点A $x=0m$，$y=0m$	郫县走石山波	14.9	15.8	+6.2%	14.1	12.9	−8.3%	13.8	12.8	−7.5%
		天津波	31.6	33.8	+7.0%	27.6	30.2	+9.3%	26.0	28.9	+11.2%
	节点C $x=2m$，$y=0m$	郫县走石山波	15.7	16.6	+5.5%	15.0	13.8	−7.7%	14.5	13.4	−7.9%
		天津波	32.0	34.4	+7.5%	28.8	30.5	+6.0%	25.0	28.4	+13.4%
	节点D $x=4m$，$y=0m$	郫县走石山波	15.9	17.1	+7.3%	15.2	16.4	+7.9%	15.0	16.1	+7.2%
		天津波	31.0	32.9	+6.2%	29.4	31.3	+6.3%	25.9	27.9	+7.8%
	节点E $x=6m$，$y=0m$	郫县走石山波	16.6	17.8	+7.4%	16.5	17.6	+6.5%	16.7	17.4	+4.3%
		天津波	32.0	34.1	+6.6%	32.9	35.2	+7.1%	32.2	33.3	+3.5%
	节点G $x=8m$，$y=0m$	郫县走石山波	17.0	17.8	+4.9%	17.4	18.4	+5.9%	18.2	19.4	+6.6%
		天津波	32.3	34.9	+8.1%	36.3	39.0	+7.4%	39.1	41.4	+5.9%

续表

振动方向	节点编号	地震波	一致激励			1000m/s（天津波 500m/s）			500m/s（天津波 250m/s）		
			试验值/mm	计算值/mm	误差	试验值/mm	计算值/mm	误差	试验值/mm	计算值/mm	误差
xy向输入 x向响应	节点 A $x=0\text{m}$，$y=0\text{m}$	郫县走石山波	13.5	12.6	−6.8%	12.6	11.7	−7.4%	12.3	11.3	−8.2%
		天津波	31.5	33.7	+7.1%	30.5	32.6	+6.9%	26.5	28.1	+6.1%
	节点 G $x=8\text{m}$，$y=0\text{m}$	郫县走石山波	13.3	12.5	−6.2%	12.4	11.6	−6.4%	12.0	11.3	−5.8%
		天津波	30.7	33.7	+9.8%	29.8	32.5	+9.2%	25.6	28.1	+9.9%

（4）杆件应力

如图 5.3-37 所示，考虑行波效应后，网壳模型位于地震波传出端附近杆件的应力大体呈增大趋势。由于隔震后杆件应力已处于很低水平，故行波效应的影响可忽略，不再进行深入讨论。

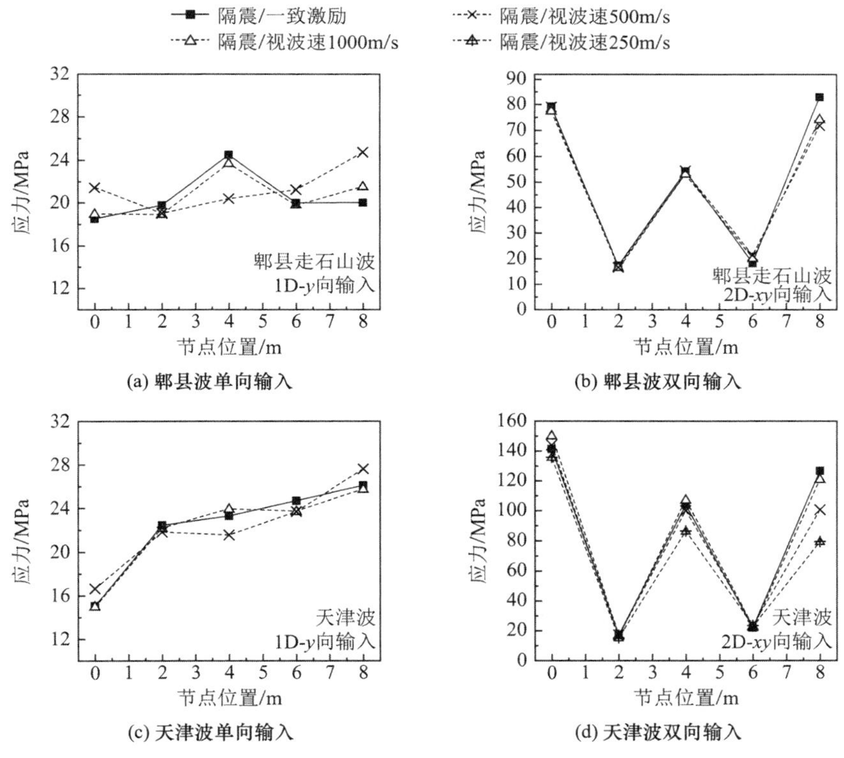

图 5.3-37 振动台试验杆件应力对比

2）FPS 基础隔震网壳模型多点激励试验研究

图 5.3-38 所示为地震波水平单向、双向输入时，行波效应对 FPS 隔震网壳模型位移响应的影响。对比各工况可以看出，在与地震波传播方向垂直的y向，行波激励使地震波传入端节点的位移有所减小，同时地震波传出端的节点位移增大，响应大体沿地震波传播方向呈逐渐增大的趋势。网壳模型做轻微的水平转动。

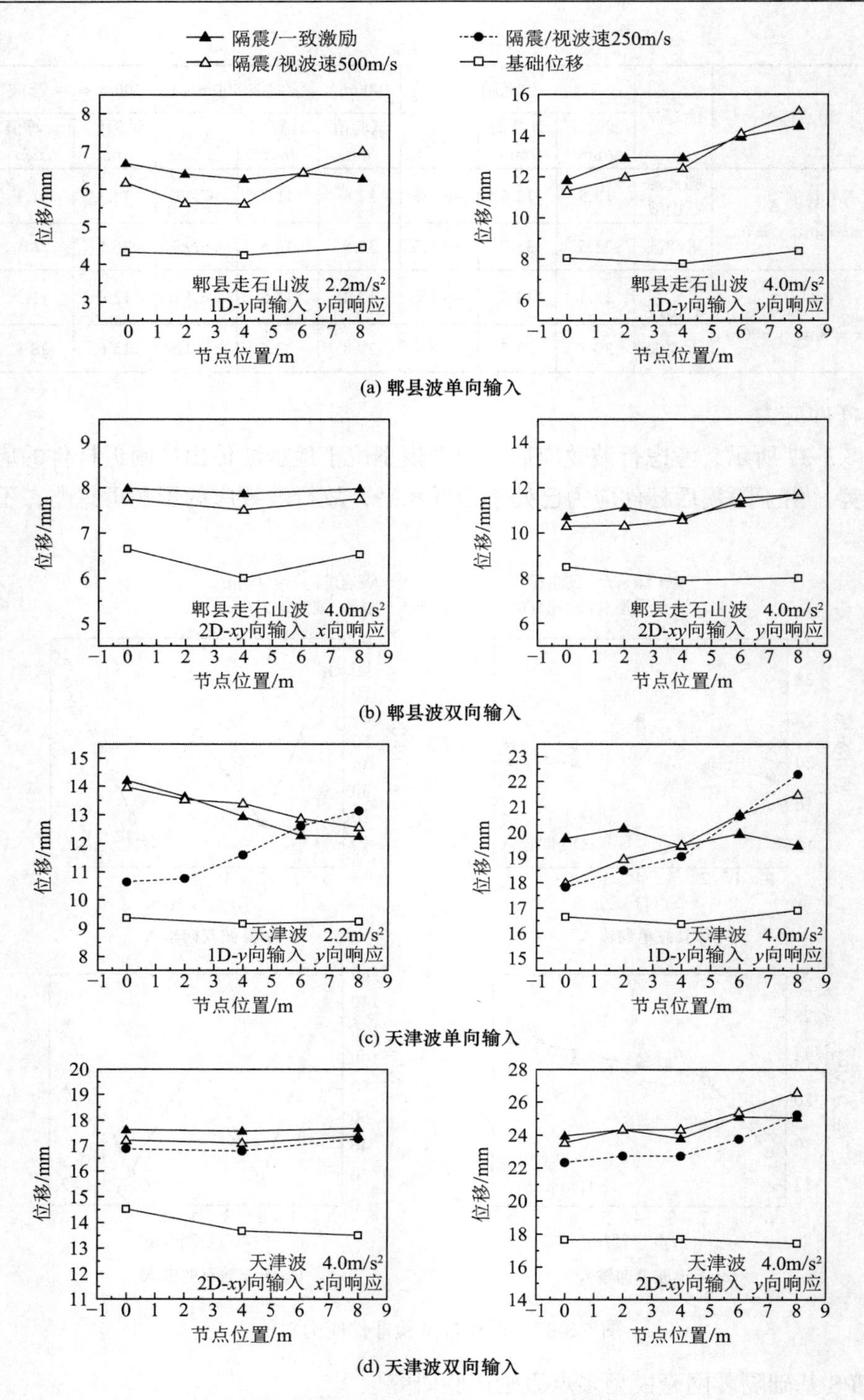

(a) 郫县波单向输入

(b) 郫县波双向输入

(c) 天津波单向输入

(d) 天津波双向输入

图 5.3-38 行波激励下网壳模型的绝对位移响应

在与地震波传播方向一致的x向，行波效应使结构整体位移有一定程度减小，这是因地面运动差引起的拟静力效应对结构所受惯性力作用的抵消导致的。这两类变化趋势均随着视波速V_a降低而越发明显。行波激励引起的隔震结构平面转动效应，在输入周期较长的天津波时较其他地震波更为明显；在水平双向输入时的影响小于仅沿y轴单向输入的情况。

行波效应对杆件应力的影响见图 5.3-39 所示，结构纵向中部附近（$x = 4\text{m}$）杆件应力均减小，变化幅度在 25%以内。其余位置杆件应力变化无明显规律。

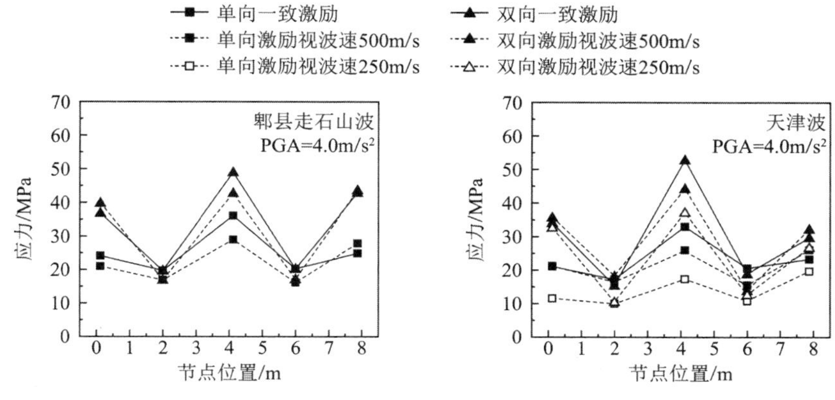

图 5.3-39 行波激励下网壳模型的杆件应力

5.3.6 多维多点激励的 HDR 高位隔震网壳结构响应研究

（1）加速度响应

图 5.3-40 为考虑不同的地震波传播视波速V_a，高位隔震网壳模型的加速度响应峰值及其相对一致激励时的变化。

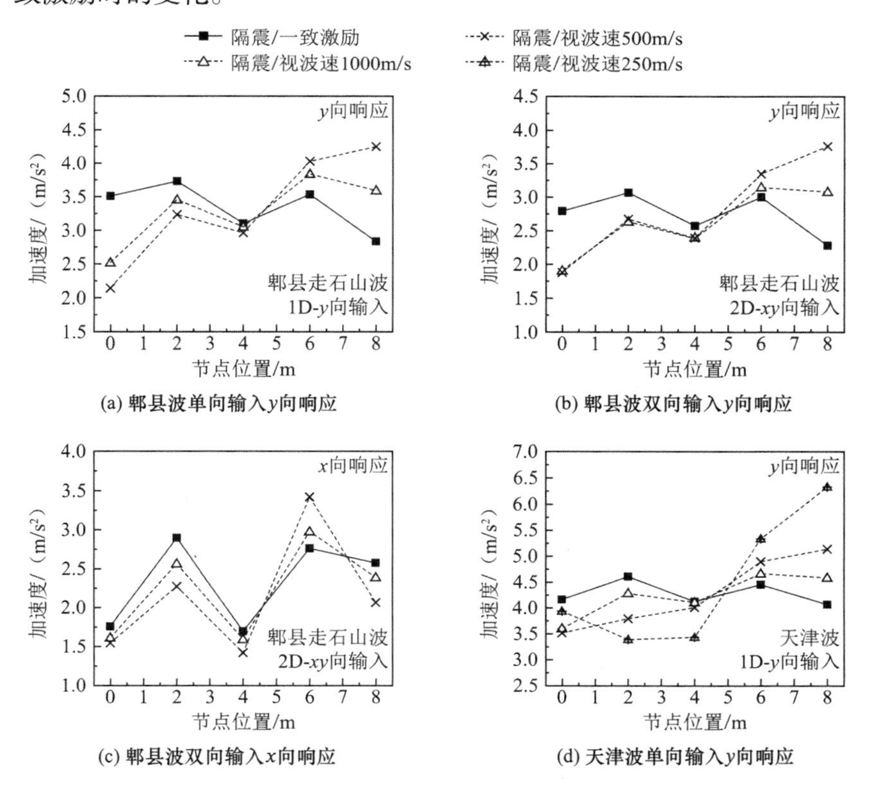

(a) 郫县波单向输入y向响应

(b) 郫县波双向输入y向响应

(c) 郫县波双向输入x向响应

(d) 天津波单向输入y向响应

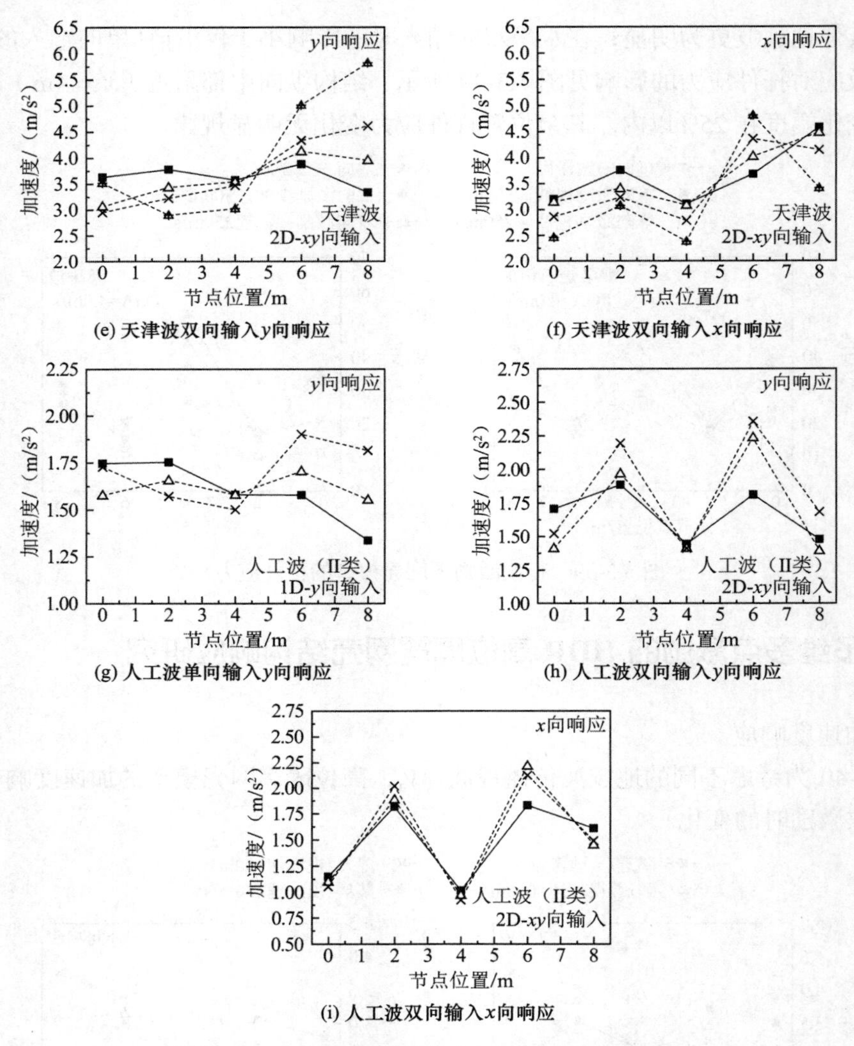

图 5.3-40　振动台试验节点加速度响应峰值对比

地震沿 y 轴水平单向作用时，行波效应使隔震网壳结构的节点加速度峰值（横向）在地震波传入端（$x = 0$m）附近减小，同时在地震波传出端（$x = 8$m）附近大幅增大，趋势随视波速V_a的降低而加强。位于地震波传出端的节点 G（$x = 8$m）在郫县走石山波（$V_a = 500$m/s）、天津波（$V_a = 250$m/s）和人工波（$V_a = 500$m/s）激励下的加速度峰值较一致激励时分别增大 50%、55%和 36%。

地震沿x-y轴水平双向（x峰值：y峰值$= 0.85:1$）作用时，测得地震波传出端节点 G（$x = 8$m）的加速度峰值（横向）在郫县走石山波（$V_a = 500$m/s）、天津波（$V_a = 250$m/s）和人工波（$V_a = 500$m/s）作用下较一致激励时分别增大 65%、74%和 14%。行波激励下网壳模型各节点的纵向加速度响应峰值变化与此不同，在地震波传出端一侧的跨中处（$x = 6$m）随视波速降低逐渐增大，而在地震波传出端处（$x = 8$m）呈统一的逐渐减小。

可见，行波效应对加速度响应的影响剧烈。本节中的变化强于 5.3.5.1 节的基础隔震方案，这是因本节的 HDR-078 支座剪切刚度明显低于 HDR-060 支座所致。各地震波工况下，加速度响应变化趋势一致，规律很明显。表 5.3-16 为高位隔震网壳模型加速度响应峰值的试验值与数值模拟值的对比，误差基本在 13%以内。考虑到 HDR 橡胶材料离散性及滞回试验测定误差等，可认为计算程序可靠。

节点加速度峰值　　表 5.3-16

振动方向	节点编号	地震波	一致激励			1000m/s（天津波 500m/s）			500m/s（天津波 250m/s）		
			试验值/（m/s^2）	计算值/（m/s^2）	误差	试验值/（m/s^2）	计算值/（m/s^2）	误差	试验值/（m/s^2）	计算值/（m/s^2）	误差
y向输入 y向响应	节点 A $x=0m$，$y=0m$	郫县走石山波	3.512	3.182	−9.4%	2.521	2.302	−8.7%	2.147	2.343	+9.1%
		天津波	4.171	4.350	+4.3%	3.524	3.714	+5.4%	3.940	4.203	+6.7%
		人工波（Ⅱ类）	1.748	1.865	+6.7%	1.579	1.677	+6.2%	1.729	1.829	+5.8%
	节点 B $x=1.75m$，$y=0.75m$	郫县走石山波	3.358	3.113	−7.3%	2.833	2.612	−7.8%	2.474	2.293	−7.3%
		天津波	4.215	4.434	+5.2%	3.592	3.793	+5.6%	3.276	3.499	+6.8%
		人工波（Ⅱ类）	1.542	1.662	+7.8%	1.452	1.552	+6.9%	1.320	1.402	+6.2%
	节点 C $x=2m$，$y=0m$	郫县走石山波	3.733	3.449	−7.6%	3.458	3.223	−6.8%	3.239	3.418	+5.5%
		天津波	4.615	4.910	+6.4%	3.798	4.037	+6.3%	3.398	3.534	+4.0%
		人工波（Ⅱ类）	1.754	1.865	+6.3%	1.659	1.790	+7.9%	1.573	1.680	+6.8%
	节点 D $x=4m$，$y=0m$	郫县走石山波	3.106	2.842	−8.5%	3.057	2.754	−9.9%	2.966	3.184	+7.3%
		天津波	4.132	4.409	+6.7%	4.015	4.328	+7.8%	3.441	3.488	+1.4%
		人工波（Ⅱ类）	1.582	1.701	+7.5%	1.582	1.702	+7.6%	1.503	1.631	+8.5%
	节点 E $x=6m$，$y=0m$	郫县走石山波	3.539	3.419	−3.4%	3.842	3.658	−4.8%	4.033	4.092	+1.5%
		天津波	4.462	4.814	+7.9%	4.902	5.206	+6.2%	5.339	5.583	+4.6%
		人工波（Ⅱ类）	1.580	1.651	+4.5%	1.706	1.796	+5.3%	1.902	2.012	+5.8%
	节点 F $x=6.25m$，$y=0.75m$	郫县走石山波	2.999	2.837	−5.4%	3.370	3.171	−5.9%	3.686	3.937	+6.8%
		天津波	4.087	4.434	+8.5%	4.601	4.960	+7.8%	4.979	5.298	+6.4%
		人工波（Ⅱ类）	1.469	1.547	+5.3%	1.620	1.729	+6.7%	1.666	1.814	+8.9%
	节点 G $x=8m$，$y=0m$	郫县走石山波	2.840	2.616	−7.9%	3.595	3.300	−8.2%	4.253	4.316	+1.5%
		天津波	4.077	4.366	+7.1%	5.143	5.544	+7.8%	6.330	6.494	+2.6%
		人工波（Ⅱ类）	1.337	1.428	+6.8%	1.556	1.671	+7.4%	1.816	1.983	+9.2%
xy向输入 y向响应	节点 A $x=0m$，$y=0m$	郫县走石山波	2.796	2.488	−11.0%	1.909	1.726	−9.6%	1.881	2.026	+7.7%
		天津波	3.633	3.898	+7.3%	2.951	3.199	+8.4%	3.519	3.758	+6.8%
		人工波（Ⅱ类）	1.707	1.835	+7.5%	1.412	1.536	+8.8%	1.522	1.613	+6.0%

续表

振动方向	节点编号	地震波	一致激励			1000m/s（天津波 500m/s）			500m/s（天津波 250m/s）		
			试验值/（m/s²）	计算值/（m/s²）	误差	试验值/（m/s²）	计算值/（m/s²）	误差	试验值/（m/s²）	计算值/（m/s²）	误差
xy向输入y向响应	节点 B $x=1.75$m，$y=0.75$m	郫县走石山波	2.750	2.626	−4.5%	2.150	2.019	−6.1%	1.946	1.841	−5.4%
		天津波	3.709	3.958	+6.7%	3.049	3.229	+5.9%	2.783	2.956	+6.2%
		人工波（Ⅱ类）	1.435	1.505	+4.9%	1.305	1.374	+5.3%	1.263	1.350	+6.9%
	节点 C $x=2$m，$y=0$m	郫县走石山波	3.070	2.864	−6.7%	2.640	2.416	−8.5%	2.678	2.887	+7.8%
		天津波	3.783	4.048	+7.0%	3.227	3.459	+7.2%	2.902	3.114	+7.3%
		人工波（Ⅱ类）	1.887	1.996	+5.8%	1.970	2.102	+6.7%	2.196	2.312	+5.3%
	节点 D $x=4$m，$y=0$m	郫县走石山波	2.580	2.356	−8.7%	2.406	2.182	−9.3%	2.396	2.549	+6.4%
		天津波	3.578	3.861	+7.9%	3.473	3.744	+7.8%	3.029	3.286	+8.5%
		人工波（Ⅱ类）	1.445	1.563	+8.2%	1.415	1.541	+8.9%	1.412	1.515	+7.3%
	节点 E $x=6$m，$y=0$m	郫县走石山波	3.004	2.806	−6.6%	3.152	2.975	−5.6%	3.350	3.434	+2.5%
		天津波	3.887	4.268	+9.8%	4.342	4.728	+8.9%	5.015	5.261	+4.9%
		人工波（Ⅱ类）	1.813	2.032	+12.1%	2.238	2.484	+11.0%	2.357	2.505	+6.3%
	节点 F $x=6.25$m，$y=0.75$m	郫县走石山波	2.486	2.357	−5.2%	2.843	2.667	−6.2%	3.216	3.358	+4.4%
		天津波	3.497	3.784	+8.2%	4.139	4.449	+7.5%	4.532	4.777	+5.4%
		人工波（Ⅱ类）	1.229	1.343	+9.3%	1.372	1.490	+8.6%	1.502	1.591	+5.9%
	节点 G $x=8$m，$y=0$m	郫县走石山波	2.287	2.074	−9.3%	3.082	2.780	−9.8%	3.767	4.031	+7.0%
		天津波	3.340	3.594	+7.6%	4.617	4.959	+7.4%	5.822	6.078	+4.4%
		人工波（Ⅱ类）	1.479	1.603	+8.4%	1.395	1.703	+22.1%	1.685	1.921	+14.0%

（2）位移响应

图 5.3-41 为考虑不同的地震波传播视波速V_a，柱顶高位隔震网壳模型沿结构横向（y轴）的相对位移响应以及与一致激励时的对比。

考虑地震动行波效应后，相对位移响应的改变趋势与加速度相似。地震沿y轴水平单向作用时，行波效应使隔震网壳结构的节点位移峰值（横向）在地震波传入端（$x=0$m）附近减小，同时在地震波传出端（$x=8$m）附近大幅增加，变化幅度随视波速V_a的降低而逐渐增大。位于地震波传出端的节点 G（$x=8$m）在郫县走石山波（$V_a=500$m/s）、天津波（$V_a=250$m/s）和人工波（$V_a=500$m/s）激励下的相对位移峰值较一致激励时分别增长 43%、33%和 23%。

地震沿x-y轴水平双向（x峰值：y峰值 = 0.85：1）作用时，测得地震波传出端节点 G（$x=8$m）的相对位移峰值（横向）在郫县走石山波（$V_a=500$m/s）、天津波（$V_a=250$m/s）

和人工波（$V_a = 500\text{m/s}$）激励下较一致激励分别增大40%、31%和32%。行波激励下网壳模型各节点的纵向位移响应峰值变化与此不同，大体呈逐渐减小的趋势。

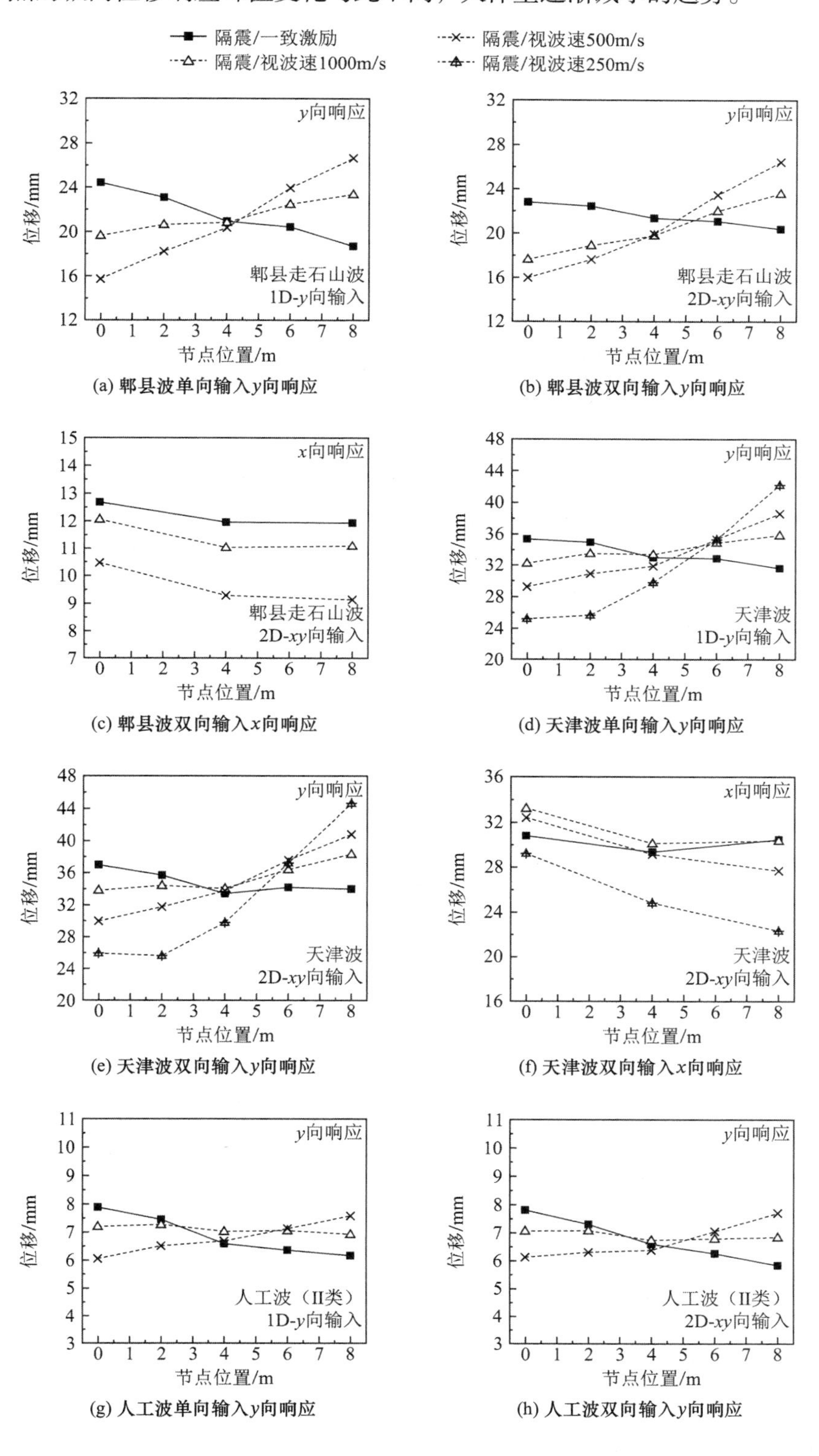

(a) 郫县波单向输入y向响应

(b) 郫县波双向输入y向响应

(c) 郫县波双向输入x向响应

(d) 天津波单向输入y向响应

(e) 天津波双向输入y向响应

(f) 天津波双向输入x向响应

(g) 人工波单向输入y向响应

(h) 人工波双向输入y向响应

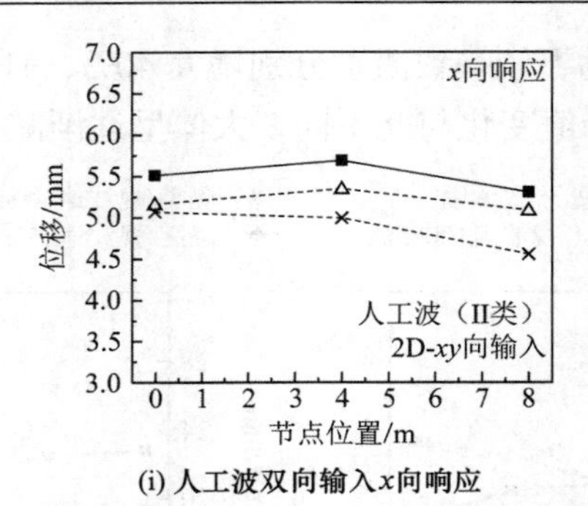

(i) 人工波双向输入x向响应

图 5.3-41　振动台试验节点相对位移响应峰值对比

可见，行波效应对网壳相对位移响应有明显影响。表 5.3-17 为试验得到的基础隔震网壳模型的绝对位移响应峰值以及数值模拟结果。在行波激励下，各节点纵向绝对位移响应随视波速V_a降低均逐渐减小。

节点绝对位移峰值　　表 5.3-17

振动方向	节点编号	地震波	一致激励			1000m/s（天津波 500m/s）			500m/s（天津波 250m/s）		
			试验值/mm	计算值/mm	误差	试验值/mm	计算值/mm	误差	试验值/mm	计算值/mm	误差
y向输入 y向响应	节点 A $x=0\text{m}$，$y=0\text{m}$	郫县走石山波	21.3	23.4	+9.8%	16.3	17.5	+7.4%	14.3	15.3	+7.1%
		天津波	34.4	36.6	+6.5%	26.7	27.6	+3.5%	24.8	24.9	+0.5%
		人工波（Ⅱ类）	8.9	9.5	+6.7%	8.2	8.7	+5.8%	7.0	7.5	+6.9%
	节点 C $x=2\text{m}$，$y=0\text{m}$	郫县走石山波	20.3	21.9	+7.8%	17.8	19.0	+6.5%	15.6	16.3	+4.5%
		天津波	33.4	35.6	+6.5%	28.9	30.7	+6.1%	24.1	25.0	+3.9%
		人工波（Ⅱ类）	8.6	9.1	+5.4%	8.5	9.0	+6.3%	7.5	8.0	+6.2%
	节点 D $x=4\text{m}$，$y=0\text{m}$	郫县走石山波	18.4	19.8	+7.6%	18.4	19.5	+6.2%	17.7	18.0	+1.8%
		天津波	31.6	32.7	+3.5%	31.9	33.4	+4.7%	28.2	29.5	+4.6%
		人工波（Ⅱ类）	7.9	8.4	+5.7%	8.2	8.6	+5.1%	7.9	8.5	+7.4%
	节点 E $x=6\text{m}$，$y=0\text{m}$	郫县走石山波	17.9	19.4	+8.4%	20.1	21.7	+7.9%	21.2	20.6	−2.9%
		天津波	30.6	32.5	+6.2%	36.4	38.4	+5.5%	37.1	38.6	+4.1%
		人工波（Ⅱ类）	8.0	8.4	+4.7%	8.5	9.2	+7.8%	8.5	8.7	+2.1%
	节点 G $x=8\text{m}$，$y=0\text{m}$	郫县走石山波	16.8	16.4	−2.2%	20.9	20.2	−3.4%	24.2	23.2	−4.0%
		天津波	30.2	29.8	−1.3%	39.3	39.9	+1.5%	44.8	46.4	+3.6%
		人工波（Ⅱ类）	7.4	8.3	+12.5%	8.4	8.9	+6.5%	9.2	8.8	−4.8%
xy向输入 y向响应	节点 A $x=0\text{m}$，$y=0\text{m}$	郫县走石山波	20.1	22.4	+11.3%	15.3	16.8	+9.7%	13.6	14.7	+8.3%
		天津波	33.1	34.5	+4.3%	26.7	29.0	+8.6%	24.2	25.2	+4.3%
		人工波（Ⅱ类）	8.8	9.6	+9.6%	8.2	8.9	+8.8%	7.8	8.4	+7.6%

续表

振动方向	节点编号	地震波	一致激励			1000m/s（天津波 500m/s）			500m/s（天津波 250m/s）		
			试验值/mm	计算值/mm	误差	试验值/mm	计算值/mm	误差	试验值/mm	计算值/mm	误差
xy向输入 y向响应	节点 C $x=2\text{m}$，$y=0\text{m}$	郫县走石山波	19.3	20.6	+6.8%	16.6	17.6	+5.9%	15.0	16.0	+6.8%
		天津波	32.5	31.6	−2.7%	28.4	29.6	+4.4%	23.5	24.9	+5.8%
		人工波（Ⅱ类）	8.3	8.9	+7.2%	8.1	8.7	+6.8%	7.7	8.3	+7.4%
	节点 D $x=4\text{m}$，$y=0\text{m}$	郫县走石山波	18.1	19.2	+5.9%	16.3	17.5	+7.1%	16.0	17.1	+6.6%
		天津波	30.6	31.3	+2.3%	30.3	31.6	+4.3%	26.7	28.5	+6.6%
		人工波（Ⅱ类）	7.8	8.5	+8.7%	7.8	8.3	+7.0%	7.5	8.0	+6.9%
	节点 E $x=6\text{m}$，$y=0\text{m}$	郫县走石山波	17.4	18.4	+5.6%	17.4	18.4	+6.0%	19.0	20.4	+7.2%
		天津波	30.6	31.6	+3.4%	34.2	36.1	+5.6%	34.9	36.3	+3.9%
		人工波（Ⅱ类）	7.5	8.4	+11.6%	7.8	8.6	+10.2%	8.4	9.1	+8.5%
	节点 G $x=8\text{m}$，$y=0\text{m}$	郫县走石山波	16.3	17.3	+6.4%	18.8	19.2	+2.3%	22.1	22.9	+3.6%
		天津波	29.5	30.9	+4.8%	38.3	41.2	+7.7%	44.4	46.7	+5.2%
		人工波（Ⅱ类）	7.8	8.3	+6.6%	8.2	8.5	+4.2%	8.9	9.6	+8.1%
xy向输入 x向响应	节点 A $x=0\text{m}$，$y=0\text{m}$	郫县走石山波	11.3	12.2	+7.6%	10.5	11.4	+8.8%	8.9	8.1	−8.7%
		天津波	27.5	29.8	+8.5%	26.1	27.9	+6.9%	22.2	23.7	+6.9%
		人工波（Ⅱ类）	6.1	6.4	+5.1%	6.1	6.6	+7.4%	5.7	6.1	+7.4%
	节点 G $x=8\text{m}$，$y=0\text{m}$	郫县走石山波	10.9	10.5	−3.8%	10.2	11.3	+10.4%	8.6	8.1	−5.3%
		天津波	25.8	28.0	+8.7%	24.6	26.4	+7.3%	21.9	23.5	+7.3%
		人工波（Ⅱ类）	5.8	6.3	+7.8%	5.9	6.4	+8.7%	5.6	6.1	+8.7%

图 5.3-42 给出了天津波（台面实际加速度峰值 4.50m/s^2）沿y轴单向输入时，网壳模型 $x=0\text{m}$，4m，8m 位置的绝对位移响应时程曲线。天津波引起的结构位移响应很大，所以加载设备及位移量测仪器误差的影响相对较小。由图可知，行波效应对位移曲线的形状及相位影响不大，但曲线幅值变化明显。

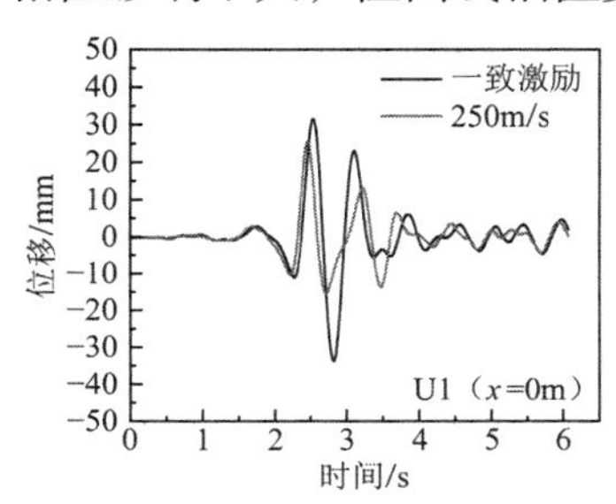

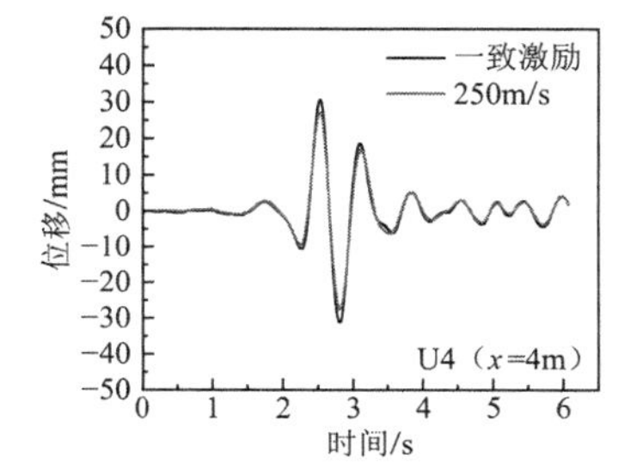

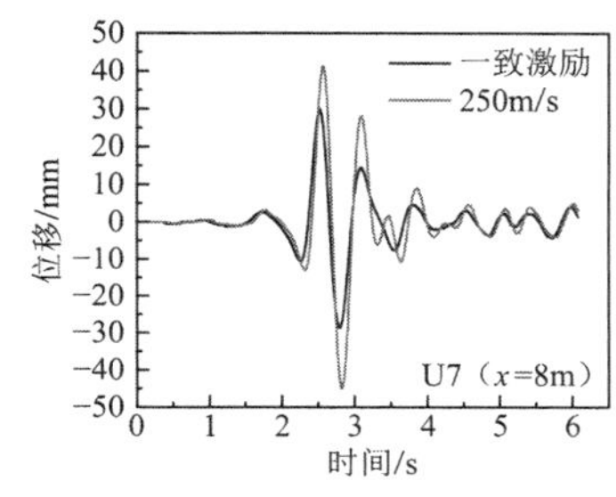

图 5.3-42　天津波y向输入的结构绝对位移响应时程曲线

图 5.3-43 分别为地震动一致激励和在传播方向与震动方向相互垂直的行波激励时，网壳屋盖平面运动模式的对比。一致激励时，网壳沿横向做整体平动（图 5.3-43a），在天津波 8 度罕遇作用下，最大绝对位移 32mm；而在行波激励下，网壳扭转明显。参考已有研究，当地震波传播与震动方向垂直时，由于上部结构与下部柱支承结构之间的相互约束，多点输入使上部结构产生扭转效应的同时也减弱了水平向的震动。结合本试验模型可知，网壳屋盖发生明显转动，但地震波传入端一侧的响应也明显减小。

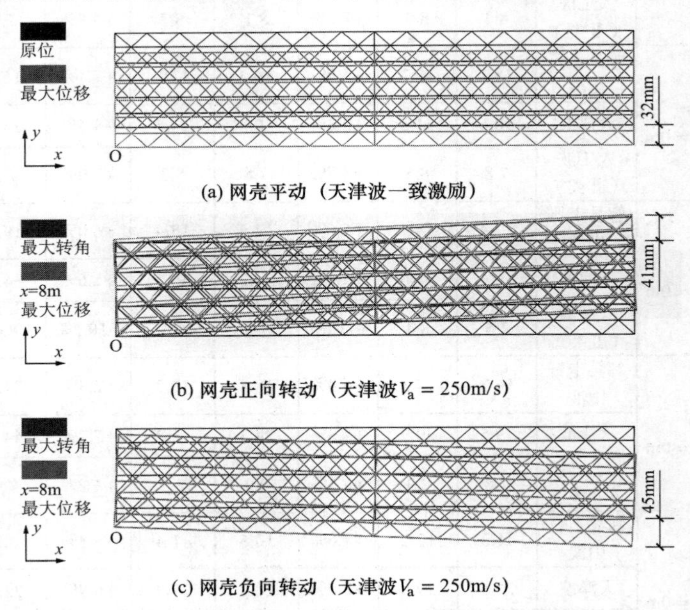

(a) 网壳平动（天津波一致激励）

(b) 网壳正向转动（天津波V_a = 250m/s）

(c) 网壳负向转动（天津波V_a = 250m/s）

图 5.3-43　地震波y向激励下网壳屋盖运动模式

注：位移放大 10 倍显示

地震动行波效应使隔震大跨度网壳屋盖产生明显的平面扭转。统计地震作用下结构纵轴的东、西两端（分别对应$x = 0$m 和$x = 8$m）沿 y 向的位移，得到各工况下网壳模型最大扭转角如表 5.3-18 所示。对比在视波速 1000m/s、500m/s 和 250m/s 输入时的结构反应，可知随着视波速降低结构转动显著增大，在试验过程中也可观察到结构的$x = 8$m 端摆动逐渐剧烈。由于西侧边台（$x = 0$m 处）实际输出的加速度值总是偏大（见图 5.3-15），地震能量经固接于该台面的支承柱向上传递，使得网壳结构对应的$x = 0$m 端的地震响应也偏大，故而在一致激励作用时，结构仍存在一定的扭转角，且与行波输入所致的结构扭转相反。所以，表 5.3-18 给出的行波激励下的结构扭转角已是抵消掉振动台面输出误差后的数值，实际的行波效应影响更为剧烈。

8 度罕遇地震作用下网壳模型水平向扭转角　　　　**表 5.3-18**

视波速	宝兴民治波		郫县走石山波		天津波	
	无隔震	高位隔震	无隔震	高位隔震	无隔震	高位隔震
一致激励	1/14286	1/5229	1/7207	1/884	1/6400	1/857
1000m/s	—	1/6400	—	1/1691	—	1/1223

续表

视波速	宝兴民治波		郫县走石山波		天津波	
	无隔震	高位隔震	无隔震	高位隔震	无隔震	高位隔震
500m/s	—	1/4420	—	1/611	—	1/439
250m/s	—	—	—	—	—	1/208

图 5.3-44 显示了行波效应引起的隔震支座剪切变形的变化。随地震波传播视波速降低，地震波传入端的隔震支座剪切变形减小，而传出端的支座剪切变形迅速增大，郫县走石山波和天津波时分别增大 41%和 35%。行波效应对隔震支座的工作状态有显著的不利影响。

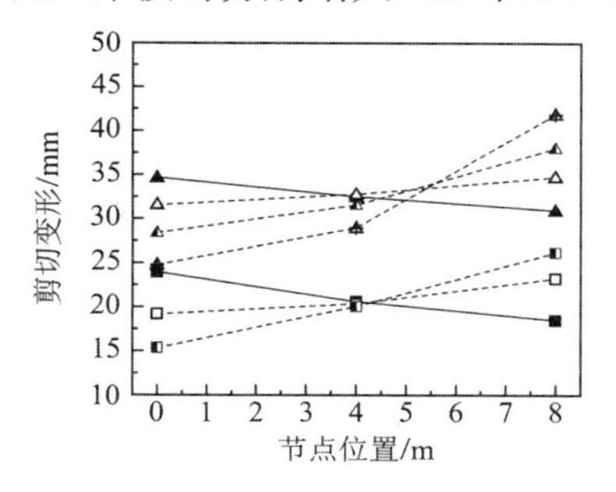

图 5.3-44 橡胶隔震支座剪切变形最大值

（3）杆件应力

如图 5.3-45 所示，考虑行波效应后，网壳模型位于地震波传出端附近杆件的应力大体呈增大趋势，在天津波视波速$V_a = 250$m/s 时，增幅可达 50%。由于隔震后杆件应力已处于很低水平，故行波效应的影响可忽略，不再进行深入讨论。

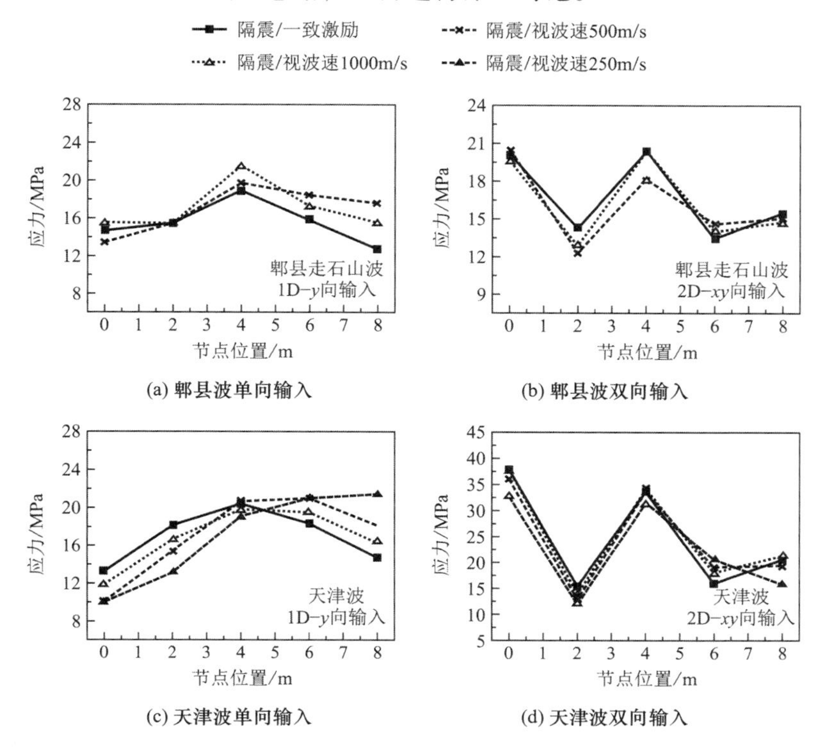

(a) 郫县波单向输入

(b) 郫县波双向输入

(c) 天津波单向输入

(d) 天津波双向输入

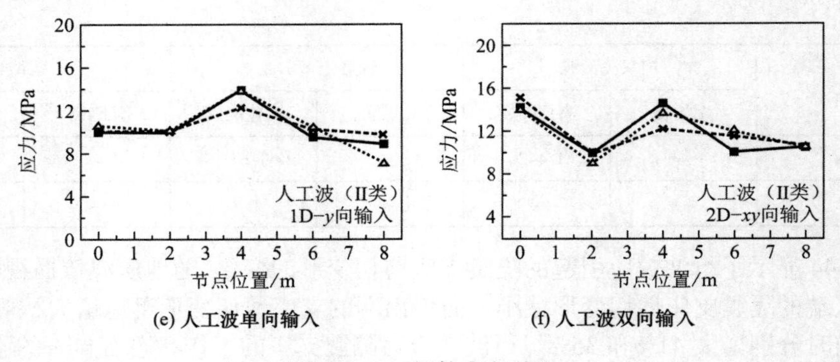

(e) 人工波单向输入　　(f) 人工波双向输入

图 5.3-45　杆件应变对比

第 6 章　工程应用与技术创新

基于大跨度空间钢结构抗震分析理论、结构整体共同工作、强震倒塌机理与隔震分析理论，本章选取典型的体育场馆、航站楼、高铁车站、会展中心等工程实例，阐述本书理论成果与分析方法的应用情况。

6.1　常州市体育会展中心体育馆屋盖结构工程

依托本书第 1 章成果，完成了常州市体育会展中心体育馆屋盖结构的抗震设计，对结构分别进行了单维与多维地震输入抗震分析。在进行单维地震作用响应分析时，采用振型分解反应谱法、时程分析法和虚拟激励随机振动分析三种方法；在进行多维地震作用响应分析时，采用多维虚拟激励随机振动分析法与多维反应谱法。对比了常州体育馆屋盖不同分析方法结构单维、多维地震作用响应及动力特性与地震响应特点。

6.1.1　项目简介

常州市体育会展中心体育馆由中国建筑西南设计研究院设计。体育馆屋盖为新型索承单层网壳结构，是国内第一个采用椭球形索承单层网壳结构体系的工程，其地震响应分析无前例可循。索承单层网壳结构体系是由结构上部的单层网壳、中间的撑杆及下部的预应力拉索构成的，结构上下两部分连接在一起，形成统一的整体以抵抗外力的作用。此结构形式集中了单层网壳结构和索穹顶结构的优点，克服了两者各自的缺点。整体结构可以形成自平衡体系，与索穹顶相比，施工更加方便。

常州市体育会展中心体育馆平面为椭圆形，高约 37m，平面投影长轴为 114m，短轴 76m，屋盖体系矢高 20m。地下一层为训练场和车库，上部四层为比赛场地、观众休息大厅、观众看台及设备用房等，整个体育馆建筑面积近 2.5 万 m^2，正式比赛的时候，能容纳近 6000 人同时入场。会展中心平面为扇形，建筑面积 2 万 m^2，建筑形体上与体育馆组合为整体，采用结构设缝的方式将体育馆和会展中心划分为独立的结构单元。屋盖结构采用倒三角形空间管桁架结构。体育馆下部结构根据建筑高度、使用要求、设防烈度等因素综合考虑，采用全现浇钢筋混凝土框架结构，柱网尺寸为 8.4m × 7.2m。上部屋盖采用索承单层网壳结构，屋盖支座通过混凝土环梁支承于下部框架上。图 6.1-1 为会展中心建成图。

该体育馆建筑地点是在江苏省常州市，根据《建筑抗震设计规范》GB 50011—2001 的要求，该结构按 7 度设防、Ⅲ类场地、设计地震分组为第一组进行抗震设计计算。

图 6.1-1　常州市体育会展中心

6.1.2　结构计算模型

体育馆屋盖索承单层网壳的整体结构模型如图 6.1-2 所示，其中上部的单层网壳结构如图 6.1-3 所示，下部的预应力索-杆结构体系如图 6.1-4 所示。

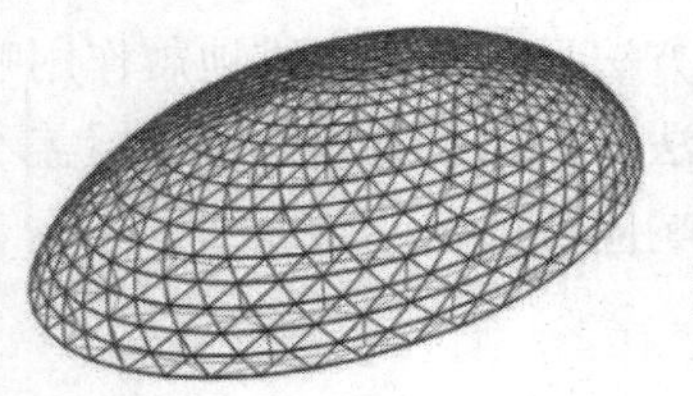

图 6.1-2　常州体育馆屋盖

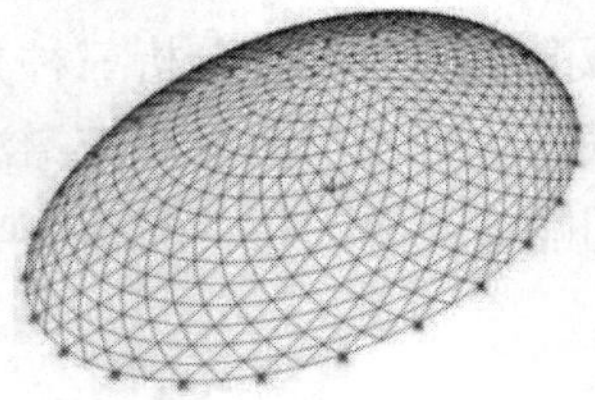

图 6.1-3　单层网壳模型

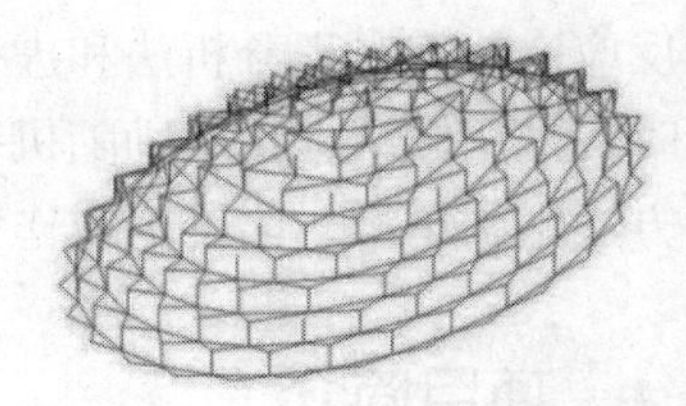

图 6.1-4　预应力索-杆模型

结构构件截面类型及大小的选用情况如下：

上部的单层网壳杆件的截面为：单层网壳上部区域——径向管件ϕ245mm × 10mm，环向管件ϕ351mm × 10mm；单层网壳中部区域——径向管件ϕ245mm × 8mm，环向管件ϕ351mm × 10mm；单层网壳中下部区域——径向管件ϕ245mm × 10mm，环向管件ϕ351mm × 10mm；单层网壳下部区域——径向管件ϕ245mm × 12mm，环向管件ϕ351mm × 12mm。

中部的撑杆截面为：ϕ121mm × 8mm 的焊接无缝钢管。

下部的预应力索截面为：上方的 5 道索采用ϕ50mm（5 × 85）钢索，下方的 3 道索采用ϕ70.6mm（5 × 163）钢索。从支座处开始计算的第一道索至顶部第八道索依照 10∶6∶5∶4∶3∶2∶1∶1 的比例进行取值，第一道索的预拉力为 1000kN。

在研究索承单层网壳结构自振特性以及进行结构地震响应分析建立有限单元模型时，对上弦单层网壳结构的杆件采用空间梁单元，中间的撑杆采用空间杆单元，下部的预应力拉索采用的空间索单元建立组合有限元模型进行分析。上部单层网壳中的径向杆和环向杆之间为刚接，撑杆与上部单层网壳杆件及索为铰接。

本工程中在 15.600m 标高处设置环向混凝土平台，并在柱顶设混凝土环梁，索承单层网壳的支座位于 16.800m 标高处的环梁上，整个结构共设有 28 个支座（见图 6.1-3）。在本模型中，将该索承单层网壳结构支座简化为固定铰支座。

在动力分析中，在保证工程设计所需的精确度的前提下，采用集中质量法把该体育馆索承单层网壳屋盖结构简化成多自由度体系的动力计算模型。集中质量法是将无限多自由度体系离散化为多自由度体系物理概念最直接的方法。由于有质量才能在运动过程中产生惯性力，因此为了简化结构计算，需要按结构质量分布情况合理地进行集中，使无限多自由度问题转化为多自由度问题来分析。集中质量时，应尽量集中在结构各区域质量的质心，以便使计算模型更逼近实际结构，在工程设计中一般按静力等效原则将节点所辖区域内的荷载集中作用在该节点上。

6.1.3 结构动力特性分析

采用 MIDAS 有限元计算软件，建立 MIDAS 软件的计算模型，计算常州体育馆索承单层网壳屋盖结构的前 30 阶自振周期与自振频率，结果如图 6.1-5 所示。从数值上看，前 30 阶频率范围在 2.2492Hz 到 4.3126Hz 之间，频率区间长度仅为 2.0633Hz，频率非常密集，频率增长幅度非常缓慢，可见该索承单层网壳结构属于频率密集型结构。对于此类频率密集型结构，在计算时应计及各振型之间的相关性，所以用虚拟激励随机振动分析可得出更符合实际的计算结果。该索承单层网壳结构的基频较小，为 2.2492Hz。其中第一阶频率和第二阶频率之间跳跃较大，为 0.5576Hz，占了前 30 阶频率变化范围的四分之一。而后 29 阶频率变化则比较平缓。从图中可以看出，频率曲线越来越平缓，说明频率变化速度越来越慢。

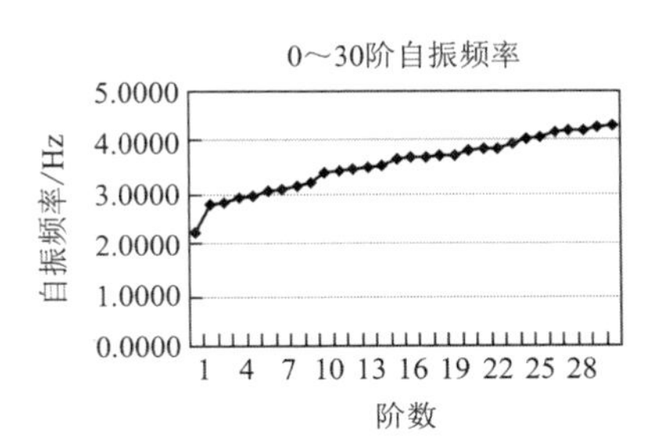

图 6.1-5 前 30 阶自振频率分布图

常州体育馆屋盖索承单层网壳结构的前 10 阶振型如图 6.1-6 所示。由振型分析可知：

（1）索承单层网壳结构的第一振型为反对称振型。一般传统的多高层结构第一振型为正对称，而索承单层网壳结构与大跨网壳、悬索结构相类似，最容易出现的是反对称振型，而对响应贡献较大的正对称振型往往出现较晚。所以对索承单层网壳结构，在进行振型叠加时应该考虑尽可能多一些振型的叠加，一般至少取前 25～30 阶振型来计算，否则计算结果误差较大。

（2）索承单层网壳结构的水平和竖向振型交错或同时出现。从该索承单层网壳结构的前 10 阶振型图上可以看出，该索承单层网壳结构频谱密集，振动复杂，索承单层网壳结构的振型仍可以分为水平振型和竖向振型，但振型的水平分量和竖向分量没有哪个分量明显占主导地位，大部分在同一个数量级上，具体表现为水平和竖向振动交替出现。可见水平地震与竖向地震对结构的作用都应该进行验算。

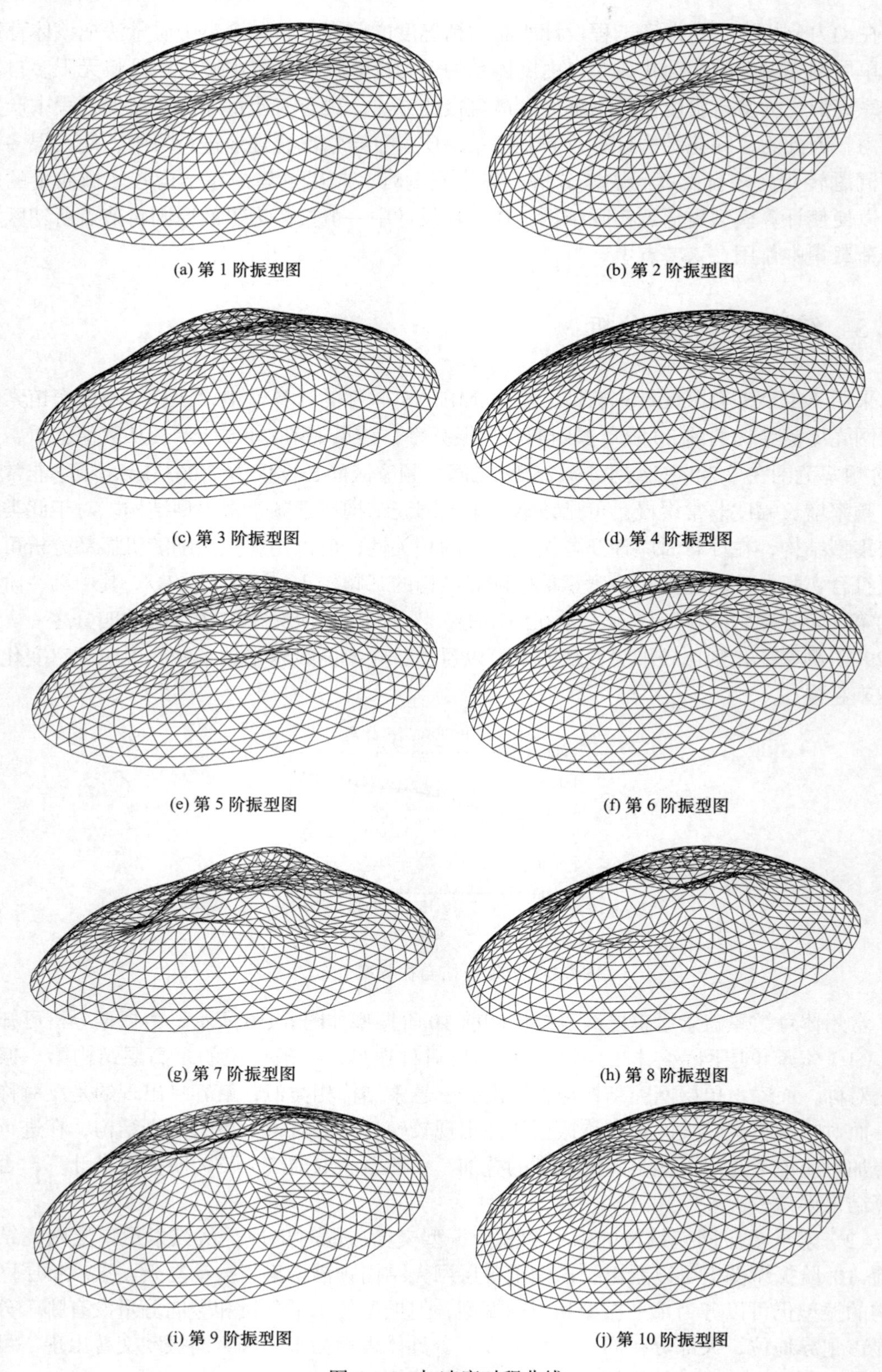

(a) 第 1 阶振型图　(b) 第 2 阶振型图

(c) 第 3 阶振型图　(d) 第 4 阶振型图

(e) 第 5 阶振型图　(f) 第 6 阶振型图

(g) 第 7 阶振型图　(h) 第 8 阶振型图

(i) 第 9 阶振型图　(j) 第 10 阶振型图

图 6.1-6　加速度时程曲线

6.1.4 结构地震位移响应分析

在位移计算过程中，采用了多种分析方法，包括反应谱法、时程分析法、虚拟激励法。在根据《建筑抗震设计规范》GB 50011—2001，采用时程分析法进行计算时，最后的计算结果应该采用选用的几个地震波计算结果的平均值。根据 3.2 节地震波的选取与调整相关内容中对多条实测地震波和人工模拟地震波的分析，选取 1940 年实测的 El-Centro 180 和 El-Centro 270 这两条实测地震波和 WAVE3 和 WAVE9 这两条人工模拟地震波对该索承单层网壳结构进行地震反应时程分析，加速度时程记录分别如图 6.1-7 所示。在对该体育馆屋盖索承单层网壳结构进行时程分析时，对这四条地震波的地震动强度进行了调整。

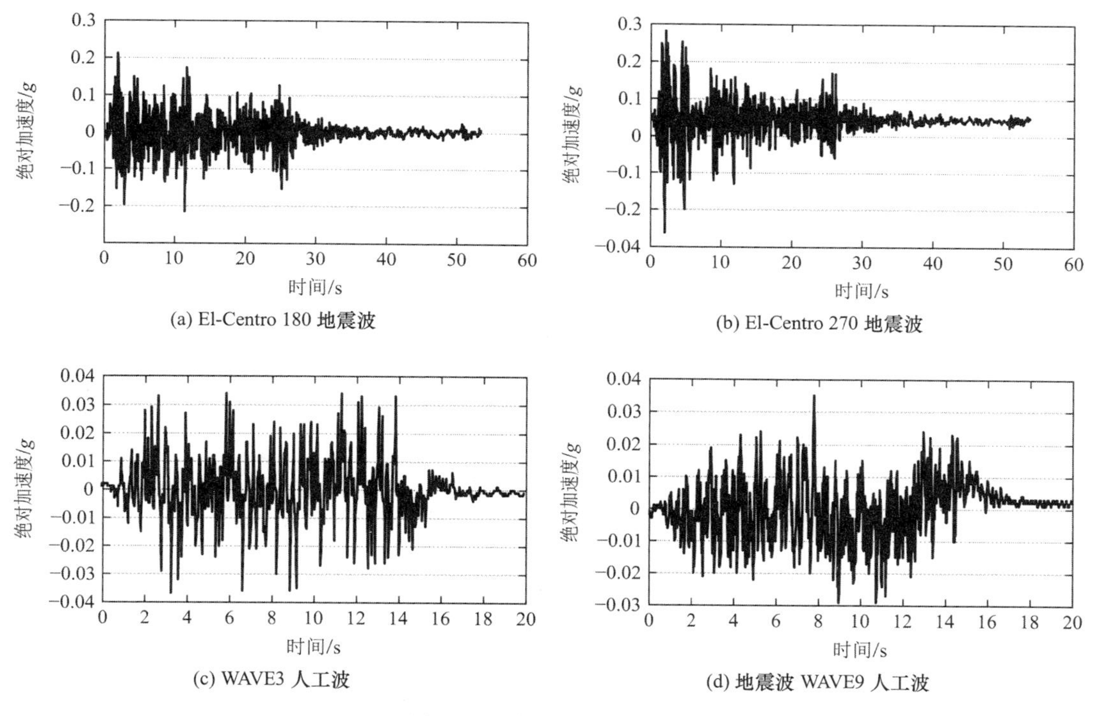

图 6.1-7 加速度时程曲线

在位移计算过程中，还考虑了不同的地震作用方向，包括X方向地震作用，即沿屋盖长轴方向；Y方向地震作用，即沿屋盖短轴方向；Z方向地震作用，即竖直方向；以及三维地震共同作用。三维地震共同作用的组合方式有两种：第一种是三维地震输入 X0.85YZ，它表示X、Y、Z三个方向的地震作用的幅值调整比例为 1 : 0.85 : 0.65；第二种是 Y0.85XZ，它表示X、Y、Z三个方向的地震作用的幅值调整比例为 0.85 : 1 : 0.65。

对该索承单层网壳进行地震位移响应分析时，选取长轴方向上的 15 个节点和短轴方向上的 15 个节点的地震位移响应计算结果进行分析（见图 6.1-8）。

长轴节点选取方法如下：沿着结构X方向的对称轴作剖面，沿长轴方向从网壳中心到右侧一共有 15 个节点。在整体结构中，这些节点的标号从左至右依次为：1、9、11、27、51、83、123、171、219、268、316、365、413、462、510。沿着长轴方向对这些节点重新编号，从左至右依次为 1 至 15，如图 6.1-8 所示。

短轴节点选取方法如下：沿着结构Y方向的对称轴作剖面，沿短轴方向从网壳中心到上侧一共有 15 个节点。在整体结构中，这些节点的标号从下至上依次为：1、3、14、32、58、92、134、182、231、279、328、376、425、473、522。在短轴方向对这些节点重新编号，从下至上依次为 1 至 15，如图 6.1-8 所示。整体结构中的 1 号节点就是网壳结构的中心节点，是该索承单层网壳结构长轴和短轴相交的点。

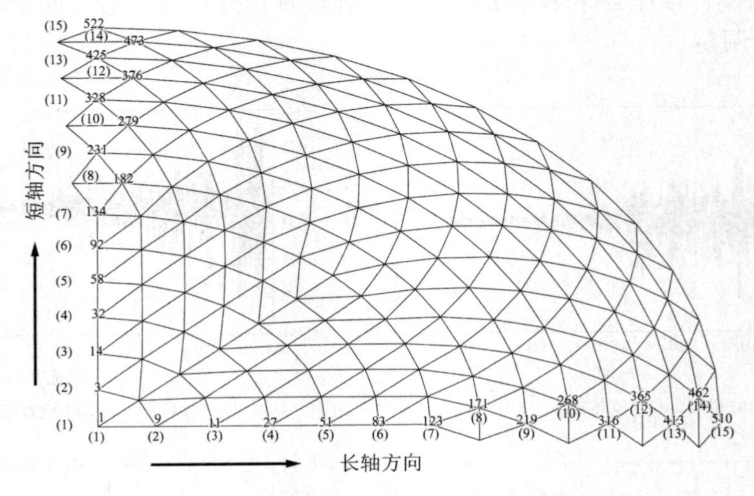

图 6.1-8 长轴节点和短轴节点的编号

1）不同计算方法的位移响应对比

采用反应谱法、时程分析法、虚拟激励法三种单维地震分析方法，分析了短轴环杆在各个方向地震作用下的地震响应。图 6.1-9 为短轴节点Y方向的地震位移响应，图 6.1-10 为短轴节点Z方向的地震位移响应，图 6.1-11 为长轴节点Y方向的地震位移响应。

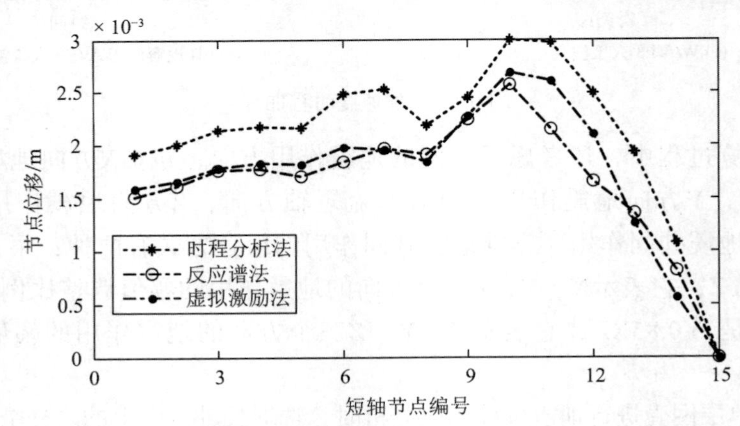

图 6.1-9 短轴各节点Y方向地震位移响应（Y方向地震作用）

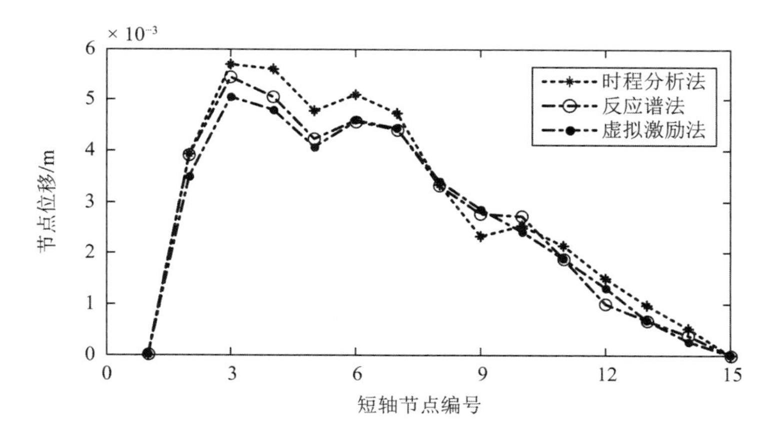

图 6.1-10 短轴各节点Z方向地震位移响应（Y方向地震作用）

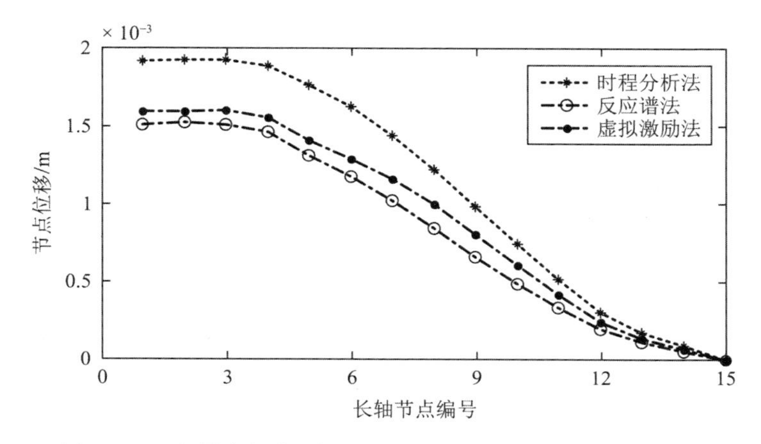

图 6.1-11 长轴各节点Y方向地震位移响应（Y方向地震作用）

在Y方向地震作用下，对采用不同的计算方法计算的地震位移响应值进行比较分析，有如下结论：

（1）不同计算方法计算的节点地震位移响应规律基本相同。通过图 6.1-9～图 6.1-11 可以看出，在相同的地震作用下（这里采用的是输入Y方向地震作用），采用不同的地震响应计算方法计算出的节点地震位移响应有相同的变化规律。说明计算结果能够反映出在地震作用下该索承单层网壳结构的节点位移情况以及结构的整体变形情况。

（2）三种不同的计算方法计算得出的结构地震位移响应值差别不大。根据各条曲线的离散程度可以看出，在相同的地震作用下，各种计算方法的地震位移响应结果比较接近。与地震内力响应计算结果相同，对于此类较为规则的结构可用实用计算方法进行地震响应分析。

2）不同地震输入方向的位移响应对比

选用单维虚拟激励法，分别计算在X、Y、Z三个方向的地震作用下索承单层网壳的地震位移响应，分析短轴节点在Y、Z两个方向节点地震位移响应计算结果。图 6.1-12 表示短轴节点在Y方向地震位移响应，图 6.1-13 表示短轴节点在Z方向地震位移响应。

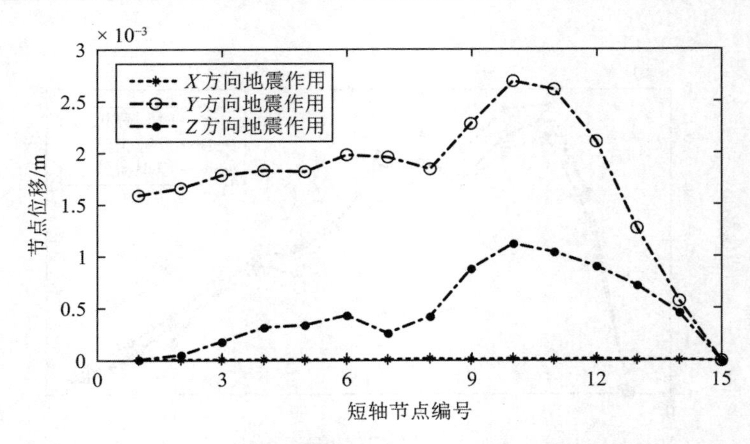

图 6.1-12 短轴节点Y方向地震位移响应（虚拟激励法）

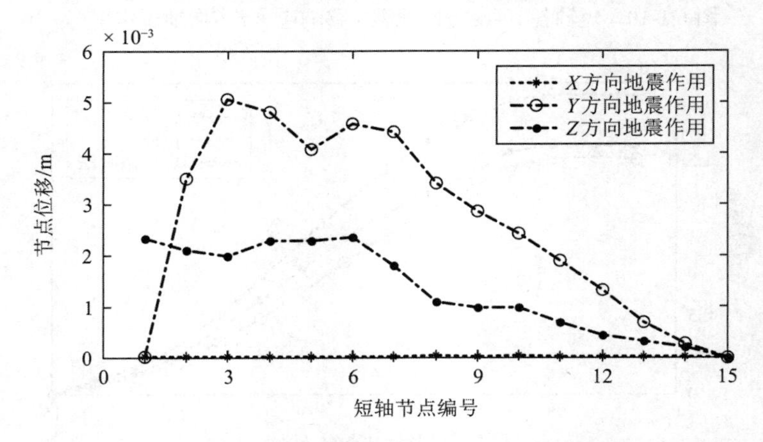

图 6.1-13 短轴节点Z方向地震位移响应（虚拟激励法）

对不同的地震输入方向产生的地震位移响应进行对比分析，有如下结论：

（1）Y方向的地震作用最不利。在单向地震作用时，Y方向地震作用下产生的网壳节点的Y向水平位移和竖向位移较大，X方向的地震作用下产生的Y和Z两个方向的地震位移响应值很小，几乎接近于零，而Z方向的地震作用产生的地震位移响应值大约是Y方向的地震位移响应值的一半。所以，由于结构形式不同，不同的地震作用方向对节点的地震位移响应值的影响差别很大。对于该结构，Y方向的地震作用起到最不利的影响。

（2）不同的单维地震作用方向产生的短轴节点位移响应值规律相同。对于不同的地震作用方向，短轴节点产生的地震位移响应数值上虽然大小不同，但具有相同的变化规律。Y方向地震作用的地震位移响应值大约在短轴四分之一处最大，而Z方向地震作用的地震位移响应值在短轴跨中处最大。

3）单维与多维位移响应对比

单维虚拟激励法计算在Y方向地震作用下的地震位移响应，多维虚拟激励法有两种地震作用组合方式，它们分别是 X0.85YZ 和 Y0.85XZ。图 6.1-14 表示短轴节点采用单维虚拟激励法和多维虚拟激励法计算的Y方向地震位移响应，而图 6.1-15 表示短轴节点采用单维虚拟激励法和多维虚拟激励法计算的Z方向地震位移响应。

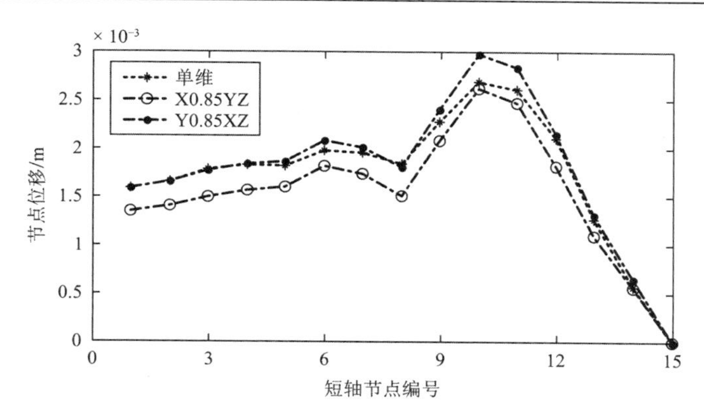

图 6.1-14　短轴节点Y方向地震位移响应（Y向地震作用单维虚拟激励法和多维虚拟激励法）

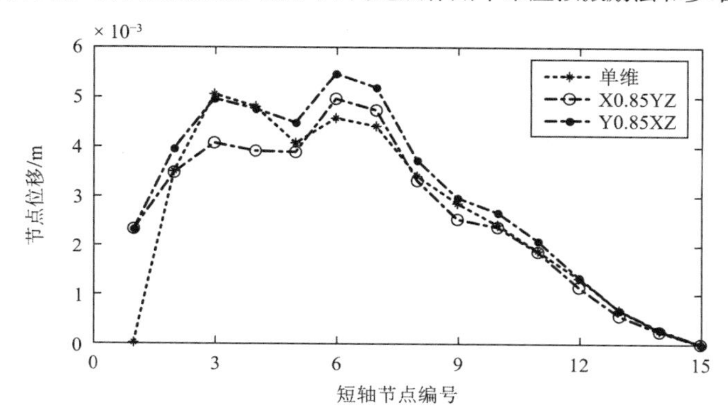

图 6.1-15　短轴节点Z方向地震位移响应（Y向地震作用单维虚拟激励法和多维虚拟激励法）

通过图 6.1-14 和图 6.1-15 可以看出：

（1）多维地震位移响应大于单维地震位移响应，该结构应该进行多维地震作用响应计算。大多数的节点（30 个节点中有 27 个节点，占 90%）在多维地震作用下产生的节点地震位移响应要比单维地震作用下节点地震位移响应值大。为了安全起见，结构应该进行多维地震作用计算。

（2）节点多维地震位移响应的规律和单维地震位移响应规律基本相同。单维虚拟激励法和多维虚拟激励法的计算结果基本一致，说明结构多维地震位移响应的规律和单维地震位移响应规律基本相同。从图 6.1-14 和图 6.1-15 中可以看出，Y方向的地震位移响应值大约在短轴四分之一处最大，而Z方向的地震位移响应值则是在短轴跨中部较大。

6.1.5　结构地震内力响应分析

该索承单层网壳结构采用了两种网格形式，内部为扇形三向网格（亦称 K8 型），外部为葵花形三向网格（图 6.1-16）。在此小节分析地震内力响应时，对于扇形三向网格部分取主肋杆（1）～（6），对于葵花型三向网格部分取同向斜杆（7）～（10），以下统称为肋（斜）杆。

沿结构的长轴方向、斜轴方向、短轴方向，在每个方向选择 10 根肋（斜）杆，三个方向总共 30 根杆件，这些杆件在整体结构中的编号如图 6.1-16 所示。长轴方向的 10 根肋

（斜）杆从左至右的编号依次为：8、11、43、99、179、283、605、896、1187、1478；斜轴方向的10根肋（斜）杆从中心至右上方的编号依次为：1、12、47、106、189、296、623、914、1205、1496；短轴方向的10根肋（斜）杆从下至上的编号依次为：2、16、54、116、202、312、639、930、1221、1512。把它们分成三组，为了便于分析，每组杆件重新依次编为1到10号。这些肋（斜）杆的顺序编号规则是在每个方向上都由中心向外侧编号。

沿长轴方向、斜轴方向、短轴方向三个方向，每个方向选出10根杆件，三个方向总共30根杆件，这些杆件在整体结构中的编号如图6.1-17所示。在这些根环杆中，其中一根环杆与结构的长轴正交，称为与长轴正交的环杆；另一根环杆则与结构的短轴正交，称为与短轴正交的环杆，其余的杆件称为与斜轴正交的环杆。与长轴正交的10根环杆从左至右的编号依次为：9、41、97、177、281、409、748、1039、1330、1613；与斜轴正交的10根环杆从中心至外侧的编号依次为：9、44、103、186、293、414、763、1054、1345、1618；与短轴正交的10根环杆从下至上的编号依次为：14、51、113、199、309、420、781、1072、1363、1624。它们分成两组，为了便于分析，每组杆件重新依次编为1到10号。这些环杆的编号顺序规则是在每个方向上都由中心向外侧编号。

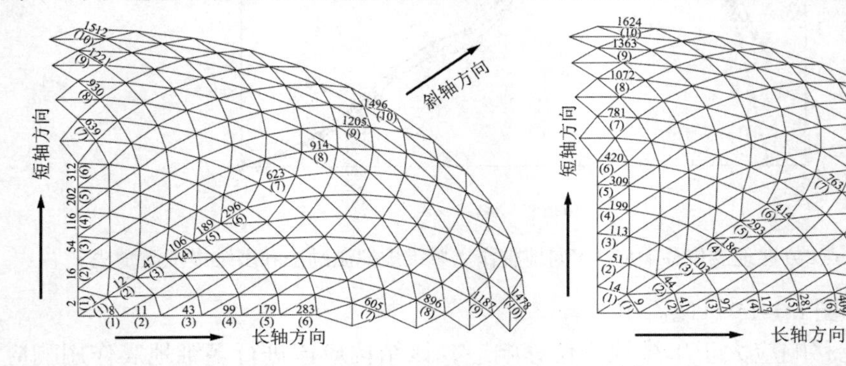

图6.1-16　肋（斜）杆在整体结构中的编号　　图6.1-17　环杆在整体结构中的编号

1）不同计算方法的杆件内力响应对比

通过采用反应谱法、时程分析法、虚拟激励法三种单维地震分析方法，分析了肋（斜）杆在Z方向地震作用下的地震响应。图6.1-18是长轴肋（斜）杆在Z方向地震作用下的地震内力；图6.1-19是斜轴肋（斜）杆在Z方向地震作用下的地震内力；图6.1-20是短轴肋（斜）杆在Z方向地震作用下的地震内力。

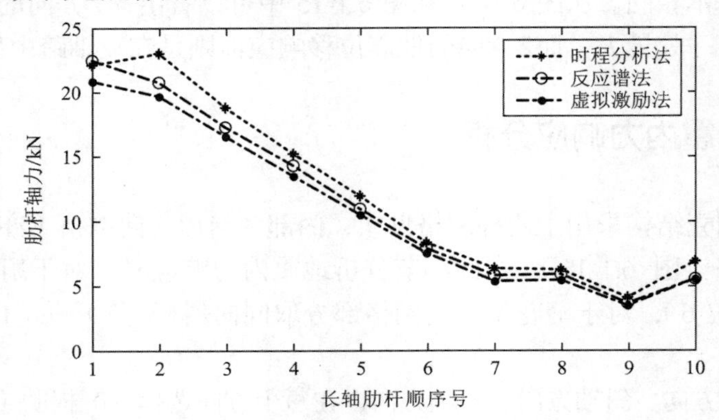

图6.1-18　Z方向地震作用下长轴肋（斜）杆（斜杆）的地震内力

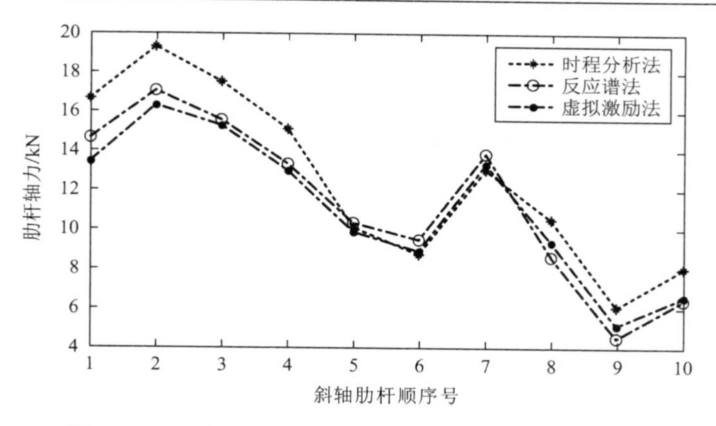

图 6.1-19　Z方向地震作用下斜轴肋（斜）杆的地震内力

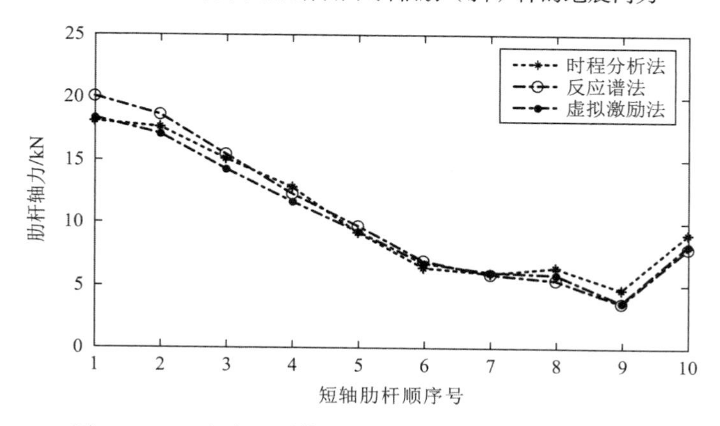

图 6.1-20　Z方向地震作用下短轴肋（斜）杆的地震内力

从图 6.1-18～图 6.1-20 可以看出：

（1）三种不同的单维地震响应分析法计算的地震内力响应值比较接近。在图 6.1-18～图 6.1-20 中，每个图中的三条曲线都比较接近，而且不同图中的三条曲线具有相同的变化规律。用三种不同计算方法得出的其他杆件地震位移响应计算结果亦差别不大。可见对此类比较规则的结构，用反应谱法与时程分析法进行地震响应近似计算是可行的。

（2）从理论出发，对于较复杂的结构，在有条件的情况下宜采用虚拟激励法进行地震响应计算。由于虚拟激励法系由随机理论出发，充分考虑了实际地震作用与结构地震响应的随机性，并已经证明与原有的 CQC 随机分析方法精度等价，因此用虚拟激励法计算的结果将与实际响应更接近。

（3）每个方向的肋（斜）杆地震内力响应有相同的变化规律。一般来说，跨中杆件的地震内力响应值要大，而靠近支座处的杆件的地震内力响应值要相对小一些。

图 6.1-21～图 6.1-23 为三个方向的环杆在Y方向地震作用下用三种单维地震响应分析方法的计算结果。从图 6.1-21～图 6.1-23 可以看出，三种不同的单维地震响应分析法得到的地震内力响应比较接近。在图 6.1-21 和图 6.1-23 中，每个图中的三条环杆内力曲线都比较接近，而且不同图中的三条曲线具有相同的变化规律。图 6.1-22 中的三条环杆内力曲线偏差稍大，但也有相同的变化规律。可见对于此类较为规则的结构体系，采用近似方法计算结构的地震响应是可行的。

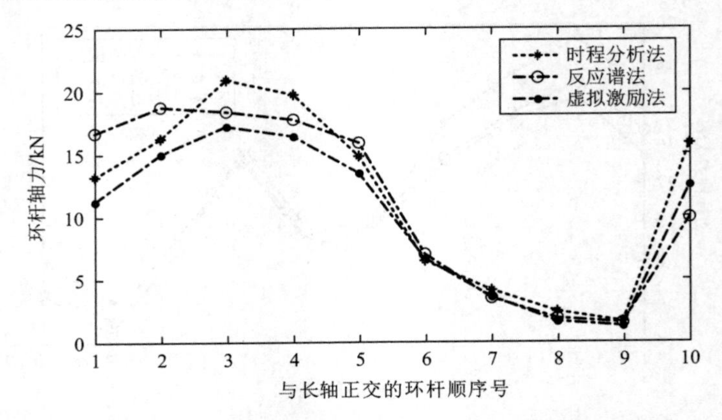

图 6.1-21　与长轴正交的环杆的地震内力（Y向地震作用下）

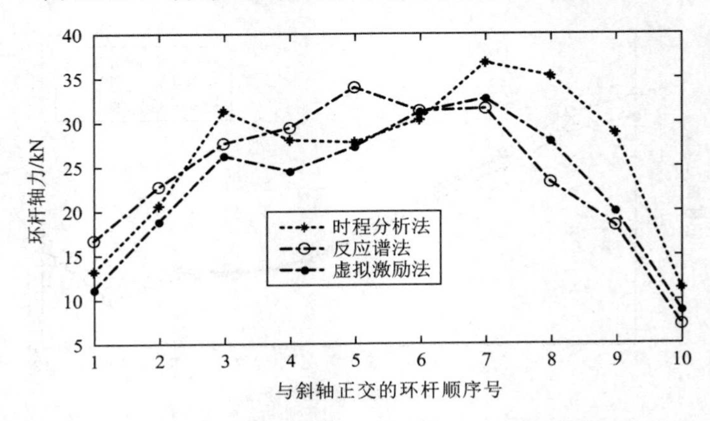

图 6.1-22　与斜轴正交的环杆的地震内力（Y向地震作用下）

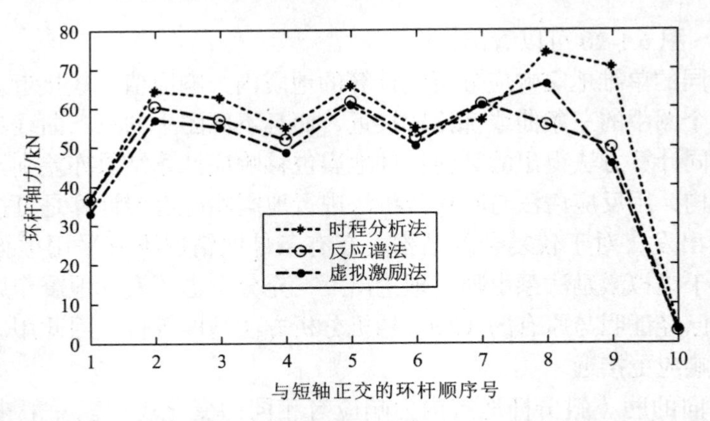

图 6.1-23　与短轴正交的环杆的地震内力（Y向地震作用下）

2）不同地震输入方向的杆件内力对比

选取在X、Y、Z三种不同方向的地震作用下，同一方向的肋（斜）杆采用相同的单维地震响应分析方法得到的内力，进行对比分析。图 6.1-24 是三个方向地震作用下采用单维虚拟激励法计算的长轴肋（斜）杆的内力对比，图 6.1-25 是三个方向地震作用下采用单维时程分析法计算的斜轴肋（斜）杆的内力对比，图 6.1-26 是三个方向地震作用下采用单维虚拟激励法计算的短轴肋（斜）杆的内力对比。

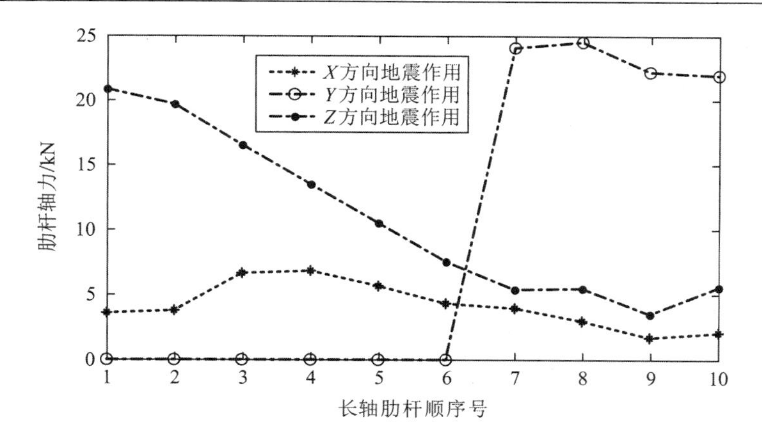

图 6.1-24 三个方向地震作用下长轴肋（斜）杆的地震内力（虚拟激励法）

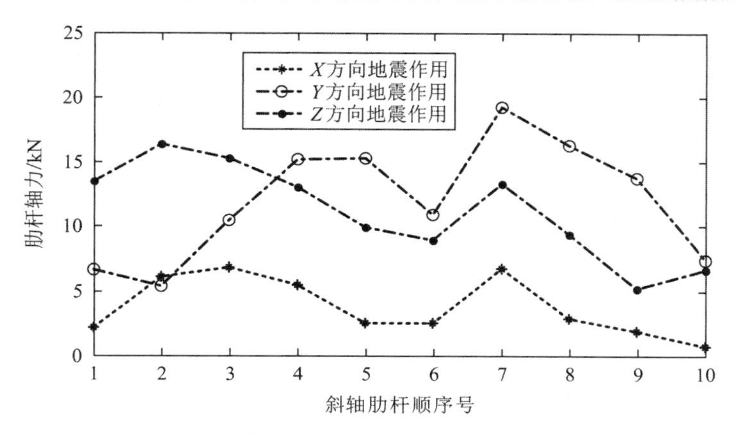

图 6.1-25 三个方向地震作用下斜轴肋（斜）杆的地震内力（时程分析法）

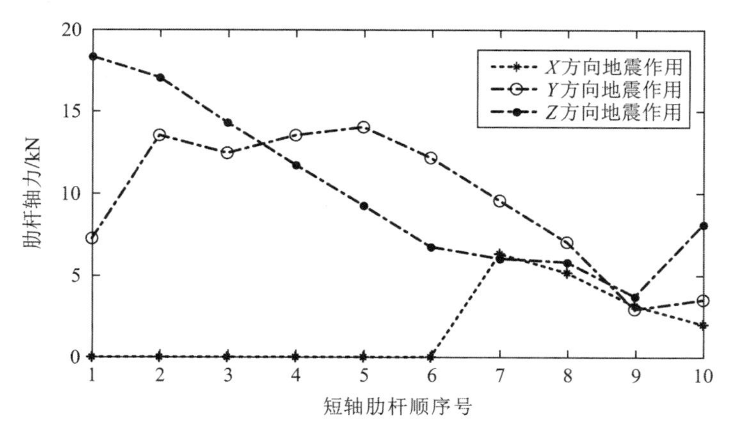

图 6.1-26 三个方向地震作用下短轴肋（斜）杆的地震内力（虚拟激励法）

从图 6.1-24～图 6.1-26 可以看出：

（1）相同的肋（斜）杆在不同方向的地震作用下，产生的地震内力响应值及分布规律均差别很大。由图 6.1-24～图 6.1-26 可见，每个图中的三条地震响应曲线离散性都较大。说明相同肋（斜）杆在不同方向的地震作用下，产生的肋（斜）杆内力是大不相同的。

（2）*X*方向的地震作用对结构的影响比较小，而*Y*方向的地震作用对结构的影响比较大。在图 6.1-24～图 6.1-26 中，X方向地震作用内力响应曲线一般位于其他两条曲线的下方，Y方向地震作用内力响应曲线一般位于其他两条曲线的上方。这是由于X方向为沿结构长轴方向，结构在X方向的水平刚度大于Y方向的水平刚度。

（3）地震内力响应有特殊分布。图 6.1-24 中，在Y向地震作用下，沿长轴方向的 1～6 号肋（斜）杆地震响应为零，而 7～10 号肋（斜）杆则地震响应很大。这是因为网壳杆件布置采取了两种形式。杆 1～6 为 K8 型网格结构的主肋，在Y向地震作用下，网壳以反对称振动为主，所以长轴（对称轴）杆件的响应近似为零。而杆 7～10 为葵花型三向网格斜杆，所以结构自内向外，在杆 6 与杆 7 处的内力响应有突变。

图 6.1-27 是三个方向地震作用下采用单维虚拟激励法计算的与长轴正交的环杆的内力对比，图 6.1-28 是三个方向地震作用下采用单维虚拟激励法计算的与斜轴正交的环杆的内力对比。图 6.1-29 是三个方向地震作用下采用单维虚拟激励法计算的与短轴正交的环杆的内力对比。从图 6.1-27～图 6.1-29 可以看出，不同方向的地震作用下，同一根环杆产生的地震内力响应是不同的，说明需对三个方向的地震作用分别进行分析。这三个图中，每个图中的三条曲线离散性都较大。说明同一根环杆在不同方向的地震作用下，产生的地震内力响应的是大不相同的。特别是对于与短轴正交的环杆，不同方向的地震作用产生的地震内力响应差别更大。X方向地震作用下，与短轴正交的环杆产生的地震内力响应比较小；Y方向的地震作用对结构的影响比较大。

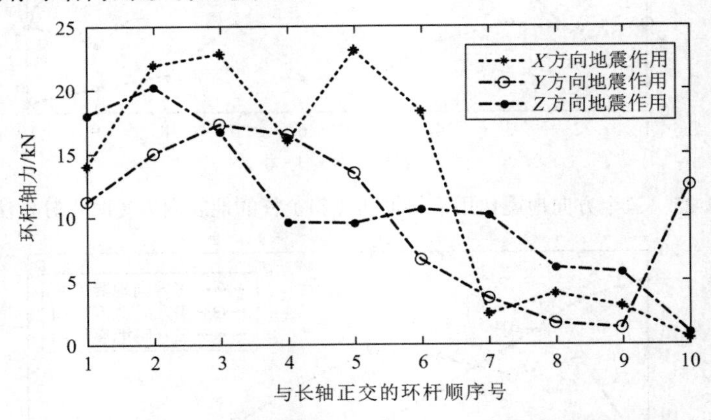

图 6.1-27　与长轴正交的环杆的地震内力（单维虚拟激励法）

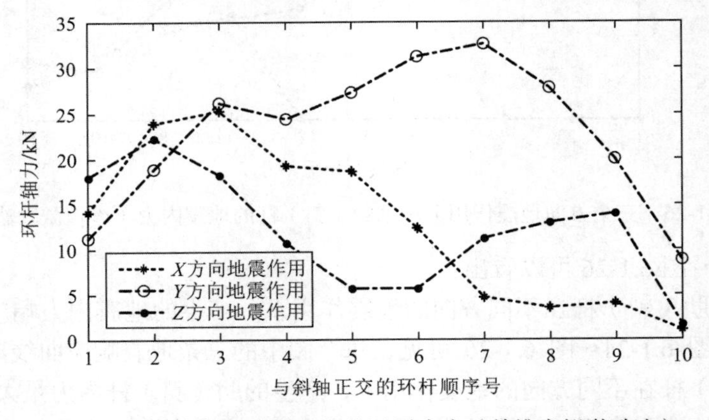

图 6.1-28　与斜轴正交的环杆的地震内力（单维虚拟激励法）

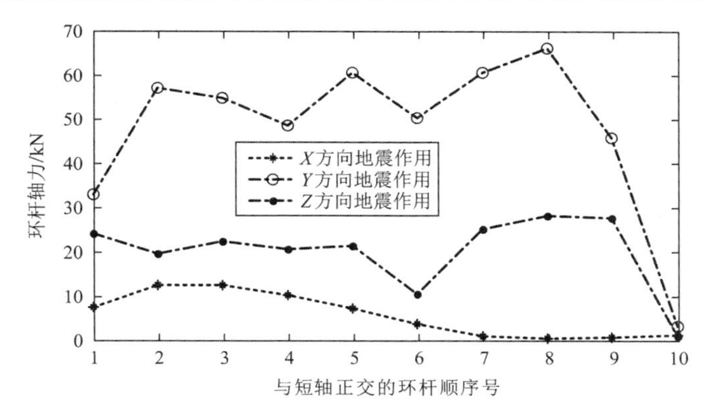

图 6.1-29 与短轴正交的环杆的地震内力（单维虚拟激励法）

3）单维与多维地震杆件内力响应对比

用单维虚拟激励法分别计算该索承单层网壳结构在X、Y、Z三个方向的地震单独作用下的地震内力响应，并求出在这三种不同方向的地震作用下这三个方向每根肋（斜）杆的地震内力响应最大值。该最大值就是单维地震作用下，采用单维虚拟激励法计算的肋（斜）杆地震内力响应最大值。把所求出的肋（斜）杆采用单维虚拟激励法计算的肋（斜）杆地震内力响应最大值与两种多维地震组合方式作用下采用多维虚拟激励法的计算结果进行比较。图 6.1-30～图 6.1-32 分别表示三个方向的肋（斜）杆单维虚拟激励法计算结果的最大值和多维虚拟激励法的计算结果。

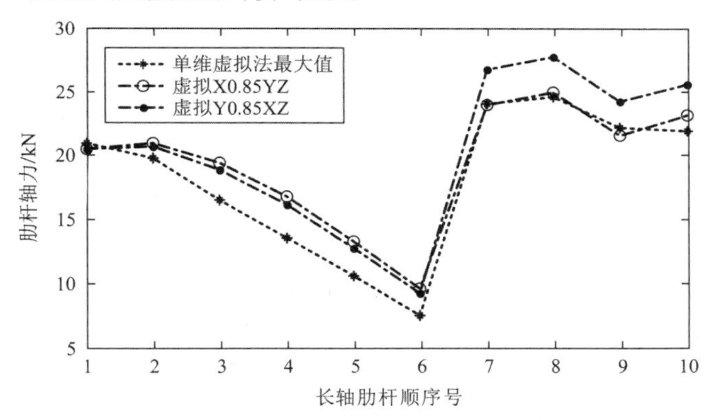

图 6.1-30 长轴肋（斜）杆的地震内力（单维虚拟激励法最大值与多维虚拟激励法）

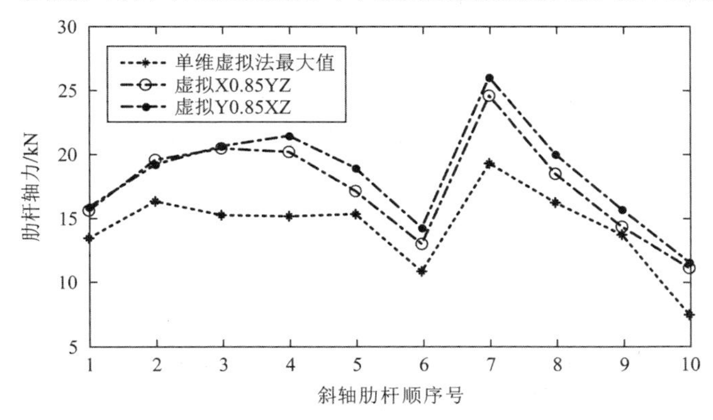

图 6.1-31 斜轴肋（斜）杆的地震内力（单维虚拟激励法最大值与多维虚拟激励法）

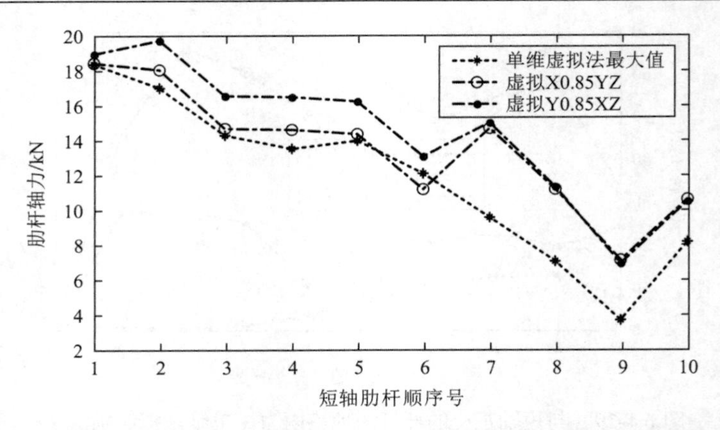

图 6.1-32 短轴肋（斜）杆的地震内力（单维虚拟激励法最大值与多维虚拟激励法）

从图 6.1-30～图 6.1-32 可以看出：

（1）各杆多维地震作用的内力响应一般比单维地震内力响应大，因此必须进行多维地震响应分析。除长轴方向靠近支座处的肋（斜）杆外，其他的肋（斜）杆在X、Y、Z三个方向地震作用下，单维虚拟激励法计算的肋（斜）杆内力最大值要比采用多维虚拟激励法的计算结果要小。对于肋（斜）杆来说，在多维地震作用下产生的地震内力响应值最大，多维地震作用最不利。

（2）每个方向的肋（斜）杆的地震内力响应大小差别很大。从图 6.1-30 和图 6.1-31 可以看出，在地震作用下，长轴肋（斜）杆和斜轴肋（斜）杆在第六圈处的杆件地震内力响应值较小，而在跨中和靠近支座处的肋（斜）杆地震内力响应值较大，特别是长轴方向的肋（斜）杆这一现象更为明显。可见同一方向的肋（斜）杆在相同的地震作用下产生的地震内力响应值差别很大。

（3）同一圈处的短轴肋（斜）杆地震内力响应值比其他两个方向肋（斜）杆的值要小。把图 6.1-32 和图 6.1-30 及图 6.1-31 进行对比，可以发现大部分短轴肋（斜）杆在同一圈处的肋（斜）杆地震内力响应值要比其他两个方向肋（斜）杆的地震内力响应值小。并且从中心到外侧短轴肋（斜）杆的地震内力响应值的变化规律是由大变小。

图 6.1-33～图 6.1-35 分别表示三个方向的环杆单维虚拟激励法计算的地震内力响应最大值和多维虚拟激励法计算的地震内力响应值。从图 6.1-33～图 6.1-35 可以看出，大多数环杆多维地震响应值要大于单维地震响应。大多数与长轴正交的环杆多维地震作用下的地震内力响应值要大于三个方向的单维地震作用下的地震内力响应最大值。屋盖跨中杆件的地震内力响应值要大，而靠近支座处的杆件的地震内力响应值要小得多。在同一圈环杆中，绝大多数与短轴正交附近区域的环杆的地震内力响应值要远远大于与长轴正交附近区域的环杆的地震内力响应值。

6.1.6 创新技术在工程中应用情况

该项目体育馆在国内首次应用了椭圆形索承单层网壳结构体系。索承单层网壳结构是集成壳和索二者优势的新型空间体系，结构性能优越，克服了结构稳定性和对下部支承结构的依赖，经济效益显著。

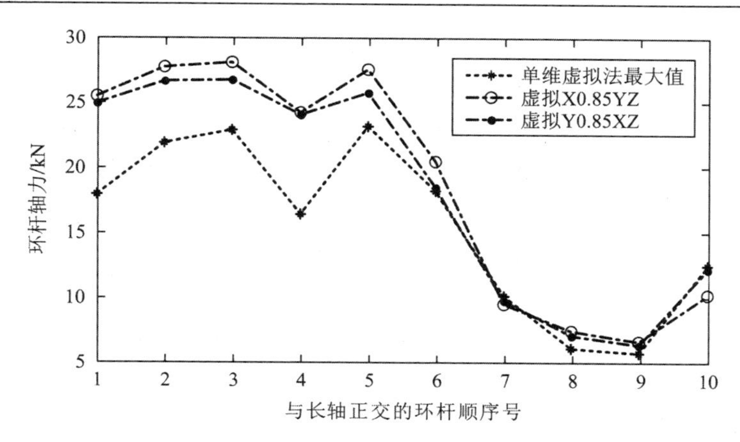

图 6.1-33　与长轴正交的环杆的地震内力响应（单维虚拟激励法最大值与多维虚拟激励法）

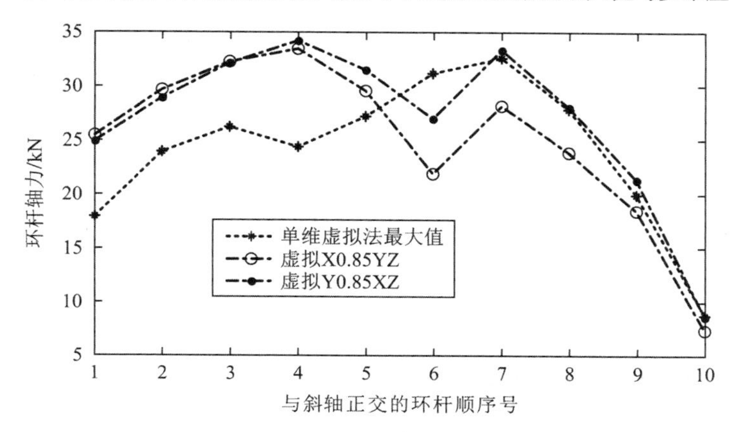

图 6.1-34　与斜轴正交的环杆的地震内力响应（单维虚拟激励法最大值与多维虚拟激励法）

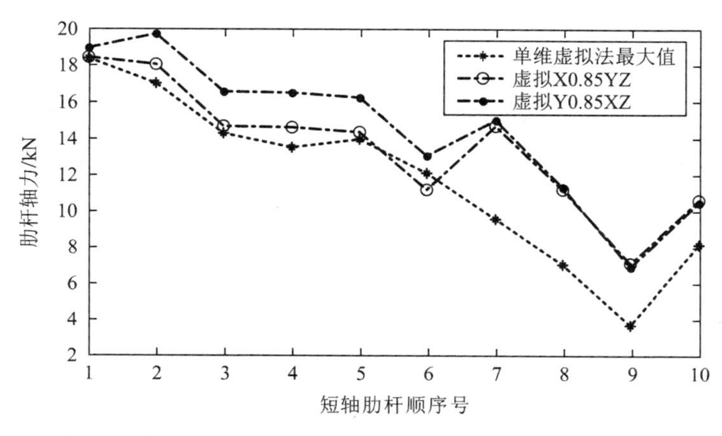

图 6.1-35　与短轴正交的环杆的地震内力响应（单维虚拟激励法最大值与多维虚拟激励法）

（1）国内外首次采用了椭圆形索承单层网壳结构体系，其 120m × 80m 的椭圆形索承单层网壳仍然为当前最大。

（2）提出改善椭圆形结构反力不均匀的设计方法及新型施工张拉工艺。椭圆形结构的非对称问题主要表现在结构内力不均匀、反力不均匀。相比圆形结构，施工要达到设计目标难度很大。通过理论研究发现，当长轴水平反力为拉力，短轴水平反力为压力时，能使得支座水平拉、压力值较小且均匀，此时所对应的索力为最优索力，这是确定初始预应力值的判断依据，以此作为改善椭圆形结构反力不均匀的设计方法。对于施工张拉难题，提出了"环索张拉为主，径索调节"的预应力张拉方式和"环索8点均匀张拉"的新型张拉工艺，并通过模型实验测试，验证张拉工艺能有效地解决由于环索预应力损失引起的各段索力不均匀的问题，能在椭圆形索承单层网壳中建立预期的预应力，并且施工方便、直接，可行性高，保证了设计目标的施工实现。

（3）理论上寻找最佳刚度和柔度结合点，首创了新型节点。通过系统分析确定了上部单层网壳刚度和下部索杆体系的柔度比例，寻找了最佳刚度和柔度的结合点。同时首创了连接刚柔体系的节点，包括关节轴承式的上弦节点以及新型的低摩阻可滑动索夹节点，这些新型节点保证了撑杆在空间的任意方向的可旋转性及预应力建立的有效性。使得上刚下柔结构能够协调、高效工作，充分发挥杂交结构的优势。

（4）获得了国内外首个椭球形索承单层网壳地震响应的研究成果。此工程中，设计院与高校密切合作，采用反应谱法、时程法、虚拟激励振动法等多种方法，采用单体及总装等多种模型，进行了单维与多维地震作用下的地震分析。对不同方法，不同模型的计算结果进行对比研究，得到了国内外首个椭球形索承单层网壳地震响应研究成果，针对抗震薄弱点进行加强，获得了抗震性能优良的结构。研究中采用的多种计算方法的对比及单维与多维地震作用的计算对比结论，为国内大跨度空间结构的抗震设计提供了理论与实践的依据，指导了大跨度空间结构抗震设计的主要方法及结论。

6.2　丰台火车站屋盖结构项目

6.2.1　项目简介

丰台火车站位于北京市西南部丰台区，是我国首次采用双层车场的建桥合一结构形式的特大型综合交通枢纽（图6.2-1）。丰台站站房工程，建筑面积约为40万m^2，主要包括中央站房（分为高架站房、南北侧式站房及四角配套用房）、西站房、东站房。平面示意图见图6.2-2。中央站房地下2层，地上3层，其中南北侧式站房地上一层（局部两层），檐口高度36.5m，四角配套部分地上6层，檐口高度28m；东西站房地上3层（局部含夹层），檐口高度36.5m。

图6.2-1　丰台火车站鸟瞰图

结构顶部为钢结构屋盖，采用“十字形钢管柱 + 钢桁架”结构形式，按照建筑功能，分为南北站房屋盖钢结构与高速场雨棚钢结构三部分（图 6.2-3）。屋盖钢结构东西总长 516m，南北总长 349.5m，在中央站房与两侧的雨棚之间设了两道结构分缝：1 轴与 28 轴处设双柱将屋盖分为 3 部分（图 6.2-4 和图 6.2-5 中实线位置）。

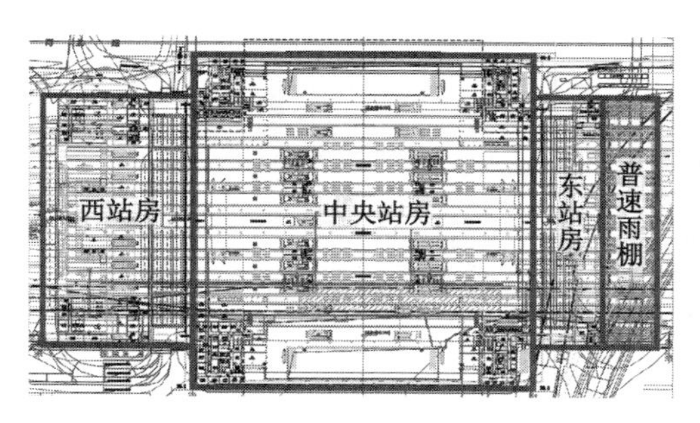

图 6.2-2 丰台站平面布置示意图

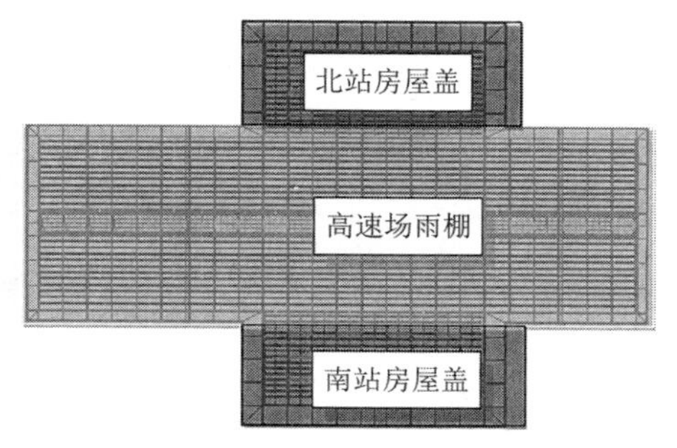

图 6.2-3 屋盖建筑功能划分示意图

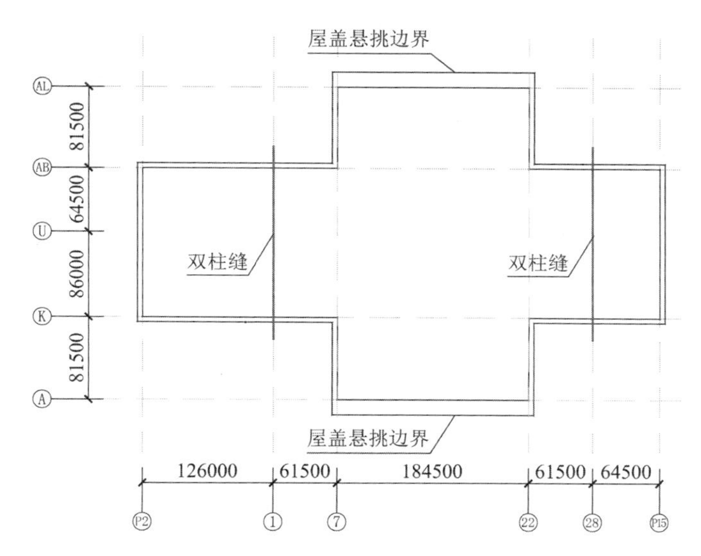

图 6.2-4 丰台站钢结构屋盖分缝示意图

丰台火车站整体模型见图 6.2-5，地上划分为若干个温度区段，顶部为钢结构屋盖。

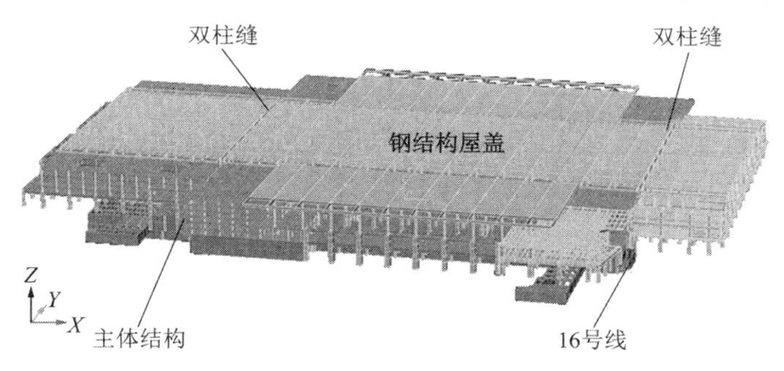

图 6.2-5 丰台火车站整体模型

南北站房屋盖钢结构顺轨向柱网 21.5m，垂轨向柱网 40m，四周悬挑 16.2m，采用

“单片桁架＋三角形钢桁架＋十字形钢柱”体系，屋盖主桁架高度 3m，顺轨向配合建筑采光天窗要求设置三角桁架次梁，屋盖平面内设置系杆与水平支承。

雨棚钢结构顺轨向柱网20.5m、垂轨向柱网为21.5m，四周悬挑9m，采用“箱形双梁＋三角钢桁架＋十字形钢柱”体系，顺轨向配合建筑采光天窗要求设置三角桁架次梁，三角次桁架自身保证其稳定性（图 6.2-5～图 6.2-8）。

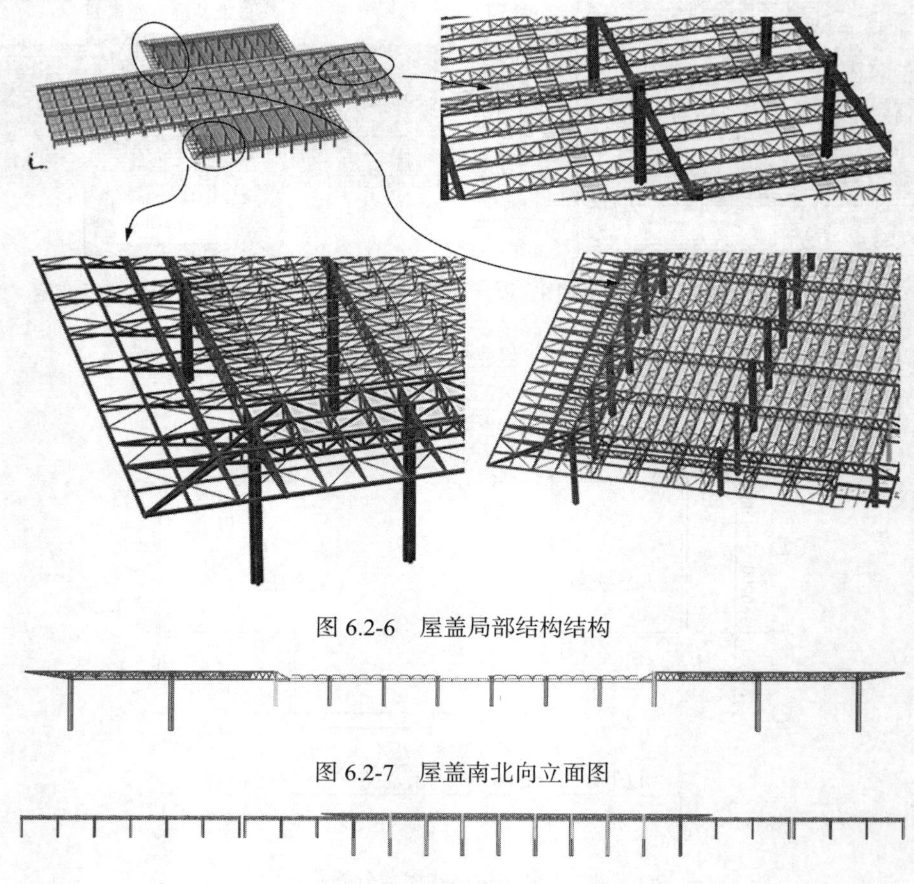

图 6.2-6 屋盖局部结构结构

图 6.2-7 屋盖南北向立面图

图 6.2-8 屋盖东西向立面图

屋盖结构的主要构件截面见表 6.2-1。

丰台火车站屋盖钢结构主要构件截面表 表 6.2-1

截面位置			截面/mm
雨棚屋盖	十字柱		1200 × 350 × 45 × 45
	三角桁架（与柱相连）	弦杆	ϕ200 × 8
		腹杆	ϕ80 × 4
	三角桁架（不与柱相连）	弦杆	ϕ120 × 6
		腹杆	ϕ60 × 4
	箱形双梁		1300 × 800 × 24 × 24

续表

截面位置			截面/mm
南北站房钢结构屋盖	十字柱		2000 × 600 × 40 × 40
	顺轨向三角桁架	弦杆	ϕ200 × 8
		腹杆	ϕ120 × 4
	垂轨向桁架	弦杆	350 × 200 × 8 × 8
		腹杆	150 × 150 × 8 × 8

本节主要介绍中央站房屋盖钢结构的抗震分析工作，所有的抗震分析均在整体模型下进行。

6.2.2 主要参数

1）主体结构的安全等级及设计使用年限

建筑结构安全等级：一级

结构设计使用年限：设计基准期 50 年，设计耐久性使用年限 100 年

结构设计基准期：50 年（承轨层及下部受列车荷载影响显著的构件同时满足桥梁和建筑规范要求）

风、雪荷载重现期：100 年

结构重要性系数：1.1

2）抗震设防标准

建筑抗震设防分类：乙类

抗震设防烈度：8 度（0.2g）

设计地震分组：第二组

场地类别：二类

特征周期：0.4s

多遇地震阻尼比：0.04

3）结构抗震等级

结构构件的抗震等级如表 6.2-2 所示。

丰台火车站结构构件抗震等级　　表 6.2-2

序号	部位	抗震等级	结构类型	抗震构造措施等级
1	中央站房	一级	钢管混凝土框架	特一级
2	东南角房屋（4-3 区）	一级	钢框架	一级
3	东北、西北、西南房屋（1-3 区、1-1 区、4-1 区）	一级	混凝土框剪结构	一级
4	南北出站厅	一级	混凝土框架	特一级

续表

序号	部位	抗震等级	结构类型	抗震构造措施等级
5	西站房	一级	钢管混凝土框架	特一级
6	东站房	一级	钢管混凝土框架	特一级
7	屋盖及高速雨棚	二级	钢框架	二级

4）地震动参数

拟建场地建筑的场地类别为Ⅱ类，场地土类别为中硬土。

根据《中国地震动参数区划图》GB 18306—2015 附录 C，本工程所在北京市区的地震动峰值加速度为0.20g，反应谱特征周期为0.4s（表6.2-3）。该地震动峰值加速度所对应的地震基本烈度为Ⅷ度，相应设防水准为 50 年超越概率 10%，根据场地类别和特征周期，本地区设计地震分组为第二组。

需要同时满足铁路桥梁规范要求的构件，按照《铁路工程抗震设计规范》GB 50111—2006（2009年版）中C类桥梁处理，在50年基准期多遇地震的基础上，地震影响系数最大值乘以 1.1 的放大系数。时程分析时，水平地震波峰值按照表 6.2-4 采用，竖向地震波峰值取为水平地震波的0.65倍。

丰台火车站地震动参数　　表6.2-3

概率水平	峰值加速度/g	水平地震影响系数最大值α_{max}	特征周期T_g/s
小震	0.07	1.1 × 0.16	0.40
中震	0.20	0.45	0.40
大震	0.40	0.90	0.45

丰台火车站水平地震波峰值　　表6.2-4

地震作用水准	小震	中震	大震
水平地震波峰值/（cm/s^2）	1.1 × 70	200	400

5）性能目标

抗震性能目标是抗震设防水准与结构性能水准的综合反映。丰台火车站属于超限项目，根据结构超限情况，参考《高层建筑混凝土结构技术规程》JGJ 3—2010中3.11.1条、3.11.2条及条文说明中C级性能目标设计，确定屋盖部分的具体性能目标见表6.2-5。

丰台火车站屋盖构件抗震设防性能目标　　表6.2-5

地震水准	多遇地震	设防烈度地震	罕遇地震
性能描述	不损坏	可修复损坏	不倒塌
结构工作特性	弹性	允许部分次要构件屈服	允许进入塑性，控制薄弱层位移
层间位移限值	钢筋混凝土框架：h/550 组合框架：h/450	—	钢筋混凝土框架：h/50 组合框架：h/50

续表

钢屋盖	十字柱	弹性	受剪承载力弹性，受弯承载力不屈服	受剪承载力不屈服
	腹杆	弹性	悬挑部位构件弹性	—
	弦杆	弹性	悬挑部位构件不屈服	悬挑部位构件不屈服

6）材料参数

（1）混凝土（表 6.2-6）

构件混凝土强度等级表　　表 6.2-6

楼层	构件名称及范围	混凝土强度等级
轨道层及以下	柱	C50/C60
	梁、板、墙	C40
高架层	柱	C50
	梁、板	C40
高架夹层	柱	C50
	梁、板	C40

注：钢管混凝土柱内的混凝土为 C60。

（2）钢筋

采用普通热轧钢筋 HRB400、HRB500。

钢筋的化学成分及含量限值、力学性能、延性与可焊性等要求符合国家有关标准。

钢筋强度标准值的保证率要求不小于 95%。

（3）钢材及型钢

主要结构钢材及型钢混凝土构件内型钢采用 Q345、Q345GJ 和 Q390，应符合国家有关规范要求。钢材强度指标按照组合结构设计规范取值。

钢材的化学成分及含量限值、力学及环境耐候性能、延性与可焊性等要求符合国家有关标准。钢材强度标准值的保证率要求不小于 95%。

7）屋盖结构静荷载取值

（1）恒荷载：主要包括屋面杆件自重、屋面做法重量和吊顶荷载。屋面恒荷载取值为 1.5kN/m^2。

（2）活荷载：屋面活荷载取值为 0.5kN/m^2。

（3）风荷载：基本风压为 0.5kN/m^2（100 年重现期）。

（4）地面粗糙度：C 类。

（5）根据风工程研究成果，屋盖结构的风载取值见图 6.2-9（斜线部位为悬挑部位）。

（6）温度作用：高速雨棚区域完全开敞，没有保温做法，升温和降温分别按±45℃考虑；南北站房屋盖区域有保温做法，升温和降温分别按±25℃考虑。

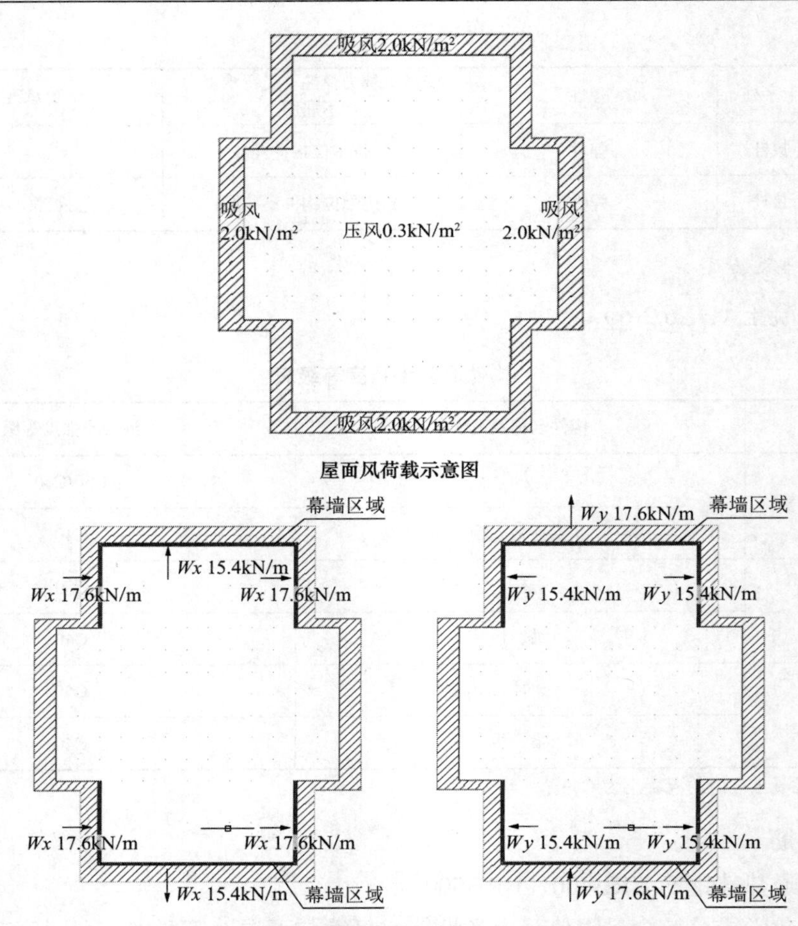

图 6.2-9 丰台火车站风荷载示意图

6.2.3 反应谱分析

（1）自振特性

丰台火车站自振特性及前三阶振型见表 6.2-7 及图 6.2-10。

丰台火车站中央站房自振特性　　表 6.2-7

结构总质量/t			946594
结构自振周期	T_1/s		0.787
	T_2/s		0.776
	T_3/s		0.740
水平地震作用	X向	有效质量系数	92.8%
		基底剪力/kN	339414
	Y向	有效质量系数	93.0%
		基底剪力/kN	383257

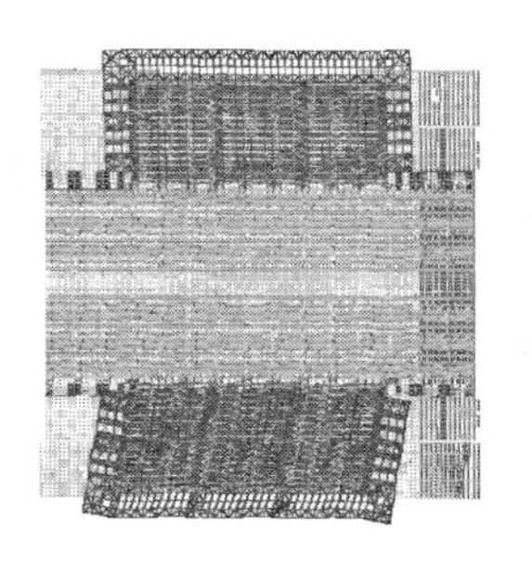

(a) 第一阶X向振型

(b) 第一阶Y向振型

(c) 第一阶扭转振型（第三阶）

图 6.2-10　丰台火车站中央站房各向首阶振型

（2）钢屋盖水平变形

如图 6.2-11 所示，在X向小震作用下，层间最大水平位移 46.7mm，柱高 25.05m，层间位移角为 1/536，满足 1/250 的容许侧移要求。

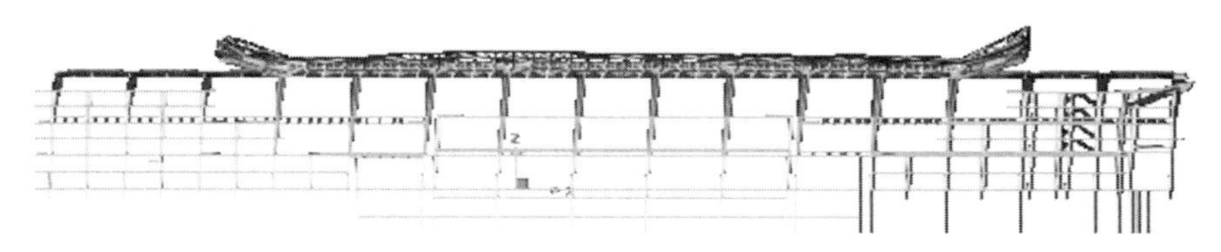

图 6.2-11　X向小震作用下结构位移图

如图 6.2-12 所示，在Y向小震作用下，层间最大水平位移 42.8mm，柱高 20.05m，层间位移角为 1/479，满足 1/250 的容许侧移要求。

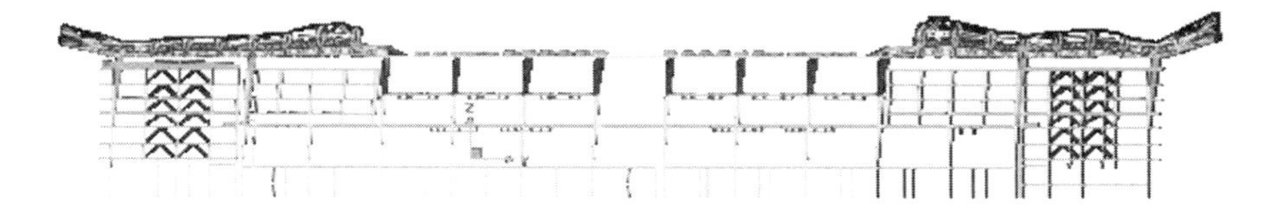

图 6.2-12　Y向小震作用下结构位移图

（3）竖向地震作用下变形验算

如图 6.2-13 所示，在Z向地震作用下，悬挑端最大竖向位移 15.1mm，悬挑跨度 18m，位移角为 1/2384，满足 1/250 的容许要求。

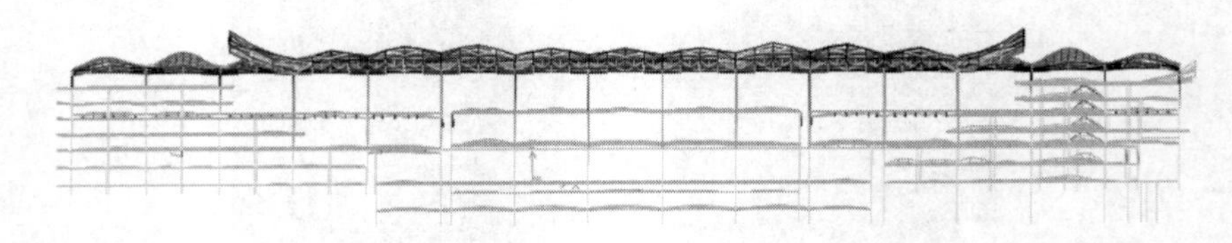

图 6.2-13　Z向小震作用下结构位移图

（4）主要构件应力验算

屋盖主要构件按照性能目标（表 6.2-5）的要求，在各种组合下的受力情况见表6.2-8～表 6.2-11。

小震弹性组合下主要屋面水平杆件受力情况表　　表 6.2-8

截面位置			截面/mm	轴力/kN	弯矩 1/（kN·m）	弯矩 2/（kN·m）	强度/MPa	稳定/MPa	应力比
高速场钢屋盖	三角桁（与柱相连）	弦杆	ϕ200×8	796	22	15	183	249	0.81
		腹杆	ϕ80×4	208	0	0	201	193	0.65
	三角桁（不与柱相连）	弦杆	ϕ120×6	396	−3	−1	223	204	0.72
		腹杆	ϕ80×4	213	0	0	206	198	0.67
	双边梁		1300×800×24×24	−1268	−4206	460	215	274	0.93
南北站房钢屋盖	顺轨向三角桁架	弦杆	ϕ168×6	375	−4	−6	168	254	0.82
		腹杆	ϕ140×4	129	0	0	79	83	0.27
	垂轨向桁架	弦杆	350×200×8×8	2668	26	3	217	234	0.76
		腹杆	200×200×8×8	−1561	16	13	176	242	0.78

屋面悬挑端水平杆件受力情况表　　表 6.2-9

截面位置	荷载组合	截面/mm	轴力/kN	弯矩 1/（kN·m）	弯矩 2/（kN·m）	强度/MPa	稳定/MPa	应力比
悬挑桁架弦杆	小震组合	600×400×40×40	−3211	−51	188	36	37	0.14
	大震不屈服组合		−2199	−592	−705	235	265	0.91
悬挑桁架腹杆	小震组合	300×300×12×12	−132	24	−5	35	23	0.11
	中震弹性组合		1634	4	33	80	58	0.23

屋面主要竖向杆件（十字柱）受力情况表　　表 6.2-10

截面位置	截面/mm	荷载组合	轴力/kN	弯矩 1/（kN·m）	弯矩 2/（kN·m）	强度/MPa	稳定/MPa	应力比
高速场十字柱	1200×350×45×45	小震组合	−2079	−8630	−5154	257	262	0.67
		中震不屈服组合	−1304	11470	5563	327	331	0.96
南北站房十字柱	2000×600×40×40	小震组合	−9502	−25140	−14090	287	298	0.77
		中震不屈服组合	−8577	−27250	−21100	322	333	0.97

注：应力比较大的柱采用 Q390，强度标准值 345MPa。

屋面主要竖向杆件（十字柱）抗剪验算表　　表 6.2-11

截面位置	截面/mm	荷载组合	剪力 1/kN	剪力 2/kN	剪应力/MPa	应力比
高速场十字柱	1200 × 350 × 45 × 45	中震组合	1517	1357	23	0.15
		大震不屈服组合	3171	2898	48	0.27
南北站房十字柱	2000 × 600 × 40 × 40	中震组合	3952	7734	76	0.49
		大震不屈服组合	2405	16104	157	0.87

综合表 6.2-8～表 6.2-11，屋盖钢结构构件在小震和非抗震组合下应力水平保持弹性，悬挑桁架弦杆能满足小震弹性和大震不屈服的性能设计要求，悬挑桁架腹杆能满足中震弹性的性能设计要求，十字柱能满足抗弯中震不屈服、抗剪中震弹性、抗剪大震不屈服的性能设计要求。

6.2.4 多遇地震弹性时程分析

（1）地震波选取

根据《建筑抗震设计规范》GB 50011—2010（2016 年版）第 5.1.2 条的规定，中央站房选择 7 组波（三向）进行计算分析，其中 5 组天然波和 2 组按抗震规范反应谱合成的人工波各波时程曲线见图 6.2-14。各波反应谱和规范反应谱对比见图 6.2-15。

将地震波加速度峰值调整为 8 度小震加速度的峰值，对结构进行小震时程分析，并分别取 7 条波作用下结构反应的平均值和 3 条波作用下结构反应的包络值作为时程分析的代表值。

根据《建筑抗震设计规范》GB 50011—2010（2016 年版）第 5.1.2 条第 3 款规定，弹性时程分析时，每条时程曲线计算所得结果底部剪力不应小于振型分解反应谱法计算结果的 65%，多条时程曲线计算所得结构底部剪力的平均值不应小于振型分解反应谱法计算结果的 80%，地震波反应谱的平均值与规范反应谱在结构主要振型周期点处相差不大于 20%。

根据设计单位提供的地震动记录，其中三组地震记录、作为丰台火车站的弹性时程分析的输入，其中双向输入峰值比依次为 1：0.85，波峰值取为 1.1 × 70gal。

中央站房区域选波情况如表 6.2-12 所示，七组波中结构基底剪力结果，X向最小为反应谱法计算结果的 74%，Y主向最小为反应谱法计算结果的 86%；七组波结构基底剪力平均值X主向为反应谱结果的 104%，Y主向为反应谱结果的 104%，可知所选用地震波符合规范要求。由于七组波结构基底剪力平均值与反应谱相当，不再进行时程作用下的构件内力计算。

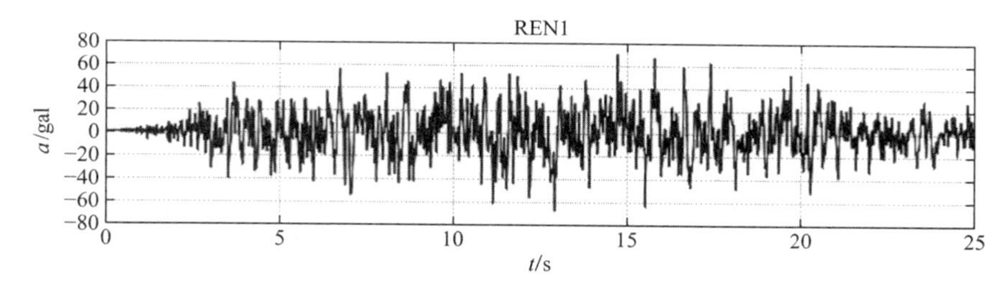

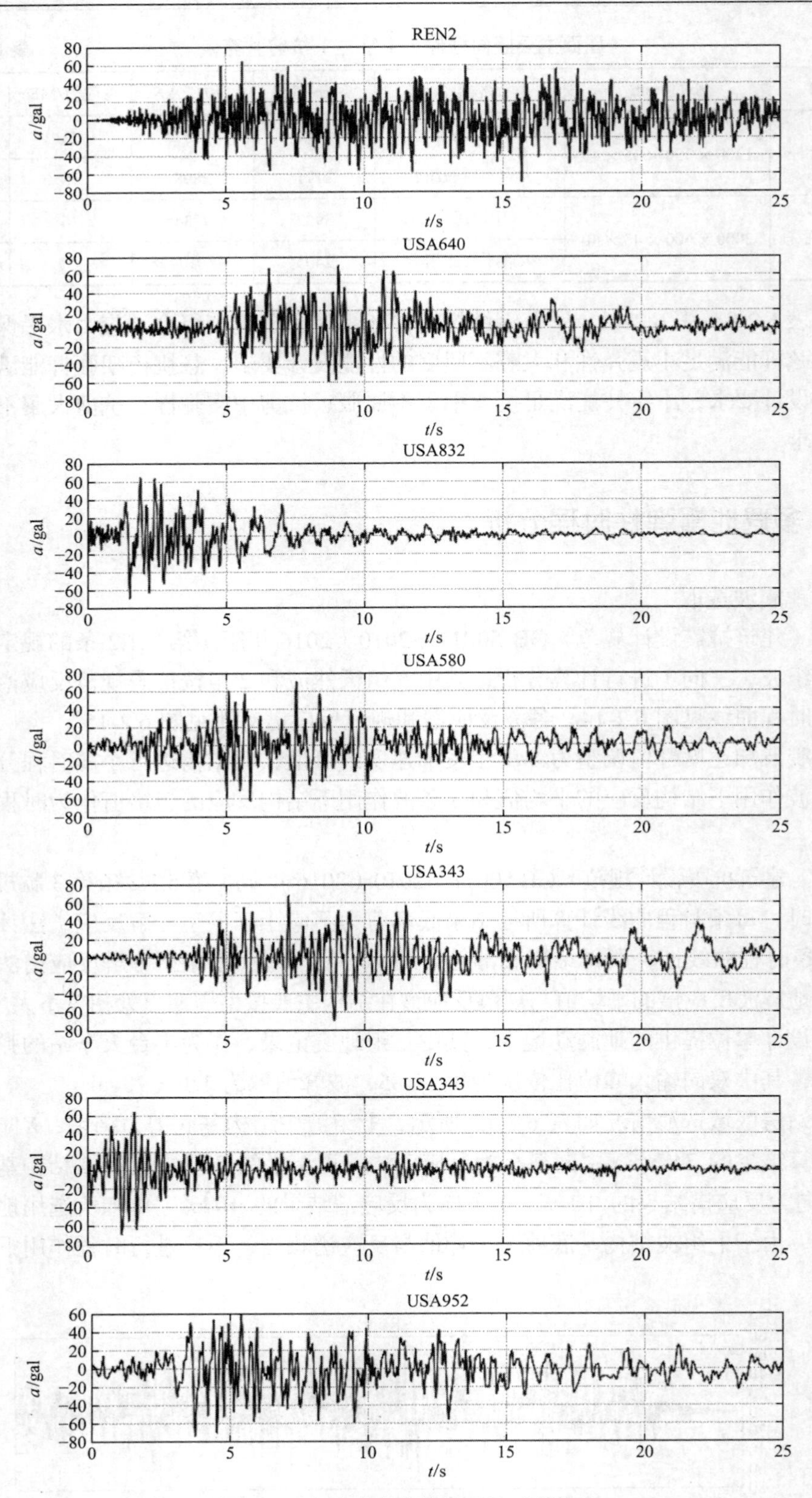

图 6.2-14 丰台火车站地震波时程曲线

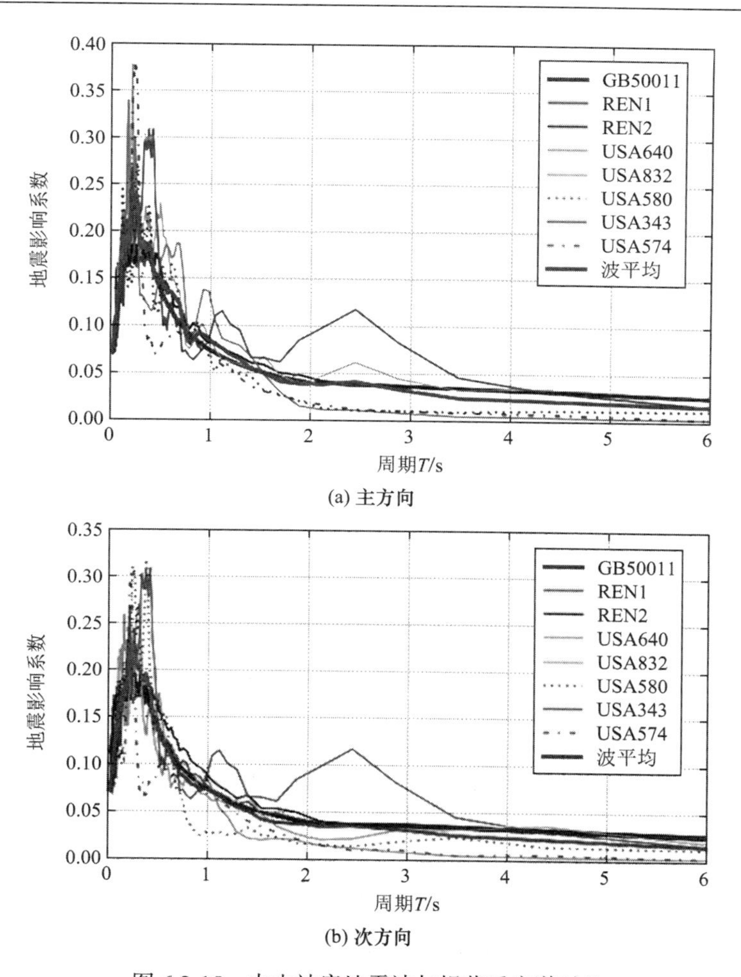

图 6.2-15　中央站房地震波与规范反应谱对比

单向输入弹性时程分析与反应谱分析结构基底剪力　　　　表 6.2-12

	X向/kN	X向波/反应谱	Y向/kN	Y向波/反应谱	有效持时/s	备注
反应谱	325337	—	370652	—	—	—
REN1	355718	1.09	385429	1.04	23.7	人工波 1
REN2	338274	1.04	394391	1.06	23.4	人工波 2
USA640	335926	1.03	433331	1.17	24.4	天然波 1
USA832	391376	1.20	392742	1.06	13.2	天然波 2
USA343	240987	0.74	317210	0.86	23.2	天然波 3
USA574	392157	1.21	389444	1.05	21.1	天然波 4
USA580	310750	0.96	373615	1.01	24.8	天然波 5
平均值	337884	1.04	383738	1.04	—	—

（2）屋盖层层剪力

屋盖层层剪力在上述七条波多遇地震作用下的结果见表 6.2-13a 及表 6.2-13b。由于七组波结构基底剪力平均值与反应谱相当，不再进行时程作用下的屋盖构件内力计算。

*X*向地震作用下钢结构屋盖楼层剪力/kN　　表 6.2-13a

楼层	REN1	REN2	USA640	USA832	USA343	USA574	USA580	波平均	反应谱	时程/反应谱
屋盖柱脚	46752	60421	52388	60530	37206	47988	51752	51005	54192	0.94

*Y*向地震作用下钢结构屋盖楼层剪力/kN　　表 6.2-13b

楼层	REN1	REN2	USA640	USA832	USA343	USA574	USA580	波平均	反应谱	时程/反应谱
屋盖柱脚	66697	75486	78107	84834	58979	60803	85938	72977	74433	0.98

（3）屋盖层层间位移角

表 6.2-14a 及表 6.2-14b 给出了各组时程波及反应谱下屋盖的层间位移角。钢结构屋盖时程分析的层间位移角平均值，*X*向为 1/507，*Y*向为 1/538。反应谱分析的层间位移角*X*向为 1/499，*Y*向为 1/567。时程分析和反应谱分析的层间位移角均满足规范 1/250 的限值要求。

时程分析屋盖*X*向层间位移角　　表 6.2-14a

楼层	REN1	REN2	USA640	USA832	USA343	USA574	USA580	波平均	反应谱	时程/反应谱
屋盖柱脚	1/607	1/447	1/579	1/342	1/486	1/540	1/734	1/507	1/499	0.98

时程分析屋盖*Y*向层间位移角　　表 6.2-14b

楼层	REN1	REN2	USA640	USA832	USA343	USA574	USA580	波平均	反应谱	时程/反应谱
屋盖柱脚	1/595	1/524	1/479	1/400	1/748	1/650	1/509	1/538	1/567	1.05

6.2.5　罕遇地震下的动力弹塑性分析

1）大震弹塑性分析模型

在本工程的非线性地震反应分析模型中，所有对结构刚度有贡献的结构构件均按实际情况模拟。该非线性地震反应分析模型可划分为三个层次：（1）材料模型；（2）构件模型；（3）整体模型。材料的本构特性加构件的截面几何参数得到构件模型，构件模型通过节点的几何连接形成了整体模型。

本节采用 SAUSAGE 软件进行动力弹塑性分析。

（1）材料模型

①钢材

钢材的动力硬化模型图 6.2-16 所示，钢材的非线性材料模型采用双线性随动硬化模型，在循环过程中，无刚度退化，考虑了包辛格效应。钢材的强屈比设定为 1.2，极限应力所对应的极限塑性应变为 0.025。

②混凝土材料

一维混凝土材料模型采用规范指定的单轴本构模型，该模型能反应混凝土滞回、刚度退化和强度退化等特性，其轴心抗压和轴心抗拉强度标准值按《混凝土结构设计规范》

GB 50010—2010（2015 年版）表 4.1.3-1、表 4.1.3-2 采用。

混凝土单轴受拉的应力-应变曲线方程按《混凝土结构设计规范》GB 50010—2010（2015 年版）附录 C 式(C. 2.3-1)～式(C. 2.3-4)计算。

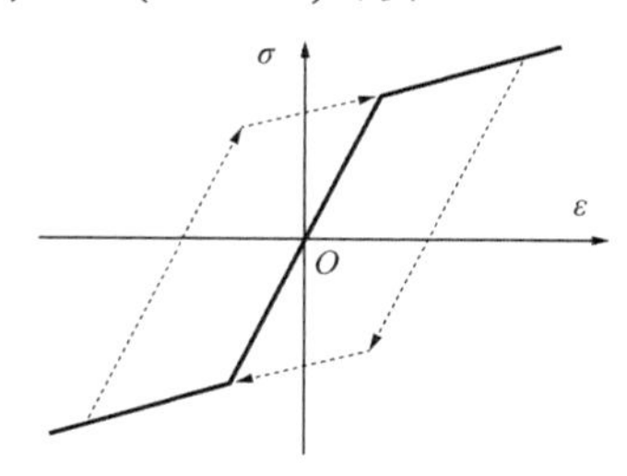

图 6.2-16　钢材的动力硬化模型

$$\sigma = (1-d_t)E_c\varepsilon \tag{C. 2.3-1}$$

$$d_t = \begin{cases} 1-\rho_t[1.2-0.2x^5] & x \leqslant 1 \\ 1-\dfrac{\rho_t}{\alpha_t(x-1)^{1.7}+x} & x > 1 \end{cases} \tag{C. 2.3-2}$$

$$x = \frac{\varepsilon}{\varepsilon_{t,r}} \tag{C. 2.3-3}$$

$$\rho_t = \frac{f_{t,r}}{E_c\varepsilon_{t,r}} \tag{C. 2.3-4}$$

式中：　α_t、$\varepsilon_{t,r}$——《混凝土结构设计规范》GB 50010—2010（2015 年版）表 c.2.3 中参数。

混凝土单轴受压的应力-应变曲线方程按《混凝土结构设计规范》GB 50010—2010（2015 年版）附录 C 式(C. 2.4-1)～式(C. 2.4-5)计算。

$$\sigma = (1-d_c)E_c\varepsilon \tag{C. 2.4-1}$$

$$d_c = \begin{cases} 1-\dfrac{\rho_c n}{n-1+x^n} & x \leqslant 1 \\ 1-\dfrac{\rho_c}{\alpha_c(x-1)^2+x} & x > 1 \end{cases} \tag{C. 2.4-2}$$

$$\rho_c = \frac{f_{c,r}}{E_c\varepsilon_{c,r}} \tag{C. 2.4-3}$$

$$n = \frac{E_c\varepsilon_{c,r}}{E_c\varepsilon_{c,r}-f_{c,r}} \tag{C. 2.4-4}$$

$$x = \frac{\varepsilon}{\varepsilon_{c,r}} \tag{C. 2.4-5}$$

式中：　α_c、$\varepsilon_{c,r}$——《混凝土结构设计规范》GB 50010—2010（2015 年版）表 C.2.4 中参数。

混凝土材料进入塑性状态伴随着刚度的降低。如应力-应变及损伤示意图所示，其刚度损伤分别由受拉损伤参数d_t和受压损伤参数d_c来表达，d_t和d_c由混凝土材料进入塑性状态的程度决定。

二维混凝土本构模型采用弹塑性损伤模型，该模型能够考虑混凝土材料拉压强度差异、刚度及强度退化以及拉压循环裂缝闭合呈现的刚度恢复等性质。

当荷载从受拉变为受压时，混凝土材料的裂缝闭合，抗压刚度恢复至原有抗压刚度；当荷载从受压变为受拉时，混凝土的抗拉刚度不恢复，如图 6.2-17（a）～（c）所示。

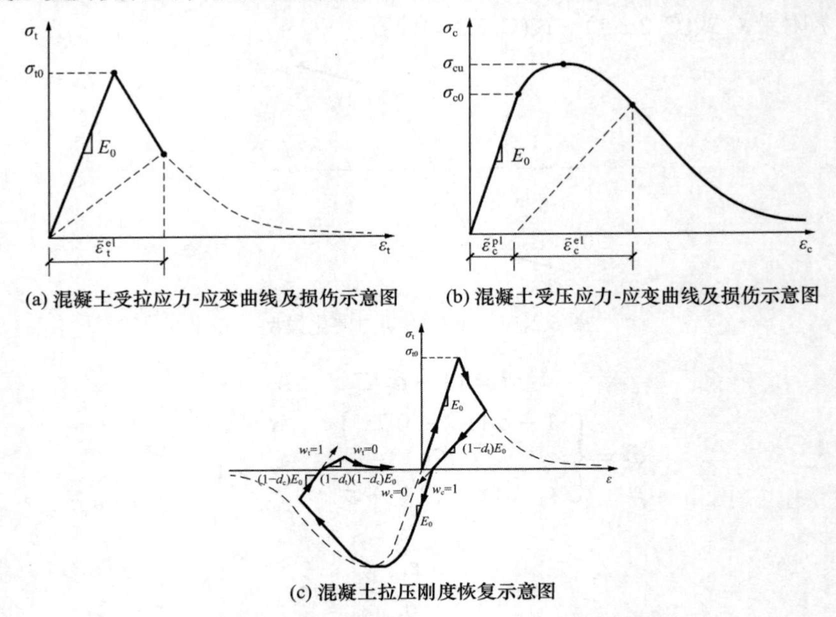

(a) 混凝土受拉应力-应变曲线及损伤示意图

(b) 混凝土受压应力-应变曲线及损伤示意图

(c) 混凝土拉压刚度恢复示意图

图 6.2-17　混凝土应力-应变曲线及损伤示意图

（2）杆件弹塑性模型

杆件非线性模型采用纤维束模型，如图 6.2-18 所示，主要用来模拟梁、柱、斜撑和桁架等构件。

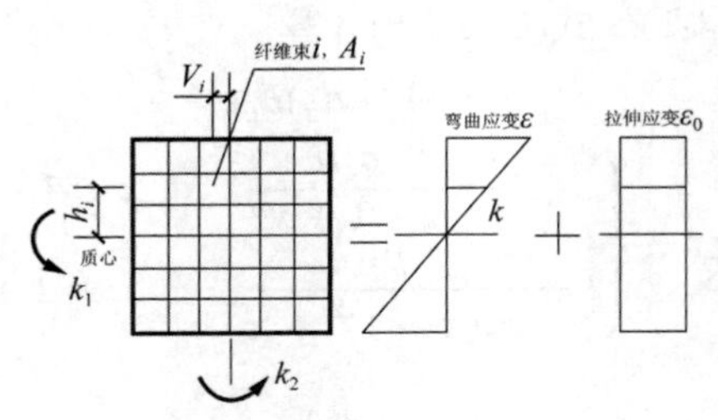

图 6.2-18　一维纤维束单元

纤维束可以是钢材或者混凝土材料，根据已知的k_1、k_2和ε_0，可以得到纤维束i的应变为：

$\varepsilon_0 = k_1 \times h_i + \varepsilon_0 + k_2 \times \nu_i$，其截面弯矩$M$和轴力$N$为：

$$M = \sum_{i=1}^{n} A_i \times \ h_i \times f(\varepsilon_i)$$

$$N = \sum_{i=1}^{n} A_i \times f(\varepsilon_i)$$

其中$f(\varepsilon_i)$即由前面描述的材料本构关系得到的纤维应力。

应该指出，进入塑性状态后，梁单元在轴力作用下，轴向伸缩亦相当明显，不容忽略。所以，梁和柱均应考虑其弯曲和轴力的耦合效应。

由于采用了纤维塑性区模型而非集中塑性铰模型，杆件刚度由截面内和长度方向动态积分得到，其双向压弯和拉弯的滞回性能可由材料的滞回性能来精确表现

（3）阻尼模型

结构动力时程分析过程中，阻尼取值对结构动力反应的幅值有比较大的影响。在弹性分析中，通常采用振型阻尼ξ来表示阻尼比，而在弹塑性分析中，由于采用直接积分法方程求解，且结构刚度和振型均处于高度变化中，故并不能直接代入振型阻尼。通常的做法是采用瑞利阻尼模拟振型阻尼，瑞利阻尼分为质量阻尼和刚度阻尼两部分，其与振型阻尼的换算关系如下式：

$$[C]=\alpha[M]+\beta[K]$$

$$\xi=\frac{\alpha}{2\omega_1}+\frac{\beta\omega_1}{2}=\frac{\alpha}{2\omega_2}+\frac{\beta\omega_2}{2}$$

式中：$[C]$——结构阻尼矩阵；

$[M]$——结构质量矩阵；

$[K]$——刚度矩阵；

下标 1——结构的第 1 周期；

下标 2——结构的第 2 周期。

可以看到，瑞利阻尼实际只能保证结构第 1、2 周期的阻尼比等于振型阻尼，其后各周期的阻尼比均高于振型阻尼，且周期越短，阻尼越大。因此，即使是弹性时程分析，采用恒定的瑞利阻尼也将导致动力响应偏小，尤其是高频部分，使结果偏于不安全。

在 SAUSAGE 中，考虑瑞利阻尼对结构阻尼考虑不足，提供了另一种阻尼体系：拟模态阻尼体系，其合理性优于通常的瑞利阻尼形式，简介如下：

$[\bar{M}]$为广义质量矩阵的逆矩阵，$[\phi]$为振型矩阵，$[C]$为时域阻尼矩阵，$[\bar{C}]$为广义阻尼矩阵：

$$[C]=[\phi^{\mathrm{T}}]^{-1}[\bar{C}][\phi]^{-1}=[M][\phi][\bar{M}]^{-1}[\bar{C}][\bar{M}]^{-1}[\phi][M]$$

$$[\xi]=[\bar{M}]^{-1}[\bar{C}][\bar{M}]^{-1}=\begin{bmatrix}\frac{2\xi_1\omega_1}{M_1} & 0 & 0 & 0\\ 0 & \frac{2\xi_2\omega_2}{M_2} & 0 & 0\\ 0 & 0 & \ddots & 0\\ \vdots & \vdots & \vdots & \vdots\\ 0 & 0 & 0 & \frac{2\xi_n\omega_n}{M_n}\end{bmatrix}$$

因而完整的时域阻尼阵可简化表示为：

$$[C]=[M][\phi][\xi][\phi]^{\mathrm{T}}[M]$$

这种阻尼体系可在显式动力时程分析中使用。本工程计算中选用的阻尼比为 4%。

2）地震波选择

本工程选取 3 组地震波（包含X、Y、Z三个分量），采用主次方向输入法（即X、Y方向依次作为主、次方向）作为本结构的动力弹塑性分析的输入，其中三向输入峰值比为 1：0.85：0.65（主方向：次方向：竖向）。主方向波峰值加速度取 400cm/s^2。经过选波计算，人工波（Art01），天然波 1（USA00901），天然波 2（USA00952）的X向分量为主方

向波，则相应Y向分量为次方向波，Z方向分量是竖向波。

各组地震波相应的加速度时程曲线见图 6.2-19，波名中，−3 为Z向。

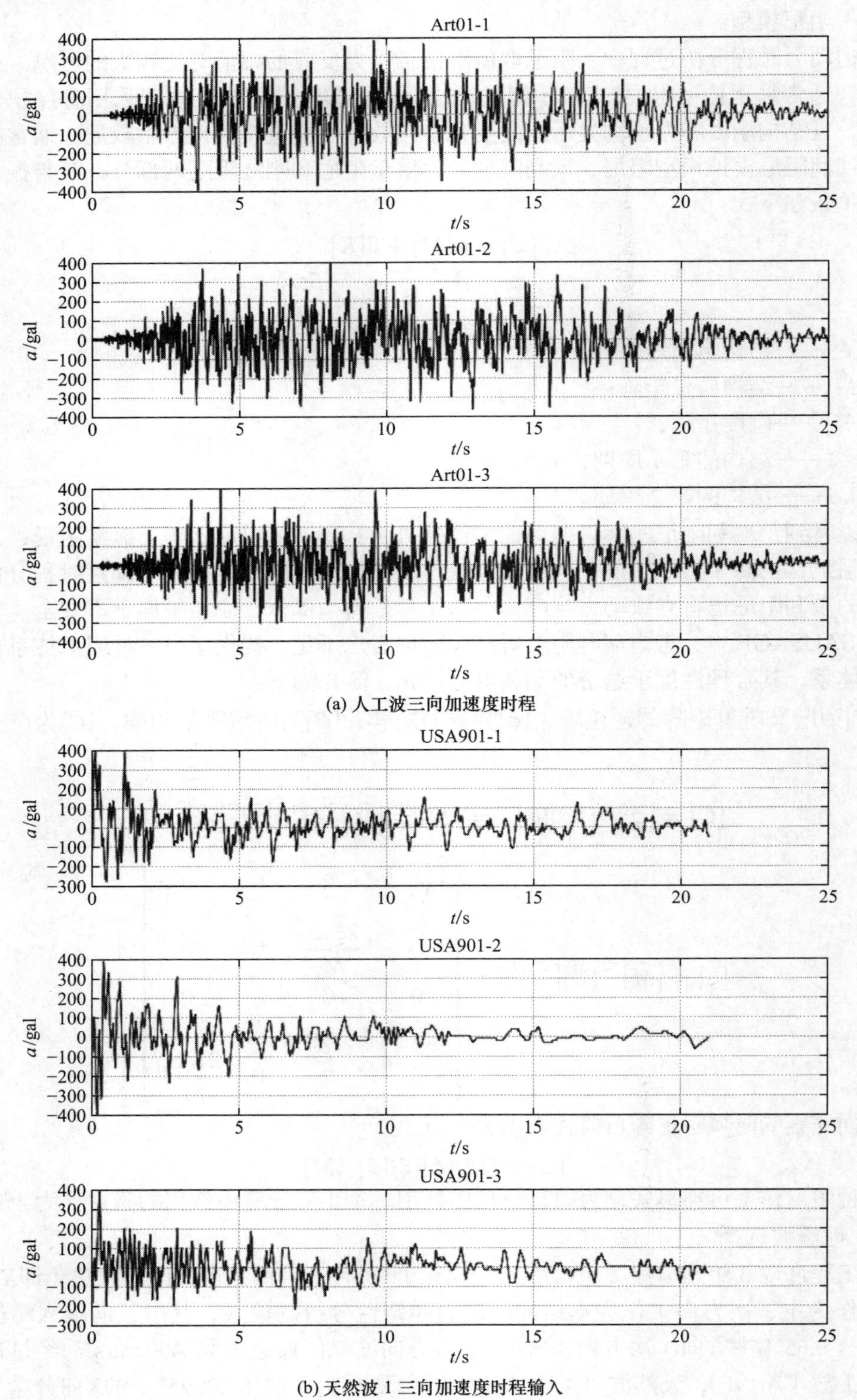

(a) 人工波三向加速度时程

(b) 天然波 1 三向加速度时程输入

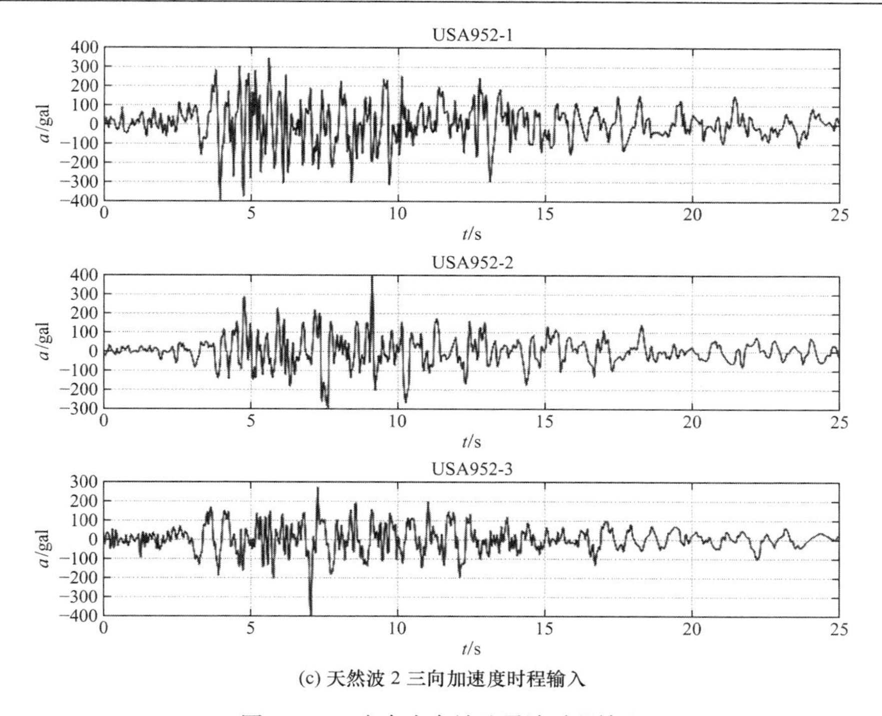

(c) 天然波 2 三向加速度时程输入

图 6.2-19　丰台火车站地震波时程输入

各地震波相应的计算谱曲线见图 6.2-20。

根据《建筑抗震设计规范》GB 50011—2010（2016 年版）第 5.1.2 条第 3 款规定，多组时程曲线的平均地震影响系数曲线应与振型分解反应谱法所采用的地震影响系数曲线在统计意义上相符，即多组时程波的平均地震影响系数曲线与振型分解反应谱法所用的地震影响系数曲线相比，在对应于结构主要振型的周期点上相差不大于 20%。

同时，每条时程曲线计算所得结构底部剪力不应小于振型分解反应谱法计算结果的 65%，且不应大于振型分解反应谱法计算结果的 135%；多条时程曲线计算所得结构底部剪力的平均值不应小于振型分解反应谱法计算结果的 80%，且不应大于振型分解反应谱法计算结果的 120%。计算结果见表 6.2-15。由表可知，结构基底剪力满足规范要求，所选 3 组地震波符合规范要求。

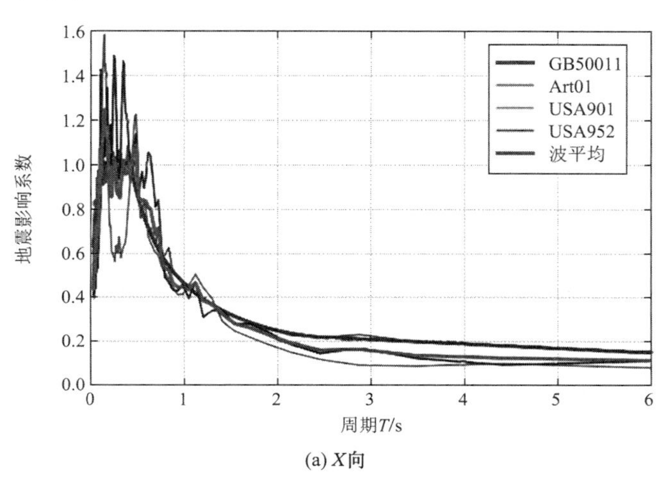

(a) X向

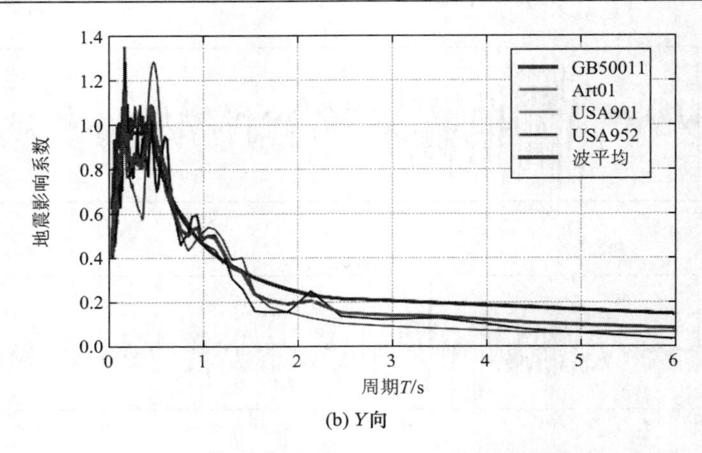

(b) Y向

图 6.2-20　丰台火车站地震波计算谱曲线

丰台火车站中央站房基底剪力对比表　　**表 6.2-15**

	X向/kN	X向波/反应谱	Y向/kN	Y向波/反应谱	主向	有效持时/s	备注
反应谱	1547294		1745043				
USA901-1	1816797	117.42%	2151428	123.29%	主	20.72	天然波 1
USA901-2	1582378	102.27%	1748394	100.19%		20.96	
USA952-1	1667197	107.75%	2030877	116.38%	主	24.32	天然波 2
USA952-2	1514830	97.90%	1930842	110.65%		22.60	
Art01-1	10339846.2	118.31%	9315269.0	113.45%	主	23.96	人工波
Art01-2	10282844.0	108.09%	9213467.6	105.19%		23.08	
主波平均值	1771531	114.49%	2053993	117.70%			

3）地震分析工况及分析过程

根据结构特点，本节分析采用如下方案：

（1）首先，对结构进行三组地震记录、三向输入并轮换输入主方向，共计 6 个工况的大震动力弹塑性分析。重点考察弹性设计中对结构采取的性能设计部位的构件响应，给出其大震作用下的量化表达，并评估其进入弹塑性的程度，进而给出设计改进建议。

（2）考察结构的整体响应及变形情况，验证结构抗震设计“大震不倒”的设防水准指标，进一步观察寻找结构的薄弱部位，并给出设计改进建议。

进行本结构动力弹塑性分析的基本步骤如下：

（1）根据 SATWE 弹性设计包络配筋模型，导入 SAUSAGE 程序；

（2）考虑结构施工过程，进行结构重力加载分析，形成结构初始内力和变形形态；

（3）计算结构自振特性以及其他基本信息，并与原始结构设计模型进行对比校核，保证弹塑性分析结构模型与原模型一致；

（4）输入地震记录，进行结构大震作用下的动力响应分析。

4）屋盖层位移

表 6.2-16a、表 6.2-16b 所列为各组波作用下雨棚及南北站房屋盖层的层间位移角包络值。可以看出，屋盖层层间位移角满足钢结构 1/50 的限值要求，满足“大震不倒”的性能目标。

除天然波 2 作用下的Y主向，其他弹性层间位移角均小于弹塑性层间位移角。

丰台火车站各组地震波作用下屋盖层雨棚最大层间位移角　　表 6.2-16a

主方向	地震波组	弹塑性最大层间位移角	弹性最大层间位移角
X	人工波	1/126	1/151
	天然波 1	1/76	1/160
	天然波 2	1/107	1/117
Y	人工波	1/92	1/104
	天然波 1	1/111	1/116
	天然波 2	1/86	1/74

丰台火车站各组地震波作用下南北站房屋盖层最大层间位移角　　表 6.2-16b

主方向	地震波组	弹塑性最大层间位移角	弹性最大层间位移角
X	人工波	1/65	1/82
	天然波 1	1/68	1/93
	天然波 2	1/73	1/98
Y	人工波	1/88	1/93
	天然波 1	1/109	1/120
	天然波 2	1/94	1/83

屋盖层的顶点位移时程选点如图 6.2-21 所示，各参考点在不同地震波组作用下的位移峰值如表 6.2-17a、表 6.2-17b 所示。

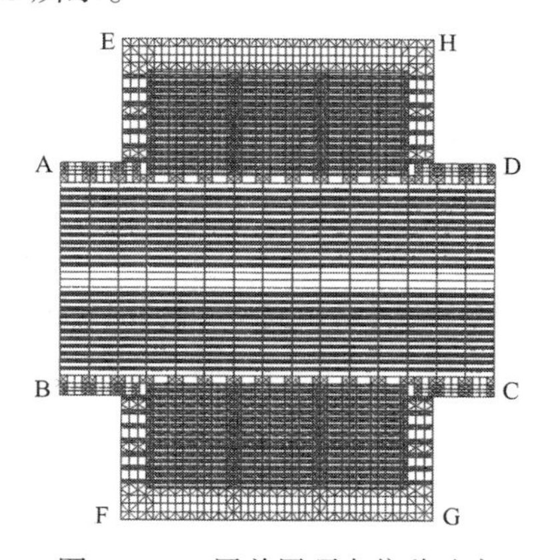

图 6.2-21　屋盖层顶点位移选点

从屋盖层顶点位移峰值的比值分布可以看出，顶点大震弹塑性位移峰值普遍高于弹性分析结果。

各组地震波作用下雨棚屋盖层顶点位移峰值　　表 6.2-17a

主方向	地震波组	点位	弹塑性/m	弹性/m	弹塑性/弹性
X	人工波	A	0.356	0.263	1.35
		B	0.350	0.266	1.32
		C	0.392	0.312	1.26
		D	0.392	0.310	1.26

续表

主方向	地震波组	点位	弹塑性/m	弹性/m	弹塑性/弹性
X	天然波 1	A	0.343	0.240	1.43
		B	0.346	0.239	1.45
		C	0.359	0.263	1.37
		D	0.370	0.268	1.38
	天然波 2	A	0.312	0.201	1.55
		B	0.325	0.197	1.65
		C	0.326	0.217	1.50
		D	0.330	0.215	1.53
Y	人工波	A	0.224	0.204	1.10
		B	0.283	0.267	1.06
		C	0.336	0.275	1.22
		D	0.231	0.236	0.98
	天然波 1	A	0.195	0.184	1.06
		B	0.237	0.221	1.07
		C	0.264	0.209	1.26
		D	0.184	0.179	1.03
	天然波 2	A	0.275	0.254	1.08
		B	0.281	0.296	0.95
		C	0.348	0.320	1.09
		D	0.240	0.278	0.86

各组地震波作用下南北站房屋盖层顶点位移峰值　　表 6.2-17b

主方向	地震波组	点位	弹塑性/m	弹性/m	弹塑性/弹性
X	人工波	E	0.146	0.119	1.23
		F	0.175	0.131	1.34
		G	0.157	0.135	1.16
		H	0.169	0.128	1.32
	天然波 1	E	0.163	0.139	1.17
		F	0.157	0.143	1.10
		G	0.191	0.135	1.41
		H	0.203	0.144	1.41
	天然波 2	E	0.116	0.141	0.82
		F	0.141	0.162	0.87
		G	0.125	0.151	0.83
		H	0.120	0.147	0.82

续表

主方向	地震波组	点位	弹塑性/m	弹性/m	弹塑性/弹性
Y	人工波	E	0.114	0.129	0.88
		F	0.132	0.132	1.00
		G	0.122	0.133	0.92
		H	0.121	0.142	0.85
	天然波 1	E	0.141	0.131	1.08
		F	0.148	0.136	1.09
		G	0.152	0.143	1.06
		H	0.140	0.123	1.14
	天然波 2	E	0.155	0.149	1.04
		F	0.133	0.146	0.91
		G	0.160	0.145	1.10
		H	0.140	0.153	0.92

由于篇幅所限，下面只列出人工波作用下部分参考点的大震弹塑性与弹性分析位移时程对比曲线。从图 6.2-22 可以看出，结构进入塑性后，自振周期变长，抗侧刚度降低。

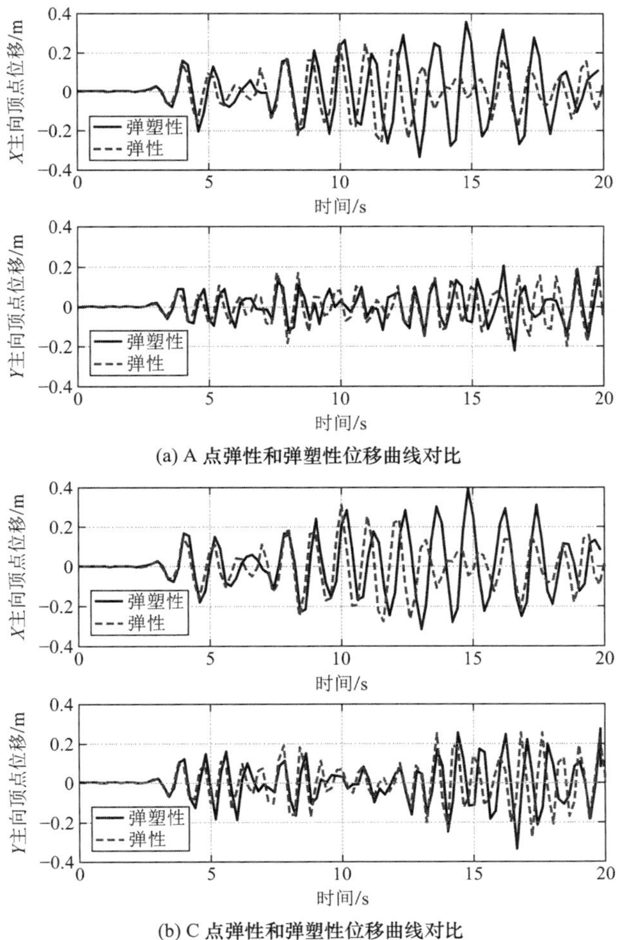

(a) A 点弹性和弹塑性位移曲线对比

(b) C 点弹性和弹塑性位移曲线对比

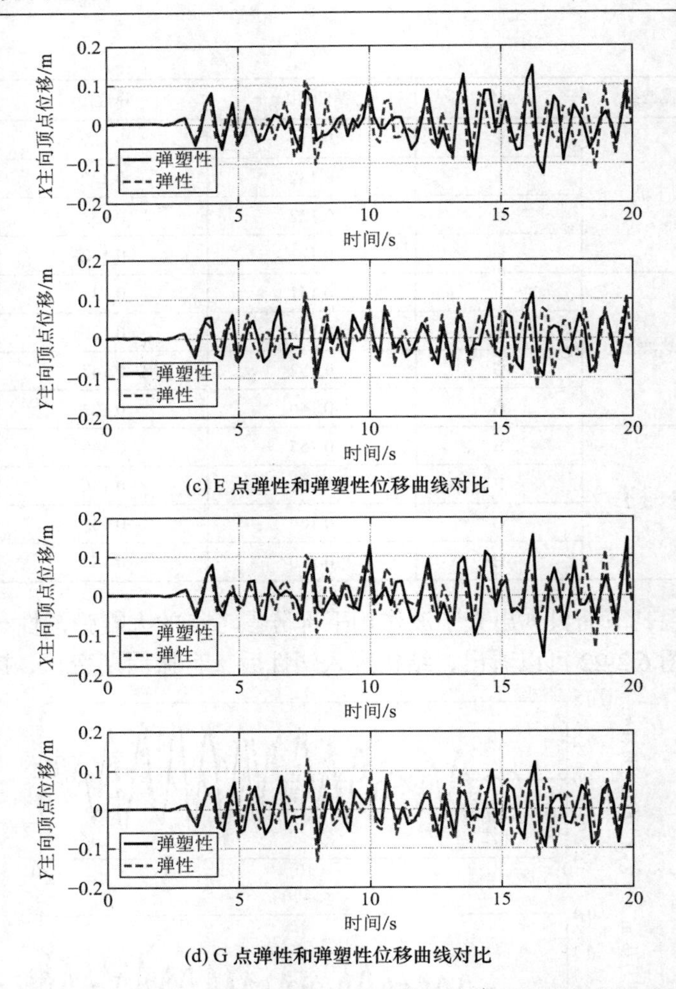

(c) E 点弹性和弹塑性位移曲线对比

(d) G 点弹性和弹塑性位移曲线对比

图 6.2-22　人工波作用下丰台火车站屋盖层弹塑性与弹性顶点位移时程曲线

5）屋盖层构件性能分析

在人工波作用下，中央站房的十字柱柱底进入塑性，如图 6.2-23 所示。*X*、*Y*主向十字柱的峰值塑性应变分别为 2460με、3430με。

人工波作用下屋盖部分的塑性应变分布如图 6.2-24 所示。可以看出，南、北站房屋盖的部分弦杆、腹杆均已进入塑性。*X*、*Y*主向峰值塑性应变分别为 18500με、19600με。但悬挑部位的弦杆未进入塑性，满足预定的性能目标要求。

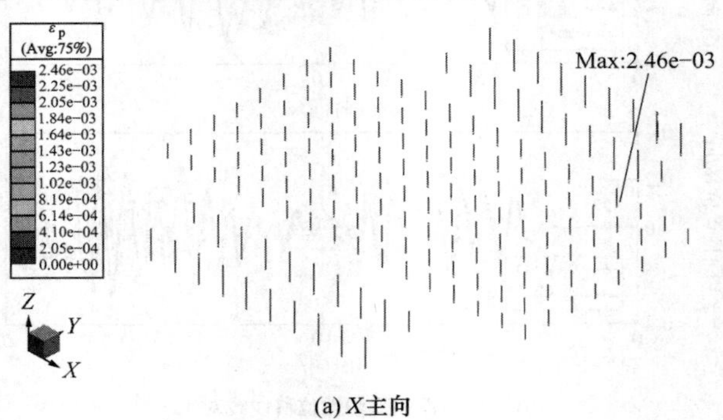

(a) *X*主向

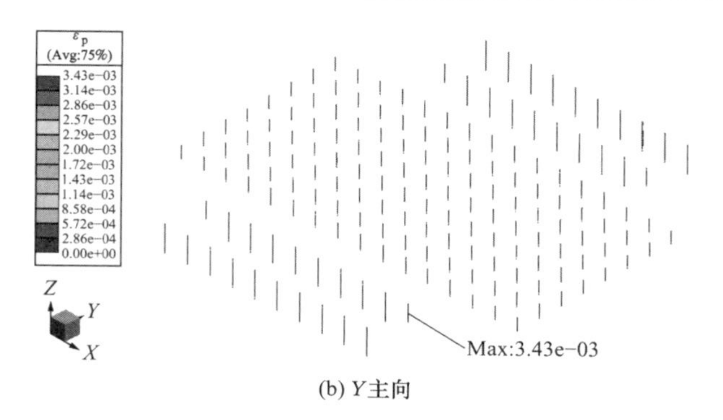

(b) Y主向

图 6.2-23　人工波作用下中央站房十字柱应变云图

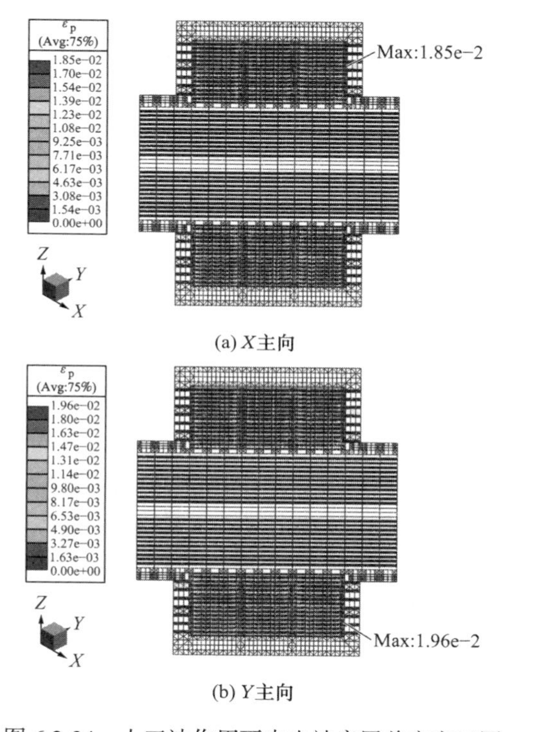

(a) X主向

(b) Y主向

图 6.2-24　人工波作用下中央站房屋盖应变云图

雨棚部分十字柱相邻的弦杆塑性应变分布如图 6.2-25 所示，X、Y主向最大塑性应变分别为 4980με、5740με，塑性发展程度低于南北站房的弦杆。

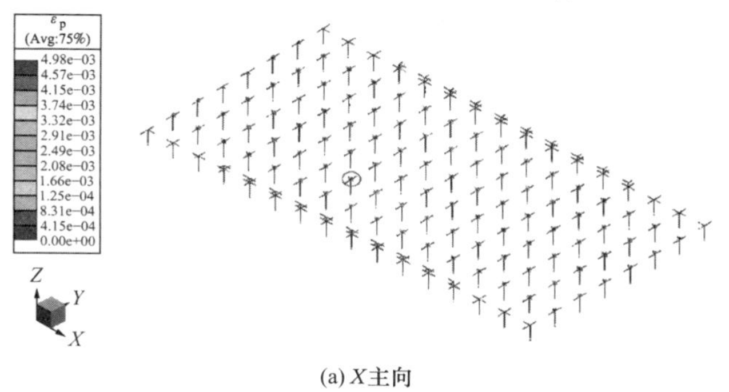

(a) X主向

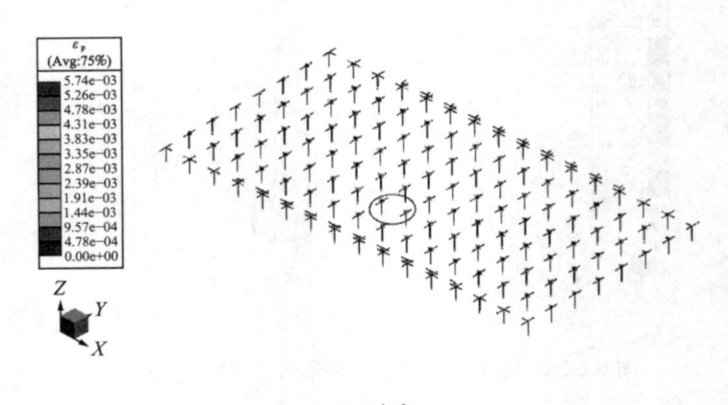

(b) Y主向

图 6.2-25　人工波作用下雨棚弦杆塑性应变云图

6.2.6　多点多维输入的抗震性能时程分析

1）主要参数

本工程时程分析持续时间选择为 25s。考虑多遇地震计算，水平地震影响系数最大值取为$\alpha_{max} = 0.176$，场地特征周期取为$T_g = 0.4s$。在进行时程分析时地震加速度时程曲线的最大值取为 77.0cm/s²。按照《铁路工程抗震设计规范》GB 50111—2006（2009 年版）中 C 类桥梁处理，在 50 年基准期多遇地震的基础上，地震影响系数最大值乘以 1.1 的放大系数。

地震波选择 3 条，包括两条天然波——USA0064 及 USA0083、一条人工波，每条波均为三向输入。选择地质勘查中剪切波速范围的大值 400m/s 作为地震波的传播速度。

在进行多点输入时程地震反应分析时，为了判断结构的起振时间，必须确定地震波的传播方向。在进行地震波输入时，还需确定地震动的输入方向。地震波传播方向与地震动输入方向是相互独立的。本结构两个方向的尺寸都超过了 300m，因此，本分析考虑地震波传播方向沿屋盖短向（横轨向，Y向）和屋盖长向（顺轨向，X向）的情况。

对于每种地震波传播方向，按照《建筑抗震设计规范》GB 50011—2010（2016 年版）第 6.1.2 条，为了能够准确完整的给出多点输入分析的规律性结论，本次计算采用多向多点的地震动输入，其三向的地震动参数（加速度峰值）比例取：水平主向：水平次向：竖向 = 1：0.85：0.65，分别考虑两种地震动输入方式，即以顺轨传播方向（X向）为主的三向地震波输入和以横轨传播方向（Y向）为主的三向地震波输入。

2）分析情况分类

综上所述，对于本工程进行多点输入地震时程反应分析，共选择三组地震波，每组地震波选用一种波速（400m/s）进行分析，每种波速选用两种地震波传播方向（0°方向和 90°方向），每种地震波传播方向对应采用两种地震动输入方式（X向为主的三向地震波输入和Y向为主的三向地震波输入），分析情况共计 18 类（其中单点输入 6 类，多点输入 12 类）。具体分析类型编号如表 6.2-18 所示。

丰台火车站多点多维时程地震反应分析情况列表 表 6.2-18

<table>
<tr><td colspan="3">USA0064 天然波</td></tr>
<tr><td colspan="3">一致输入</td></tr>
<tr><td colspan="2">编号</td><td>类型</td></tr>
<tr><td colspan="2">USA0064-0Sx</td><td>X向为主的三向地震波输入</td></tr>
<tr><td colspan="2">USA0064-0Sy</td><td>Y向为主的三向地震波输入</td></tr>
<tr><td colspan="3">多点输入，传播方向 0°</td></tr>
<tr><td>传播方向</td><td>编号</td><td>类型</td></tr>
<tr><td>0°</td><td>USA0064-0Mx-400</td><td>X向为主的三向地震波输入</td></tr>
<tr><td>0°</td><td>USA0064-0My-400</td><td>Y向为主的三向地震波输入</td></tr>
<tr><td colspan="3">多点输入，传播方向 90°</td></tr>
<tr><td>传播方向</td><td>编号</td><td>类型</td></tr>
<tr><td>90°</td><td>USA0064-90Mx-400</td><td>X向为主的三向地震波输入</td></tr>
<tr><td>90°</td><td>USA0064-90My-400</td><td>Y向为主的三向地震波输入</td></tr>
<tr><td colspan="3">USA0083 天然波</td></tr>
<tr><td colspan="3">一致输入</td></tr>
<tr><td colspan="2">编号</td><td>类型</td></tr>
<tr><td colspan="2">USA0083-0Sx</td><td>X向为主的三向地震波输入</td></tr>
<tr><td colspan="2">USA0083-0Sy</td><td>Y向为主的三向地震波输入</td></tr>
<tr><td colspan="3">多点输入，传播方向 0°</td></tr>
<tr><td>传播方向</td><td>编号</td><td>类型</td></tr>
<tr><td>0°</td><td>USA0083-0Mx-400</td><td>X向为主的三向地震波输入</td></tr>
<tr><td>0°</td><td>USA0083-0My-400</td><td>Y向为主的三向地震波输入</td></tr>
<tr><td colspan="3">多点输入，传播方向 90°</td></tr>
<tr><td>传播方向</td><td>编号</td><td>类型</td></tr>
<tr><td>90°</td><td>USA0083-90Mx-400</td><td>X向为主的三向地震波输入</td></tr>
<tr><td>90°</td><td>USA0083-90My-400</td><td>Y向为主的三向地震波输入</td></tr>
<tr><td colspan="3">人工地震波 Ren70</td></tr>
<tr><td colspan="3">一致输入</td></tr>
<tr><td colspan="2">编号</td><td>类型</td></tr>
<tr><td colspan="2">Ren70-0Sx</td><td>X向为主的三向地震波输入</td></tr>
<tr><td colspan="2">Ren70-0Sy</td><td>Y向为主的三向地震波输入</td></tr>
<tr><td colspan="3">多点输入，传播方向 0°</td></tr>
<tr><td>传播方向</td><td>编号</td><td>类型</td></tr>
<tr><td>0°</td><td>Ren70-0Mx-400</td><td>X向为主的三向地震波输入</td></tr>
<tr><td>0°</td><td>Ren70-0My-400</td><td>Y向为主的三向地震波输入</td></tr>
<tr><td colspan="3">多点输入，传播方向 90°</td></tr>
<tr><td>传播方向</td><td>编号</td><td>类型</td></tr>
<tr><td>90°</td><td>Ren70-90Mx-400</td><td>X向为主的三向地震波输入</td></tr>
<tr><td>90°</td><td>Ren70-90My-400</td><td>Y向为主的三向地震波输入</td></tr>
</table>

3）地震响应分析

丰台站结构多点输入分析用计算模型如图 6.2-26 所示，节点总数 38246 个，梁单元总数 85670 个，面单元总数 12370 个。

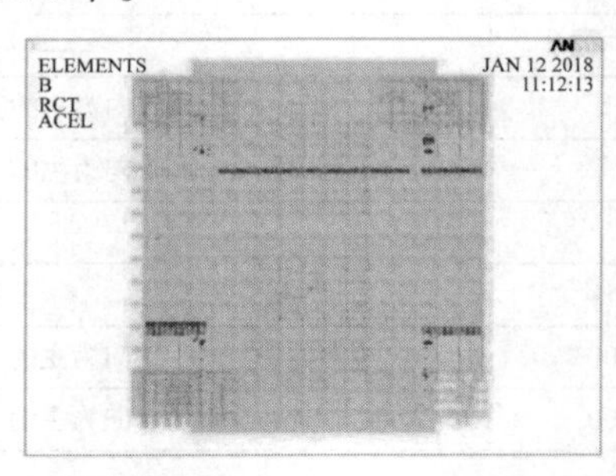

图 6.2-26　北京铁路枢纽丰台站改建工程站房结构多点输入计算模型

（1）扭转效应

将多点输入与单点输入情况下的扭转效应进行比较，这里采用扭转角度来反映结构的扭转效应。为了比较结构在多点输入时与单点输入时的扭转效应以及各多点输入工况间的扭转效应，分别沿结构X轴方向和Y轴方向在底部和屋盖标高处选取一组平行于坐标轴的点。这些节点的连线在初始模型中相互平行，且与总体坐标系对应坐标轴平行，因此可以利用屋盖标高直线扭转后的角度减去底部对比节点组连线扭转后的角度作为屋盖标高处结构的相对扭转角度，以此来分析结构在多点输入下的扭转效应。

这里以 USA0064 天然波为例进行比较，其他地震波均有类似的结论。首先比较在多点输入工况 USA0064-0Mx-400（X向传播）下和单点输入工况 USA0064-0Sx 下结构的扭转角度，结果如图 6.2-27 所示；然后比较在多点输入工况 USA0064-0My-400（Y向传播）下和单点输入工况 USA0064-0Sy 下结构的扭转角度，结果如图 6.2-28 所示。

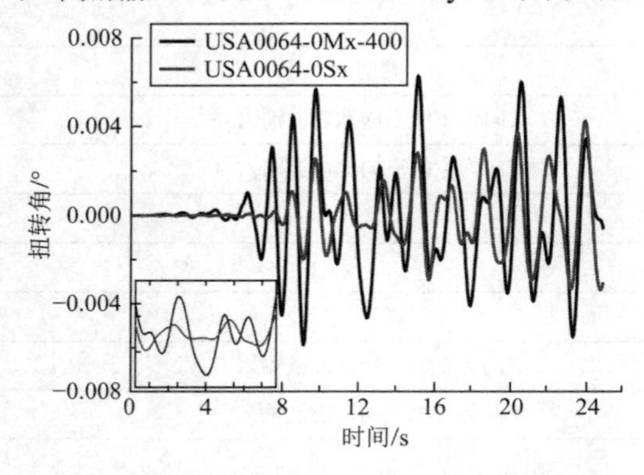

图 6.2-27　标高 32.050m 位置扭转角度对比

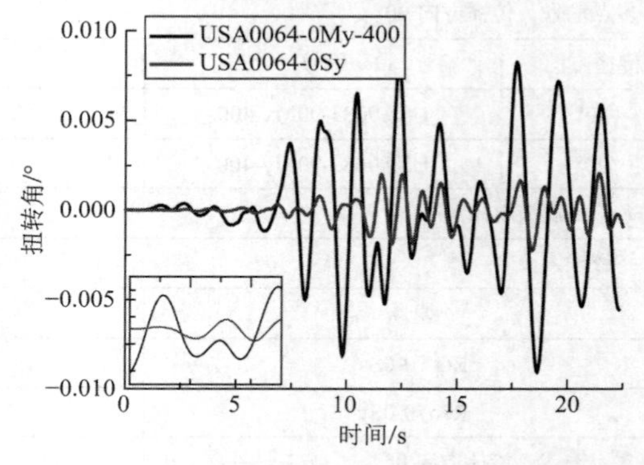

图 6.2-28　标高 32.050m 位置扭转角度对比

从图 6.2-27 和图 6.2-28 中可以得出以下结论：

①采用X向和Y向多点输入的扭转角度均明显大于对应的单点输入的扭转角度，这是因为多点输入的非同步性将引起结构拟静力反应以及扭转输入的增加。特别是当地震动的输入方向与地震波传播方向垂直时，多点输入的非同步性所引起的扭转输入增加是非常明显的。

②采用X向多点输入的扭转角度与采用Y向多点输入的扭转角度量级相当，这是因为

结构在两个方向的长度、体量相当。

③此外，可以看出多点输入的扭转角度峰值总是略晚于单点输入的扭转角度峰值出现，这就是多点输入与单点输入相比的时滞效应。

（2）基底总剪力

将多点输入与单点输入情况下的基底总剪力进行比较，这里以 USA0064 地震波为例进行比较，其他地震波均有类似的结论。首先比较在多点输入 USA0064-0Mx-400 下和单点输入 USA0064-0Sx 下的X向基底总剪力，结果如图 6.2-29 所示，然后比较在多点输入 USA0064-0My-400 下和单点输入 USA0064-0Sy 下的Y向基底总剪力，结果如图 6.2-30 所示。两个方向基底总剪力最大值比较如表 6.2-19 所示。

从图中可以看出，单点输入分析的计算结果与多点输入相比略有时滞效应，基底总剪力峰值出现的时间比多点输入迟。采用多点输入分析的基底总剪力小于单点输入分析的基底总剪力，这是由于多点输入分析各约束点输入的非同步性造成的。从表 6.2-19 中可知，在X向，多点输入基底总剪力最大值与相应单点输入的基底总剪力最大值比值约为 50%；在Y向，多点输入基底总剪力最大值与相应单点输入的基底总剪力最大值比值约为 80%。

一般情况下，多点输入的非同步性将引起结构整体平动反应的减小；另一方面，多点输入的非同步性将引起结构拟静力反应以及扭转输入的增加。在这两方面条件的综合作用下，结构的反应既可能增加，也可能减小。

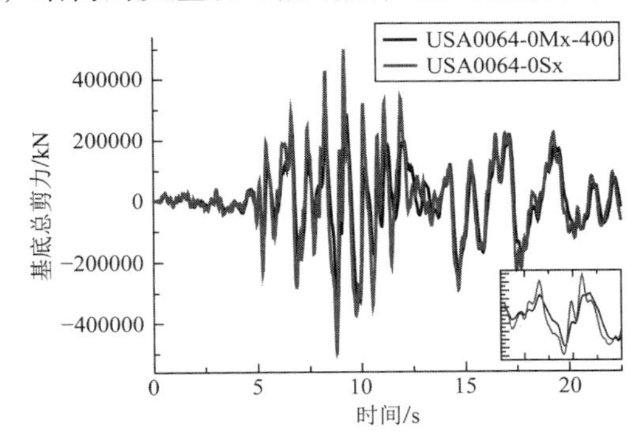

图 6.2-29　X向基底总剪力对比

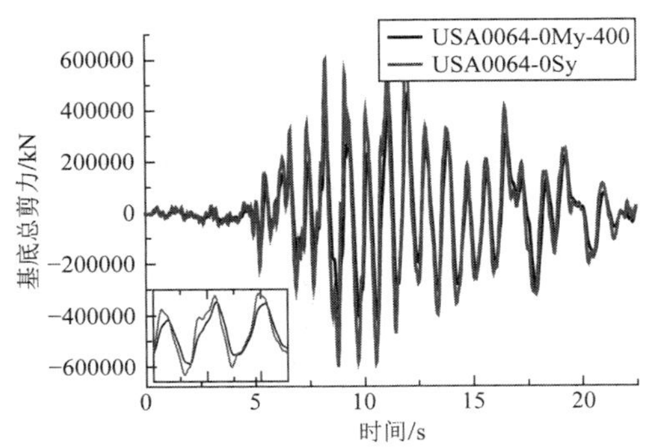

图 6.2-30　Y向基底总剪力对比

基底总剪力最大值对比　　表 6.2-19

X向	USA0064-0Mx-400	USA0064-0Sx	基底总剪力比值（多/单）
	263556kN	483730kN	54.5%
Y向	USA0064-0My-400	USA0064-0Sy	基底总剪力比值（多/单）
	491404kN	620934kN	79.1%

（3）重要构件的内力地震响应

用一个概念来评价多点输入的影响：超载比。所谓超载比是指多点输入构件内力（应力）计算结果与一致输入构件内力（应力）计算结果的比值。此比值可作为考虑多点输入影响的地震作用效应调整系数，用于构件设计。表 6.2-20 和表 6.2-21 的比值为（1.2 × 重力荷载代表值 + 1.3 × 多点输入地震）作用下的单根主要构件最大应力与（1.2 × 重力荷载代表值 + 1.3 × 单点输入地震）作用下的单根构件最大应力的比值。

屋盖十字柱超载比情况统计表（按对应构件应力包络结果）　　表 6.2-20

构件分组	位置及类型	超载比
十字柱	Y 向外角柱	1.12
	内角柱	0.93
	X 向外角柱	1.07
	Y 向外边柱	1.09
	Y 向界线柱	0.97
	X 向外边柱	1.07
	1200 中柱	1.01
	2000 中柱	1.05

站房屋盖超载比情况统计表（按对应构件应力包络结果）　　表 6.2-21

构件位置	站房主桁架	站房悬挑桁架	站房次桁架	雨棚主梁	雨棚次桁架	支承十字柱的组合结构柱
上弦	1.11	1.04	1.07	1.06	0.95	1.1
下弦	1.02	1.08	1.09		0.94	
腹杆	1.08	1.06	1.15		1.21	

支承十字柱的组合结构柱的平均超载系数　　表 6.2-22

分组	类型	超载系数均值
十字柱	Y 向外角柱	参考对应表 6.2-20
	内角柱	
	X 向外角柱	
	Y 向外边柱	
	Y 向界线柱	
	X 向外边柱	
	1200 中柱	
	2000 中柱	
支承十字柱的组合结构柱	Y 向外角柱下 SD 柱	1.06
	内角柱下 SD 柱	1.10
	X 向外角柱下 SD 柱	1.04
	Y 向外边柱下 SD 柱	1.06
	Y 向界线柱下 SD 柱	1.03
	X 向外边柱下 SD 柱	1.06
	1200 中柱下 SD 柱	1.08

从表 6.2-22 可以看出，多点多维输入对支承十字柱的组合结构柱的影响要小于对十字柱的影响，这是因为其均为型钢混凝土截面，刚度比十字柱大很多。

4）小结

（1）一般情况下，多点输入的非同步性将引起结构拟静力反应以及扭转输入的增加；另一方面，多点输入的非同步性将引起结构整体平动反应的减小。在这两方面条件的综合作用下，结构的反应既可能增加，也可能减小。结构反应随视波速的变化因此不具有单调性。

（2）对于本结构而言，地震动的输入方向与地震波传播方向平行或垂直时，扭转效应均由多点输入控制，这是因为多点输入的非同步性将引起结构拟静力反应以及扭转输入的增加。特别是当地震动的输入方向与地震波传播方向垂直时，多点输入的非同步性所引起的扭转输入增加是非常明显的。

（3）对比多点输入和单点输入下的基底总剪力，可以看出采用多点输入分析的基底总剪力小于采用单点输入分析的基底总剪力计算结果，这是由于多点输入分析各约束点输入的非同步性。

（4）多点输入对于屋盖十字柱有比较普遍的影响。但从数值上而言，多点输入对屋盖桁架部分的影响比较有限。

（5）多点输入对于支承十字柱的组合结构柱的影响，从平面分布来看没有明显规律，但是角柱和边柱的弯矩超载系数要明显大于轴力的超载系数，壁厚较薄的构件的超载比要大于其他壁厚较厚的截面。

6.2.7　多点多维输入的抗震性能反应谱分析

1）主要参数

利用多点多维反应谱法，分析方向交叉向地震动和动静耦合分量的影响。反应谱法中的三向地震动参数比例取为：水平主向：水平次向：竖向 = 1：0.85：0.65。多点多维反应谱法的视波速选取 1000m/s 与 400m/s 两种。

2）地震响应分析

为节省篇幅，以下仅讨论柱底绕X轴弯矩的分析结果。

（1）多维多点反应谱结果

考虑沿X轴传播和沿Y轴传播的地震动，利用多点多维反应谱法，考虑方向交叉向地震动和动静耦合分量的影响，得到十字柱柱底绕X轴的弯矩。具体分布见图 6.2-31。可以看出，柱底绕X轴弯矩分布基本沿双轴对称。

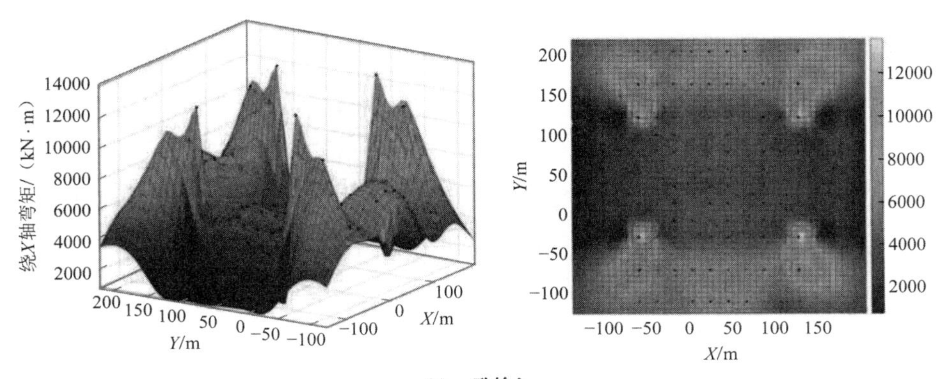

(a) 一致输入

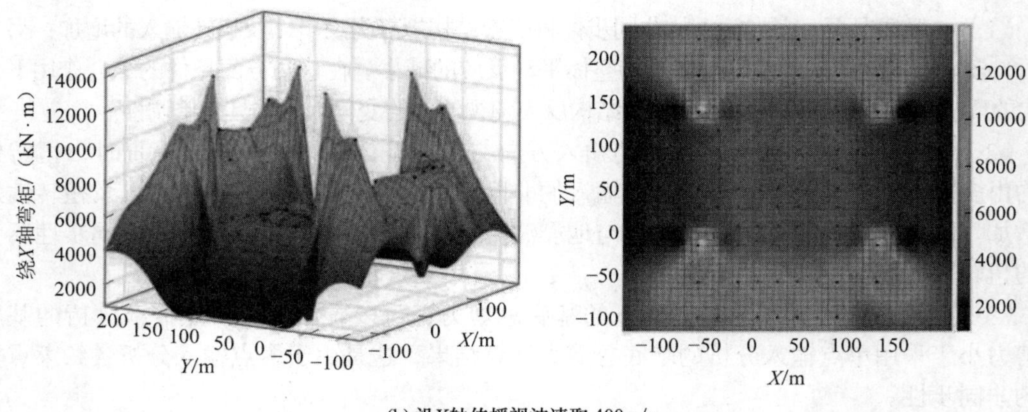

(b) 沿X轴传播视波速取 400m/s

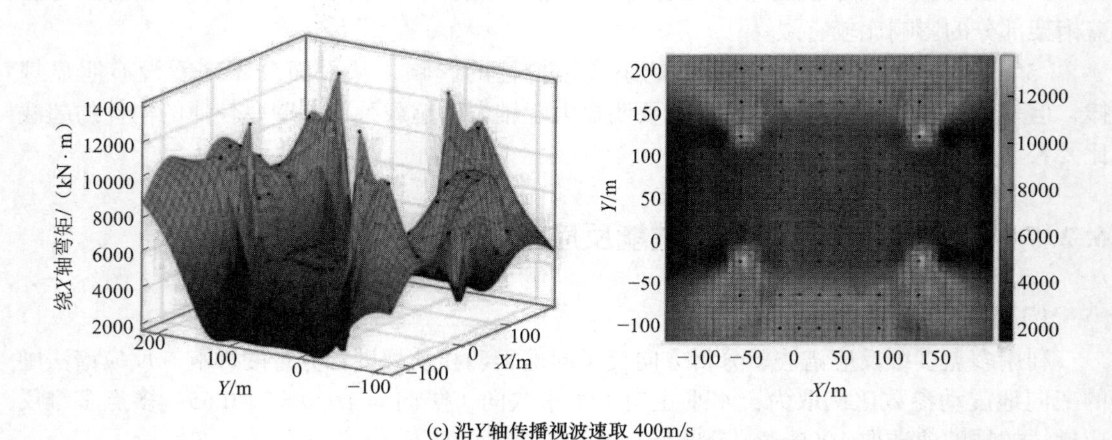

(c) 沿Y轴传播视波速取 400m/s

图 6.2-31　各条件下反应谱法柱底绕X轴弯矩分布三维图及平面图

为了对比，分别输入三向一致时程和沿X轴传播的三向多点地震动时程，将三条地震波（每条波选取两次水平主向）的包络值，得到十字柱绕X轴弯矩的分布情况，具体分布见图 6.2-32。

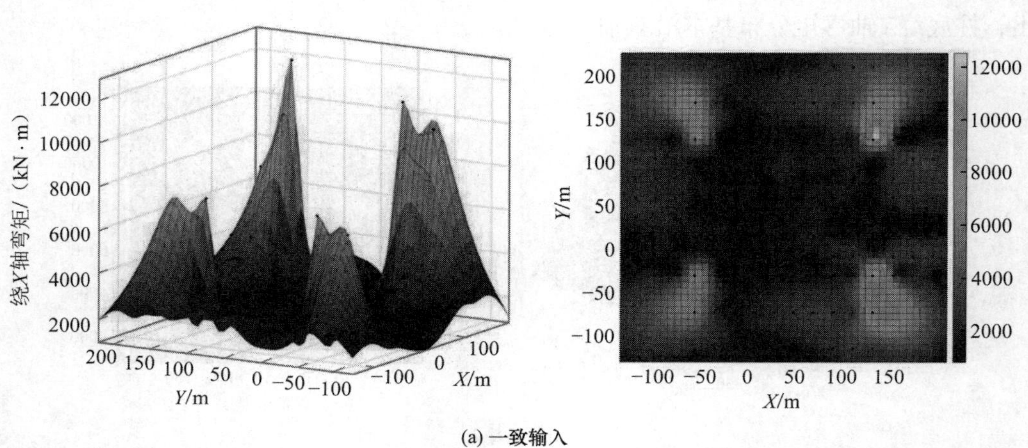

(a) 一致输入

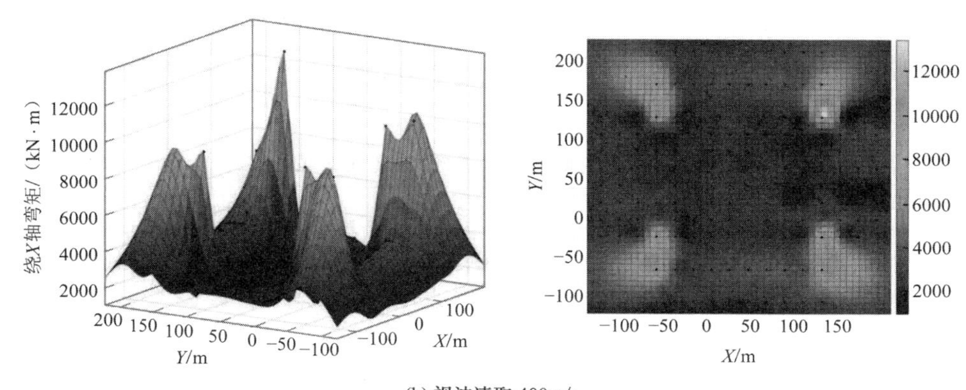

(b) 视波速取 400m/s

图 6.2-32 各条件下时程分析法柱底绕X轴弯矩分布三维图及平面图

从图 6.2-32 可以看出，时程分析法的结果，形状与反应谱法大致吻合。但是因为时程法的随机性较强，柱底绕X轴弯矩分布的对称性体现得较弱，部分结果离散性较大。

图 6.2-33 中列出了 168 个十字柱在考虑多点输入后弯矩大小变化情况的统计。从图中可以看出，相较于一致输入而言，随着视波速的减小，各个单元绕X轴弯矩的变化幅度变得分散起来。沿X轴传播时，大部分单元弯矩增大，小部分弯矩减小，沿Y轴传播时，绝大多数单元弯矩均增大。但总体上变化不是特别大，绝大多数在 0.85～1.40 之间。

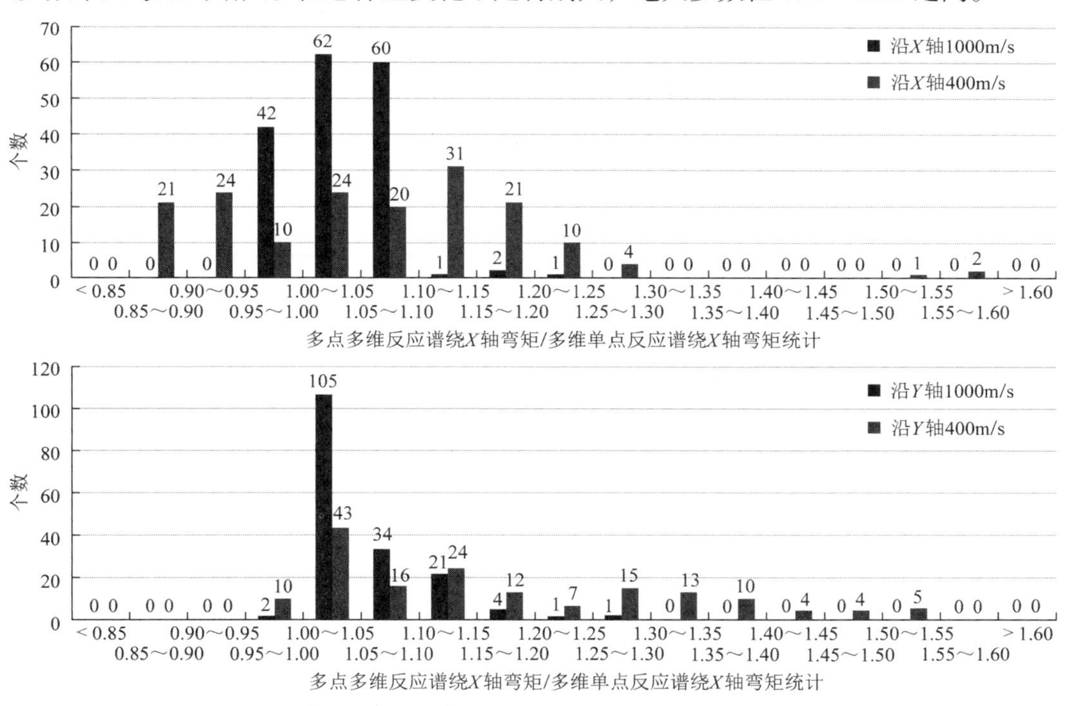

图 6.2-33 各条件下多维反应谱法柱底绕X轴弯矩多点与单点情况比较

（2）时程分析法与反应谱法结果比较

选取沿X轴传播的地震动响应结果中，绕X轴弯矩最大的八根柱，对时程分析法与反应谱法结果进行比较，见表 6.2-23。可以看出，一致输入时，反应谱法结果与时程分析法结果的比值变化区间为 1.04～1.84，400m/s 视波速下也是 0.95～1.48。反应谱法的结果基本上能包络住时程分析法的结果，而设计中每组均会选取最不利情况，可知比值在合理的范围内。

反应谱法与时程分析法绕*X*轴弯矩比较 表 6.2-23

柱号	一致输入			400m/s		
	结果/（kN·m）	反应谱结果/（kN·m）	反应谱/时程	时程结果/（kN·m）	反应谱结果/（kN·m）	反应谱/时程
2-1	7156.60	13160.50	1.84	9346.30	13778.53	1.47
2-2	11121.20	13517.94	1.22	10044.20	13121.99	1.31
2-3	12435.10	12910.78	1.04	9382.60	13903.06	1.48
2-4	7322.60	12502.56	1.71	13315.00	12618.15	0.95
8-1	6465.80	10530.97	1.63	9013.60	11337.62	1.26
8-2	10021.60	11772.75	1.17	10542.10	11353.80	1.08
8-3	6832.10	10514.42	1.54	8951.10	10820.75	1.21
8-4	7272.80	11307.78	1.55	7672.70	10507.66	1.37

（3）时程分析法与反应谱法计算时间的比较

本节模型有 2067 个支承约束（689 个支承柱，仅考虑平动三向），上部结构有 228480 个自由度（38080 个自由点，每个点 6 个自由度），97758 个非质点单元（其中 85670 个梁单元，12370 个面单元）。在一个传播方向，某一确定视波速条件下，本模型各阶段求解所需时间分布见表 6.2-24。可以看出，多点多维反应谱法的计算效率较高，换言之，即使是在配置完全占优的条件下，多点多维时程分析的计算耗时仍然是多点多维反应谱法的 8 倍以上，反应谱法的效率优势可见一斑。

各阶段求解时间 表 6.2-24

阶段	求解内容	历时
SAP2000	结构基本信息（不含结果输出）	< 1min
	模态求解（不含结果输出）	3min
	静力求解（不含结果输出）	1h15min
MATLAB	数据的输入	< 1min
	耦合系数的求解	约 2h30min
	各分量的组合计算	1～2min
合计		3h50min

3）小结

本章通过北京丰台火车站的工程实例，利用多点多维反应谱法，分别考虑两个不同传播方向输入地震动，计算得到结果。根据本章的计算结果及与多点多维时程分析结果的对比，可以得到以下结论：

（1）本模型在多维一致输入和多点多维激励条件下，利用推得的多点多维反应谱法计算得到的内力结果基本上与多点多维时程分析法的结果吻合，且比值均在合理的区间内变化，说明本方法具有一定的实用性。

（2）相较于时程分析法结果的随机性，本节推得的多点多维反应谱法更具有普适性。对于准对称结构，本反应谱法得到的结果更稳定。对处于相似位置的结构，得到的内力结果相差不大。

（3）相较于一致输入，考虑多点地震动输入后，各个单元内力变化幅度离散性增大，但是增大还是减小并不确定。在实际工程中，应该对增幅较大的十字柱柱底重点分析。

（4）选取不同传播方向的单元内力增减方向和变化幅度是不一致的，需分别选取计算。

（5）多点多维反应谱法的计算效率显著高于时程分析方法。

6.3　大跨度基础组合隔震技术在昆明机场航站楼的应用

针对超大体量大跨度结构荷载和刚度不均匀等特点，考虑多点地震输入的影响，提出了大跨度结构基础组合隔震设计技术，利用叠层橡胶隔震支座、铅芯橡胶隔震支座和黏滞阻尼器的不同特性，通过合理布置及优化组合，形成与上部大跨度结构相协调的组合隔震层，有效减小上部结构扭转效应，显著提高隔震效果。本节将对昆明机场组合隔震技术的工程应用研究进行介绍。

6.3.1　项目简介

昆明新机场项目定位为“大型枢纽机场和辐射东南亚、南亚，连接欧亚的门户机场”。新机场是国家“十一五”期间批准新建的大型枢纽机场。航站区土建工程按2020年3800万旅客吞吐量需求一次建成，航站楼的设施建设按2015、2020两个年份分步实施。

航站楼（图6.3-1～图6.3-5）采用集中式的基本构型，布置在两条跑道中间南侧，北侧为发展用地。楼前为主进场高架桥和地下两层开敞式停车楼，停车楼屋顶为航站楼前景观。航站楼由前端主楼、前端东西两侧指廊、中央指廊、远端东西Y形指廊等几部分。航站楼南北长约855.1m，东西宽约1131.8m，主楼地下3层、局部4层，地上3层。结构基本柱网为12m×12m，支承屋顶钢结构柱距约24m×26m。建筑中轴屋脊最高点相对标高72.25m。支承屋顶的钢结构采用了空间交叉彩带的形状，为国内首例。航站楼总建筑面积（航站楼一期）约548300m^2。

图6.3-1　建筑鸟瞰效果图

图 6.3-2 建筑实景照片

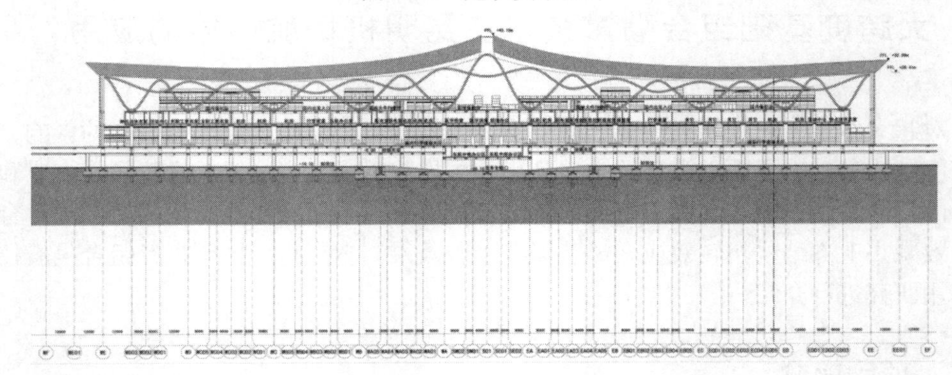

图 6.3-3 建筑立面图

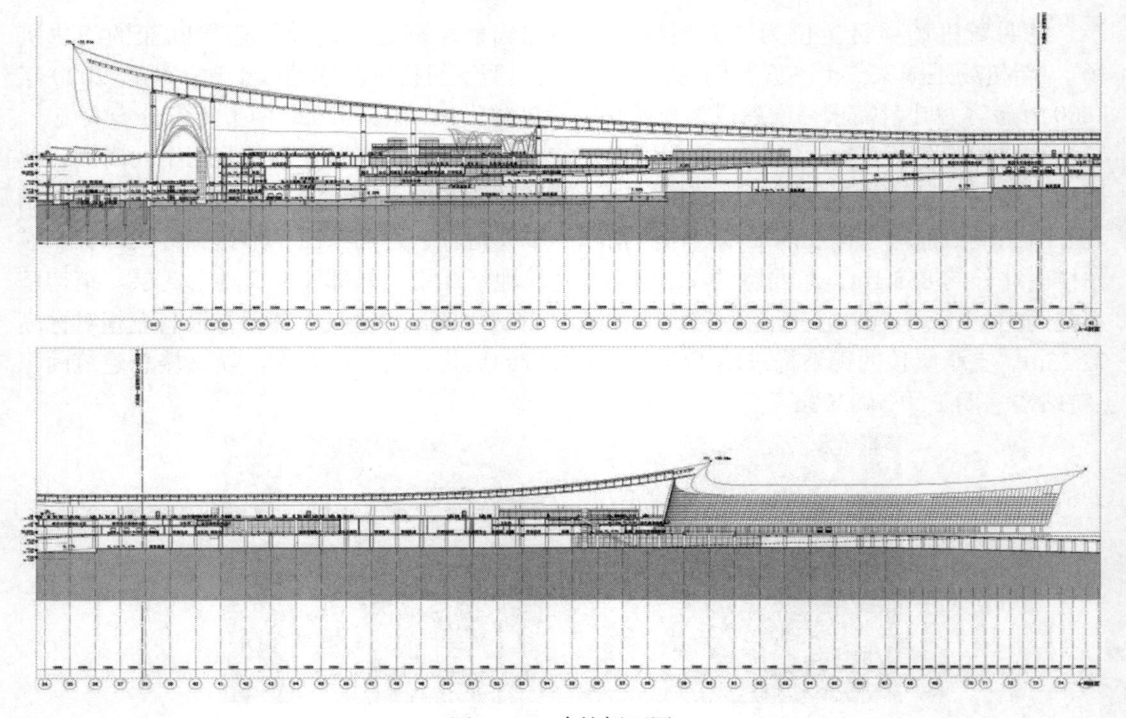

图 6.3-4 建筑侧面图

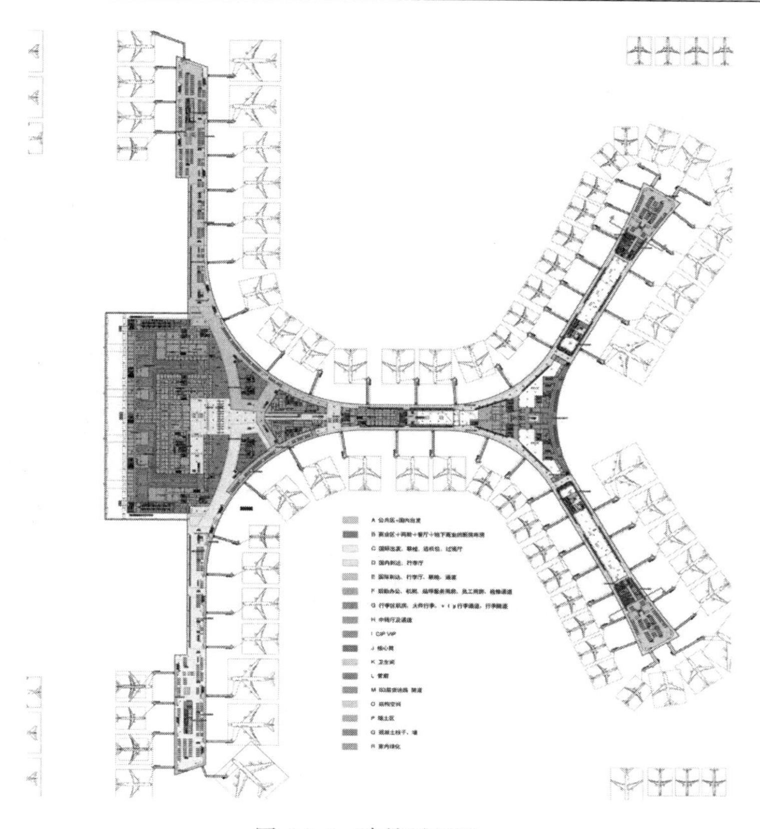

图 6.3-5　建筑平面图

设计使用年限为 50 年，建筑结构耐久年限为 50 年，建筑结构安全等级为一级，工程地基基础设计等级为甲级。拟建场区抗震设防烈度为 8 度，设计基本地震加速度值 0.2g，设计地震分组第三组，场地类别Ⅱ类。本工程抗震设防类别划分为重点设防类，即乙类。

6.3.2　结构体系及超限情况

1）结构体系

根据建筑造型及布局，为满足建筑布局灵活多变的功能要求。经综合考虑，航站楼主体结构采用现浇钢筋混凝土框架结构，钢筋混凝土柱均为圆柱。屋顶采用网架结构，支承屋顶结构采用钢结构，其中中央大厅屋顶支承结构为“钢彩带”（图 6.3-6），以体现七彩云南的主题。主体混凝土结构分为 16 个单元，单元之间的分缝在地下按伸缩缝和沉降缝设置，地上按防震缝设置。屋顶钢结构分为 7 段，段与段之间设伸缩缝（图 6.3-7）。具体分段平面如图 6.3-7 所示。由于整个工程结构特点及亮点集中于核心区（A 区），本篇主要介绍核心区（A 区）超限设计相关内容。

昆明新机场航站楼核心区屋顶东西方向尺寸 337m，南北方向尺寸 275m，单体投影面积近 90000m^2。核心区屋顶为变厚度双曲面网架结构，网架上、下表面均为空间曲面，最大跨度 72m，采用正放四角锥网架形式，大部分网格尺寸为 4.0m × 4.0m，局部区域网格尺寸为 6.0m × 4.0m，在边界部位为不规则网格。在南侧中部悬挑根部，网架结构高度最大为 8.0m，沿南北、东西方向网架高度变薄，网架最小高度 2.5m。网架最大跨度 72m，网架南端为悬挑结构，最大悬挑跨度 36m（不包括 6m 挑檐）。主要支承结构为 7 榀钢彩带及锥形钢管柱和变截面箱形摇摆柱，彩带结构复杂，为空间弯扭构件（图 6.3-8）。钢结构下部为 6 层混凝土框架结构，整体结构见图 6.3-9。

图 6.3-6 钢彩带支承结构

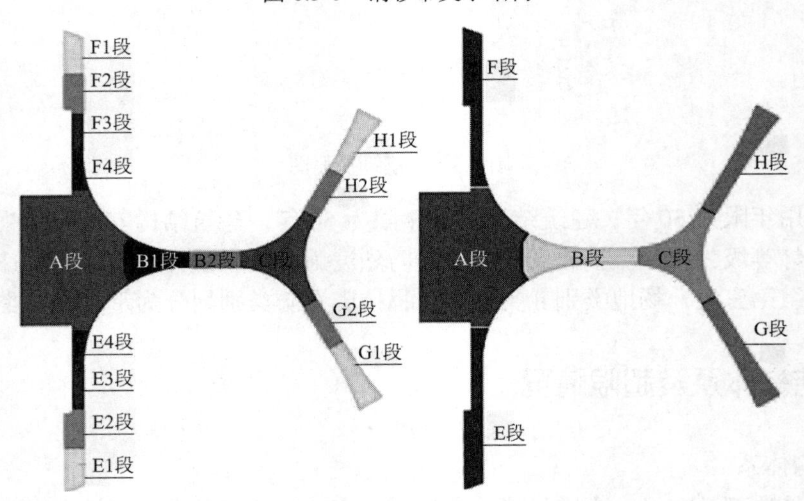

图 6.3-7 结构分段示意图

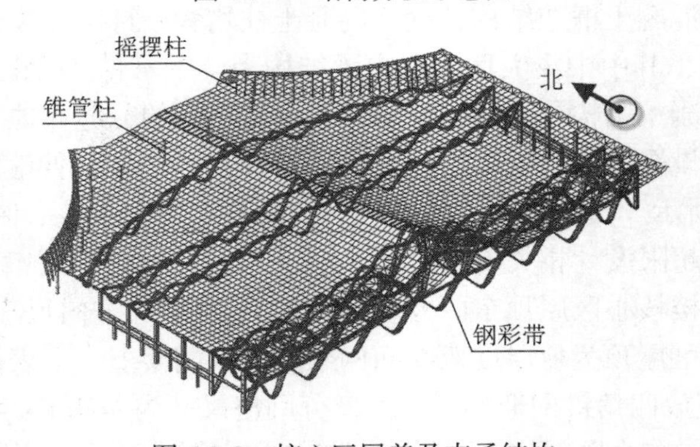

图 6.3-8 核心区屋盖及支承结构

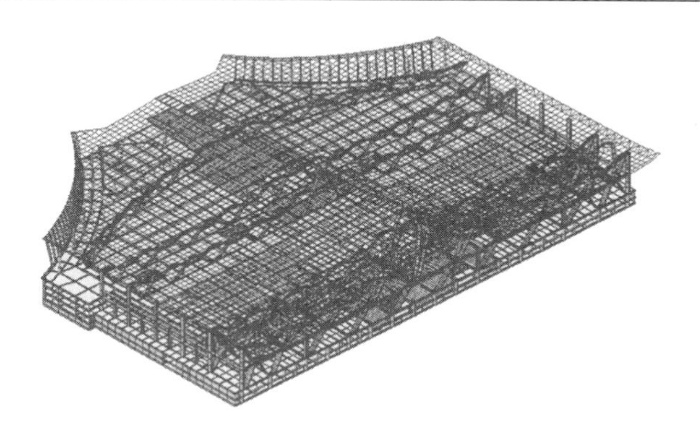

图 6.3-9　核心区整体结构

为了满足建筑效果及功能的需求，支承钢结构屋盖主要是非对称布置的钢结构彩带，并且钢彩带布置方向为东西向，导致整个屋盖结构沿东西向刚度与南北向刚度差异较大。同时非对称布置使得结构的刚度中心与质量中心偏心较大，扭转问题严重。在彩带间还镶嵌着大面积的幕墙玻璃，如果出现较大的相对位移，幕墙玻璃容易破碎。航站楼场地距离发震断裂带距离较近，仅 12km，地震动特性将异常复杂。为了解决上述问题，采用基础组合隔震技术。

2）结构的超限情况

该工程根据《超限高层建筑工程抗震设防专项审查技术要点》建质〔2006〕220 号，对规范涉及结构不规则性的条文进行了检查（表 6.3-1～表 6.3-4）。核心区单向长度达 337m，且上部屋盖结构采用异形钢彩带支承。属复杂、超限大跨度空间结构。

建筑结构高度超限检查/m　　表 6.3-1

结构类型		6 度	7 度（含 0.15g）	8 度（含 0.30g）	9 度	结构高度	是否超限
混凝土结构	框架	60	55	45	25	26.5	否
	框架-剪力墙	130	120	100	50	—	—
	抗震墙	140	120	100	60	—	—
	部分框支抗震墙	120	100	80	不应采用	—	—
	框架-核心筒	150	130	100	70	—	—
	筒中筒	180	150	120	80	—	—
	板柱-抗震墙	40	35	30	不应采用	—	—
	较多短肢墙		100	60	35	—	—
	错层的抗震墙和框架-抗震墙		80	60	不应采用	—	—
混合结构	钢框架-钢筋混凝土筒	200	160	120	70	—	—
	型钢混凝土框架-钢筋混凝土筒	220	190	150	70	—	—
钢结构	框架	110	110	90	50	—	—
	框架-支承（抗震墙板）	220	220	200	140	72	否
	各类筒体和巨型结构	300	300	260	180	—	—

注：平面和竖向均不规则，或Ⅳ类场地，按减少 20%控制；6 度的短肢墙、错层结构，高度适当降低。

建筑结构一般性超限检查 表 6.3-2

序号	不规则类型	含义	计算值	是否超限
1	扭转不规则	考虑偶然偏心的扭转位移比大于 1.2	最大 1.18	否
2	偏心布置	偏心距大于 0.15 或相邻层质心相差较大	无	否
3	凹凸不规则	平面凹凸尺寸大于相应边长 30%等	无	否
4	组合平面	细腰形或角部重叠形	无	否
5	楼板不连续	有效宽度小于 50%，开洞面积大于 30%，错层大于梁高	有	是
6	刚度突变	相邻层刚度变化大于 70%或连续三层变化大于 80%	无	否
7	尺寸突变	缩进大于 25%，外挑大于 10%和 4m	无	否
8	构件间断	上下墙、柱、支承不连续，含加强层	无	否
9	承载力突变	相邻层受剪承载力变化大于 80%	无	否

建筑结构严重规则性超限检查 表 6.3-3

序号	不规则类型	含义	计算值	是否超限
1	扭转偏大	不含裙房的楼层扭转位移比大于 1.4	最大 1.18	否
2	抗扭刚度弱	扭转周期比大于 0.9，混合结构扭转周期比大于 0.85	0.82	否
3	层刚度偏小	本层侧向刚度小于相邻上层的 50%	无	否
4	高位转换	框支转换构件位置：7 度超过 5 层，8 度超过 3 层	无	否
5	厚板转换	7～9 度设防的厚板转换结构	无	否
6	塔楼偏置	单塔或多塔与大底盘的质心偏心距大于底盘相应边长 20%	无	否
7	复杂连接	各部分层数、刚度、布置不同的错层或连体结构	无	否
8	多重复杂	结构同时具有转换层、加强层、错层、连体和多塔类型的 2 种以上	无	否

其他类型高层超限检查 表 6.3-4

序号	类型	含义	是否超限
1	单跨高层建筑	高度超过 28m 的单跨框架结构	否
2	特殊类型高层建筑	抗震规范、混凝土和钢结构高层规程暂未列入的其他高层建筑结构，特殊形式的大型公共建筑及超长悬挑结构，特大跨度的连体结构等	否
3	超限大跨度空间结构	屋盖的跨度大于 120m 或悬挑长度大于 40m 或单向长度大于 300m，屋盖结构形式超出常用空间结构形式的大型列车客运候车室、一级汽车客运候车楼、一级港口客运站、大型航站楼、大型体育场馆、大型影剧院、大型商场、大型博物馆、大型展览馆、大型会展中心，以及特大型机库等	是

6.3.3 超限应对措施及分析结论

1）超限应对措施

（1）分析模型及分析软件

根据分析内容的不同分别采用不同结构模型及分析软件。

隔震非线性时程分析时采用含上部钢结构、下部混凝土框架结构以及隔震支座的整体模型，分析软件同时采用通用有限元软件 MIDAS Gen 及 SAP2000。

钢结构设计及稳定分析采用含上部钢结构、下部混凝土框架结构的整体模型，分析软件采用 MIDAS Gen 及 ANSYS。

下部混凝土框架结构设计采用上部钢结构刚度及荷载等代的整体模型，分析软件采用PKPM。

（2）抗震设防标准、性能目标及加强措施

核心区（A 区）采用基础隔震体系，隔震计算时，地震作用分析结果应满足《建筑抗震设计规范》GB 50011—2010（2016 年版）第 5.2.5 条及其条文说明规定的楼层最小地震剪力要求。补充进行非隔震模型抗震验算时，宜满足规范中 7.5 度设防烈度时的设计要求。钢结构的抗震性能按照表 6.3-5 和表 6.3-6 控制。

隔震区（A 区）彩带和钢柱结构的抗震性能　　表 6.3-5

抗震设防水准	第一水准（小震）	第二水准（中震）	第三水准（大震）
抗震性能	没有破坏	没有破坏	不产生严重破坏
地震影响系数	0.12（隔震后 7.5 度）	0.34（隔震后 7.5 度）	1.15（安评、罕遇地震）
水平地震加速度	55gal	150gal	490gal
分析模型	没有隔震的模型	没有隔震的模型	带隔震层的整体计算模型
分析方法	反应谱法为主时程法补充计算	反应谱法为主时程法补充计算	时程法计算
控制标准	按照弹性设计，层间位移角 ≤ 1/200	钢柱不屈服，彩带宜按弹性设计	层间位移角 ≤ 1/80，彩带、钢管柱、节点不屈服

隔震区（A 区）屋顶结构的抗震性能　　表 6.3-6

抗震设防水准	第一水准（小震）	第二水准（中震）	第三水准（大震）
抗震性能	没有破坏	没有破坏	不倒塌
地震影响系数	0.12（隔震后 7.5 度）	0.34（隔震后 7.5 度）	1.15（安评、罕遇地震）
水平地震加速度	55gal	150gal	490gal
分析模型	没有隔震的模型	没有隔震的模型	带隔震层的整体计算模型
分析方法	反应谱法为主时程法补充计算	反应谱法为主时程法补充计算	时程法计算
控制标准	按照弹性设计	构件不屈服	支座构件、支座节点不屈服

核心区超限应对措施如下：

①采用基础组合隔震

由于项目所处场地条件复杂且近场区为历史强震多发地段，同时支承钢结构屋盖主要是非对称布置的钢结构彩带，并且钢彩带布置方向为东西向，导致整个屋盖结构沿东西向刚度与南北向刚度差异较大，同时非对称布置使得结构的刚度中心与质量中心偏心较大，扭转问题严重；在彩带其间还镶嵌着大面积的幕墙玻璃，如果出现较大的相对位移，幕墙玻璃容易破碎。为了解决上述问题，采用基础组合隔震技术。

设计过程中主要解决以下问题：竖向与水平向变刚度复杂结构隔震技术的应用研究；近场地震对大型结构隔震技术应用的影响及工程实用的解决方案；大面积结构隔震的扭转效应及合理的设计方案研究；大面积混凝土结构使用橡胶叠层隔震支座的温度效应及其设计方法和对策措施研究；基础不等高的建筑隔震方案及分析设计方法研究；不均匀荷载作用下，橡胶支座变形对上部结构内力重分配的影响研究等。

②钢彩带支承结构设计

航站楼工程中支承屋顶的钢结构采用的彩带形钢结构国内罕见，其中的空间交叉彩带拱结构更是国内目前的空白。彩带形钢结构的选型、曲面拟合、分析模型的建立、动力分析和结构抗震设计方法等专题的研究在国内尚属罕见。

具体设计研究内容包括：彩带结构复杂空间曲线成形和拟合方法；彩带结构计算模型研究，包括研究杆件单元和实体板壳单元模拟的差别，以及合理的简化计算模型；复杂曲线形状的彩带的滞回性能，包括其同普通框架结构或支承结构的滞回性能的差别；复杂体型、巨型截面的彩带结构的设计方法研究，包括平面内外稳定、极限承载力计算方法研究；巨型彩带结构的合理安装工艺以及简单、可靠的连接节点研究；屋顶结构与彩带结构的关系，包括屋顶支座与屋顶连接的结构节点形式和构造；复杂屋顶结构的优化设计方法；解决巨型体量的屋顶结构温度内力的措施。

③多维多点抗震性能分析研究

我国对超长型结构进行多点多维地震反应分析研究还很缺乏，特别是特殊场地条件下超长隔震结构的多点多维地震反应分析研究目前在国内外都是空白。

隔震结构的多维多点地震计算模型的研究，包括多维多点输入方式的研究和合理的地震波传播速度的研究。多点多维地震作用下隔震和耗能结构的抗震性能分析，包括不同区域混凝土结构地震响应的影响分析、钢屋顶结构的影响分析。考虑多维多点地震下结构设计方法研究，包括混凝土结构的设计方法、彩带结构的设计方法和大跨钢结构屋顶的设计方法研究。

④振动台试验研究

考虑到核心区屋盖支承结构复杂，且首次采用超大面积基础隔震，进行了核心区缩尺隔震模型振动台试验。试验目的为：

掌握结构在不同水准地震作用下的动力特性（自振频率、振型和阻尼比等）变化情况；

量测结构在多遇、基本、罕遇地震作用下的位移和加速度反应，检验结构是否满足相关规范要求，验证其隔震效果；

考察结构在不同水准地震作用下的破坏形态，隔震层的受力变形状况，整体结构的扭转反应和薄弱环节等，研究其破坏机理；

在综合分析振动台试验结果的基础上，提出相应的设计建议或改进措施。

2）分析结论

（1）基础组合隔震

①隔震目标

本工程隔震后的设防烈度定为7.5度。

根据《建筑抗震设计规范》GB 50011—2010（2016年版）12.2.5条，水平向减震系数是按照隔震前后结构的层间剪力的比例来确定的。为了使本结构在隔震后达到7.5度（0.15g）的地震水平，水平向减震系数应该为：7.5度（0.15g）小震反应谱分析时的最大水平地震影响系数0.12/安评报告给出的小震下最大水平地震影响系0.184 = 0.6522。规范中水平减震系数和层剪力比之间留了0.7的安全系数，因此，本结构隔震前后的层剪力系数应该为0.6522 × 0.7 = 0.46。

②隔震层布置

隔震后上部按7.5度（减0.7度）设计，隔震层采用橡胶支座及黏滞阻尼器组合隔震。其中RB1000无铅芯橡胶支座1152个，LRB1000铅芯橡胶支座651个，黏滞阻尼器108

个，支座详细参数见表 6.3-7。

橡胶支座性能参数要求　　表 6.3-7

型号	直径/mm	类型	1 次形状系数S_1	2 次形状系数S_2	水平刚度			竖向刚度/（kN/mm）
					屈服前刚度/（kN/m）	屈服力/kN	屈服后刚度/（kN/m）	
RB1000	1000	无铅芯	$S_1 \geqslant 15$	$5.0 \leqslant S_2 \leqslant 5.2$	2540			5500
LRB1000	1000	有铅芯	$S_1 \geqslant 15$	$5.0 \leqslant S_2 \leqslant 5.2$	28140	211	2280	5730

黏滞性阻尼器的相关参数如下：

阻尼系数：1500kN/(m/s)$^{0.4}$

阻尼指数：0.4

最大阻尼力：160t

最大速度：1.15m/s

最大容许位移：±600mm

③隔震分析结果

隔震结构小震时，在X、Y方向的周期为 2.21s 和 2.19s。

隔震结构大震时，在X、Y方向的周期为 2.82s 和 2.80s。

按照《叠层橡胶支座隔震技术规程》CECS 126—2001 第 4.2.6 条，计算隔震结构总的水平地震作用标准值为 265262kN。

时程法计算的X、Y向基底剪力及其与反应谱法计算基底的比值如表 6.3-8 所示。两种方法计算的底部剪力吻合的较好。

隔震下时程分析与反应谱分析底部剪力计算结果对比　　表 6.3-8

地震方向		人工 61 波	人工 62 波	小震 1 号天然波	小震 2 号天然波	小震 3 号天然波	时程波平均
X方向	时程分析/kN	257106	268507	217086	204233	293096	248006
	反应谱/kN	265262					
	时程/反应谱	0.97	1.01	0.82	0.77	1.10	0.93
Y方向	时程分析/kN	250812	255310	219126	206457	285990	243539
	反应谱/kN	265262					
	时程/反应谱	0.95	0.96	0.83	0.78	1.08	1.23

根据计算结果，小震下隔震结构与非隔震结构各层剪力比值均小于 0.46，因此，隔震后能达到 7.5 度的设防目标。

确定隔震模型计算的剪重比时，对隔震模型，取时程分析的结果，计算各层剪力的剪重比。

隔震后，非隔震模型按照 7.5 度、阻尼比 0.05，使用振型反应谱法计算各层剪重比，最小剪重比大于《建筑抗震设计规范》GB 50011—2010（2016 年版）5.2.5 条 8 度设防的 0.032 要求。

罕遇地震下的位移计算采用时程分析法，地震输入采用二维输入（$X：Y = 1：0.85$ 和$X：Y = 0.85：1$），结果列于表 6.3-9。各类橡胶垫的位移限值列于表 6.3-10。

隔震层位移/mm　　　　**表 6.3-9**

地震波	0.85：1 方向输入下计算的位移	1：0.85 方向输入下计算的位移
大震 31 波	587	587
大震 32 波	579	579
大震 1 号天然波	510	460
大震 2 号天然波	512	507
大震 3 号天然波	548	562
大震 4 号天然波	482	455
平均值	536	525

各类橡胶垫的位移限值　　　　**表 6.3-10**

橡胶垫	0.55D/mm	3t_r/mm	限值/mm
RB1000	550	556	550
LRB1000	550	577	550

从表 6.3-9 和表 6.3-10 中可以看出，大震下橡胶垫的位移均满足限值。

④罕遇地震下楼层位移

大震下，楼层位移和层间位移如图 6.3-10 所示，最大层间位移为 17mm，最大层间位移角 1/294。

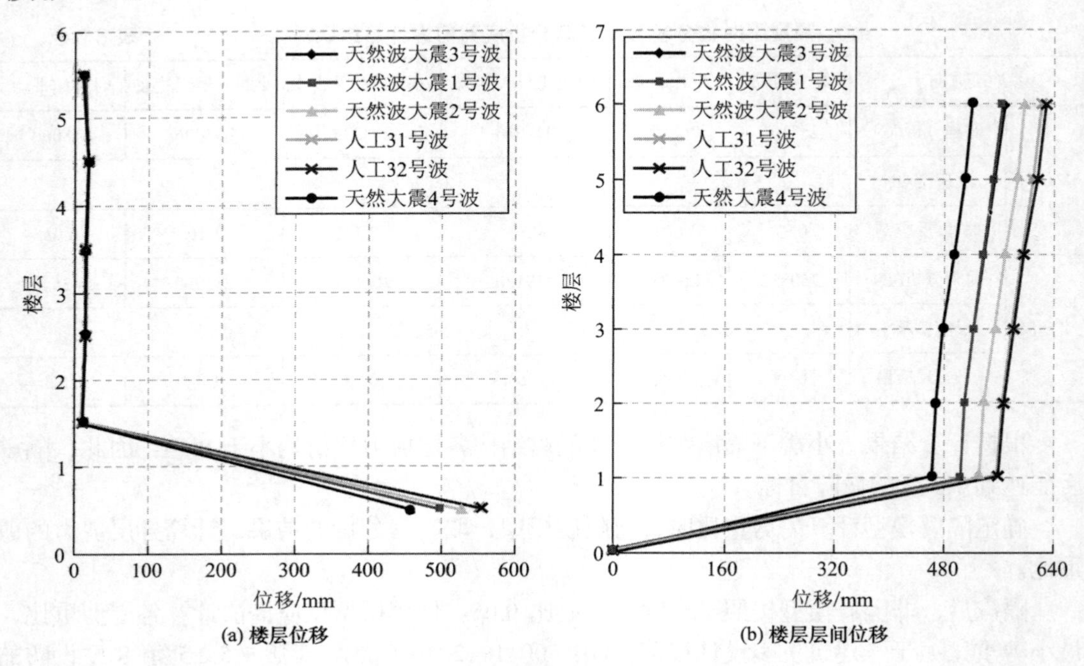

图 6.3-10　楼层位移和层间位移

阻尼器所提供的最大阻尼力是阻尼器的重要参数之一，表 6.3-11 给出了在大震作用下阻尼器的最大阻尼力。

阻尼器最大阻尼力/kN 表 6.3-11

地震波	1：0.85 输入	0.85：1 输入
大震 31 波	1481	1523
大震 32 波	1498	1537
大震 1 号天然波	1351	1392
大震 2 号天然波	1531	1457
大震 3 号天然波	1362	1399
大震 5 号天然波	1419	1500
平均值	1440	1468

（2）钢彩带结构设计

以 1 号彩带为例。1 号彩带位于结构最南端，沿东西方向布置，属于平面连续拱，中间拱跨度 36m，边部拱跨度 24m。1 号彩带分为上下两部分，其中下彩带矢高 14.6m，截面高 0.75m，彩带顶截面宽度 4.5m，彩带底截面宽度 3.0m；上彩带矢高在 14.3～37.4m 之间，截面高 0.75m，截面宽 2.5m。拱与水平面垂直，可以承担屋顶竖向荷载、索幕墙荷载、地震作用、风荷载等荷载。

①计算长度系数分析

平面内计算长度通过选取整片彩带，按平面结构分析。通过施加单位力（图6.3-11），对模型进行屈曲计算，得到弹性屈曲极限承载力，再通过欧拉公式反算计算长度系数。

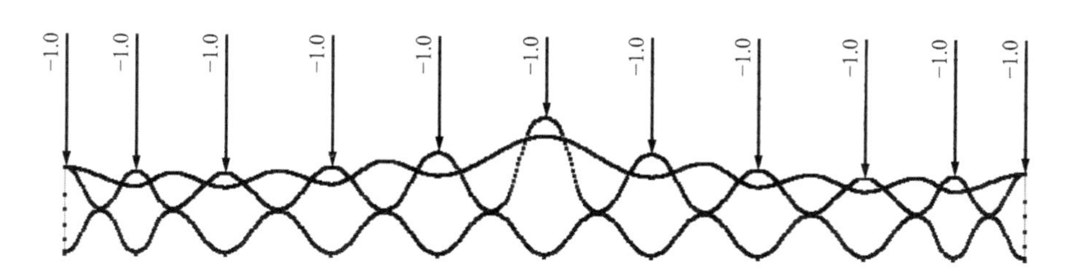

图 6.3-11 1 号彩带受单位荷载情况

其余几榀彩带荷载施加情况与 1 号彩带类似，在此不一一给出图示。

依次读取各模态（图 6.3-12），提取各临界力，进而可求得各榀彩带每拱的计算长度系数。

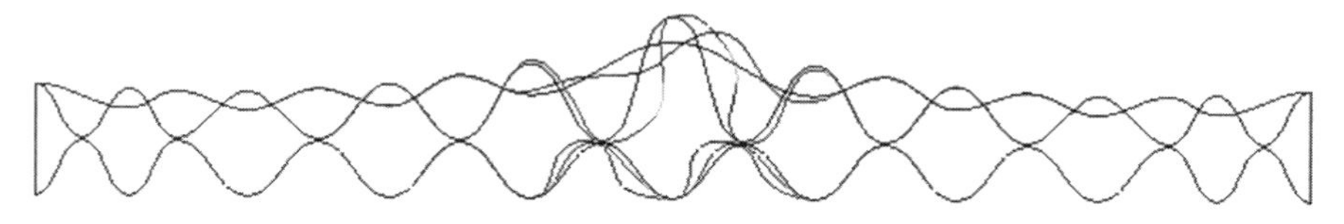

图 6.3-12 1 号彩带第一屈曲模态

彩带结构平面外计算长度需考虑面外边界条件的影响。由于屋顶网架把各彩带结构连成整体，不同刚度的彩带相互支承，对彩带的平面外稳定影响较大，必须整体考虑。不考虑混凝土结构，将屋顶结构简化为交叉梁，以考虑屋顶对彩带的联系作用，建立如图 6.3-13 所示的计算彩带平面外屈曲荷载和计算长度系数的模型。在恒荷载 + 活荷载模式下，结构屈曲模态如图 6.3-14 所示，彩带和竖向支承结构的轴力如图 6.3-15 所示，同样通过欧拉公式计算面外计算长度系数。

最终计算的屈曲荷载和反算的计算长度结果如表 6.3-12 所示。

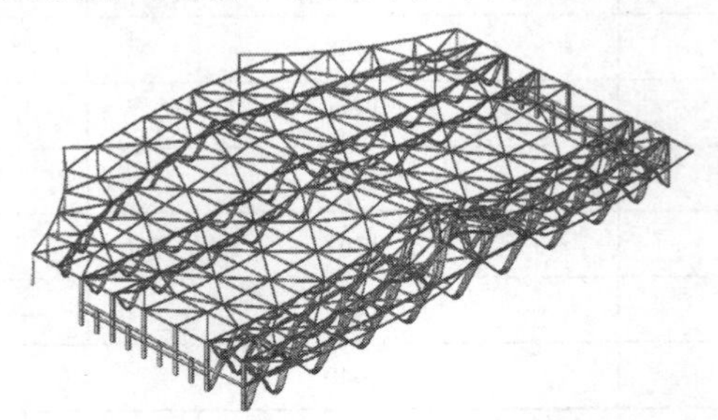

图 6.3-13　计算彩带平面外屈曲荷载的模型

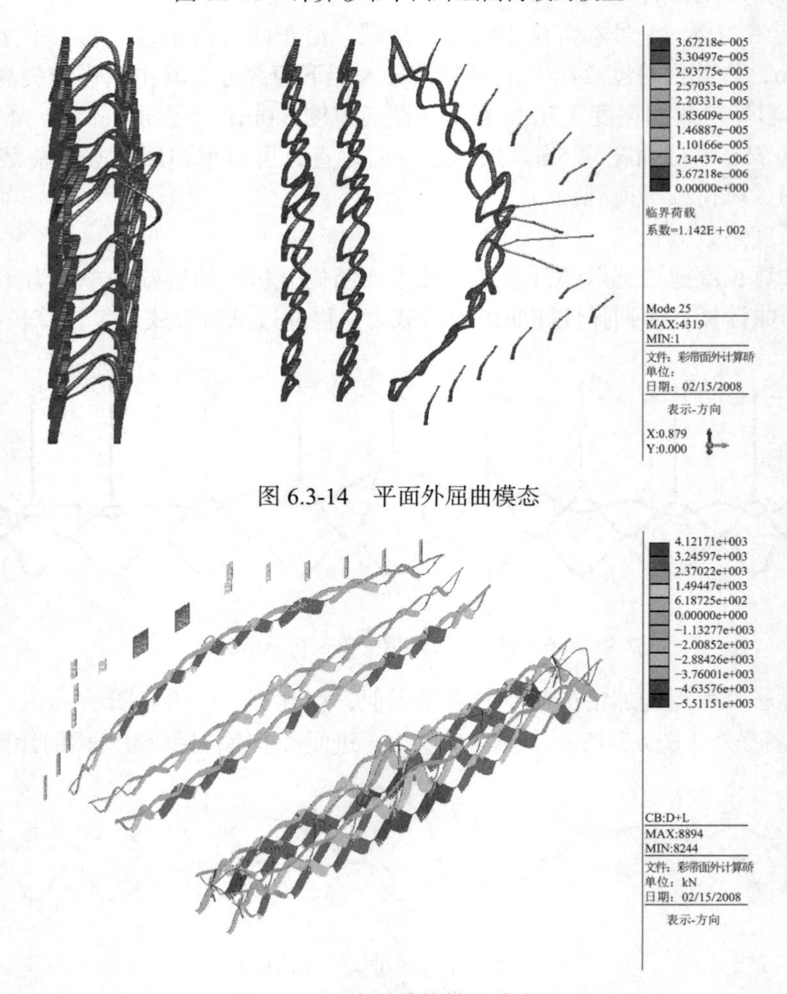

图 6.3-14　平面外屈曲模态

图 6.3-15　支承结构轴力分布图

计算长度分析结果 表 6.3-12

	平面内计算长度	平面外计算长度
平面主彩带	0.80 弧长	1.20 弧长
空间彩带	0.80 弧长	0.80 弧长
次彩带	1.20 弧长	1.20 弧长

注：1. 主彩带的弧长取下约束点与彩带顶支承屋面点之间的弧长；
2. 次彩带的弧长取与主彩带相交节点之间的弧长或主彩带相交点与彩带顶支承屋面点之间的弧长。

②彩带非线性稳定分析结果

彩带为拱形结构，在竖向荷载下彩带承受较大的压力，存在稳定问题，必须对结构进行非线性稳定分析。稳定分析时，考虑结构的大变形、材料非线性、平面内和平面外初始缺陷。其中材料本构关系取为理想弹塑性模型；平面内初始缺陷，按照网壳结构规范，缺陷形式为结构最低屈曲模态，缺陷大小为结构跨度的 1/300，在本节中，偏安全取为彩带弧长的 1/300；彩带平面外缺陷由两部分组成，第一部分为结构整体平面外施工偏差（垂直度），《高层民用建筑钢结构技术规程》JGJ 99—2015 规定整体偏差为$\min\{H/2500+10\text{mm},50\}$，《钢结构工程施工质量验收规范》GB 50205—2001 规定整体偏差为$H/1500$；第二部分为结构构件在平面外的挠曲，最大挠曲值为构件长度的 1/1000，平面外缺陷示意如图 6.3-16 所示。

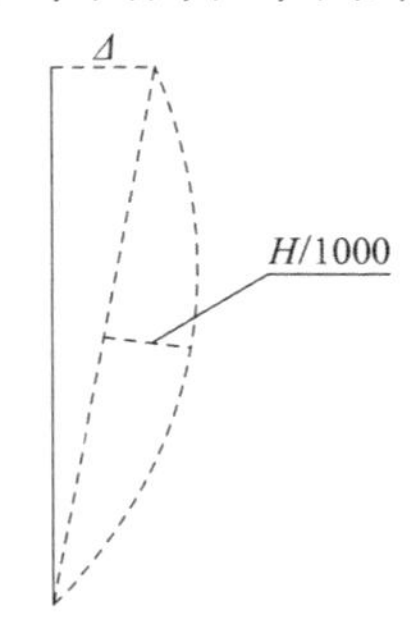

图 6.3-16 平面外缺陷示意图

a. 1 号彩带

在“恒荷载 + 活荷载”模式下，无缺陷结构以及各种缺陷下，结构的荷载-位移曲线如图 6.3-17 所示。从图中可以看出，在存在缺陷的情况下，结构刚度较无缺陷结构的刚度有所减小，但缺陷结构和无缺陷结构的极限承载力相差不大，极限承载力均大于 3.0，满足技术标准要求。

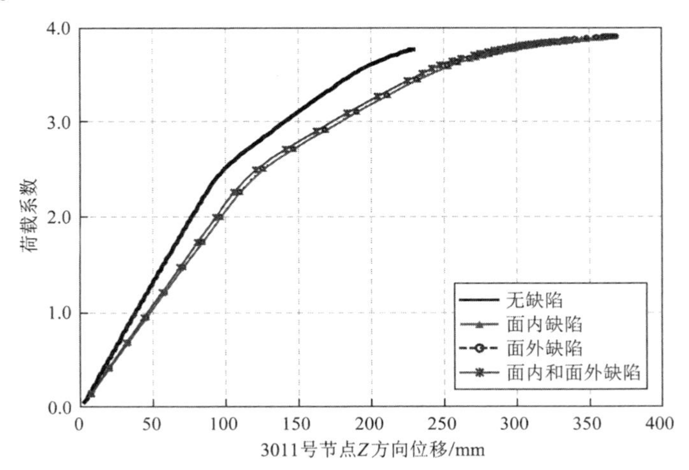

图 6.3-17 1 号彩带关键点荷载-位移曲线

b. 2 号 3 号空间彩带

在“恒荷载 + 活荷载 +Y方向地震”模式下，无缺陷结构以及同时考虑面内和面外缺陷下，结构的荷载-位移曲线如图 6.3-18 所示。从图中可以看出，在存在缺陷的情况下，结构刚度较无缺陷结构的刚度无明显差别，且缺陷结构和无缺陷结构的极限承载力基本相同，极限承载力均大于 3.0，满足技术标准要求。

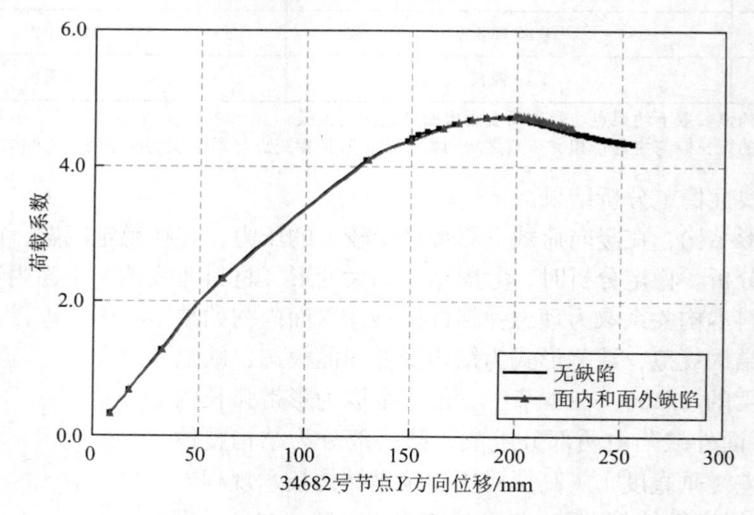

图 6.3-18　2 号 3 号彩带关键点荷载-位移曲线

c. 7 号空间彩带

在“恒荷载 + 活荷载”模式下，无缺陷结构以及同时考虑面内和面外缺陷下，结构的荷载-位移曲线如图 6.3-19 所示。从图中可以看出，在存在缺陷的情况下，结构刚度较无缺陷结构的刚度略有减小，但缺陷结构和无缺陷结构的极限承载力相差不大，极限承载力均大于 3.0，满足技术标准要求。

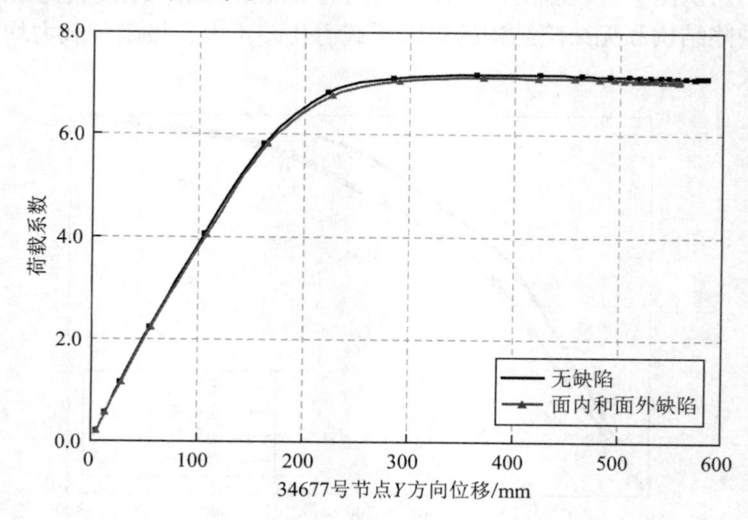

图 6.3-19　7 号彩带关键点荷载-位移曲线

（3）多维多点抗震性能分析

本节采用相关部门提供的人工波 1、2 系列波对 90°、135°、180°和 225°四个方向输入进行了计算。具体的计算工况为：90°输入，$X:Y$向地震加速度峰值比例 = 0.85 : 1，主方向为Y方向，次方向为 180°方向；180°输入，X：Y向地震加速度峰值比例＝1：0.85，主方向为 180°方向，次方向为Y方向；135°输入，X：Y向地震加速度峰值比例＝1：0.85，主方向为135°方向，次方向为225°方向；225°输入，X：Y向地震加速度峰值比例＝0.85：1，主方向为225°方向，次方向为 135°方向。

多维多点输入时考虑回填区与非回填区场地剪切波速的差别，回填区采用 200m/s，非回填区采用 500m/s。四个方向角下场地的分区及场地剪切波速的分布如图 6.3-20、图6.3-21 所示。

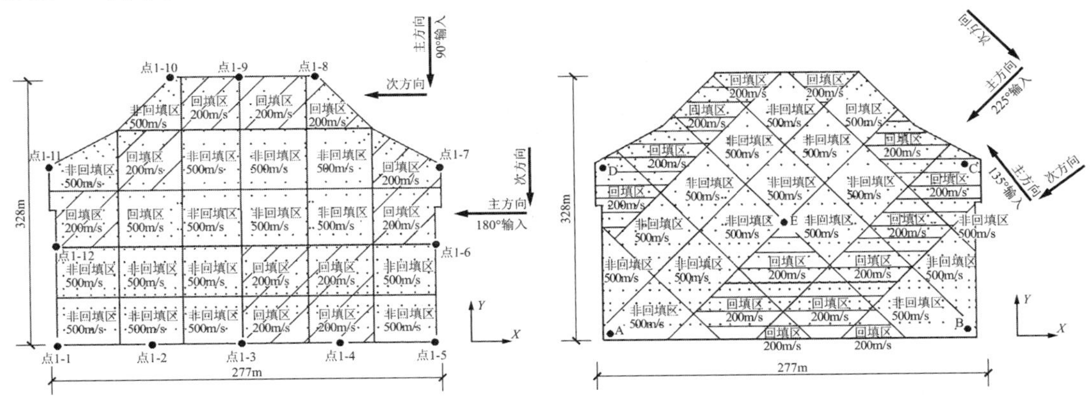

图 6.3-20　135°和 225°方向角场地的分区及场地剪切波速的分布

图 6.3-21　90°和 180°方向角场地的分区及场地剪切波速的分布

①计算结果及其分析

a. 扭转效应

如图 6.3-20 所示，定义了 1-1～1-12 等 12 个点考查航站楼的多维多点响应，并定义点 1-3 和点 1-9 的X向相对位移为扭转位移，扭转位移除以两点之间的水平距离作为结构的近似扭转角。图 6.3-22 为 90°多维多点输入与一致输入隔震层相对扭转角时程，表 3.9 给出了不同方向角下多维多点输入与一致输入隔震层相对位移和相对扭转角，图 6.3-21 和表6.3-13 均显示，多维多点输入的扭转角大于一致输入时的结果，特别是 135°时多维多点的结果与一致输入的结果相比达到了 5.76 倍。由图 6.3-23 可知隔震层以上各层的扭转位移差别很小，−14.2m 标高的楼层和−5.0m 标高的楼层相对位移曲线基本重合，而 10.4m 标高的楼层和 4.8m 标高的楼层相对位移曲线也基本重合。

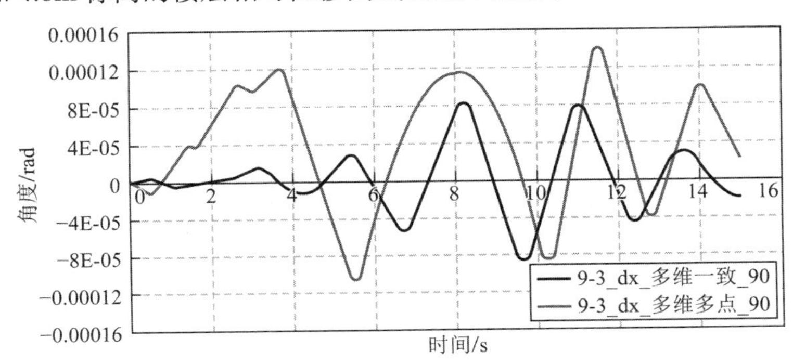

图 6.3-22　90°多维多点输入与一致输入隔震层相对扭转角时程

隔震层相对位移和相对扭转角　　表 6.3-13

输入方向		90°	180°	135°	225°
多点	AB 相对位移/mm	35	23	145	110
	AB 相对转角/rad	0.000145	0.000098	0.000593	0.000452
一致	AB 相对位移/mm	26	17	25	20
	AB 相对转角/rad	0.000107	0.000071	0.000103	0.000081
多点/一致		1.36	1.38	5.76	5.58

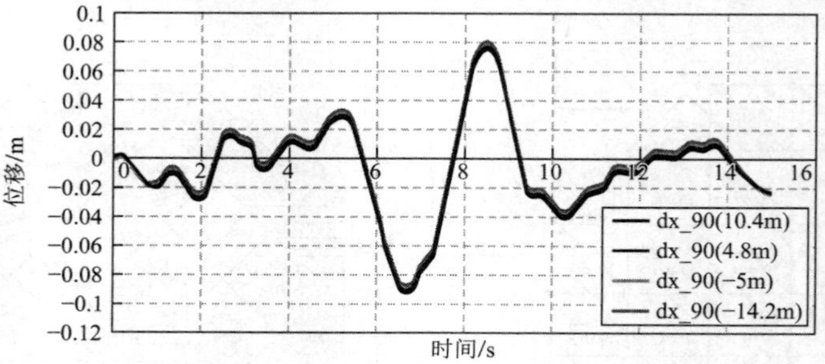

图 6.3-23　90°多维多点输入隔震层以上各层扭转位移时程

b. 隔震层相对位移

图 6.3-24 至图 6.3-27 给出了隔震层 1-1 和点 1-7*X*向和*Y*向层间位移时程。结果显示，多点输入的结果比一致输入的结果略小，且多点输入条件下结构响应比一致输入的响应滞后，有一相位差。而隔震层以上各层层间位移于隔震层有类似结果，表 6.3-14 给出了 135°多维多点输入和一致输入各关键点处的层间位移比较。

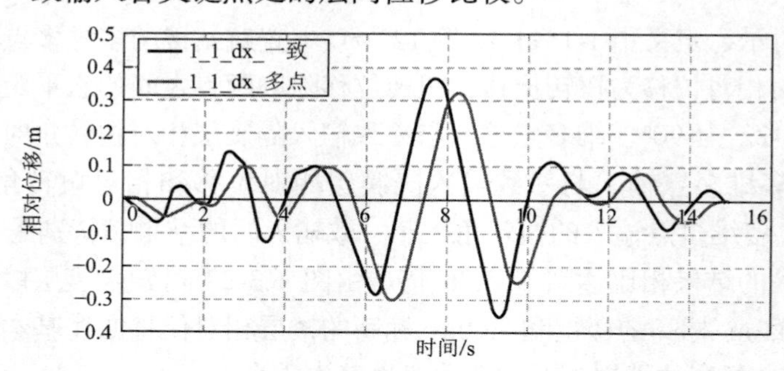

图 6.3-24　90°多维多点输入点 1-1*X*轴向位移时程

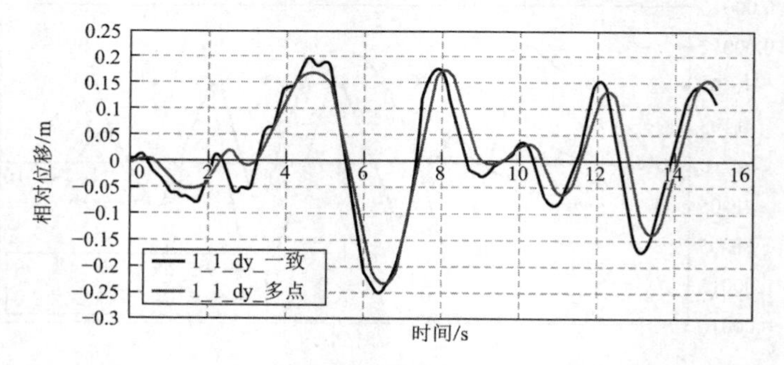

图 6.3-25　90°多维多点输入点 1-1*Y*轴向位移时程

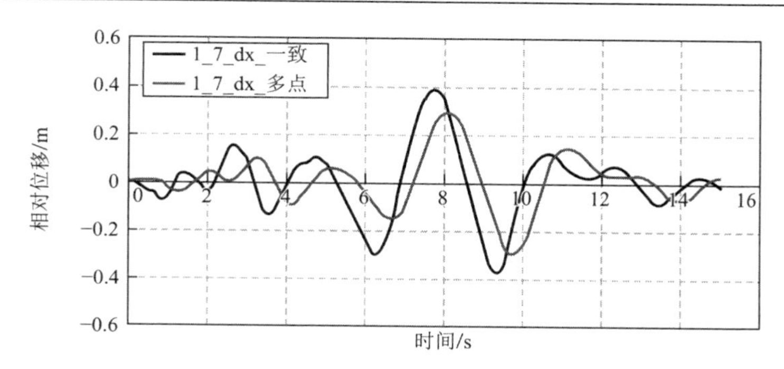

图 6.3-26　90°多维多点输入点 1-7X轴向位移时程

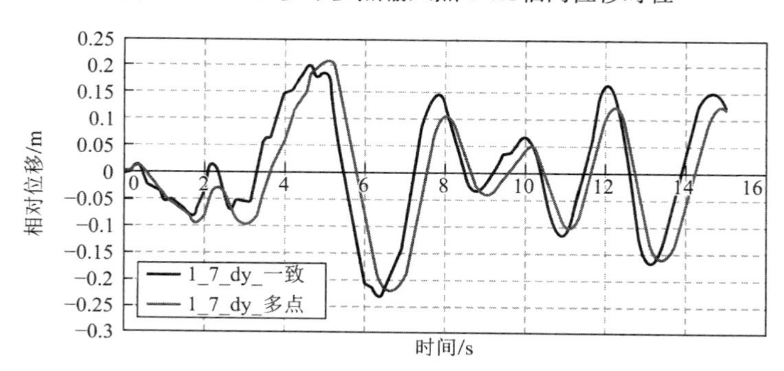

图 6.3-27　90°多维多点输入点 1-7Y轴向位移时程

135°方向角层间位移对比　　表 6.3-14

层	工况	A	B	C	D	E
0～4.8m	多点/mm	13.4	12.6	9.9	9.8	11.2
	一致/mm	15.5	15.4	12.2	12	13.2
	多点/一致	0.86	0.81	0.81	0.82	0.85
4.8～10.4m	多点/mm	12.3	12.8	—	—	8.9
	一致/mm	14.5	15.8	—	—	10.4
	多点/一致	0.86	0.81	—	—	0.86

c. 柱内力对比

表 6.3-15 给出了 135°多维多点输入和一致输入各关键点处地下二层（−14.2m～−10.0m）典型柱子剪力比较。从表中可以看出，大部分柱子剪力在多维多点输入下较一致输入稍小，仅个别柱子剪力在两种输入下基本相当。

135°方向角地下二层柱子内力比较　　表 6.3-15

输入方向		1-1	1-2	1-3	1-4	1-5	1-7	1-8	1-9	1-10	1-11
135°	多点/kN	2094	1032	930	1602	2201	1670	2043	1595	931	767
	一致/kN	2351	1153	1096	1926	2266	2038	2631	1930	1083	952
	多点/一致	0.89	0.89	0.85	0.83	0.97	0.82	0.78	0.83	0.86	0.81
225°	多点/kN	1596	1056	886	2291	1638	1918	1752	1943	886	1013

续表

输入方向		1-1	1-2	1-3	1-4	1-5	1-7	1-8	1-9	1-10	1-11
225°	一致/kN	1925	1173	878	2580	2006	2298	1906	2356	1058	1178
	多点/一致	0.83	0.90	1.01	0.89	0.82	0.83	0.92	0.82	0.84	0.86
180°	多点/kN	1513	760	826	1563	1411	1003	2293	951	675	542
	一致/kN	1983	838	1039	1608	1748	1029	2455	1010	806	604
	多点/一致	0.76	0.91	0.79	0.97	0.81	0.97	0.93	0.94	0.84	0.90
90°	多点/kN	2175	978	989	1569	2067	1529	2122	1521	878	831
	一致/kN	2379	1143	1113	2005	2272	2021	2607	1965	1086	999
	多点/一致	0.91	0.86	0.89	0.78	0.91	0.76	0.81	0.77	0.81	0.83

②计算结论

a. 由于地震动输入存在相位差，多点输入对结构的扭转影响较大。

b. 多点输入对隔震结构隔震层的位移影响较小，多点输入的位移较单点输入的位移稍小或相当。

c. 多点输入对隔震结构的内力影响较小，三条波计算的柱子剪力平均值较一致输入的剪力稍小或相当。在结构设计中考虑到各种偶然因素，对小震的柱子剪力适当放大，放大系数取 1.1，中震验算时不考虑此系数。

d. 对非隔震区，多点输入对不同部位柱子的剪力影响不同，在小震承载力设计时，对柱子内力做如下调整：12 号混凝土柱子南北轴线上的所有混凝土柱子剪力放大 3.25 倍；其他混凝土角、边柱剪力放大 1.5 倍；考虑多点的地震剪力放大系数不与偶然偏心同时考虑；1 号和 2 号钢柱剪力放大系数取为 1.25，其他钢柱剪力放大系数取 1.1。中震验算时不考虑剪力调整系数。

3）专家审查意见

为了确保昆明新机场航站楼隔震结构的可行性、经济性、安全性，先后在 2008 年 4 月 9 日和 2008 年 4 月 17 日邀请了多位国内知名专家召开了隔震结构技术研讨会和审查会。

两次审查综合意见如下：

（1）在高烈度区、地震多发区，采用隔震方案是必要的，也是可行的。应对隔震装置进一步优化，尽可能采用大直径橡胶支座。构造措施要细化，考虑限位或其他保护措施。

（2）隔震后的设防烈度定为 7.5 度是合理、安全的，关键部位的节点和构件应提高抗震性能目标。

（3）要确保隔震支座和阻尼器产品的质量，按照国家标准严格检验，检验数量大于总量的 50%。加强施工过程监控，严格要求施工精度。

（4）进一步细化地震动多点输入情况下行波效应和场地土效应分析。隔震支座应考虑足够的安全储备，适应由于扭转位移和地基不均匀沉降等带来的不利影响。

（5）结构阻尼比取值及影响需进一步研究。

（6）应提供不同方案的技术经济指标分析对比。

（7）建议设计中考虑设置强震观测装置。

参考文献

[1] 白学丽，叶继红．大跨空间网格结构在多点多维输入下的简化计算方法[J]．空间结构，2008, 14(2): 30–33.

[2] Berrah M K, Kausel E. A modal combination rule for spatially varying seismic motions[J]. Earthquake Engineering & Structural Dynamics, 1993, 22(9): 791–800.

[3] Berrah M, Kausel E. Response spectrum analysis of structures subjected to spatially varying motions[J]. Earthquake Engineering & Structural Dynamics, 1992, 21(6): 461–470.

[4] 卜龙瑰，苗启松，朱忠义，等．隔震结构设计方法探讨[J]．建筑结构，2013, 43(17): 109–112.

[5] Cai Y C, Li X Y, Xue S D. Application and Design of 3D Seismic Isolation Bearing in Lattice Shell Structure[J]. HKIE Transactions, 2016, 23(4): 200–213.

[6] 蔡炎城，薛素铎，李雄彦．复合隔震支座在单层球面网壳中的参数分析(英文)[J]．空间结构，2009, 15(2): 90–96+34.

[7] 曹资，薛素铎，冯远，等．张弦网壳结构地震响应规律分析[J]．钢结构，2011, 26(4): 1–5.

[8] 曹资，薛素铎，王雪生，等．空间结构抗震分析中的地震波选取与阻尼比取值[J]．空间结构，2008(3): 3–8.

[9] 曹资，薛素铎，张毅刚，等．单层球面网壳在多维地震作用下的随机响应分析[J]．空间结构，2002(2): 3–11.

[10] 曹资，薛素铎，王雪生，等．常州市体育会展中心体育馆索承单层网壳屋盖结构动力特性与地震响应研究[C]//第十二届空间结构学术会议论文集．2008: 641–646.

[11] 曹资，薛素铎，张毅刚．空间网格结构动力分析中阻尼问题综述与展望[C]//第十一届空间结构学术会议论文集．2005: 152–157.

[12] 曹资，王雪生，薛素铎．双层柱面网壳结构多维多点非平稳随机地震反应研究[C]//第十届空间结构学术会议论文集．2002: 190–198.

[13] 曹资，薛素铎，张毅刚，等．单层球面网壳在多维地震作用下的随机响应分析[J]．空间结构，2002(2): 3–11.

[14] 曹资，薛素铎．空间结构抗震理论与设计[M]．北京：科学出版社，2005.

[15] 陈海忠，朱宏平，蔡振，等．多点多维地震作用下某体育馆的动力响应分析[J]．华中科技大学学报：城市科学版,2009, 26(2): 12–14.

[16] Chen Z, Qiao W, Wang X. Seismic response analysis of long-span suspen-dome under multi-support excitations[J]. 天津大学学报（英文版）, 2010, 16(6): 424–432.

[17] Clough R W, Penzien J, Griffin D S. Dynamics of structures.[M]. McGraw-Hill, 1993.

[18] Cundall P A, Potyondy D. A bonded-particle model for rock[J]. International journal of rock, 2004, 41(8): 1329–1364.

[19] 范志鹏．基于空穴理论的钢材韧性断裂行为研究[D]．南京：东南大学，2020: 12–46.

[20] 冯远，夏循，曹资，等．常州体育馆索承单层网壳屋盖结构抗震性能研究[J]．建筑结构，2010,40(9): 41–44.

[21] 住房和城乡建设部．建筑抗震设计规范: GB 50011–2010[S]．北京：中国建筑工业出版社，2016.

[22] Heredia-Zavoni E, Vanmarcke E H. Seismic random vibration analysis of Multisupport-Structural Systems[J].

Journal of Engineering Mechanics, 1994, 120(5): 1107-1128.

[23] Hern á ndez J J, L ó pez O A. Evaluation of combination rules for peak response calculation in three-component seismic analysis[J]. Earthquake Engineering & Structural Dynamics, 2003, 32(10): 1585-1602.

[24] 花晶晶，叶继红．基于应变响应敏感性的单层球面网壳冗余度分析[J]．计算力学学报，2013, (6): 783-789.

[25] 花晶晶．大跨空间网格结构参数敏感性分析与疲劳损伤[D]．南京：东南大学，2013: 15-46.

[26] 胡世德，范立础．江阴长江公路大桥纵向地震反应分析[J]．同济大学学报，1994(4): 433-438.

[27] 黄玉平，刘季．双向水平地震动的空间相关性[J]．哈尔滨建筑大学学报，1987(3): 15-19

[28] 黄林，薛素铎，李雄彦．隔震网架各向地震输入下的响应分析[C]//第十三届全国现代结 构工程学术研讨会论文集．2013: 561-566.

[29] 住房和城乡建设部．空间网格结构技术规程：JGJ 7-2010[S]．北京：中国建筑工业出版社，2010.

[30] Kiureghian A D, Neuenhofer A. Response spectrum method for multi-support seismic excitations[J]. Earthquake Engineering & Structural Dynamics, 1992, 21(8): 713-740.

[31] 李国强，沈祖炎，丁翔，等．上海浦东国际机场 R2 钢屋盖模型模拟三向地震振动台试验研究[J]．建筑结构学报，1999(2): 18-27+42.

[32] 李宏男．结构多维抗震理论[M]．北京：科学出版社，2006.

[33] 李柯燃．大跨空间网格结构多点地震动输入下结构冗余特性研究[D]．南京：东南大学，2015: 3-50.

[34] 李雄彦．摩擦-弹簧三维复合隔震支座研究及其在大跨机库中的应用[D]．北京：北京工业大学，2008.

[35] 李雄彦，等解朋，薛素铎，等．软钢-滚动隔震支座在单层柱面网壳结构中的应用[C]//第十四届空间结构学术会议论文集．2012: 240-245.

[36] 李雄彦，解朋，张萌等．新型软钢-滚动隔震支座在网架结构中的应用初探[J]．土木工程学报，2012, 45(S2): 27-31+52.

[37] 李雄彦，梁栓柱，薛素铎，等．碟簧-叠层橡胶三维复合隔震支座力学性能试验研究[J]．建筑结构，2021, 51(8): 14-20+104.

[38] 李雄彦，梁栓柱，薛素铎，等．小尺寸隔震支座滞回性能试验研究[C]//第十七届空间结构学术会议论文集．2018: 178-184.

[39] 李雄彦，单明岳，薛素铎，等．摩擦摆隔震单层柱面网壳地震响应试验研究[J]．振动与冲击，2018, 37(6): 68-75,98.

[40] 李雄彦，王国鑫，薛素铎，等．土-结构相互作用下弦支穹顶结构动力性能分析[J]．工业建筑，2015, 45(8): 30-36.

[41] 李雄彦，薛素铎，曹资．组合结构维修机库阻尼比对地震响应的影响[J]．北京工业大学 学报，2007,(12): 1267-1272.

[42] 李雄彦，薛素铎，潘克君．铜基面抗拔摩擦摆支座的力学性能研究[J]．振动与冲击，2013, 32(6): 84-89.

[43] 李雄彦，薛素铎．大跨空间结构隔震技术的现状与新进展(英文)[J].空间结构，2010, 16(4): 87-95.

[44] 李雄彦，薛素铎．复合隔震大跨机库的参数分析[J]．建筑结构学报，2010, 31(S1): 272-276.

[45] 李雄彦，薛素铎．摩擦-弹簧水平隔震系统的模型与设计[J]．北京工业大学学报，2011, 37(11): 1650-1654.

[46] 李雄彦，薛素铎．摩擦-碟簧三维复合隔震支座的性能试验研究[J]．世界地震工程，2011, 27(3): 1-7.

[47] 李雄彦，薛素铎．竖向隔震的机理研究和装置设计[J]．北京工业大学学报，2008(10): 1043-1047.

[48] Li X Y, Xue S D, Cai Y C. Three-Dimensional Seismic Isolation Bearing and its Application in Long Span

Hangars[J]. Earthquake Engineering and Engineering Vibration, 2013,12(1): 55-65.

[49] 梁栓柱. 抗拔型高阻尼橡胶-碟簧三维隔震支座力学性能研究[D]. 北京: 北京工业大学, 2019.

[50] 林家浩, 张亚辉, 赵岩. 大跨度结构抗震分析方法及近期进展[J]. 力学进展, 2001(3): 350-360.

[51] 林家浩. 随机振动的虚拟激励法[M]. 北京: 科学出版社, 2004.

[52] 刘枫, 杜义欣, 赵鹏飞, 等. 武汉火车站多点输入地震反应时程分析[J]. 建筑结构, 2009(1): 16-20.

[53] 刘枫, 肖从真, 徐自国, 等. 首都机场 3 号航站楼多维多点输入时程地震反应分析[J]. 建筑结构学报, 2006(5): 56-63.

[54] 刘枫, 张高明, 赵鹏飞, 等. 大尺度空间结构多点输入地震反应分析应用研究[J]. 建筑结构学报, 2013, 34(3): 54-65.

[55] 刘晶波. 结构动力学[M]. 北京: 机械工业出版社, 2005.

[56] 刘文政, 叶继红. 杆系结构的拓扑易损性分析[J]. 振动与冲击, 2012, 31(17): 67-80.

[57] 刘文政, 叶继红. 基于遗传-模拟退火算法的单层球面网壳结构破坏模式优化[J]. 建筑结构学报, 2013, 34(5): 33-42.

[58] 刘文政. 基于构形易损性理论的球壳结构倒塌机理研究及倒塌模式优化[D]. 南京: 东南大学, 2013: 13-106.

[59] Liu W, Ye J. Collapse optimization for domes under earthquake using a genetic simulated annealing algorithm[J]. Journal of Constructional Steel Research, 2014, 97: 59-68.

[60] 刘毅. 土-结相互作用下空间网格结构抗震分析及试验研究[D]. 北京: 北京工业大学, 2015.

[61] 刘毅, 李雄彦, 薛素铎, 等. 桩-土-结构相互作用下网壳结构简化计算方法[J]. 工业建筑, 2015, 45(1): 36-42.

[62] 刘毅, 李雄彦, 薛素铎. 地震动斜入射对桩-土-网壳结构地震响应影响[J]. 振动工程学报, 2015, 28(1): 1-9.

[63] 刘毅, 薛素铎, 李雄彦, 等. 土-结构动力相互作用下网架结构简化分析方法研究[J]. 振动与冲击, 2015, 34(11): 75-82.

[64] 刘毅, 薛素铎, 李雄彦, 等. 土-结构相互作用对隔震网架结构地震响应的影响[C]//第十五届空间结构学术会议论文集. 2014: 149-153.

[65] 刘毅, 薛素铎, 李雄彦. 土-结构相互作用下网架结构动力性能研究[J]. 振动与冲击, 2014, 33(10): 22-28.

[66] 刘毅, 薛素铎, 潘克君, 等. 桩-土-结构相互作用下新型抗拔摩擦摆支座对单层柱面网壳结构地震响应的影响[J]. 中南大学学报(自然科学版), 2016, 47(3): 967-976.

[67] 刘毅, 薛素铎, 王国鑫, 等. 土-结构相互作用下单层柱面网壳振动台试验及数值分析[J]. 中南大学学报(自然科学版), 2017,48(1): 223-232.

[68] 陆华臣. 单层球壳多点输入振动台倒塌试验研究[D]. 南京: 东南大学, 2015: 8-34.

[69] 陆明飞. 考虑节点力学特性的单层结构稳定优化研究[D]. 南京: 东南大学, 2020: 14-106

[70] Lu M, Ye J H. Guided genetic algorithm for dome optimization against instability with discrete variables[J]. Journal of Constructional Steel Research, 2017, 139: 149-156.

[71] 陆明飞, 叶继红. 基于构形易损性理论的单层网壳结构静力稳定性研究[J]. 工程力学, 2017, 34(1): 76-84.

[72] Luan X B, Xue S D, Li X Y. The Effect of Soil Structure Interaction on the Seismic Response of Spatial Structure Subjected to the near Fault Ground Motion[A]. International Conference on Civil Engineering and Transportation, Jinan, 2011(94-96): 877-882.

[73] Oliveira C S, Hao H, Penzien J. Ground motion modeling for multiple-input structural analysis[J]. Structural Safety, 1991, 10(1 - 3): 79-93.

[74] 潘旦光，楼梦麟，范立础. 多点输入下大跨度结构地震反应分析研究现状[J]. 同济大学学报, 2001(10): 1213-1219.

[75] 潘克君，薛素铎，李雄彦. 摩擦摆支座在空间结构中的应用与发展[C]//第十三届空间结 构学术会议论文集. 2010: 131-136.

[76] 潘锐. 单层球壳振动台倒塌试验研究[D]. 南京：东南大学, 2012: 13-58.

[77] Zhao P, Liuliu F F, Zhu L ,et al.Research on the multi-support response spectrum for long span structures[J].Proceedings of IASS Annual Symposia, 2017.

[78] Penzien J, Watabe M. Characteristics of 3-dimensional earthquake ground motions[J]. Earthquake Engineering & Structural Dynamics, 1975, 3(4): 365-373.

[79] 齐念. DEM/FEM 耦合计算方法研究及其在网壳倒塌破坏模拟中的应用[D]. 南京：东南大学, 2016.

[80] Qi N, Ye J H. Nonlinear Dynamic Analysis of Space Frame Structures by Discrete Element Method[J]. Applied Mechanics and Materials, 2014, 638-640: 1716-1719.

[81] 齐念，叶继红. 弹塑性 DEM 方法在杆系结构中的应用研究[J]. 振动与冲击, 2017, 30(6): 929-937.

[82] 齐念，叶继红. 弹性 DEM 方法在杆系结构中的应用研究[J]. 工程力学, 2017, 34(7): 11-20.

[83] 齐念，叶继红. 基于离散元法的杆系结构几何非线性大变形分析[J]. 东南大学学报（自然科学版）, 2013(5): 917-922.

[84] 全伟. 大跨桥梁多维多点地震反应分析研究[D]. 大连：大连理工大学, 2008.

[85] Ruiz P, Penzien J. Probabilistic study of the behavior of structures during earthquake[R]. Report No. EERC 69 - 03, Earthquake Engineering Research Center, UCB, CA, 1969.

[86] 单明岳. 大跨网壳结构隔震性能理论研究与振动台试验[D]. 北京：北京工业大学, 2017.

[87] 单明岳，李雄彦，薛素铎. 单层柱面网壳结构 HDR 支座隔震性能试验研究[J]. 空间结构, 2017, 23(3): 53-59.

[88] Shan M, Shen S, Pan P. Response of Seismically Isolated Cylindrical Latticed Shell with hdr under Spatially Varying Earthquake Ground Motions[C]//Proceedings of the 17th International Symposium on Tubular Structures(ISTS17). 2019.

[89] 束伟农，朱忠义，柯长华，等. 昆明新机场航站楼工程结构设计介绍[J]. 建筑结构, 2009, 39(5): 12-17.

[90] Xue S D, Shan M Y, Li X Y, et al. Shaking table test and numerical simulatio-n of an isolated cylindrical latticed shell under multiple-support excitations[J].Earthqu-ake Engineering and Engineering Vibration, 2019.

[91] 覃亚男. 基于离散单元法的简单结构静动力响应数值模拟研究[D]. 南京：东南大学, 2015: 30-21.

[92] 王国鑫. 修正的土-结构相互作用 S-R 简化模型的数值模拟与试验研究[D]. 北京：北京工业大学, 2015.

[93] 王俊，宋涛，赵基达，等. 中国空间结构的创新与实践[J]. 建筑科学, 2018, 34(9): 1-11.

[94] 王俊，赵基达，蓝天，等. 大跨度空间结构发展历程与展望[J]. 建筑科学, 2013, 29(11): 2-10.

[95] 王雪生. 网壳结构多维多点非平稳随机地震响应分析研究[D]. 北京：北京工业大学, 2002.

[96] 王雪生，薛素铎，曹资. 单层柱面网壳多维随机地震响应分析[C]//第十届空间结构学术会议论文集. 2002: 241-248.

[97] 王雪生，薛素铎，曹资. 多维地震响应分析的反应谱法[C]//第三届全国现代结构工程学术研讨会论文集. 2003: 979-985.

[98] 王雪生，薛素铎，曹资. 结构多维地震作用研究综述及展望(I)——地震动输入[J]. 世界地震工程，2001(4): 27–33.
[99] Wu X, Blockley D I, Woodman N J. Vulnerability Analysis of Structural Systems, Part I: Rings and Clusters[J]. Civil Engineering Systems, 1993, 10(4): 301–317.
[100] Wu X, Blockley D I, Woodman N J. Vulnerability Analysis of Structural Systems, Part 2: Failure Scenarios[J]. Civil Engineering Systems, 1993, 10(4): 319–333.
[101] 许玲玲. 杆系 DEM 法计算理论研究及其在结构力学行为仿真中的应用[D]. 南京：东南大学，2020: 26–130.
[102] Xu L L, Ye J H. DEM Algorithm for Progressive Collapse Simulation of Single Layer Reticulated Domes under Multi Support Excitation[J]. Journal of earthquake engineering, 2019, 23(1): 18–45.
[103] 许玲玲，叶继红. 静动力弹塑性分析的杆系离散单元计算理论研究[J]. 工程力学，2021, 38(11): 1–11.
[104] 许玲玲，叶继红，薛素铎. 大质量法在基于离散元法多点激励分析中的应用和误差修正[J]. 土木工程学报，2016, 49(S1): 32–36.
[105] 许强. DEM/FEM 自适应耦合算法研究及其在杆系结构复杂行为仿真种的应用[D]. 中国矿业大学，2022: 11–126.
[106] Xu Q, Ye J H. An adaptively coupled DEM–FEM algorithm for geometrical large deformation analysis of member structures[J]. Computational Particle Mechanics, 2020, 7(5): 947–959.
[107] 许强，叶继红. 基于杆系离散元的半刚性连接数值计算方法研究[J]. 建筑结构学报，2022, 43(12): 311–321.
[108] 薛素铎. 隔震与消能减振技术在大跨屋盖中的应用[J]. 建筑结构，2005(3): 51–53+70.
[109] 薛素铎，蔡炎城，李雄彦，等. 被动控制技术在大跨结构中的应用概况[C]//第十二届 空间结构学术会议论文集. 2008: 16–23.
[110] 薛素铎，曹资，王雪生，等. 多维地震作用下网壳结构的随机分析方法[J]. 空间结构，2002(1): 44–51.
[111] Xue S D, Cao Z, Wang X S. Random Vibration Study of Structures under Multi–Component Seismic Excitations[J]. Advances in Structural Engineering, 2002, 5(3): 185– 192.
[112] 薛素铎，曹资，王雪生. 网壳结构多维抗震分析的实用反应谱法[C]//第十届空间结构学术会议论文集. 2002: 249–256.
[113] Xue S D, Liu Y, Li X Y. Dynamic performance analysis of single–layer cylindrical reticulated shell considering pile–soil–structure interaction[J]. Journal of the International Association for Shell & Spatial Structures, 2015, 56(2): 91–100.
[114] 薛素铎，栾小兵. 考虑地基–支承结构–屋盖耦合的空间结构抗震研究的几点思考[C]// 第九届全国现代结构工程学术研讨会论文集. 2009: 602–607.
[115] 薛素铎，蔡炎城，李雄彦，等. 被动控制技术在大跨空间结构中的应用概况[J]. 世界 地震工程，2009,25(3): 25–33.
[116] 薛素铎，常海林，李雄彦，等. 抗拔型三维隔震支座力学性能研究[J]. 建筑结构，2022, 52(5): 81–87.
[117] 薛素铎，李雄彦，蔡炎城. 摩擦滑移水平隔震支座的性能试验[J]. 北京工业大学学报，2009, 35(2): 168–173.
[118] 薛素铎，李雄彦，潘克君. 大跨空间结构隔震支座的应用研究[J]. 建筑结构学报，2010, 31(S2): 56–61.
[119] 薛素铎，刘毅，李雄彦，等. 大跨空间结构协同工作问题研究现状及展望[J]. 工业建筑，2015, 45(1): 1–9+22.
[120] 薛素铎，刘毅，李雄彦. 土–结构动力相互作用研究若干问题综述[J]. 世界地震工程，2013, 29(2): 1–9.

[121] 薛素铎，刘毅，李雄彦．协同工作条件下地基土对单层球面网壳结构动力性能的影响[J]．工程力学，2014, 31(9): 133–140.

[122] 薛素铎，刘毅，李雄彦．大跨空间结构协同工作问题研究现状与展望[J]．工业建筑，2015, 45(1): 1–9+22.

[123] 薛素铎，潘克君，李雄彦．竖向抗拔摩擦摆支座力学性能的试验研究[J]．土木工程学报，2012,45(S2): 6–10.

[124] 薛素铎，单明岳，李雄彦，等．多点激励的高位隔震单层柱面网壳振动台试验[J]．世界地震工程，2017, 33(3): 24–33.

[125] 薛素铎，孙艳坤，李雄彦，等．考虑土-基础-结构相互作用的网架结构地震响应分 析[J]．建筑结构学报，2010,31(S2): 34–38.

[126] 薛素铎，王国华，李雄彦，等．考虑土-结构相互作用的单层球面网壳动力性能分析[C]// 第十三届空间结构学术会议论文集．2010: 137–142.

[127] Xue S D, Wang N, Li X Y. Study on Shell Element Modeling of Single-Layer Cylindrical Reticulated Shell[J]. Journal of the International Association for Shell and Spatial Structures, 2013, 54(2): 57–66.

[128] 薛素铎，王雪生，曹资．大跨网格结构多维多点非平稳随机地震响应分析的虚拟激励法[C]//第十届空间结构学术会议论文集．2002: 175–183.

[129] 薛素铎，王雪生，曹资．基于新抗震规范的地震动随机模型参数研究[J]．土木工程学报，2003(5): 5–10.

[130] 薛素铎，王雪生，曹资．结构多维地震作用研究综述及展望(Ⅱ)——分析方法及展望[J]．世界地震工程，2002(1): 34–40.

[131] 薛素铎，王雪生，曹资．空间网格结构多维多点随机地震响应分析的高效算法[J]．世界地震工程，2004, 20(3): 43–49.

[132] Xue Suduo, Wang Xuesheng, Cao Zi. Multi-Dimensional Pseudo Excitation Method for Nonstationary Random Seismic Analysis of Spatial Lattice Shells[J]. International Journal of Space Structures, 2004, 19(3): 129–136.

[133] 薛素铎，张毅刚，曹资，等．三十年来我国空间结构抗震研究的发展与展望[C]//第十四届空间结构学术会议论文集．2012: 36–48.

[134] 薛素铎，张毅刚，曹资，等．中国空间结构三十年抗震研究的发展和展望[J]．工业建筑，2013,43(6): 105–116.

[135] 薛素铎，赵伟，李雄彦．摩擦摆支座在单层球面网壳结构隔震控制中的参数分析[J]．北京工业大学学报，2009, 35(7): 933–938.

[136] 薛素铎，赵伟，李雄彦．摩擦摆支座在单层球面网壳结构中的隔震分析[J].世界地震工程，2007(2): 41–45.

[137] 叶昌杰．大跨结构在非一致性地震输入下的反应谱响应研究[D]．北京：中国建筑科学研究院，2018.

[138] 叶昌杰，赵鹏飞．利用多点多维地震反应谱法对大跨支承结构响应的研究[J]．建筑科学，2018, 34(5): 1–9.

[139] Liu Y, Xue S D, Li X Y. Dynamic characteristics analysis of cylindricalreticulated shell considering pile-soil-structure interaction[C]//IStructE Conference on Structural Engineering in Hazard Mitigation 2013. Beijing, 2013.

[140] Yamamura N, Tanaka H. Response analysis of flexible MDF systems for multiple-support seismic excitations[J]. Earthquake Engineering & Structural Dynamics, 1990, 19(3): 345–357.

[141] Ye J H, Lu M F. Design optimization of domes against instability considering joint stiffness[J]. Journal of Constructional Steel Research, 2020, 169: 105757.

[142] Ye J H, Lu M F. Optimization of domes against instability[J]. Steel And Composite Structures, 2018, 28(4): 427–438.

[143] Ye J H, Qi N. Combination of DEM/FEM for Progressive Collapse Simulation of Domes Under Earthquake Action[J]. Steel Structures, 2018, 18(1): 305–316.

[144] Ye J H, Qi N. Progressive collapse simulation based on DEM for single–layer reticulated domes[J]. Journal of Constructional Steel Research, 2017, 128: 721–731.

[145] Ye J H, Xu L L. Member Discrete Element Method for Static and Dynamic Responses Analysis of Steel Frames with Semi–Rigid Joints [J]. Applied Sciences, 2017, 7(7).

[146] Ye J H, Zhu N H. Redundancy of single–layer dome under earthquake action based on response sensitivity[J]. International Journal of Steel Structures, 2016, 16(1): 125–138.

[147] 叶继红，范志鹏. 基于微观机制的复杂应力状态下钢材韧性断裂行为研究[J]. 工程力学, 2021, 38(5): 38–49.

[148] 叶继红，李柯燃. 多点输入下基于响应敏感性的单层球面网壳冗余特性研究[J]. 土木工程学报, 2016, 49(9): 20–29.

[149] 叶继红，潘锐. 单层球壳模型结构振动台试验研究[J]. 建筑结构学报, 2013, 34(4): 81–89.

[150] 叶继红，齐念. 基于离散元法与有限元法耦合模型的网壳结构倒塌过程分析[J]. 建筑结构学报, 2017, 38(1): 52–61.

[151] 叶继红，张梅. 单层网壳结构弹塑性屈曲分析的离散单元法研究[J]. 工程力学, 2019, 36(7): 30–37.

[152] 叶继红，张梅. 基于杆系离散单元法的单层网壳结构屈曲行为研究[J]. 建筑结构学报, 2019, 40(3): 50–57.

[153] 张梅. 基于离散单元法的单层网壳结构屈曲行为研究[D]. 南京：东南大学, 2017.

[154] 赵鹏飞. 高速铁路站房结构研究与设计[M]. 北京：中国铁道出版社有限公司, 2020.

[155] 赵鹏飞，刘枫，汤荣伟，等. 多点输入反应谱中耦合系数的研究[J]. 世界地震工程, 2014(3): 102–110.

[156] 赵鹏飞，潘国华，汤荣伟，等. 武汉火车站复杂大型钢结构体系研究[J]. 建筑结构,200–9,39(1): 1–4.

[157] 赵鹏飞，叶昌杰，等. 考虑多种耦合效应的多维多点反应谱研究[J]. 建筑结构学报, 2020, 41(5): 190–197.

[158] 赵鹏飞，叶昌杰，等. 留数定理在多维多点反应谱法耦合系数求解中的应用[J]. 建筑结构学报, 2022, 43(6): 294–302.

[159] 赵伟，薛素铎，李雄彦，等. 摩擦摆支座的滑道半径对结构隔震性能影响分析[C]//第七届全国现代结构工程学术研讨会论文集. 2007: 993–998.

[160] 赵伟，薛素铎，李雄彦，等. 摩擦摆支座的摩擦系数对结构隔震性能影响分析[C]//第 16 届全国结构工程学术会议论文集(第Ⅲ册). 2007: 295–300.

[161] Zhu N H, Ye J H. Redundancy of a single–layer reticulated dome under static load based on response sensitivity[J]. Journal of Vibration and Shock, 2013, 32(11): 35–40.

[162] Zhu N H, Ye J H. Structural vulnerability of a single–layer dome under loading based on its form[J]. Journal of Engineering Mechanics, 2014, 140(1): 112–127.

[163] 朱南海，叶继红. 基于结构易损性理论的网壳失效模式分析初探[J]. 振动与冲击, 2011, 30(6): 248–255.

[164] 朱南海，叶继红. 基于响应敏感性的单层球面网壳冗余度分析与验证[J]. 建筑结构学报, 2014, 35(11): 85–93.

[165] 朱南海，叶继红. 静力荷载作用下基于敏感性的单层球壳冗余度分析方法研究[J]. 振动与冲击, 2013, 32(11): 35–40.

[166] 朱南海. 基于易损性与敏感型分析的大跨空间网格结构失效机理研究[D]. 南京: 东南大学, 2012: 6-132.

[167] 朱忠义, 束伟农, 柯长华, 等. 减隔震技术在航站楼大跨结构中的应用[J]. 空间结构, 2012, 18(1): 17-24.

[168] 庄鹏, 王文婷, 韩淼, 等. 摩擦-SMA 弹簧复合耗能支撑在周边支承单层球面网壳结构中的减震效应研究[J]. 振动与冲击, 2018,37(4): 99-109.